U0123813

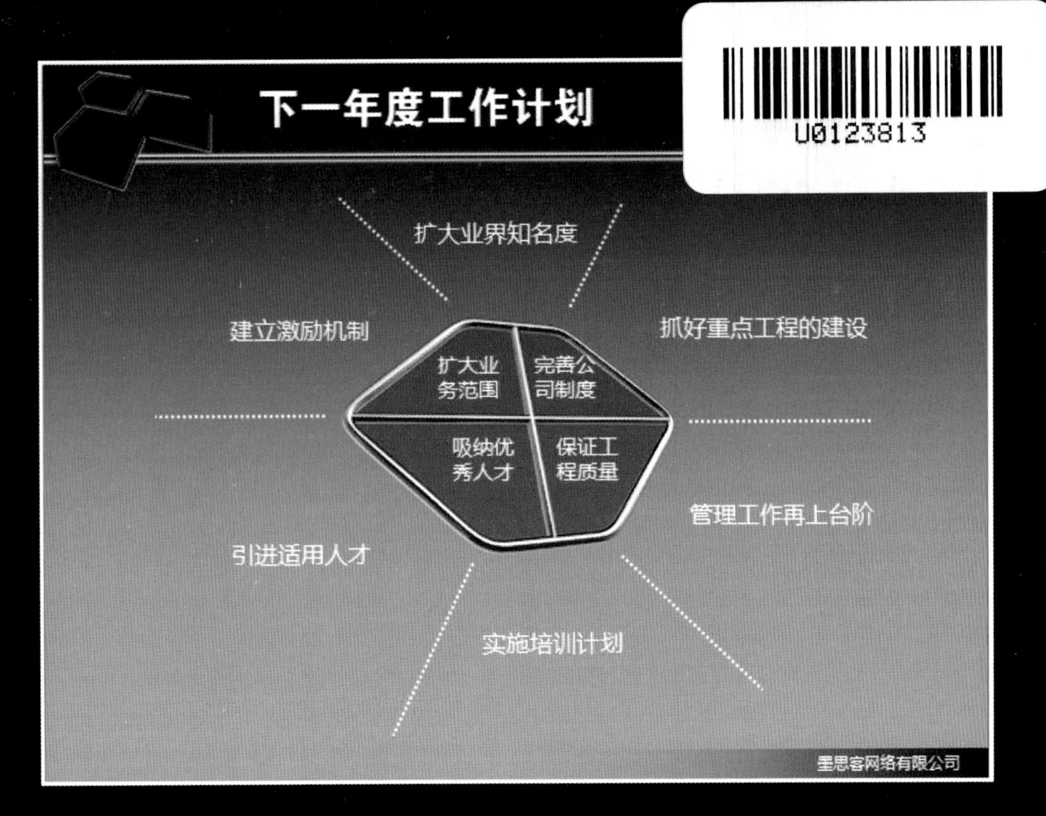

▲ 实例4　会议简报

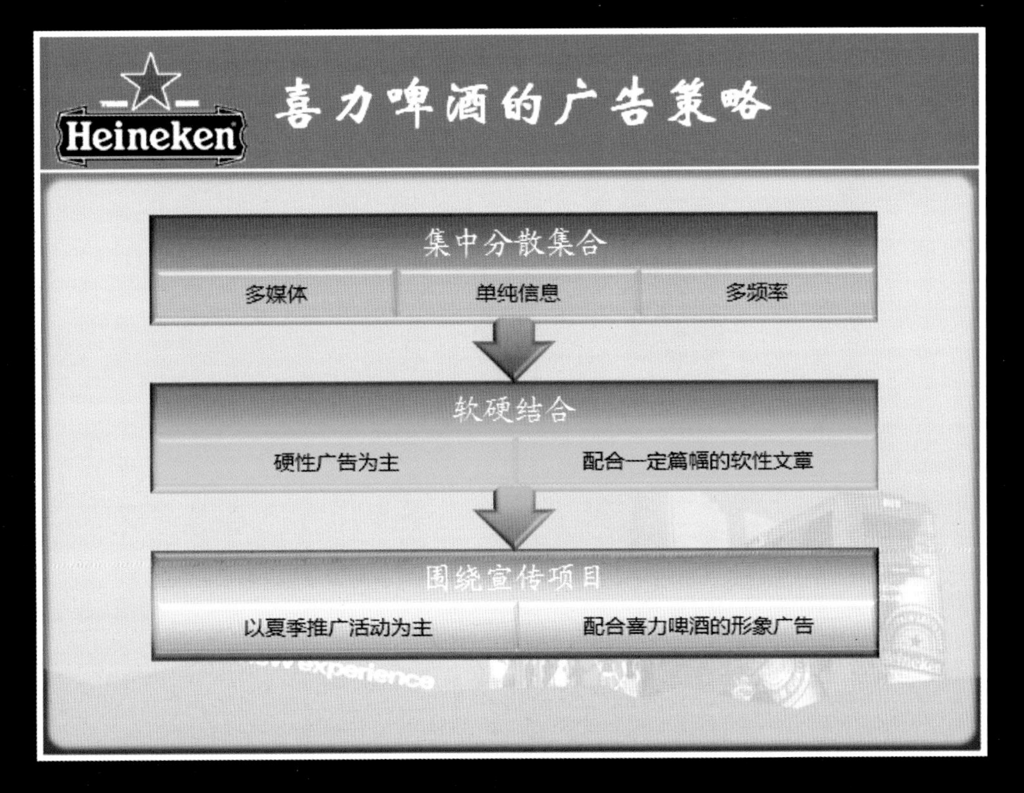

▲ 实例8　产品推广策划方案

高原姑苏——丽江

丽江古城区地处滇、川、藏交通要冲，自古以来是汉、藏、白、纳西等世族文化、经济交往的枢纽，是南方丝绸之路和“茶马古道”的重镇及军事战略要地。
长期的民族交融、多种文化的汇交、悠久的历史积淀，形成了独具特色的以纳西文化为代表的民族文化。境内名胜古迹随处可见，自然景观多姿多彩，民族文化璀灿夺目。

◀实例5　旅游区宣传片

西双版纳是全国唯一热带雨林自然保护区，林木参天蔽日，珍禽异兽比比皆是，奇木异葩随处可见。离泰国、缅甸很近的西双版纳充满了佛风，佛塔寺庙与傣家竹楼、翠竹古木交相掩映，一派神圣景象。

▶ 实例5　旅游区宣传片

◀实例6　新品展示

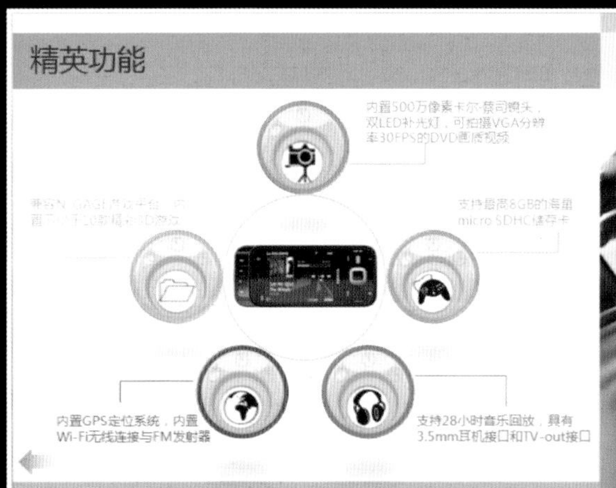

▶实例6　新品展示

年度销售量统计
数码相机 移动硬盘 MP4
第四季度
第三季度
第二季度
第一季度
0 500 1000 1500 2000 2500 3000 3500 4000

▶ 实例7 产品销售统计

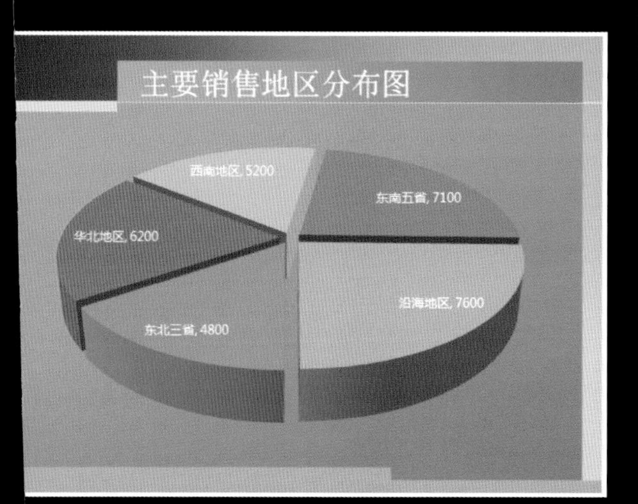

◀实例7 产品销售统计

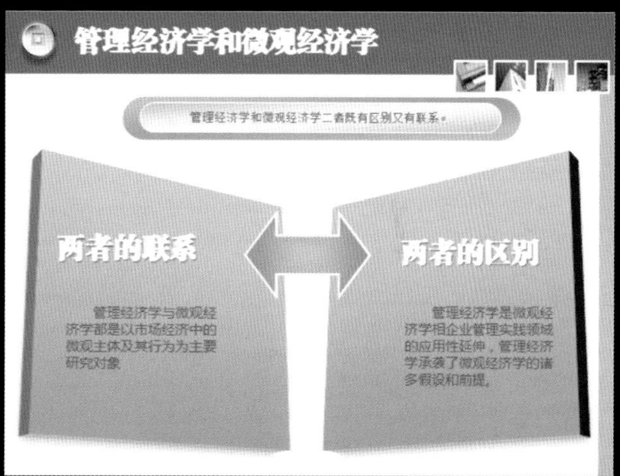

▶ 实例9 管理经济学课件

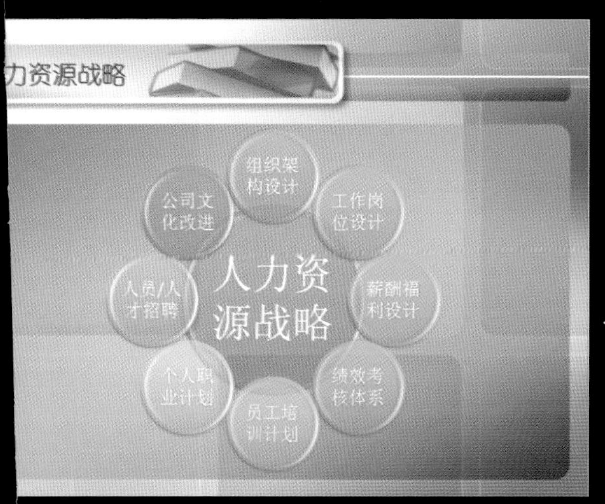

◀实例11 人力资源管理概论课件

◀实例12　新年贺卡

感谢读者朋友长期以来对墨思客工作室的支持，在新春佳节来临之际，祝大家新年快乐，身体健康，合家欢乐，万事如意

鼠年

▶实例12　新年贺卡

◀实例12　新年贺卡

▶实例13　动感相册

PowerPoint
经典应用实例

墨思客工作室 编

化学工业出版社
·北京·

PowerPoint 2007 是 Microsoft 公司推出的 Office 2007 系列产品之一，是一款专业的制作演示文稿的软件。PowerPoint 广泛地应用于各类公司行政办公、新品展示、产品销售统计、产品推广策划方案、多媒体教学课件、贺卡制作、电子相册制作等方面。本书作者以自己多年的实践经验为基础，将全书分为行政篇、商务篇、课件篇和个人篇四个篇章进行讲解。从不同的行业角度全方位地对幻灯片的制作进行细致的讲解，可以帮助读者有效地牢记利用 PowerPoint 制作演示文稿的技巧和方法，同时学习到专家级的优秀演示文稿设计技巧，从而提高自己的演示文稿设计水平。本书中所有实例或素材文件可以到化学工业出版社官方网站下载页面免费下载。

本书不仅适合初学者，也适合对 PowerPoint 已经有一定了解的中级用户，还可作为各类学校的培训教材或参考书。

图书在版编目（CIP）数据

PowerPoint 经典应用实例 / 墨思客工作室编. —北京：化学工业出版社，2009.2
ISBN 978-7-122-04690-1

Ⅰ. P… Ⅱ. 墨… Ⅲ. 图形软件，PowerPoint Ⅳ. TP391.41

中国版本图书馆 CIP 数据核字（2009）第 009324 号

责任编辑：瞿 微　　装帧设计：王晓宇
责任校对：洪雅姝

出版发行：化学工业出版社（北京市东城区青年湖南街 13 号 邮政编码 100011）
印　　装：三河市延风印装厂
787mm×1092mm 1/16 印张 22 彩插 2 字数 542 千字 2009 年 3 月北京第 1 版第 1 次印刷

购书咨询：010-64518888（传真：010-64519686） 售后服务：010-64518899
网　　址：http://www.cip.com.cn
凡购买本书，如有缺损质量问题，本社销售中心负责调换。

定　　价：35.00 元

版权所有 违者必究

前　言

PowerPoint 2007 是 Microsoft 公司推出的 Office 2007 系列产品之一，是一款专业的制作演示文稿的软件。PowerPoint 广泛地应用于各类公司行政办公、多媒体教学课件、统计分析报告、商务计划、招投标方案、市场营销报告、产品发布、电子商务及培训等方面。

在现在的商务往来及各种研究工作中，经常需要利用演示文稿来开展各种研究、讨论会、演讲等活动，这就需要设计者能够根据具体的演示文稿内容，合理地利用图形和图解，设计制作出版式美观、色彩表现力强、主题突出、赏心悦目的幻灯片。要设计出这样赏心悦目的演示文稿，需要经过长期的实践操作才能逐渐掌握的，而在高效率、快节奏的今天，绝大多数用户根本没有时间去刻意培养这种艺术设计能力，有鉴于此，为满足广大读者在短时间内设计出令人赞叹的演示文稿的需要，我们编写了本书。

本书主要有以下 3 大特色。

◆ **实例经典 内容全面 实战性强** 本书中的每一个实例都是由企业、公司、学校所使用的演示文稿设计精选改编而成的，针对性强、专业水平高，是工作学习中最具有代表性的幻灯片文稿，而且读者稍加修改就可以应用到自己的演示文稿中，从而极大地提高工作效率。

◆ **专业设计 赏心悦目 表现力强** 本书的演示文稿都是由专业的设计师设计，根据不同的应用方向提供了多种专业配色方案，同时通过学习和应用本书中高水平的演示文稿设计，可以大幅度地提高读者的设计感觉和表现能力。

◆ **一步一图 图文共举 快速上手** 在介绍实际应用案例的过程中，每一个操作步骤之后均附上对应的图形，并且在图形上注有操作的标注，这种图文结合的方法，便于读者在学习的过程中直观、清晰地了解操作的效果，易于读者快速理解上手。

本书共由四篇组成，分别为行政篇、商务篇、课件篇和个人篇，从不同的行业角度全方位地对幻灯片的制作进行了细致的讲解，可以帮助读者有效地牢记利用 PowerPoint 制作演示文稿的技巧和方法，同时学习到专家级的优秀演示文稿设计技巧，从而提高自己的演示文稿设计水平。

本书由墨思客工作室金卫臣、贾敏编，同时冯梅、程明、王莹芳、闫勇莉、邱雅莉、吴立娟等人也参加了编写工作。虽然本书在编写过程中编者未敢稍有疏虞，但书中不尽如人意之处仍在所难免，诚请读者提出意见或建议，以便修订并使之更加完善。

编　者

2008 年 12 月

目　录

第1篇　一目了然 行政篇

实例1涉及的主要知识点：
- ✧ 创建幻灯片文档
- ✧ 图片的插入和调整
- ✧ 标题文本的插入和调整
- ✧ 弧线的绘制和调整
- ✧ 射线列表和向上箭头的插入和调整

实例2涉及的主要知识点：
- ✧ 设置幻灯片背景图片
- ✧ 图片的插入和调整
- ✧ 形状的绘制和调整
- ✧ SmartArt图形的插入和设置

实例3涉及的主要知识点：
- ✧ 文本框的插入
- ✧ 插入和编辑项目符号
- ✧ 图表的插入及其填充效果设置
- ✧ SmartArt图形的插入及其填充效果设置

实例 4 涉及的主要知识点：
- ✧ 幻灯片母版的设置
- ✧ 左右箭头的插入和设置
- ✧ 燕尾形和右箭头的插入和设置
- ✧ 六边形和线条的插入和设置
- ✧ 阴影效果和棱台效果的添加

第 2 篇 绚丽夺目 商务篇

实例 5 涉及的主要知识点：
- ✧ 设计幻灯片母版
- ✧ 图片的插入和调整
- ✧ 图片三维效果的设置
- ✧ 文本框的插入和文本的输入
- ✧ 幻灯片切换效果的设置

实例 6 涉及的主要知识点:

- ✧ 创建幻灯片母版
- ✧ 形状、图片的插入和调整
- ✧ 视频文件的插入和设置
- ✧ 为页面设置切换效果
- ✧ 创建图片的超链接达到页面之间的跳转
- ✧ 为页面中的图形或文本创建自定义动画

实例 7 涉及的主要知识点:

- ✧ 设置幻灯片母版和标题幻灯片
- ✧ 堆积柱形图的创建和设置
- ✧ 簇状水平圆柱图的创建和设置
- ✧ 带数据标记的堆积折线图的创建和设置
- ✧ 分离型三维饼图的创建和设置

第 3 篇　轻松讲解 课件篇

实例 10 涉及的主要知识点:
- ✧ 设计幻灯片母版
- ✧ 在幻灯片母版中设置幻灯片切换效果
- ✧ 在幻灯片母版中添加自定义动画
- ✧ 图片的插入和调整
- ✧ 导入图片创建项目符号

实例 11 涉及的主要知识点:
- ✧ 设计幻灯片母版
- ✧ 图片的插入和调整
- ✧ 创建幻灯片切换效果
- ✧ 自定义动画的制作
- ✧ SmartArt 图形的插入和编辑
- ✧ 在幻灯片中插入表格

第4篇　创意无限 个人篇

实例12涉及的主要知识点：
- ✧ 设计幻灯片母版
- ✧ 图片的插入和设置
- ✧ 形状的绘制和调整
- ✧ 自定义动画的进入、退出、强调效果的设置
- ✧ 声音文件的添加和设置

实例13涉及的主要知识点：
- ✧ 使用已安装模板创建幻灯片
- ✧ 图片的插入和调整
- ✧ 文本框的插入和文本的输入
- ✧ 通过添加自定义动画实现相册自动翻页效果
- ✧ 插入音频文件并设置声音选项

第1篇

一目了然 行政篇

本篇导读

在行政办公中，使用 PowerPoint 不但可以制作员工培训文稿和公司简介，还可以制作生产报告以及项目策划。由于 PowerPoint 2007 功能强大，所创建的幻灯片不仅美观实用，通俗易懂，而且通过相应的设置可以创建华丽的动画效果。在公司的演讲、培训、汇报工作等场合中，配合所创建的幻灯片能够使演讲更具说服力，从而提升公司或演讲者个人的竞争实力。

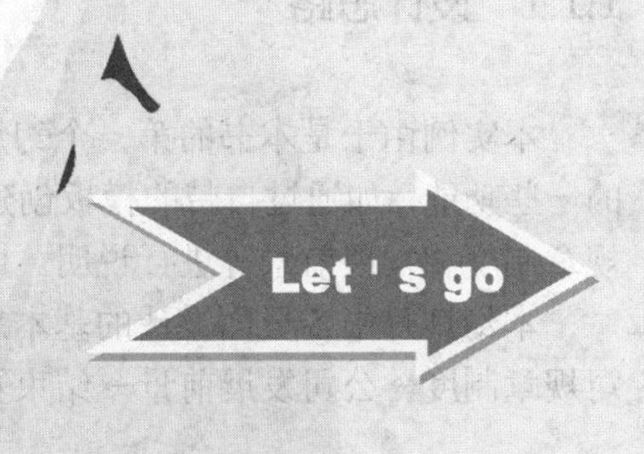

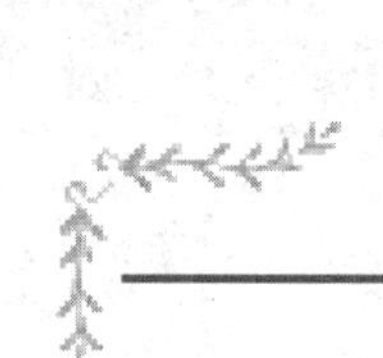

实例 1　新员工职前培训

在就职前对新员工进行培训是行政工作中必不可少的一个环节。在上岗前了解公司的发展历程、规章制度和发展前景等方面的内容，有助于新员工对工作环境的熟悉，从而更快地融入公司的工作环境中。下面就通过使用 PowerPoint 2007 创建新员工职前培训的幻灯片演示文稿。

1.1　实例分析

进行相应的职前培训是每个新员工进入公司时必不可少的一个环节。在本实例中通过使用 PowerPoint 2007 创建新员工职前培训幻灯片演示文稿，主要由五个页面组成，完成后的效果如图 1-1 所示。

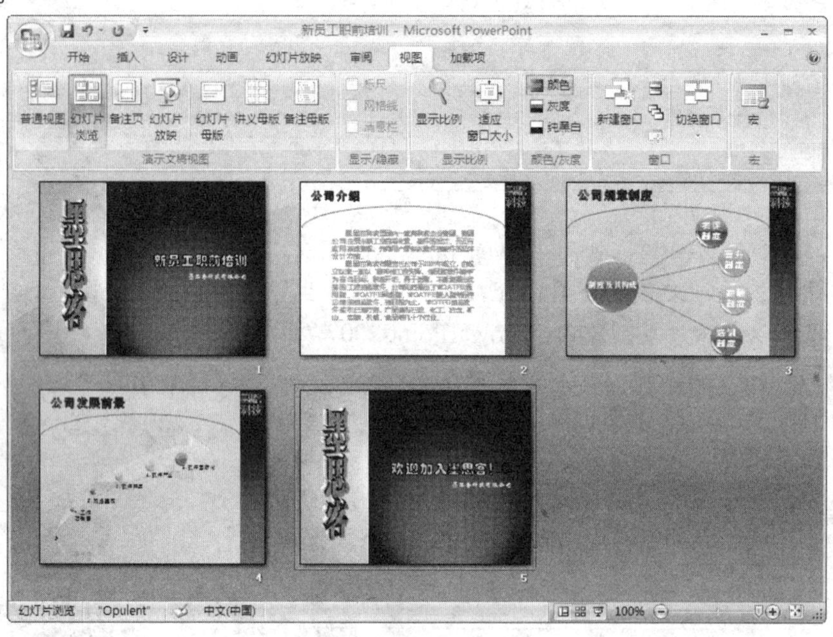

图 1-1　新员工职前培训幻灯片浏览效果

1.1.1　设计思路

本实例由于是本书的第一个幻灯片实例，所以在创建时基本上使用 PowerPoint 2007 自带的一些功能，如通过自带的模板创建幻灯片文档，然后通过创建射线列表和向上箭头对公司的规章制度和发展前景等进行说明。此外还插入了两张图片对幻灯片进行了修饰。

本幻灯片中各页面设计的基本思路为：首页（即幻灯片标题和公司名称）→公司介绍→公司规章制度→公司发展前景→结束页。

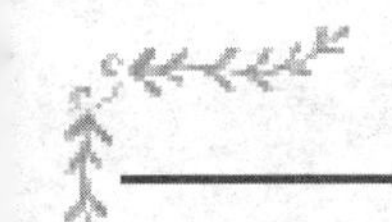

1.1.2　涉及的知识点

在幻灯片演示文稿的制作中，首先通过自带的模板创建一个幻灯片文档，并在幻灯片中插入图片，输入标题文本并调整文本格式，然后在幻灯片中插入 SmartArt 图形中的射线列表和向上箭头，并对其进行调整。

在年度生产报告的制作中主要用到了以下方面的知识点：

- ✧　创建幻灯片文档
- ✧　图片的插入和调整
- ✧　标题文本的插入和调整
- ✧　弧线的绘制和调整
- ✧　射线列表和向上箭头的插入和调整

1.2　实例操作

在 PowerPoint 2007 中可以通过自带的模板或者主题创建幻灯片文档，由于模板或者主题中包含了背景图片和主题颜色配置效果，从而可以使创建更加容易，并且创建出的幻灯片效果也不错。

1.2.1　创建幻灯片首页

创建新员工职前培训幻灯片首页的具体操作步骤如下。

步骤1　在任务栏中单击【开始】按钮，在弹出的菜单中依次选择【程序】→【Microsoft Office】→【Microsoft Office PowerPoint 2007】命令，启动 PowerPoint 2007，如图 1-2 所示。

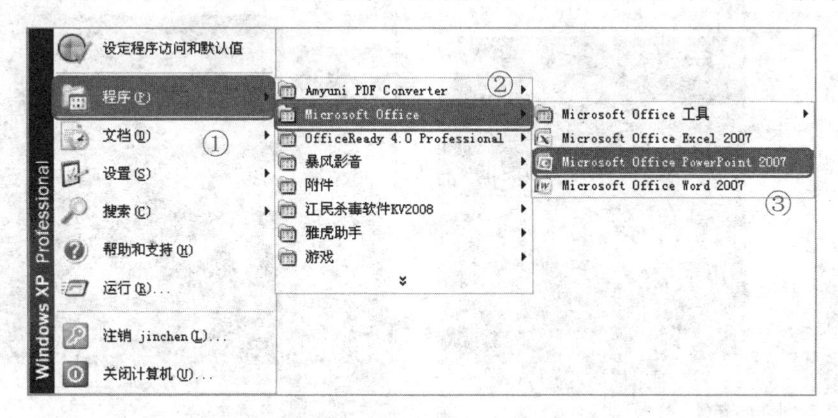

图 1-2　启动 PowerPoint 2007

步骤2　在 PowerPoint 2007 界面的左上角单击【Office】按钮，在弹出的菜单中选择【新

建】命令，打开【新建演示文稿】对话框。

步骤3 在【模板】列表中选择【已安装的主题】选项，并在右侧列表框选择【华丽】选项，选择完毕后单击【创建】按钮新建演示文稿，如图 1-3 所示。

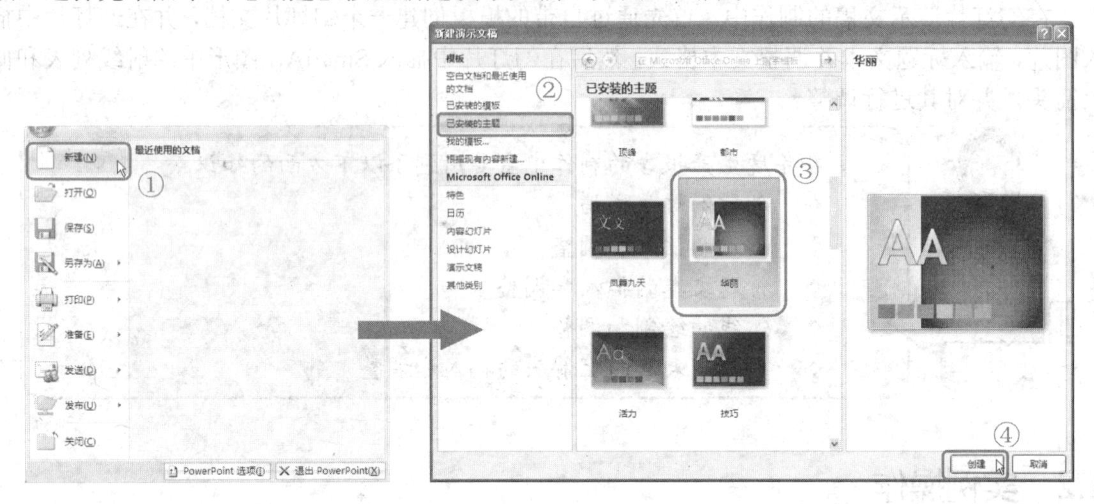

图 1-3　新建演示文稿

步骤4 在新建的幻灯片演示文稿中，单击【单击此处添加标题】文本框，并输入文本“新员工职前培训”，然后在【开始】选项卡中的【字体】功能区中设置文本字体为【华文琥珀】（读者可以根据自己的需要选择其他合适的字体，若想获得更多字体，可自行在网上下载，并存放在 C:\WINDOWS\Fonts 文件夹中），其余设置不变，如图 1-4 所示。

步骤5 在【单击此处添加副标题】文本框中输入公司名称，如图 1-5 所示。

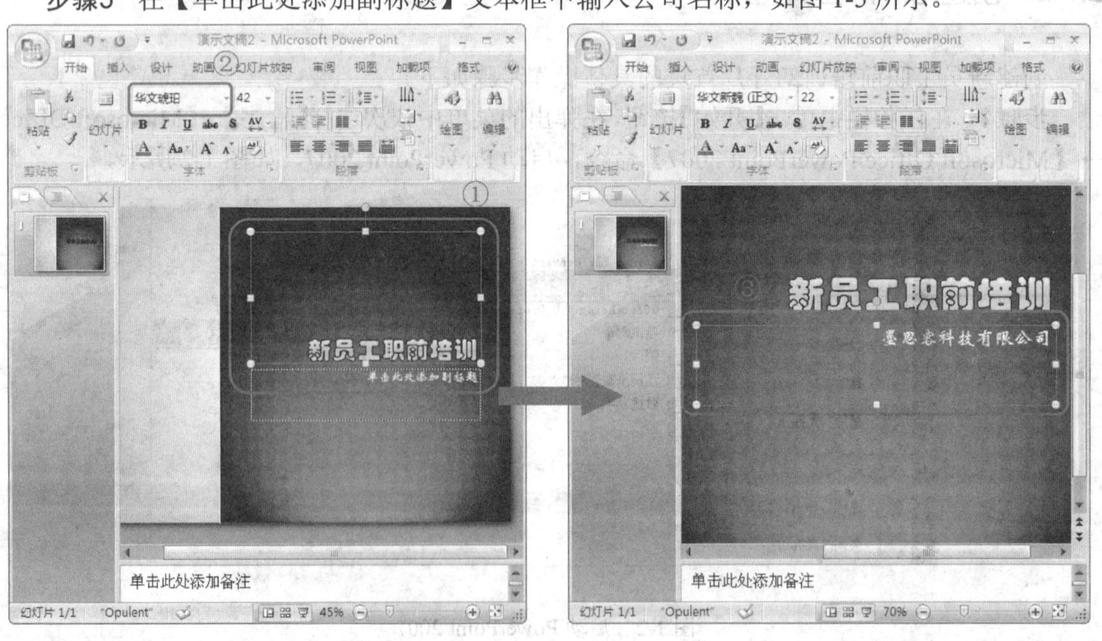

图 1-4　设置标题字体　　　　　　　　　　图 1-5　输入公司名称

步骤6　在幻灯片演示文稿中，选择【插入】选项卡，然后在【插图】功能区中单击【图片】按钮，打开【插入图片】对话框。

步骤7　在【查找范围】下拉列表中，选择路径为“PowerPoint 经典应用实例\第 1 篇\实例 1”文件夹中的“pic01.gif”图片文件，并单击【插入】按钮插入图片，如图 1-6 所示。

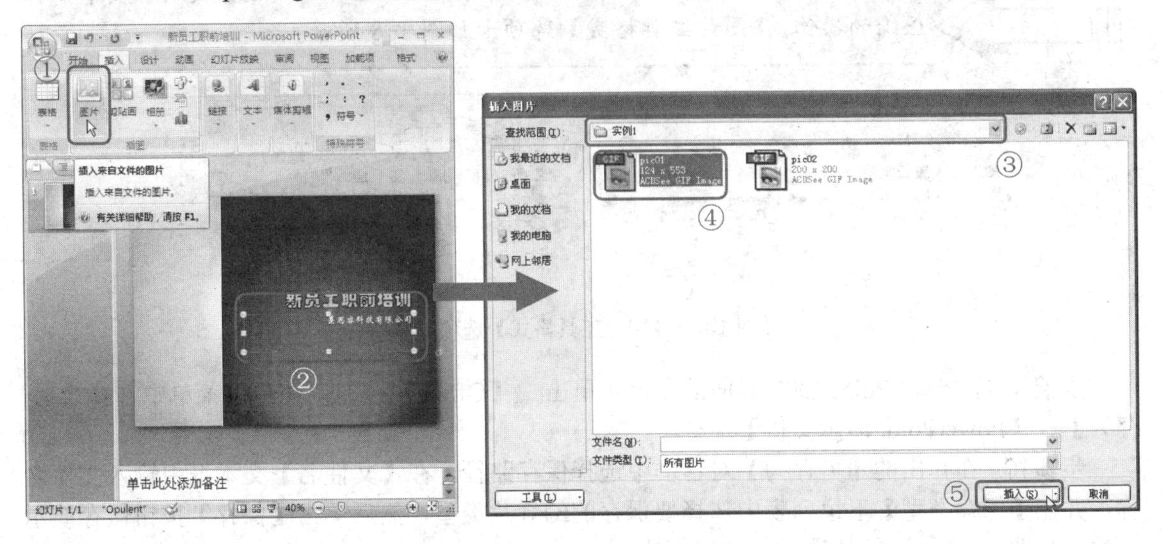

图 1-6　插入图片

步骤8　选择所插入的图片，通过鼠标移动图片位置，使其位于幻灯片页面的左侧灰色区域中，如图 1-7 所示。

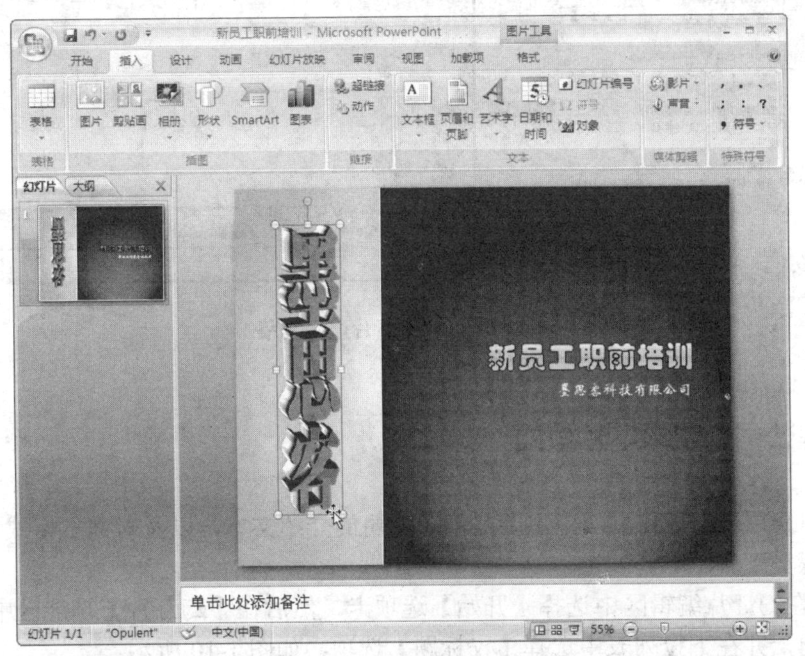

图 1-7　移动图片位置

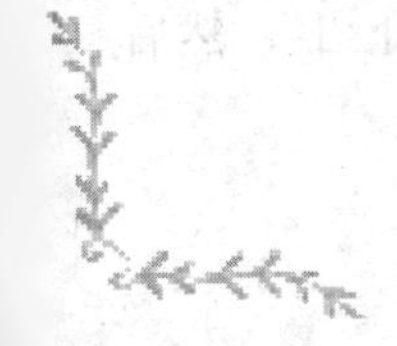
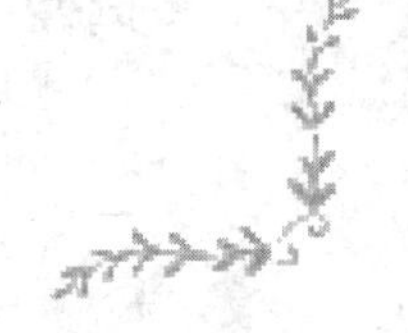

在 PowerPoint 2007 中，可以通过双击所插入的图片打开【图片工具格式】选项卡，在该选项卡中可以对插入图片的亮度、对比度、颜色模式、图片样式、排列以及大小等进行设置，也可以对图片进行旋转和压缩的操作。【图片工具格式】选项卡如图 1-8 所示。

图 1-8 【图片工具格式】选项卡

步骤9 在 PowerPoint 2007 界面的左上角单击【Office】按钮，在弹出菜单中选择【另存为】→【PowerPoint 演示文稿】命令。

步骤10 在弹出的【另存为】对话框中选择保存路径，在【文件名】文本框中输入文件名称，并在【保存类型】下拉列表中选择要保存的幻灯片类型，然后单击【保存】按钮保存演示文稿，如图 1-9 所示。幻灯片首页创建完毕。

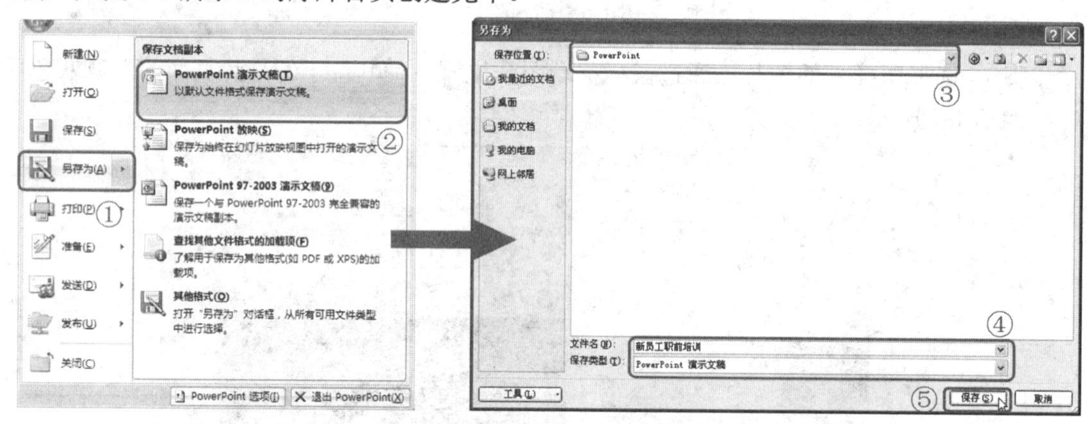

图 1-9 保存幻灯片演示文稿

1.2.2 创建公司介绍幻灯片页面

在“公司介绍”幻灯片页面中主要是创建公司的介绍文本，以及对文本格式进行设置，其具体操作步骤如下。

步骤1 在幻灯片编辑区中选择【开始】选项卡，然后在【幻灯片】功能区中单击【新建幻灯片】按钮，并在下拉列表中选择【仅标题】选项，如图 1-10 所示。

步骤2 在新建幻灯片页面的【单击此处添加标题】文本框中输入文本“公司介绍”，然后向上调整文本框的位置，如图 1-11 所示。

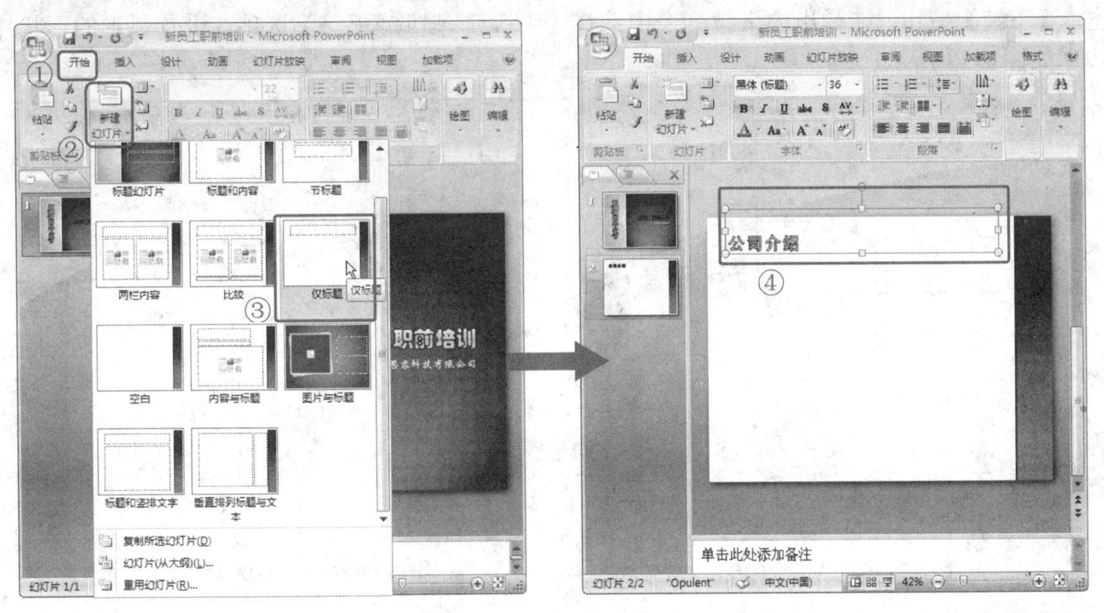

图 1-10　新建幻灯片　　　　图 1-11　添加标题

步骤3　在幻灯片编辑区中选择【插入】选项卡，然后在【插入】功能区中单击【形状】按钮，并在下拉列表中选择【弧形】选项。

步骤4　在页面中单击鼠标左键拖动，释放鼠标绘制一段弧形，然后调整弧形的形状大小和位置，使其如图 1-12 所示。

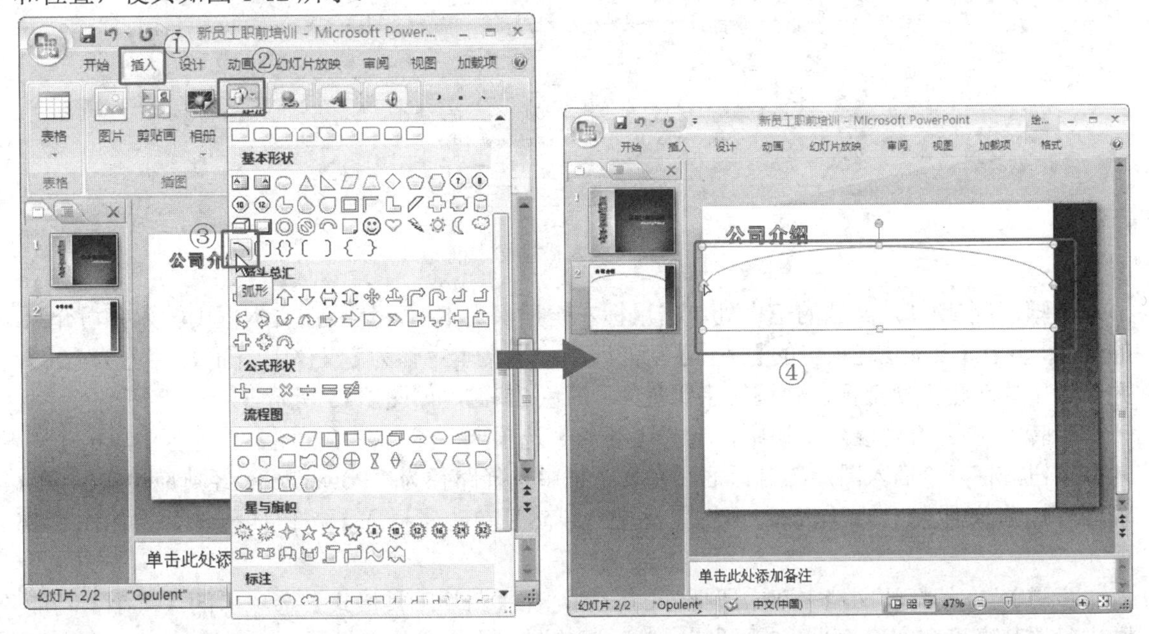

图 1-12　绘制弧形

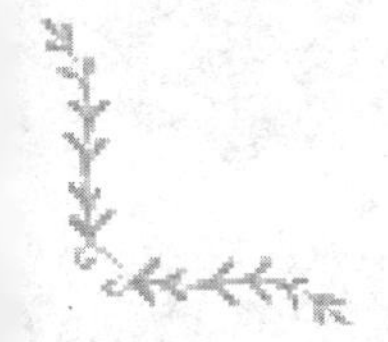

步骤5 双击所绘制的弧形，然后在【绘图工具格式】选项卡的【形状样式】功能区中单击【下拉】按钮，在弹出的下拉列表中选择【中等线-强调颜色 5】选项，设置弧形的形状样式，如图 1-13 所示。

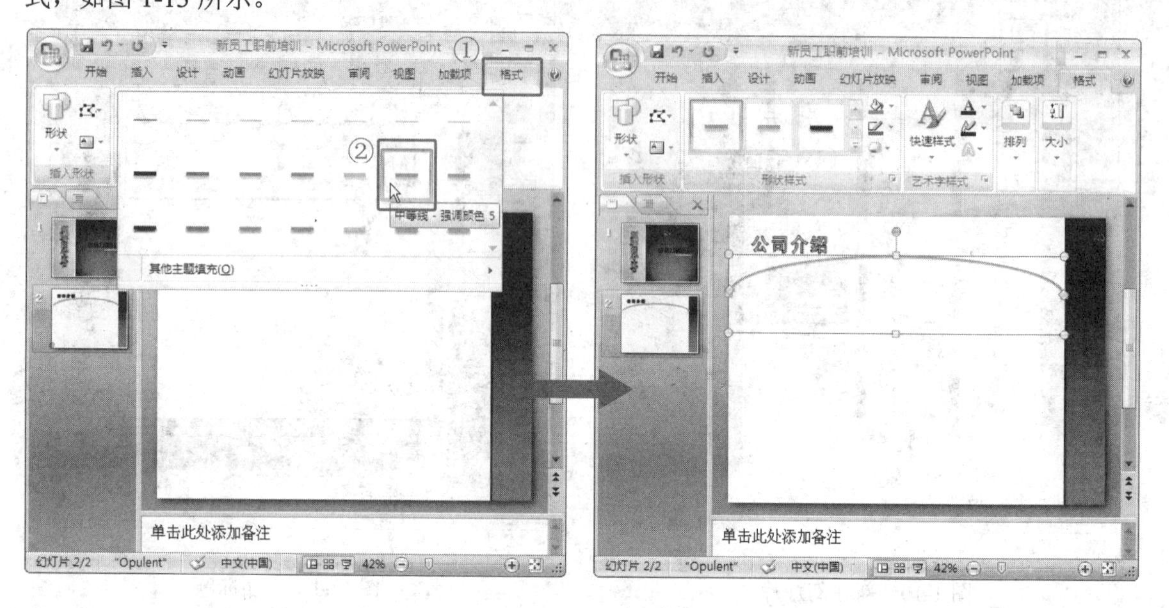

图 1-13　设置弧形的形状样式

步骤6 在幻灯片编辑区中选择【插入】选项卡，然后在【文本】功能区中单击【文本框】按钮，并在下拉列表中选择【横排文本框】选项，如图 1-14 所示插入横排文本框。

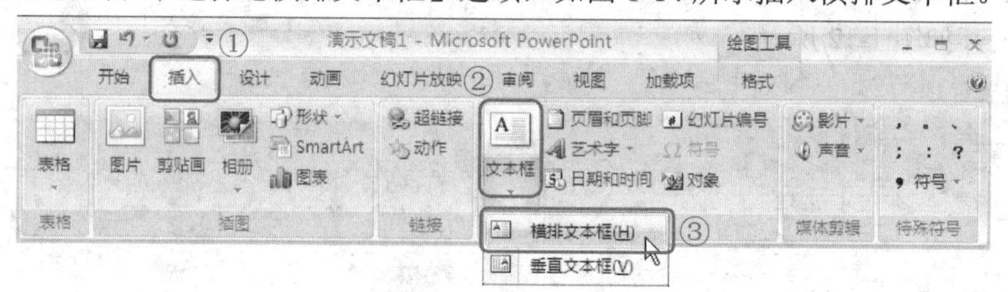

图 1-14　插入横排文本框

步骤7 在幻灯片文档的空白处单击鼠标左键插入文本框，然后在文本框中输入公司介绍的文本，并在【开始】选项卡的【字体】功能区中设置文本字体为【汉仪中圆简】、字号为【20】，并设置字体颜色为【金色，强调文字颜色 4，深色 25%】，如图 1-15 所示。

步骤8 在幻灯片演示文稿中，选择【插入】选项卡，然后在【插图】功能区中单击【图片】按钮，打开“插入图片”对话框。在对话框中选择路径为“PowerPoint 经典应用实例\第 1 篇\实例 1”文件夹中的“pic02.gif”图片文件，然后单击【插入】按钮插入图片，如图 1-16 所示。

步骤9 在幻灯片文档中双击所插入的图片，在【图片工具格式】选项卡的【大小】功能区中设置其高度和宽度都为“3 厘米”，然后调整图片的位置使其如图 1-17 所示。

步骤10 按<Ctrl>+<S>快捷键保存文档，“公司介绍”幻灯片页面创建完毕。

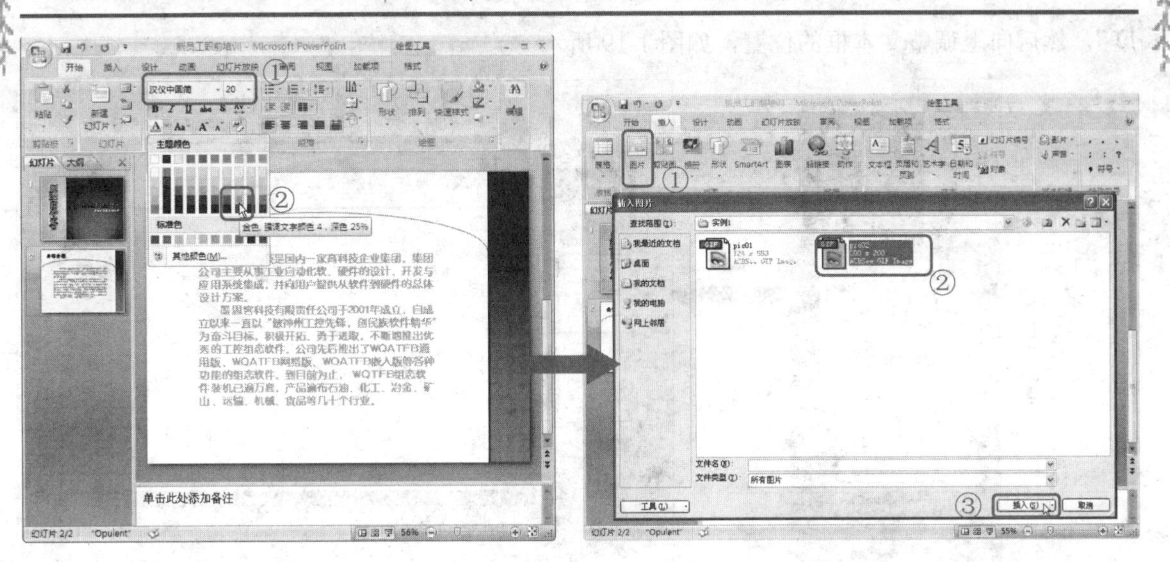

图 1-15　设置字体格式　　　　图 1-16　插入图片

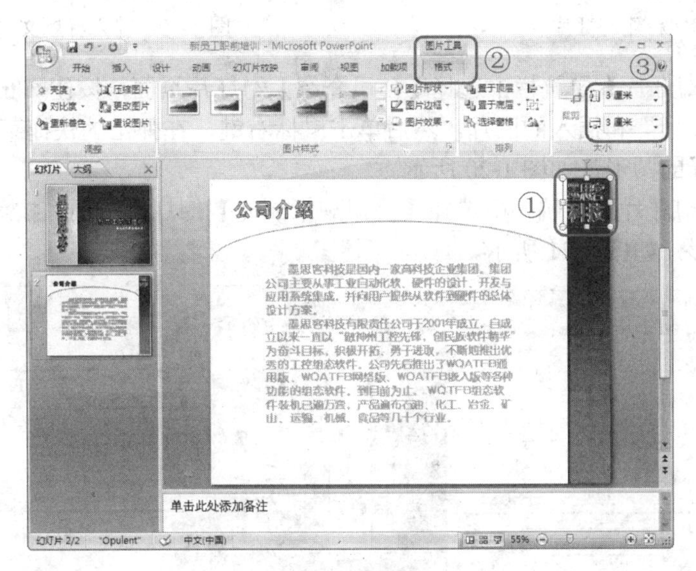

图 1-17　调整图形的大小和位置

1.2.3　创建公司规章制度页面

创建完“公司介绍”页面后，下面就要创建“公司规章制度”幻灯片页面了，该页面主要由 SmartArt 中的“射线列表”组成。创建“公司规章制度”幻灯片页面的具体操作步骤如下。

步骤1　在幻灯片文档左侧的【幻灯片】导航栏空白处单击鼠标右键，在弹出的快捷菜单中选择【新建幻灯片】命令，如图 1-18 所示。

步骤2　在新建幻灯片页面的【单击此处添加标题】文本框中输入标题文本“公司规章制

度”，然后向上调整文本框的位置，如图 1-19 所示。

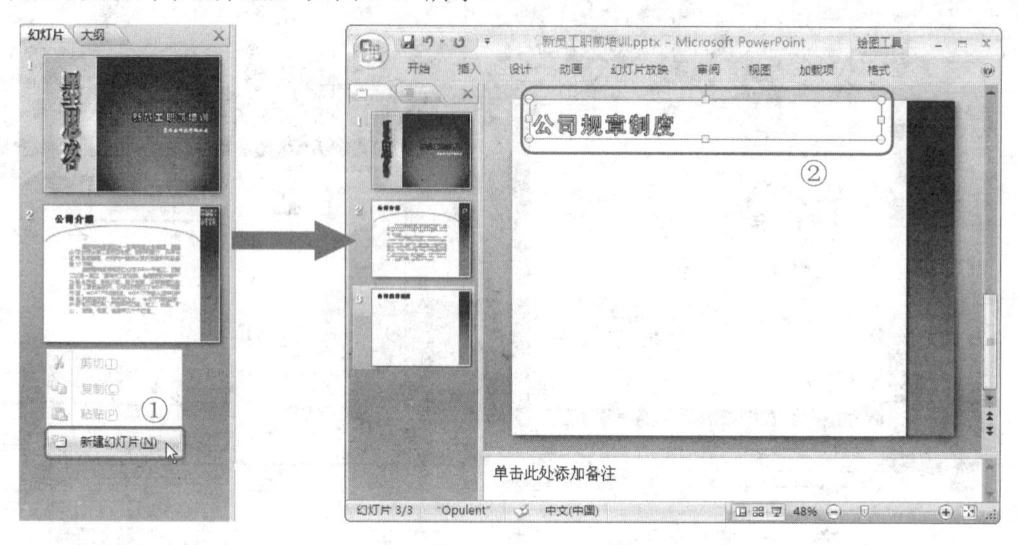

图 1-18　新建幻灯片　　　　图 1-19　输入标题文本

步骤3　在【幻灯片】导航栏中选择【公司介绍】幻灯片页面，按住<Ctrl>键依次选择此页面中所绘制的“弧形”和插入的图片，然后单击鼠标右键，在弹出的快捷菜单中选择【复制】命令，复制所选择的图形，如图 1-20 所示。

步骤4　在【幻灯片】导航栏中选择【公司规章制度】幻灯片页面，按<Ctrl>+<V>快捷键粘贴所复制的图形，如图 1-21 所示。

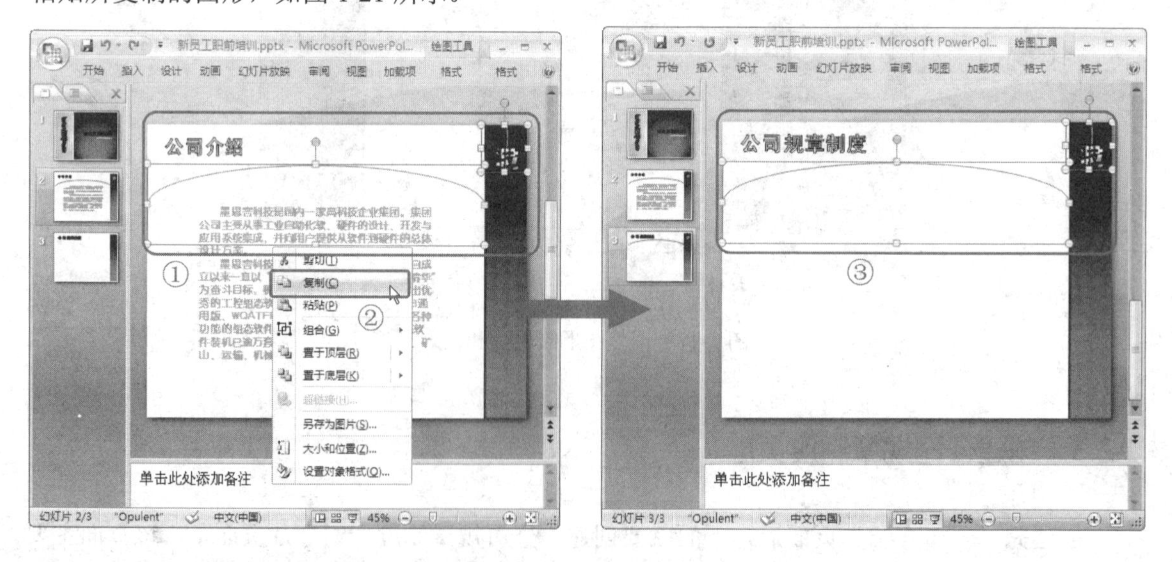

图 1-20　复制图形　　　　图 1-21　粘贴图形

步骤5　选择【插入】选项卡，然后在【插图】功能区中单击【SmartArt】按钮，如图 1-22 所示。

步骤6　在【选择 SmartArt 图形】对话框左侧选择【关系】选项，并在右侧的列表框中选择【射线列表】选项，然后单击【确定】按钮插入射线列表，如图 1-23 所示。

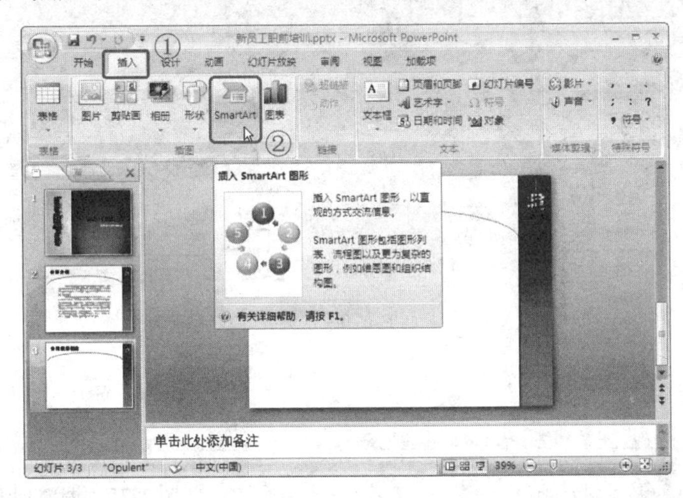

图 1-22　单击【SmartArt】按钮

重点知识

“SmartArt”是 PowerPoint 2007 的新增功能，位于“插入”选项卡的“插图”功能区中，“SmartArt”图形包括列表、流程、循环、层次结构、关系、矩阵、棱锥图七个项目的 115 种内置图形。通过 SmartArt 图形可以轻松的创建各种图形列表。

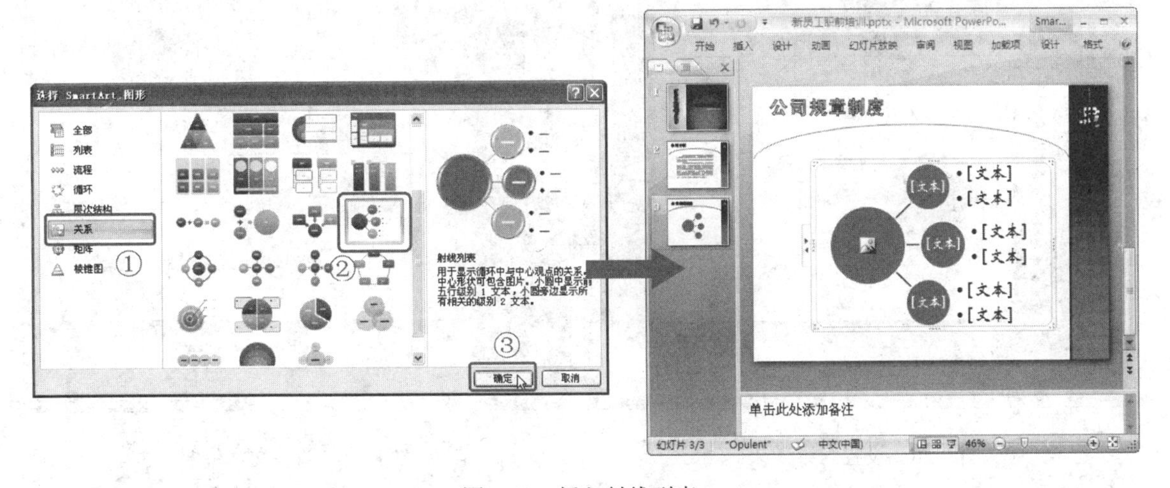

图 1-23　插入射线列表

步骤7　在【SmartArt 工具设计】选项卡的【SmartArt 样式】功能区中单击【更改颜色】按钮，在下拉列表中选择【彩色范围-强调文字颜色 2 至 3】选项，如图 1-24 所示。

步骤8　单击插入的【射线列表】外框左侧的按钮打开【在此处键入文字】文本窗格，并输入公司制度的相关总结性文本，然后调整射线列表的大小和位置，如图 1-25 所示。

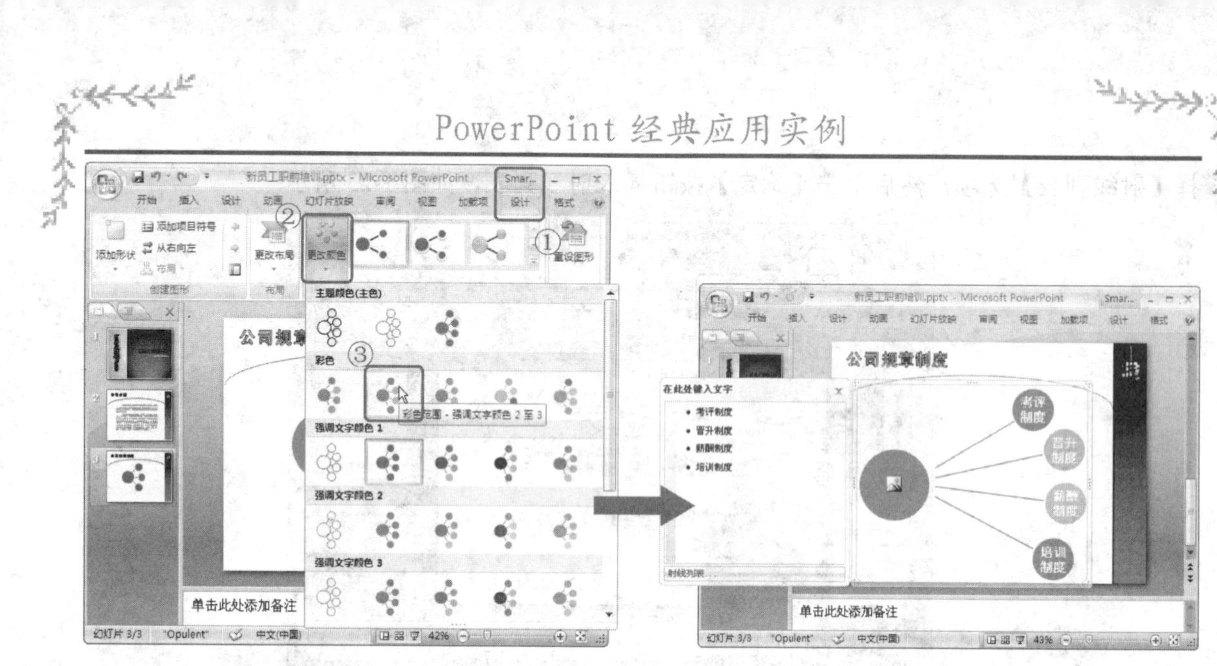

图 1-24　更改列表颜色　　　　图 1-25　调整列表的大小和位置

步骤9　选择【SmartArt 工具设计】选项卡，然后在【SmartArt 样式】功能区中单击【其他】按钮，在下拉列表中选择【优雅】选项设置三维效果，如图 1-26 所示。

步骤10　插入一个文本框，输入文本“制度及其构成”，并设置字体为【经典特宋简】、字号为【24】、字体颜色为【白色】，然后调整文本的位置，如图 1-27 所示。

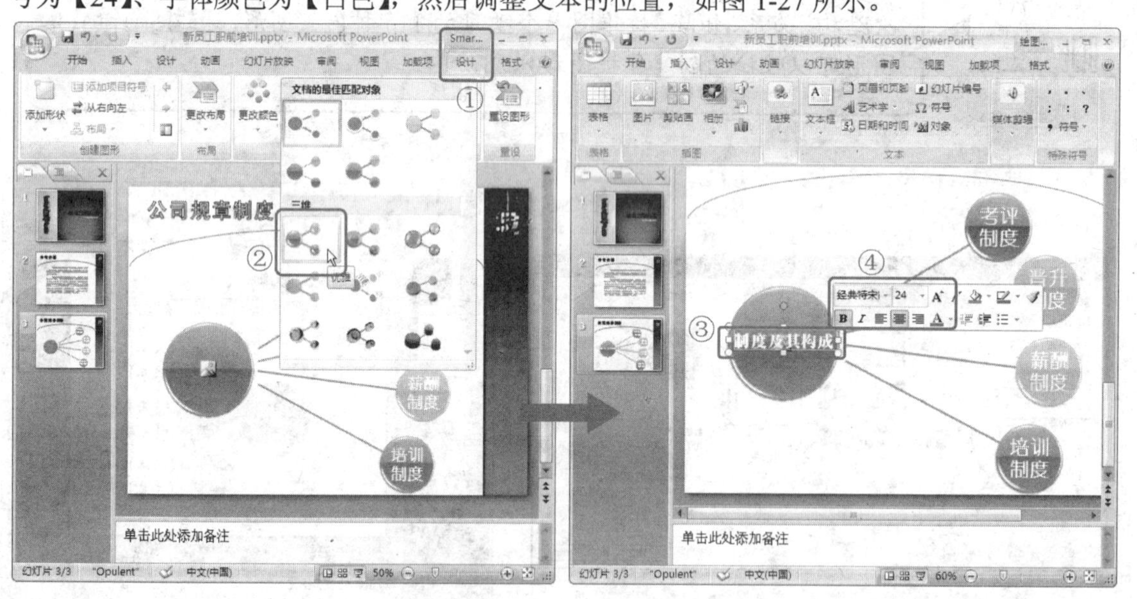

图 1-26　设置三维效果　　　　图 1-27　调整文本位置

步骤11　在幻灯片文档的空白处单击鼠标右键，在弹出的快捷菜单中选择【设置背景格式】命令，打开【设置背景格式】对话框。

步骤12　在【设置背景格式】对话框中左侧选择【填充】选项，然后在右侧点选【渐变填充】单选钮，单击【关闭】按钮设置页面的背景，如图 1-28 所示。

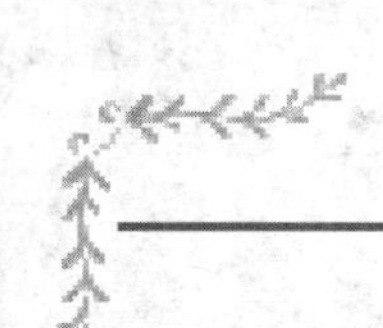

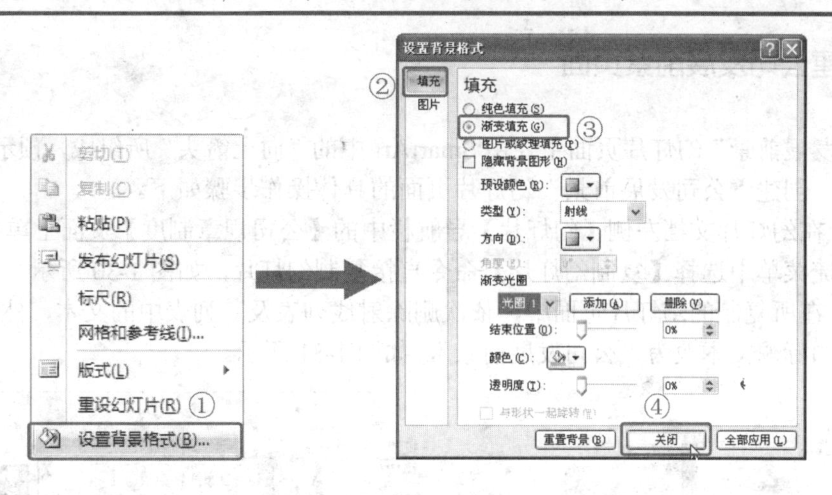

图 1-28　设置页面背景

操作技巧

在【设置背景格式】对话框中，如果需要将所设置的内容应用到当前幻灯片页面中，单击【关闭】按钮退出即可；如果需要将所设置的内容应用到幻灯片的所有页面中，则需要在【设置背景格式】对话框中单击【全部应用】按钮才能应用设置。

步骤13　按<Ctrl>+<S>快捷键保存文档，“公司规章制度”幻灯片页面创建完毕，如图 1-29 所示。用户可以根据自己的实际需要制作相应的幻灯片。

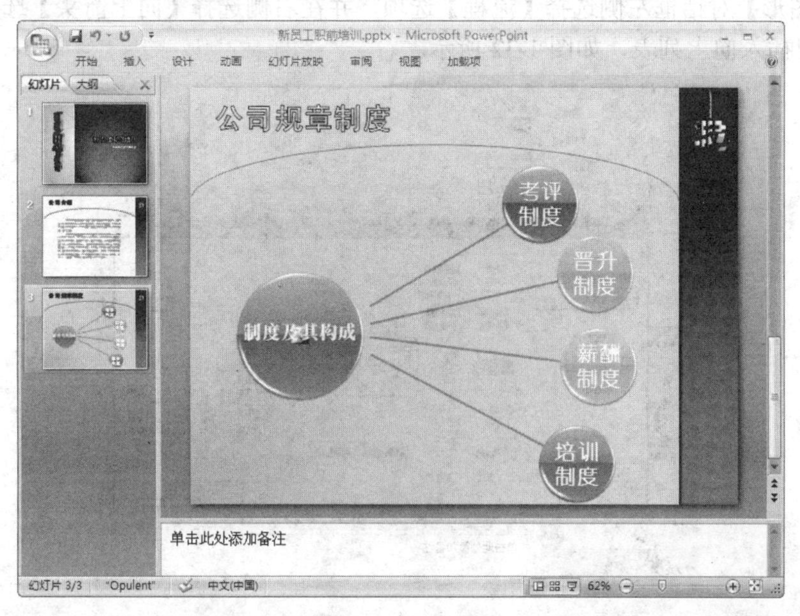

图 1-29　“公司规章制度”幻灯片页面效果

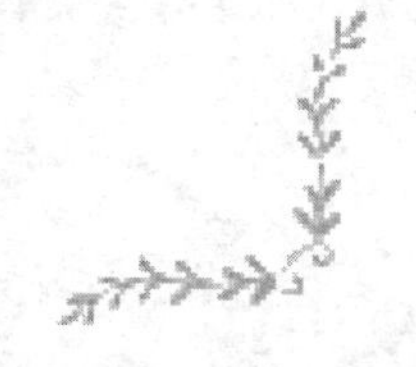

1.2.4 创建公司发展前景页面

“公司发展前景”幻灯片页面主要由 SmartArt 中的“向上箭头”所组成，预示着公司蓬勃发展的前景。创建“公司发展前景”幻灯片页面的具体操作步骤如下。

步骤1 在幻灯片文档左侧【幻灯片】导航栏中的【公司规章制度】页面上单击鼠标右键，在弹出的快捷菜单中选择【复制幻灯片】命令直接复制幻灯片，如图 1-30 所示。

步骤2 在所复制的幻灯片页面中，依次删除射线列表及其列表中的文本，然后将“公司规章制度”的标题文本改为“公司发展前景”，如图 1-31 所示。

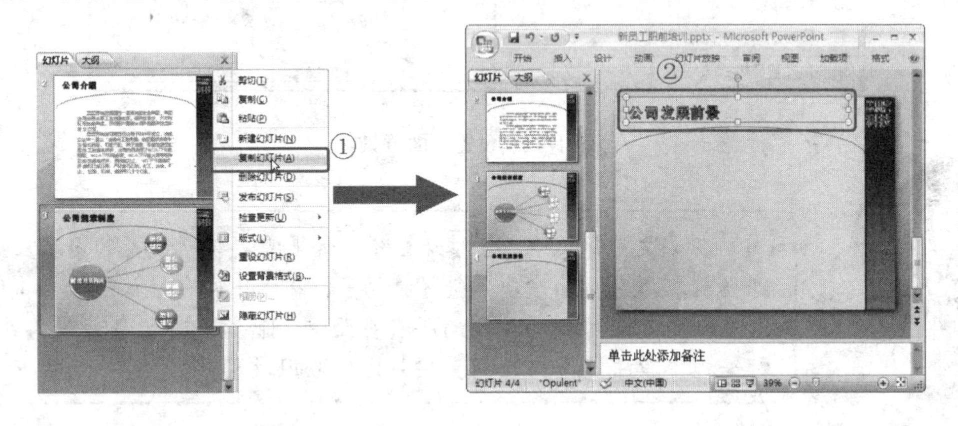

图 1-30 复制幻灯片　　　　图 1-31 修改复制后幻灯片的标题文本

步骤3 选择【插入】选项卡，在【插图】功能区中单击【SmartArt】按钮，在弹出的【选择 SmartArt 图形】对话框左侧选择【流程】选项，并在右侧选择【向上箭头】选项，然后单击【确定】按钮插入向上列表，如图 1-32 所示。

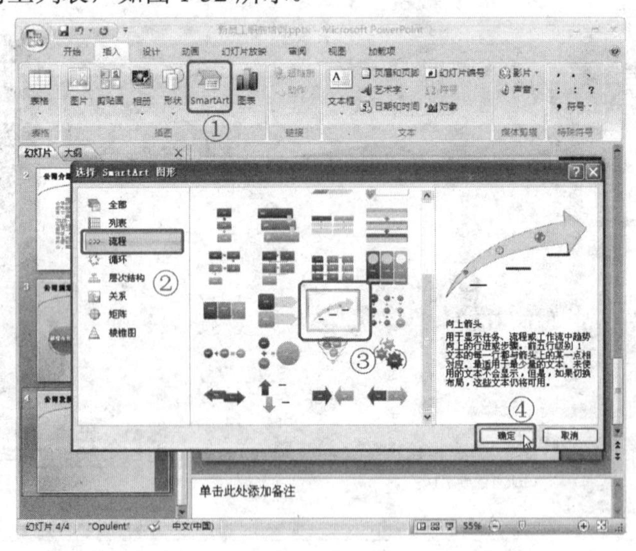

图 1-32 插入向上列表

步骤4　在【SmartArt 工具设计】选项卡的【SmartArt 样式】功能区中单击【更改颜色】按钮，在下拉列表中选择【彩色范围-强调文字颜色 2 至 3】选项设置颜色，如图 1-33 所示。

步骤5　在【SmartArt 工具设计】选项卡的【SmartArt 样式】功能区中单击【快速样式】按钮，在下拉列表中选择【嵌入】选项设置 SmartArt 图形样式，如图 1-34 所示。

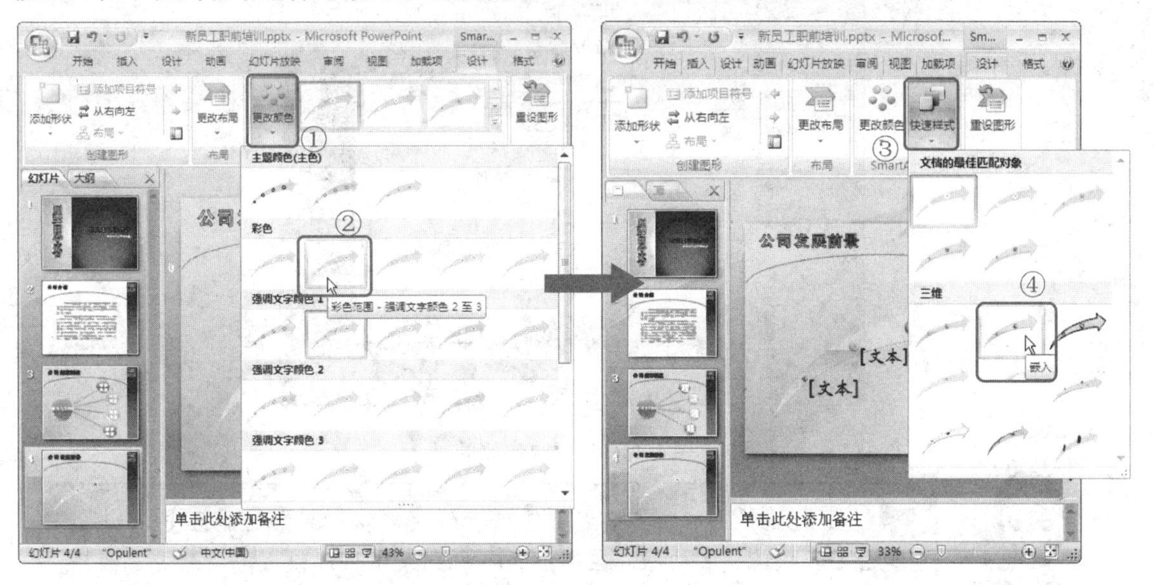

图 1-33　设置颜色　　　　图 1-34　设置 SmartArt 图形样式

步骤6　单击【向上箭头】外框左侧的 按钮打开【在此处键入文字】文本窗格，并输入公司发展前景的相关总结性文本，然后调整向上箭头的大小和位置，如图 1-35 所示。

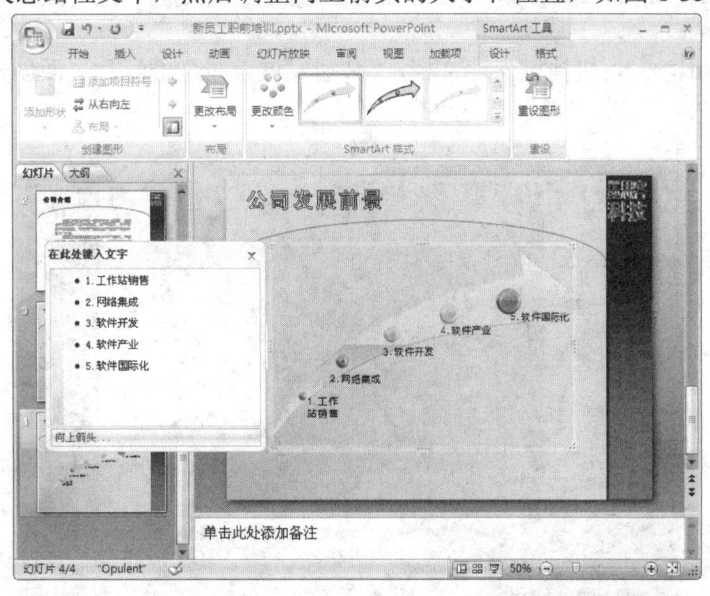

图 1-35　输入文本并调整位置

步骤7　在【SmartArt 工具格式】选项卡的【形状样式】功能区中单击【形状效果】按钮，

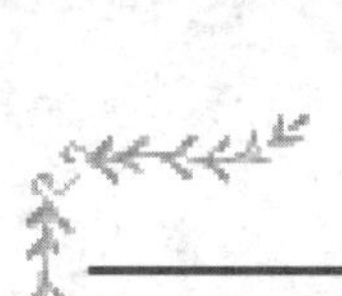

然后在下拉列表中选择【映像】选项，在子列表项中选择【紧密映像，接触】选项，设置向上箭头的映像效果，如图 1-36 所示。

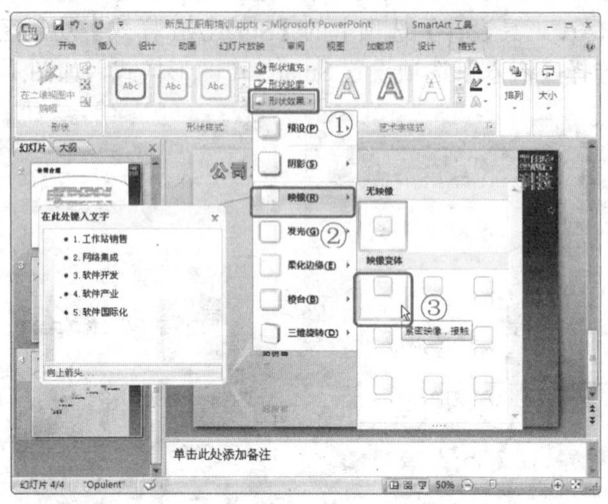

图 1-36　设置映像效果

在【SmartArt 工具格式】选项卡的【形状样式】功能区中，如果单击【形状填充】按钮，在弹出的下拉列表中可以设置渐变填充、纹理填充和图片填充等效果；单击【形状轮廓】按钮，在弹出的下拉列表中可以设置轮廓线条的颜色、粗细、线型等效果；单击【形状效果】按钮，除了可以设置对象的映像效果外，还可以对阴影、发光、柔滑边缘、棱台和三维旋转等特殊效果进行设置。

步骤8　按<Ctrl>+<S>快捷键保存文档，“公司发展前景”幻灯片页面创建完毕，如图 1-37 所示。

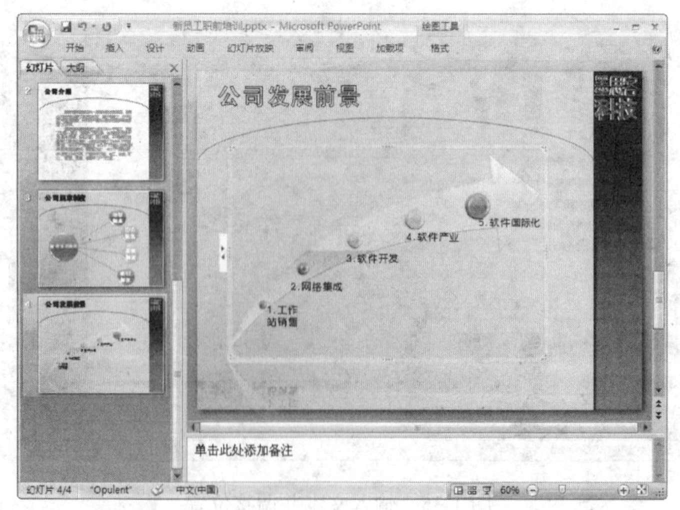

图 1-37　“公司发展前景”幻灯片页面效果

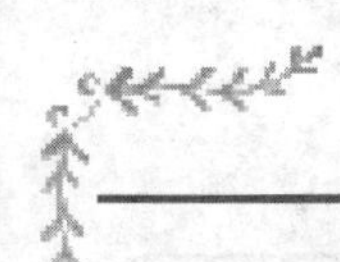

1.2.5　创建幻灯片结束页

幻灯片的结束页面同首页的设置基本相似，所以可以通过复制首页幻灯片，然后通过修改创建结束页，其具体操作步骤如下。

步骤1　在幻灯片导航栏中选择第 1 个幻灯片页面，然后单击鼠标右键，在弹出的快捷菜单中选择【复制幻灯片】命令，如图 1-38 所示。

步骤2　在导航栏的第 4 个幻灯片下方单击鼠标右键，在弹出的菜单中选择【粘贴】命令粘贴第 1 个幻灯片页面，如图 1-39 所示。

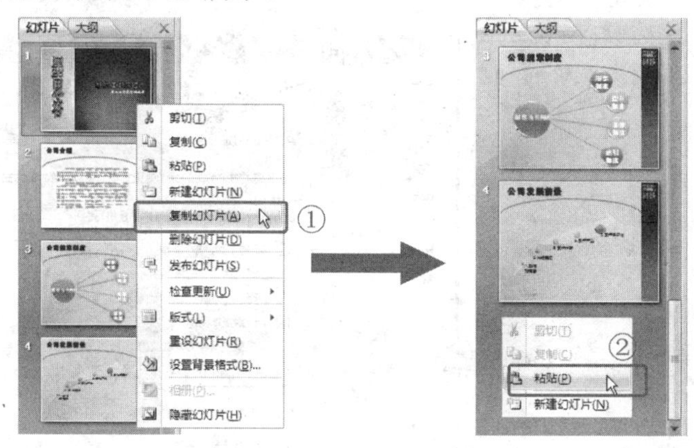

图 1-38　复制幻灯片　　　　图 1-39　粘贴幻灯片

步骤3　进入所粘贴的幻灯片页面中，将文本“新员工职前培训”改为“欢迎加入墨思客！☺”，字体、字号和字体颜色保持不变。至此结束页幻灯片创建完毕，可以通过按<F5>键预览效果，如图 1-40 所示。

图 1-40　结束页幻灯片页面预览

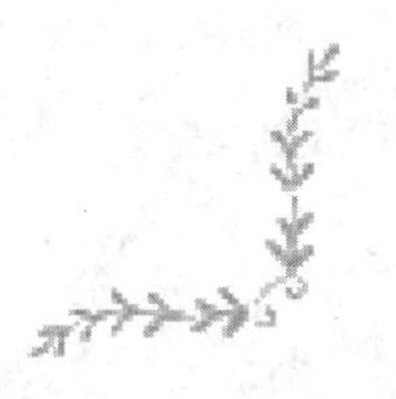

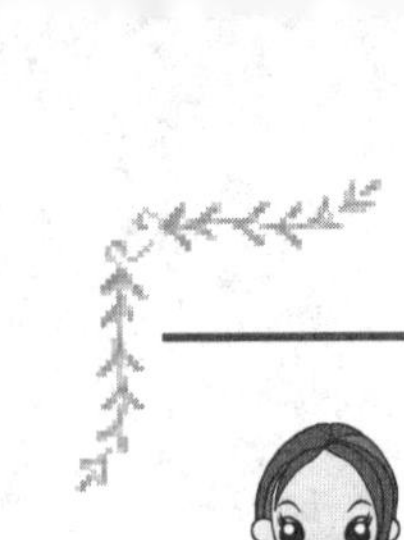

重点知识

在 PowerPoint 2007 中，如果输入字符“:)”和“==>”则通过【自动更正选项】自动产生“☺”和“➔”特殊符号。若是需要关闭此项设置，可以先单击【Office】按钮，在弹出的菜单中单击【PowerPoint 选项】按钮，在弹出的【PowerPoint 选项】对话框左侧列表中选择【校对】选项，在右侧单击【自动更正选项】按钮，如图 1-41 所示，打开【自动更正】对话框，在【键入时自动套用格式】选项卡中取消对【笑脸:）和箭头（==>）替换为特殊符号】复选框的勾选，再单击【确定】按钮，如图 1-42 所示。

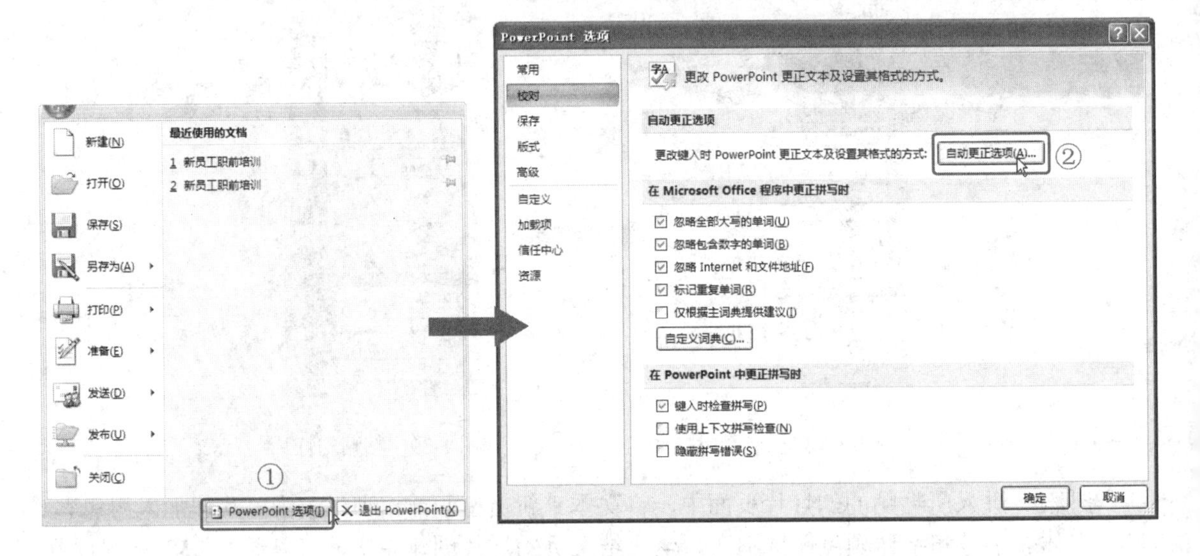

图 1-41　单击【自动更正选项】按钮

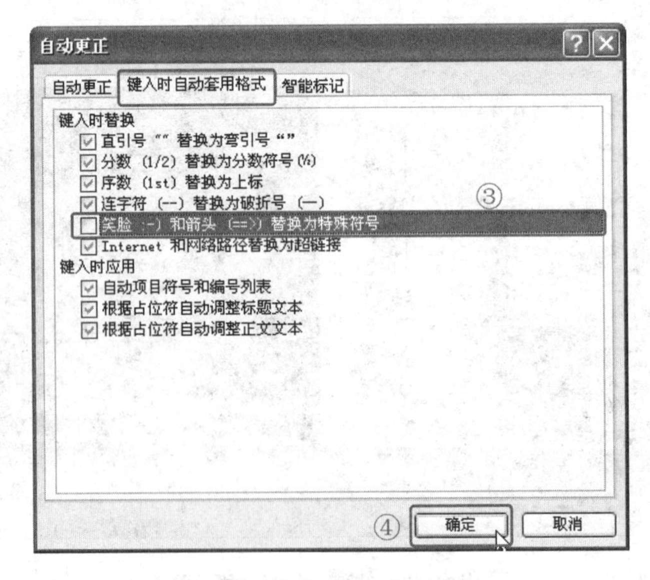

图 1-42　设置【自动更正】对话框

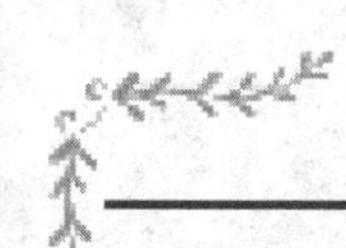

1.3　实例总结

本实例是关于新员工职前培训的幻灯片实例，为了使大家熟悉 PowerPoint 2007 的基本操作，所以在创建时尽量都使用了 PowerPoint 2007 中的自带功能。通过本实例的学习，需要掌握以下的一些幻灯片基础知识。

- 通过已安装的模板或者主题新建幻灯片文档。
- 文本框的输入以及字体、字号等的设置。
- 图片的插入以及大小和位置的调整。
- 幻灯片页面的插入、复制和粘贴的方法。
- 弧形的绘制及其形状样式的设置。
- 幻灯片文档的保存。
- “射线列表”和“向上箭头”SmartArt 图形的创建和设置。

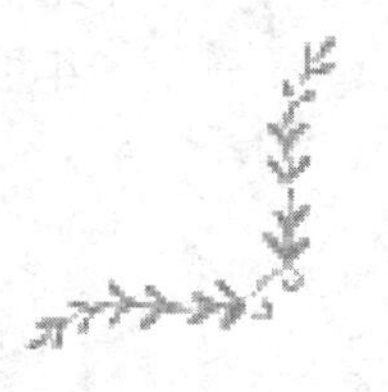

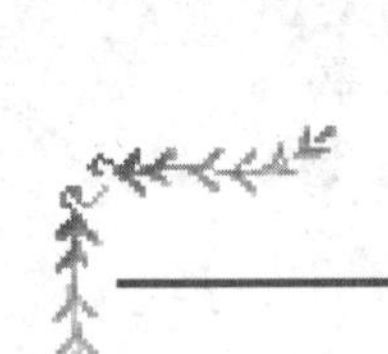

实例 2　年度工作总结

现在大部分企业在年终时都会对即将过去的一年的工作进行总结，总结这一年来的不足和所取得的成绩，包括生产、销售等各方面的内容，并且制定下一年的发展规划，为新的一年制定确实可行的目标。

2.1　实例分析

本实例就是通过 PowerPoint 2007 创建一个企业年度工作总结的幻灯片演示文稿，演示文稿中包括对一年工作的总结和对于下一年工作的具体发展规划等内容。年度工作总结幻灯片制作完成后的浏览效果如图 2-1 所示。

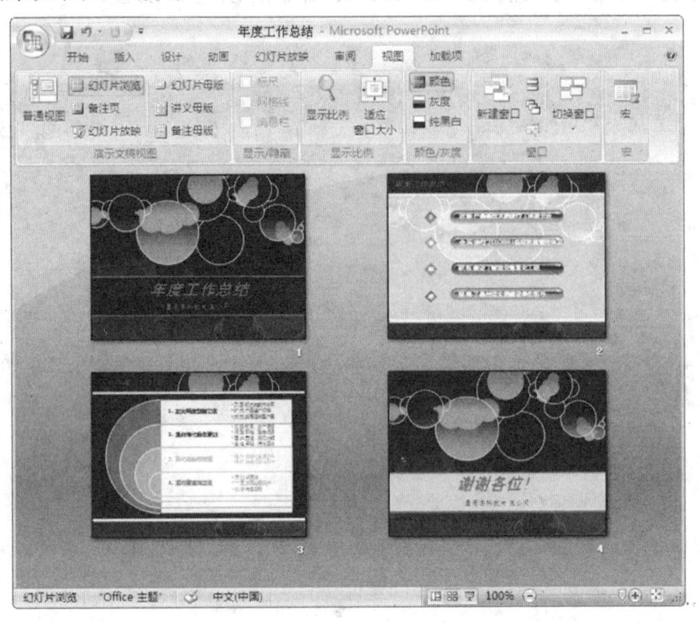

图 2-1　幻灯片浏览效果

2.1.1　设计思路

本实例是有关年度工作的总结性报告，因此在语言方面应该简洁明了，在版式和颜色搭配方面应该力求大方沉稳。本实例主要是通过插入背景图片创建幻灯片的主背景，然后再通过绘制矩形并设置相应的透明度创建主要内容的背景形状，其中也包含线条的创建和图片的插入。

本幻灯片中各页面设计的基本思路为：首页（即幻灯片标题和公司名称）→年度工作总结→下一年度工作规划→结束页。

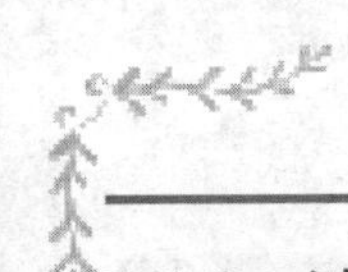

2.1.2 涉及的知识点

在幻灯片演示文稿的制作中，首先创建一个幻灯片文档，在幻灯片中设置背景图片，并输入文本、调整文本格式，然后在幻灯片中插入了图片和形状，而且在“下一年度工作规划”页面中插入了 SmartArt 图形，并对其进行调整。

在制作年度工作总结幻灯片时主要用到了以下几个方面的知识点：

- ✧ 创建新的幻灯片文档
- ✧ 设置幻灯片背景图片
- ✧ 图片的插入和调整
- ✧ 形状的绘制和调整
- ✧ SmartArt 图形的插入和设置

2.2 实例操作

本节就根据前面所分析的设计思路和知识点，使用 PowerPoint 2007 对年度工作总结幻灯片的制作步骤进行详细地讲解。

2.2.1 创建幻灯片首页

通常幻灯片的首页主要由幻灯片的标题以及公司名称所组成，下面就对年度工作总结幻灯片的首页进行制作，其具体操作步骤如下。

步骤1 在任务栏中单击【开始】按钮，然后在弹出的菜单中依次选择【程序】→【Microsoft Office】→【Microsoft Office PowerPoint 2007】命令，启动 PowerPoint 2007。

步骤2 在 PowerPoint 2007 界面的左上角单击【Office】按钮，在弹出的菜单中选择【新建】命令，打开【新建演示文稿】对话框，然后在【模板】列表中选择【空白演示文稿】选项，选择完毕后单击【创建】按钮，创建空白演示文稿，如图 2-2 所示。

在“新建演示文稿”对话框中除了可以新建空白演示文稿外，还可以在“模板”列表中选择“已安装的模板”选项套用已有的模板创建幻灯片，或者在“Microsoft Office Online”列表中进入 Microsoft 网站下载所需要的模板进行幻灯片的创建。

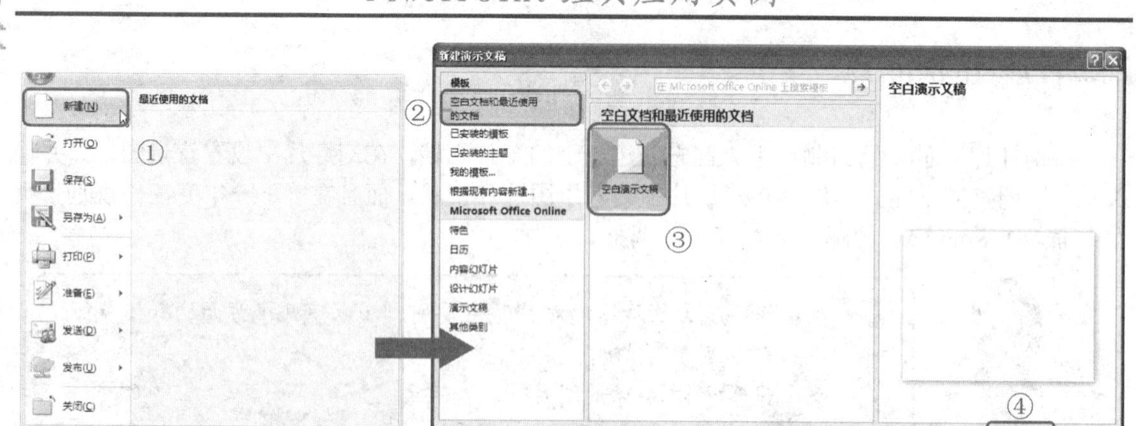

图 2-2　创建空白演示文稿

步骤3　在所创建的空白演示文稿中删除所有的文本框，然后在文档空白处单击鼠标右键，在弹出的快捷菜单中选择【设置背景格式】命令。

步骤4　在弹出的【设置背景样式】对话框左侧选择【填充】选项，然后在右侧点选【图片或纹理填充】单选钮，并在【插入自】选项组中单击【文件】按钮，如图 2-3 所示。

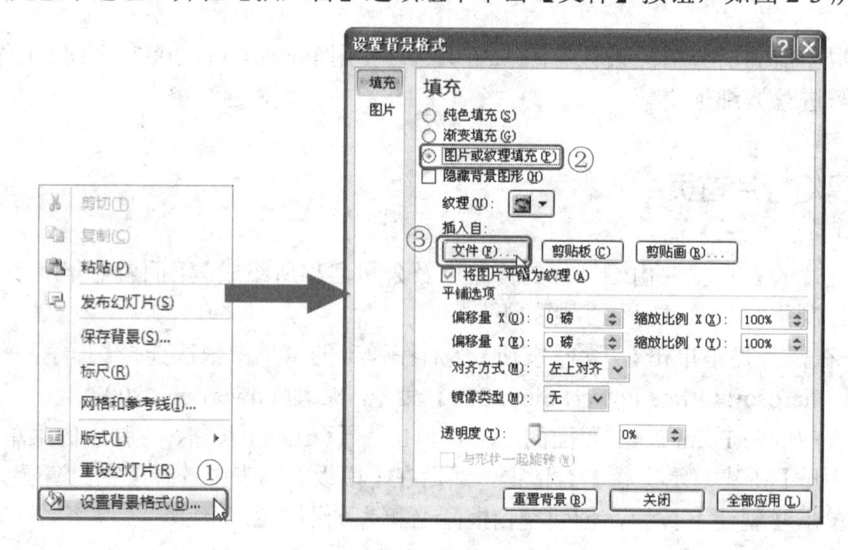

图 2-3　【设置背景样式】对话框

步骤5　在打开的【插入图片】对话框上方的【查找范围】下拉列表中，选择路径为“PowerPoint 经典应用实例\第 1 篇\实例 2”文件夹中的“bg01.jpg”图片文件，然后单击【插入】按钮。

步骤6　返回到【设置背景样式】对话框中，直接单击【全部应用】按钮，对全部幻灯片应用此设置，然后单击【关闭】按钮退出对话框，如图 2-4 所示。

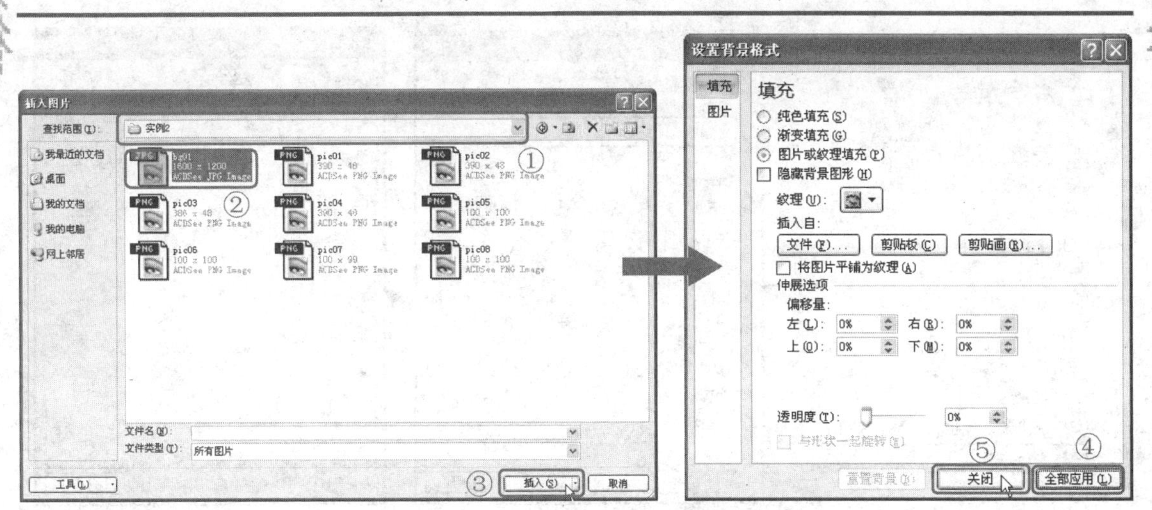

图 2-4　设置背景图片

步骤7　在幻灯片编辑区中选择【插入】选项卡，然后在【插图】功能区中单击【形状】按钮，并在下拉列表中选择【矩形】选项。

步骤8　在幻灯片编辑区中单击鼠标左键并拖动创建一个矩形，如图 2-5 所示。

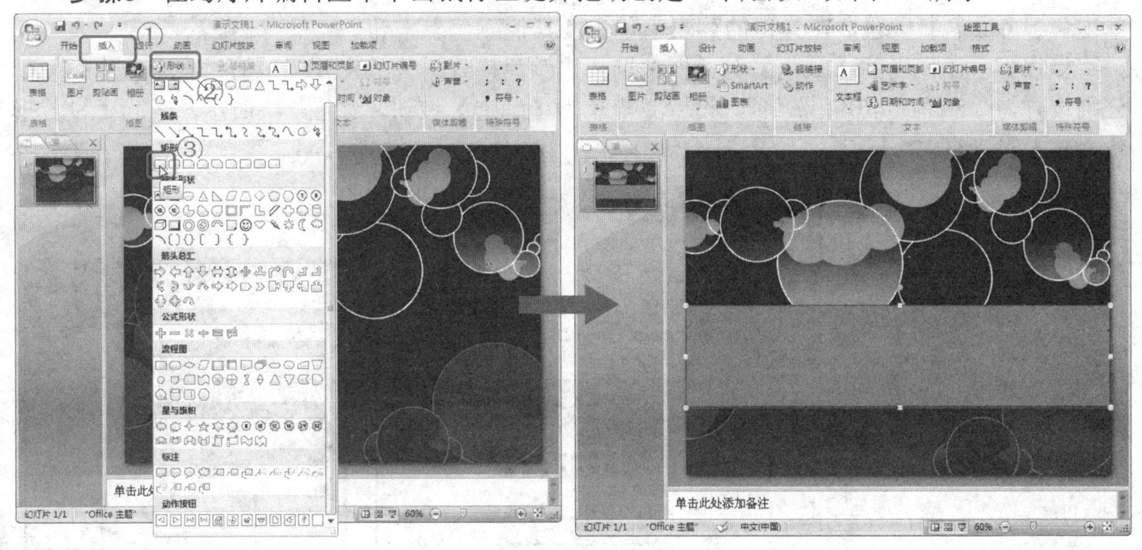

图 2-5　创建矩形

步骤9　在所绘制的矩形上单击鼠标右键，在弹出的快捷菜单中选择【大小和位置】命令，打开【大小和位置】对话框。

步骤10　选择【大小】选项卡，然后在【高度】文本框中输入“4.5 厘米”，在【宽度】文本框中输入“25.4 厘米”。

步骤11　选择【位置】选项卡，然后在【水平】文本框中输入“0 厘米”，在【垂直】文本框中输入“11.77 厘米”，设置完毕单击【关闭】按钮调整矩形的位置，如图 2-6 所示。

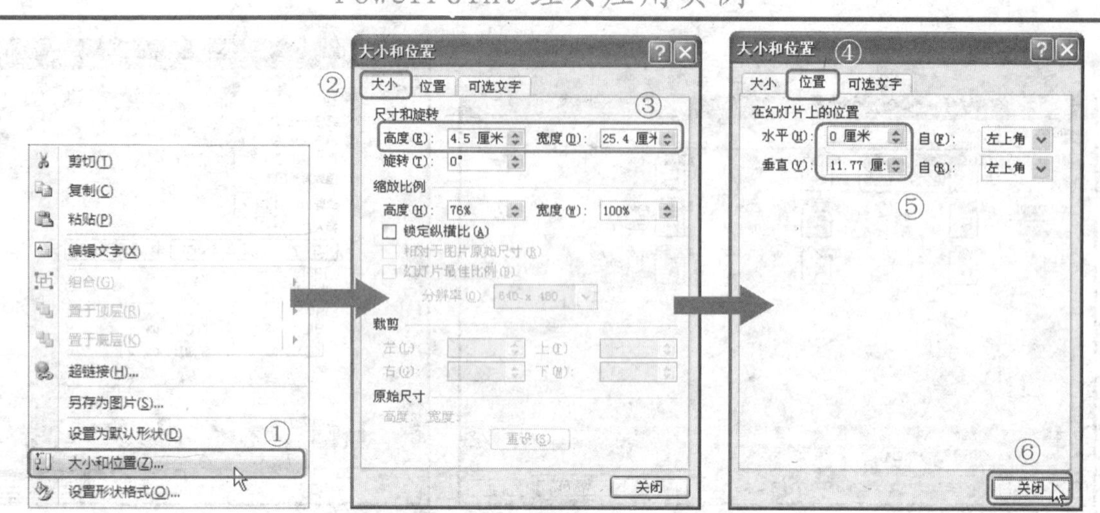

图 2-6　设置矩形的大小和位置

步骤12　在所绘制的矩形上单击鼠标右键，在弹出的快捷菜单中选择【设置形状格式】命令，打开【设置形状格式】对话框。

步骤13　在左侧选择【填充】选项，在【填充】选项卡中点选【纯色填充】单选钮，然后单击【颜色】按钮，在弹出的列表中单击【其他颜色】按钮。

步骤14　在弹出的【颜色】对话框中选择“颜色模式”为“RGB”，将红、绿、蓝 3 色值分别设置为“84”、“40”和“4”，设置完毕单击【确定】按钮，如图 2-7 所示，返回【设置形状格式】对话框。

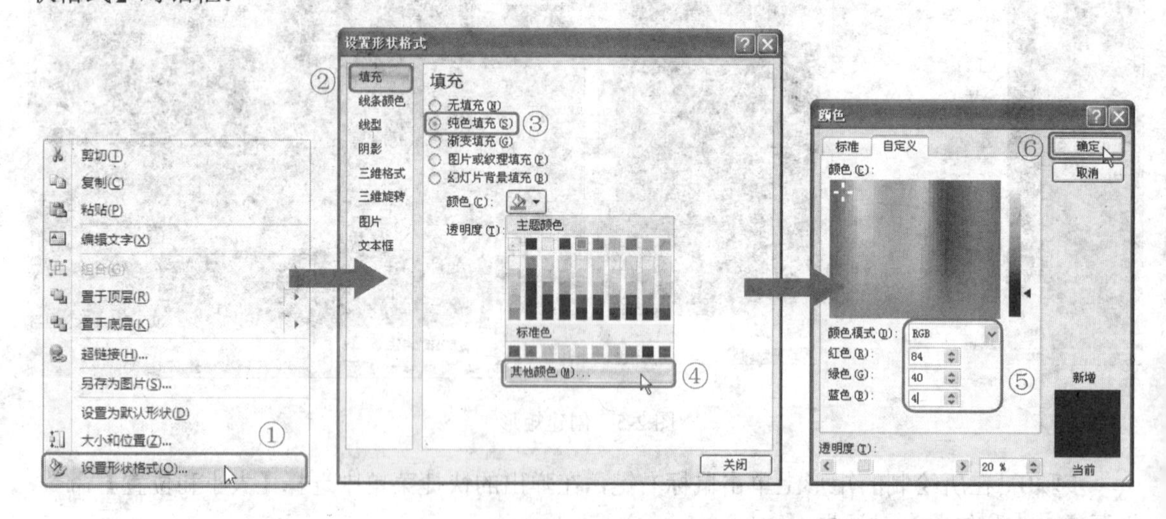

图 2-7　设置矩形填充颜色

步骤15　在【设置形状格式】对话框中设置透明度为“20%”，如图 2-8 所示，然后在对话框左侧选择【线条颜色】选项，并在【线条颜色】选项卡中点选【无线条】单选钮，如图 2-9 所示。

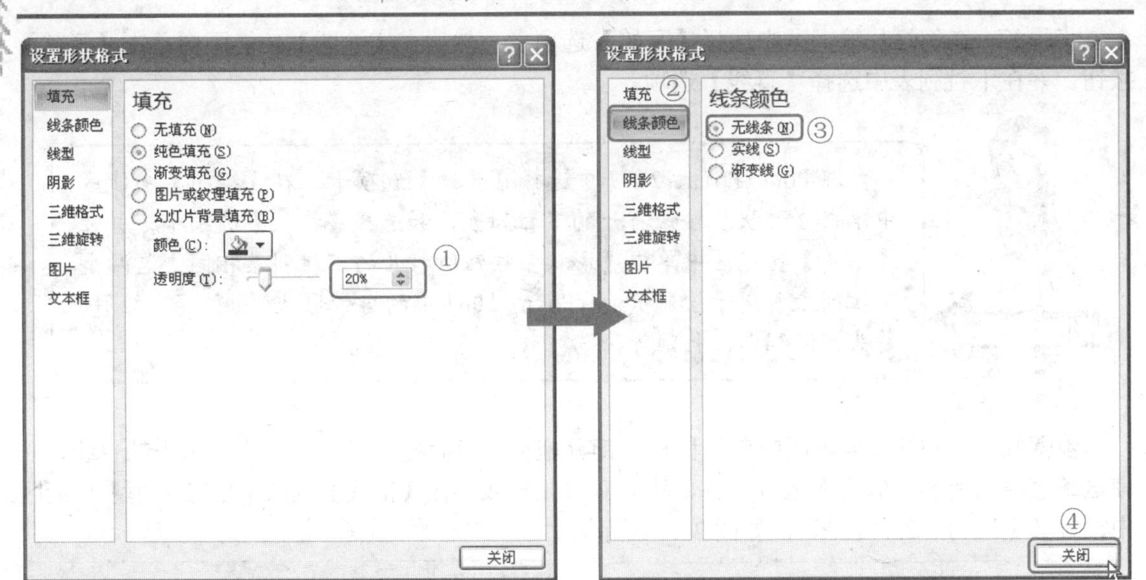

图 2-8　设置填充颜色的透明度　　　　图 2-9　设置矩形线条颜色

重点知识

RGB 是色光的彩色模式，其中 R 代表红色（Red），G 代表绿色（Green），B 代表蓝色（Blue），图像色彩均由 RGB 数值决定。当 RGB 色彩数值均为 0 时，为黑色；当 RGB 色彩数值均为 255 时，为白色；当 RGB 色彩数值相等时，产生灰色。三种色彩相叠加形成了其他的色彩。因为三种颜色每一种都有 256 个亮度水平级，所以三种色彩叠加就能形成 1670 万种颜色。

步骤16　单击【关闭】按钮关闭对话框，即可设置矩形的填充颜色，如图 2-10 所示。

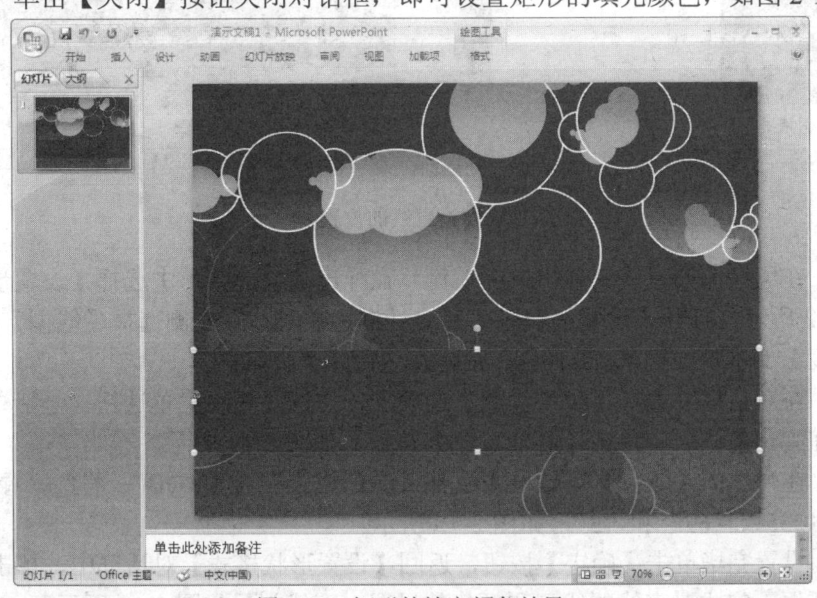

图 2-10　矩形的填充颜色效果

步骤17 在幻灯片编辑区中选择【开始】选项卡，然后在【绘图】功能区中单击【形状】按钮，并在下拉列表中选择【直线】选项。

在 PowerPoint 2007 中选择【开始】选项卡，在【绘图】功能区中单击【形状】按钮打开的下拉列表，和选择【插入】选项卡，并在【插图】功能区中单击【形状】按钮所打开的下拉列表相同。这两个下拉列表都用于绘制 PowerPoint 2007 中的自带形状，如线条、矩形、箭头、流程图、标注等。

步骤18 在幻灯片编辑区中单击鼠标左键并拖动，然后释放鼠标创建一条水平的直线，并使这条直线同所创建的矩形上方对齐，然后双击此直线，在【格式】选项卡的【大小】功能区中设置其宽度为“25.4 厘米”，如图 2-11 所示。

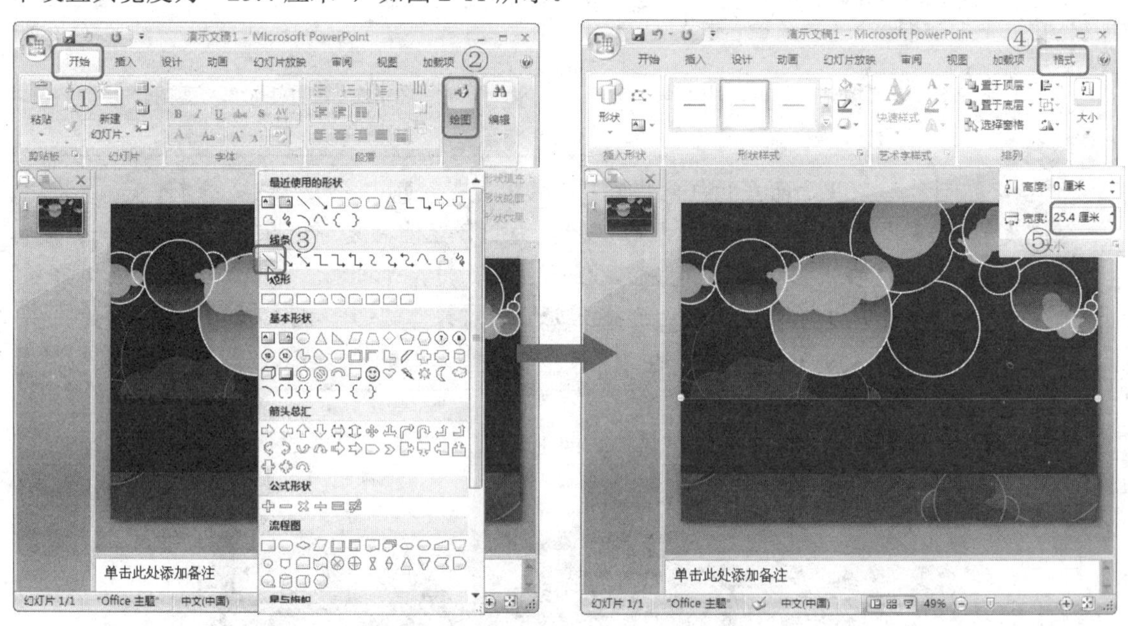

图 2-11 设置直线的位置和大小

步骤19 在所绘制的直线上单击鼠标右键，在弹出的快捷菜单中选择【设置形状格式】命令，如图 2-12 所示，打开【设置形状格式】对话框，在对话框左侧选择【线型】选项，并在右侧的【宽度】文本框中输入“5 磅”，如图 2-13 所示。

步骤20 在对话框中选择【线条颜色】选项卡，点选【实线】单选钮，然后单击【颜色】按钮，在弹出的列表中单击【其他颜色】按钮，如图 2-14 所示。

步骤21 在弹出的【颜色】对话框中选择“颜色模式”为“RGB”，将红、绿、蓝 3 色值分别设置为“235”、“69”和“3”，如图 2-15 所示。

步骤22 设置完毕单击【确定】按钮，返回【设置形状格式】对话框中，单击【关闭】按钮，关闭对话框，完成对直线的线型和颜色的设置，直线效果如图 2-16 所示。

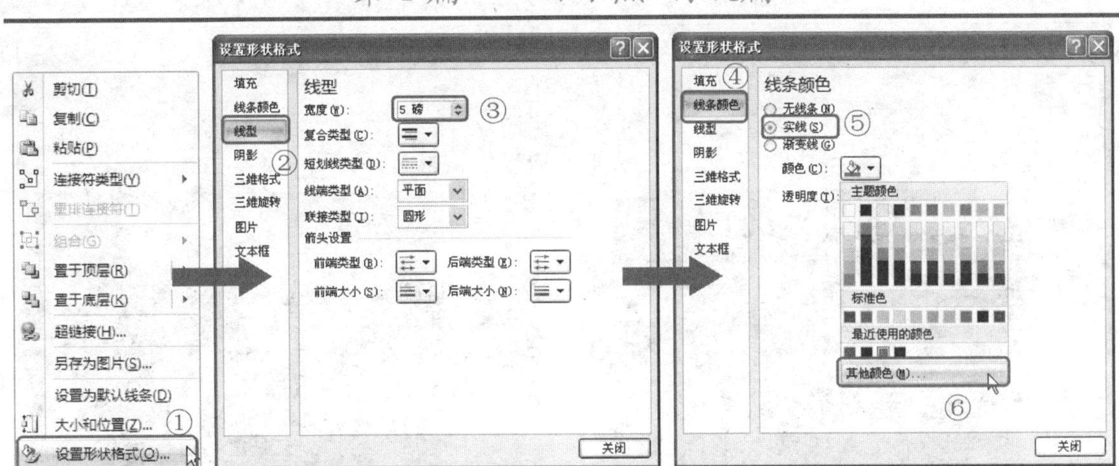

图2-12　右键菜单　　图2-13　设置线型宽度　　图2-14　单击【其他颜色】按钮

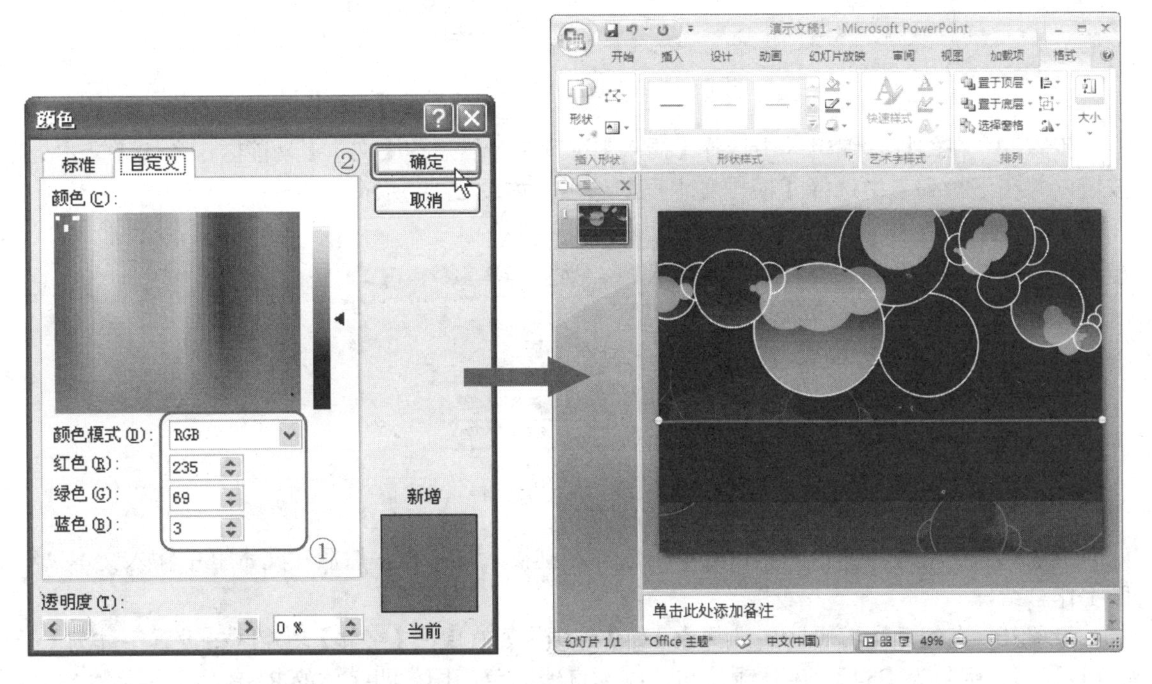

图2-15　设置直线颜色的RGB值　　图2-16　直线效果

步骤23　选择所设置的直线，选择【开始】选项卡，在【剪贴板】功能区中先单击【复制】按钮，再单击【粘贴】按钮，复制所选择的直线，并调整直线的位置，如图2-17所示。

操作技巧

如果需要复制所选择的对象，除了上面所介绍的方法外，还可以先选择所要复制的对象，然后按住<Ctrl>键使用鼠标左键拖动对象，释放鼠标后即可复制。此外也可以通过按下<Ctrl>+<C>快捷键和<Ctrl>+<V>快捷键来完成复制和粘贴的操作。

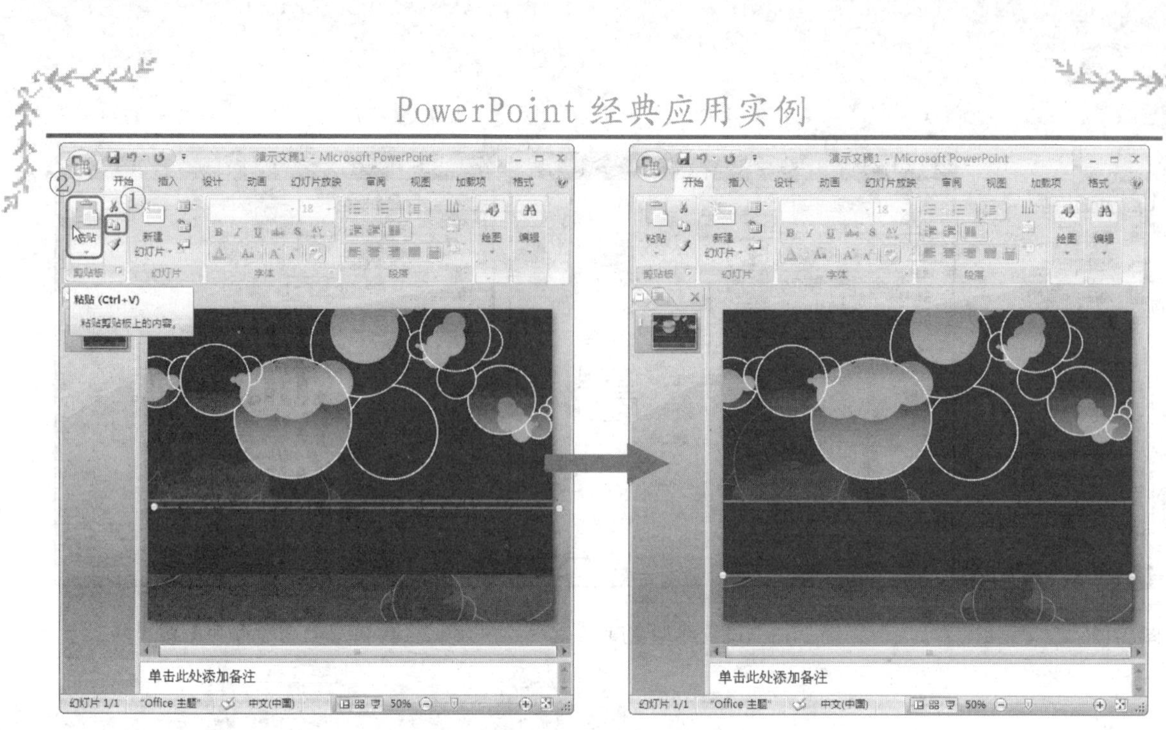

图 2-17　粘贴直线并调整位置

步骤24　在幻灯片编辑区中选择【插入】选项卡，然后在【文本】功能区中单击【文本框】按钮，并在下拉列表中选择【横排文本框】选项，如图 2-18 所示。

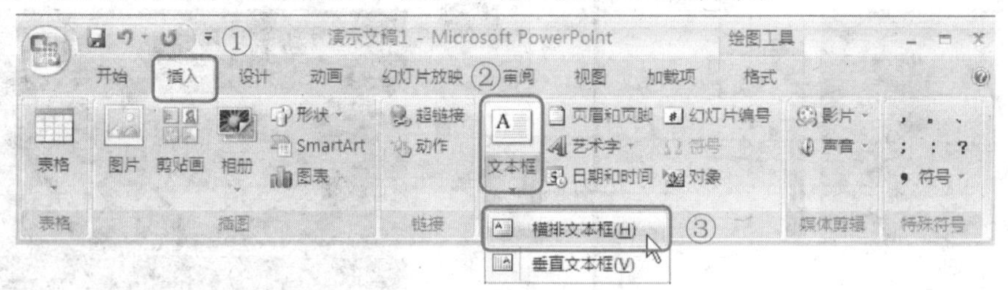

图 2-18　插入文本框

步骤25　在幻灯片文档的空白处单击鼠标左键插入文本框，然后在文本框中输入文本“年度工作总结”。

步骤26　在幻灯片编辑区中选择【开始】选项卡，然后在【字体】功能区中设置字体为【经典粗黑简】、字号为【54】，字体颜色与绘制的直线颜色相同，即字体的 RGB 值分别为“235”、“69”和“3”，并单击 【倾斜】按钮使文字倾斜，再使用鼠标拖动调整文本的位置，使其如图 2-19 所示。

除了在【开始】选项卡的【字体】功能区中设置文本外，还可以先选择需要设置的文本，然后在弹出的浮动工具栏中对文本的字体、字号、文本颜色以及对齐方式进行设置。

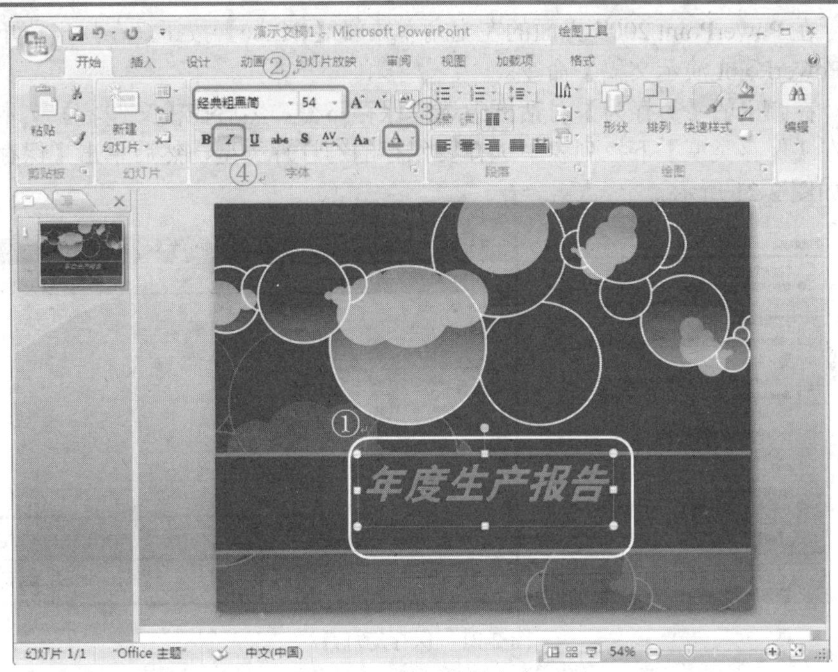

图 2-19　设置标题文本

步骤27　在幻灯片编辑区中选择【插入】选项卡，然后在【文本】功能区中单击【文本框】按钮，插入一个文本框，并输入公司名称，如“墨思客科技有限公司”，设置字体为【华文仿宋】、字号为【24】，字体颜色与上个文本相同，调整文本的位置使之如图 2-20 所示。此时年度工作总结幻灯片首页创建完毕。

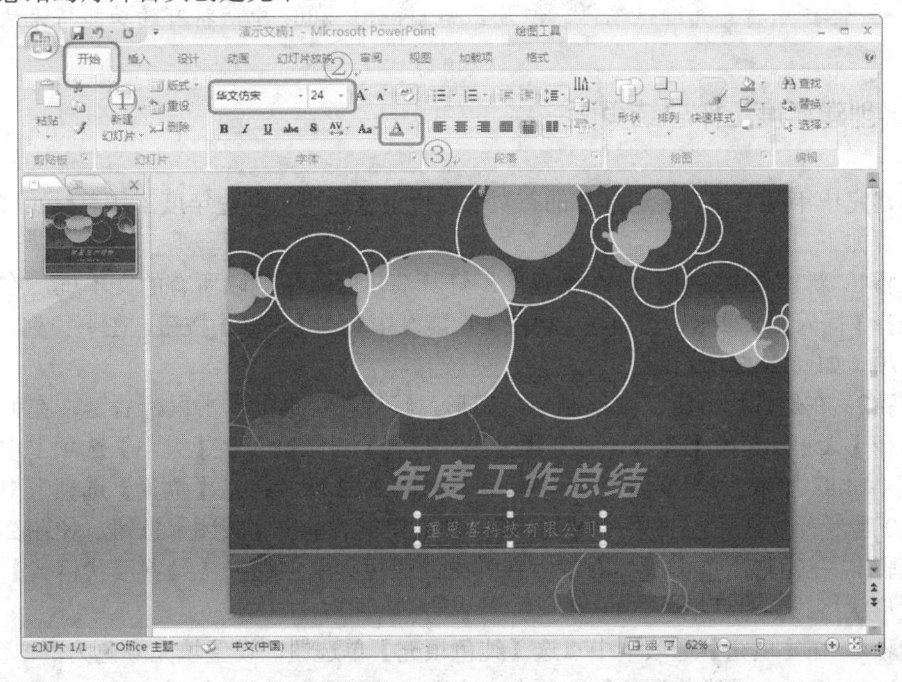

图 2-20　设置副标题文本

步骤28 在 PowerPoint 2007 界面的左上角单击【Office】按钮，在弹出菜单中选择【另存为】→【PowerPoint 演示文稿】命令。

步骤29 在弹出的【另存为】对话框中选择保存路径，然后在【文件名】文本框中输入文件名称，并在【保存类型】下拉列表中选择要保存的幻灯片类型，然后单击【保存】按钮保存演示文稿，如图 2-21 所示。

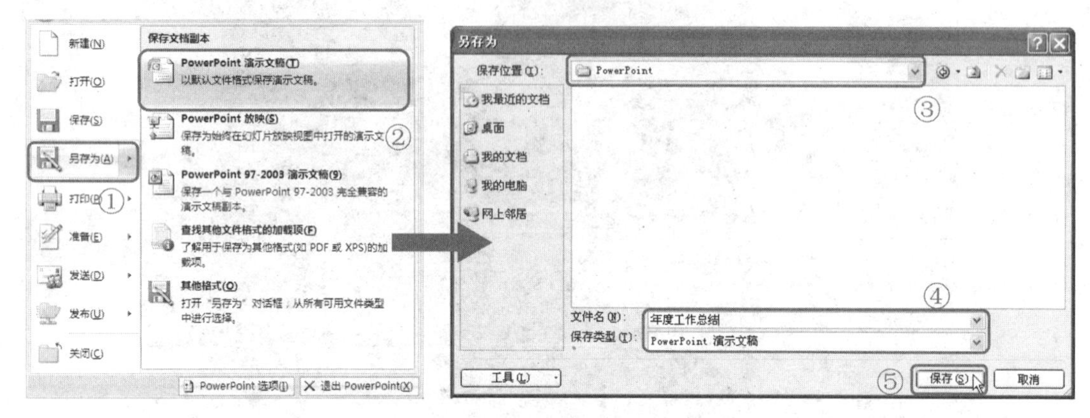

图 2-21　保存幻灯片

重点知识

在【另存为】对话框的保存类型下拉列表可以选择幻灯片文档的保存格式。默认选项【PowerPoint 演示文稿】为 PowerPoint 2007 文件格式，其扩展名为“.pptx”，但只能在 PowerPoint 2007 程序中打开；如果选择保存类型为【PowerPoint 97—2003 演示文稿】选项就可以在多个 PowerPoint 版本中打开并进行编辑，但是 PowerPoint 2007 中所特有的功能将无法保存。

2.2.2 创建年度工作总结页面

创建完毕年度工作总结幻灯片的首页后，接下来就可以创建年度工作总结页面了，其具体操作步骤如下。

步骤1 新建一个幻灯片，在新建的幻灯片演示文稿中删除所有的文本框，在幻灯片编辑区中选择【插入】选项卡，然后在【插图】功能区中单击【形状】按钮，在下拉列表中选择【矩形】选项，如图 2-22 所示。

步骤2 在幻灯片编辑区中绘制一个矩形，然后在矩形上单击鼠标右键，在弹出的快捷菜单中选择【大小和位置】命令，打开【大小和位置】对话框，在【大小】选项卡中设置矩形的高度为“14.88 厘米”，宽度为“25.4 厘米”，如图 2-23 所示；在【位置】选项卡中设置水平位置为“0 厘米”，垂直位置为“2.18 厘米”，设置完毕后单击【关闭】按钮，如图 2-24 所示。

步骤3 在矩形上单击鼠标右键，在弹出的快捷菜单中选择【设置形状格式】命令，打开【设置形状格式】对话框。

步骤4 在【填充】选项卡中点选【纯色填充】单选钮，设置填充颜色为“白色”，透明度为“20%”，然后在【线条颜色】选项卡中点选【无线条】单选钮，如图 2-25 所示。

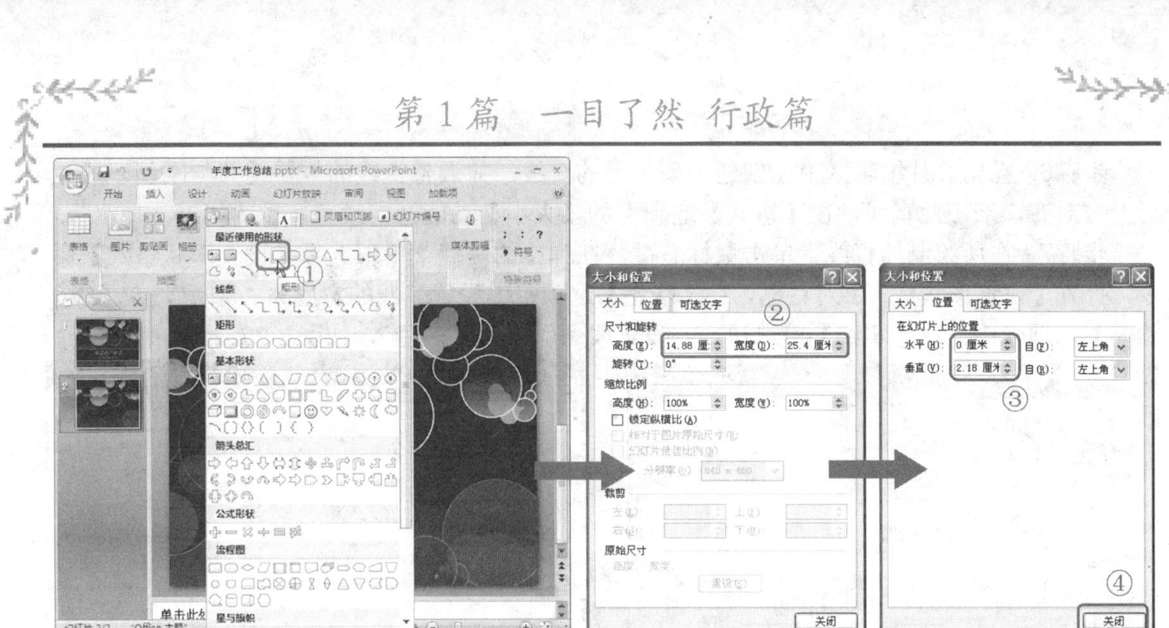

图 2-22　绘制矩形　　图 2-23　设置矩形大小　　图 2-24　设置矩形位置

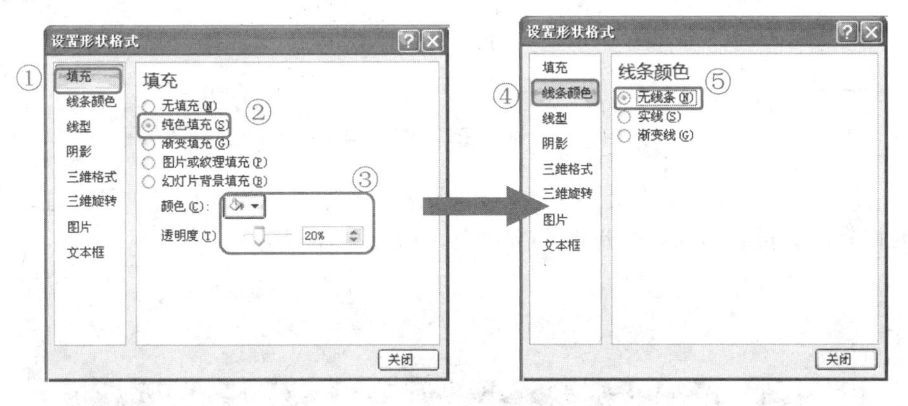

图 2-25 设置矩形的填充和线条

步骤5　设置完毕单击【关闭】按钮关闭对话框，绘制的矩形效果如图 2-26 所示。

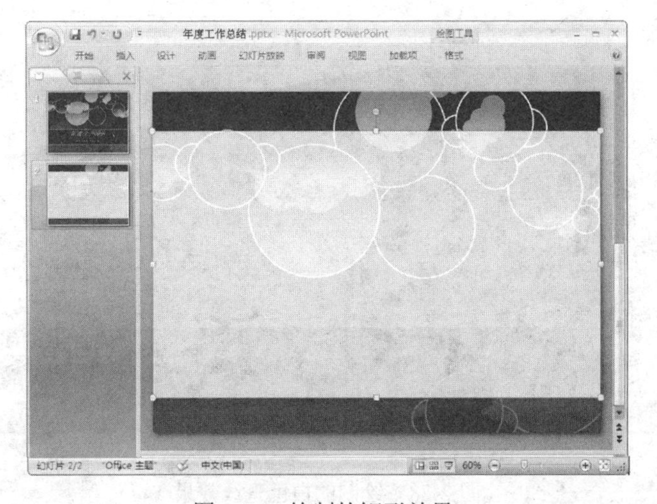

图 2-26　绘制的矩形效果

步骤6 在幻灯片编辑区中在创建一条水平的直线，并调整直线的位置使其与刚创建的矩形上方对齐，双击此直线，在【格式】选项卡的【大小】功能区中设置宽度为“25.4 厘米”。

步骤7 在所绘制的直线上单击鼠标右键，在弹出的快捷菜单中选择【设置形状格式】命令，打开【设置形状格式】对话框，在【线型】选项卡中设置直线的宽度为“8 磅”，在【线条颜色】选项卡中点选【实线】单选钮，并设置线条颜色为“白色”，如图 2-27 所示。

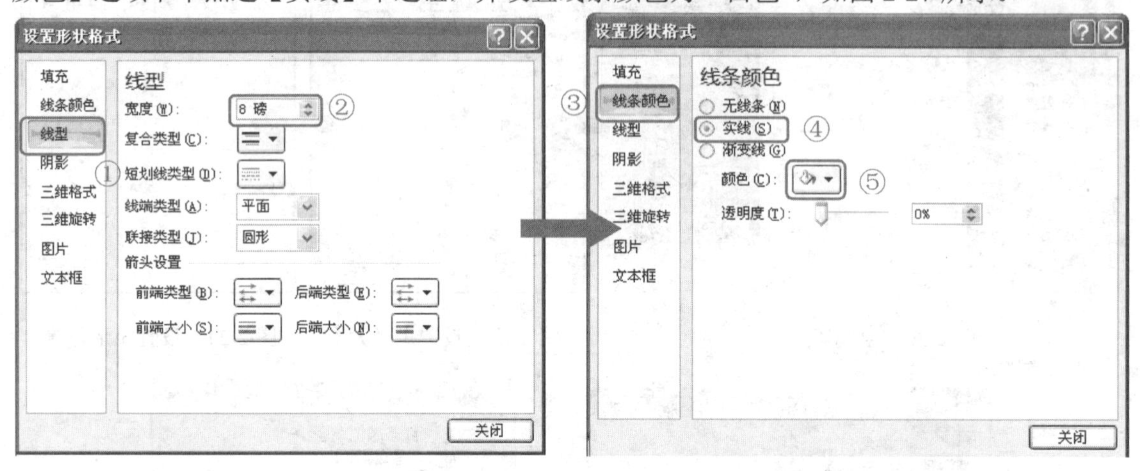

图 2-27　设置线型和线条颜色

步骤8 设置完毕后单击【关闭】按钮关闭对话框，然后按<Ctrl>键拖动白色直线将其复制一个，然后将复制的直线移动到矩形的下方位置，如图 2-28 所示。

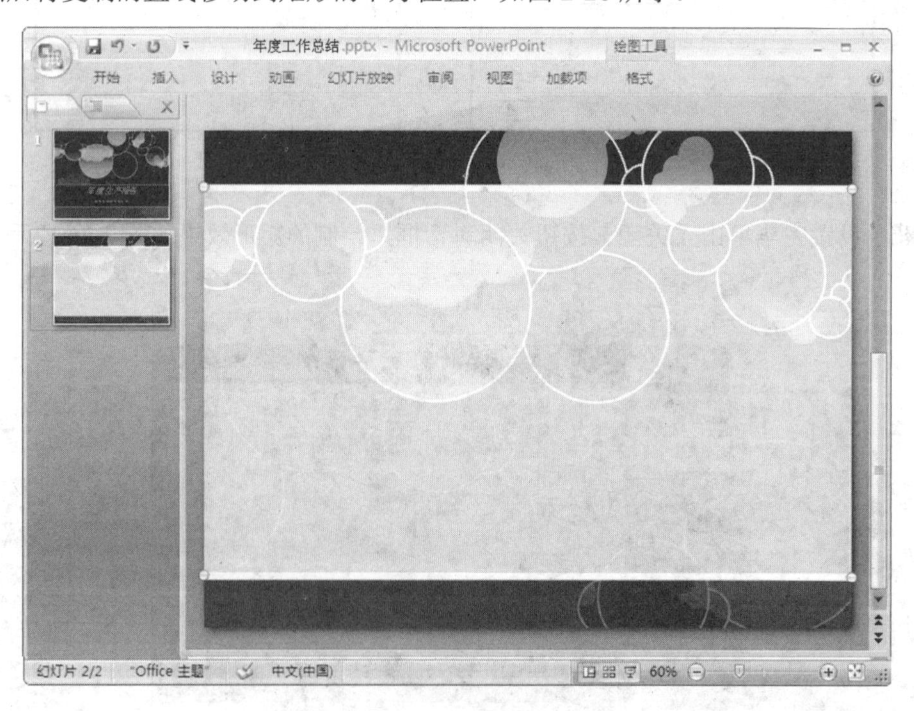

图 2-28　绘制的白色直线效果

步骤9　采用同样的方法再绘制一条红色的直线，设置直线的尺寸宽度为“25.4 厘米”，其位置同创建的矩形上方对齐，线型宽度为“2 磅”，线条颜色的 RGB 值分别为“235”、“69”和“3”。

步骤10　按<Ctrl>键拖动直线将其复制一个，然后将复制的直线移动到矩形的下方位置，其效果如图 2-29 所示。

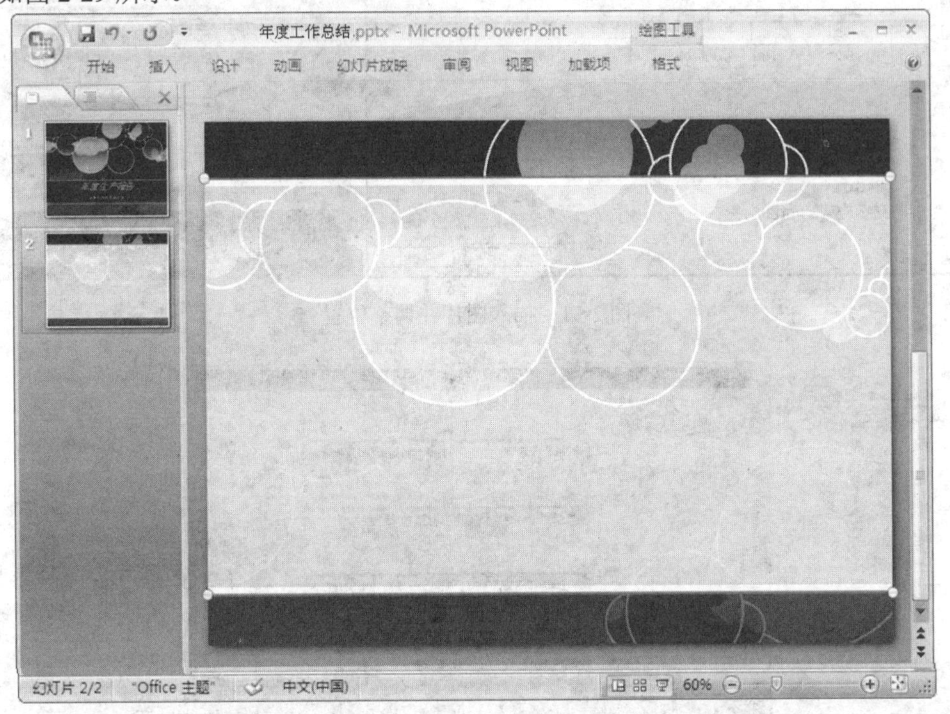

图 2-29　绘制的红色直线效果

步骤11　在幻灯片编辑区中选择【插入】选项卡，然后在【插图】功能区中单击【图片】按钮，如图 2-30 所示。

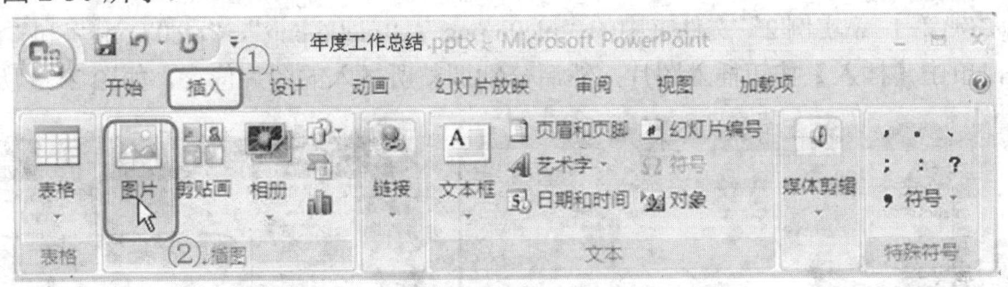

图 2-30　单击“图片”按钮

步骤12　在打开的【插入图片】对话框上方的【查找范围】下拉列表中，选择路径为“PowerPoint 经典应用实例\第 1 篇\实例 2”文件夹中的“pic01.png”、“pic02. png”、“pic03. png”和“pic04. png”图片文件，单击【插入】按钮，插入图片，然后再分别调整插入图片的位置，如图 2-31 所示。

步骤13　在编辑区中插入 4 个文本框，分别输入相应的文本，设置字体为【华文细黑】、字号为【20】、字体颜色为【白色】，并将其加粗显示，然后调整各文本框的位置，使其位于所插入图形的上方，如图 2-32 所示。

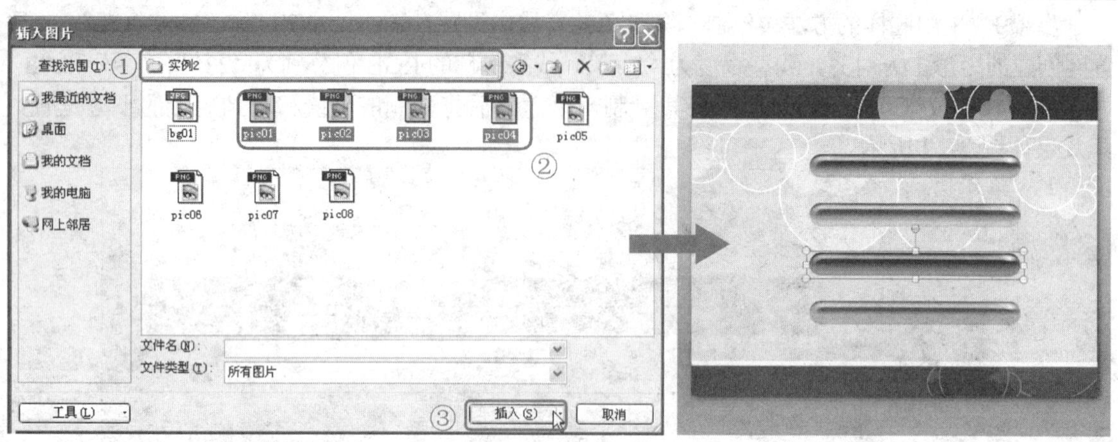

图 2-31　插入图片并调整位置

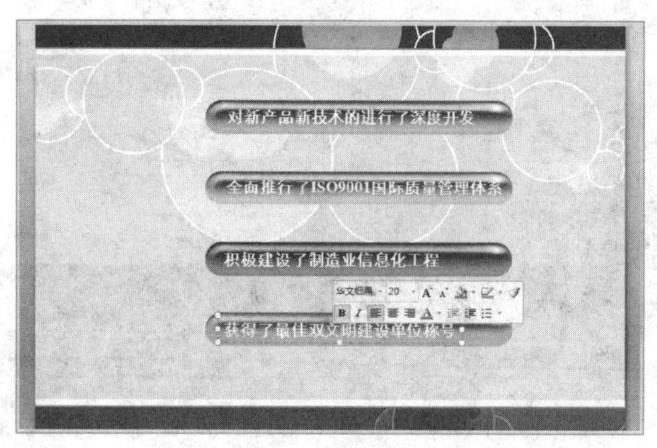

图 2-32　输入文本

步骤14　在"插图"功能区单击【图片】按钮，打开【插入图片】对话框，选择路径为"PowerPoint 经典应用实例\第 1 篇\实例 2"文件夹中的"pic05.png"、"pic06.png"、"pic07.png"和"pic08.png"图片文件，单击【插入】按钮插入图片，然后分别调整所插入的图片位置，如图 2-33 所示。

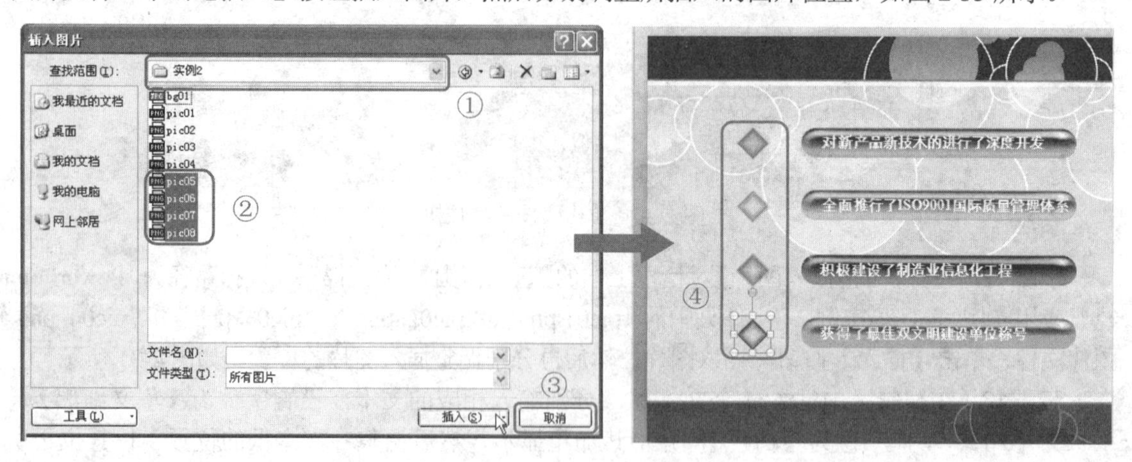

图 2-33　插入图片并调整位置

步骤15　在编辑区中插入一个文本框，选择【插入】选项卡，然后在【特殊符号】功能区中单击【符号】按钮，并在下拉列表中选择【更多】选项。

步骤16　在弹出的【插入特殊符号】对话框中选择【数字序号】选项卡，然后选择“Ⅰ”符号，选择完毕后单击【确定】按钮插入特殊符号，如图 2-34 所示。

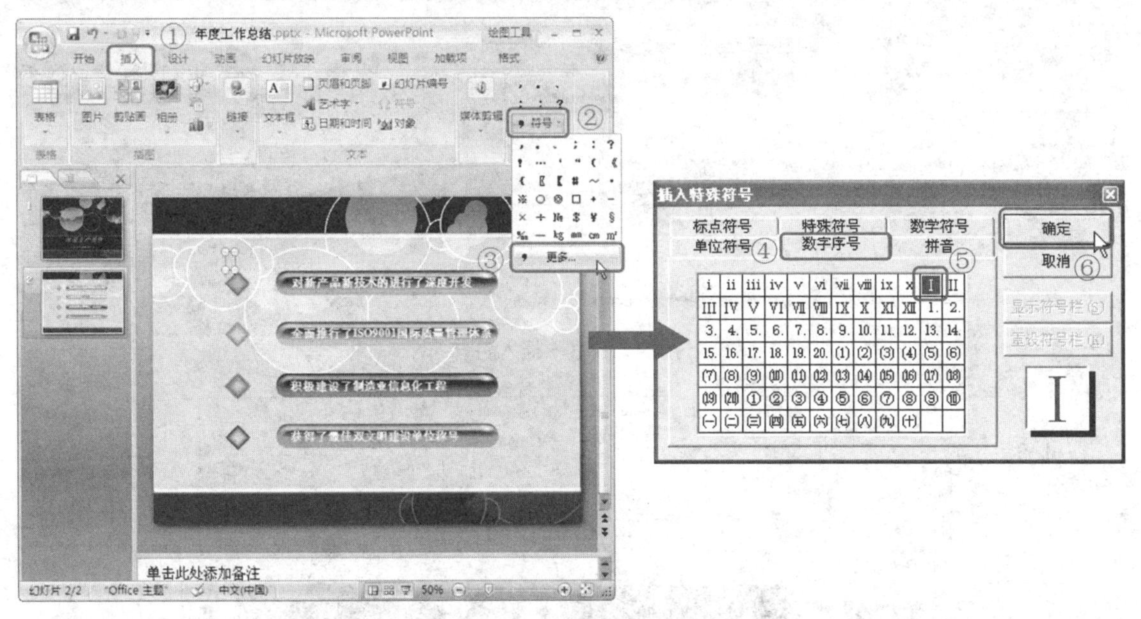

图 2-34　插入特殊符号

在【插入特殊符号】对话框中除了可以选择数字序号插入外，还可以对标点符号、特殊符号、数学符号、单位符号以及拼音等符号进行插入，只需选择需要插入的符号，然后单击【确定】按钮即可插入到当前文本框中。

步骤17　选择所插入的文本符号，设置字体为【Arial Black】、字号为【18】、字体颜色为【白色】，并将其设置为加粗显示，然后调整文本框的位置，使其位于所插入图形的上方。

步骤18　采用同样的方法再插入 3 个文本框，并在【插入特殊符号】对话框的【数字序号】选项卡中分别选择插入“Ⅱ”、“Ⅲ”、“Ⅳ”符号，并设置字体为【Arial Black】、字号为【18】、字体颜色为【白色】，并将其设置为加粗显示，然后调整文本框的位置，使其分别位于所插入图形的上方，如图 2-35 所示。

步骤19　在幻灯片页面的左上方位置插入一个文本框，并输入文本“年度工作总结”，设置字体为【经典粗黑简】、字号为【24】，字体颜色的 RGB 值分别为“180”、“85”和“14”，并设置为倾斜，如图 2-36 所示。

步骤20　在 PowerPoint 2007 界面的左上角单击【Office】按钮，在弹出的菜单中选择【保存】命令，至此“年度工作总结”页面创建完毕。

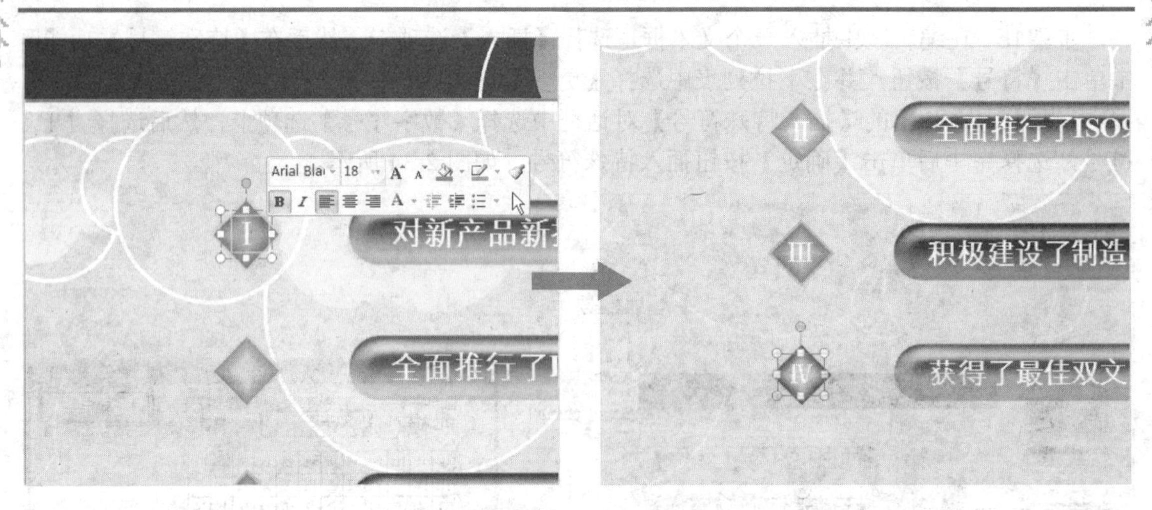

图 2-35　在文本框中插入特殊符号

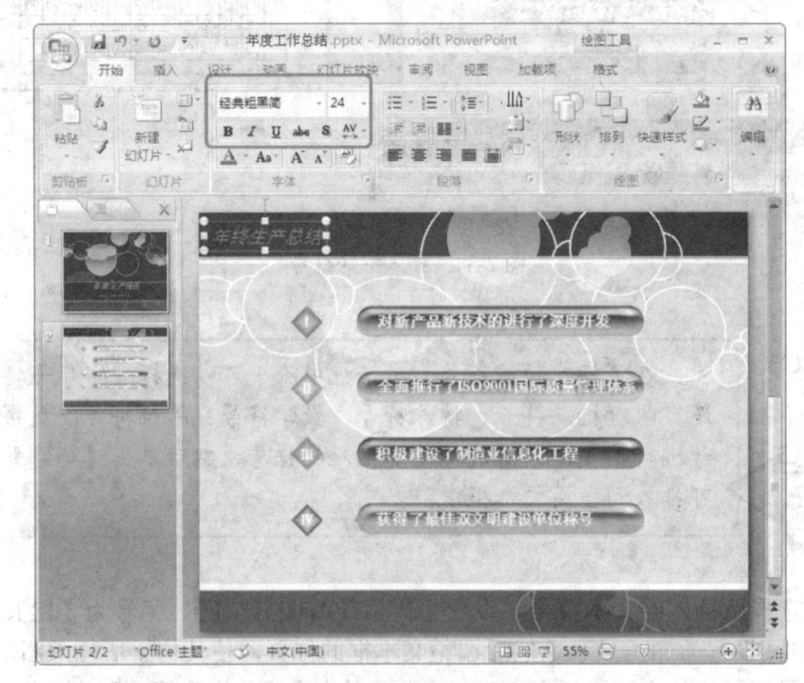

图 2-36　设置文本的字体

2.2.3　创建下一年度工作规划页面

在“下一年度工作规划”页面中主要是创建目标图列表，其具体操作步骤如下。

步骤1　在幻灯片编辑区中选择【开始】选项卡，然后在【幻灯片】功能区中单击【新建幻灯片】按钮，并在下拉列表中选择【空白】选项，如图 2-37 所示。

步骤2　在幻灯片导航栏中选择第 2 个幻灯片页面，然后按住<Ctrl>键分别选择“年度工作总结”页面中所绘制的四条直线和一个矩形，单击鼠标右键，在弹出的快捷菜单中选择【复制】命令，如图 2-38 所示。

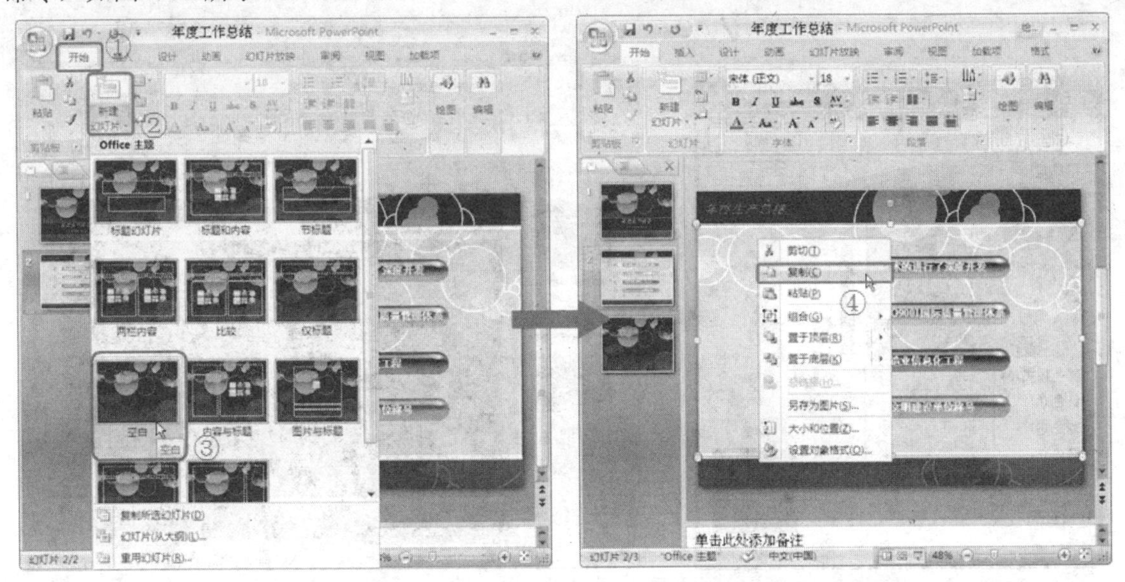

图 2-37　新建幻灯片　　　　图 2-38　复制选择的形状

步骤3　在导航栏中选择第 3 个页面，按<Ctrl>+<V>快捷键粘贴图形，如图 2-39 所示。

步骤4　选择所粘贴的矩形，单击鼠标右键，在弹出的菜单中选择【设置形状格式】命令，打开【设置形状格式】对话框，在【填充】选项卡中单击【颜色】按钮，在弹出的列表中单击【其他颜色】按钮，如图 2-40 所示。

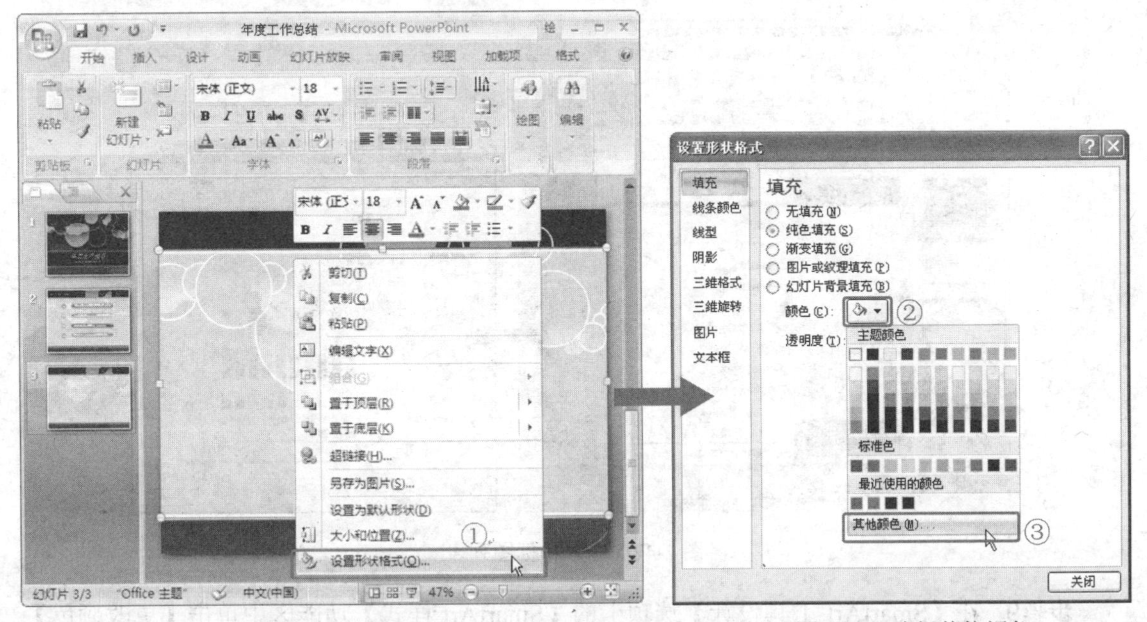

图 2-39　粘贴图形　　　　图 2-40　选择其他颜色

步骤5　在弹出的【颜色】对话框中选择“颜色模式”为“RGB”，将红、绿、蓝 3 色值分别设置为“84”、“40”、“4”，设置完毕后单击【确定】按钮。

步骤6 单击【设置形状格式】对话框中的【关闭】按钮，设置的矩形颜色如图 2-41 所示。

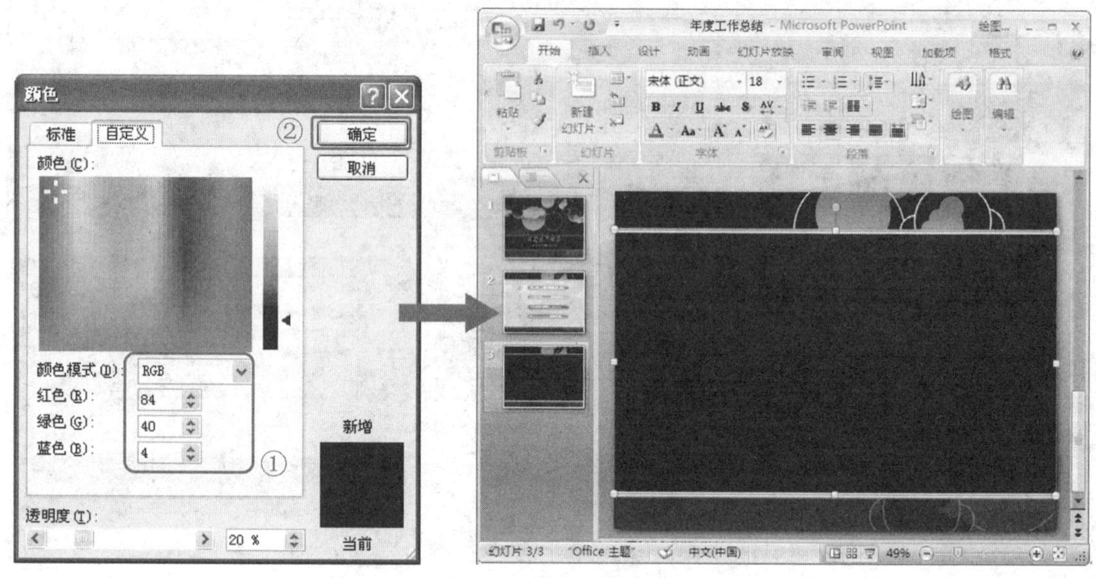

图 2-41 设置矩形颜色

步骤7 选择【插入】选项卡，然后在【插入】功能区中单击【SmartArt】按钮，打开【选择 SmartArt 图形】对话框。

步骤8 在对话框左侧选择【列表】选项，并在右侧的列表框选择【目标图列表】选项，然后单击【确定】按钮，插入目标图列表，如图 2-42 所示。

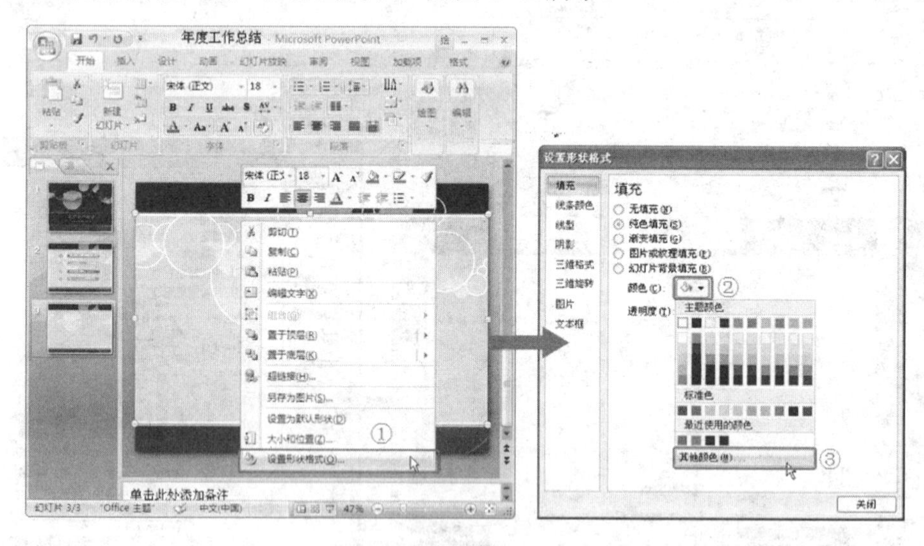

图 2-42 插入目标图列表

步骤9 在【SmartArt 工具设计】选项卡的【SmartArt 样式】功能区中单击【更改颜色】按钮，在下拉列表中选择【彩色范围-强调文字颜色 2 至 3】选项，更改目标图列表的颜色，如图 2-43 所示。

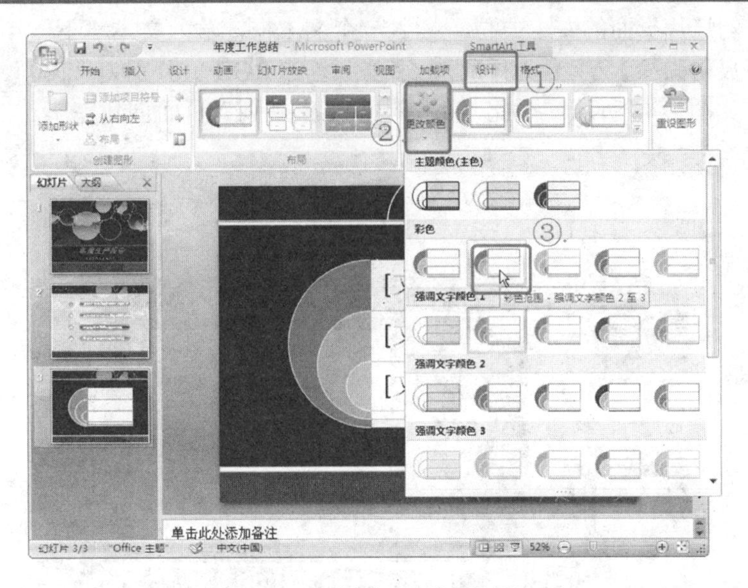

图 2-43　更改目标图列表的颜色

重点知识

在 PowerPoint 2007 中，选择任意一个对象都会出现一个与其对应的上下文选项卡，所选择的对象不同，其名称也就不同。如选择 SmartArt 对象，则相应地出现 SmartArt 工具的【设计】和【格式】选项卡，在此【设计】选项卡中可以设置所选对象的布局、颜色、样式等，而在【格式】选项卡中则可以设置对象的形状、样式、艺术字样式、排列和大小等参数。

步骤10　在幻灯片文档中单击插入的“目标图列表”外框左侧的按钮，打开【在此处键入文字】文本窗格，在此输入下一年度工作规划的具体内容，如图 2-44 所示。

步骤11　设置输入文本的字体为【幼圆】，设置四个一级标题的文本字号为【18】、二级标题的所有文本字号为【14】，文本颜色与左侧的圆弧颜色相对应，然后拖动调整“目标图列表”的大小，如图 2-45 所示。

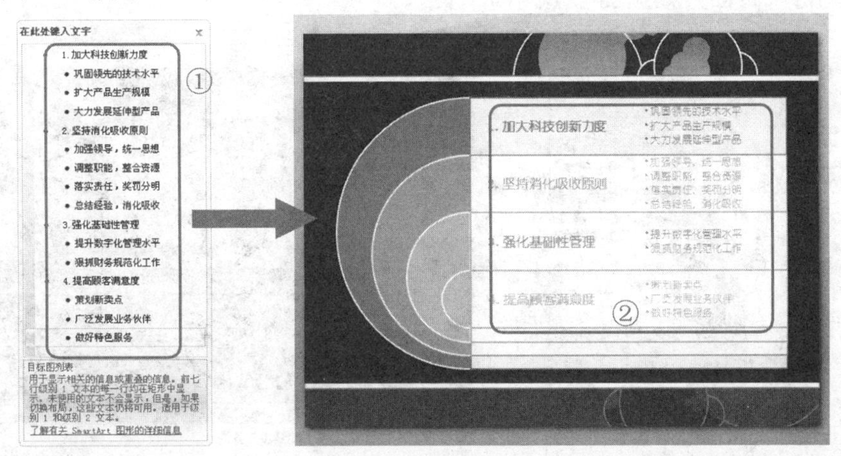

图 2-44　输入文本　　　　图 2-45　设置文本的字号和颜色

步骤12 在幻灯片页面的左上方位置插入一个文本框，输入文本“下一年度工作规划”，设置字体为【经典粗黑简】、字号为【24】，字体颜色的 RGB 值分别为“180”、“85”和“14”，并设置为倾斜，如图 2-46 所示。至此“下一年度工作规划”页面创建完毕。

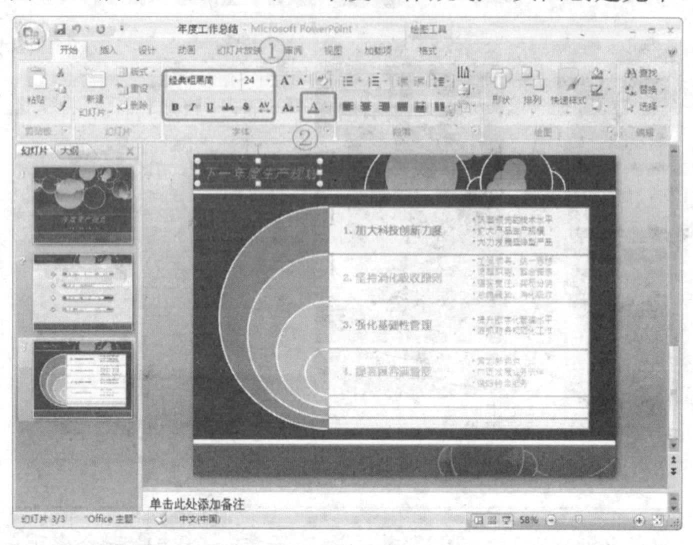

图 2-46 设置标题文本字体

2.2.4 创建结束页面

制作完毕创建“下一年度工作规划”页面后，读者可以根据自己的工作实际添加相应内容，介绍完后，再对幻灯片的结束页进行制作。创建结束页的具体操作步骤如下。

步骤1 在幻灯片导航栏中选择第 1 个幻灯片页面，然后单击鼠标右键，在弹出的快捷菜单中选择【复制】命令。

步骤2 在导航栏的第 3 个幻灯片下方单击鼠标右键，在弹出的菜单中选择【粘贴】命令复制第 1 个幻灯片页面，如图 2-47 所示。

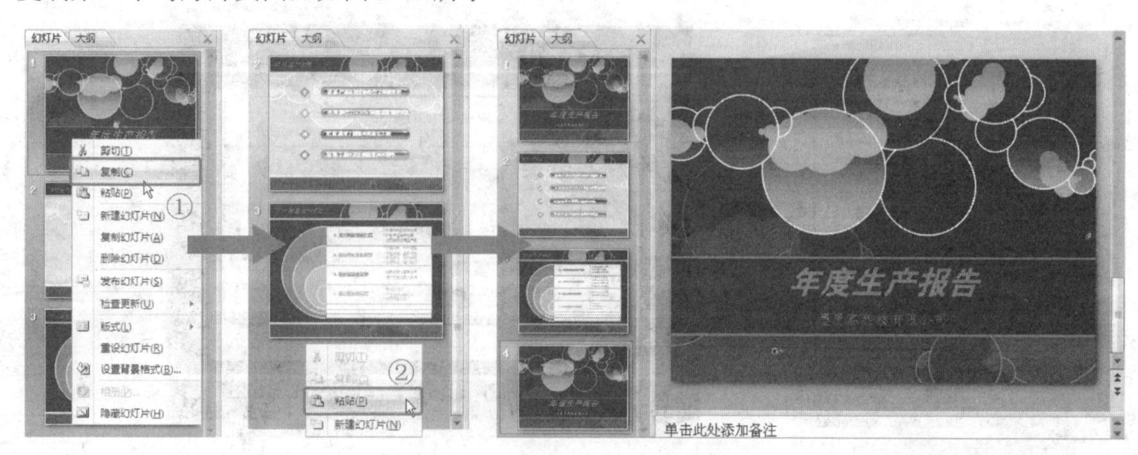

图 2-47 复制第一个幻灯片页面

步骤3 进入所粘贴的幻灯片页面中，将“年度工作总结”标题本文改为“谢谢各位!”或其他内容，字体、字号和字体颜色保持不变，如图2-48所示。

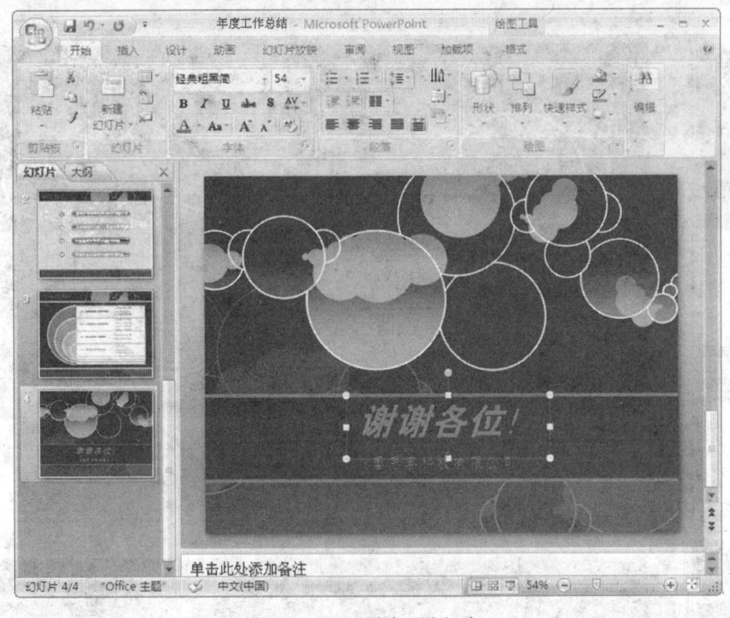

图2-48 更改标题文本

步骤4 在幻灯片中的矩形上单击鼠标右键，在弹出的快捷菜单中选择【设置形状格式】命令。

步骤5 在打开的【设置形状格式】对话框左侧选择【填充】选项，然后单击【颜色】按钮，在弹出的颜色列表中选择【白色，背景1】，如图2-49所示。

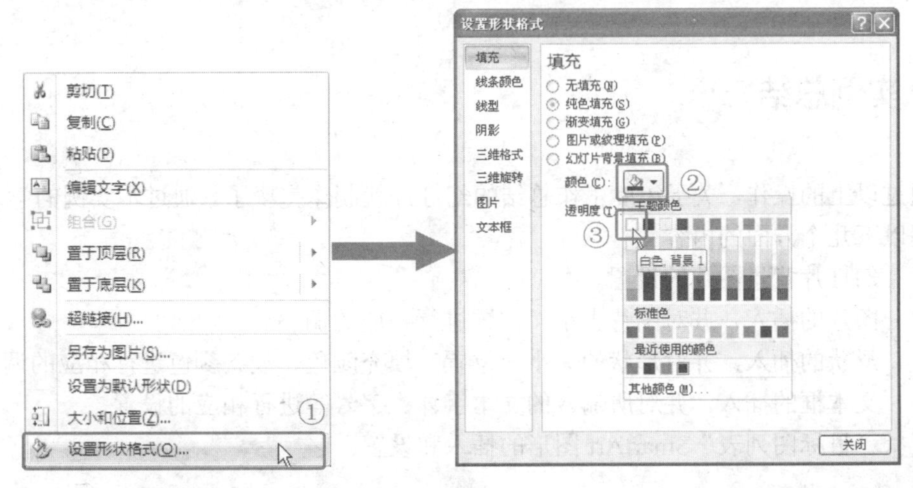

图2-49 设置矩形颜色

步骤6 设置完毕后单击【关闭】按钮，退出【设置形状格式】对话框，矩形的颜色设置完毕，如图2-50所示。按<Ctrl>+<S>保存文档，至此结束页幻灯片也创建完毕，可以通过按<F5>键预览整个幻灯片的效果。

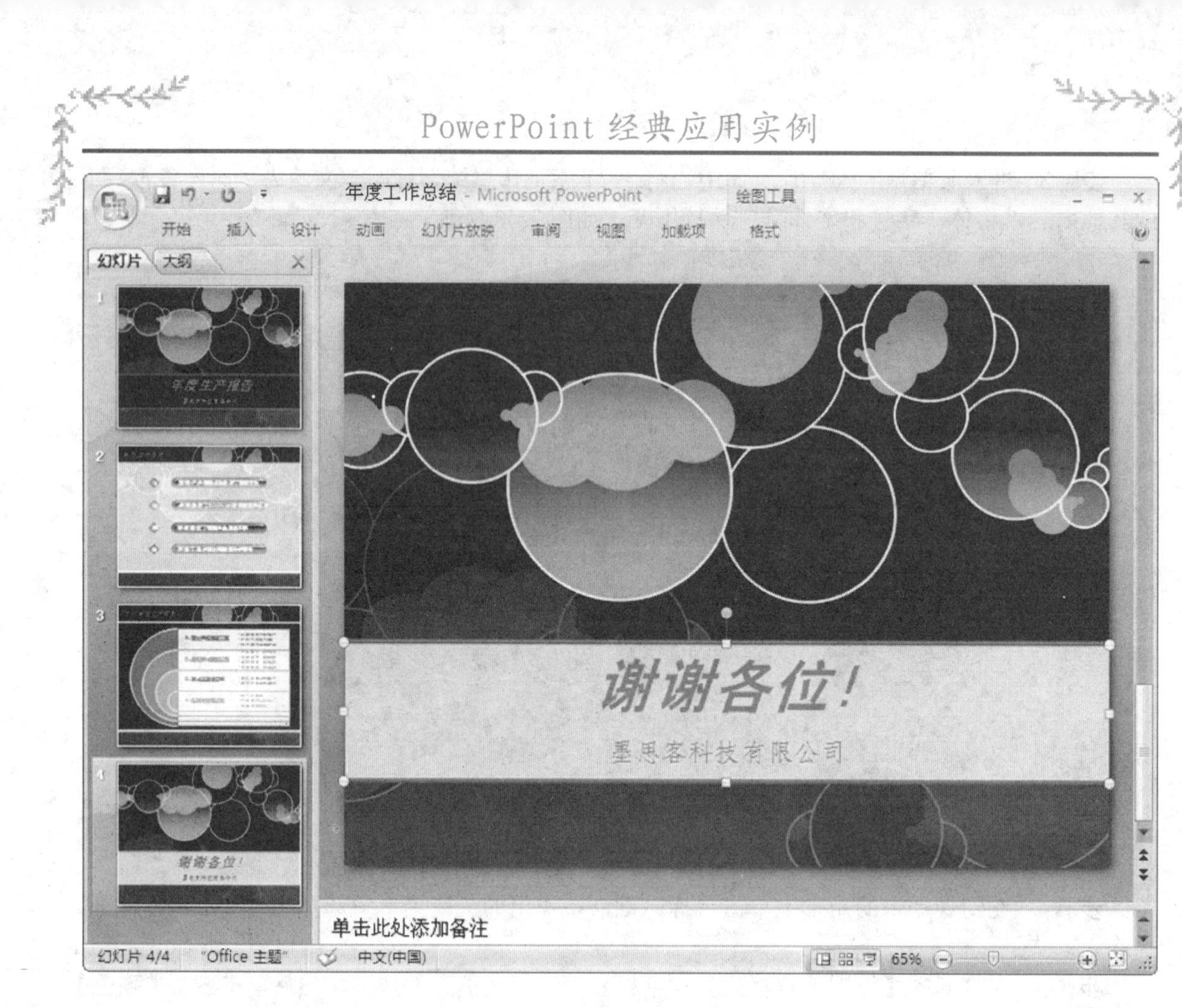

图 2-50　结束页效果

2.3　实例总结

通过以上的操作，关于年度工作总结的幻灯片就制作完毕了。通过本实例的学习，需要重点掌握以下几个方面的内容。

- 幻灯片背景图片的设置。
- 图片的插入，并对图片大小、位置进行相应的调整。
- 形状的插入，并对形状的大小、位置、填充颜色、线条颜色进行相应的调整。
- 文本框的插入，并对所输入的文本字体、字号等进行相应的设置。
- “目标图列表”SmartArt 图形的插入和设置。

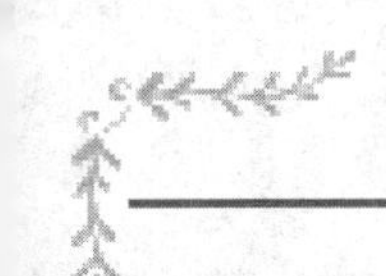

实例 3　公司简介

公司简介相当于公司的名片，客户或新员工通过公司简介可以对公司进行初步的了解，留下第一印象。无论对一个人还是一个企业来说，第一印象都是非常重要的，有时甚至会决定未来的发展，因此，精心制作公司简介，对一个企业来说是至关重要的。本章就使用 PowerPoint 2007 创建公司简介的演示文稿。

3.1　实例分析

在该公司简介幻灯片制作实例中，主要对公司的发展、组织结构和企业文化等基本概况进行了介绍，其预览效果如图 3-1 所示。

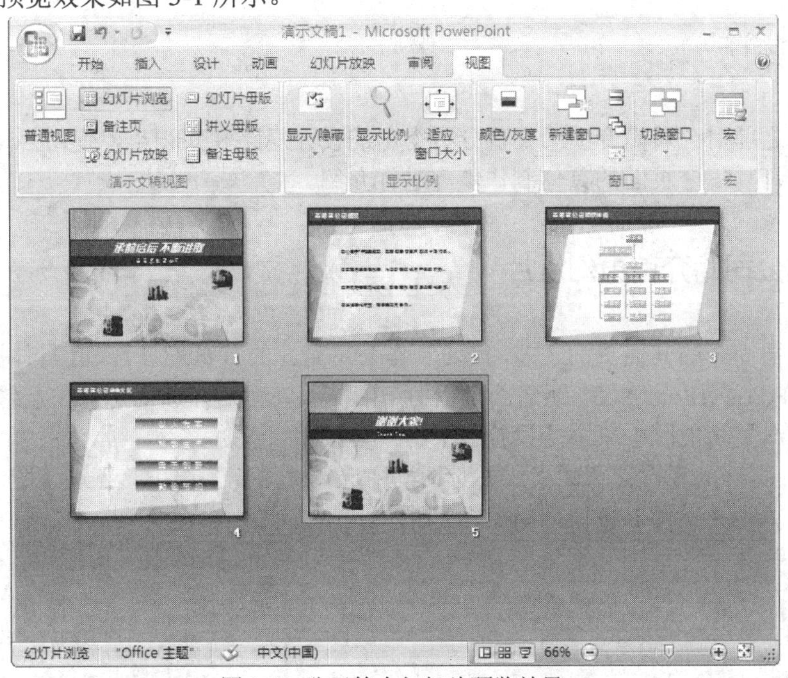

图 3-1　公司简介幻灯片预览效果

3.1.1　设计思路

本幻灯片作为对公司基本情况的介绍，在制作的过程中应该以能让观看者简单、明了、快速了解公司为目的，首先对公司的发展以大事记的方式进行介绍；然后对公司的组织结构进行介绍，包括各部门主要负责人的大致情况；最后对公司的企业文化进行宣传，以期让大家产生认同感。

本演示文稿设计的基本思路为：首页→公司概况→组织结构→经营业绩→企业文化→结束页。

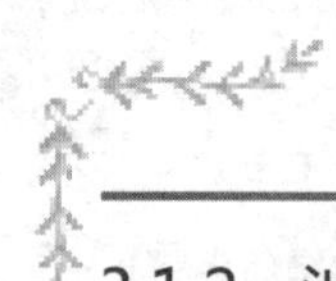

3.1.2 涉及的知识点

在本演示文稿的制作中，首在幻灯片中插入相应的图片和文本框，输入文本并调整文本格式，再通过插入 SmartArt 图形和图标等操作来完成公司简介各个页面所需要的制作。

在公司简介演示文稿的制作中主要用到了以下方面的知识点：

- ✧ 图片的插入和调整
- ✧ 文本框的插入和文本的输入
- ✧ 项目符号的插入和编辑
- ✧ 图表的插入及其填充效果设置
- ✧ SmartArt 图形的插入及其填充效果设置

3.2 实例操作

下面根据之前对公司简介演示文稿分析得出的设计思路和知识点，使用 PowerPoint 2007 对公司简介幻灯片每个页面的具体制作步骤进行介绍。

3.2.1 创建公司简介首页幻灯片

在制作公司简介的其他页面之前，需要制作公司简介的首页幻灯片，其具体操作步骤如下。

步骤1 在 PowerPoint 2007 新建一个空白演示文稿，然后在新幻灯片中选择【设计】选项卡，并在【背景】功能区中单击【设置背景格式】按钮。

步骤2 在打开的【设置背景格式】对话框中选择【填充】选项，点选【图片或纹理填充】单选项，然后单击【文件】按钮，如图 3-2 所示。

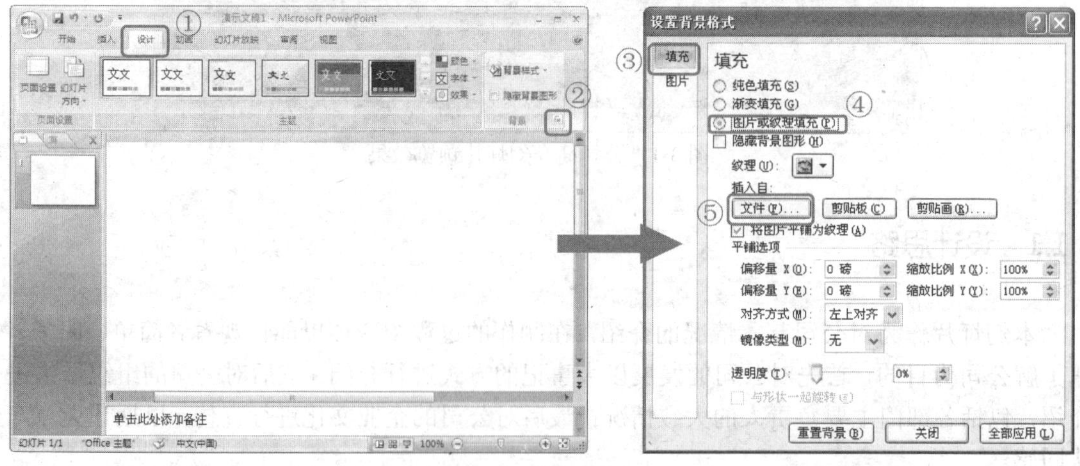

图 3-2 设置背景格式

在幻灯片的制作过程中，经常需要在【设置背景格式】对话框中进行相关的操作，打开【设置背景格式】对话框还可以在【设计】选项卡中选择【背景】功能区，然后在其中单击【背景格式】按钮；或者在演示文稿的空白处单击鼠标右键，然后在弹出的菜单中选择【设置背景格式】命令。

步骤3　在打开的【插入图片】对话框上方的【查找范围】下拉列表中，选择路径为“PowerPoint 经典应用实例\第 1 篇\实例 3”中的“图片 01.jpg”文件。

步骤4　在该对话框中单击【插入】按钮，返回到【设置背景样式】对话框中，然后单击【关闭】按钮。

步骤5　选择【插入】选项卡，在【插图】功能区中单击【形状】按钮，在弹出的下拉列表中选择【矩形】选项，然后在幻灯片编辑区中单击鼠标左键并拖动，然后释放鼠标，创建一个矩形，如图 3-3 所示。

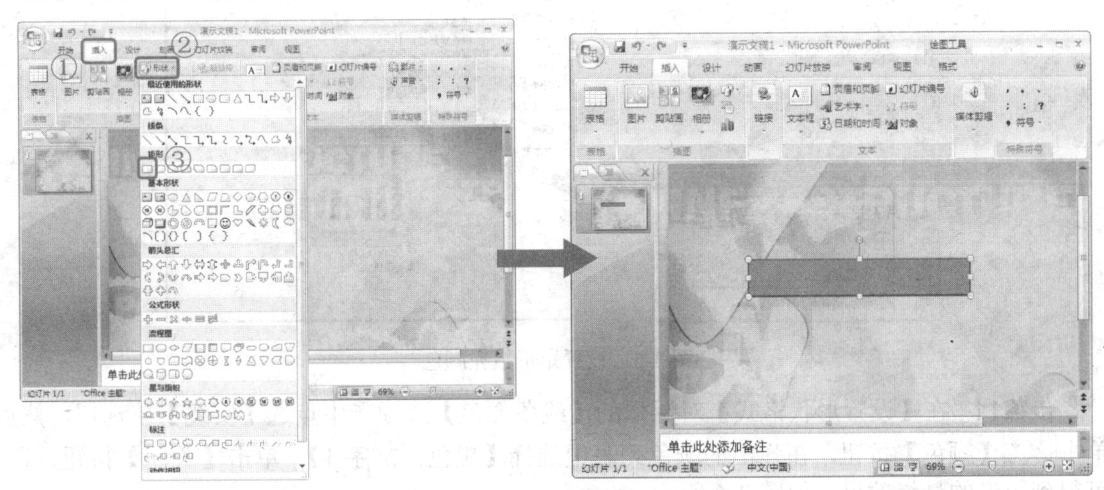

图 3-3　插入矩形

步骤6　在所创建的矩形上单击鼠标右键，在弹出的快捷菜单中选择【大小和位置】命令，打开【大小和位置】对话框。

步骤7　在打开的【大小和位置】对话框中选择【大小】选项卡，然后在【高度】文本框中输入“2.4 厘米”；在【宽度】文本框中输入“25.4 厘米”。

步骤8　在“大小和位置”对话框中选择【位置】选项卡，然后在【水平】文本框中输入“0 厘米”；在【垂直】文本框中输入“4.4 厘米”。设置完毕之后，在【大小和位置】对话框中单击【关闭】按钮，如图 3-4 所示。

步骤9　在矩形上再次单击鼠标右键，在弹出的快捷菜单中选择【设置形状格式】命令，打开【设置形状格式】对话框。

步骤10　在【填充】选项卡中点选【纯色填充】单选钮，单击【颜色】按钮，在弹出的颜色列表中选择【蓝色，强调文字颜色 1，深色 25%】，如图 3-5 所示。

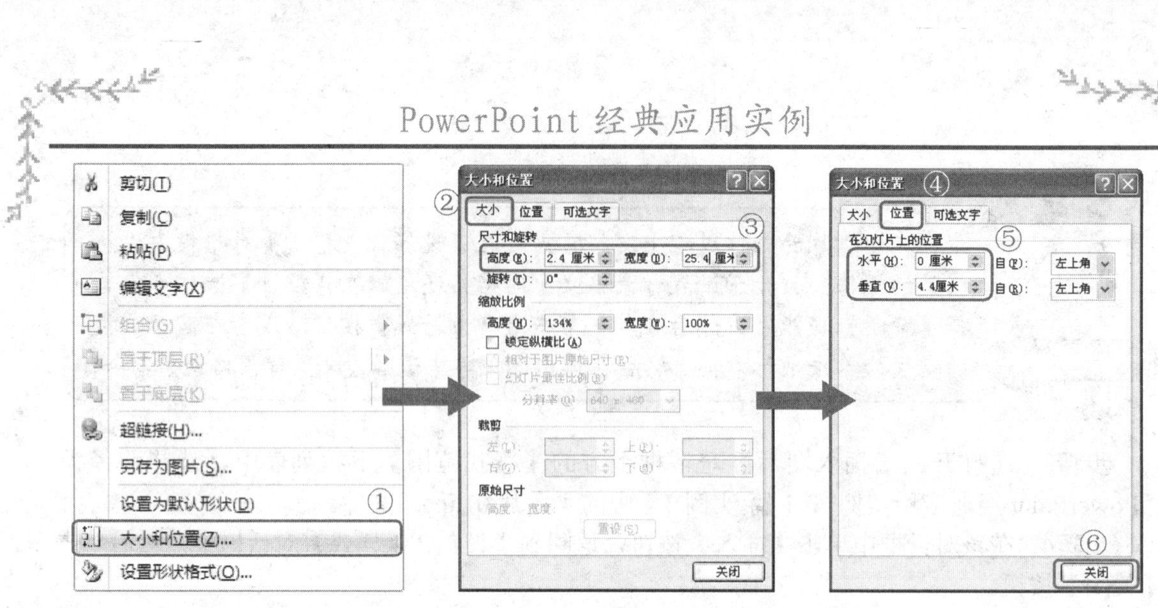

图 3-4　设置矩形的大小和位置

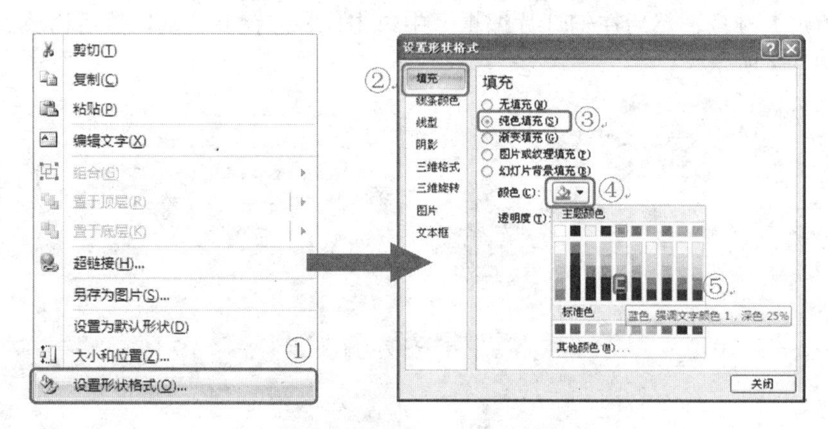

图 3-5　设置矩形填充颜色

步骤11　在【设置形状格式】对话框的【线条颜色】选项卡中点选【实线】单选钮，然后单击 【颜色】按钮，在弹出的颜色列表中选择【黑色，文字 1】。单击【关闭】按钮，即可得到矩形的最终效果，如图 3-6 所示。

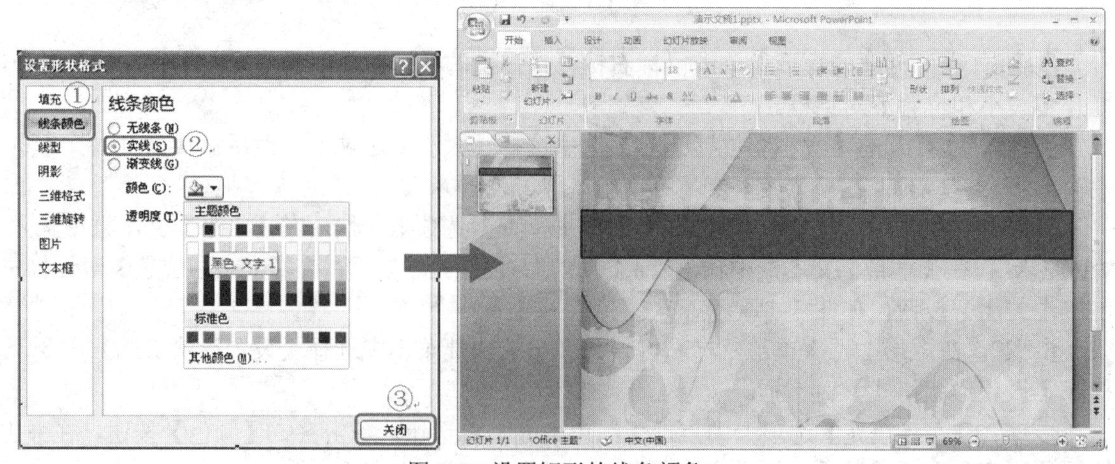

图 3-6　设置矩形的线条颜色

步骤12　再创建一个矩形，并在矩形上单击鼠标右键，在弹出的快捷菜单中选择【大小和位置】命令，打开【大小和位置】对话框。

步骤13　在该对话框中选择【大小】选项卡，然后将矩形的高度设置为“1.2 厘米”；宽度设置为“25.4 厘米”。

步骤14　在【大小和位置】对话框中选择【位置】选项卡，然后在【水平】文本框中输入“0 厘米”；在【垂直】文本框中输入“6.8 厘米”。

步骤15　设置完毕之后，按<Enter>键关闭对话框，如图 3-7 所示。

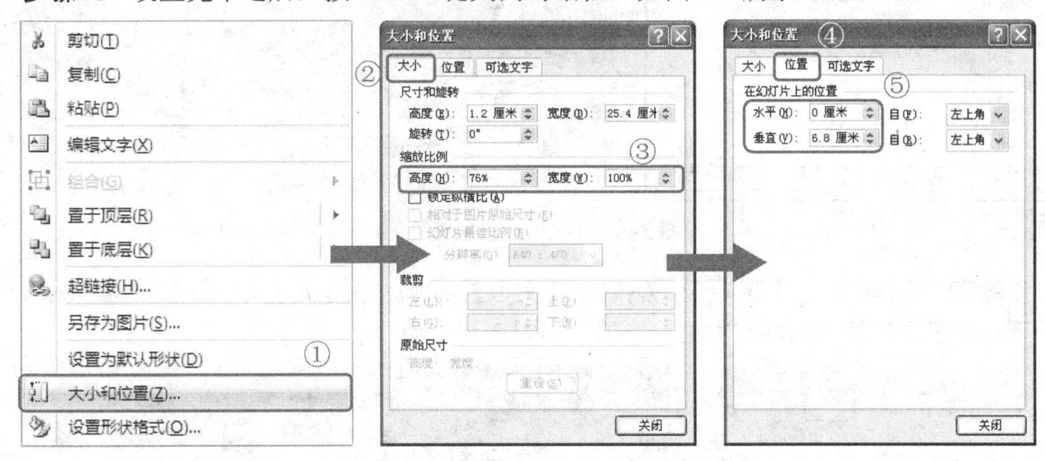

图 3-7　设置矩形的大小和位置

步骤16　单击鼠标右键，在弹出的快捷菜单中选择【设置形状格式】命令，打开【设置形状格式】对话框。

步骤17　在 【填充】选项卡中点选【纯色填充】单选钮，单击【颜色】按钮，在弹出的颜色列表中选择【黑色，文字 1】，如图 3-8 所示。

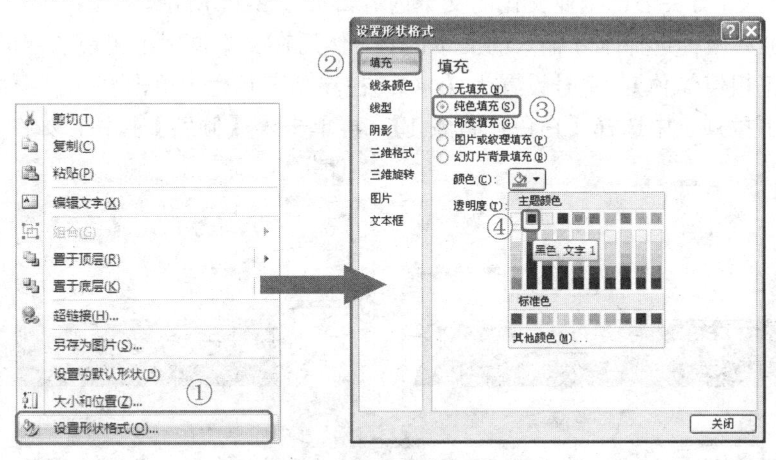

图 3-8　设置矩形的填充颜色

步骤18　在【设置形状格式】对话框【线条颜色】选项页中点选【实线】单选项，然后单击【颜色】按钮，在弹出的颜色列表中选择【黑色，文字 1】。

步骤19　单击【关闭】按钮关闭对话框，即可得到对矩形设置的最终效果，如图 3-9 所示。

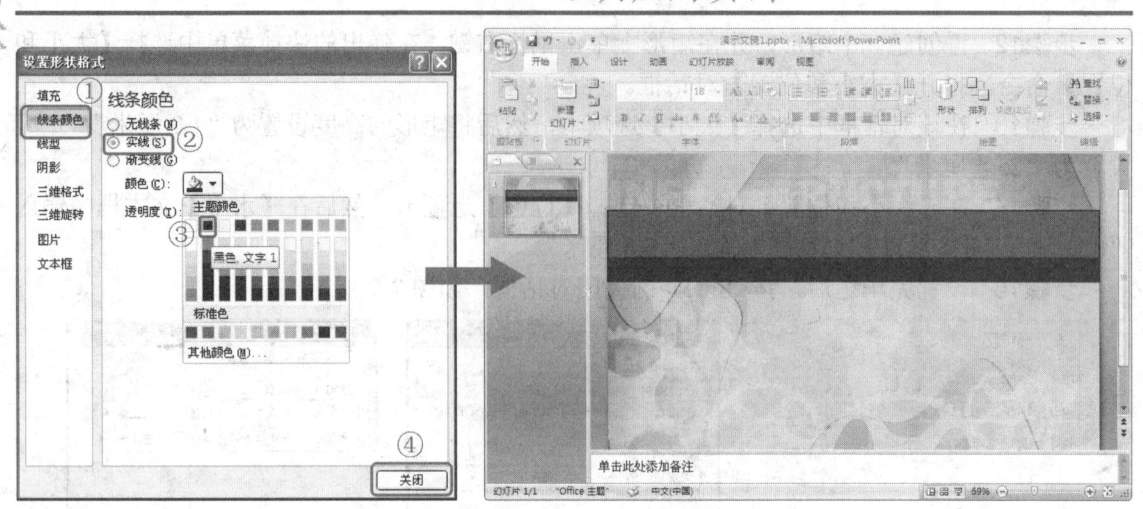

图 3-9 设置矩形的填充颜色

步骤20 选择【插入】选项卡，然后在【文本】功能区中单击【文本框】按钮，然后在弹出的下拉列表中选择【横排文本框】选项，如图 3-10 所示。

图 3-10 选择横排文本框

步骤21 在幻灯片编辑区中单击，即可插入一个横排文本框，然后在文本框中输入“承前启后 不断进取”等有关公司企业文化的文本内容，如图 3-11 所示。

步骤22 拖动鼠标选择刚才输入的文本内容，然后在文本框附近出现的浮动工具栏中将字体设置为【方正粗倩简体】；字号设置为【44】；在浮动工具栏中单击【字体颜色】按钮，在弹出的颜色下拉列表中选择【白色，背景 1】，再单击【倾斜】按钮，如图 3-12 所示。

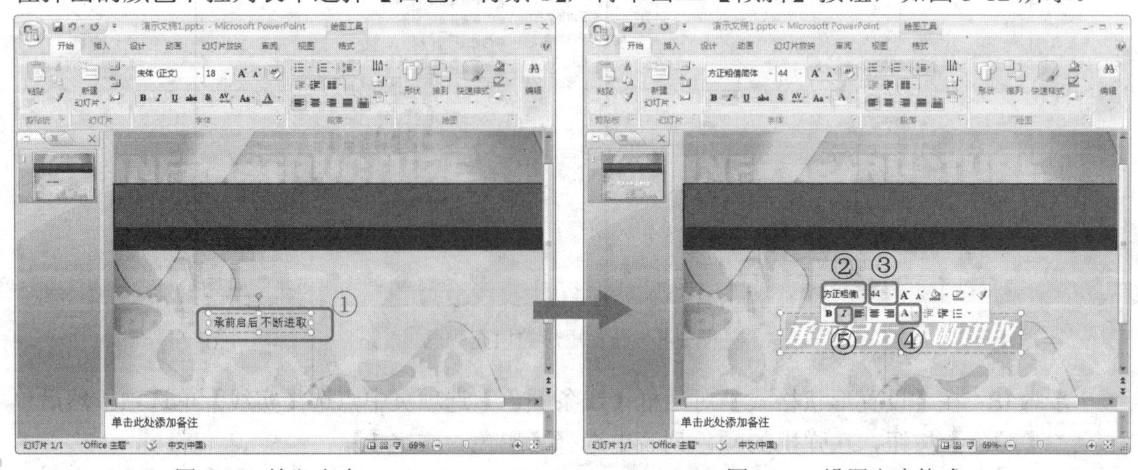

图 3-11 输入文本　　　　图 3-12 设置文本格式

步骤23 选中编辑好的文本框，将其拖动至如图 3-13 所示位置。

步骤24 再插入一个横排文本框并在其中输入公司名称，如“墨思客集团公司”，然后将文本字体设置为【仿宋-GB2312】、字号设置为【24】；字体颜色设置为“白色，背景 1”，拖动文本框将其调整到适当的位置，如图 3-14 所示。

图 3-13　移动文本框

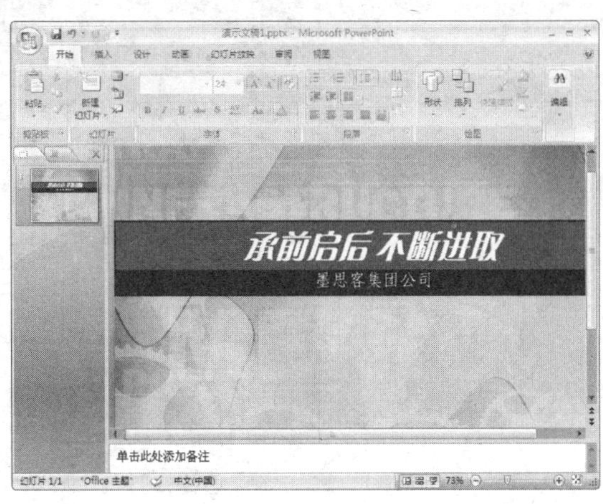

图 3-14　输入公司名称

步骤25 选择【插入】选项卡，然后在【插图】功能区中单击【图片】按钮，打开【插入图片】对话框，在【查找范围】下拉列表中，选择路径为“PowerPoint 经典应用实例\第 1 篇\实例 3”中的“图片 03.jpg”、“图片 04.jpg”和“图片 05.jpg”文件，如图 3-15 所示。

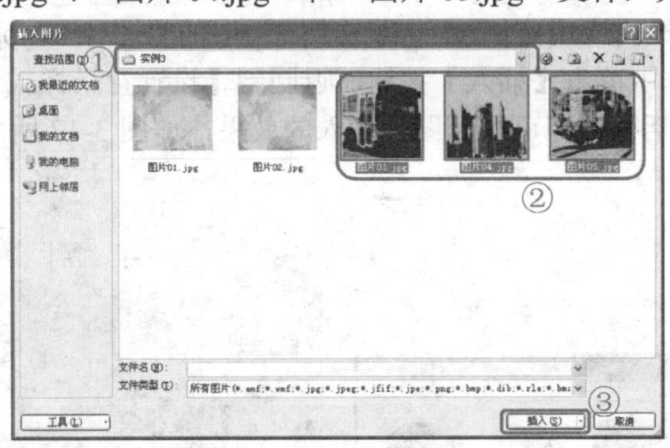

图 3-15　插入图片

步骤26 在该对话框中单击【插入】按钮，返回到幻灯片编辑区中，拖动鼠标适当调整图片的位置。至此，公司简介首页幻灯片创建完毕。

3.2.2　创建公司概况幻灯片页面

在结束了对公司简介首页幻灯片的制作之后，就可以开始创建公司概况幻灯片页面了，其具体操作步骤如下。

步骤1 在演示文稿中选择【开始】选项卡，然后在【幻灯片】功能区中单击【新建幻灯片】按钮，并且在弹出的【Office 主题】列表中选择【空白】选项，如图 3-16 所示。

图 3-16 新建幻灯片页面

步骤2 在空白幻灯片中使用之前讲过的方法，在打开的【设置背景格式】对话框中点选【图片或纹理填充】单选钮，然后单击【文件】按钮打开【插入图片】对话框，在对话框中选择路径为“PowerPoint 经典应用实例\第 1 篇\实例 3”中的“图片 02.jpg”文件。

步骤3 在该对话框中单击【插入】按钮，返回到【设置背景样式】对话框中，然后单击【关闭】按钮退出该对话框，即可得到图片插入的效果，如图 3-17 所示。

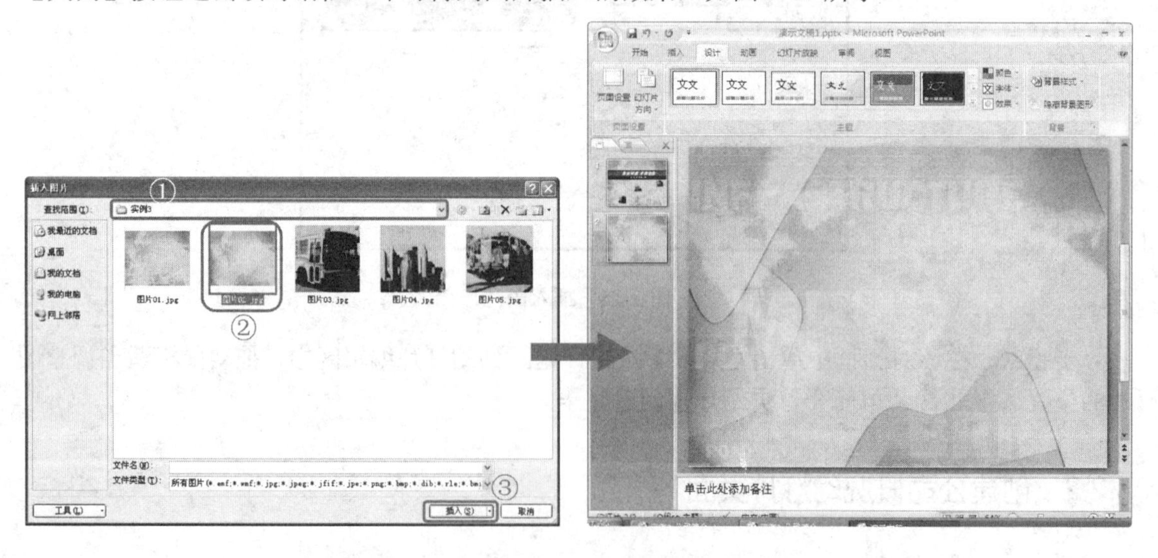

图 3-17 设置背景图片

步骤4 在幻灯片编辑区创建一个矩形，并且在其被选中的情况下，单击鼠标右键，在弹出的快捷菜单中选择【大小和位置】命令，打开【大小和位置】对话框。

步骤5　在打开的【大小和位置】对话框中选择【大小】选项卡，然后在【高度】文本框中输入“1.8 厘米”；在【宽度】文本框中输入“25.4 厘米”。

步骤6　在对话框中选择【位置】选项卡，然后在【水平】文本框中输入“0 厘米”；在【垂直】文本框中也输入“0 厘米”。

步骤7　设置完毕之后，在【大小和位置】对话框中单击【关闭】按钮，如图 3-18 所示。

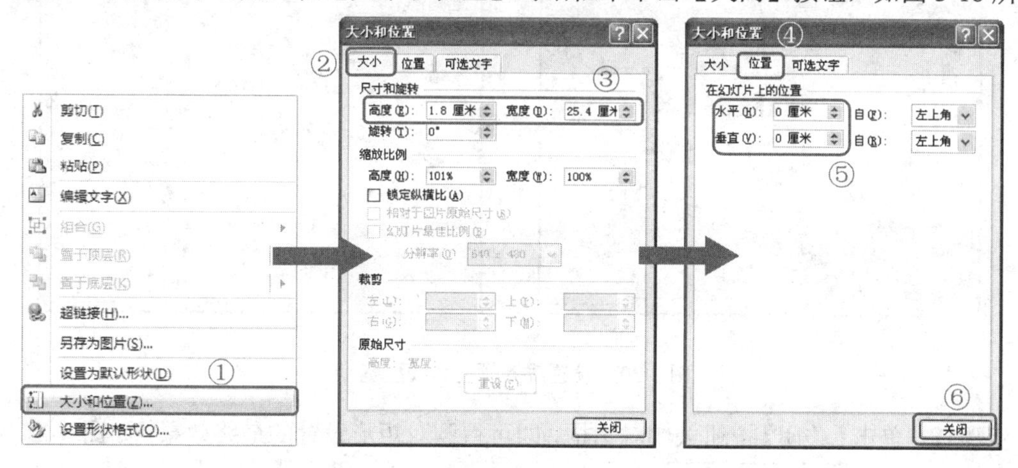

图 3-18　设置矩形的大小和位置

步骤8　再次单击鼠标右键，然后在弹出的快捷菜单中选择【设置形状格式】命令，打开【设置形状格式】对话框。

步骤9　在【设置形状格式】对话框的【填充】选项页中点选【纯色填充】单选钮，然后单击【颜色】按钮，在弹出的颜色列表中选择【蓝色，强调文字颜色 1，深色 25%】，如图 3-19 所示。

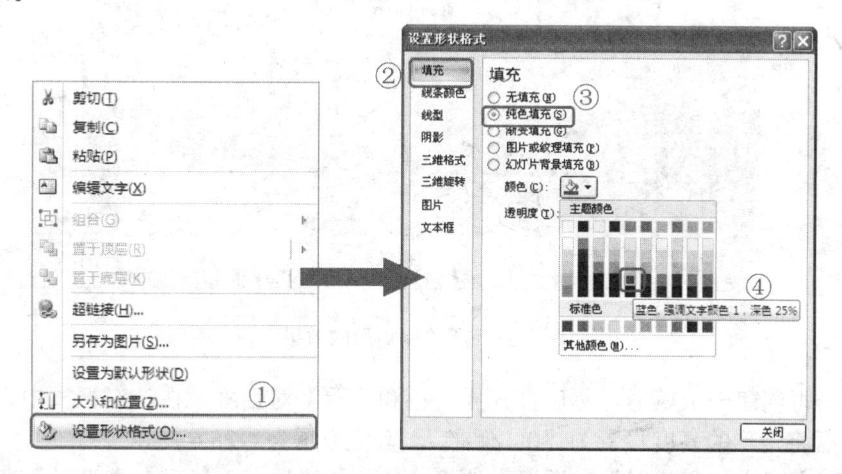

图 3-19　设置矩形的填充颜色

步骤10　在【设置形状格式】对话框的【线条颜色】选项页中点选【实线】单选钮，然后单击【颜色】按钮，在弹出的颜色列表中选择【黑色，文字 1】。

步骤11 在【设置形状格式】对话框左的【线型】选项卡的【宽度】文本框中输入“1 磅”，如图 3-20 所示。

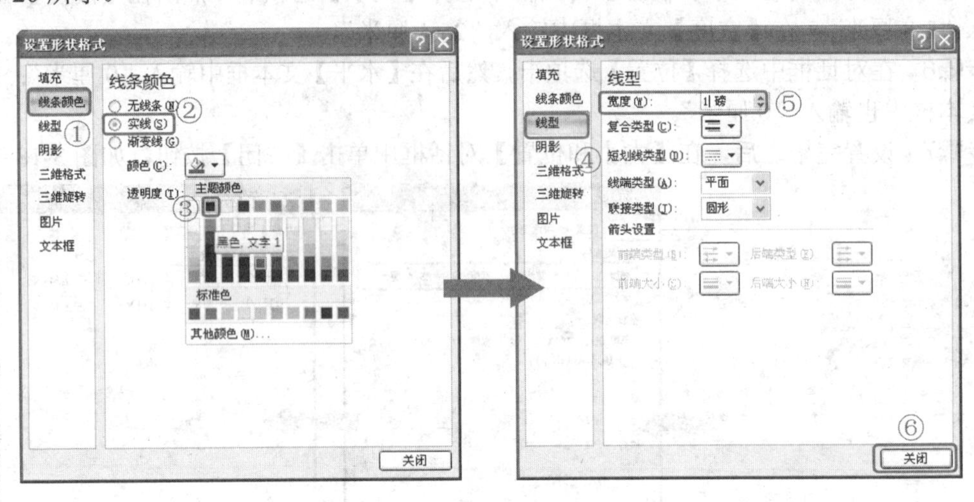

图 3-20 设置线条颜色和线型宽度

步骤12 单击【关闭】按钮关闭对话框，即可得到对矩形设置的最终效果，如图 3-21 所示。

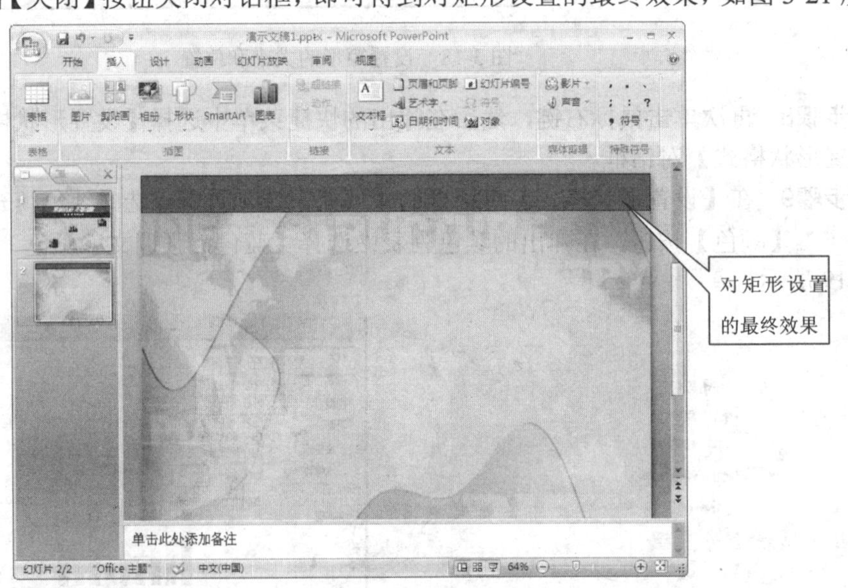

图 3-21 所绘制矩形的效果

步骤13 再创建一个矩形，然后打开【大小和位置】对话框，在该对话框中选择【大小】选项卡，然后将矩形的高度设置为“0.4 厘米”，宽度设置为“25.4 厘米”

步骤14 在【大小和位置】对话框中选择【位置】选项卡，然后在【水平】文本框中输入“0 厘米”；在【垂直】文本框中输入“1.8 厘米”，设置完毕按<Enter>键关闭对话框，如图 3-22 所示。

步骤15 打开【设置形状格式】对话框，选择【填充】选项页，点选【纯色填充】单选钮，并单击【颜色】按钮，在弹出的颜色列表中选择【黑色，文字1】，如图3-23所示。

步骤16 接着在【设置形状格式】对话框中选择【线条颜色】选项页，点选【实线】单选钮，然后单击【颜色】按钮，在弹出的颜色列表中选择【黑色，文字1】，如图3-24所示。

步骤17 继续在【设置形状格式】对话框中选择【线型】选项页，并且在其中的【宽度】文本框中输入“1磅”，最后单击【关闭】按钮，如图3-25所示。

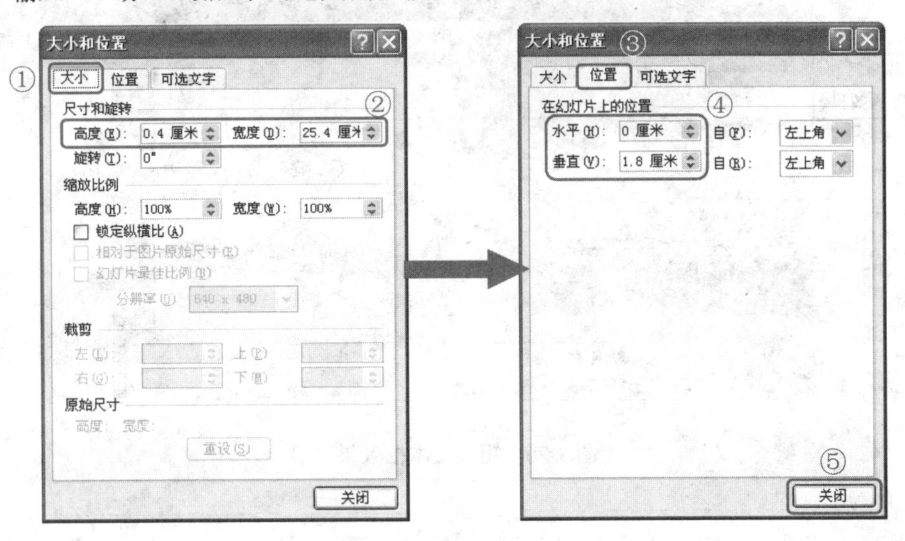

图3-22　设置矩形的大小和位置

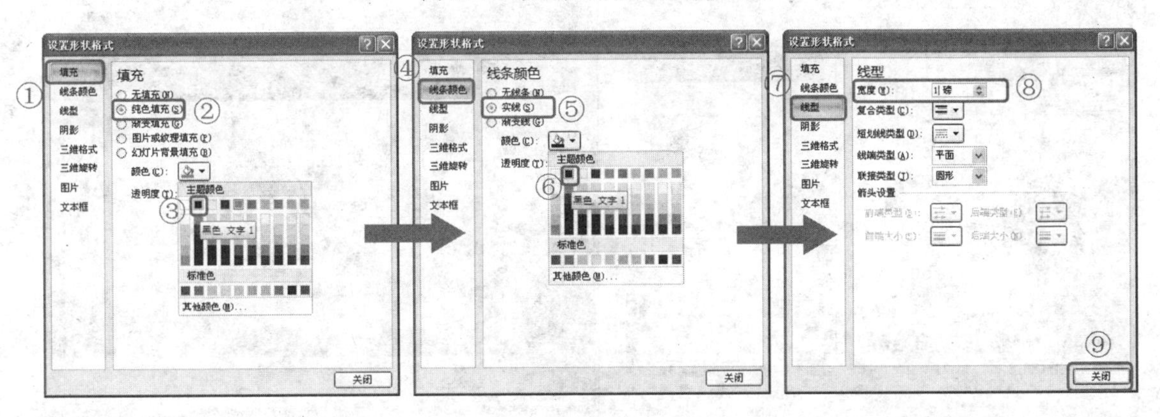

图3-23　设置矩形的填充色　　图3-24　设置矩形线条色　　图3-25　设置矩形的线型宽度

步骤18 在幻灯片编辑区中插入一个横排文本框，然后在文本框中输入“墨思客公司概况”的文本内容。

步骤19 在文本框附近出现的浮动工具栏中将字体设置为【方正粗倩简体】；字号设置为【24】；字体颜色设置为【白色，背景1】。

步骤20 拖动鼠标将文本框调整到适当的位置，如图3-26所示。

步骤21 选择【插入】选项卡，然后在【插图】功能区中单击【形状】按钮，然后在弹出的下拉列表中选择【平行四边形】选项。

步骤22 在幻灯片编辑区中单击鼠标左键并拖动创建一个平行四边形，如图3-27所示。

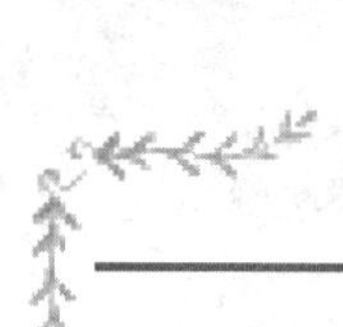

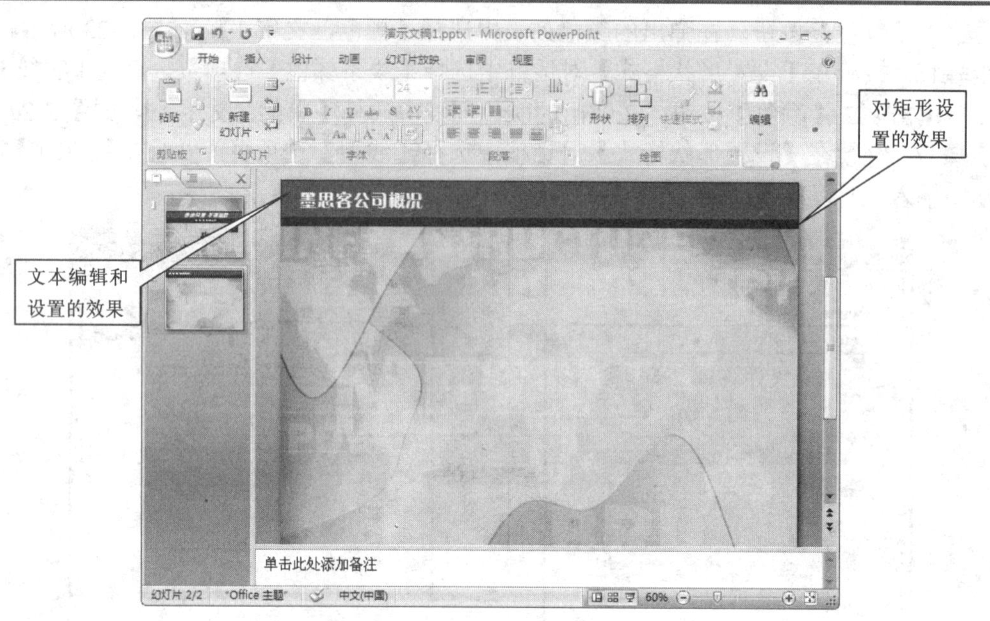

图 3-26　矩形文本框效果

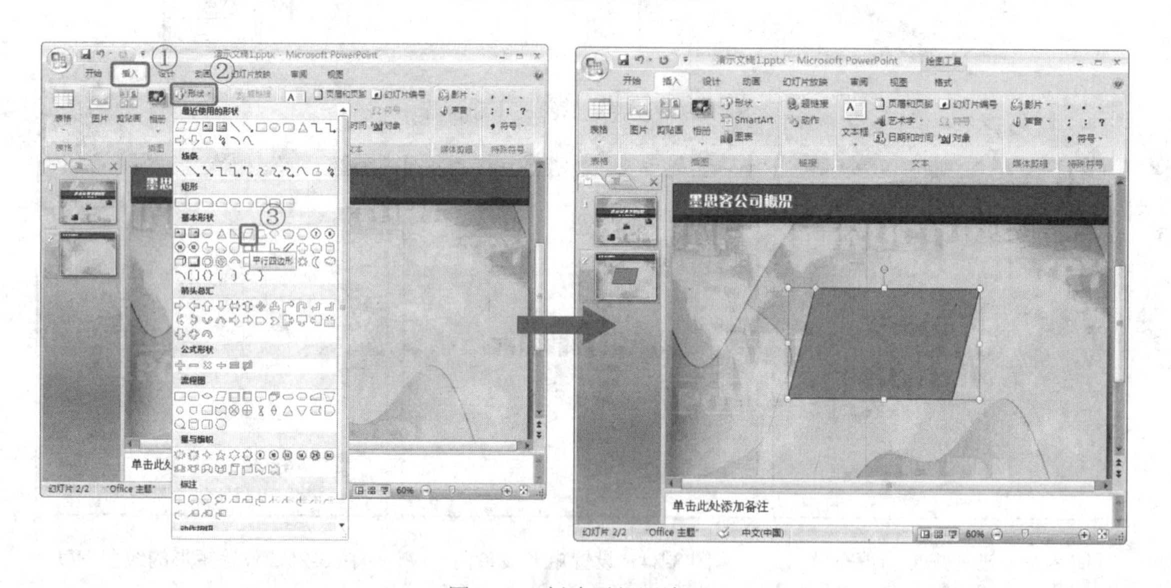

图 3-27　创建平行四边形

步骤23　在平行四边形被选中的情况下，单击鼠标右键并且在弹出的菜单中选择【大小和位置】命令，打开【大小和位置】对话框。

步骤24　在【大小和位置】对话框中选择【大小】选项卡，然后在【高度】文本框中输入“14.4 厘米”；在【宽度】文本框中输入“25.2 厘米”；在【旋转】文本框中输入“176°”。

步骤25　在对话框中选择【位置】选项卡，然后在【水平】文本框中输入“0.09 厘米”；在【垂直】文本框中输入“3.2 厘米”。

步骤26　设置完毕后，单击【关闭】按钮，如图 3-28 所示。

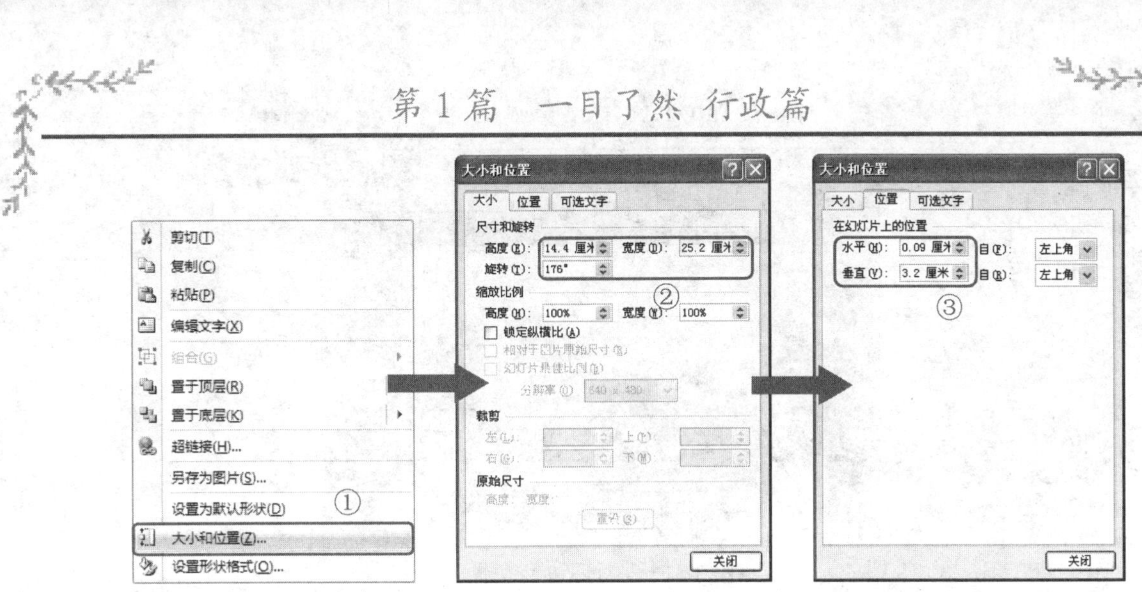

图 3-28　设置矩形的大小和位置

步骤27　打开【设置形状格式】对话框，在其中的【填充】选项卡中点选【纯色填充】单选钮，并将颜色设置为“白色，背景 1”，在【透明度】文本框中输入“35%”，如图 3-29 所示。

步骤28　在【设置形状格式】对话框中选择【线条颜色】选项卡，点选【无线条】单选钮，如图 3-30 所示。

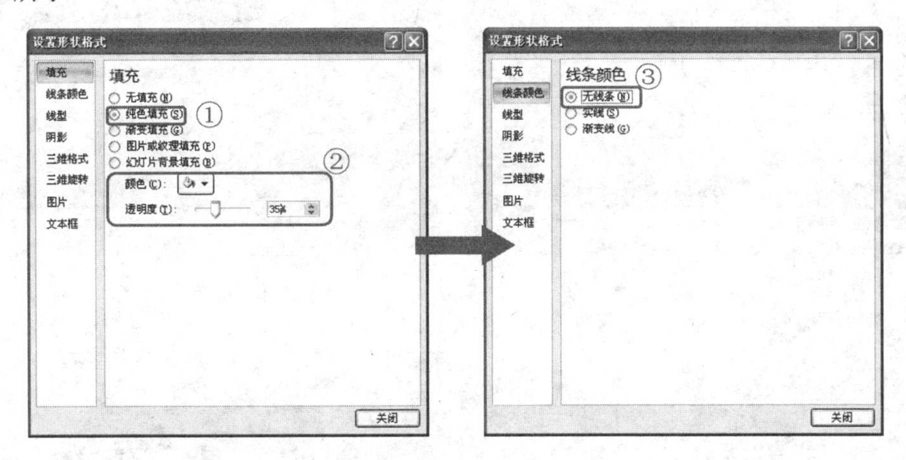

图 3-29　设置填充颜色　　　　图 3-30　点选【无线条】单选钮

步骤29　设置完成后，单击【关闭】按钮退出该对话框，即可在幻灯片编辑区观察到对平行四边形设置后的效果，如图 3-31 所示。

步骤30　在幻灯片编辑区中插入一个横排文本框并在其中输入相关的文本内容，然后拖动鼠标将文本框调整到平行四边形的中上部位置，如图 3-32 所示。

步骤31　选中所有文本内容，在浮动工具栏中将字体设置为【方正粗圆简体】，字号设置为【20】，如图 3-33 所示。

步骤32　选中全部文本内容，单击鼠标右键，在弹出的快捷菜单中选择【项目符号】命令，然后在子菜单中选择【加粗空心方形项目符号】选项，如图 3-34 所示。

步骤33　拖动鼠标调整文本框的宽度，使每一项内容都在一行中显示，如图 3-35 所示。

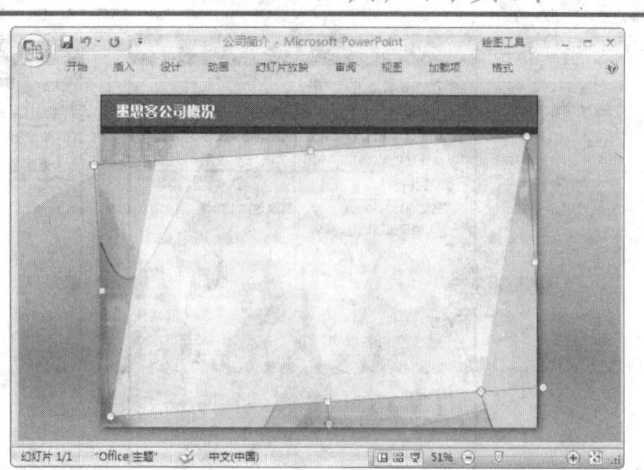

图 3-31　平行四边形效果

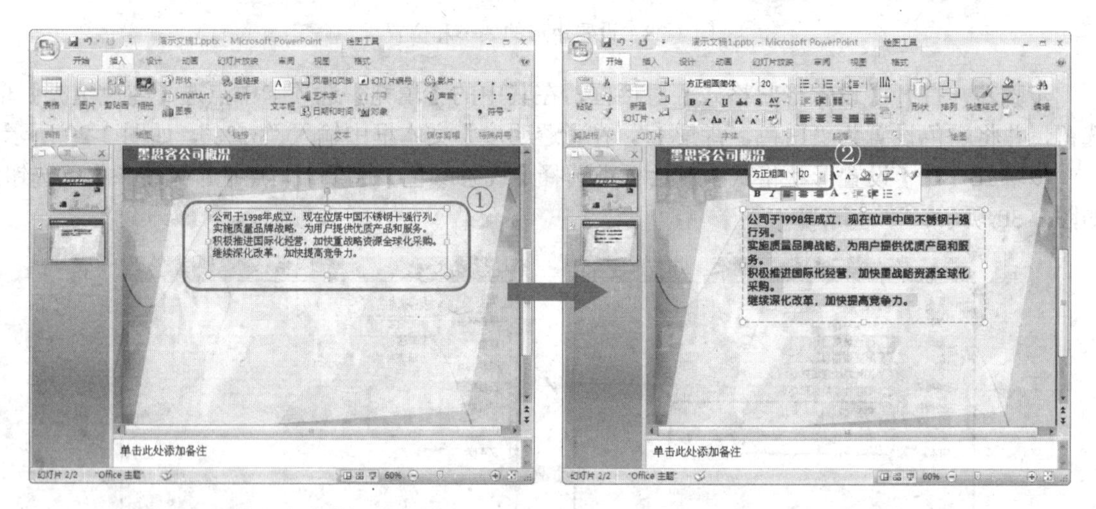

图 3-32　输入文本并调整位置　　　　图 3-33　设置文本字体字号

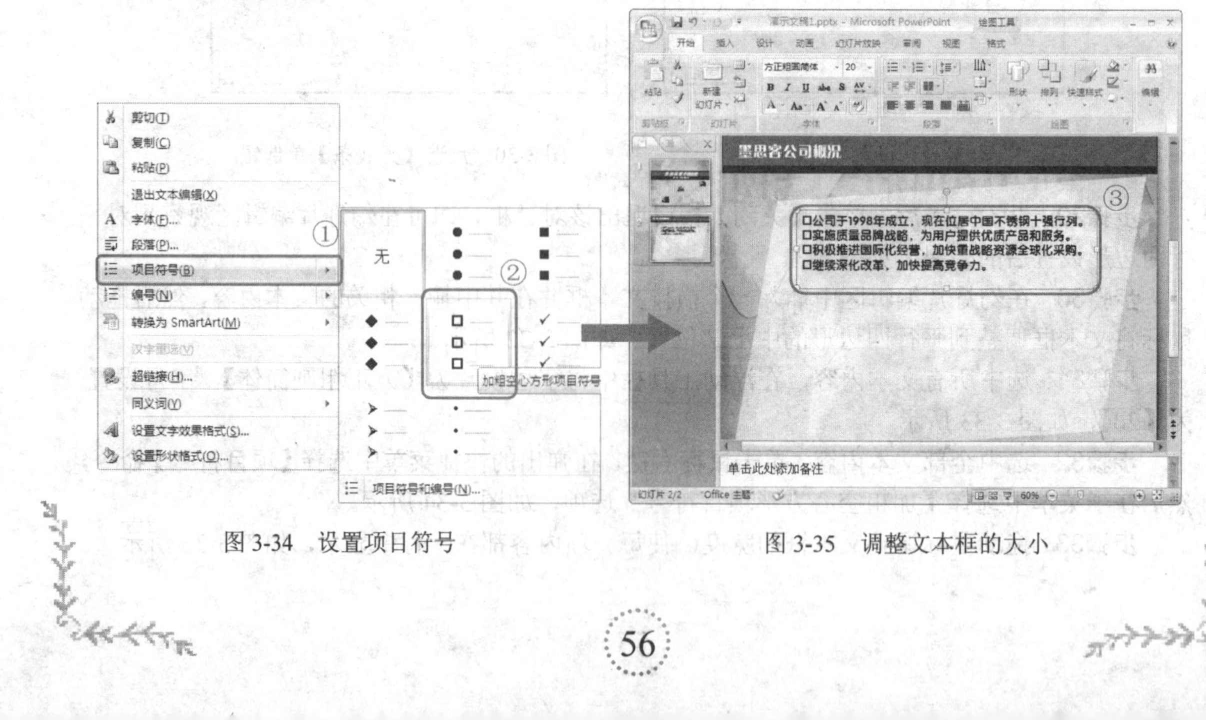

图 3-34　设置项日符号　　　　图 3-35　调整文本框的大小

步骤34　选中全部文本内容，然后单击鼠标右键，在弹出的快捷菜单中选择【段落】命令，打开【段落】对话框。

步骤35　在【段落】对话框中选择【缩进和间距】选项卡，然后在【行距】下拉列表中选择【多倍行距】选项，并且在【设置值】文本框中输入“3”，如图 3-36 所示。

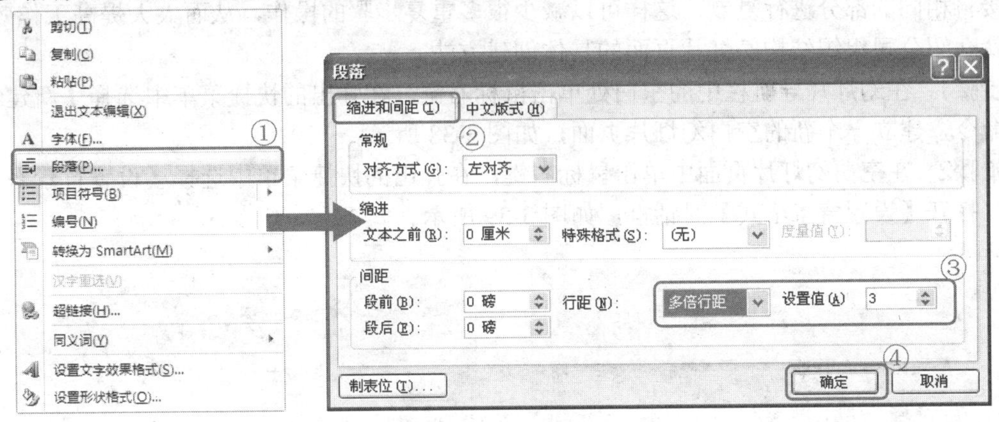

图 3-36　设置行距

步骤36　在“段落”对话框中单击【确定】按钮退出对话框，如图 3-37 所示。按<Ctrl>+<S>保存文档，至此公司概况幻灯片页面创建完毕。

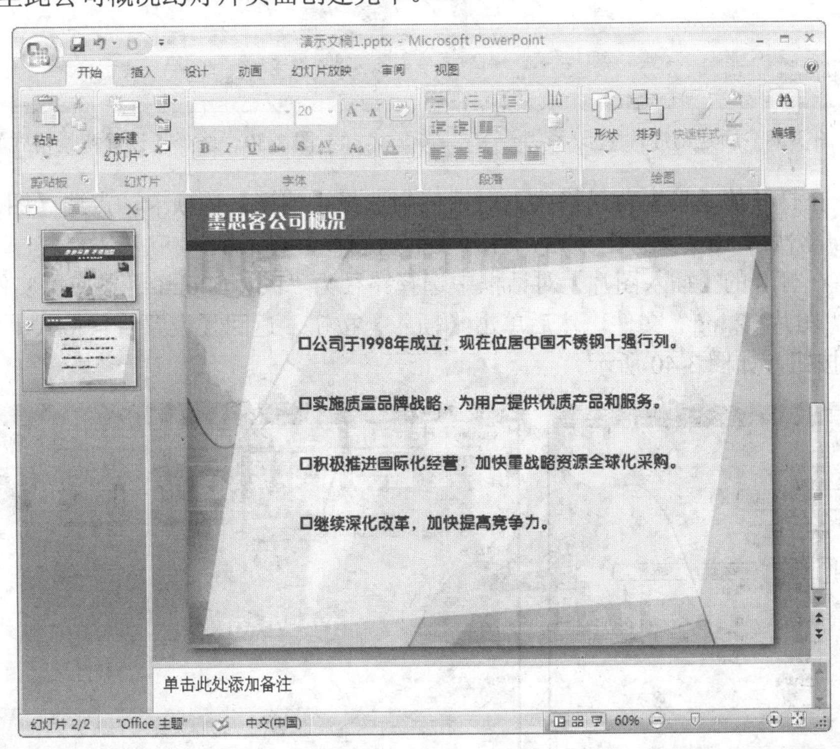

图 3-37　公司概况幻灯片页面效果

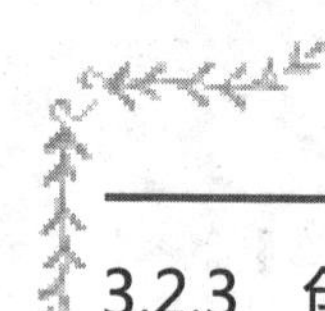

3.2.3 创建公司组织结构幻灯片页面

因为公司组织结构幻灯片页面与公司概况幻灯片页面大致相同，所以在创建的过程中，可以直接将相同的部分进行复制，这样可以减少很多重复步骤的操作，从而大大提高工作效率。下面就介绍公司组织结构幻灯片页面的具体创建方法。

步骤1 在幻灯片导航栏中的空白处单击鼠标右键，在弹出的快捷菜单中选择【新建幻灯片】命令，建立一个新的空白幻灯片页面，如图 3-38 所示。

步骤2 在空白幻灯片页面中单击鼠标右键，在弹出的快捷菜单中选择【设置背景格式】命令，打开【设置背景格式】对话框，如图 3-39 所示。

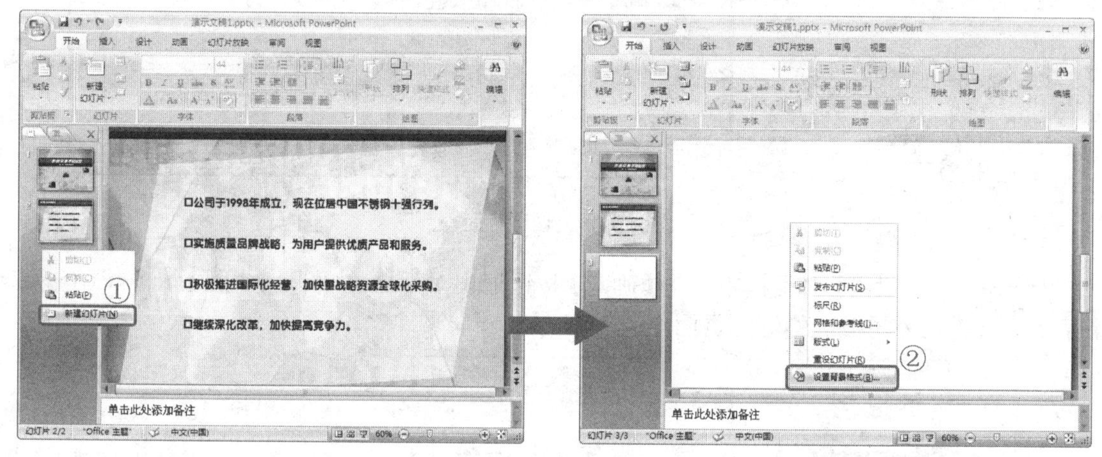

图 3-38 新建幻灯片　　　　图 3-39 选择【设置背景格式】命令

步骤3 在打开的【设置背景格式】对话框中选择【填充】选项卡，点选【图片或纹理填充】单选钮，然后单击【文件】按钮，打开【插入图片】对话框。

步骤4 在打开的【插入图片】对话框中选择路径为“PowerPoint 经典应用实例\第 1 篇\实例 3”中的“图片 02.jpg”文件，然后单击【插入】按钮，返回【设置背景格式】对话框，单击【关闭】按钮，如图 3-40 所示。

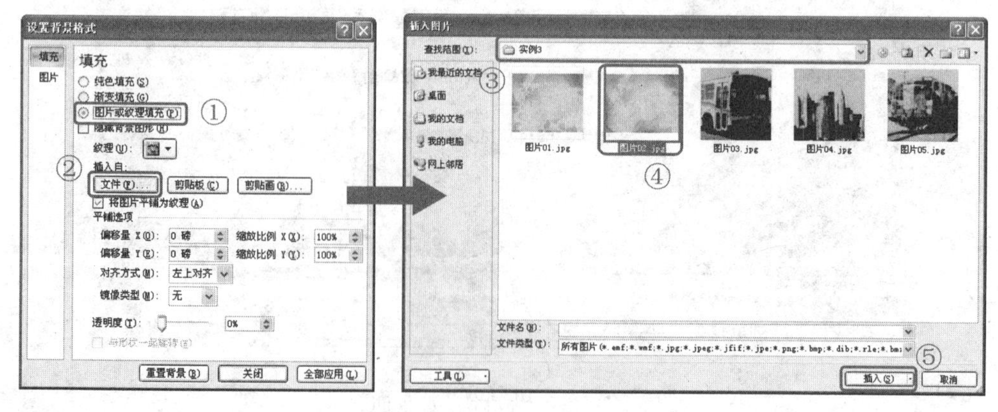

图 3-40 设置背景图片

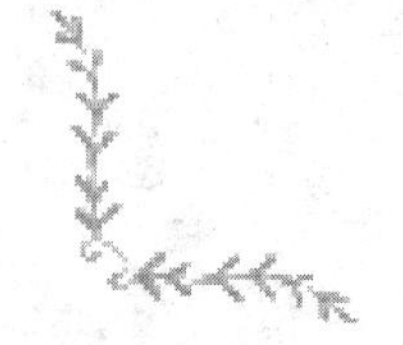

步骤5　在公司概况幻灯片页面中，选择矩形、平行四边形和小文本框，然后使用<Ctrl>+<C>和<Ctrl>+<V>快捷键将其复制粘贴到公司组织结构幻灯片页面中，如图 3-41 所示。

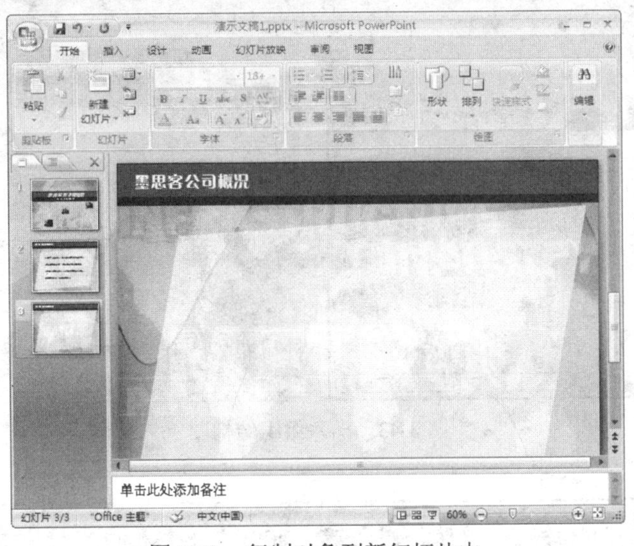

图 3-41　复制对象到新幻灯片中

步骤6　在公司组织结构幻灯片页面中将文本框内的内容更改为“墨思客公司组织结构”。

步骤7　选中平行四边形，打开【设置形状格式】对话框，选择【填充】选项页，然后在【透明度】文本框中输入“10%”，如图 3-42 所示。

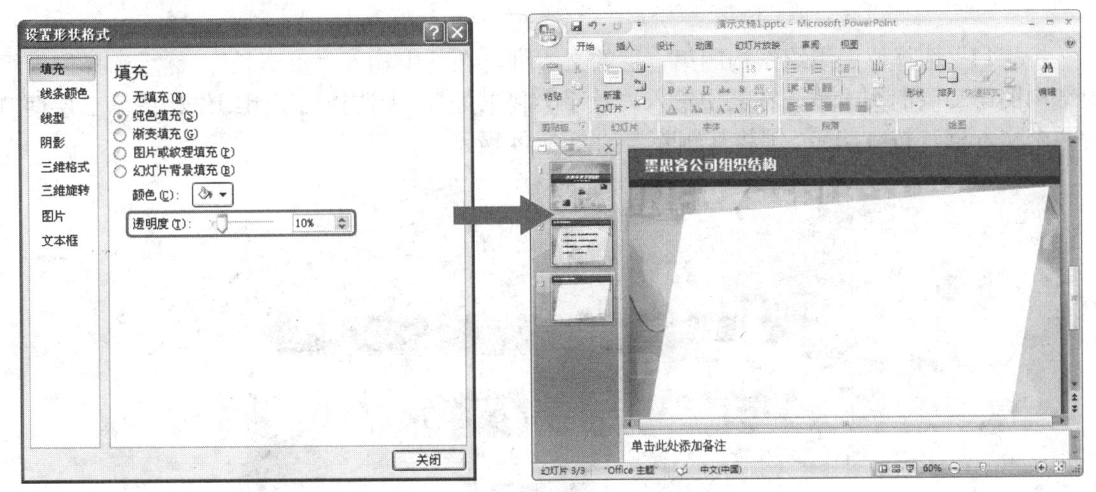

图 3-42　设置平行四边形的透明度

步骤8　选择【插入】选项卡，然后在【插图】功能区中单击【SmartArt】按钮，打开【选择 SmartArt 图形】对话框。

步骤9　在【选择 SmartArt 图形】对话框左侧选择【层次结构】选项，然后在其中选择【组织结构图】。

步骤10　单击【确定】按钮，将选中的组织结构图插入到公司组织结构幻灯片页面的平行四边形区域中如图 3-43 所示。

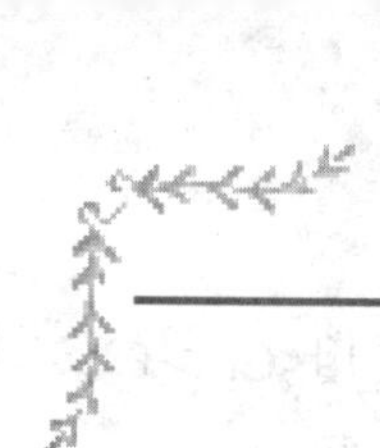

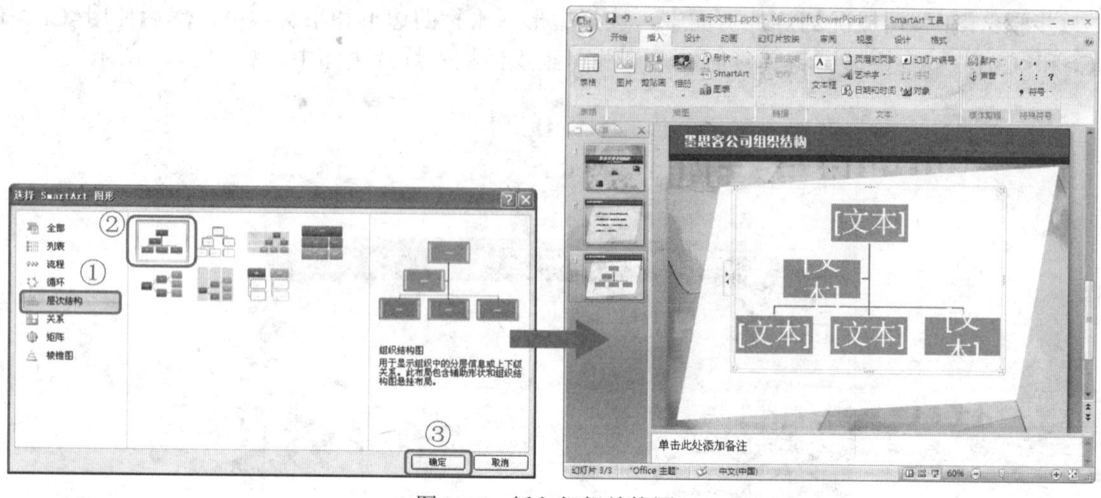

图 3-43　插入组织结构图

操作技巧

插入组织结构图之后，可以在文本框中直接输入企业中各个等级的机构名称。或者在【SmartArt 工具设计】选项卡的【创建图形】功能区中单击【文本窗格】按钮，打开文本窗格，在其中进行文本的输入。单击组织结构图左侧的按钮也可以打开文本窗格。

步骤11　选择位于组织结构图第一层的文本框，在其中输入“董事长”，然后选择位于组织结构图第二层的文本框，在其中输入“董事会秘书处”，再选择位于组织结构图第三层两侧的两个文本框，按<Delete>键将其删除，如图 3-44 所示。

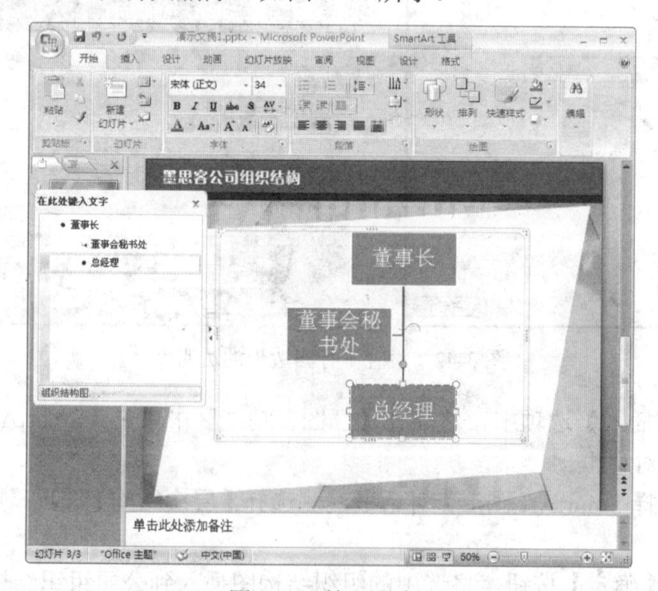

图 3-44　输入文本

步骤12　选择“总经理”文本框，并且在【SmartArt 工具设计】选项卡的【创建图形】功能区中单击【添加形状】按钮，然后在弹出的菜单中选择【在下方添加形状】命令。

步骤13　在新创建的文本框中输入文本“副总经理”，如图 3-45 所示。

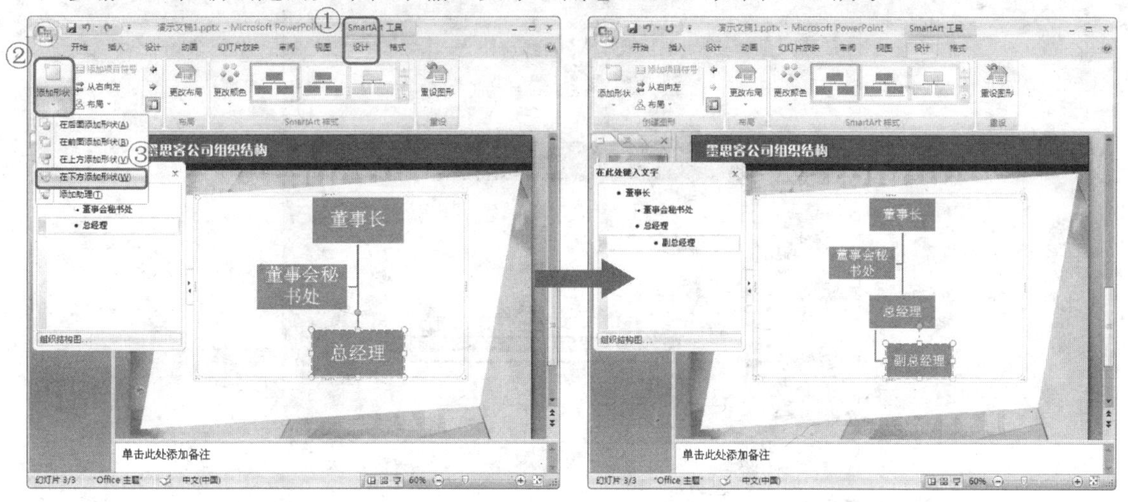

图 3-45　添加形状并输入文本

步骤14　选择“总经理”文本框，重复上面的操作，在“总经理”文本框后面再添加两个文本框，并在其中输入“副总经理”。

步骤15　按住<Ctrl>键，选择“总经理”和 3 个“副总经理”文本框，在【SmartArt 工具设计】选项卡的【创建图形】功能区中单击【布局】按钮，然后在弹出的菜单中选择【标准】命令，即可改变所选文本框的布局样式，如图 3-46 所示。

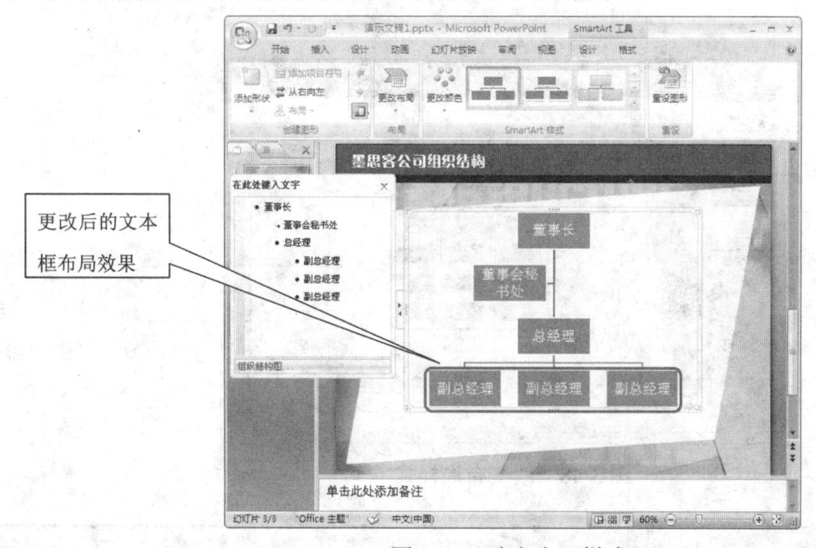

图 3-46　改变布局样式

步骤16　选择左侧的“副总经理”文本框，使用【在下面添加形状】命令在该文本框下面添加 3 个文本框，并分别在其中输入“人事部”、“研发部”和“生产部”。

步骤17　选择中间的“副总经理”文本框，使用【在下面添加形状】命令在该文本框下面添加 3 个文本框，并分别在其中输入“行政部”、“质检部”和“业务部”。

步骤18 选择右侧的“副总经理”文本框，使用【在下面添加形状】命令在该文本框下面添加 3 个文本框，并分别在其中输入“财务部”、“客服部”和“配送部”，如图 3-47 所示。

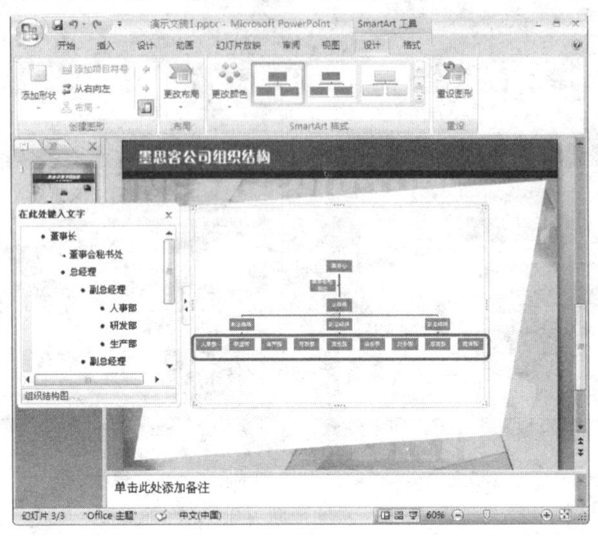

图 3-47　添加新的文本框

步骤19 按住<Ctrl>键选择 3 个“副总经理”文本框和其下属的 9 个文本框，并单击【布局】按钮，在弹出的菜单中选择【右悬挂】命令改变所选文本框的布局样式，如图 3-48 所示。

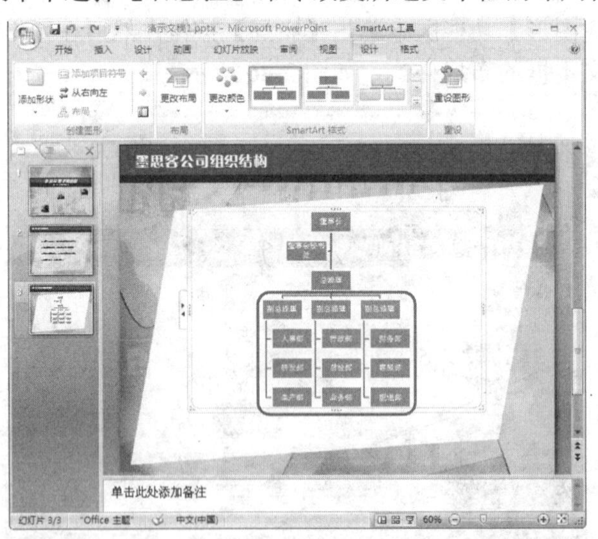

图 3-48　改变布局样式

单击【SmartArt 工具设计】选项卡【布局】功能区中的【更改布局】按钮，在弹出的列表中可以选择整个组织结构的布局样式。选择【其他布局】命令，可以打开【选择 SmartArt 图形】对话框，在其中重新选择 SmartArt 图形。

步骤20　在组织结构图的空白处单击鼠标右键，在弹出的快捷菜单中选择【大小和位置】命令，打开【大小和位置】对话框，在对话框【高度】文本框中输入“12.7 厘米”；在【宽度】文本框中输入“20.7 厘米”，然后选择【位置】选项卡，然后在【水平】文本框中输入“2.6 厘米”；在【垂直】文本框中输入“3.6 厘米”，设置完毕后退出对话框，如图 3-49 所示。

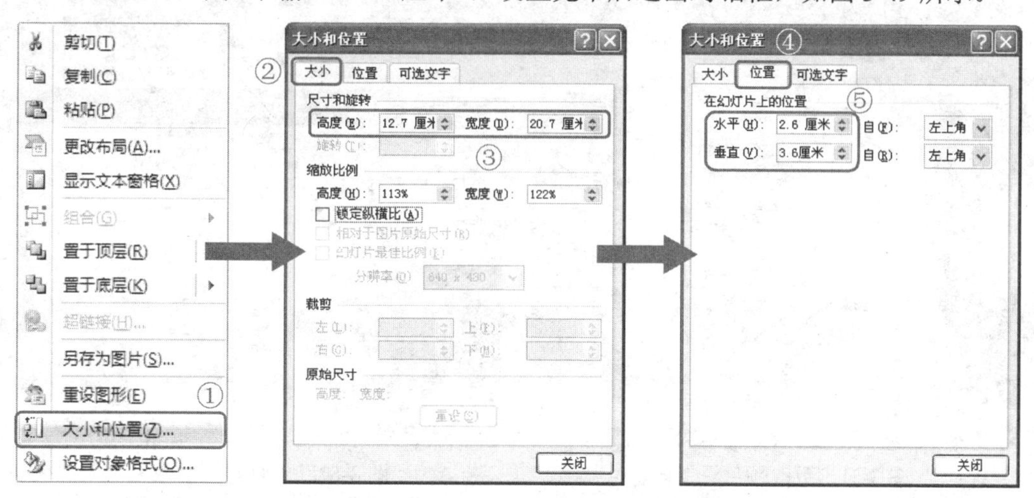

图 3-49　设置组织结构图的大小和位置

步骤21　将组织结构图中的形状进行调整，使其效果如图 3-50 所示。

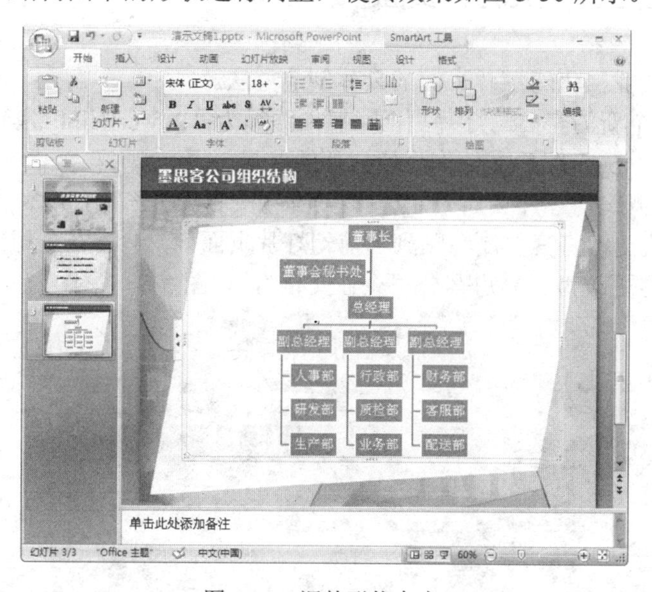

图 3-50　调整形状大小

操作技巧

在 SmartArt 图形中更改形状的大小以后，其余形状的大小和位置也会根据 SmartArt 图形的布局进行相应的调整；在对包含文字的形状进行大小调整时，文字大小会自动调整以适合其形状。

步骤22 在【SmartArt 工具设计】选项卡的【SmartArt 样式】功能区中单击【更改颜色】按钮，然后在弹出的颜色列表中选择【彩色范围-强调文字颜色 2 至 3】，如图 3-51 所示。

步骤23 至此，公司组织结构幻灯片页面创建完毕，其效果如图 3-52 所示。

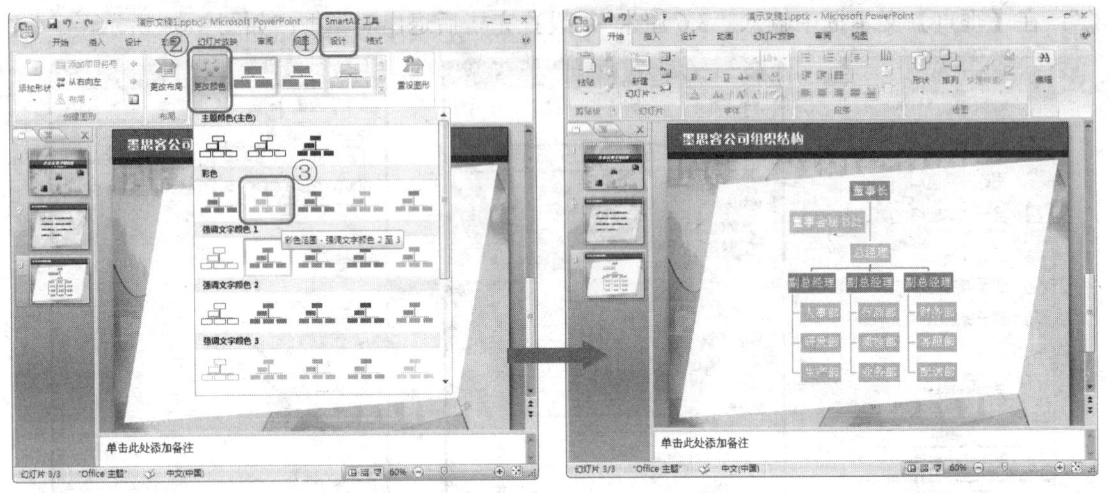

图 3-51　更改颜色　　　　图 3-52　幻灯片页面效果

3.2.4　创建公司企业文化幻灯片页面

下面介绍公司企业文化幻灯片页面的具体创建方法。

步骤1 新建一个新的空白幻灯片页面，插入路径为“PowerPoint 经典应用实例\第 1 篇\实例 3”中的“图片 02.jpg”图片文件作为幻灯片的背景。

步骤2 在公司概况幻灯片页面中，选择矩形、平行四边形和小文本框，然后使用<Ctrl>+<C>和<Ctrl>+<V>快捷键将其复制粘贴到当前幻灯片页面中，然后在公司组织结构幻灯片页面中将文本框内的内容更改为“墨思客公司企业文化”，如图 3-53 所示。

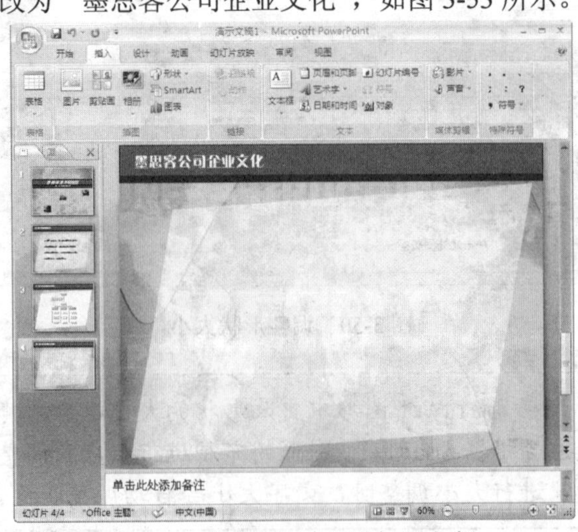

图 3-53　在新页面中更改标题内容

步骤3　在幻灯片编辑区中插入一个矩形，并打开【大小和位置】对话框，设置矩形的“高度”为“1.6 厘米”，“宽度”为“12 厘米”，如图 3-54 所示。

步骤4　选择【位置】选项卡，在【水平】文本框中输入“9.7 厘米”；在【宽度】文本框中输入“5 厘米”，然后单击【关闭】按钮即可设置矩形的位置，如图 3-55 所示。

步骤5　按住<Ctrl>键向下拖动鼠标，再复制出 3 个相同矩形，如图 3-56 所示。

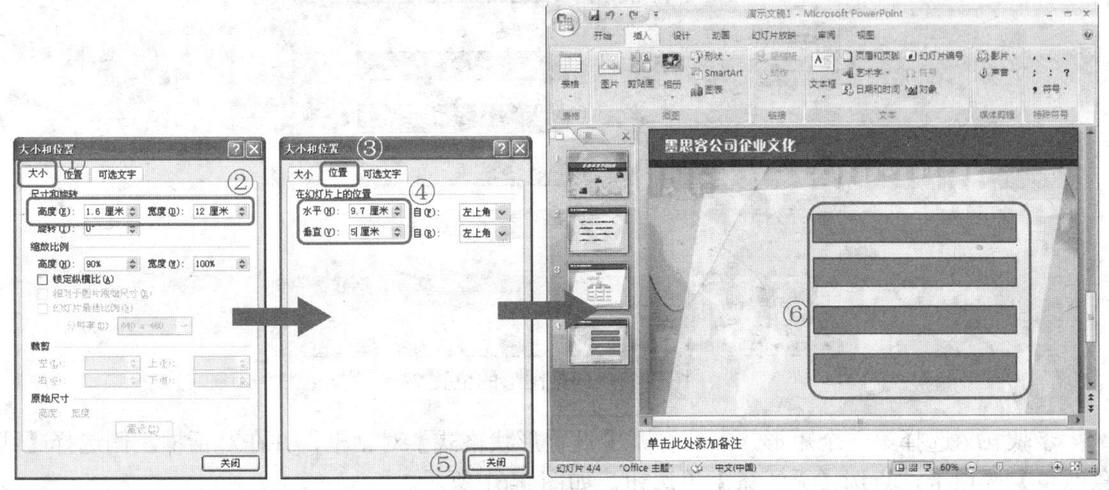

图 3-54　设置矩形大小　图 3-55　设置矩形位置　图 3-56　复制矩形

步骤6　在第一个矩形左侧插入一个十字星形，并打开【大小和位置】对话框，设置十字星形的“高度”和“宽度”均设置为“1.98 厘米”，如图 3-57 所示。

步骤7　选择【位置】选项卡，并且在【水平】文本框中输入“4.7 厘米”；在【宽度】文本框中输入“5 厘米”，然后单击【关闭】按钮即可设置十字星形的位置，如图 3-58 所示。

步骤8　按住<Ctrl>键向下拖动鼠标，再复制出 3 个十字星形，如图 3-59 所示。

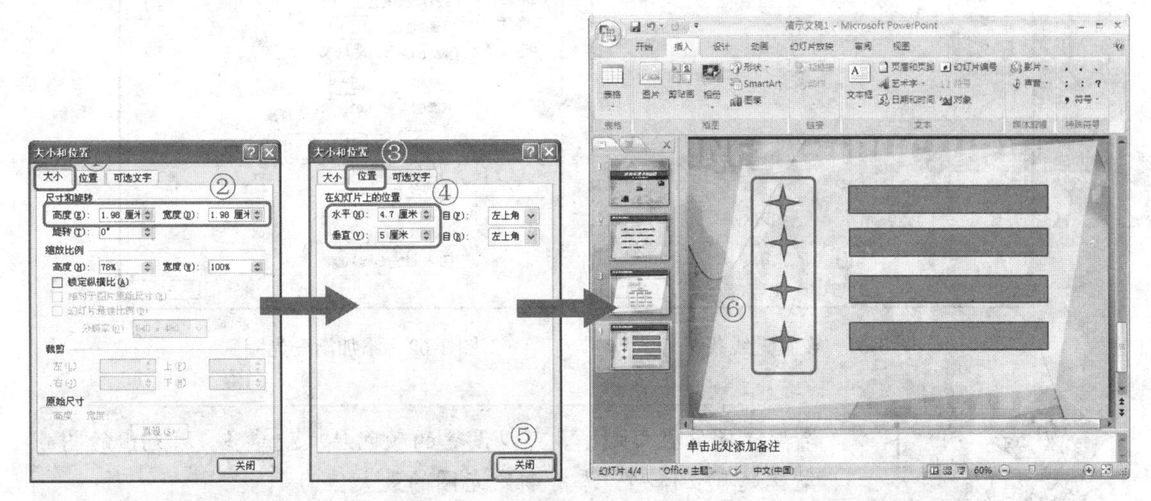

图 3-57 设置十字星形大小　图 3-58 设置十字星形位置　图 3-59　复制十字星形

步骤9　在【大小和位置】对话框中的【位置】选项卡中，将第 2 个到第 4 个矩形的垂直距离依次改为“8 厘米”、“11 厘米”和“14 厘米”；水平距离都设置为“9.7 厘米”，然后将第

2 个到第 4 个十字星形的水平距离都设置为“4.7 厘米”，垂直距离的值设置的与矩形相同，如图 3-60 所示。

图 3-60 调整图形的位置

步骤10 选择第一个矩形，然后打开【设置形状格式】对话框，并在对话框左侧选择【线条颜色】选项卡，点选【无线条】单选钮，如图 3-61 所示。

步骤11 在【设置形状格式】对话框中选择【填充】选项卡，点选【渐变填充】单选钮，然后单击【添加】按钮，将渐变光圈添加至 4 个，如图 3-62 所示。

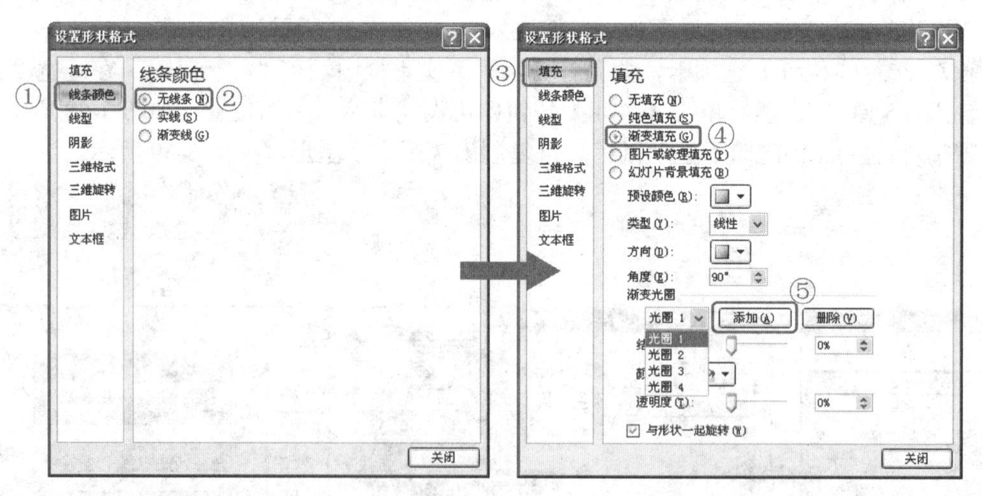

图 3-61 设置无线条

图 3-62 添加渐变光圈

操作技巧

- ◇ 渐变光圈的数目越多，可以设置的颜色层次就越多，填充出的图案就越有立体感。添加渐变光圈的最大值为 7。
- ◇ 对于不需要的渐变光圈，单击【删除】按钮即可将其删除。

步骤12　如图 3-64 左图所示，选择【光圈 1】，在【结束位置】文本框中输入“0%”，然后单击【颜色】按钮，在弹出的颜色列表中选择【紫色，强调文字颜色 4，淡色 60%】。

步骤13　使用同样的方法将“光圈 2”的颜色设置为“紫色，强调文字颜色 4，淡色 40%”，“结束位置”的数值设置为“78%”；“光圈 3”的颜色设置为“紫色，强调文字颜色 4，深色 25%”，“结束位置”的数值设置为“20%”；将“光圈 4”的颜色设置的同“光圈 1”相同，“结束位置”的数值设置为“100%”。

步骤14　设置完毕后单击【关闭】按钮退出对话框，设置效果如图 3-63 右图所示。

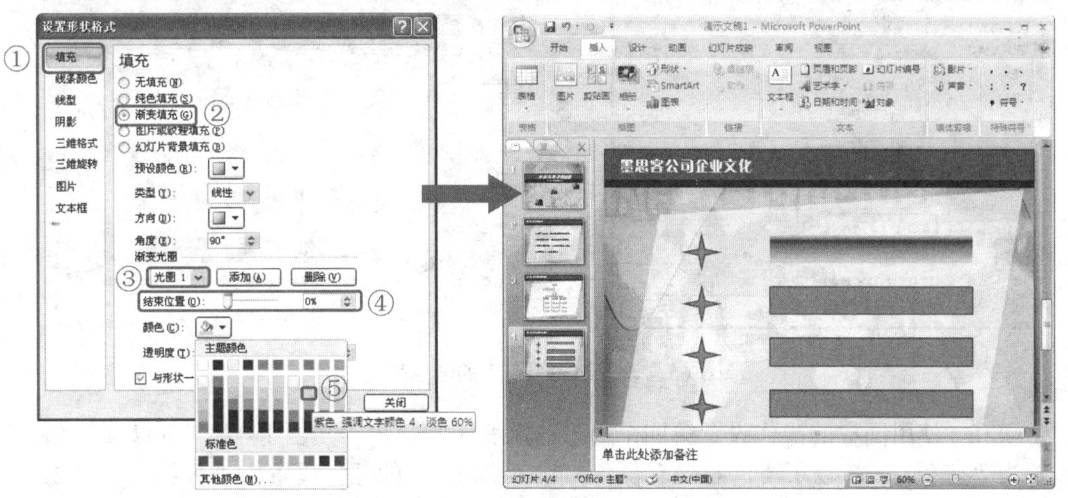

图 3-63　设置第一个矩形的渐变颜色

步骤15　设置第二个矩形的渐变光圈，将“光圈 1”和“光圈 4”的颜色均设置为“水绿色，强调文字颜色 5，淡色 60%”；“光圈 2”的颜色设置为“水绿色，强调文字颜色 5，淡色 40%”；将“光圈 3”的颜色设置为“水绿色，强调文字颜色 5，深色 25%”；并且每一个渐变光圈的“结束位置”数值都与第一个矩形保持一致，依次为“0%”、“78%”、“20%”和“100%”。

步骤16　在对话框左侧选择【线条颜色】选项，点选【无线条】单选钮，第二个矩形的最终效果如图 3-64 右图所示。

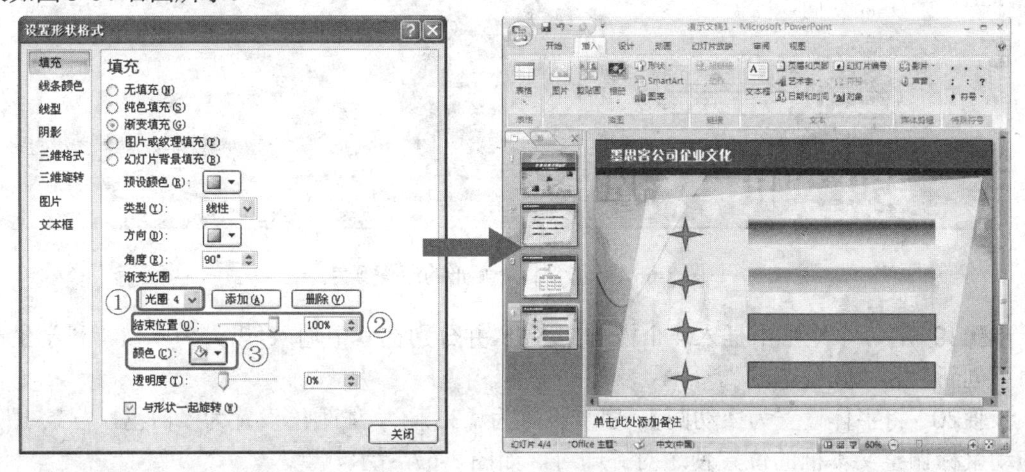

图 3-64　设置第二个矩形的渐变颜色

步骤17 设置第三个矩形的渐变光圈，将“光圈 1”和“光圈 4”的颜色均设置为“红色，强调文字颜色 2，淡色 60%”颜色；将“光圈 2”的颜色设置为“红色，强调文字颜色 2，淡色 40%”；将“光圈 3”的颜色设置为“红色，强调文字颜色 2，深色 25%”，并且每一个渐变光圈的“结束位置”数值都与第一个矩形保持一致，第三个矩形的最终效果如图 3-65 右图所示。

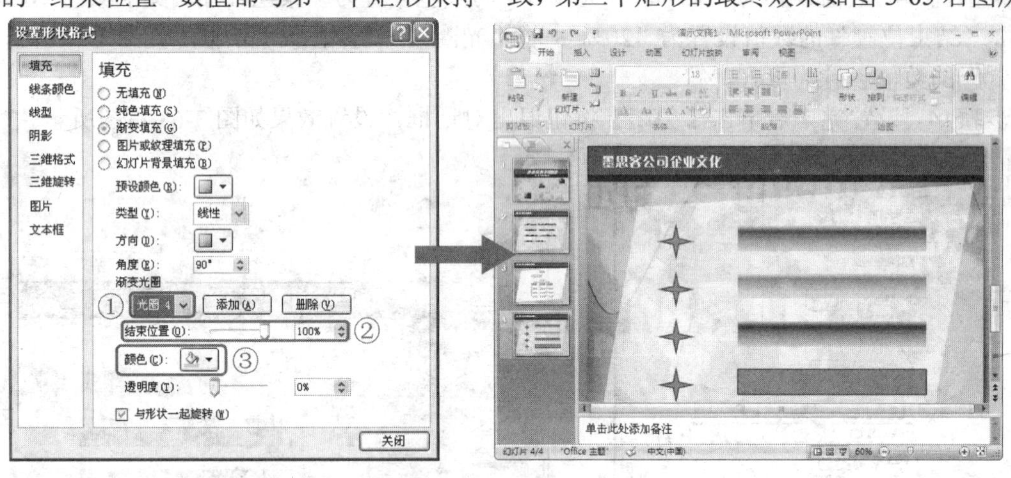

图 3-65 设置第三个矩形的渐变颜色

步骤18 使用同样的操作设置第四个矩形的渐变光圈：将“光圈 1”和“光圈 4”的颜色均设置为“蓝色，文字 2，淡色 60%”颜色；将“光圈 2”的颜色设置为“蓝色，文字 2，淡色 40%”；将“光圈 3”的颜色设置为“蓝色，文字 2，深色 25%”，每一个渐变光圈的“结束位置”数值都与第一个矩形保持一致，第四个矩形的最终效果如图 3-66 所示。

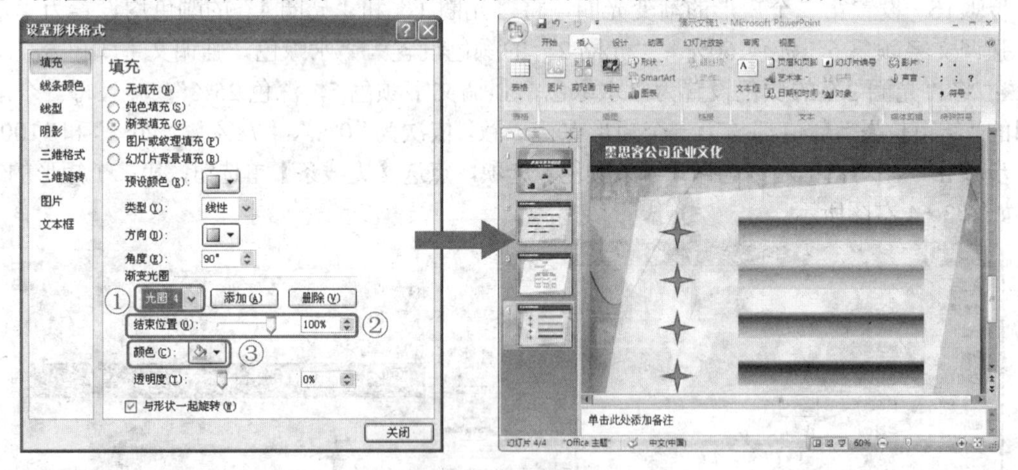

图 3-66 设置第四个矩形的渐变颜色

步骤19 在 4 个矩形中插入 4 个横排文本框，并分别在其中输入“以人为本”、“科学生产”、“勇于创新”和“勤俭节约”。

步骤20 将字体设置为【幼圆】，字号设置为【32】，字体颜色设置为“白色，背景 1”，然后拖动鼠标调整文本框的位置使之对齐即可，如图 3-67 所示。

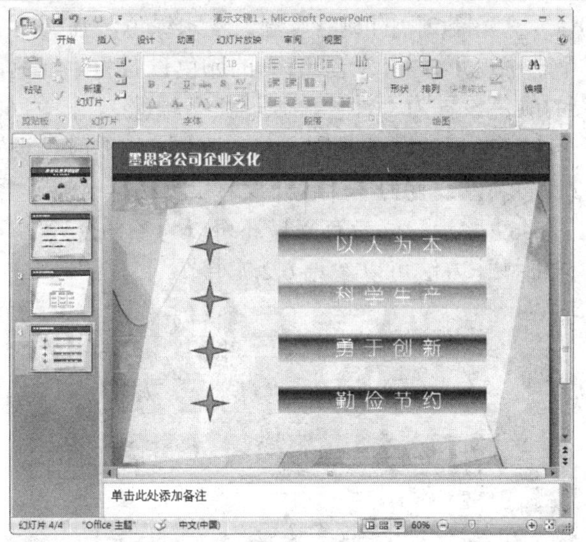

图 3-67　输入文本

步骤21　选择第一个十字星形，然后打开【设置形状格式】对话框，在对话框左侧选择【线条颜色】选项，然后点选【无线条】单选钮。

步骤22　在【填充】选项卡中点选【渐变填充】单选钮并在【类型】下拉列表中选择【路径】选项，然后将“光圈 1”的颜色设置为“紫色，强调文字颜色 4，淡色 40%”，“结束位置”的值设置为“100%”；将“光圈 2”的颜色设置为“紫色，强调文字颜色 4，淡色 60%”，“结束位置”的值设置为“26%”，设置完毕后单击【关闭】按钮，其效果如图 3-68 所示。

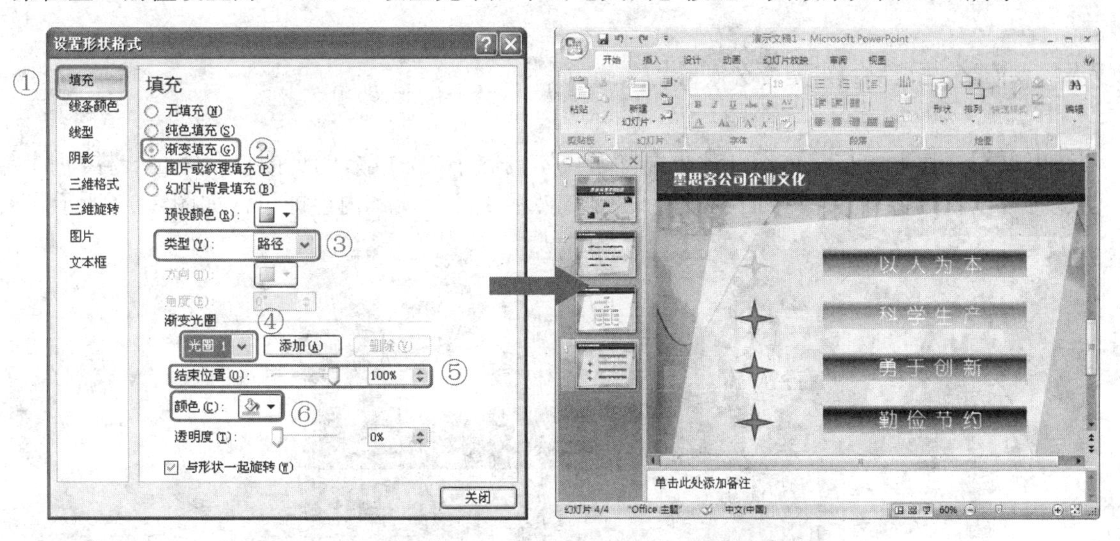

图 3-68　设置第一个十字星形的填充颜色

步骤23　在填充第二个到第四个十字星形时，每一个渐变光圈的“结束位置”数值都与第一个矩形保持一致，依次为“100%”和“26%”，并且都在“线条颜色”项中选中“无线条”单选项。

步骤24　使用同样的方法填充第二个十字星形，将“光圈 1”的颜色设置为“水绿色，强调文字颜色 5，淡色 40%”，“光圈 2”的颜色设置为“水绿色，强调文字颜色 5，淡色 60%”。

步骤25 填充第三个十字星形，将“光圈 1”的颜色设置为“红色，强调文字颜色 2，淡色 40%”；将“光圈 2”的颜色设置为“红色，强调文字颜色 2，淡色 60%”。

步骤26 设置第四个十字星形的渐变光圈，将“光圈 1”的颜色设置为“蓝色，文字 2，淡色 40%”；将“光圈 2”的颜色设置为“蓝色，文字 2，淡色 60%”。至此，公司企业文化幻灯片页面设置完毕，如图 3-69 所示。读者有兴趣还可以为各条企业文化设置超链接，具体演示其企业文化的内涵，详细操作方法可以参见 6.2.7 小节。

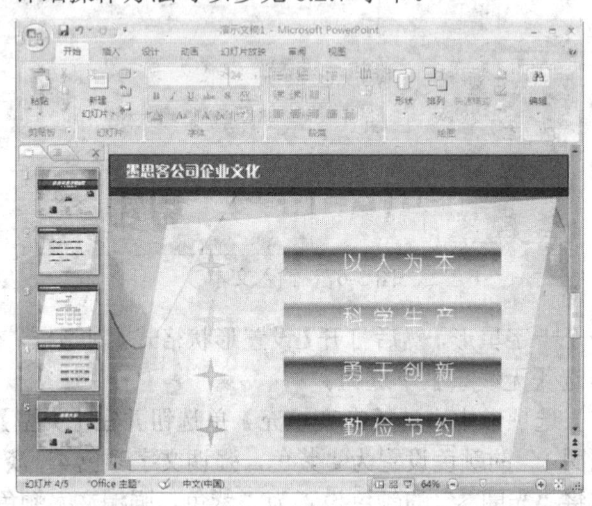

图 3-69　公司企业文化幻灯片页面效果

3.2.5　创建公司简介结束页幻灯片

结束页幻灯片页面与首页幻灯片页面除了文本内容不同，其余的页面设置完全一样，所以在创建时可以直接将首页幻灯片页面进行复制，然后更改其文本内容即可，如图 3-70 所示。

图 3-70　结束页幻灯片的效果

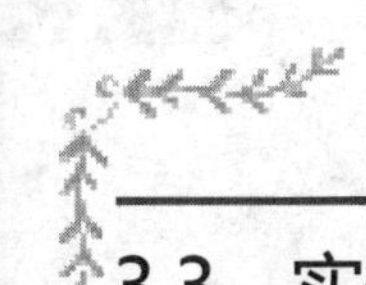

3.3　实例总结

通过以上的操作，公司简介的幻灯片就制作完毕了。通过本实例的学习，需要重点掌握以下几个方面的内容。

- 幻灯片背景的设置。
- 在幻灯片中插入形状，并在【大小和位置】以及【设置形状格式】对话框中对形状进行大小、位置、填充等设置。
- 在幻灯片文档中插入文本框，并对所输入的文本字体、字号等进行相应的设置。
- 在幻灯片中插入 SmartArt 图形，并按照实际需要在【SmartArt 工具设计】选项卡中的各个功能区对 SmartArt 图形进行调整。
- 在填充对象的过程中，通过对渐变光圈的调整，使填充效果更具有立体感。

在制作的过程中，还可以根据公司的实际情况，增加“公司销售业绩”、“公司规章制度”等页面，使简介内容更加丰富。由于篇幅有限，在这里就不再一一赘述，有兴趣的读者可以尝试自己动手练习。

实例 4　会议简报

制作会议简报是行政工作必不可少的一项内容。目前各企业公司都把提升工作进度，提高工作质量已经落实到各个方面，因而传统的手写式会议简报已经不能满足工作的需要。本章就通过使用 PowerPoint 2007 制作会议简报。

4.1　实例分析

本实例中的会议简报主要是通过绘制图形进行创建，使用 PowerPoint 2007 制作的会议简报效果如图 4-1 所示。

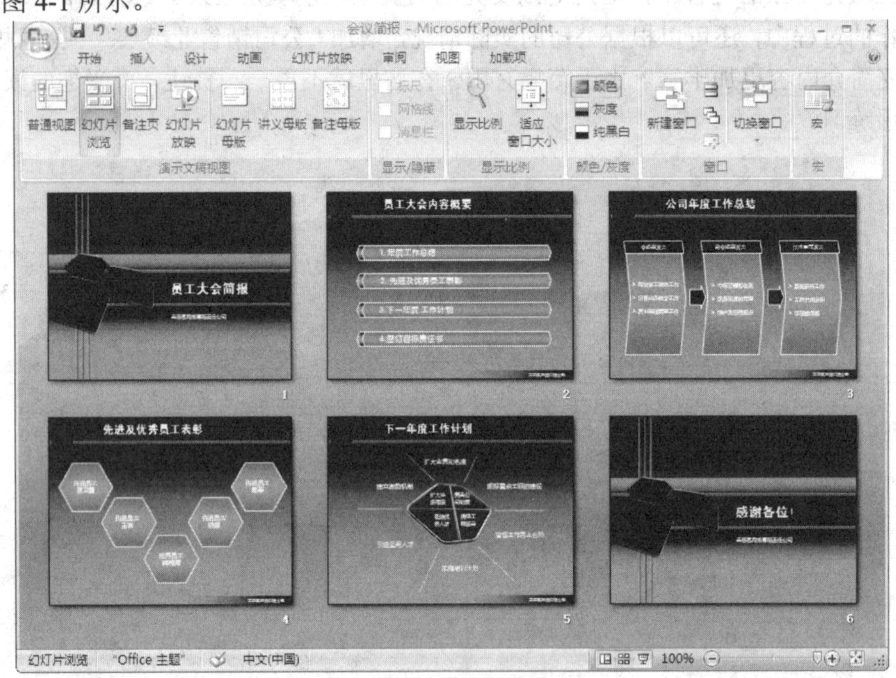

图 4-1　会议简报幻灯片浏览效果

4.1.1　设计思路

会议简报的功能是对会议中的主要内容进行记录，然后再依据此会议简报的内容对大众进行公布。所以在制作会议简报时语言应该简洁、大方，内容应充分体现会议的精神。在制作此幻灯片实例时，主要采用了深蓝色到黑色的渐变背景色，并通过蓝色和黑色的色调创建相关的图形，从而使之符合会议简报的严肃、大方的特点。

本幻灯片中各页面的设计标题思路依次为：首页→员工大会内容概要→公司年度总结→先进及优秀员工表彰→下一年度工作计划→结束页。

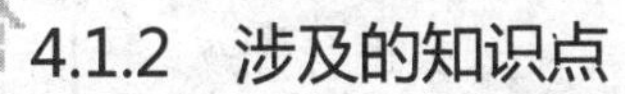

4.1.2 涉及的知识点

在本实例幻灯片演示文稿的制作中将引入母版的概念，即先设置幻灯片的母版，然后在分别制作其他页面。

在会议简报的制作中主要用到了以下方面的知识点：

- ✧ 幻灯片母版的设置
- ✧ 左右箭头的插入和设置
- ✧ 燕尾形和右箭头的插入和设置
- ✧ 六边形和线条的插入和设置
- ✧ 阴影效果和棱台效果的添加

4.2 实例操作

本节就根据前面所分析的设计思路和知识点，使用 PowerPoint 2007 对会议简报幻灯片的制作步骤进行详细的讲解。

4.2.1 幻灯片母版的设置

在创建幻灯片的各页面之前，这里先对幻灯片母版进行设置，其具体的操作步骤如下。

步骤1 启动 PowerPoint 2007，然后按<Ctrl>+<N>快捷键新建一个空白幻灯片文档。

步骤2 在幻灯片文档中选择【视图】选项卡，然后在【演示文稿视图】功能区中单击 幻灯片母版 按钮，进入幻灯片母版编辑区，如图 4-2 所示。

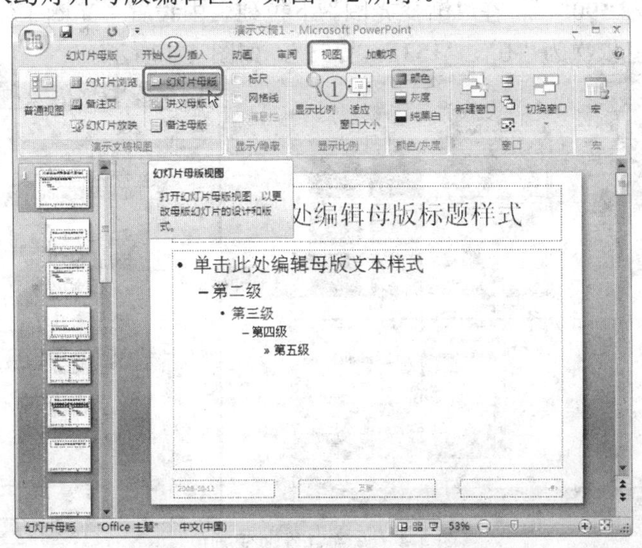

图 4-2 进入幻灯片的母版编辑区

母版用于统一整个演示文稿格式。因此，只需要对母版进行修改，即可完成对多张幻灯片的外观进行改变。幻灯片母版中包括以下信息。

- ✧ 标题文本及其它文本的字符格式和段落格式。
- ✧ 幻灯片的背景填充效果。
- ✧ 文本框或图形、图片对象。

步骤3 在幻灯片母版左侧的导航栏中选择最上方的幻灯片母版，然后在右侧的编辑区删除所有文本框，如图 4-3 所示。

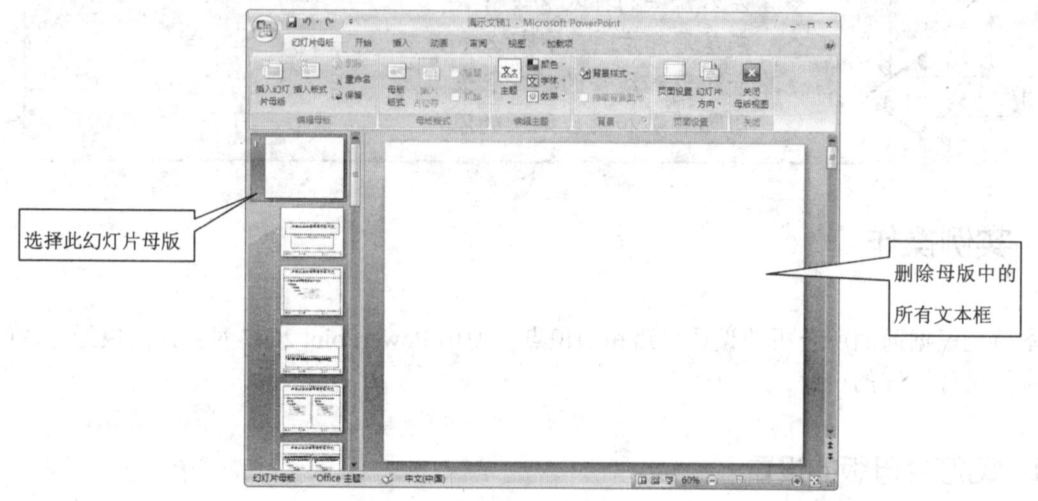

图 4-3 在母版中删除所有文本框

步骤4 在幻灯片文档中选择【幻灯片母版】选项卡，在【背景】功能区单击【背景样式】按钮，然后在弹出的下拉列表中选择【设置背景格式】选项，打开【设置背景格式】对话框。

步骤5 在对话框选择【填充】选项卡，然后在右侧点选【渐变填充】单选钮，并设置类型为“线性”，角度为“90° ”，在“渐变光圈”下拉列表中设置“光圈 1”颜色为“黑色”，“光圈 2”颜色的 RGB 值依次为“0”、“153”、“255”，如图 4-4 所示。

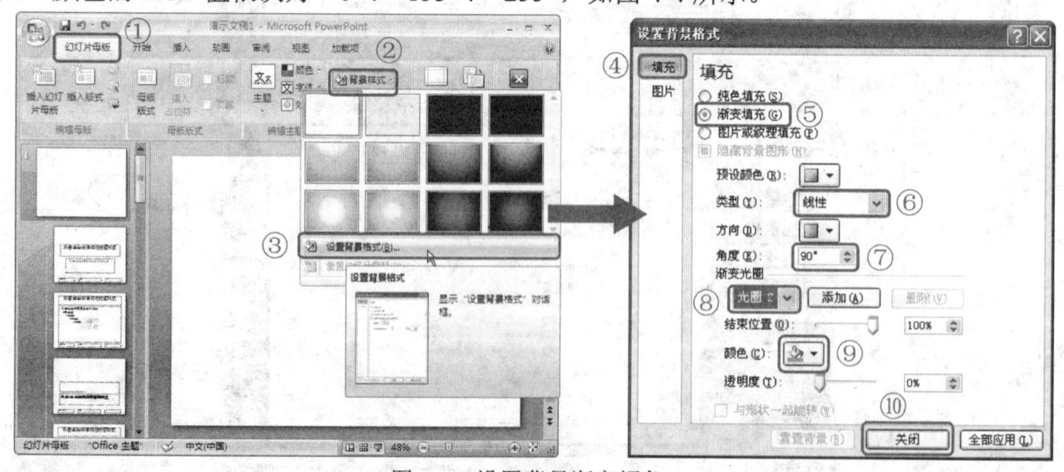

图 4-4 设置背景渐变颜色

在【设置背景格式】对话框中，如果点选【渐变填充】单选钮，可以在【类型】下拉列表中设置“线性”、“射线”、“矩形”、“路径”和“标题的阴影”五种填充类型；在【角度】文本框中可以设置“线性”渐变的角度；在【渐变光圈】的下拉列表中可以设置填充颜色的数量，单击【添加】按钮一次可添加一种填充颜色，单击【删除】按钮一次可删除一种填充颜色；当选择一种填充颜色后，再单击【颜色】按钮，即可在弹出的列表中设置当前所选的颜色值。

步骤6　设置完毕后单击【关闭】按钮即可设置母版的背景格式，如图4-5所示。

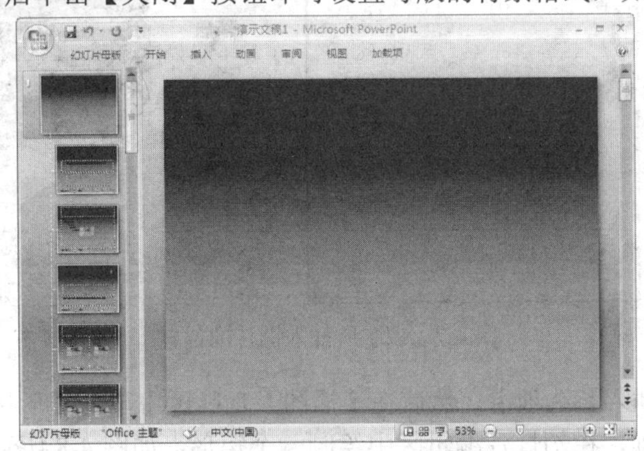

图4-5　设置背景格式后的母版效果

步骤7　在幻灯片编辑区中选择【插入】选项卡，然后在【插图】功能区中单击【图片】按钮，在打开的【插入图片】对话框中，选择路径为“PowerPoint经典应用实例\第1篇\实例4”文件夹中的“pic02.png”图片文件，然后单击【插入】按钮，插入图片，如图4-6所示。

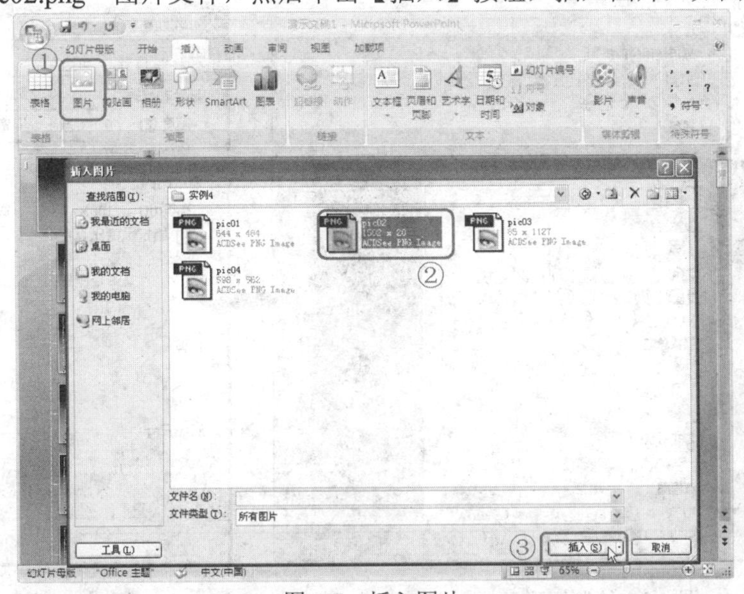

图4-6　插入图片

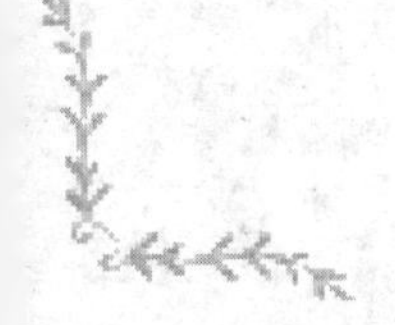

步骤8 使用鼠标右键单击所插入的图片，然后在弹出的快捷菜单中选择【大小和位置】命令，打开【大小和位置】对话框。

步骤9 在对话框中选择【位置】选项卡，然后设置水平位置为“0 厘米”，垂直位置为“2.33 厘米”，设置完毕后单击【关闭】按钮即可调整图片位置，如图 4-7 所示。

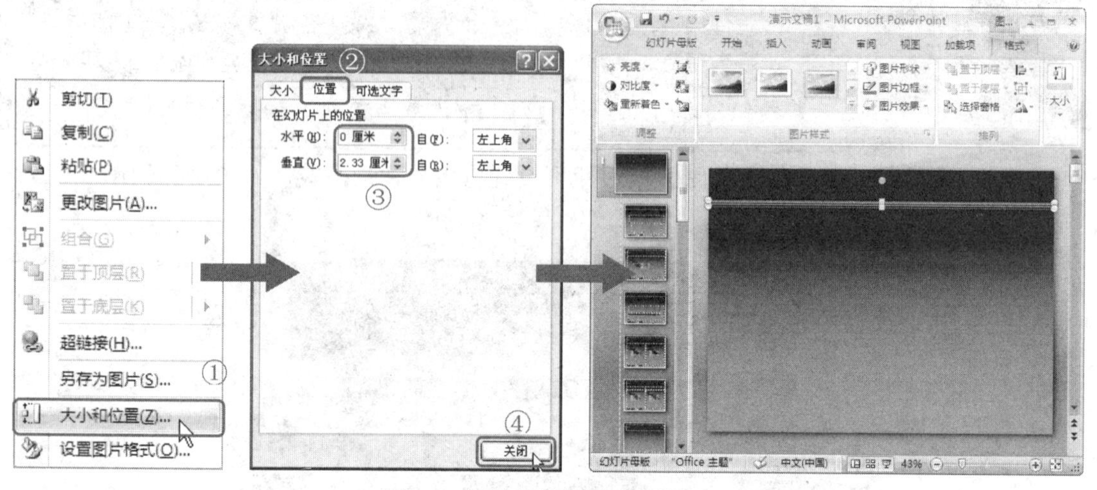

图 4-7 调整所插入图片的位置

步骤10 选择【插入】选项卡，然后在【插图】功能区中单击【形状】按钮，并在下拉列表中选择【矩形】选项，在幻灯片编辑区中绘制一个矩形，如图 4-8 所示。

步骤11 使用鼠标右键单击所绘制的矩形，打开【大小和位置】对话框，然后在对话框中设置高度为“0.83”厘米，宽度为“12.7”厘米，如图 4-9 所示。

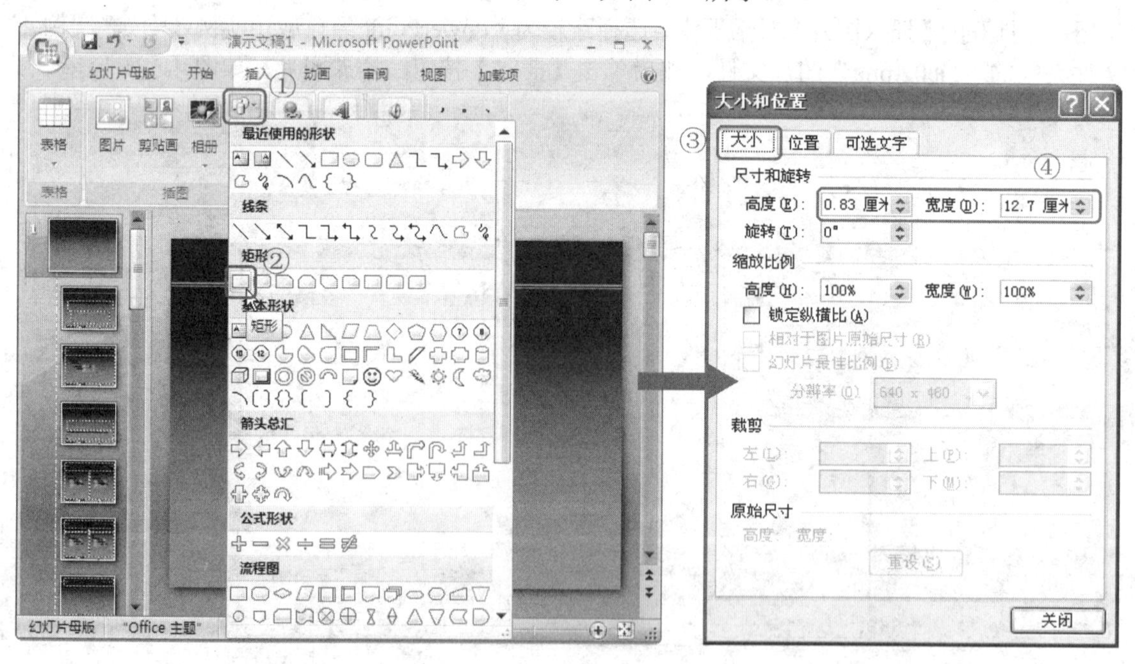

图 4-8 绘制矩形

图 4-9 设置矩形大小

步骤12　选择【位置】选项卡，设置矩形的水平位置为“0 厘米”，垂直位置为“18.23 厘米”，设置完毕后单击【关闭】按钮即可调整矩形的位置，如图 4-10 所示。

步骤13　使用鼠标右键单击所绘制的矩形，打开【设置形状格式】对话框，然后在对话框中选择【填充】选项卡，然后点选【渐变填充】单选钮，并设置类型为“线性”，角度为“0° ”，在“渐变光圈”下拉列表中设置“光圈 1”颜色的 RGB 值依次为“0”、“153”、“255”，“光圈 2”的颜色为“黑色”，如图 4-11 所示。

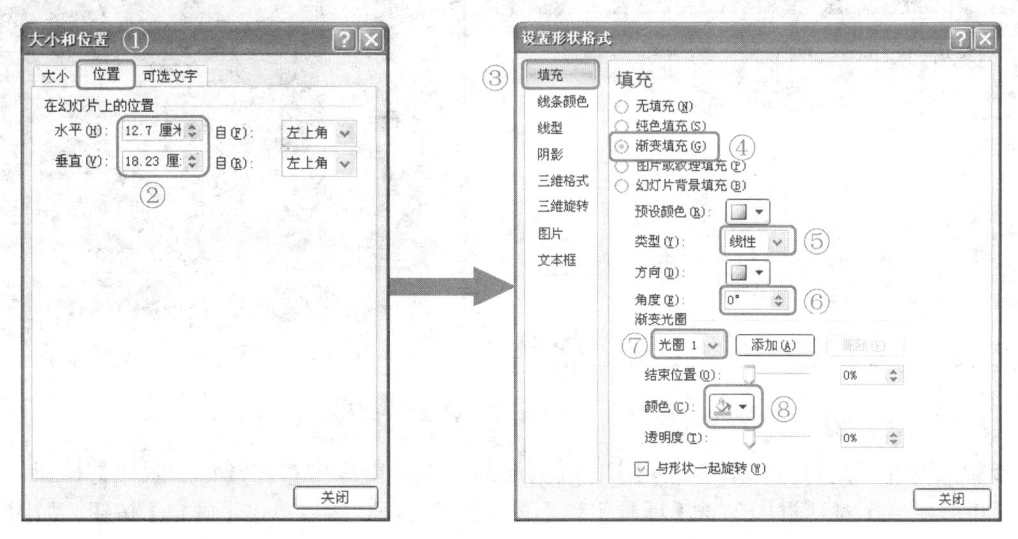

图 4-10　设置矩形的位置　　　　图 4-11　设置矩形的填充颜色

步骤14　在【设置形状格式】对话框中选择【线条颜色】选项卡，然后点选【无线条】单选钮，设置完毕后单击【关闭】按钮即可设置矩形的填充效果，如图 4-12 所示。

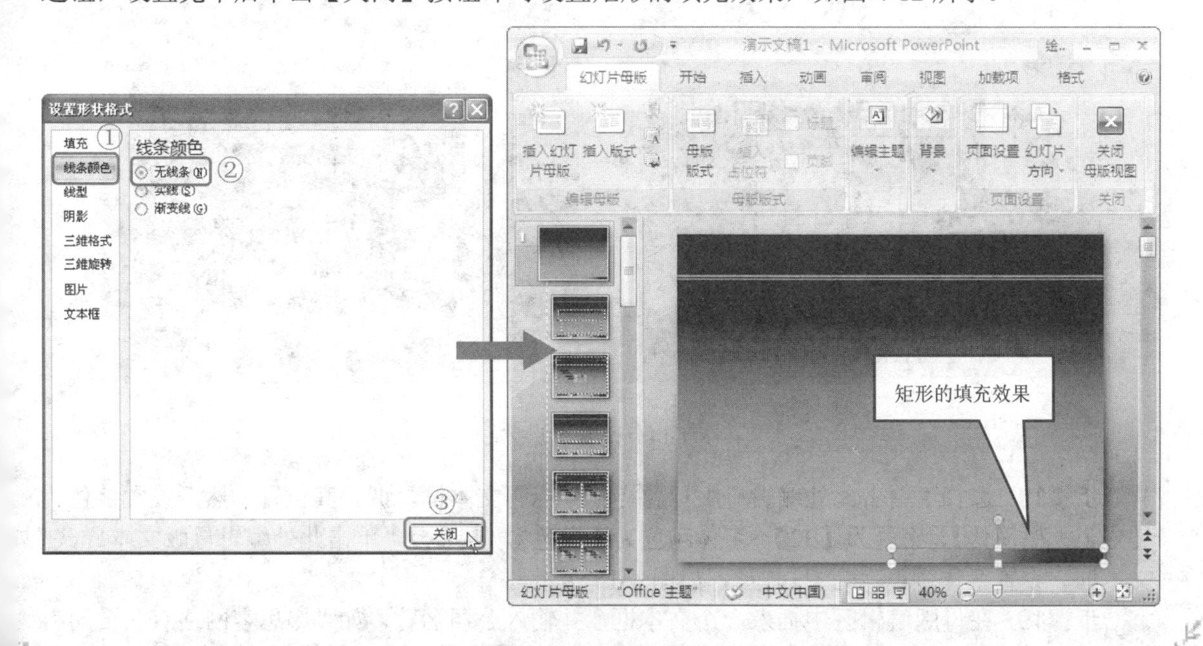

图 4-12　设置矩形无线条

步骤15 在幻灯片编辑区中选择【插入】选项卡，然后在【插图】功能区中单击【图片】按钮，在打开的【插入图片】对话框中，选择路径为“PowerPoint 经典应用实例\第 1 篇\实例 4”文件夹中的“pic05.png”图片文件，然后单击【插入】按钮，插入图片。

步骤16 调整所插入的图片的位置，使其位于幻灯片母版的左上角，如图 4-13 所示。

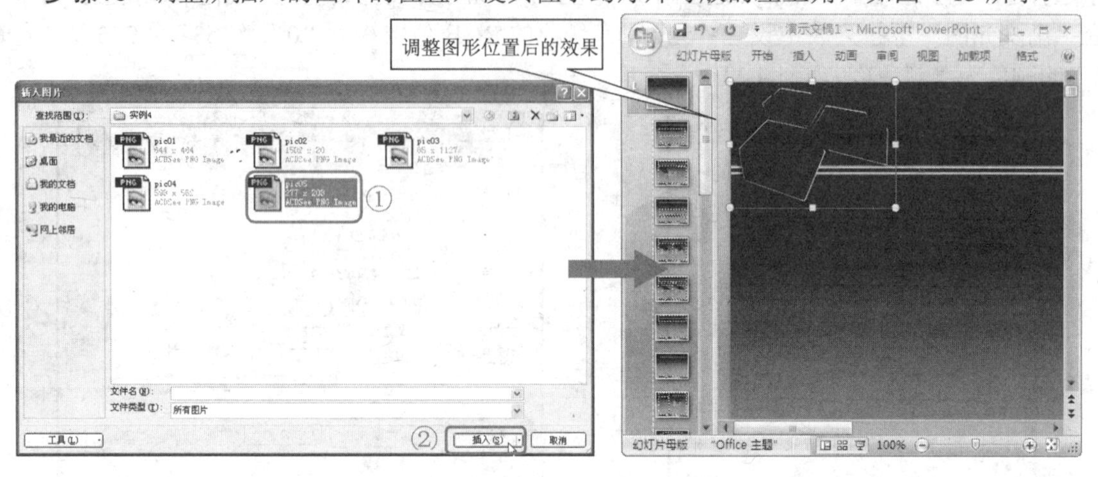

图 4-13 插入图片并调整其位置

步骤17 在【幻灯片母版】选项卡的【母版版式】功能区中单击【母版版式】按钮，在弹出的【母版版式】对话框中勾选【标题】和【文本】复选框，然后单击【确定】按钮，如图 4-14 所示。

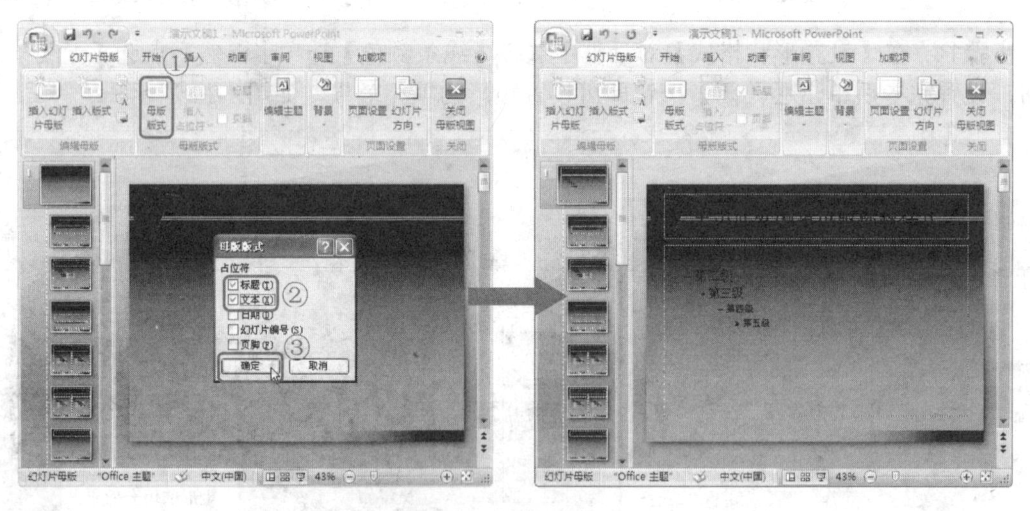

图 4-14 设置母版版式

步骤18 选择“单击此处编辑母版标题样式”标题文本框，调整其位置，然后设置字体为【方正大黑简体】、字号为【32】、字体颜色为【白色】，再选择“单击此处编辑母版文本样式”文本框，设置字体颜色也为“白色”，如图 4-15 所示。

步骤19 在母版编辑区中插入一个文本框，并输入公司名称，如“墨思客网络有限公司”，然后设置字体为【微软雅黑】、字号为【12】、字体颜色为【白色】，并调整文本框的位置使其位于母版编辑区的右下方，如图 4-16 所示。

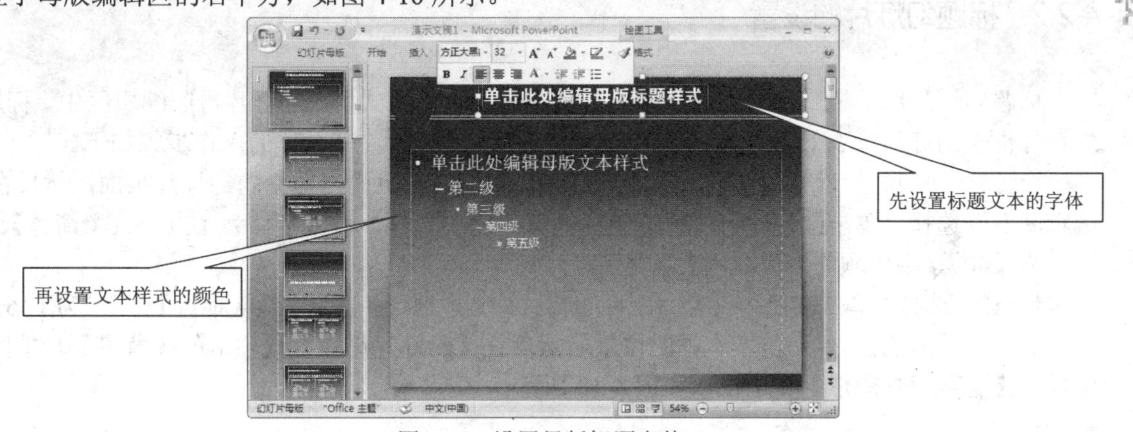

图 4-15　设置母版标题字体

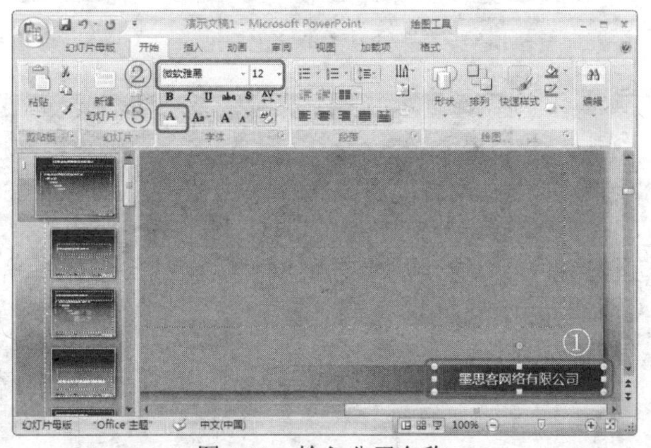

图 4-16　输入公司名称

步骤20　按<Ctrl>+<S>快捷键，在弹出的【另存为】对话框中选择保存路径，然后在【文件名】文本框中输入文件名称，并在【保存类型】下拉列表中选择要保存的幻灯片类型，然后单击【保存】按钮保存演示文稿，如图 4-17 所示，幻灯片母版创建完毕。

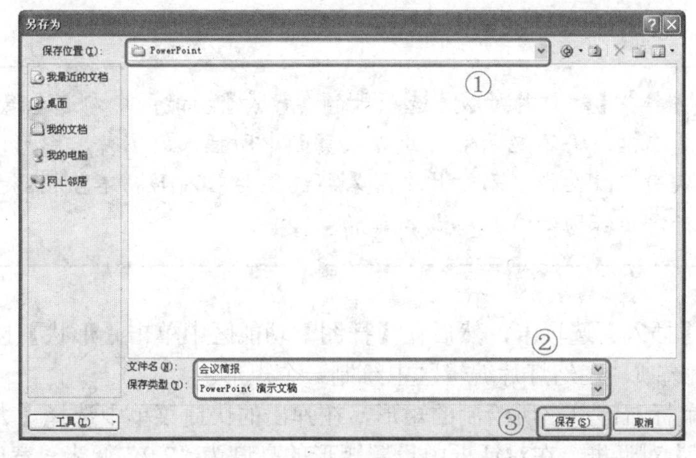

图 4-17　保存幻灯片文档

4.2.2 标题幻灯片的设置

标题幻灯片用于统一设置幻灯片中的首页和结束页的格式，在幻灯片母版编辑区中，标题幻灯片位于幻灯片母版下方的第二个页面。设置标题幻灯片，其具体的操作步骤如下。

步骤1 在幻灯片母版编辑区的左侧选择第二个幻灯片页面，即标题幻灯片页面，然后在编辑区右侧选择“单击此处编辑母版标题样式”标题文本框，设置字体为【方正大黑简体】、字号为【40】、字体颜色为【白色】。

步骤2 选择“单击此处编辑母版副标题样式”文本框，字体为【微软雅黑】、字号为【16】、字体颜色为【白色】，并调整文本框的位置，然后在【幻灯片母版】选项卡的【背景】功能区中勾选【隐藏背景图形】复选框，如图 4-18 所示。

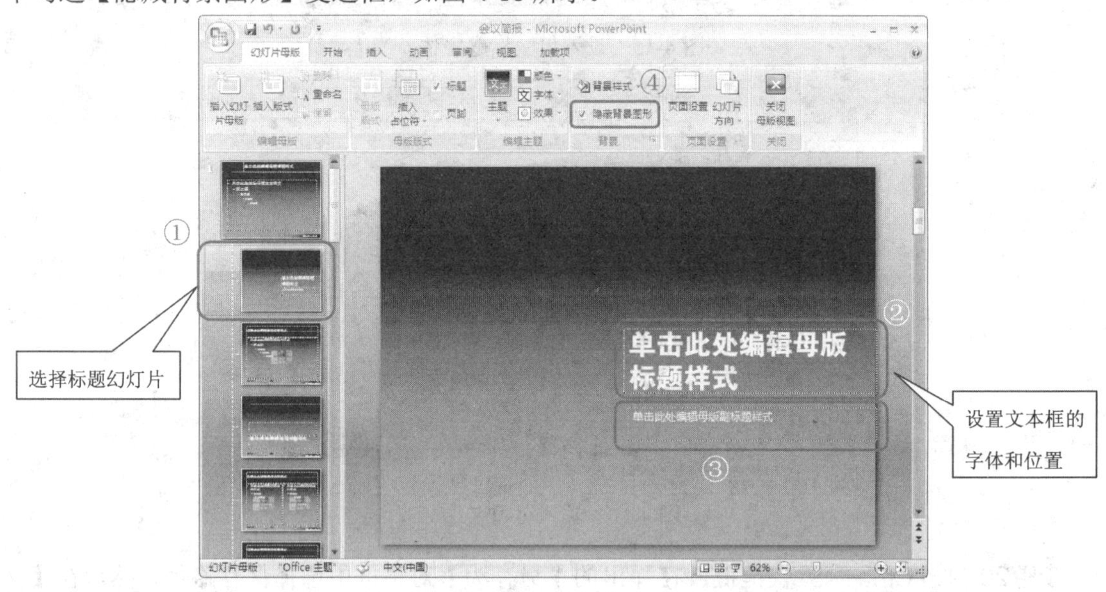

图 4-18 设置标题幻灯片

在【幻灯片母版】选项卡的【背景】功能区中勾选【隐藏背景图形】复选框，将不显示幻灯片母版页面中所插入的图片、图形以及文本框，从而可以在标题幻灯片中插入新的图片和图形而不互相影响，以达到重新定义标题幻灯片格式的目的。

步骤3 选择【插入】选项卡，然后在【插图】功能区中单击【形状】按钮，并在下拉列表中选择【矩形】选项，在幻灯片编辑区中绘制一个矩形。

步骤4 使用鼠标右键单击所绘制的矩形，在弹出的快捷菜单中选择【大小和位置】命令打开【大小和位置】对话框，在对话框中设置矩形的高度为“2.2”厘米，宽度为“25.4”厘米，然后选择【位置】选项卡，设置矩形的水平位置为“0 厘米”，垂直位置为“6.23 厘米”，如图 4-19 所示。

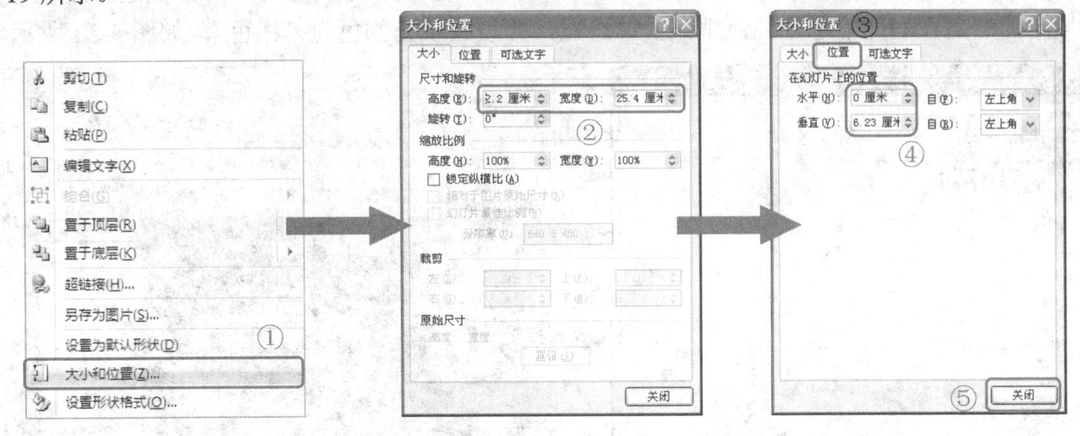

图 4-19 设置矩形的大小和位置

步骤5 设置完毕后单击【关闭】按钮即可调整矩形的位置，然后选择矩形，单击鼠标右键，在弹出的快捷菜单中选择【设置形状格式】命令，打开【设置形状格式】对话框。

步骤6 在【设置形状格式】对话框中选择【填充】选项组，然后在右侧点选【渐变填充】单选钮，并设置类型为“线性”，角度为“90°”，在“渐变光圈”下拉列表中设置“光圈 1”颜色的 RGB 值为“0”、“153”、“255”，“光圈 2”的颜色为“黑色”，如图 4-20 所示。

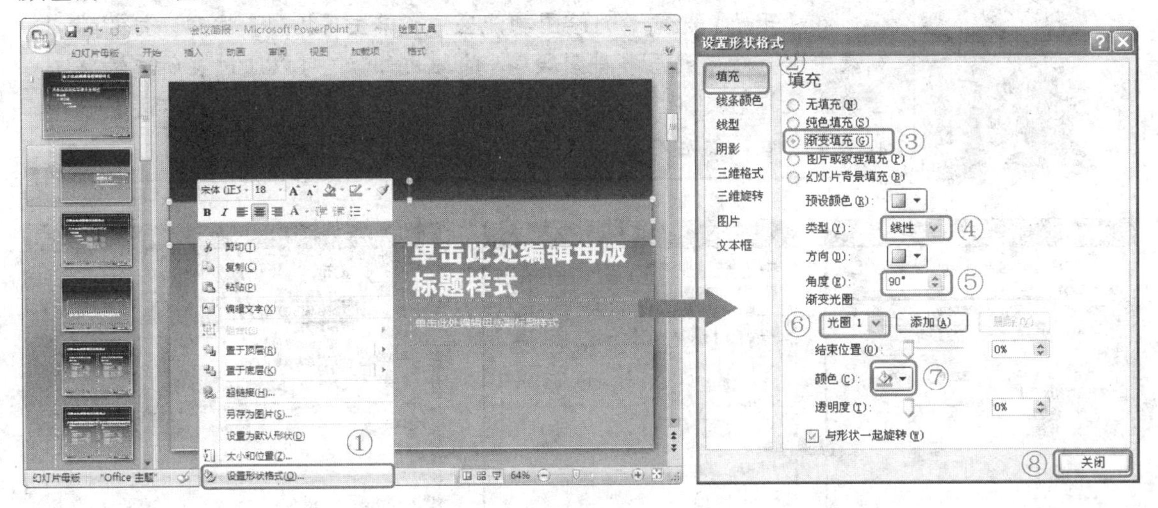

图 4-20 设置矩形的渐变填充

步骤7 选择【线条颜色】选项卡，然后在右侧点选【无线条】单选钮，设置完毕后单击【关闭】按钮即可设置矩形的填充效果，如图 4-21 所示。

步骤8 选择【开始】选项卡，在【绘图】功能区中单击【排列】按钮，然后在弹出的列表中选择【置于底层】选项，使矩形位于标题文本的下层，如图 4-22 所示。

步骤9 再绘制一个矩形，打开【大小和位置】对话框，设置矩形的高度为“3.1 厘米”，宽度为“25.4 厘米”，水平位置为“0 厘米”，垂直位置为“8.4 厘米”，如图 4-23 所示。

步骤10 设置完毕后单击【关闭】按钮，然后在矩形上再单击鼠标右键，在弹出的快捷菜单中选择【设置形状格式】命令，打开【设置形状格式】对话框，在对话框左侧选择【填充】选项卡，然后在右侧点选【纯色填充】单选钮，并设置填充颜色为“黑色”，如图 4-24 所示。

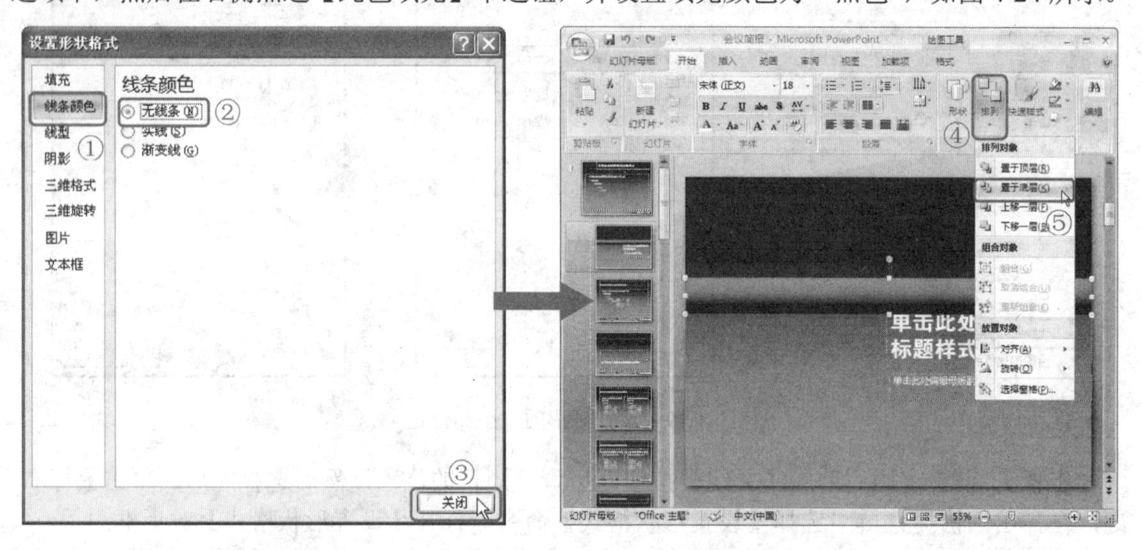

图 4-21 设置矩形无线条　　图 4-22 调整矩形层叠位置

操作技巧

在【开始】选项卡的绘图功能区中，单击【排列】按钮，打开的列表中设置对象的层叠排列顺序。除此之外，还可以通过在所选对象上单击鼠标右键，在弹出的快捷菜单中选择【置于顶层】或者【置于底层】命令，然后在子菜单中进行层叠排列顺序的设置。

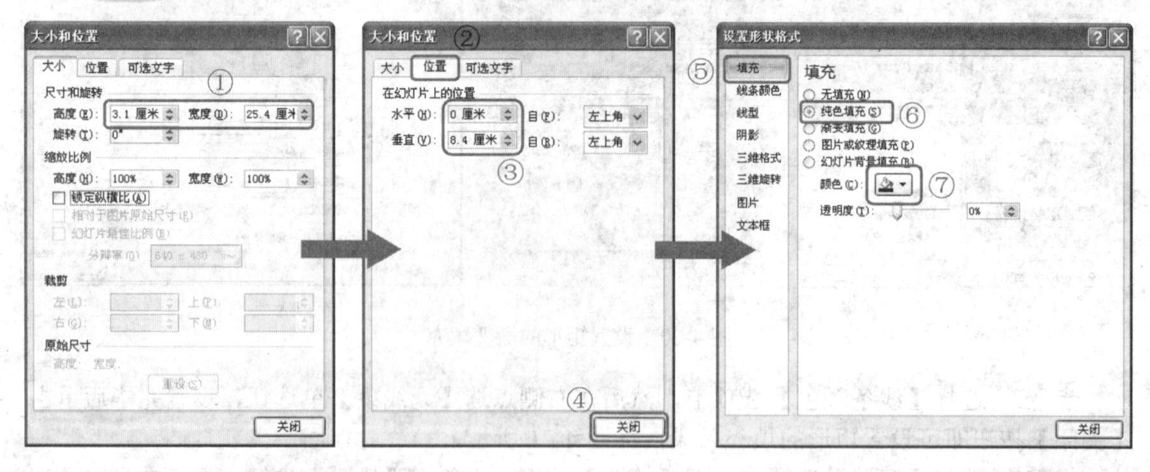

图 4-23 调整矩形的大小和位置　　图 4-24 调整矩形的填充颜色

步骤11 在对话框左侧选择【线条颜色】选项卡，然后在右侧点选【无线条】单选钮，设置完毕后单击【关闭】按钮即可设置矩形的填充效果，如图 4-25 所示。

步骤12　选择【开始】选项卡，在【绘图】功能区中单击【排列】按钮，然后在弹出的列表中选择【置于底层】选项，使矩形位于标题文本的下层，如图4-26所示。

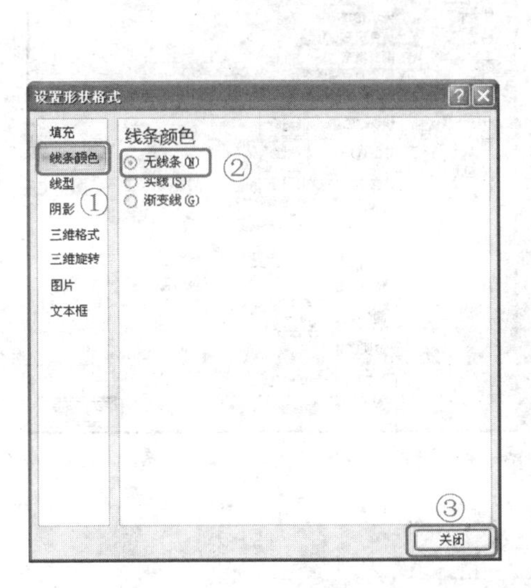

图4-25　设置矩形无线条

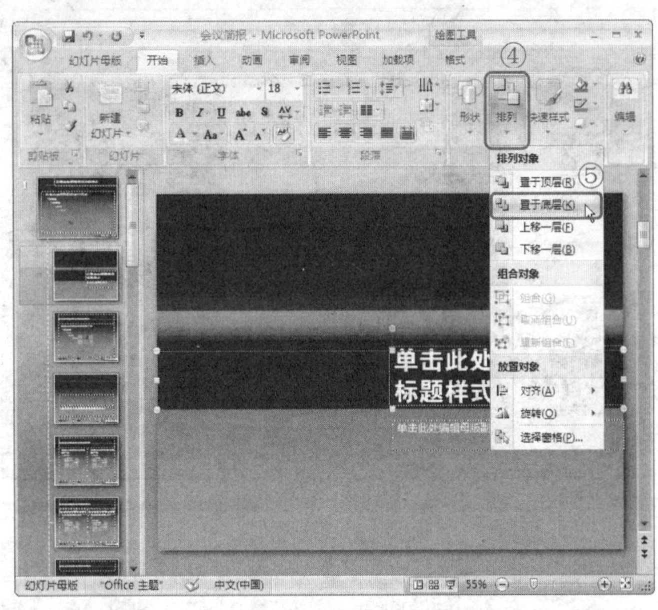

图4-26　设置矩形的叠放次序

步骤13　在编辑区中绘制一个矩形，使用鼠标右键单击所绘制的矩形，在弹出的菜单中选择【大小和位置】命令，打开【大小和位置】对话框，设置矩形的高度为“4.5 厘米”，宽度为“25.4 厘米”，水平位置为“0 厘米”，垂直位置为“11.43 厘米”，如图4-27所示。

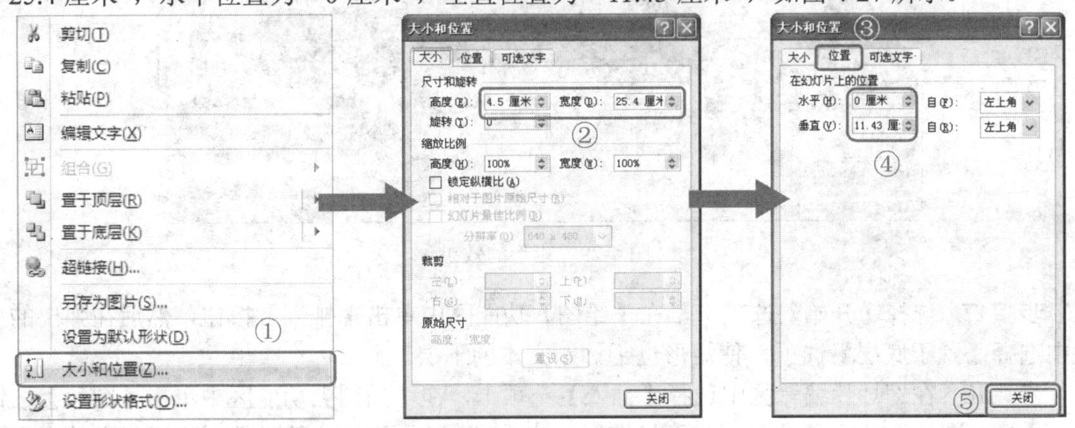

图4-27　设置矩形的大小和位置

步骤14　设置完毕后单击【关闭】按钮即可调整矩形的位置，然后在矩形上再单击鼠标右键，在弹出的菜单中选择【设置形状格式】命令，打开【设置形状格式】对话框。

步骤15　在对话框左侧选择【填充】选项卡，然后在右侧点选【渐变填充】单选钮，并设置类型为线性，角度为“90°”，在“渐变光圈”下拉列表中设置“光圈1”的颜色为“黑色”，“光圈2”颜色的RGB值依次为“0”、“153”、“255”，如图4-28所示。

步骤16 在对话框左侧选择【线条颜色】选项卡，然后在右侧点选【无线条】单选钮，设置完毕后单击【关闭】按钮，完成矩形渐变填充效果的设置，如图 4-29 所示。

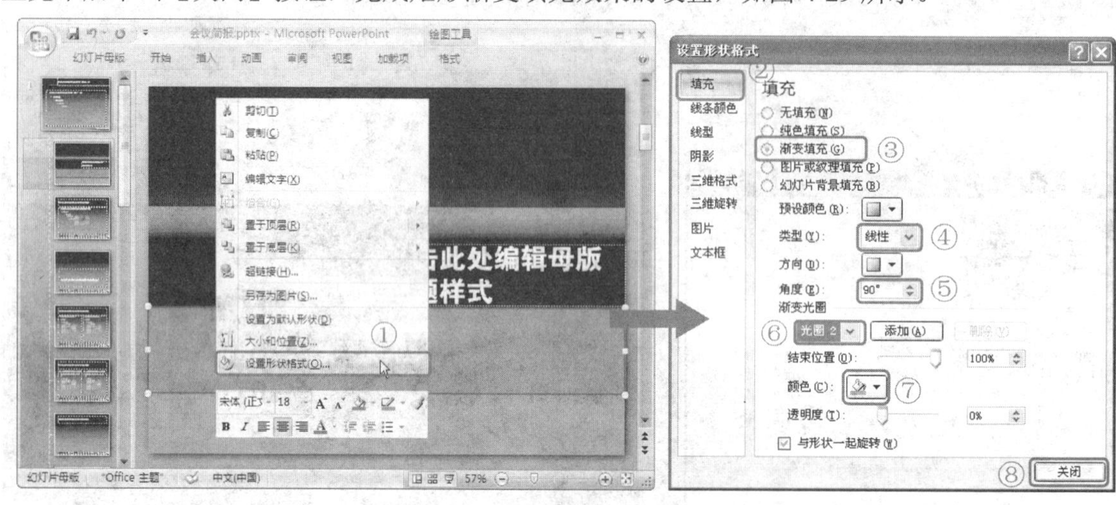

图 4-28 设置矩形的渐变填充

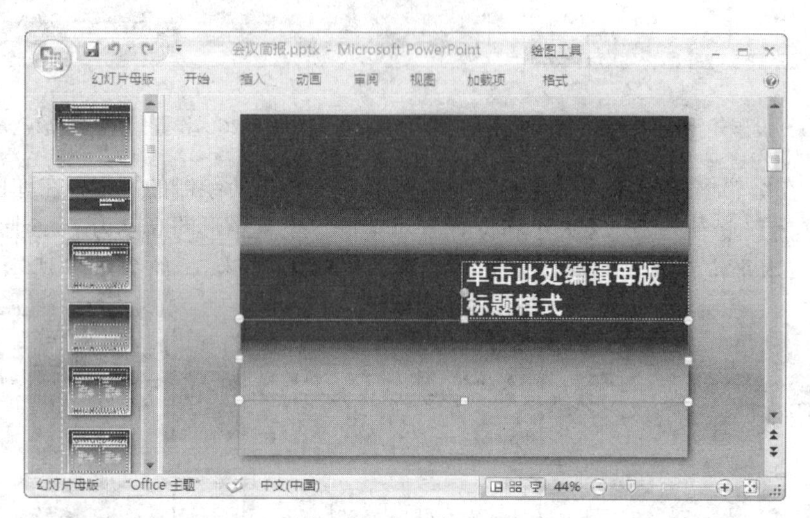

图 4-29 矩形的效果

步骤17 选择【开始】选项卡，在【绘图】功能区中单击【排列】按钮，然后在弹出的列表中选择【置于底层】选项，使矩形位于标题文本的下层。

步骤18 在幻灯片编辑区中选择【插入】选项卡，在【插图】功能区中单击【图片】按钮打开【插入图片】对话框，选择路径为“PowerPoint 经典应用实例\第 1 篇\实例 4”文件夹中的“pic02.png”图片文件，然后单击【插入】按钮图片，如图 4-30 所示。

步骤19 在所插入的图片上单击鼠标右键，然后在弹出的快捷菜单中选择【大小和位置】命令，打开【大小和位置】对话框，在【位置】选项卡中设置图片的水平位置为“0 厘米”，垂直位置为“7.83 厘米”，单击【关闭】按钮即可调整矩形的位置，如图 4-31 所示。

步骤20 按住<Ctrl>键单击鼠标拖动所插入的图片，将其复制一个并调整其位置使其位于“单击此处编辑母版标题样式”的文本框下方，如图 4-32 所示。

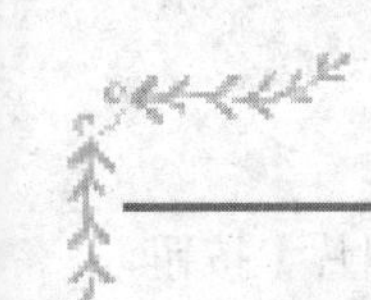

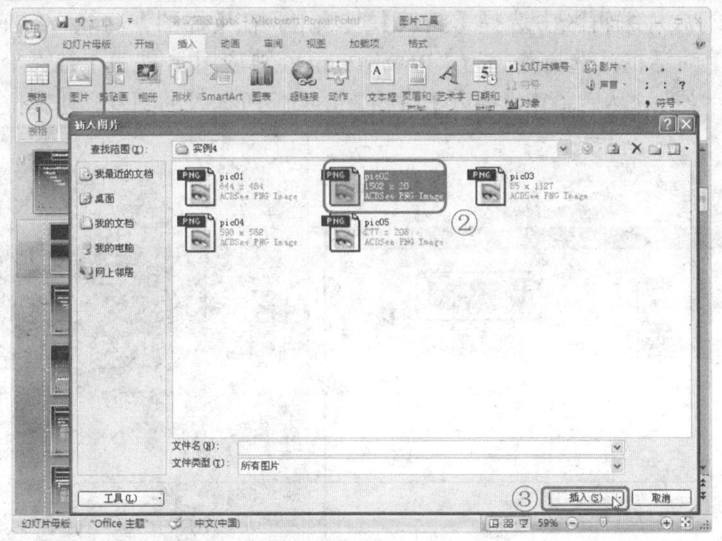

图 4-30　插入图形

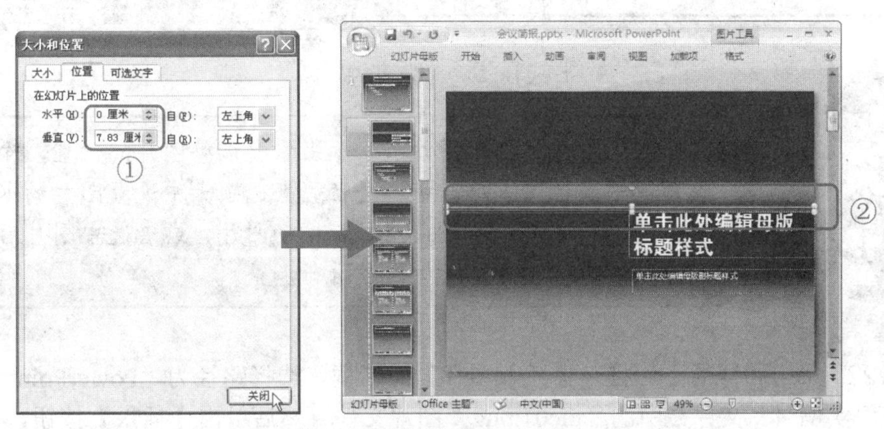

图 4-31　调整矩形的位置

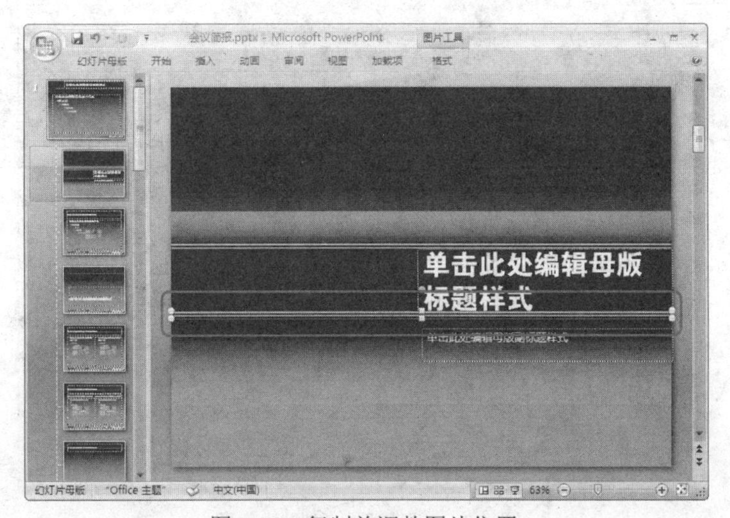

图 4-32　复制并调整图片位置

步骤21 在幻灯片编辑区中选择【插入】选项卡，在【插图】功能区中单击【图片】按钮，打开【插入图片】对话框，选择路径为“PowerPoint 经典应用实例\第 1 篇\实例 4”文件夹中的“pic03.png”图片文件，然后单击【插入】按钮，并调整所插入的图片，使其位置如图 4-33 所示。

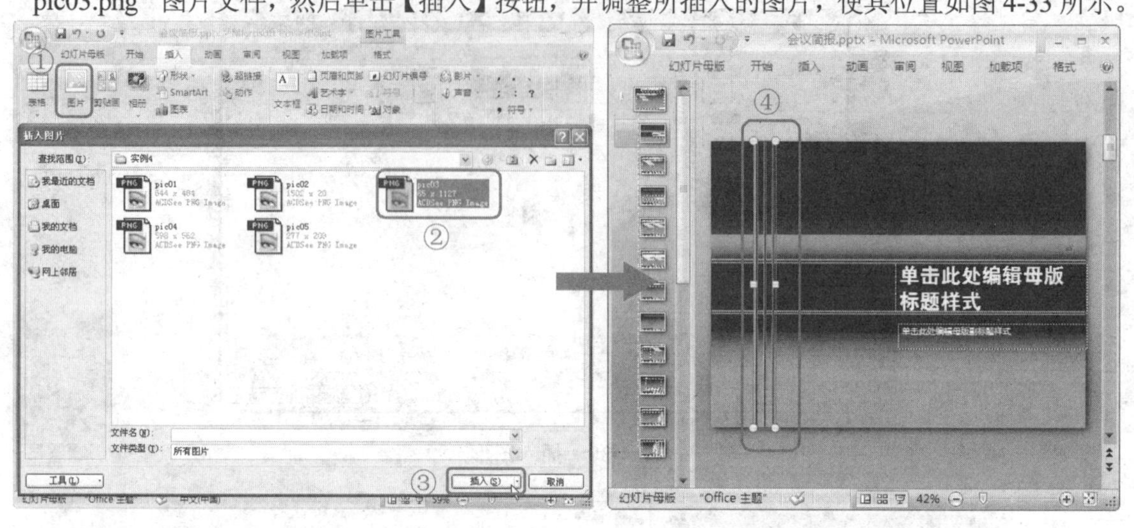

图 4-33 插入图片并调整位置

操作技巧

在幻灯片中插入图片后，如果需要调整图片的位置，除了可以在【大小和位置】对话框的【位置】选项卡中设置图片的水平和垂直位置外，还可以通过使用鼠标拖动图片，或者选中图片后按下“→”、“↑”、“←”、“↓”键进行调整。

步骤22 采用同样的方法打开【插入图片】对话框，选择路径为“PowerPoint 经典应用实例\第 1 篇\实例 4”文件夹中的“pic01.png”图片文件，然后单击【插入】按钮，并调整所插入的图片，使其位置如图 4-34 所示。

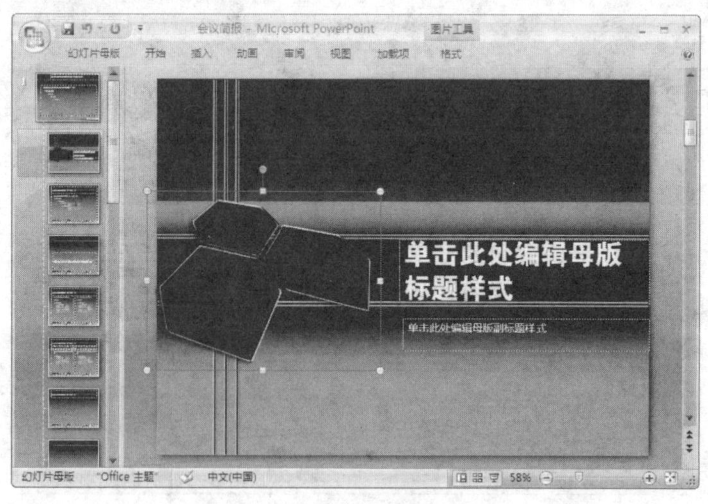

图 4-34 调整插入的图片位置

步骤23　按<Ctrl>+<S>快捷键保存文档，标题幻灯片创建完毕。

4.2.3　首页和内容概要页面的创建

设置完毕幻灯片母版和标题幻灯片后，就可以对幻灯片中的页面进行创建了。下面先对首页和内容概要页面进行创建，其具体的操作步骤如下。

步骤1　在幻灯片母版编辑区中选择【幻灯片母版】选项卡，然后在【关闭】功能区中单击【关闭母版视图】按钮，退出母版编辑区。

步骤2　在首页的【单击此处添加标题】文本框中输入文本“员工大会简报”，然后在“单击此处添加副标题”文本框中输入公司名称，如“墨思客网络有限责任公司”，如图 4-35 所示，首页创建完毕。

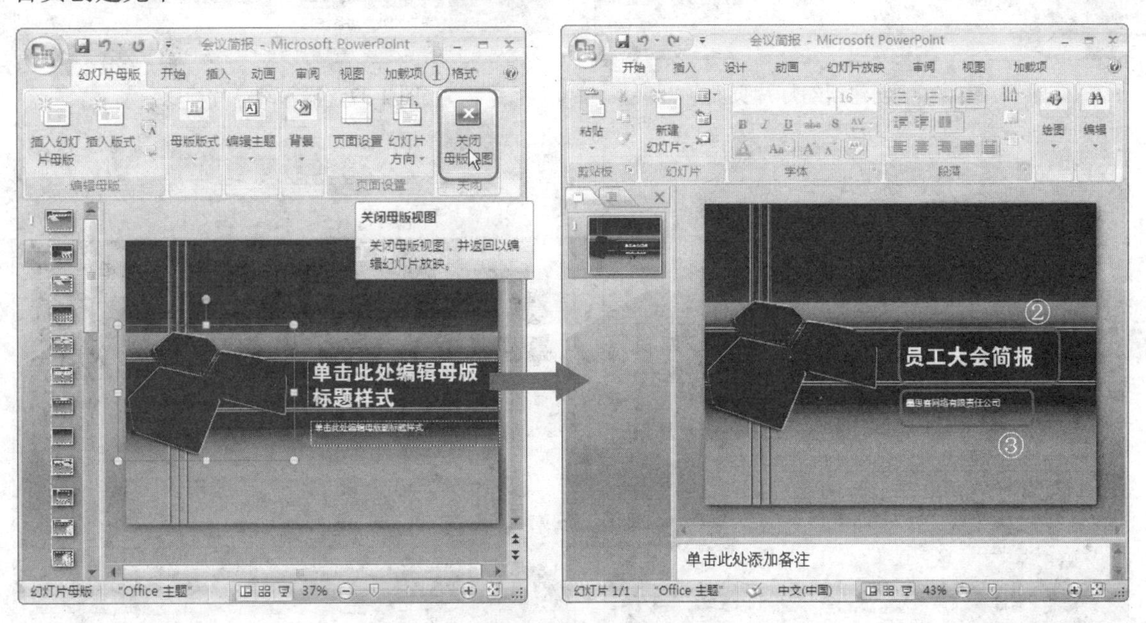

图 4-35　设置幻灯片首页

步骤3　选择【开始】选项卡，在【幻灯片】功能区中单击【新建幻灯片】按钮，在弹出的下拉列表中选择【仅标题】选项，创建新幻灯片页面，如图 4-36 所示。

步骤4　在新页面的【单击此处添加标题】文本框中输入文本“员工大会内容提要”，如图 4-37 所示。

步骤5　选择【插入】选项卡，然后在【插图】功能区中单击【形状】按钮，并在下拉列表中选择【左右箭头】选项，在幻灯片编辑区中绘制一个左右箭头，如图 4-38 所示。

步骤6　在所绘制的左右箭头上分别拖动左侧和右侧的黄色调整点，调整其形状使其如图 4-39 所示。

图 4-36 创建新幻灯片页面

图 4-37 输入幻灯片标题

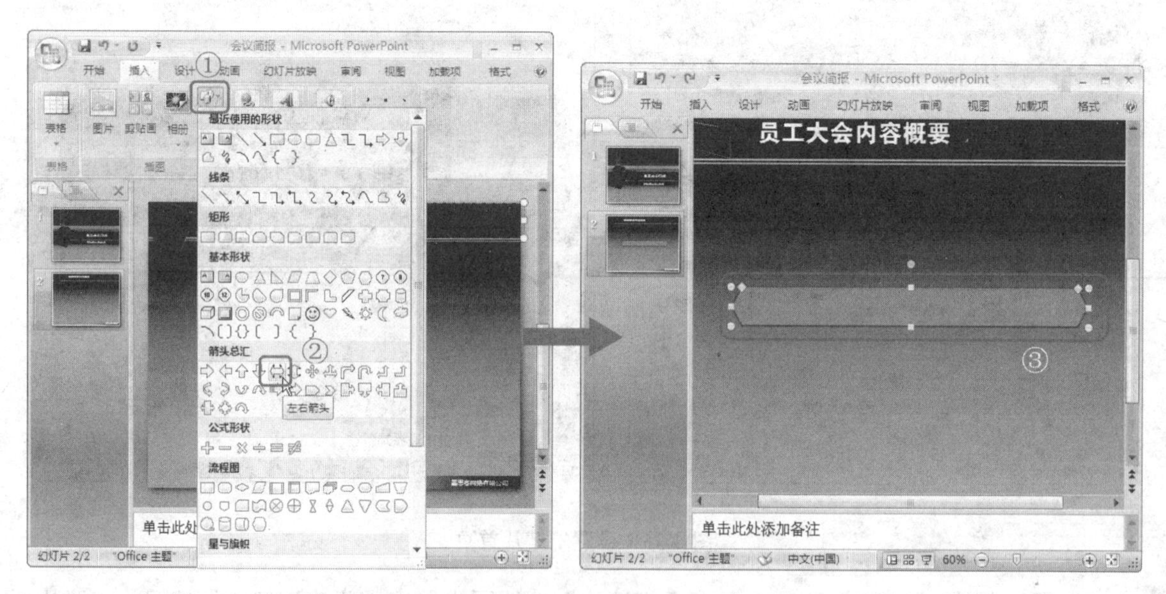

图 4-38 绘制左右箭头

图 4-39 调整左右箭头

步骤7 在所绘制的左右箭头上单击鼠标右键，在弹出的快捷菜单中选择【大小和位置】命令，打开【大小和位置】对话框，设置其高度为“1.47 厘米”，宽度为“19.69 厘米”，如图 4-40 所示，然后单击【关闭】按钮，调整左右箭头的大小。

步骤8 在左右箭头上再单击鼠标右键，在弹出的快捷菜单中选择【设置形状格式】命令，打开【设置形状格式】对话框，在对话框左侧选择【填充】选项卡，然后在右侧点选【渐变填充】单选钮，并设置类型为“线性”，角度为“90° ”，在“渐变光圈”下拉列表中设置“光圈 1”和“光圈 3”颜色的 RGB 值分别为“0”、“116”、“193”，“光圈 2”的 RGB 值分别为“0”、“153”、“255”，如图 4-41 所示。

步骤9　在对话框的左侧选择【线条颜色】选项卡，然后在右侧点选【实线】单选钮，并设置线条颜色为“白色”，如图4-42所示。

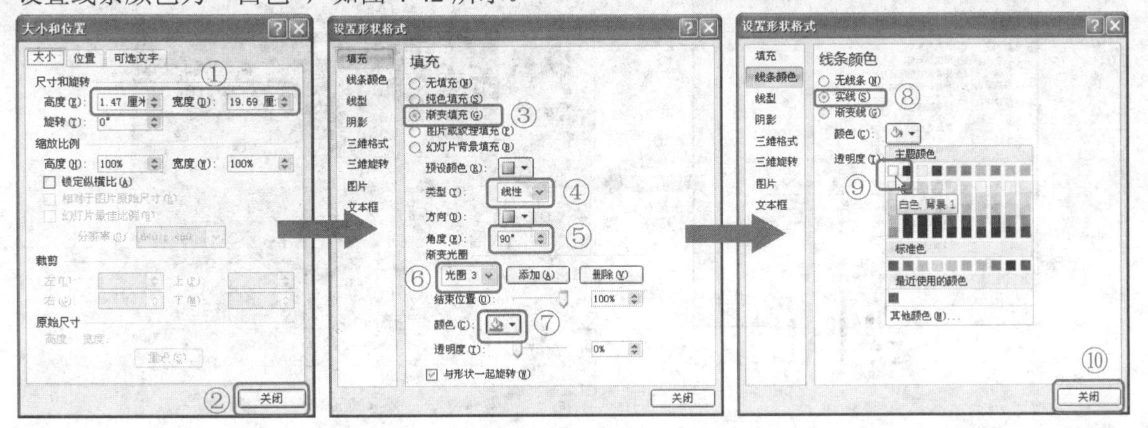

图4-40　设置左右箭头大小　　图4-41　设置左右箭头填充颜色　　图4-42 设置左右箭头线条颜色

步骤10　在对话框的左侧选择【线型】选项卡，在右侧设置其宽度为“1.25磅”，然后设置线段类型为“平面”，联接类型为“斜接”。设置完毕后单击【关闭】按钮即可改变左右箭头的填充样式和线条样式，如图4-43所示。

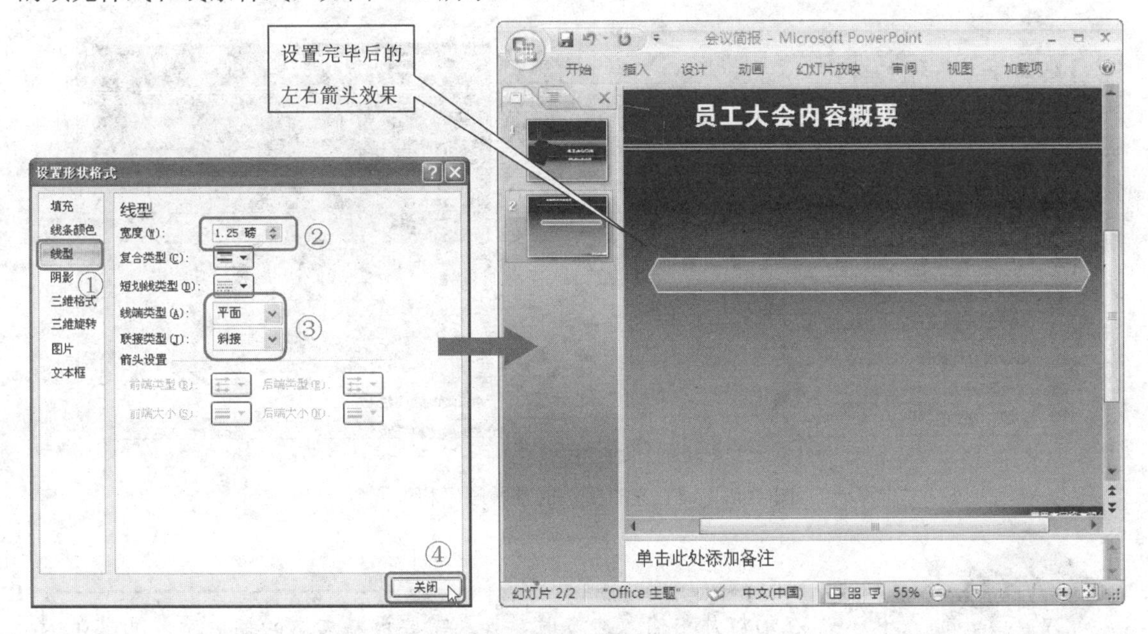

图4-43　设置左右箭头的线型宽度和类型

步骤11　按住<Ctrl>键拖动所绘制的左右箭头将其复制，然后在所复制的左右箭头上单击鼠标右键，在弹出的菜单中选择【设置形状格式】命令，打开【设置形状格式】对话框，在对话框左侧选择【填充】选项卡，然后在“渐变光圈”下拉列表中设置“光圈1”和“光圈3”的颜色为“黑色”，“光圈2”的颜色值不变。

步骤12　设置完毕后单击【关闭】按钮，即可改变所复制的左右箭头的填充颜色，如图4-44

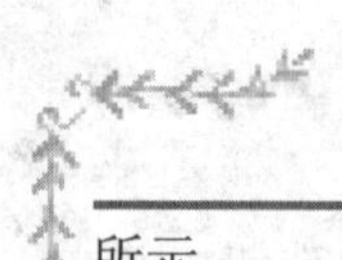

所示。

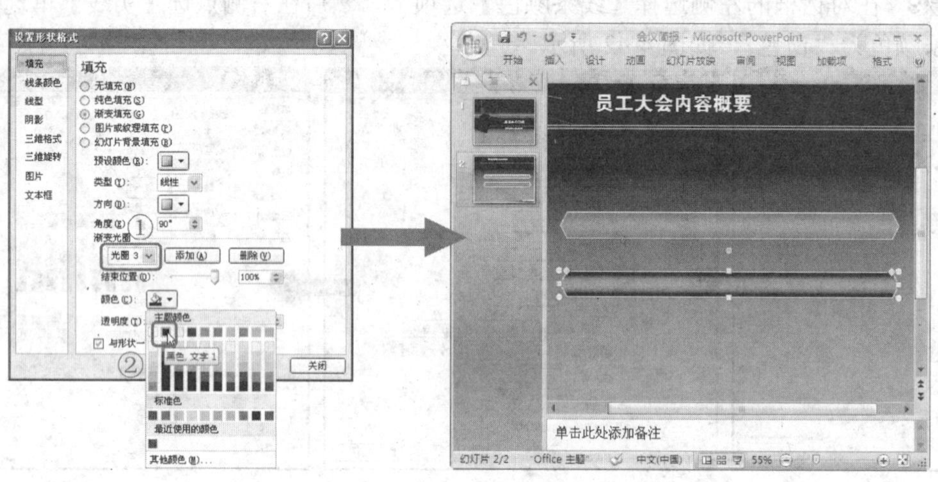

图 4-44　设置所复制左右箭头的渐变颜色

步骤13　在复制的左右箭头上单击鼠标右键，在弹出的快捷菜单中选择【置于底层】命令改变图形的重叠顺序，然后调整两个左右箭头的位置，使其如图 4-45 所示。

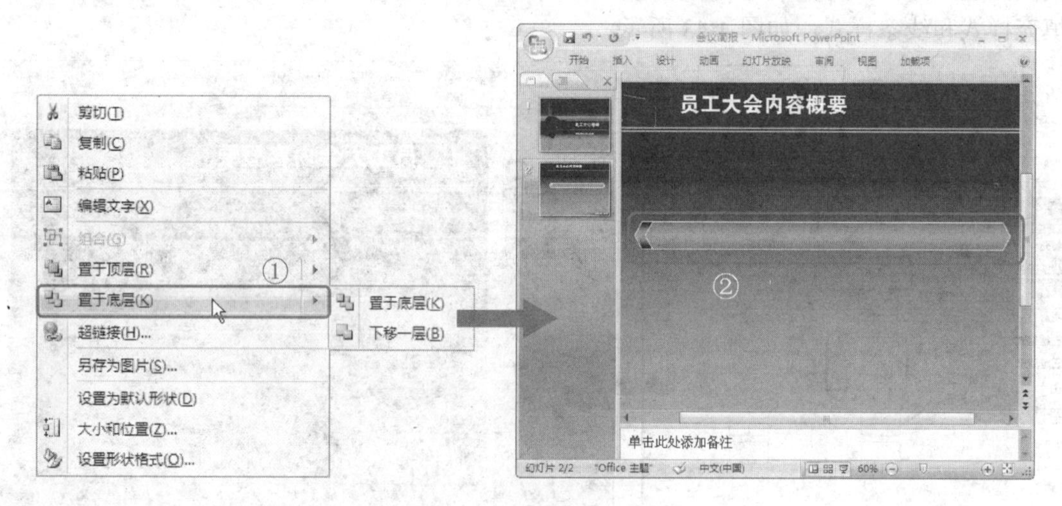

图 4-45　调整左右箭头的重叠顺序和位置

在幻灯片中输入文本时，如果需要调整文本的缩进量，可以在【开始】选项卡的【段落】功能区中单击按钮或者单击按钮进行调整。单击按钮可以降低列表级别，即减少文本的缩进量；单击按钮可以提高列表级别，即增加文本的缩进量。

步骤14　选择这两个图形，按<Ctrl>+<C>快捷键复制图形，然后按<Ctrl>+<V>快捷键三次，粘贴三组相同的图形，并调整各自的位置，使其如图 4-46 所示。

调整图形的位置使其对齐排列

复制三组相同的图形

图 4-46　复制并粘贴图形

步骤15　在层叠位置位于上方的左右箭头上依次单击鼠标右键，在弹出的快捷菜单中选择【编辑文字】命令，然后依次输入内容概要的文本，并设置文本的字体为“方正粗圆简体”，字号为“24”，字体颜色为“白色”，如图 4-47 所示。

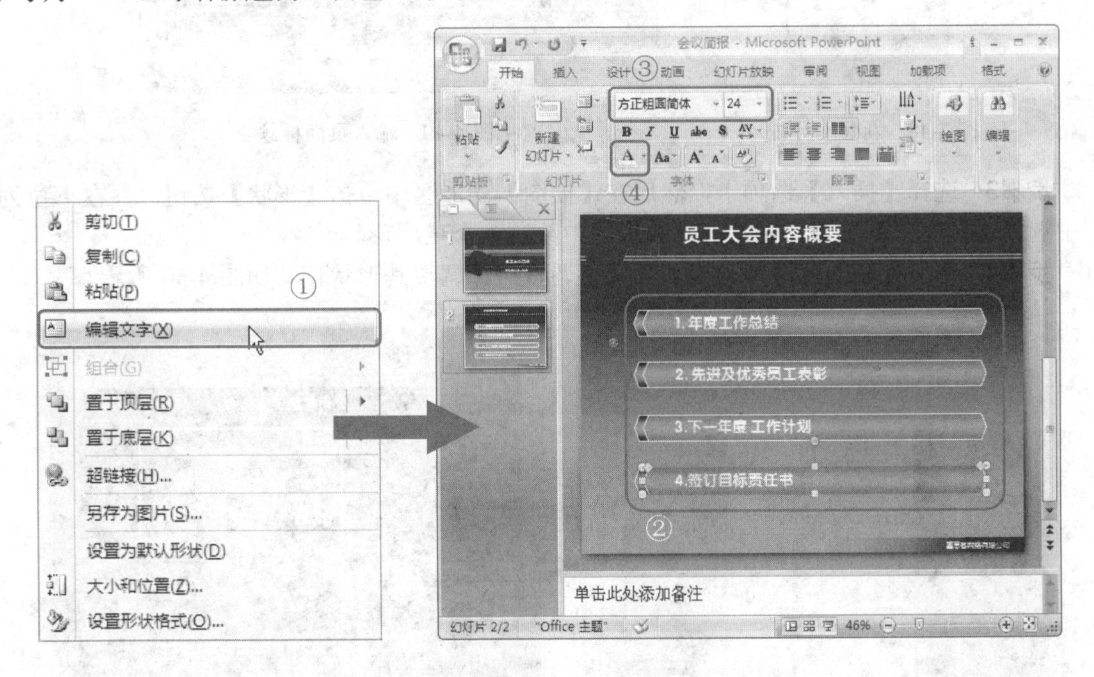

图 4-47　添加文本并设置字体

步骤16　按<Ctrl>+<S>快捷键保存文档，“内容概要”幻灯片页面创建完毕。

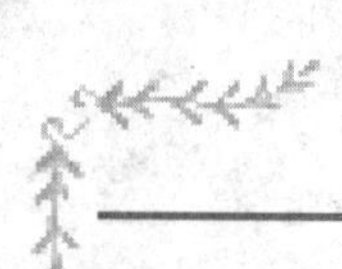

4.2.4 工作总结页面的创建

创建完毕“内容概要”幻灯片页面后，接下来就要对“工作总结”幻灯片页面进行创建了。在此页面的创建中，主要是对平行四边形、燕尾形以及右箭头的创建和设置，包含对图形的填充颜色和线条的设置。创建“工作总结”幻灯片页面，其具体的操作步骤如下。

步骤1 在幻灯片编辑区的左侧导航栏中单击鼠标右键，然后在弹出的快捷菜单中选择【新建幻灯片】命令，新建幻灯片页面，如图 4-48 所示。

步骤2 在新页面的【单击此处添加标题】文本框中输入文本“公司年度工作总结”，设置幻灯片的标题，如图 4-49 所示。

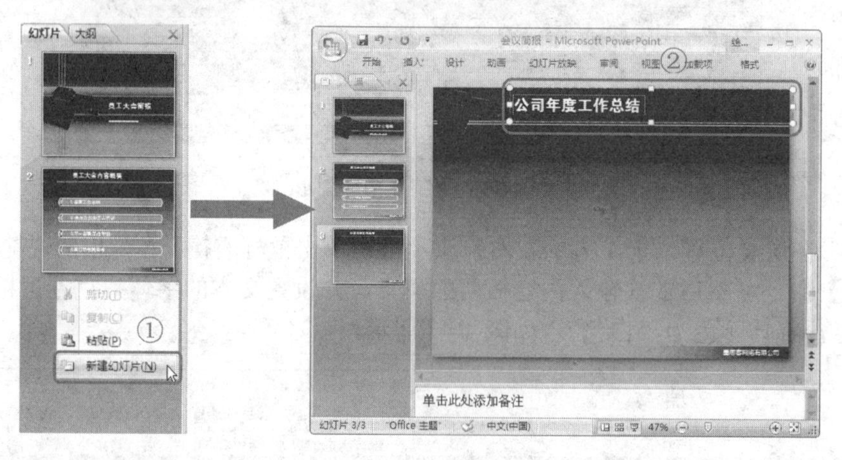

图 4-48 新建幻灯片　　　　图 4-49 输入页面标题

步骤3 选择【插入】选项卡，然后在【插图】功能区中单击【形状】按钮，并在下拉列表中选择【燕尾形】选项，在幻灯片编辑区中绘制一个燕尾形。

步骤4 在所绘制的燕尾形上拖动其黄色调整点，调整其形状使其如图 4-50 所示。

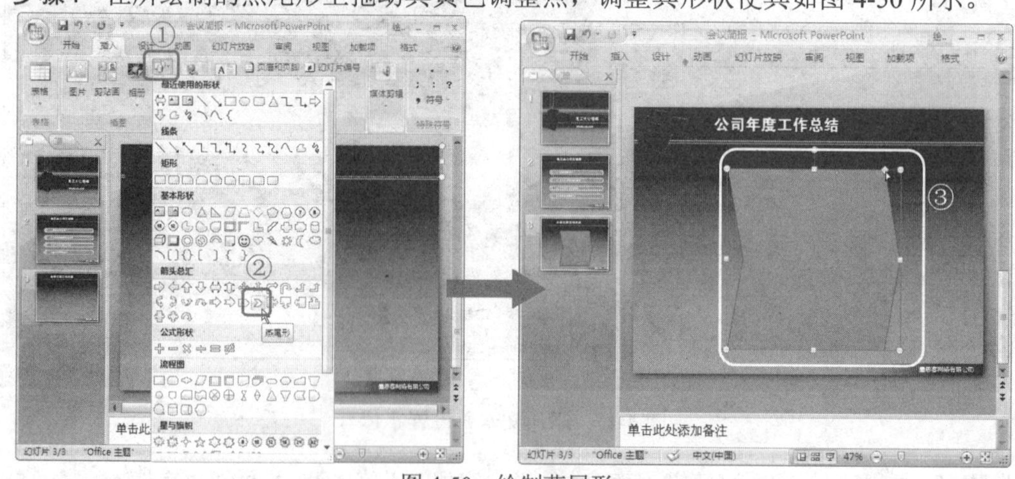

图 4-50 绘制燕尾形

步骤5 双击所绘制的燕尾形，然后在【绘图工具格式】选项卡的【大小】功能区中设置形状高度为“11.61 厘米”，形状宽度为“6.31 厘米”，如图 4-51 所示。

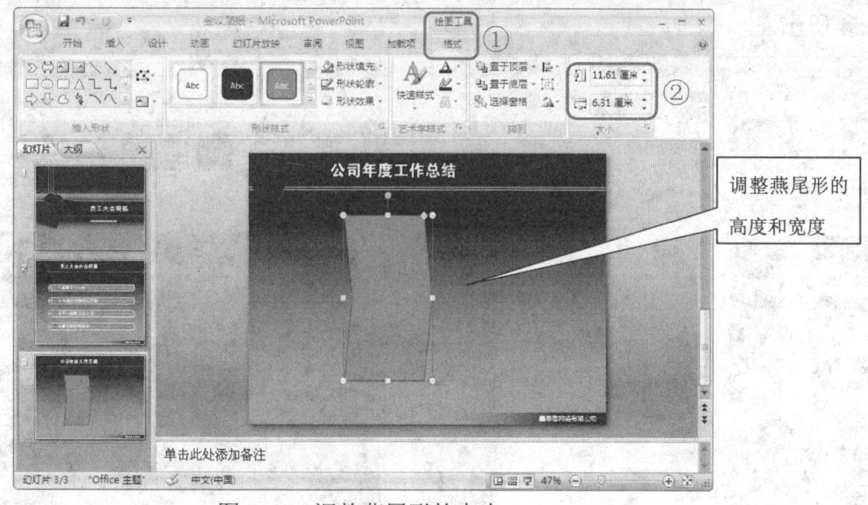

图 4-51　调整燕尾形的大小

步骤6　选择刚绘制的燕尾形，单击鼠标右键，在弹出的快捷菜单中选择【设置形状格式】命令，打开【设置形状格式】对话框，在对话框左侧选择【填充】选项卡，然后在右侧点选【渐变填充】单选钮，设置类型为“线性”，角度为“90° ”，在“渐变光圈”下拉列表中设置“光圈 1”和“光圈 3”颜色的 RGB 值分别为“0”、“116”、“193”，“光圈 2”的 RGB 值分别为“0”、“153”、“255”，如图 4-52 所示。

步骤7　在对话框的左侧选择【线条颜色】选项卡，然后在右侧点选【实线】单选钮，并设置线条颜色为“白色”，设置完毕后单击【关闭】按钮，即可改变燕尾形的填充样式和线条样式，如图 4-53 所示。

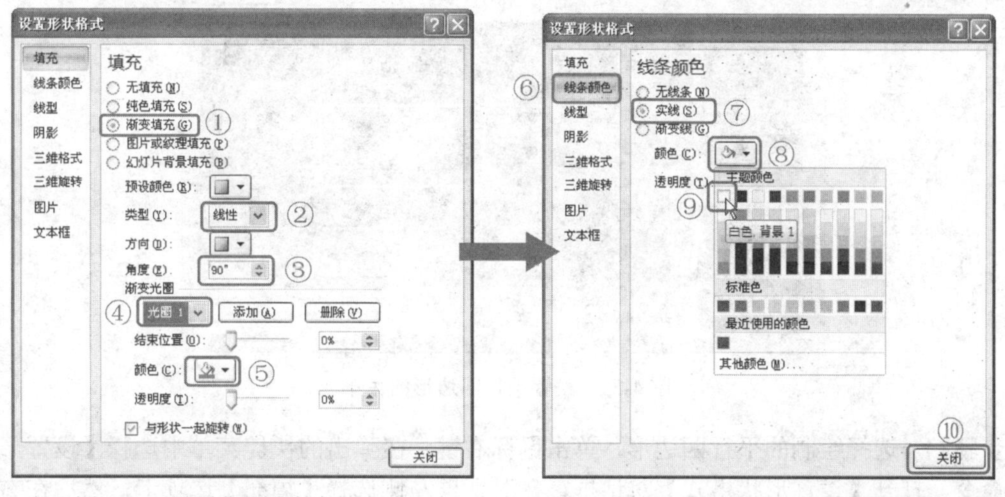

图 4-52　设置燕尾形渐变填充　　　　图 4-53　设置燕尾形的线条颜色

步骤8　选择【插入】选项卡，然后在【插图】功能区中单击【形状】按钮，并在下拉列表中选择【平行四边形】选项，在幻灯片编辑区中绘制一个平行四边形。

步骤9　双击所绘制的平行四边形，然后在【绘图工具格式】选项卡的【排列】功能区中单击【旋转】按钮，在弹出的列表中选择【水平翻转】选项，对平行四边形进行水平翻转，如图 4-54 所示。

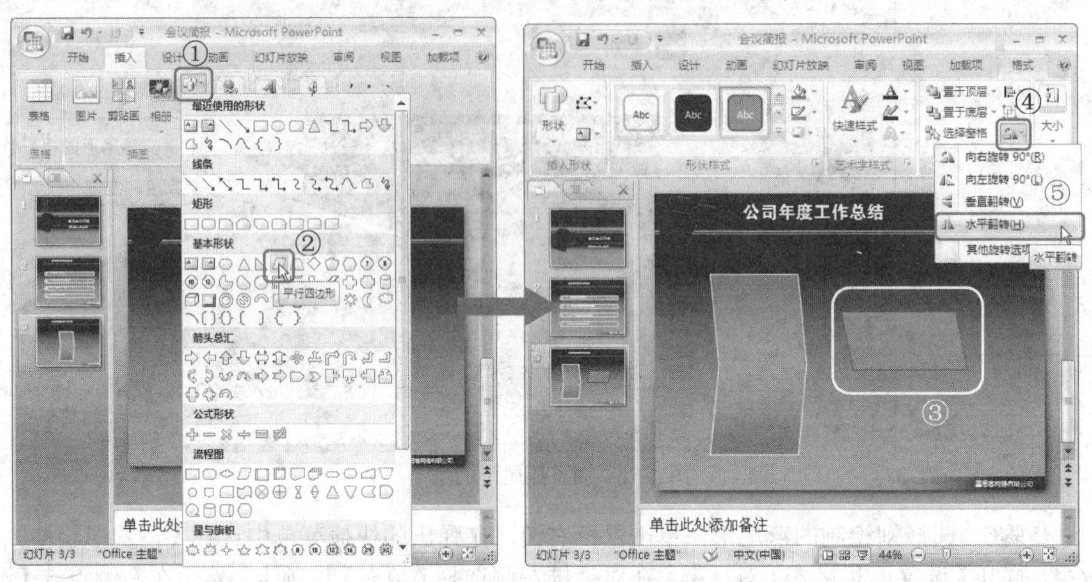

图 4-54　水平翻转平行四边形

步骤10　在【绘图工具格式】选项卡的【大小】功能区中设置形状高度为“1.3 厘米”，形状宽度为“6.21 厘米”，如图 4-55 所示。

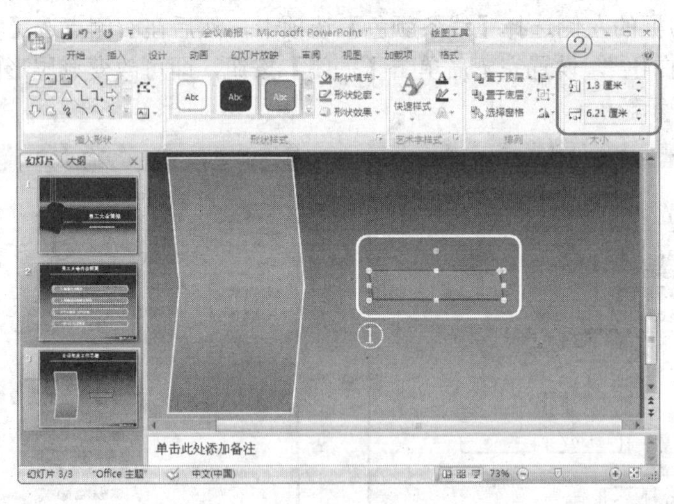

图 4-55　设置平行四边形的大小

步骤11　选择绘制的平行四边形，单击鼠标右键，在弹出的快捷菜单中选择【设置形状格式】命令，打开【设置形状格式】对话框，在对话框左侧选择【填充】选项卡，然后在右侧点选【纯色填充】单选钮，并设置填充颜色为【黑色】。

步骤12　在对话框左侧选择【线条颜色】选项卡，设置线条颜色为【白色】，然后在对话框左侧选择【线型】选项卡，设置线型宽度为“1.25”磅，设置完毕后单击【关闭】按钮，如图 4-56 所示。

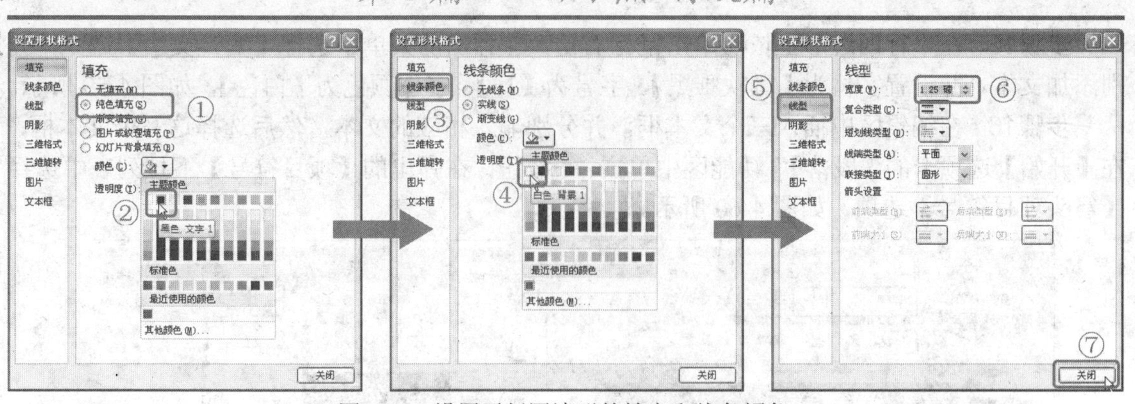

图 4-56　设置平行四边形的填充和线条颜色

步骤13　调整平行四边形的位置，使其位于燕尾形的正上方，如图 4-57 所示。

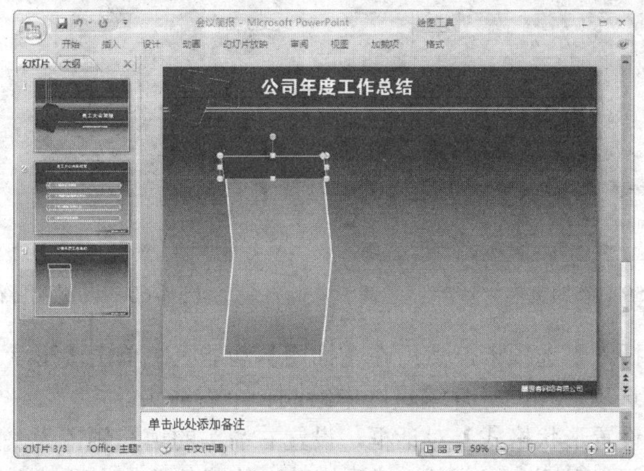

图 4-57　调整平行四边形的位置

步骤14　选择这两个图像，按<Ctrl>+<C>快捷键将其复制，然后按<Ctrl>+<V>快捷键两次，粘贴两组相同的图形，并调整各自的位置，使其如图 4-58 所示。

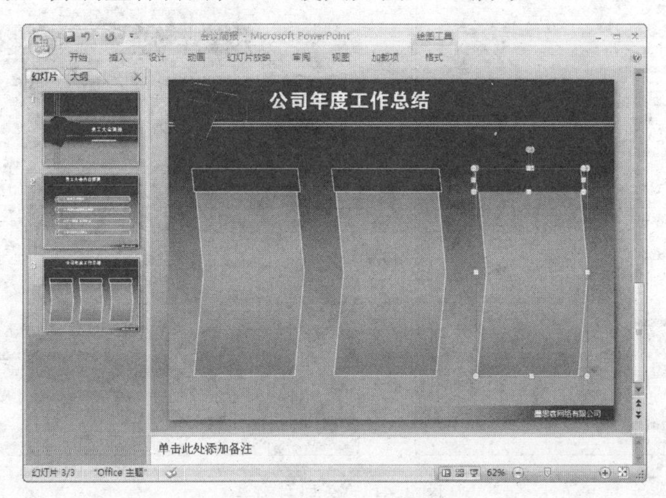

图 4-58　复制图形并调整位置

步骤15 在平行四边形上依次单击鼠标右键，在弹出的菜单中选择【编辑文字】命令，分别添加文本，并设置字体为【微软雅黑】、字号为【16】、字体颜色为【白色】，如图 4-59 所示。

步骤16 在编辑区中插入三个文本框，并分别输入相应的文本，然后选择这三个文本框，在【开始】选项卡的【段落】"功能区中单击 按钮，在弹出的【项目符号】下拉列表中选择【箭头项目符号】选项，如图 4-60 所示。

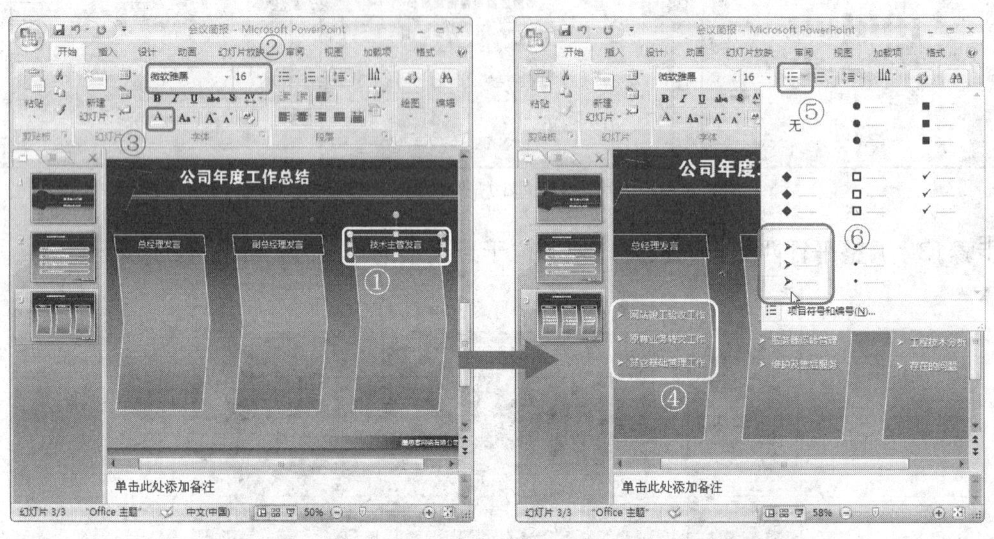

图 4-59 添加文本　　　　图 4-60 设置项目符号

步骤17 选择【插入】选项卡，然后在【插图】功能区中单击【形状】按钮，并在下拉列表中选择【右箭头】选项，在幻灯片编辑区中绘制一个右箭头。

步骤18 打开【设置形状格式】对话框，设置右箭头的填充颜色为"黑色"纯色填充，线条颜色为"白色"，线型宽度为"0 磅"，然后拖动上的黄色调整点调整右箭头的形状，并调整右箭头的位置，使其如图 4-61 所示。

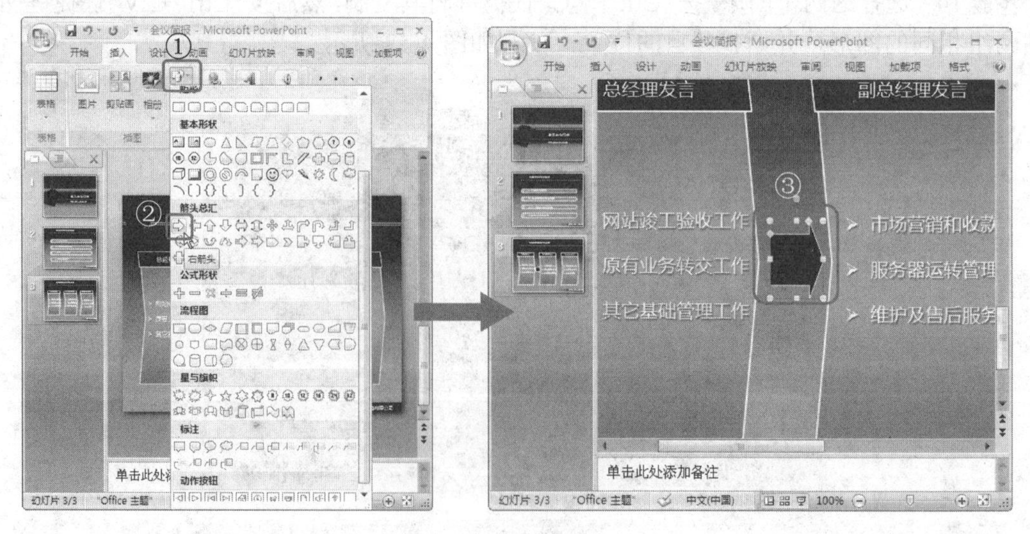

图 4-61 绘制右箭头

步骤19　按住<Ctrl>拖动右箭头，将其复制一个，然后调整所复制右箭头的位置，使其如图 4-62 所示。按<Ctrl>+<S>快捷键保存文档，“工作总结”页面创建完毕。

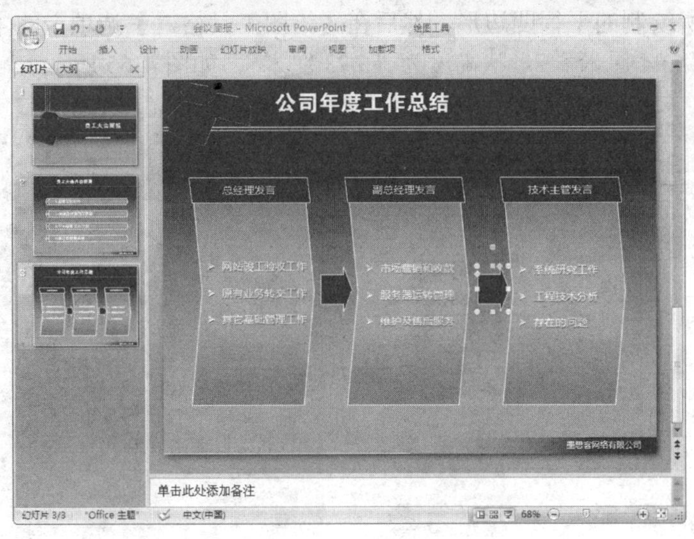

图 4-62　复制右箭头并调整位置

4.2.5　优秀员工表彰页面的创建

“工作总结”页面创建完毕后，下面就要对“优秀员工表彰”幻灯片页面进行创建，本页面主要是创建六边形，然后对六边形进行颜色、线条、阴影的设置，再输入所对应的文本。创建“优秀员工表彰”幻灯片页面，其具体的操作步骤如下。

步骤1　在幻灯片编辑区选择【开始】选项卡，在【幻灯片】功能区中单击【新建幻灯片】按钮，在弹出的下拉列表中选择【空白】选项，创建新幻灯片页面，如图 4-63 所示。

步骤2　在新页面的【单击此处添加标题】文本框中输入文本“先进优秀员工表彰”，设置幻灯片的标题，如图 4-64 所示。

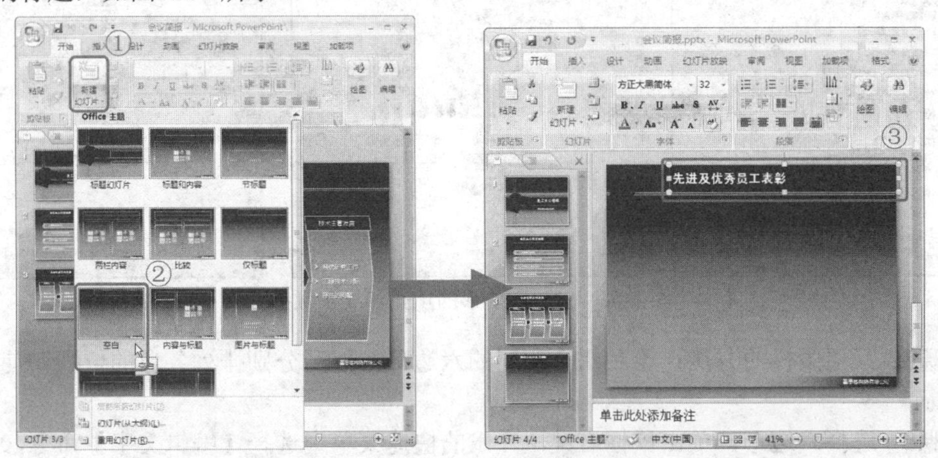

图 4-63　新建幻灯片　　图 4-64　输入幻灯片标题

步骤3 选择【插入】选项卡，然后在【插图】功能区中单击【形状】按钮，并在下拉列表中选择【六边形】选项，在幻灯片编辑区中绘制一个六边形。

步骤4 双击所绘制的平行四边形，然后在【绘图工具格式】选项卡的【大小】功能区中设置形状高度为“4.94 厘米”，形状高度为“5.73 厘米”，如图 4-65 所示。

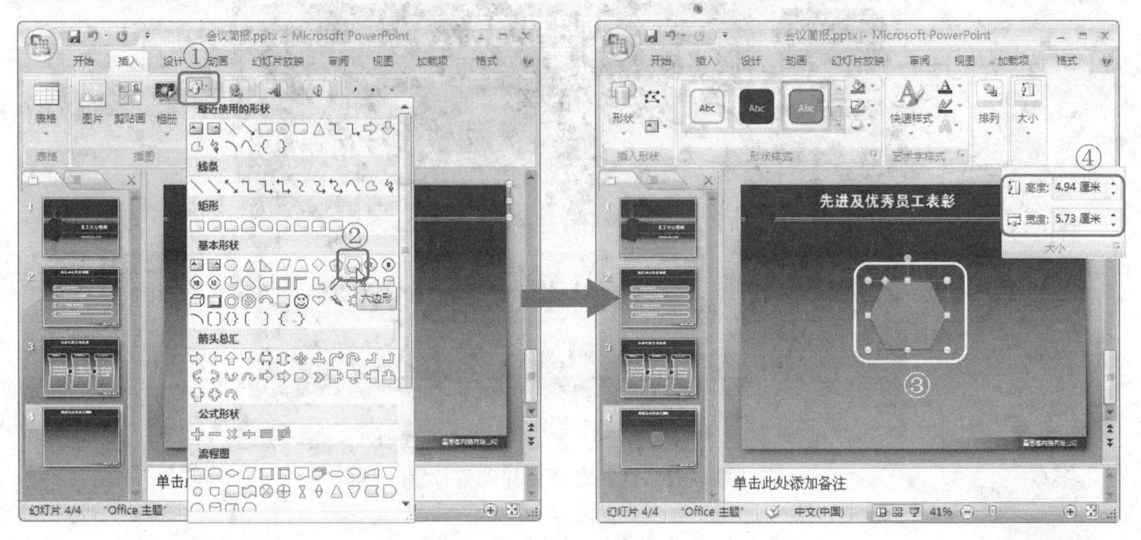

图 4-65 绘制六边形并调整大小

步骤5 所选择刚绘制的六边形，单击鼠标右键，在弹出的快捷菜单中选择【设置形状格式】命令，打开【设置形状格式】对话框。选择【填充】选项卡，点选【渐变填充】单选钮，设置类型为“线性”，角度为“90° ”，在“渐变光圈”下拉列表中设置“光圈 1”和“光圈 3”颜色的 RGB 值分别为“0”、“116”、“193”，“光圈 2”的 RGB 值分别为“0”、“153”、“255”。

步骤6 在对话框左侧选择【线条颜色】选项卡，设置线条颜色为“白色”，然后选择【线型】选项卡，设置线型宽度为“1.25”磅，设置完毕后单击【关闭】按钮，如图 6-66 所示。

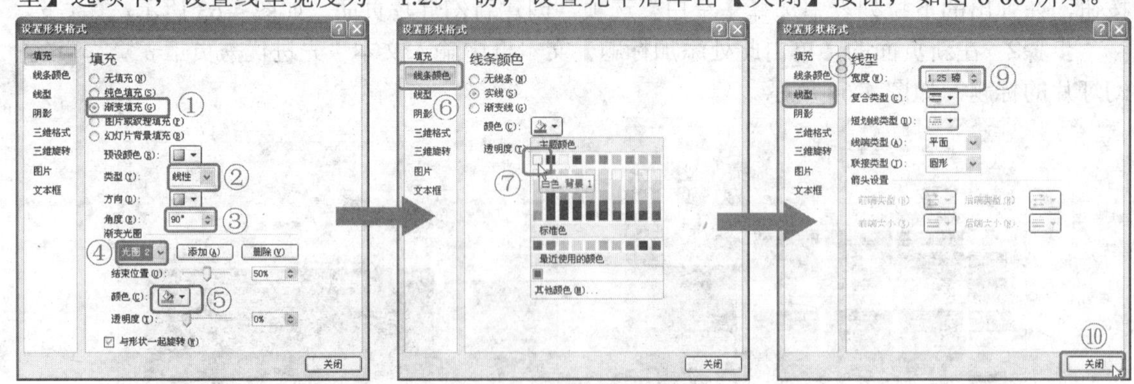

图 4-66 设置六边形的填充和线条颜色

步骤7 采用同样的方法再绘制四个相同的六边形，然后分别排列各自的位置，使其如图 4-67 所示。

步骤8 选择六边形，单击鼠标右键，弹出的快捷菜单中选择【编辑文字】命令，然后依次输入先进优秀员工的姓名文本，并设置文本的字体为【微软雅黑】、字号为【18】、字体颜色为【白色】，并单击 S 按钮添加文字阴影，如图4-68所示。

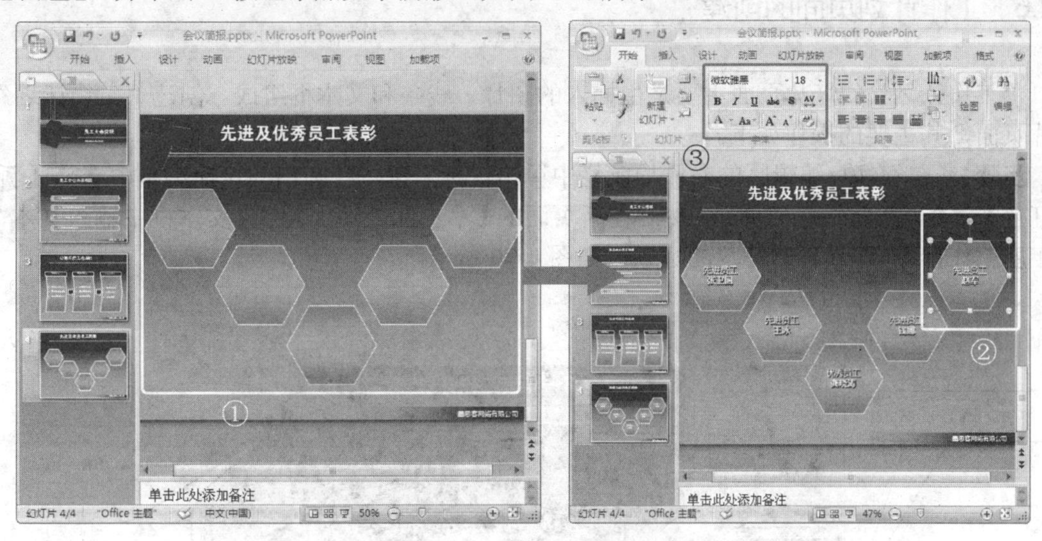

图4-67 绘制四个相同的六边形

图4-68 添加文字

重点知识

在所选择的图形上单击鼠标右键，在弹出的快捷菜单命令中选择【编辑文本】命令，所创建的文本是位于该图形中的，文本将随着图形的移动而移动，但文本大小不随图形的变化而变化。

步骤9 选择所绘制的五个六边形，然后在【绘图工具格式】选项卡的【形状样式】功能区中单击【形状效果】按钮，然后在弹出的列表中依次选择“阴影”、“靠下”选项，设置六边形的阴影格式，如图4-69所示。

步骤10 按<Ctrl>+<S>快捷键保存文档，“优秀员工表彰”页面创建完毕。

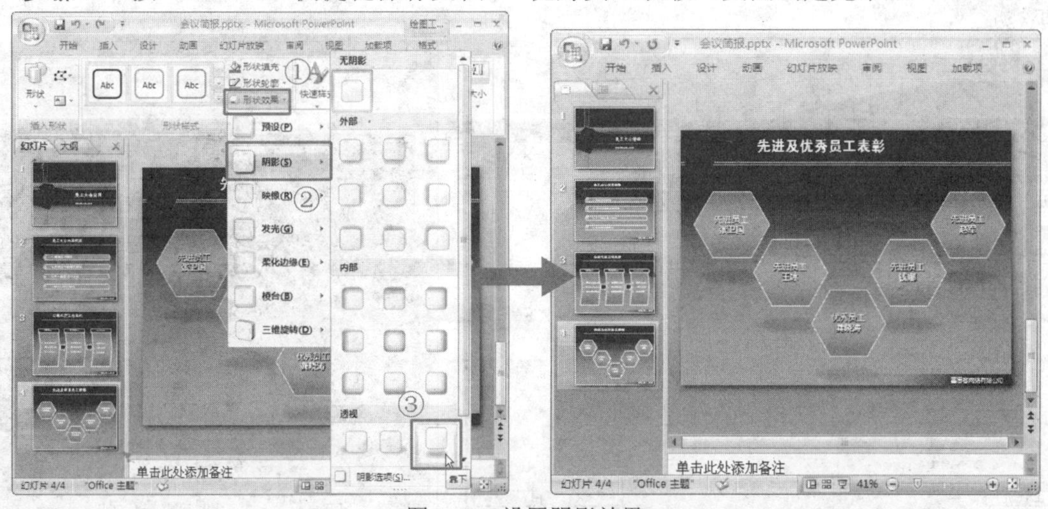

图4-69 设置阴影效果

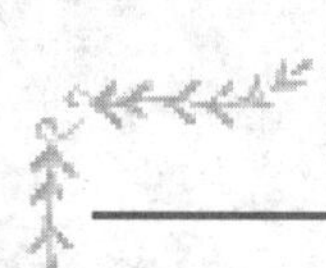

4.2.6 工作计划页面的创建

“工作计划”幻灯片页面主要是由插入的图片、线条和文本框组成。创建“工作计划”幻灯片页面，其主要的操作如下。

步骤1 在幻灯片编辑区的左侧导航栏中单击鼠标右键，在弹出的快捷菜单中选择【新建幻灯片】命令，新建幻灯片页面，然后在新页面的【单击此处添加标题】文本框中输入文本“下一年度工作计划”，设置幻灯片的标题，如图4-70所示。

图4-70 设置新幻灯片的标题

步骤2 在幻灯片编辑区中选择【插入】选项卡，然后在【插图】功能区中单击【图片】按钮，在打开的【插入图片】对话框中，选择路径为“PowerPoint 经典应用实例\第1篇\实例4”文件夹中的“pic04.png”图片文件，然后单击【插入】按钮，并调整图片的位置使其如图4-71所示。

图4-71 插入图片并调整位置

步骤3　选择【插入】选项卡，然后在【插图】功能区中单击【形状】按钮，并在下拉列表中选择【直线】选项，在幻灯片编辑区中绘制一条直线。

步骤4　选择所绘制的直线，单击鼠标右键，在弹出的快捷菜单中选择【设置形状格式】命令，打开【设置形状格式】对话框，在对话框左侧选择【线条颜色】选项，然后在右侧设置线条颜色为【白色】。

步骤5　在对话框左侧选择【线型】选项卡，设置宽度为2磅，然后在【段划线类型】下拉列表选择【圆点】选项，设置完毕后单击【关闭】按钮，如图4-72所示。

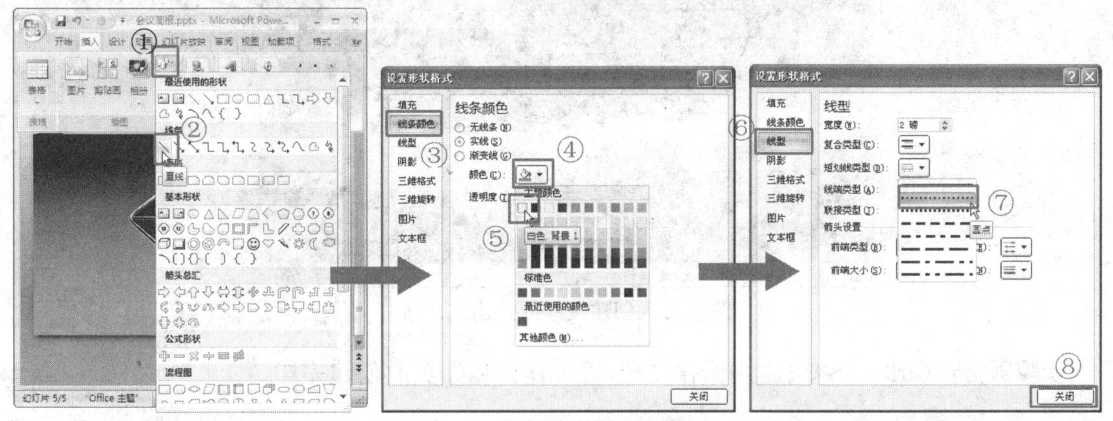

图4-72　设置线条颜色和线型

步骤6　使用鼠标拖动调整直线的位置和方向，然后再绘制5条相同的直线，并分别调整直线的位置和方向，如图4-73所示。

步骤7　在所绘制的各条直线之间分别插入6个文本框，并输入相应的文本，再对各文本框的位置进行调整，然后依次选择各文本框，设置文本字体为【微软雅黑】、字号为【18】、字体颜色为【白色】，如图4-74所示。

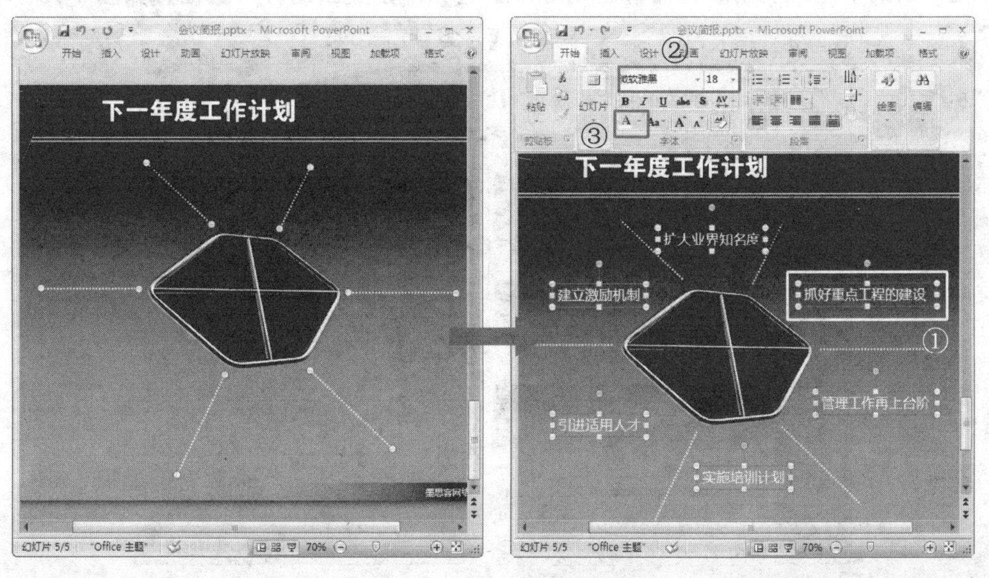

图4-73　绘制相同的五条直线　　　　图4-74　输入并调整文本

步骤8 在所插入的图片上创建 4 个文本框，并输入文本，设置文本的字体为【微软雅黑】、字号为【16】、字体颜色为【白色】，然后再调整文本框的位置，如图 4-75 所示。

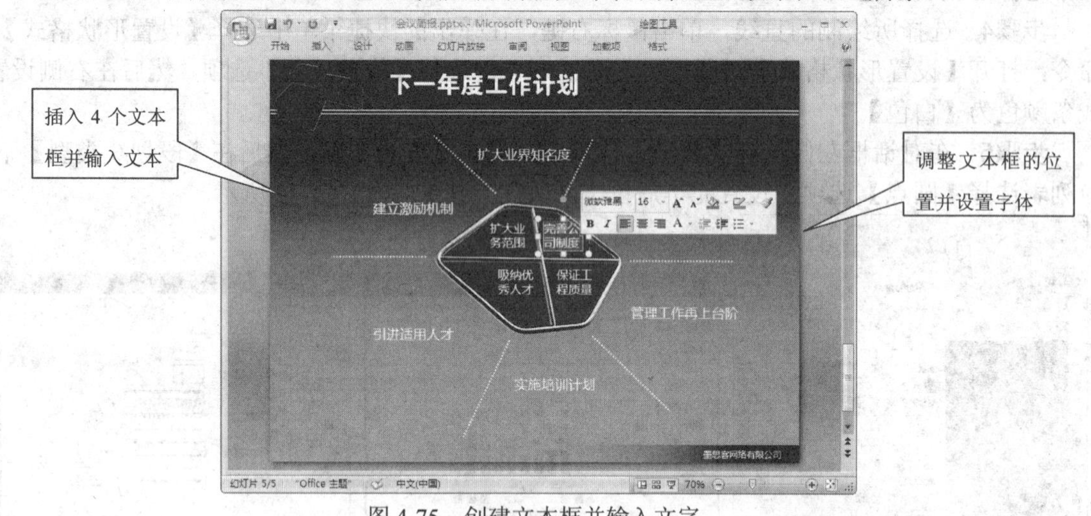

图 4-75 创建文本框并输入文字

步骤9 按<Ctrl>+<S>快捷键保存文档，“工作计划”页面创建完毕。

4.2.7 结束页的创建

结束页的创建同首页类似，只是输入标题和副标题文本即可。创建结束页，其具体的操作如下。

步骤1 在幻灯片编辑区选择【开始】选项卡，在【幻灯片】功能区中单击【新建幻灯片】按钮，在弹出的下拉列表中选择【标题幻灯片】选项，创建新幻灯片页面，如图 4-76 所示。

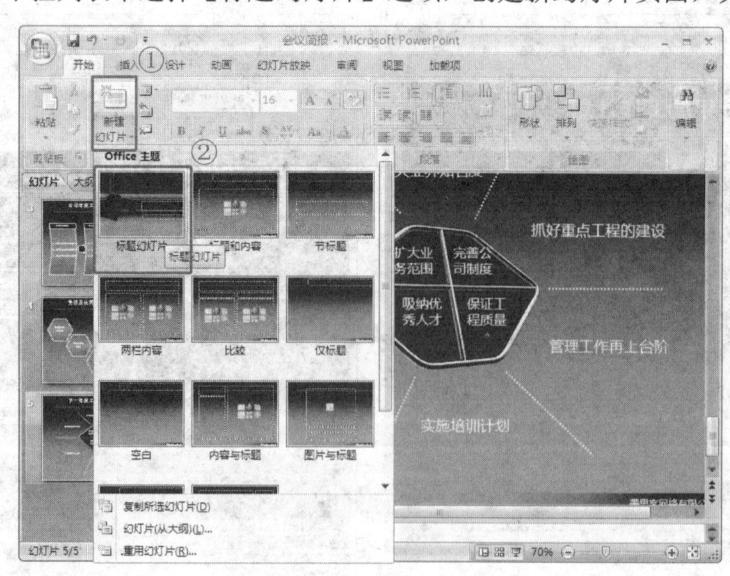

图 4-76 创建标题幻灯片

步骤2　在幻灯片页面的【单击此处添加标题】文本框中输入文本“感谢各位!”，然后在“单击此处添加副标题”文本框中输入公司名称，如“墨思客网络有限责任公司”，如图 4-77 所示，幻灯片文档的结束页面就创建完毕。

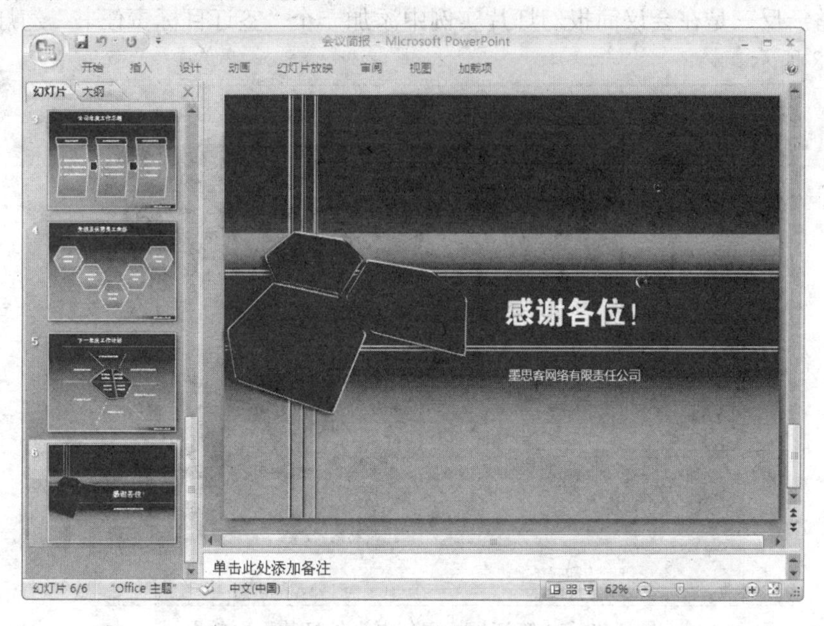

图 4-77　输入标题和副标题

步骤3　按<Ctrl>+<S>快捷键保存文档，会议简报幻灯片创建完毕，按<F5>键即可放映幻灯片。

4.3　实例总结

本实例是创建会议简报的幻灯片页面，幻灯片在设计方面的颜色定位在深蓝色到黑色，以及天蓝色到深蓝色的过渡色，文本的颜色都统一为白色。在实例的制作中创建了 PowerPoint 2007 自有的形状，并对这些形状进行了设置，如填充颜色、线条颜色、线型等。

通过本实例的学习，需要重点掌握以下几个方面的内容。

- 幻灯片母版的设置方法，包括进入母版和设置母版的方法。
- 标题幻灯片的设置，主要是背景图形的隐藏。
- 页面背景的设置，这里主要是针对母版中渐变背景格式的设置
- 形状的插入方法，包括矩形、左右箭头、燕尾形、平行四边形、六边形和直线的插入方法。
- 形状的填充方法，主要是纯色的填充和渐变色的填充方法。
- 阴影的设置方法，这里主要是系统自带阴影的选择使用方法。

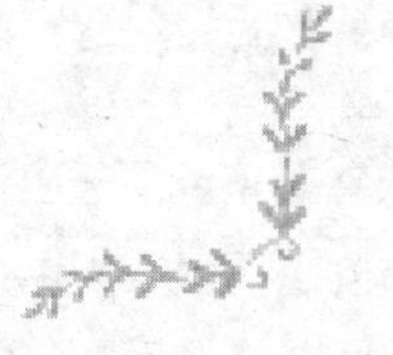

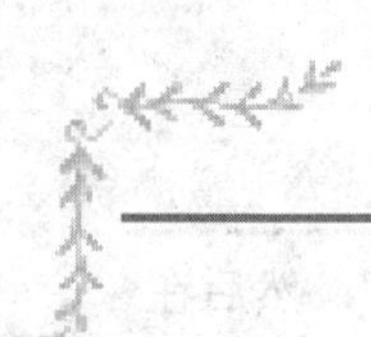

举一反三

本篇的举一反三是在会议简报幻灯片实例中添加一个“签订目标责任书”幻灯片页面，其效果如图 4-78 所示。

图 4-78 “签订目标责任书”幻灯片页面效果

分析及提示

本页面的组成分析和绘制提示如下。

- 此页面由标题文本、三条直线、一个椭圆、三个文本框以及六个六边形组成。
- 位于椭圆上的三个六边形的设置效果为线性渐变填充，并添加了阴影效果。
- 位于中心的三个文本框的形状效果为预设 11 的三维效果。
- 位于中心的三个六边形填充颜色为黑色，线条颜色为白色，然后组合这三个图片，再设置其三维格式和三维旋转参数，参数可以参考如图 4-79 的两个对话框。

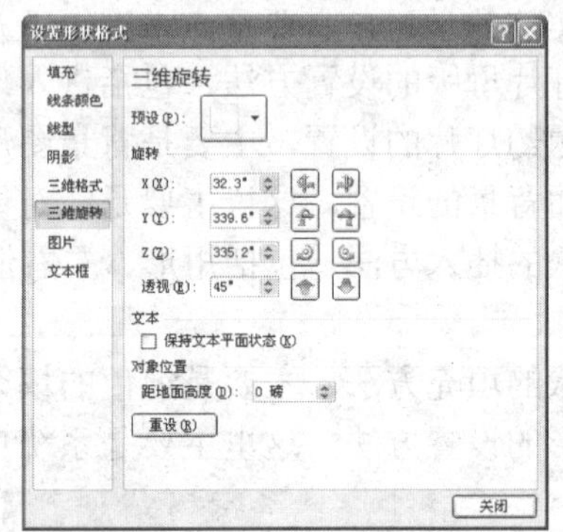

图 4-79 三维格式和三维旋转参数

第2篇

绚丽夺目 商务篇

本篇导读

PowerPoint 2007 中的又一亮点是在商务办公活动中制作各种绚丽夺目的产品推广、活动宣传、销售计划等幻灯片演示文稿。使用 PowerPoint 2007 制作的商务演示片，不仅可以直观的表现出各种信息，并且效果非常绚丽，比传统的纸质商务文稿更加能够吸引观看者的注意力，其极富冲击力的视觉效果还可以使观看者在短时间内留下深刻印象，在推广产品的同时，也可以为企业增加相应的宣传效果。

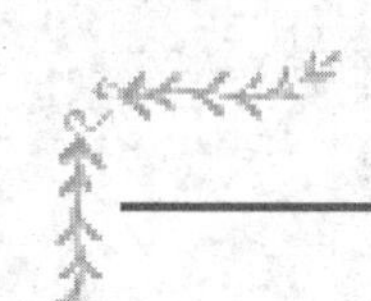

实例 5　旅游区宣传片

随着物质生活水平的不断提高，和国家法定假期的不断增加，旅游逐渐成为个人和许多家庭重要的精神需求和休闲方式。如今，旅行社之间的竞争也日渐激烈，发掘和推广精品旅游线路成了各旅行社立足的根本。本章就将使用 PowerPoint 2007 制作精品旅游线路推广的幻灯片演示文稿。

5.1　实例分析

在精品旅游线路推广幻灯片中，对主要旅游城市的主要景点和城市概况进行了介绍，预览效果如图 5-1 所示。

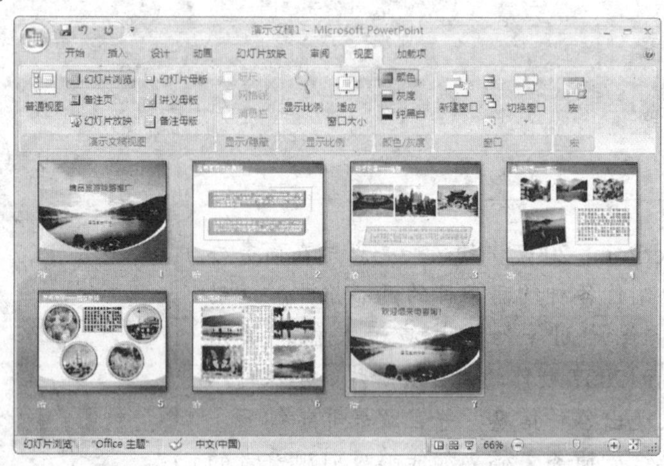

图 5-1　旅游区宣传幻灯片的浏览效果

5.1.1　设计思路

本实例是有关旅游线路的推广，因此在版式和颜色搭配方面应该力求清新亮丽，在语言方面则应该简洁明了。在制作的过程中，主要通过对各条旅游线路景点图片的展示和对旅游城市文化背景、周边情况的介绍，让观看者对各条旅游线路的概况有一个大致的了解。

本幻灯片中各页面设计的基本思路为：首页→旅行社概况→昆明→大理→丽江→西双版纳→结束页。

5.1.2　涉及的知识点

在本幻灯片的制作中，首先需要在幻灯片中创建母版，然后进行在幻灯片中插入相应的图片和文本框、输入文本并调整文本格式、对插入的图片进行效果设置等操作，以满足旅游线路推广页面的制作需要。

在旅游区宣传片的制作中主要用到了以下方面的知识点：

- ✧ 设计幻灯片母版
- ✧ 图片的插入和调整
- ✧ 图片三维效果的设置
- ✧ 文本框的插入和文本的输入
- ✧ 幻灯片切换效果的设置

5.2　实例操作

下面就根据之前对旅游线路推广幻灯片进行分析所得出的设计思路和知识点，使用 PowerPoint 2007 对旅游线路推广幻灯片每个页面的具体制作步骤进行介绍。

5.2.1　设置幻灯片母版

母版可以用来统一整个演示文稿的格式，只需设置一次，在创建新页面的时候就可以直接使用，减少了很多重复工作，可以大大提高工作效率。下面就来介绍在旅游线路推广幻灯片设置母版的具体方法。

步骤1　在 PowerPoint 2007 新建一个空白演示文稿，然后选择【视图】选项卡，并且在【演示文稿视图】功能区中单击【幻灯片母版】按钮，进入母版编辑区。

步骤2　在幻灯片导航栏中选择第一个页面即幻灯片母版，并在【插入】选项卡中的【插图】功能区中单击【图片】按钮，打开【插入图片】对话框，然后选择路径为“PowerPoint 经典应用实例\第 2 篇\实例 5”中的“图片 1.jpg”文件，再单击【插入】按钮，如图 5-2 所示。

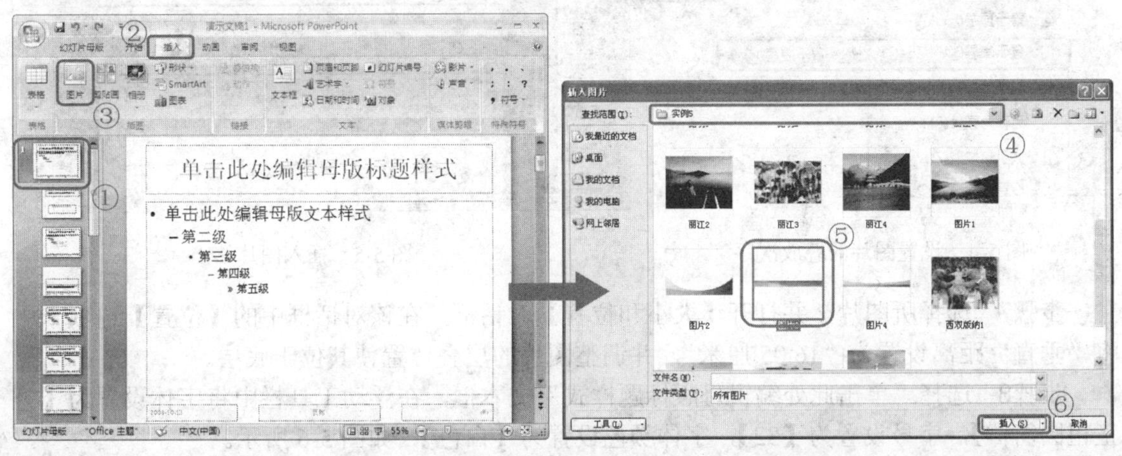

图 5-2　插入图片 1

步骤3 选择所插入的图片，然后在【图片工具格式】选项卡中的【大小】功能区中单击【大小和位置】按钮，打开【大小和位置】对话框。

步骤4 在【大小和位置】对话框中选择【位置】选项卡，在【垂直】文本框中输入“0厘米”，然后单击【关闭】按钮退出该对话框，如图 5-3 所示。

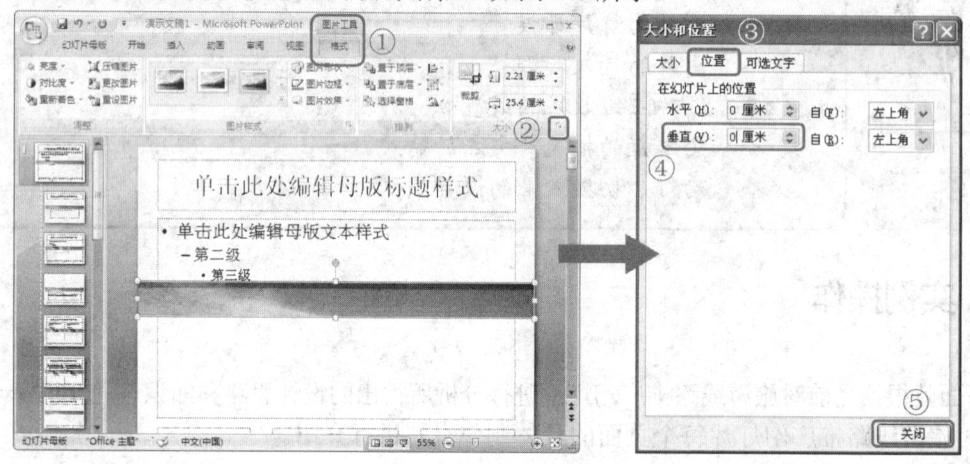

图 5-3　设置图片的位置

步骤5 选择移动后的图片，然后单击鼠标右键，在弹出的快捷菜单中选择【置于底层】命令，将图片放置在底层，如图 5-4 所示。

步骤6 使用同样的方法在幻灯片母版中插入路径为“PowerPoint 经典应用实例\第 2 篇\实例 5”中的“图片 2.png”文件，如图 5-5 所示。

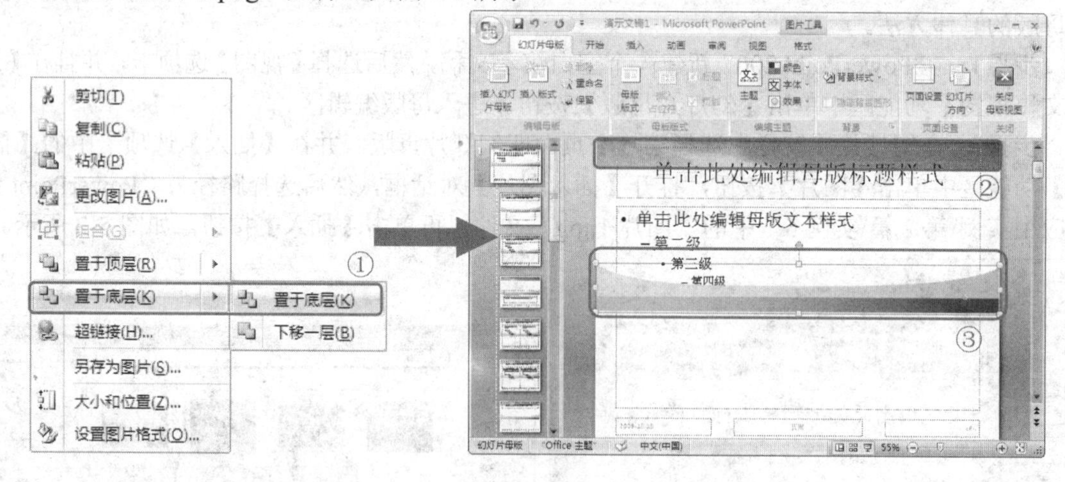

图 5-4　设置图片的叠放次序　　图 5-5　插入图片 2

步骤7 选择所图片 2 并打开【大小和位置】对话框，在该对话框中的【位置】选项卡中将“垂直”距离设置为“16.05 厘米”，并调整图片的层叠位置使其位于底层。

步骤8 选择“单击此处编辑母版标题样式”文本框，在浮动工具栏中将字体设置为【方正粗圆简体】，字号设置为【32】，字体颜色设置为【白色】，如图 5-6 所示。

步骤9 拖动鼠标调整文本框的大小并将其移动到页面左上角，并将“单击此处编辑母版文本样式”等页面中其余的文本框删除，如图 5-7 所示。

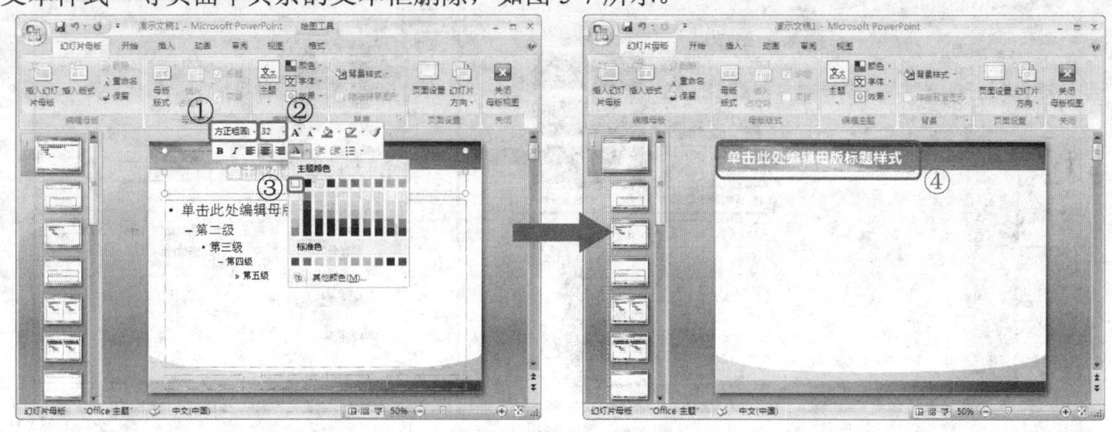

图 5-6　设置标题字体　　　　图 5-7　调整文本框的位置

步骤10　在幻灯片导航栏中选择第二个页面即标题幻灯片，然后在【幻灯片母版】选项卡的【母版版式】功能区中取消勾选【页角】复选框，使页角的 3 个文本框不再显示。

步骤11　在【幻灯片母版】选项卡的【背景】功能区中勾选【隐藏背景图形】复选框，如图 5-8 所示设置标题幻灯片。

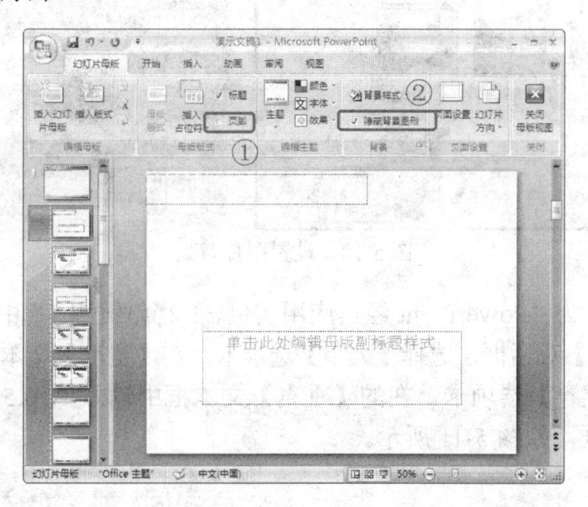

图 5-8　设置标题幻灯片

步骤12　在【幻灯片母版】选项卡的【背景】功能区中单击【背景样式】按钮，在弹出的菜单中选择【设置背景格式】命令。

步骤13　在打开的【设置背景格式】对话框中选择【填充】选项卡，然后点选【图片或纹理填充】单选项，再单击【文件】按钮，如图 5-9 所示。

步骤14　在打开的【插入图片】对话框中，选择路径为“PowerPoint 经典应用实例\第 2 篇\实例 5”中的“图片 3.jpg”文件。

步骤15　单击【插入】按钮，返回到【设置背景格式】对话框，单击【关闭】按钮，如图 5-10 所示设置图片背景。

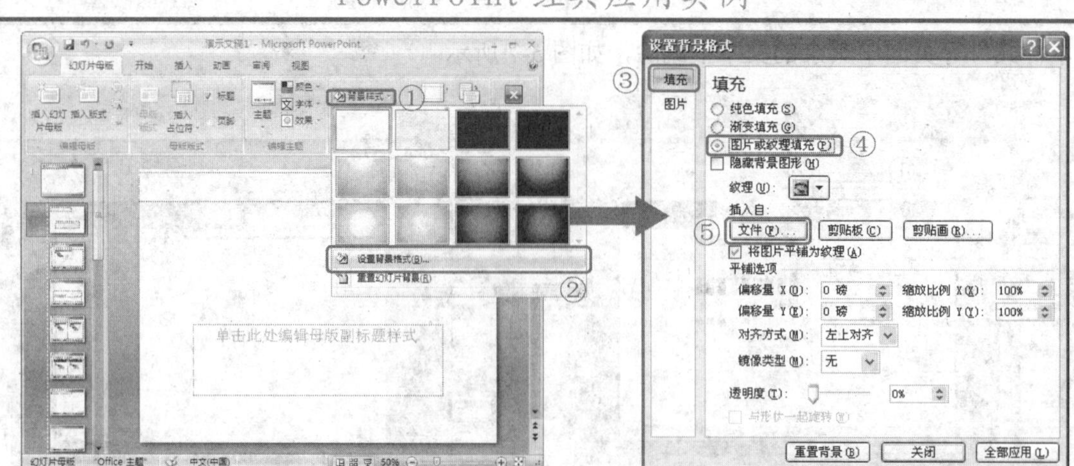

图 5-9　设置背景样式

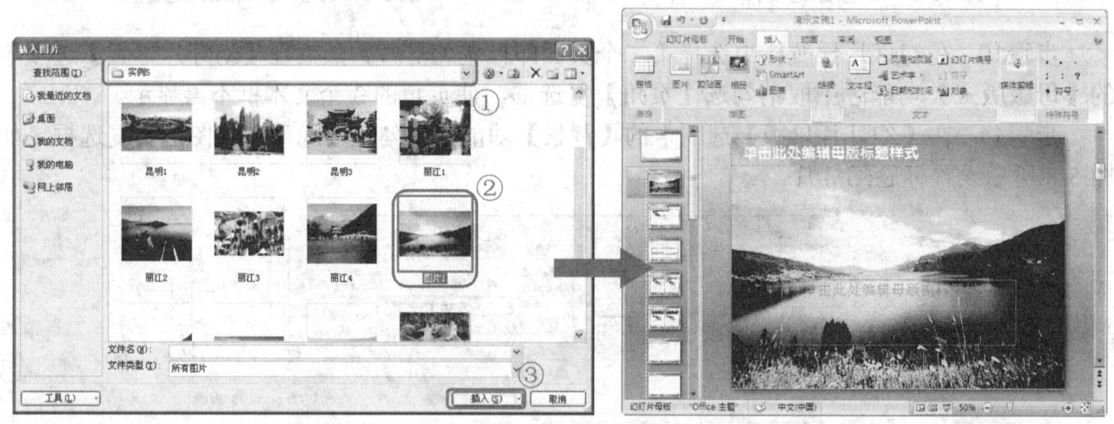

图 5-10　设置图片背景

步骤16　插入路径为“PowerPoint 经典应用实例\第 2 篇\实例 5”中的“图片 4.png”文件，然后打开【大小和位置】对话框，选择【大小】选项卡，在【宽度】文本框中输入“25.5 厘米”。

步骤17　选择【位置】选项卡，在的【垂直】文本框中输入“10.5 厘米”，然后单击【关闭】按钮退出该对话框，如图 5-11 所示。

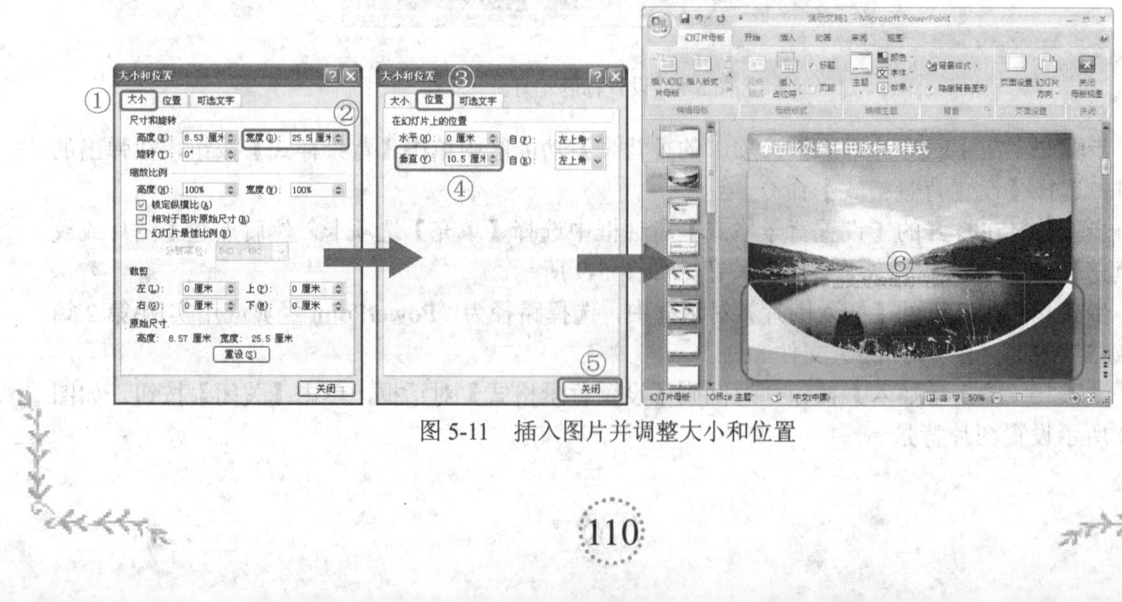

图 5-11　插入图片并调整大小和位置

步骤18　选择“单击此处编辑母版标题样式”文本框，然后设置字体为【方正粗圆简体】、字号为【44】、字体颜色为【蓝色，强调文字颜色 1，深色 25%】，并调整其位置。

步骤19　选择“单击此处编辑母版副标题样式”文本框中的文字，然后设置字体为【方正黑体简体】、字号为【24】、字体颜色为【蓝色，强调文字颜色 1，深色 25%】，并调整其位置，设置完毕后单击【关闭母版视图】按钮即可完成母版设置，如图 5-12 所示。

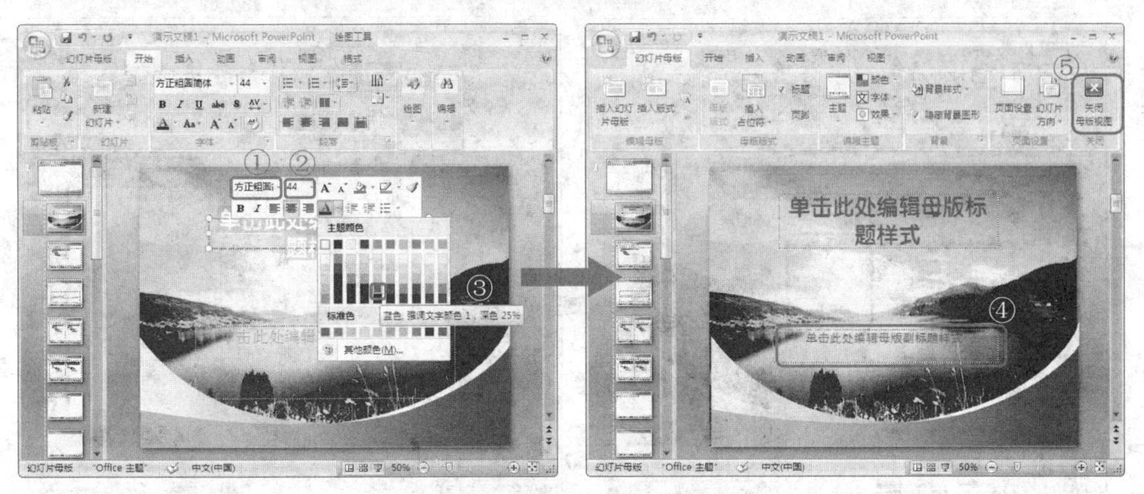

图 5-12　设置母版的标题和副标题

5.2.2　创建幻灯片首页及旅行社概况幻灯片页面

在完成了对幻灯片母版的创建之后，就可以依照母版创建幻灯片页面了。下面介绍创建幻灯片首页和旅行社概况幻灯片页面的具体操作方法。

步骤1　在幻灯片首页中在【单击此处添加标题】文本框中输入“精品旅游线路推广”，然后将“单击此处添加副标题”文本框输入“墨思客旅行社”即可，如图 5-13 所示。

图 5-13　幻灯片首页效果

步骤2 在【开始】选项卡的【幻灯片】功能区中单击【新建幻灯片】按钮，然后在弹出的【Office 主题】列表中选择【仅标题】选项，即可创建一个新幻灯片页面，如图 5-14 所示。

步骤3 在新幻灯片页面中的【单击此处添加标题】文本框中输入文本“墨思客旅行社概况”，然后在【插入】选项卡的【插图】功能区中单击【形状】按钮，在弹出的列表中选择【对角圆角矩形】选项，如图 5-15 所示。

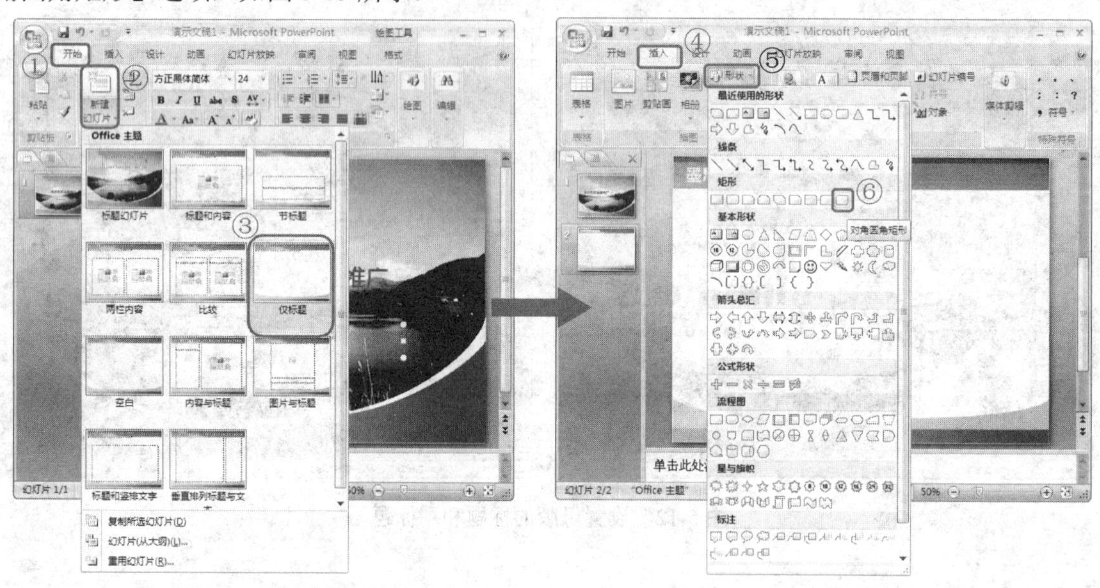

图 5-14 新建幻灯片　　　　图 5-15 插入对角矩形

步骤4 拖动鼠标在幻灯片编辑区中创建图形，并该图形上单击鼠标右键，在弹出的快捷菜单中选择【大小和位置】命令，打开【大小和位置】对话框，然后在对话框中选择【大小】选项卡，在【高度】文本框中输入“3.2 厘米”，在【宽度】文本框中输入“18.8 厘米”。

步骤5 选择【位置】选项卡，在【水平】文本框中输入“3.2 厘米”，在【垂直】文本框中输入“5.6 厘米”，然后单击【关闭】按钮即可设置对角圆角矩形，如图 5-16 所示。

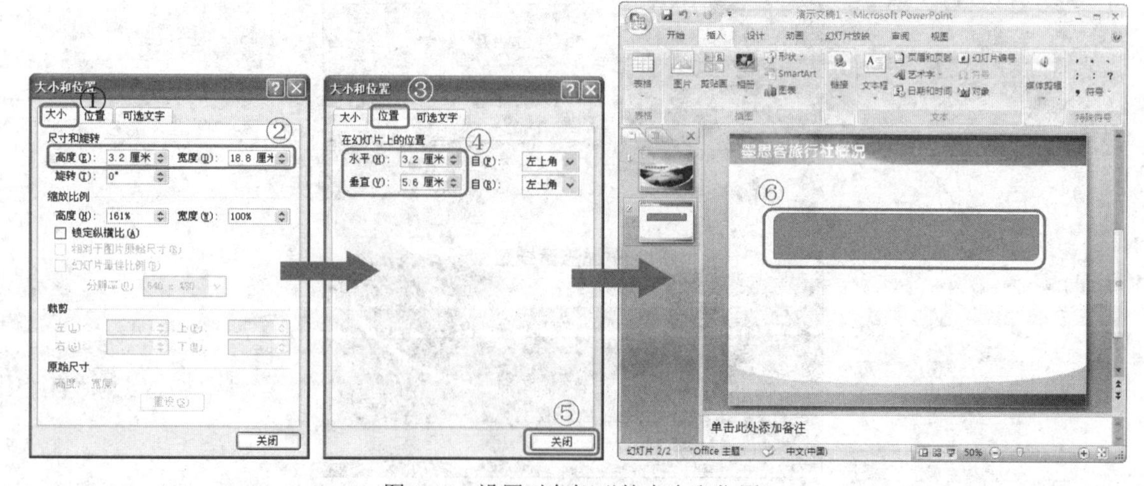

图 5-16 设置对角矩形的大小和位置

步骤6　按住<Ctrl>键拖动设置好的图形，在该图形下方再复制出一个同样的新图形，然后打开【大小和位置】对话框，设置“垂直”位置为“10.9 厘米”，水平位置保持不变，单击【关闭】按钮退出对话框，即可得到创建图形的效果，如图 5-17 所示。

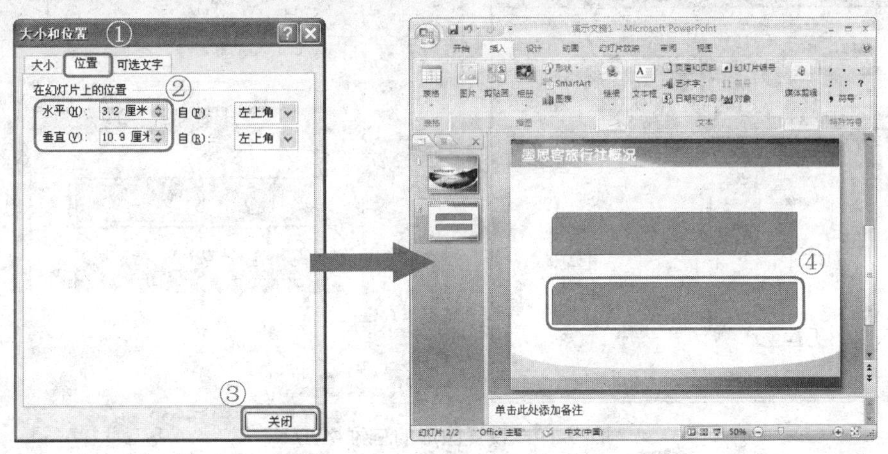

图 5-17　复制图形并调整其位置

步骤7　选择第一个图形并单击鼠标右键，然后在弹出的快捷菜单中选择【设置形状格式】命令，打开【设置形状格式】对话框。

步骤8　在打开的【设置形状格式】对话框中的【填充】选项组，在右侧点选【纯色填充】单选项，然后单击【颜色】按钮，在弹出的颜色列表中选择【蓝色，强调文字颜色 1】。

步骤9　在对话框中选择【线条颜色】选项卡，然后再点选【无线条】单选项，如图 5-18 所示。

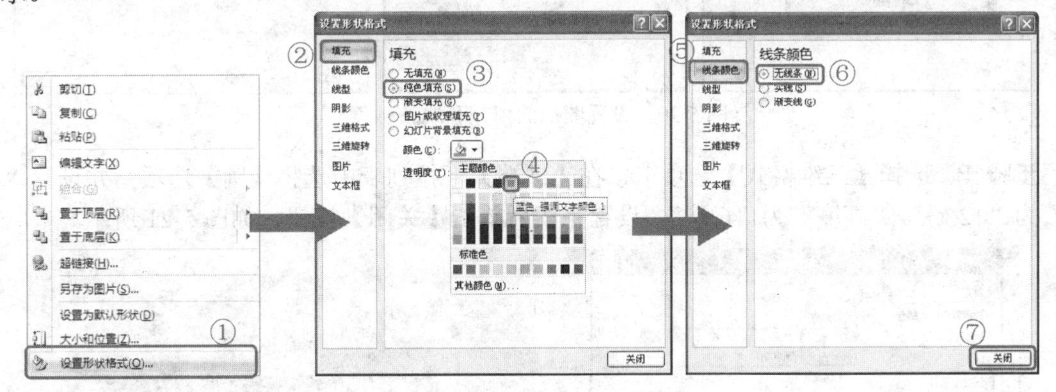

图 5-18　设置图形的填充和线条颜色

步骤10　在对话框中选择【三维格式】选项卡，在右侧的【顶端】下拉列表中选择【圆】选项，并在【宽度】文本框中输入“12 磅”，在【高度】文本框中输入“6 磅”，然后单击【关闭】按钮退出该对话框，如图 5-19 所示。

步骤11　选择第二个图形并打开【设置图形格式】对话框，在【填充】选项卡中点选【纯色填充】单选项，然后单击【颜色】按钮，在弹出的颜色列表中单击【其他颜色】按钮，弹出【颜色】对话框，在【自定义】选项卡中设置 RGB 值分别为“0”、“153”、“153”。

步骤12 单击【确定】按钮返回到【设置图形格式】对话框，在【线条颜色】选项卡中点选【无线条】单选钮，如图 5-20 所示。

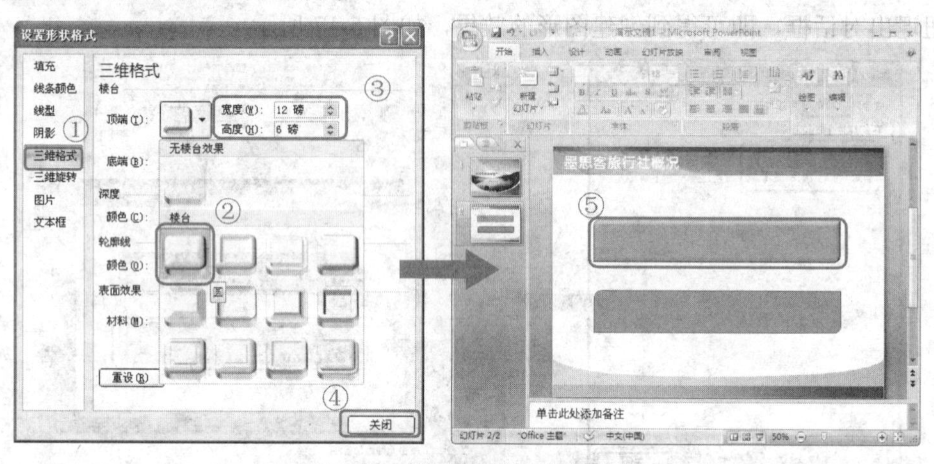

图 5-19 设置图形的三维格式

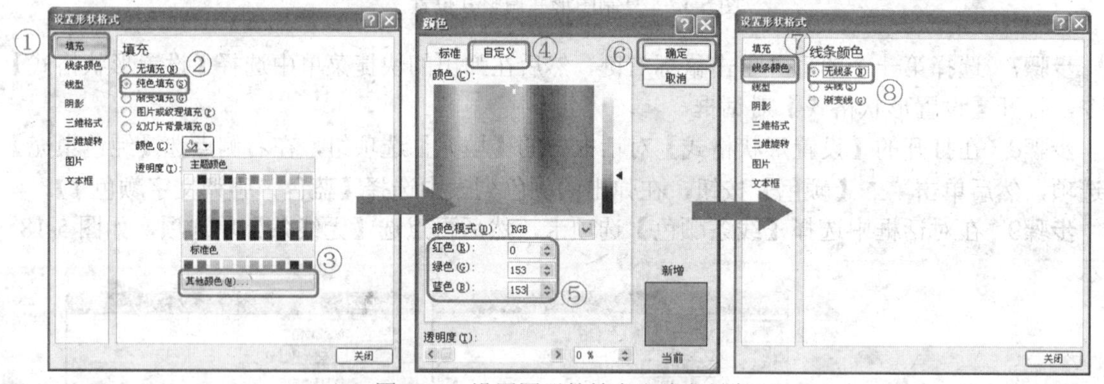

图 5-20 设置图形的填充和线条颜色

步骤13 选择【三维格式】选项卡，在【顶端】下拉列表中选择【圆】选项，并设置“宽度”为“12 磅”，“高度”为“6 磅”，设置完毕后单击【关闭】按钮，如图 5-21 所示。

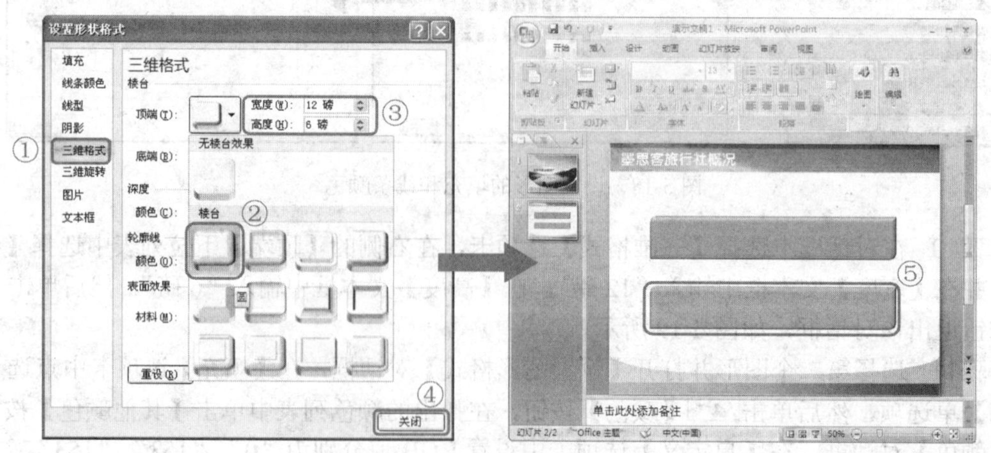

图 5-21 设置图形的三维格式

步骤14　在幻灯片编辑区中绘制一条水平直线，然后在直线上单击鼠标右键，在弹出的快捷菜单中选择【大小和位置】命令，打开【大小和位置】对话框。

步骤15　在对话框中选择【大小】选项卡，设置“高度”值为“0 厘米”，“宽度”值为“8.3 厘米”，然后选择【位置】选项卡，设置“水平”位置为“14.9 厘米”，“垂直”位置为“4.8 厘米”，然后单击【关闭】按钮退出该对话框，如图 5-22 所示。

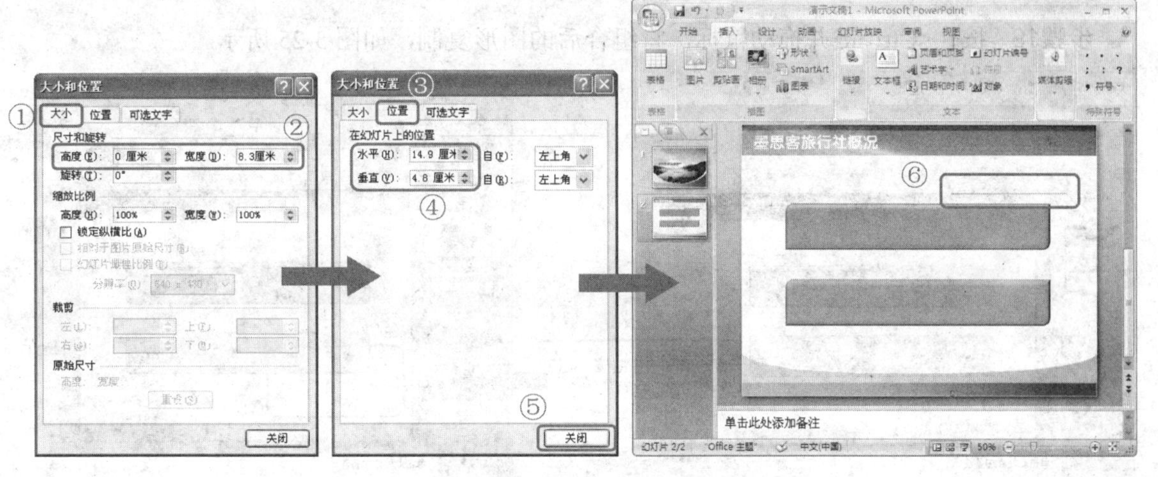

图 5-22　设置水平直线的宽度和位置

步骤16　以该水平线段的右端点为起点，再绘制一条垂直直线，然后在选中该垂直线段的情况下打开【大小和位置】对话框。

步骤17　在对话框中选择【大小】选项卡，然后在【高度】文本框中输入“0 厘米”，在【宽度】文本框中输入“4.4 厘米”，然后选择【位置】选项卡，在【水平】文本框中输入“21 厘米”，在【垂直】文本框中输入“7 厘米”，设置完毕后单击【关闭】按钮，如图 5-23 所示。

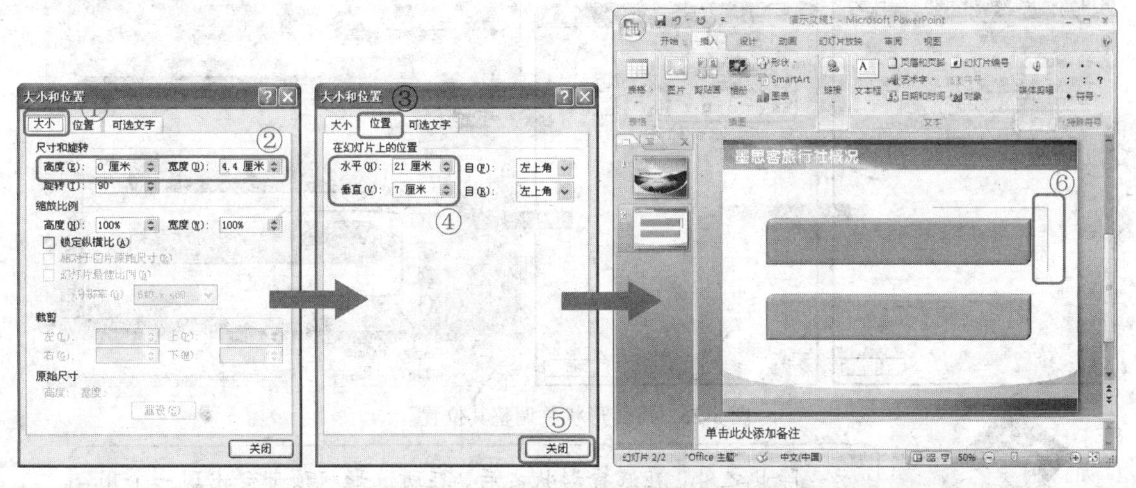

图 5-23　设置垂直直线的宽度和位置

步骤18　按住<Ctrl>键并分别选择两条线段，然后单击鼠标右键，在弹出的快捷菜单中选择【组合】命令，将两条线条组合为一个整体，如图 5-24 所示。

组合后的图形对象，在进行移动、复制以及大小、格式的设置时，作为一个整体图形来进行操作，并且组合图形可以一次性操作多个图形，从而避免工作上的重复。

步骤19 按住<Ctrl>键并拖动鼠标，将组合后的图形复制，如图 5-25 所示。

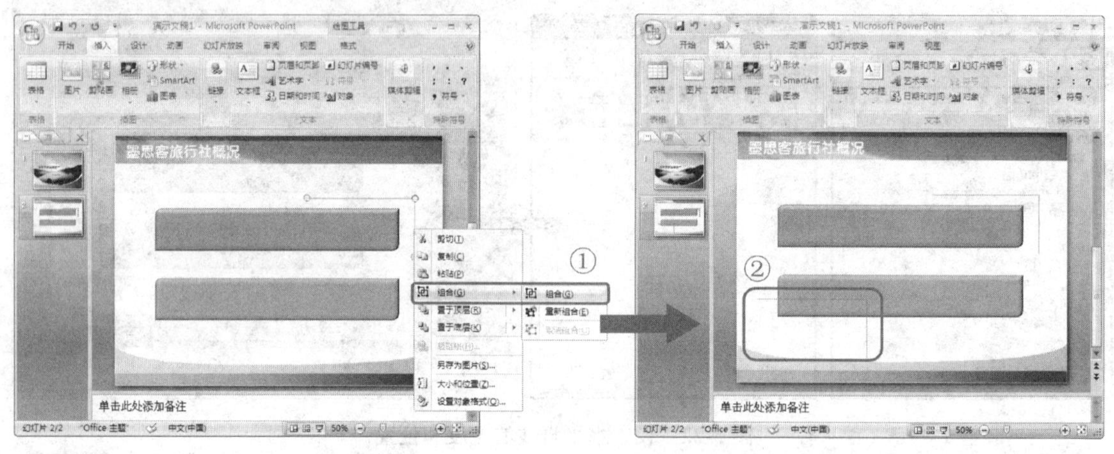

图 5-24　组合图形　　　　图 5-25　复制组合后的图形

步骤20 打开【大小和位置】对话框，并选择【大小】选项卡，在【旋转】文本框中输入“180°”，然后选择【位置】选项卡，然后在【水平】文本框中输入“2 厘米”，在【垂直】文本框中输入“10.5 厘米”，设置完毕后单击【关闭】按钮，如图 5-26 所示。

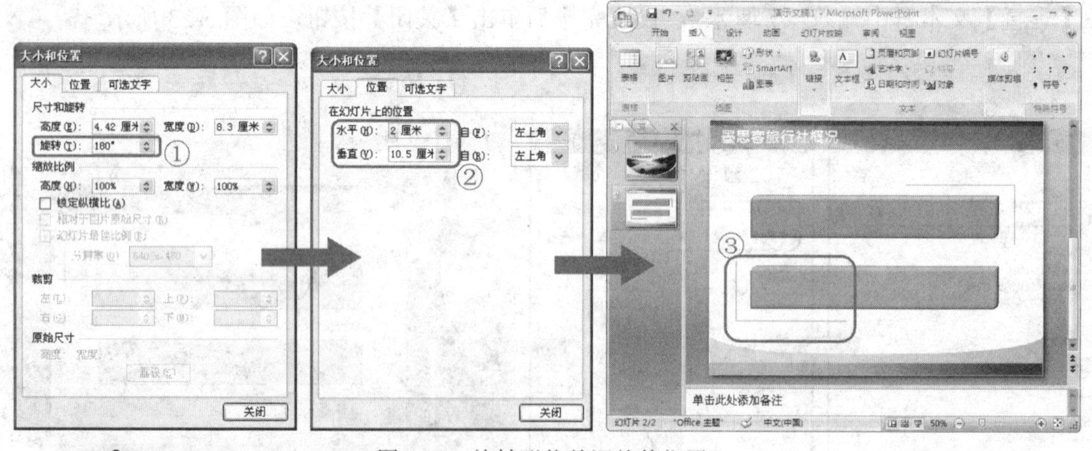

图 5-26　旋转形状并调整其位置

除此之外，在选择形状之后，在所选形状顶部会出现一个用来旋转形状的绿色手柄，即旋转手柄。拖动旋转手柄也可以旋转形状。

步骤21　选择右上方的组合图形，单击鼠标右键并在弹出的快捷菜单中选择【设置形状格式】命令，打开【设置形状格式】对话框，在对话框中选择【线型】选项卡，并在其中的【宽度】文本框中输入“3 磅”。

步骤22　选择【线条颜色】选项卡，点选【实线】单选项，并单击【颜色】按钮，在弹出的颜色列表中选择【紫色，强调文字颜色 4，淡色 40%】，如图 5-27 所示。

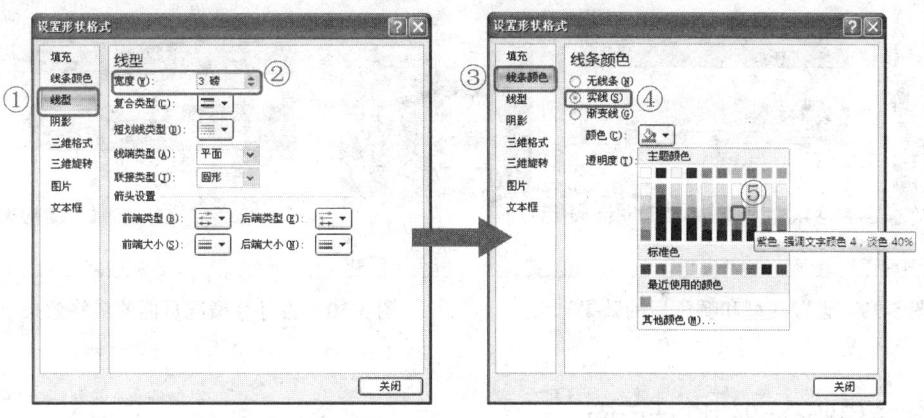

图 5-27　设置线型和颜色

步骤23　选择左下方的组合图形并打开【设置形状格式】对话框，在对话框中选择【线型】选项卡，设置“宽度”为“3 磅”。

步骤24　选择【线条颜色】选项卡，在其中点选【实线】单选项，并单击【颜色】按钮，在弹出的颜色列表中选择【橙色，强调文字颜色 6，淡色 40%】，如图 5-28 所示。

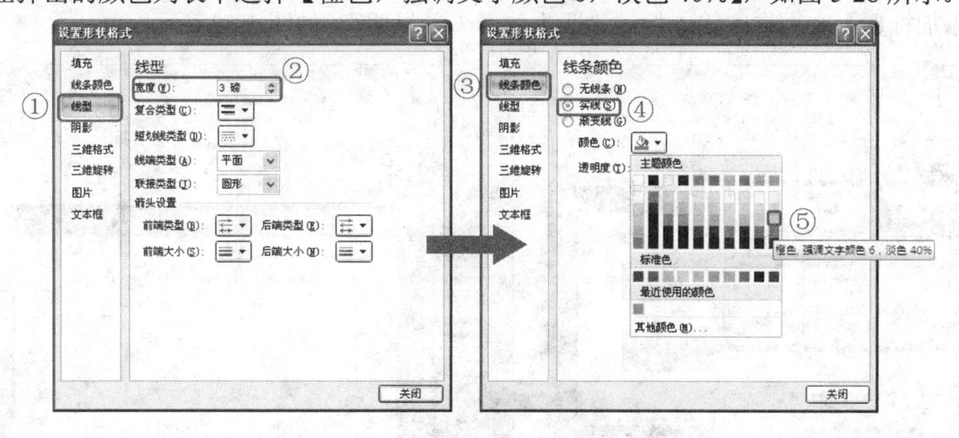

图 5-28　设置线型和颜色

步骤25　单击【关闭】按钮退出该对话框，即可设置组合线条的线型和线条颜色，如图 5-29 所示。

步骤26　在幻灯片中插入两个横排文本框，并在其中输入相应的旅行社概况文本内容，然后将文本字体设置为【创艺简标宋】，字号设置为【16】，字体颜色设置为【白色，背景 1】，至此旅行社概况幻灯片页面创建完毕，如图 5-30 所示。

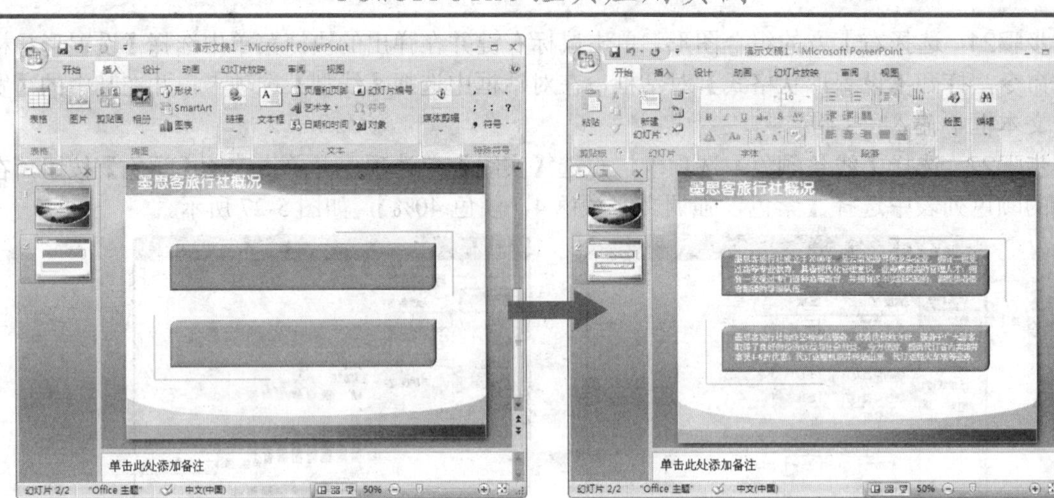

图 5-29　设置线型和颜色后的效果　　　　图 5-30　旅行社概况页面的最终效果

5.2.3　创建昆明介绍幻灯片页面

结束了对幻灯片首页和旅行社概况幻灯片页面的创建之后，就可以分别创建各个旅游城市介绍幻灯片了。下面先创建介绍昆明的幻灯片页面，其具体操作方法如下。

步骤1　在【开始】选项卡的【幻灯片】功能区中单击【新建幻灯片】按钮，然后在弹出的【Office 主题】列表中选择【仅标题】选项，如图 5-31 所示，然后在新幻灯片页面中将【单击此处添加标题】文本框中输入标题“四季如春——昆明”，如图 5-32 所示。

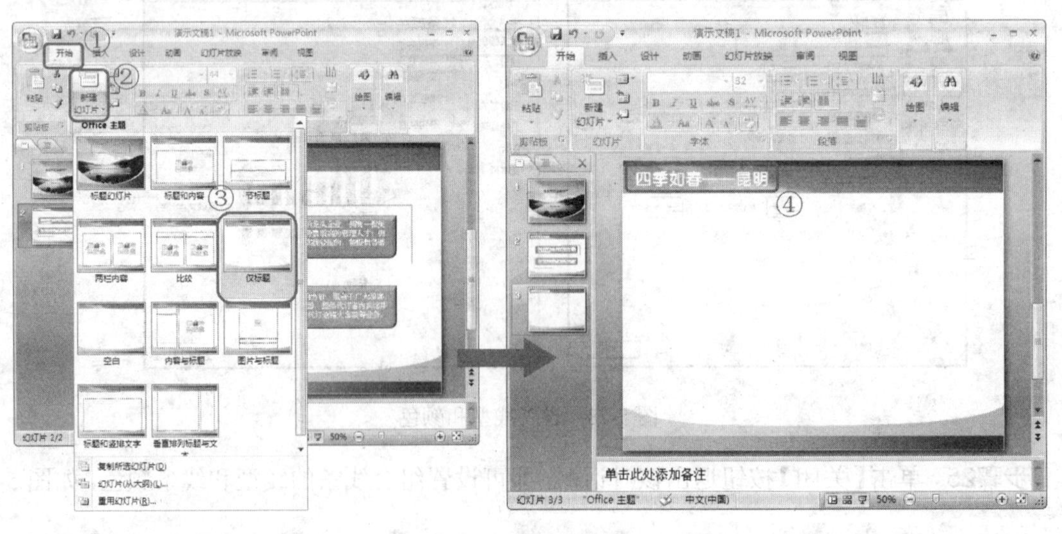

图 5-31　新建幻灯片　　　　图 5-32　输入标题

步骤2　在【插入】选项卡的【插图】功能区中单击【图片】按钮，打开【插入图片】对话框，在对话框上方的【查找范围】下拉列表中，选择路径为“PowerPoint 经典应用实例\第 2

篇\实例 5”中的“昆明 1.jpg”图片文件，然后单击【插入】按钮，插入图片，如图 5-33 所示。

图 5-33　插入图片

步骤3　选中所插入的图片并打开【大小和位置】对话框，选择【大小】选项卡，取消对【锁定纵横比】复选框的勾选，然后在【宽度】文本框中输入“6.02 厘米”，在【高度】文本框中输入“8 厘米”。

步骤4　选择【位置】选项卡，然后在【水平】文本框中输入“0.35 厘米”，在【垂直】文本框中输入“4.37 厘米”，设置完毕后单击【关闭】按钮，如图 5-34 所示。

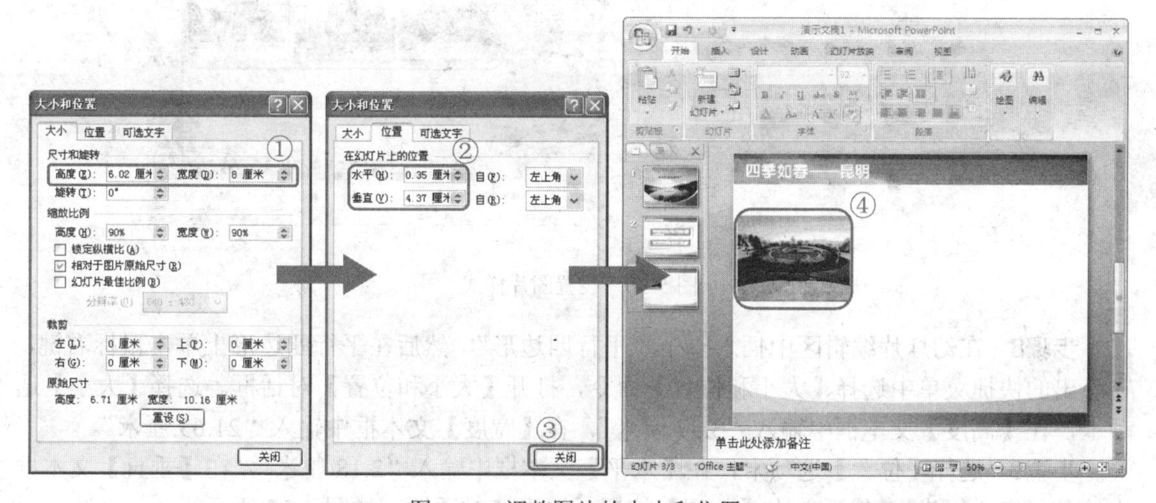

图 5-34　调整图片的大小和位置

步骤5　使用同样的方法在幻灯片编辑区中插入“昆明 2.jpg”图片文件，在【大小和位置】对话框的【大小】选项卡中参照第一张图片设置其大小，然后在【位置】选项卡的【水平】文本框中输入“8.7 厘米”，在【垂直】文本框中输入“4.37 厘米”。

步骤6　在幻灯片编辑区中插入“昆明 3.jpg”图片文件，在【大小和位置】对话框的【大小】选项卡中将其大小设置得与前两张图片一样，然后在【位置】选项卡的【水平】文本框中输入“17.05 厘米”，在【垂直】文本框中输入“4.37 厘米”，如图 5-35 所示。

步骤7　按住<Ctrl>键依次选择所插入的三张图片，在【图片工具格式】选项卡的【图片样式】功能区中单击【其他】按钮，在弹出的列表中选择【矩形投影】选项，如图 5-36 所示。

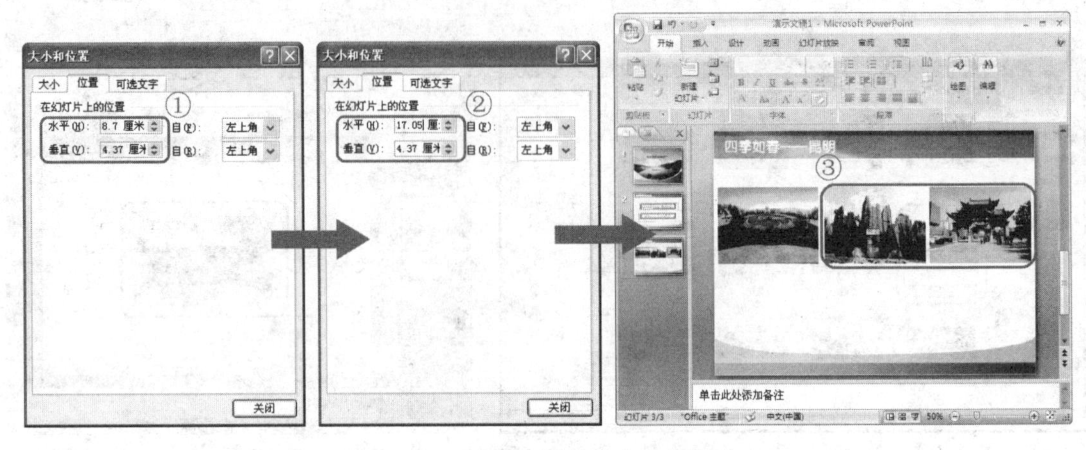

图 5-35 调整插入图片的大小和位置

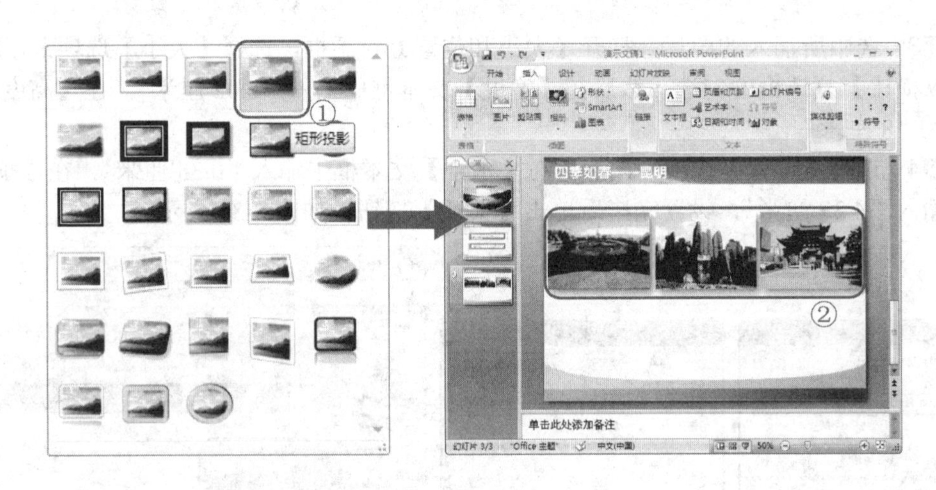

图 5-36 设置图片样式

步骤8 在幻灯片编辑区中插入一个“平行四边形”，然后在平行四边形上单击鼠标右键，在弹出的快捷菜单中选择【大小和位置】命令，打开【大小和位置】对话框。选择【大小】选项卡，在【高度】文本框中输入“3.57 厘米”，在【宽度】文本框中输入“21.63 厘米”。

步骤9 选择【位置】选项卡，在【水平】文本框中输入“2.18 厘米”，在【垂直】文本框中输入“12.3 厘米”，然后单击【关闭】按钮，退出该对话框，如图 5-37 所示。

步骤10 打开【设置形状格式】对话框，选择【填充】选项卡，点选【纯色填充】单选钮，再单击【颜色】按钮，在弹出的颜色列表中单击【其他颜色】按钮。

步骤11 在打开的【颜色】对话框中选择【自定义】选项卡，将 RGB 值分别设置为“216”、“227”、“240”，如图 5-38 所示。

步骤12 单击【关闭】按钮返回【设置形状格式】对话框，选择【线条颜色】选项卡，点选【实线】单选钮，然后单击【颜色】按钮，在弹出的颜色列表中单击【其他颜色】按钮。

步骤13 在打开的【颜色】对话框中选择【自定义】选项卡，然后将 RGB 值分别设置为

“0”、“176”、“240”，如图 5-39 所示。

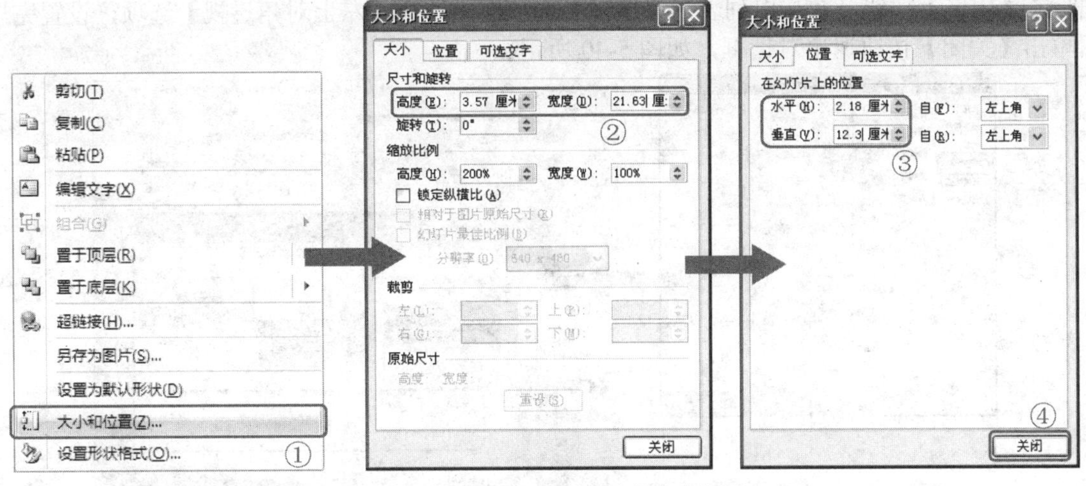

图 5-37　设置平行四边形的大小和位置

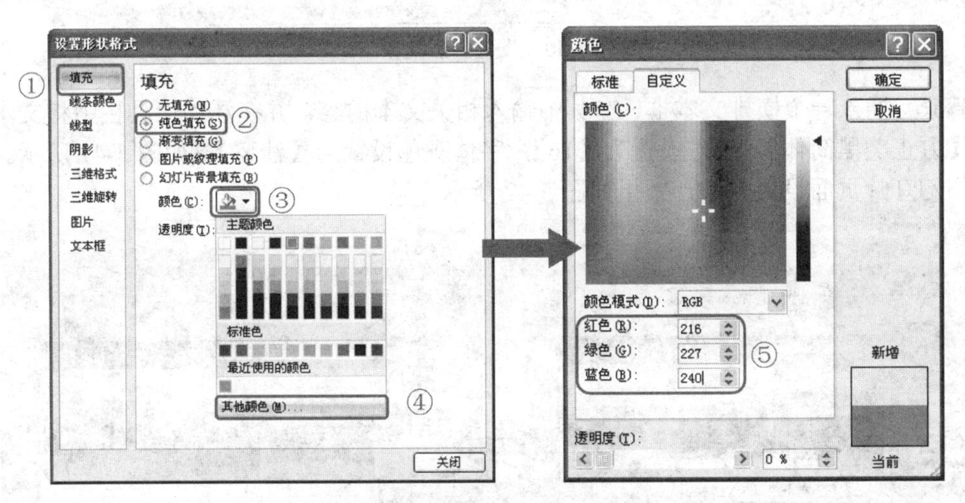

图 5-38　设置填充颜色

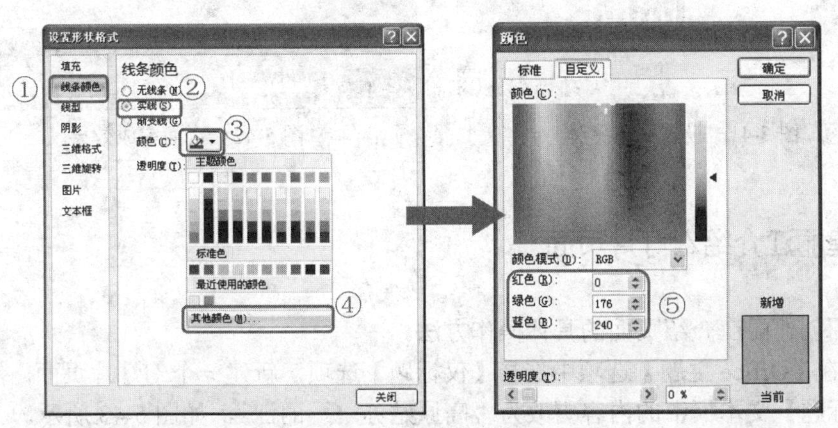

图 5-39　设置线条颜色

步骤14 单击【确定】按钮返回【设置形状格式】对话框，选择【阴影】选项卡，然后单击【阴影】按钮，在弹出列表的【透视】选项组中选择【左上对角透视】选项，设置完毕后单击【关闭】按钮退出对话框，如图 5-40 所示。

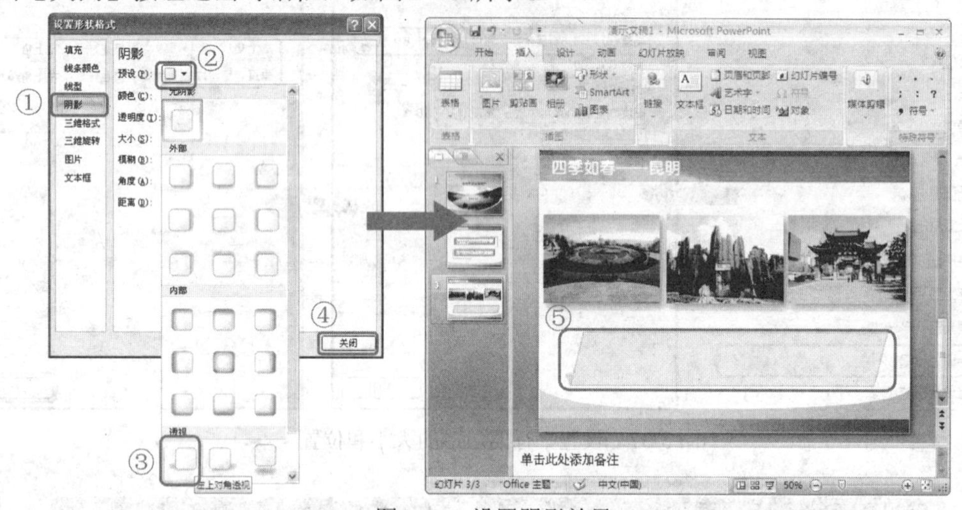

图 5-40　设置阴影效果

步骤15 插入一个横排文本框，在其中输入相关文本内容，并在浮动工具栏中将文本字体设置为【方正美黑简体】，字号设置为【16】，字体颜色设置为【浅蓝】，如图 5-41 所示。至此昆明介绍幻灯片页面设置完毕，效果如图 5-42 所示。

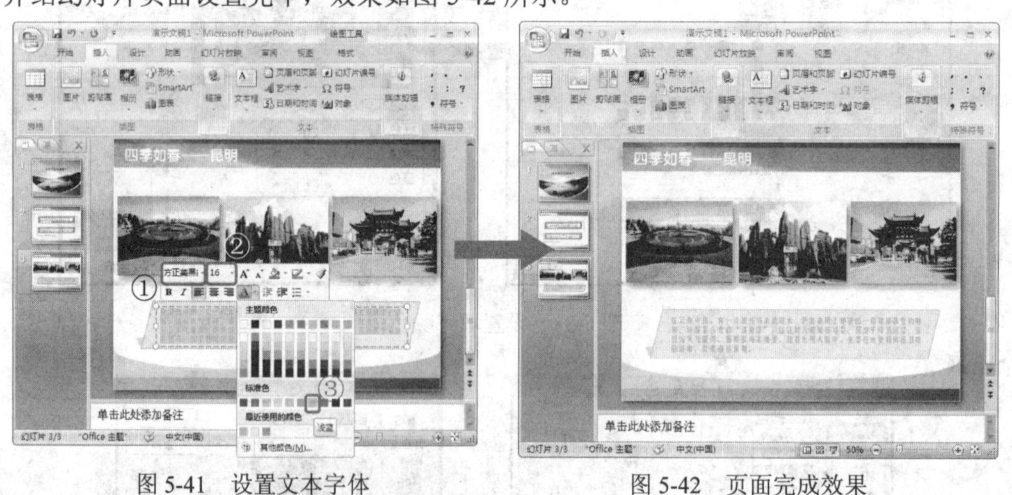

图 5-41　设置文本字体

图 5-42　页面完成效果

5.2.4　创建丽江介绍幻灯片页面

下面介绍创建丽江介绍页面的具体操作方法。

步骤1 在【Office 主题】选项中选择【仅标题】选项，新建一个幻灯片页面，然后将【单击此处添加标题】文本框中的内容更改为“高原姑苏——丽江”，如图 5-43 所示。

图 5-43　新建幻灯片页面

步骤2　在【插入】选项卡的【插图】功能区中单击【图片】按钮，打开“插入图片”对话框，在对话框上方【查找范围】下拉列表中，选择路径为“PowerPoint 经典应用实例\第 2 篇\实例 5”中的“丽江 1.jpg”图片文件，然后单击【插入】按钮，插入图片，如图 5-44 所示。

图 5-44　插入图片

步骤3　选中刚插入的图片并打开【大小和位置】对话框，然后选择【大小】选项卡并在其中取消对【锁定纵横比】复选框的勾选，在【宽度】文本框中输入“4.68 厘米”，在【高度】文本框中输入“6 厘米”；然后选择【位置】选项卡，然后在【水平】文本框中输入“2.5 厘米”，在【垂直】文本框中输入“2.86 厘米”，如图 5-45 所示。

步骤4　使用同样的方法在幻灯片编辑区中插入“丽江 2.jpg”图片文件，在【大小和位置】对话框的【大小】选项卡中参照第一张图片的数值设置其大小，然后在【位置】选项卡的【水平】文本框中输入“9.7 厘米”，在【垂直】文本框中“2.86 厘米”。

步骤5　在幻灯片编辑区中插入“丽江 3.jpg”图片文件，在【大小和位置】对话框的【大小】选项卡中将其大小设置得与前两张图片相同，然后在【位置】选项卡的【水平】文本框中输入“16.9 厘米”，在【垂直】文本框中“2.86 厘米”，如图 5-46 所示。

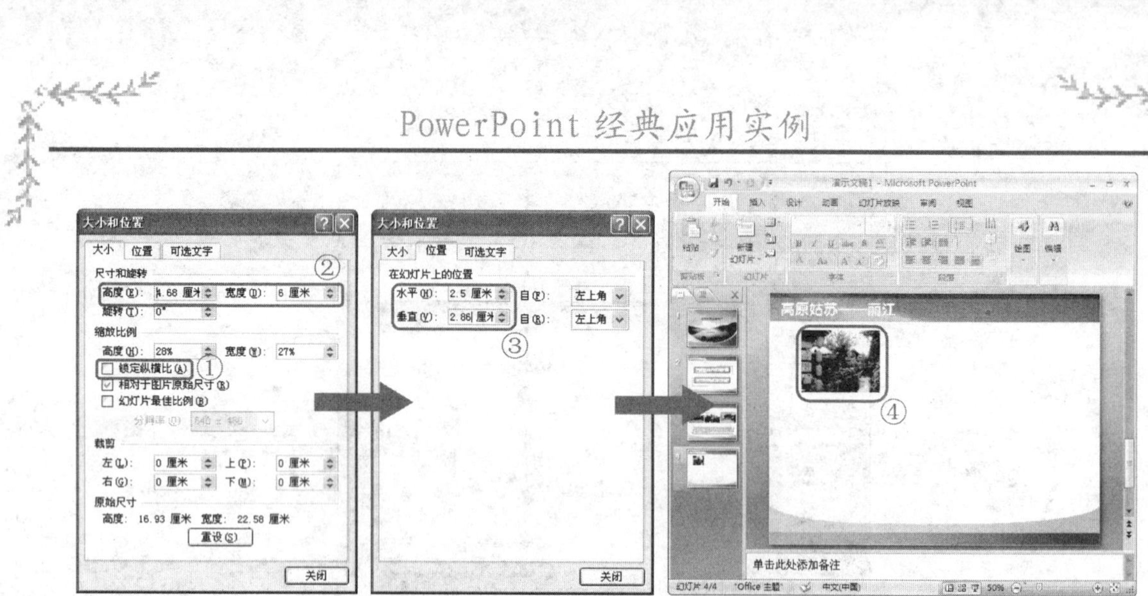

图 5-45　设置图片的大小和位置

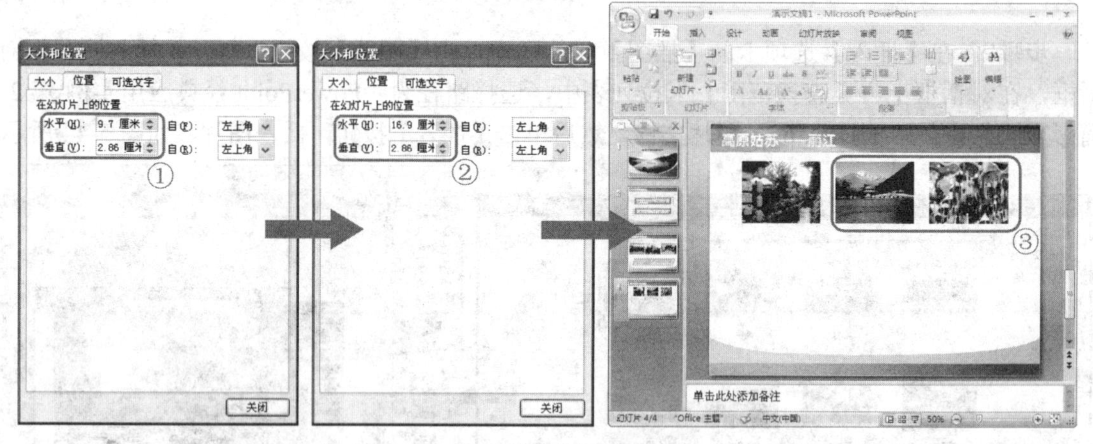

图 5-46　调整插入图片的大小和位置

步骤6　选择所插入的 3 张图片，在【图片工具格式】选项卡的【图片样式】功能区中单击【图片形状】按钮，在弹出列表的【星与旗帜】选项组中选择【双波形】选项，如图 5-47 所示。

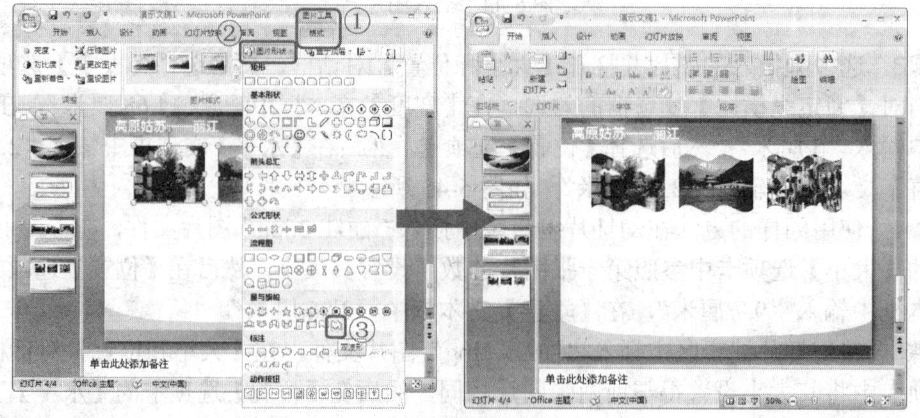

图 5-47　改变图片的形状

在【图片工具格式】选项卡的【图片样式】功能区中单击【图片形状】按钮，在弹出的列表进行选择可以将所选的图形改变成列表中的任意一种形状，但不会改变图形其他格式，原图形会沿所选形状进行剪切。

步骤7　在幻灯片编辑区中插入“丽江 4.jpg”图片文件，然后打开【大小和位置】对话框，在对话框中的【大小】选项卡中设置“高度”为“7.34 厘米”，“宽度”为“9.79 厘米”，然后选择【位置】选项卡，设置“水平”位置“2.98 厘米”，“垂直”位置为“8.93 厘米”，如图 5-48 所示。

步骤8　返回到幻灯片编辑区，在【图片工具格式】选项卡的【图片样式】功能区中单击【图片效果】→【预览】按钮，然后在弹出的列表中选择【预设 9】选项，如图 5-49 所示。

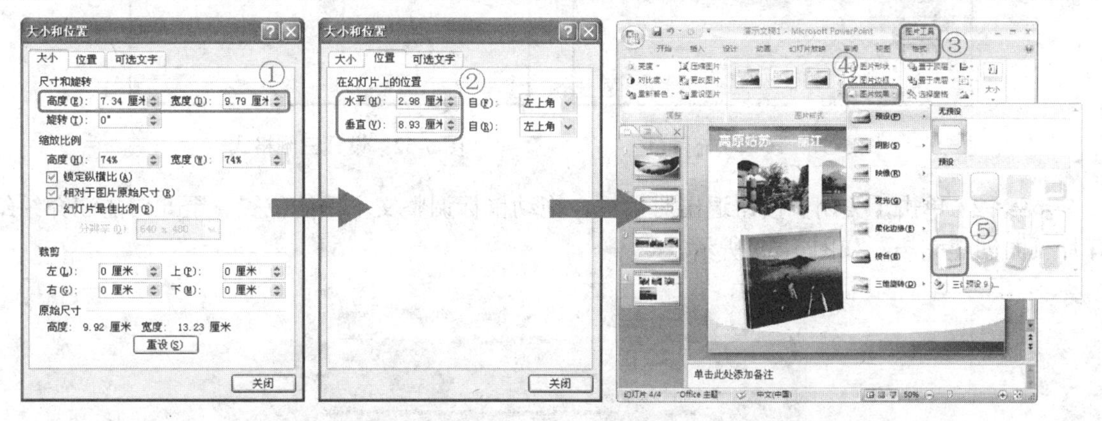

图 5-48　设置图片的大小和位置　　　　图 5-49　设置图片效果

步骤9　在幻灯片编辑区中插入一个横排文本框，并在其中输入相关的文本内容，然后设置字体为【方正美黑简体】，字号设置为【16】，字体颜色设置为【蓝色】，如图 5-50 所示。

图 5-50　设置文本字体

步骤10　选择文本框并打开【设置形状格式】对话框，在该对话框中选择【填充】选项卡，并在其中点选【纯色填充】单选钮，然后单击【颜色】按钮，在弹出的颜色列表中选择【蓝色，强调文字颜色 1，淡色 80%】，如图 5-51 所示。

步骤11 选择【三维格式】选项卡，单击【顶端】选项组后面的按钮，然后在弹出的列表中选择【松散嵌入】选项，在其后的【宽度】文本框中输入“15 磅”，【高度】文本框中输入“3 磅”，如图 5-52 所示。

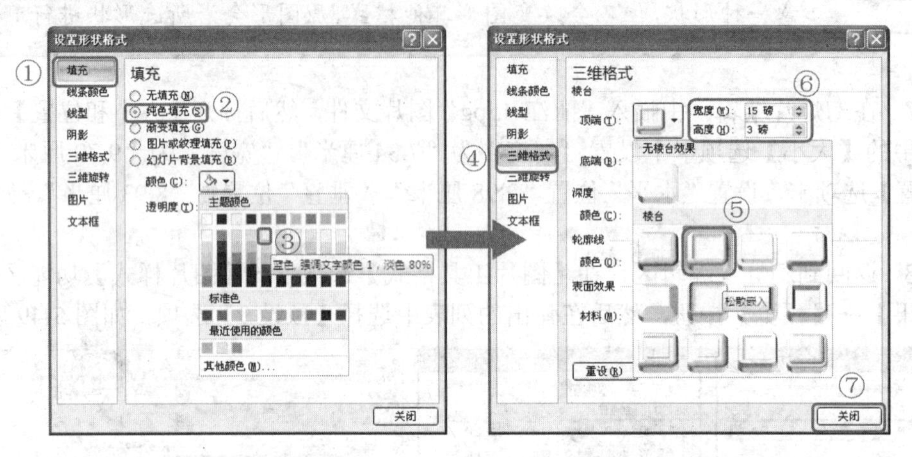

图 5-51 设置填充颜色　　图 5-52 设置三维格式

步骤12 单击【关闭】按钮退出对话框，拖动鼠标调整文本框的位置。至此，丽江介绍幻灯片页面创建完毕，如图 5-53 所示。

图 5-53 丽江介绍页面效果

5.2.5 创建西双版纳介绍幻灯片页面

创建西双版纳幻灯片页面的具体操作步骤如下。

步骤1 新建一个幻灯片页面，在【单击此处添加标题】文本框中输入文本“热带雨林——西双版纳”，如图 5-54 所示。

步骤2　在幻灯片编辑区中插入选择路径为“PowerPoint 经典应用实例\第 2 篇\实例 5”中的“西双版纳 1.jpg”图片文件，如图 5-55 所示。

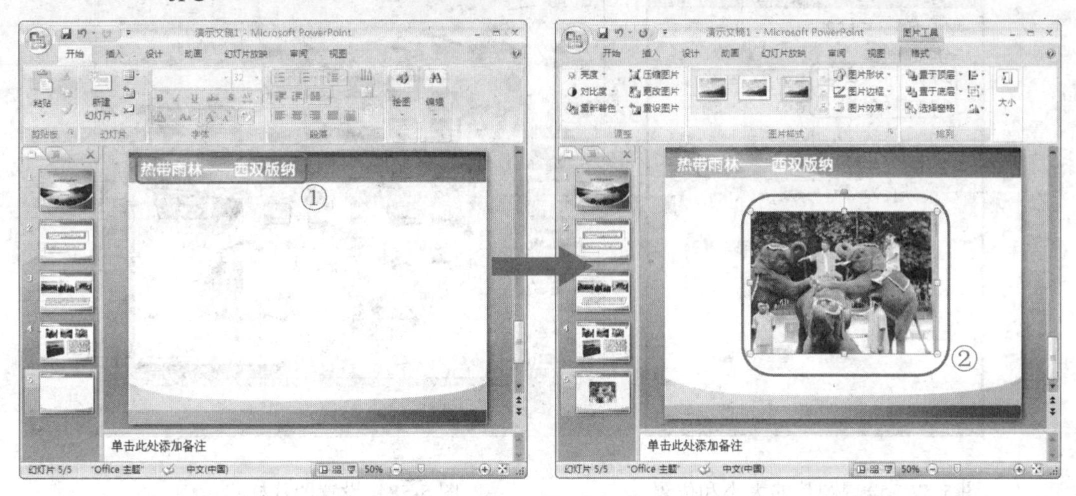

图 5-54　输入标题　　　　图 5-55　插入图片

步骤3　选中所插入的图片并打开【大小和位置】对话框，在【大小】选项卡中取消对【锁定纵横比】复选框的勾选，并设置“宽度”和“高度”都为“7 厘米”，然后选择【位置】选项卡，设置“水平”位置为“1 厘米”，“垂直”位置为“2.78 厘米”，如图 5-56 所示。

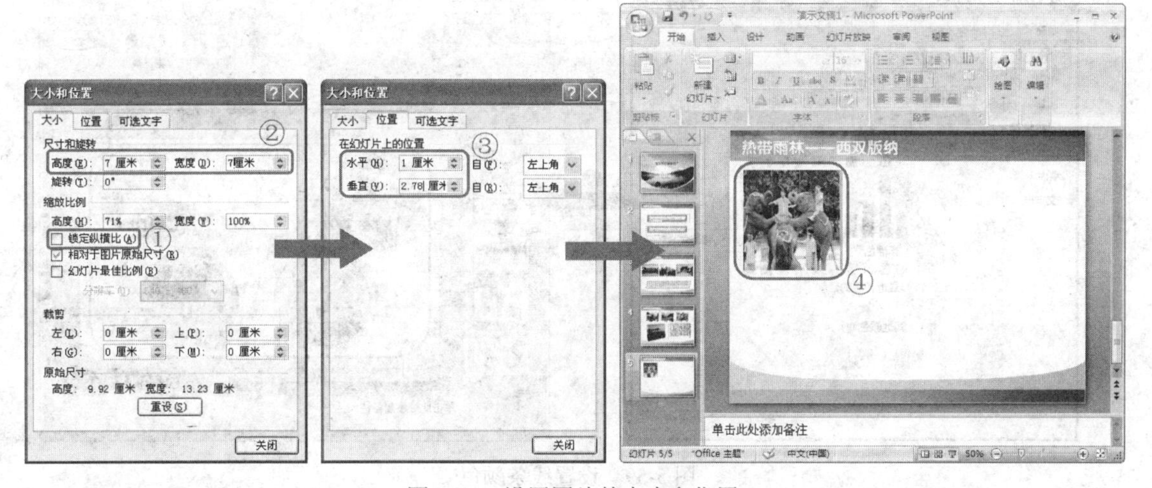

图 5-56　设置图片的大小和位置

步骤4　在幻灯片编辑区中插入“西双版纳 2.jpg”图片文件，在【大小和位置】对话框中参照第一张图片的数值设置其大小，然后在【位置】选项卡的【水平】文本框中输入“17.4 厘米”，在【垂直】文本框中输入“2.78 厘米”，如图 5-57 所示。

步骤5　插入“西双版纳 3.jpg”和“西双版纳 4.jpg”图片文件，参照第一张图片的数值设置其大小，分别将两张图片的水平位置设置为“13.9 厘米”和“4.5”厘米，将两张图片的垂直距离都设置为 “9.92 厘米”。

步骤6　按住<Ctrl>键选择 4 张图片，然后在【图片工具格式】选项卡的【图片样式】功能区中单击【其他】按钮，在弹出的列表中选择【金属椭圆】选项，如图 5-58 所示。

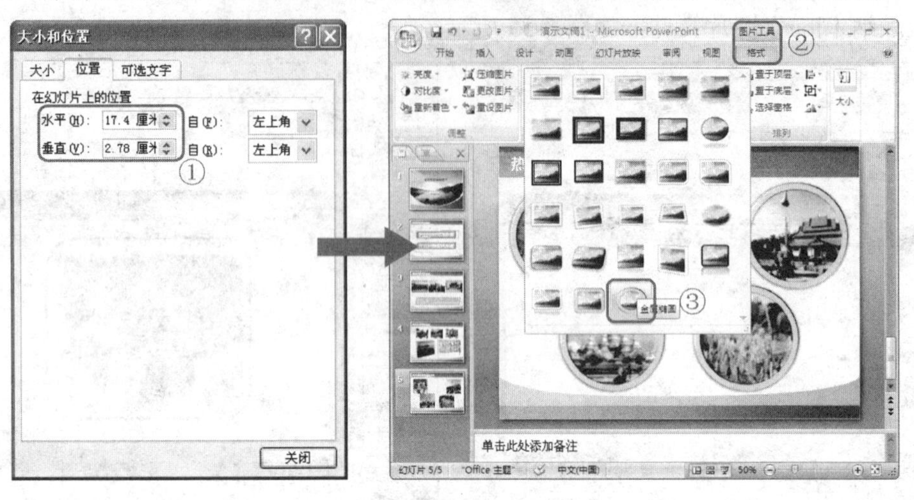

图 5-57　设置图片的大小和位置　　　　图 5-58　设置图片样式

步骤7　选择这 4 张图片并打开【设置图片格式】对话框，在【线条颜色】选项卡中点选【实线】单选项，然后单击【颜色】按钮，在弹出的颜色列表中选择【橙色，强调文字颜色 6，淡色 40%】，单击【关闭】按钮退出对话框，完成对图片的设置，如图 5-59 所示。

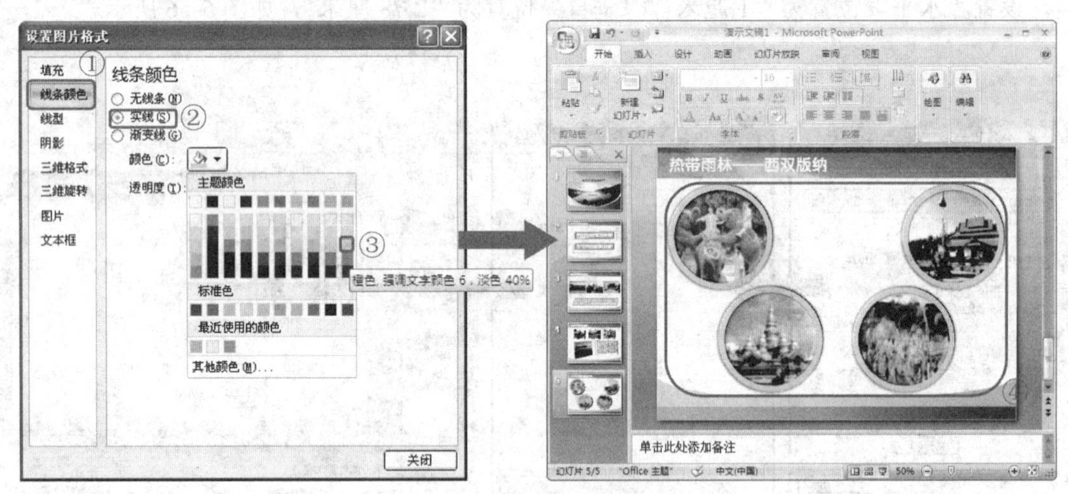

图 5-59　设置线条颜色

步骤8　在幻灯片编辑区中插入一个横排文本框，并在其中输入相关文本内容，然后将字体设置为【方正美黑简体】，字号设置为【16】，字体颜色设置为【黑色，文字 1】。

步骤9　将文本框的高度设置为“5 厘米”，宽度设置为“8 厘米”；将水平距离设置为“8.7 厘米”，垂直距离设置为“2.98 厘米”。

步骤10　选择文本框并打开【设置形状格式】对话框，在对话框中选择【填充】选项卡，点选【纯色填充】单选钮，单击【颜色】按钮，在弹出的颜色列表中选择【橙色，强调文字颜色 6，淡色 40%】；然后在【线条颜色】选项卡中点选【无线条】单选项，如图 5-60 所示。

至此，西双版纳介绍幻灯片页面创建完毕，如图 5-61 所示。

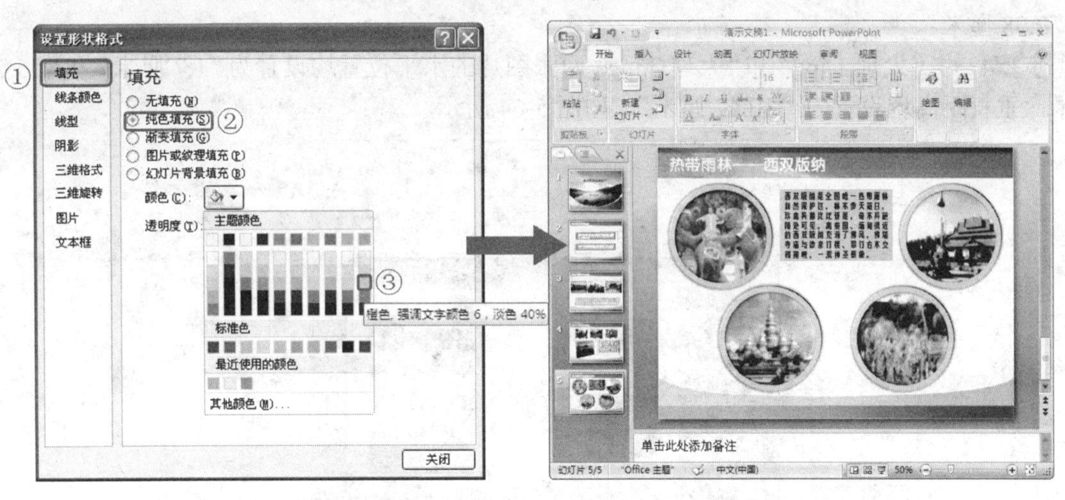

图 5-60 设置文本框的填充颜色　　图 5-61 页面完成效果

5.2.6 创建大理介绍幻灯片页面及结束页面

结束页面与首页幻灯片只有文本内容上的细微差别，所以我们和大理介绍幻灯片的创建方法放在一起介绍。

步骤1 新建一个幻灯片页面，将【单击此处添加标题】文本框中的内容更改为“热带雨林——西双版纳”，如图 5-62 所示。

步骤2 在幻灯片中插入选择路径为“PowerPoint 经典应用实例\第 2 篇\实例 5”中的“大理 1.jpg”、“大理 2.jpg”、“大理 3.jpg”、“大理 4.jpg”图片文件，并拖动鼠标调整图片的大致位置，如图 5-63 所示。

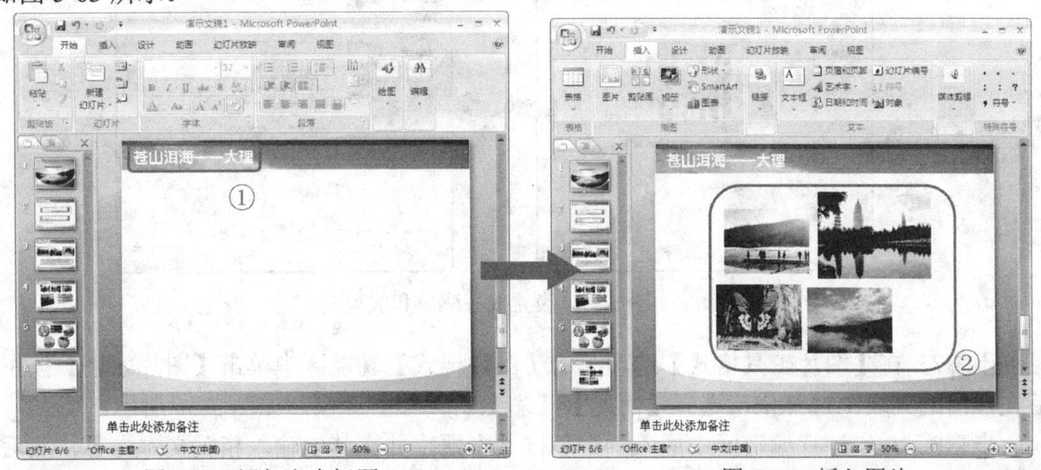

图 5-62 添加文本标题　　图 5-63 插入图片

步骤3 设置 4 张图片的高度均设置为“6 厘米”，宽度均设置为“8 厘米”，并将“大理 2.jpg”

和“大理 4.jpg”两张图片的水平位置均设置为“1.7 厘米”和“15.7”厘米，垂直距离均设置为“2.98 厘米”。

步骤4 将“大理 1.jpg”和“大理 3.jpg”两张图片的水平位置均设置为“1.7 厘米”和“15.7”厘米，垂直距离均设置为“10.47 厘米”，如图 5-64 所示。

图 5-64 设置图片的大小位置

步骤5 选择这 4 张图片并打开【设置图片格式】对话框，在对话框选择【线条颜色】选项卡，点选【实线】单选钮，然后单击【颜色】按钮，在弹出的颜色列表中选择【深蓝，文字 2，淡色 40%】。

步骤6 在【线型】选项卡的【宽度】文本框中输入“4.5 磅”，然后单击【短划线类型】按钮，在弹出的下拉列表中选择【短划线】选项，单击【关闭】按钮，退出对话框，如图 5-65 所示。

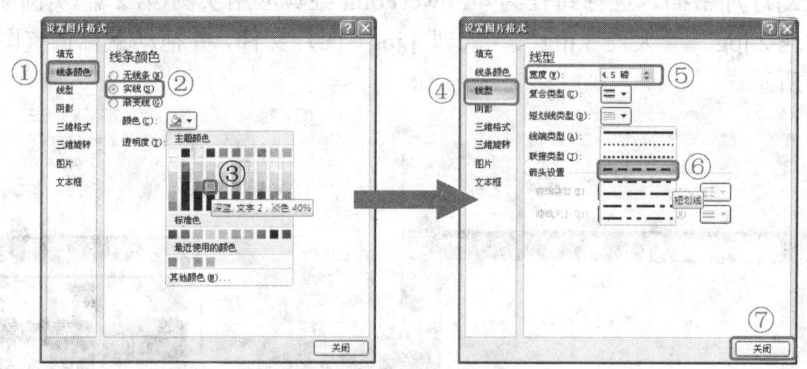

图 5-65 设置线条颜色和线型

步骤7 在【图片工具格式】选项卡的【图片样式】功能区中单击【图片效果】按钮，然后在弹出的列表中选择依次选择【阴影】、【右上斜偏移】选项，如图 5-66 所示。

步骤8 在幻灯片编辑区中插入一个竖排文本框，并在其中输入相关文本内容，然后将字体设置为“方正美黑简体”，字号设置为“16”，字体颜色设置为“浅蓝”。

步骤9 将文本框的高度设置为“13.89 厘米”，宽度设置为“5.3 厘米”；将水平距离设置为“9.98 厘米”，垂直距离设置为“2.78 厘米”。

步骤10　将文本框的线条颜色设置为“深蓝，文字 2，淡色 40%”，线型设置为 2 磅的圆点，至此大理介绍幻灯片页面创建完毕，如图 5-67 所示。

步骤11　在【开始】选项卡的【幻灯片】功能区中单击【新建幻灯片】按钮，在弹出的【Office 主题】列表中选择【仅标题】选项，新建一个幻灯片页面，将【单击此处添加标题】文本框中的内容更改为“欢迎您来电咨询！”（用户可以根据实际情况添加相应内容），将【单击此处添加副标题】文本框中的内容更改为“墨思客旅行社”，完成结束页面的创建，如图 5-68 所示。

图 5-66　设置图片效果

图 5-67　设置文本及文本框的效果

图 5-68　结束页面的效果

5.2.7　设置幻灯片切换效果

幻灯片切换是指上一幻灯片页面过渡到当前幻灯片页面时的效果。设置幻灯片切换效果可以使幻灯片更加生动、活泼，从而在使幻灯片更加精美的同时达到更加吸引观看者注意力的目的。下面就设置幻灯片切换效果的具体操作方法。

步骤1 在幻灯片导航栏中选择首页幻灯片，然后在【动画】选项卡的【切换到此幻灯片】功能区中单击【切换方案】按钮，并在弹出的列表中选择【溶解】选项即可为首页设置切换效果，如图5-69所示。

图5-69 设置首页的切换效果

重点知识

如果一个幻灯片包含很多个页面，那么逐一为幻灯片中的每一个页面设置切换画效果就会成为一件费时费力的工作。为了提高工作效率，可以在对任意一个页面设置了一种切换效果之后，在【动画】选项卡的【切换到此幻灯片】功能区中单击【全部应用】按钮，这样当前幻灯片中的所有页面间的过渡效果都会应用所选的效果。

步骤2 使用同样的方法将旅行社概况页面的切换效果设置为“从外到内水平分割”。

步骤3 将昆明、丽江、西双版纳和大理介绍页面的切换效果分别设置为“条纹左上展开”、“条纹右上展开”、“条纹左下展开” 和“条纹右下展开”。

步骤4 为了体现前后呼应的效果，将结束页面的切换效果设置成“溶解”，与首页幻灯片保持一致。为旅游宣传片设置切换效果的操作到此结束。按<F5>键可以播放幻灯片预览效果。

为一个幻灯片页面设置了切换效果之后，在幻灯片导航栏中该幻灯片页面旁会出现【播放动画】按钮，单击此按钮，可以预览之前设置的切换效果；在【动画】选项卡的【预览】功能区中单击【预览】按钮，也可以观看设置的切换效果；在【切换到此幻灯片】功能区中单击【无声音】按钮，可以在弹出列表中设置切换声音，预设有19种声音可选择，还可以选择【其他声音】选项自定义其他声音；在【切换到此幻灯片】功能区中单击【快速】按钮，设置幻灯片切换的速度，包括慢速、中速、快速三种。

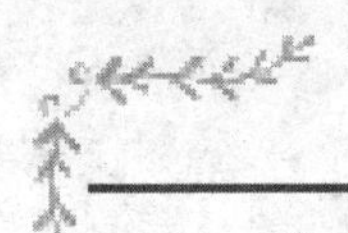

5.3　实例总结

本例中根据旅游宣传的种种要求，使用 PowerPoint 2007 制作了旅游区宣传片演示文稿。通过本实例的学习，需要重点掌握以下的几个方面的内容。

- 幻灯片母版的设置。
- 在幻灯片中插入图片，并对其大小、位置等进行设置。
- 对插入的图片进行阴影、棱台等三维效果的设置。
- 在幻灯片页面进行切换效果的设置。
- 对文本框的线形、填充效果等进行设置。

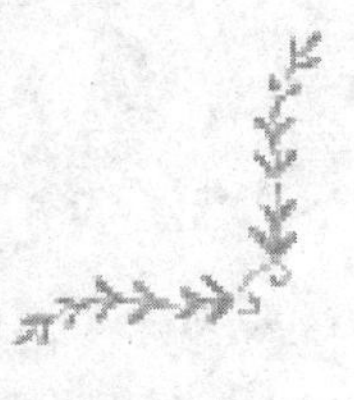

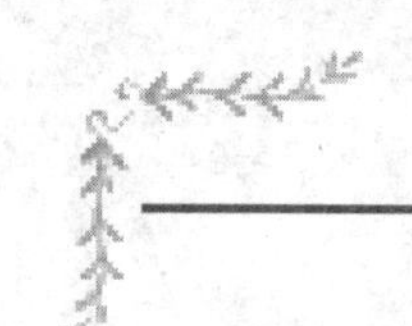

实例 6　新品展示

新品展示是在新产品上市之前或上市之初，用于对新产品信息进行宣传介绍的演示文稿。新品展示制作的精美与否，与新产品上市后的市场占有量、销售情况以及拥有的潜在客户群数量都有很紧密的联系。因此，新品展示对打造一个全新产品的品牌形象至关重要。本章就使用 PowerPoint 2007 创建新品展示的演示文稿。

6.1　实例分析

在新品展示幻灯片演示文稿中，对新产品的概况、外观和功能等基本信息进行了介绍，预览效果如图 6-1 所示。

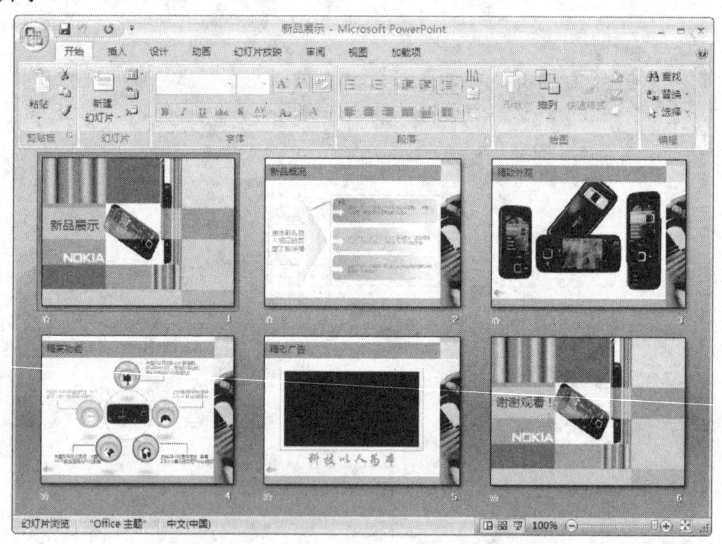

图 6-1　新品展示幻灯片的浏览效果

6.1.1　设计思路

本幻灯片作为对新产品综合信息的介绍，在制作的过程中首先应该以简练的语言介绍产品的基本概况，然后全方位展示产品的外观，再突出重点地介绍新产品的主要功能，最后插入新产品的广告片，让观看者在全面了解该产品各项功能的同时对产品留下深刻印象，并且激发出观看者潜在的购买欲望。

本演示文稿的基本设计思路为：首页→新品概况→精美外观→精英功能→精彩广告→结束页面。

6.1.2　涉及的知识点

在新品展示演示文稿的制作中，首先通过绘制、填充形状和插入图片创建幻灯片母版，为整个演示文稿建立统一的风格，然后通过 PowerPoint 2007 中的【动画】选项卡为幻灯片创建页面间切换效果，并且在幻灯片中插入 ASF 格式的视频文件，从而使幻灯片更具表现力。

在新品展示幻灯片的制作过程中主要用到了以下方面的知识点：
- ✧ 创建幻灯片母版
- ✧ 形状、图片的插入和调整
- ✧ 视频文件的插入和设置
- ✧ 为页面设置切换效果
- ✧ 创建图片的超链接达到页面之间的跳转
- ✧ 为页面中的图形或文本创建自定义动画

6.2　实例操作

下面就根据之前对制作新品展示演示文稿的分析所得出的设计思路和知识点，使用 PowerPoint 2007 对新品展示幻灯片每个页面的具体制作步骤进行介绍。

6.2.1　创建幻灯片母版

通过绘制、填充形状和插入图片创建母版和标题母版，可以一次性为演示文稿统一定义幻灯片风格，便于之后页面的创建和编辑，其具体操作如下。

步骤1　在 PowerPoint 2007 新建一个空白演示文稿，然后选择【视图】选项卡，并且在【演示文稿视图】功能区中单击【幻灯片母版】按钮，进入母版编辑区。

步骤2　在幻灯片导航栏中选择幻灯片母版，在幻灯片编辑区中将除“单击此处编辑母版标题样式”之外的其他文本框删除，然后将该文本框中的文本字体设置为【微软雅黑】，字号设置为【44】，字体颜色的 RGB 值分别为“153”、“0”和“51”，如图 6-2 所示。

步骤3　在幻灯片编辑区中插入一个任意尺寸的矩形 1，然后单击鼠标右键，在弹出的快捷菜单中选择【大小和位置】命令，如图 6-3 所示，打开【大小和位置】对话框；选择【大小】选项卡，在【高度】文本框中输入“2.75 厘米”，在【宽度】文本框中输入“2.54 厘米”。

步骤4　选择【位置】选项卡，在【水平】文本框中输入“22.86 厘米”，在【垂直】文本框中输入“0 厘米”，设置完毕单击【关闭】按钮即可设置矩形 1 的大小和位置，如图 6-4 所示。

步骤5　选择矩形 1 并打开【设置形状格式】对话框，在对话框中选择【填充】选项卡，点选【纯色填充】单选钮，然后单击【颜色】按钮，在弹出的列表中单击【其他颜色】按钮，打开【颜色】对话框，设置 RGB 的值分别为“195”、“200”和“205”，如图 6-5 所示。

步骤6　单击【确定】按钮，返回【设置形状格式】对话框，选择【线条颜色】选项卡，点选【无线条】单选钮，最后单击【关闭】按钮，完成矩形1线条颜色的设置，如图6-6所示。

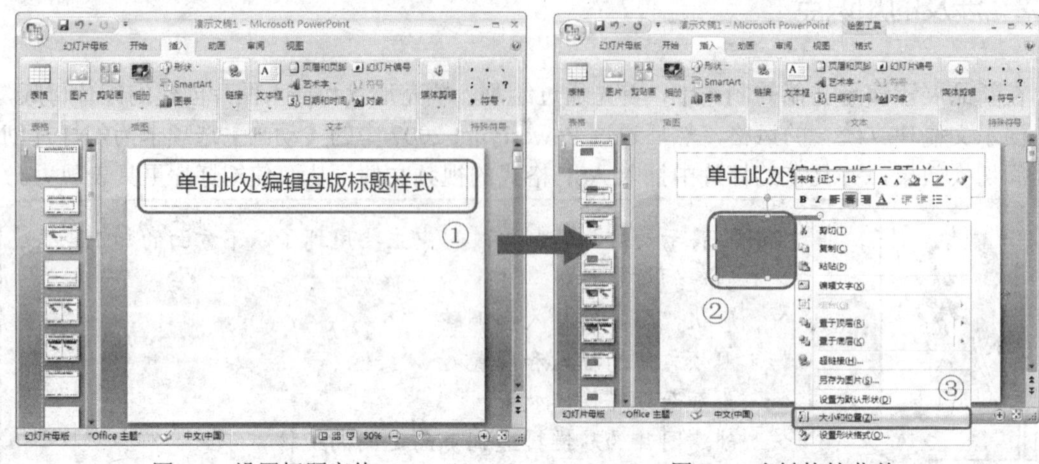

图6-2　设置标题字体　　　　　　图6-3　右键快捷菜单

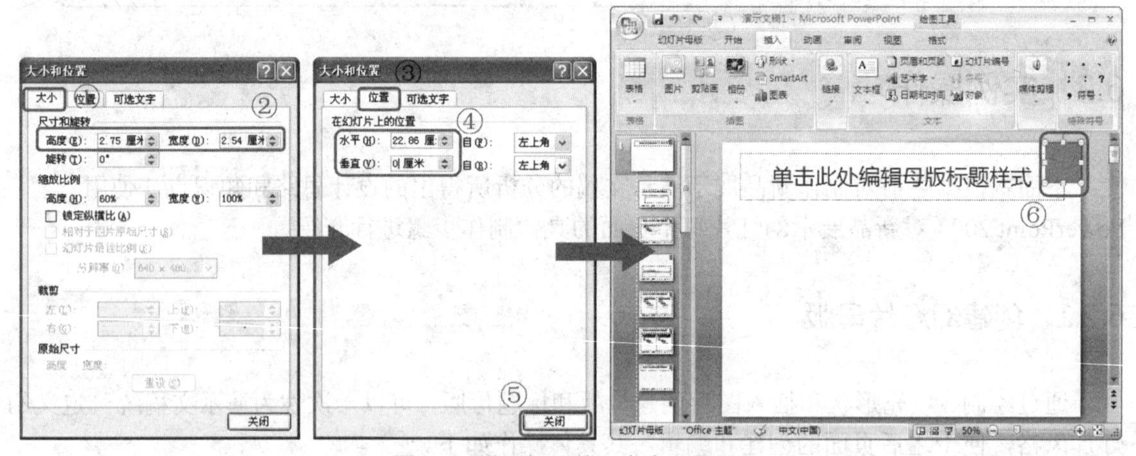

图6-4　设置矩形的1大小和位置

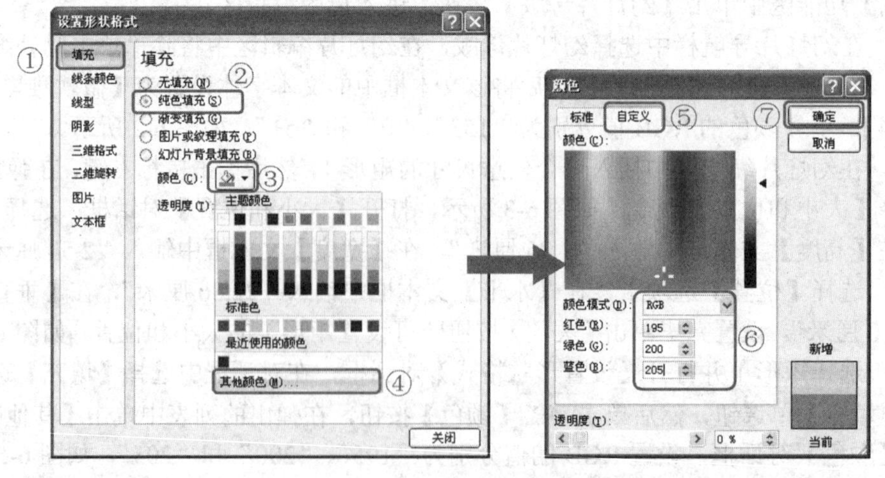

图6-5　设置矩形1的填充颜色

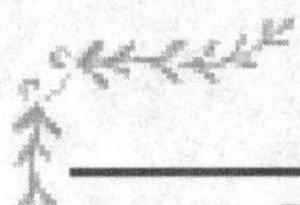

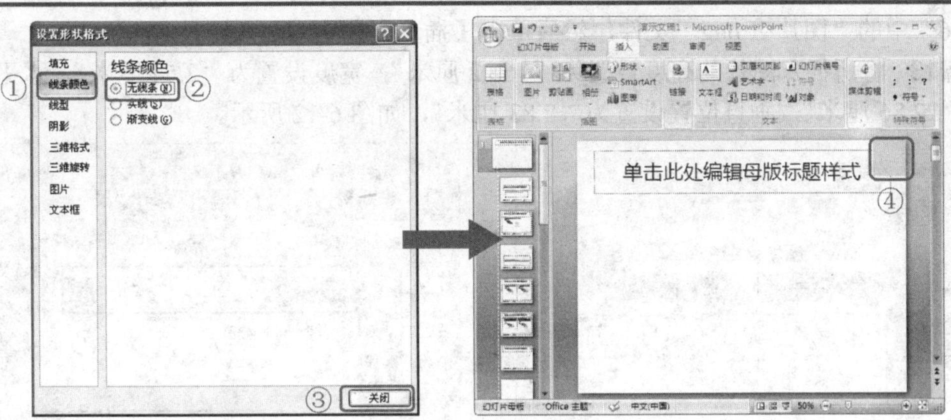

图 6-6　设置矩形 1 的线条颜色

步骤7　在幻灯片编辑区中插入一个矩形 2，将其高度设置为“2.13 厘米”，宽度设置为“25.4 厘米”；将矩形 2 的水平位置设置为“0 厘米”，垂直位置设置为“0.74 厘米”；并将矩形 2 设置为“无线条”线型，其颜色的 RGB 值分别设置为“233”、“225”和“239”，如图 6-7 所示。

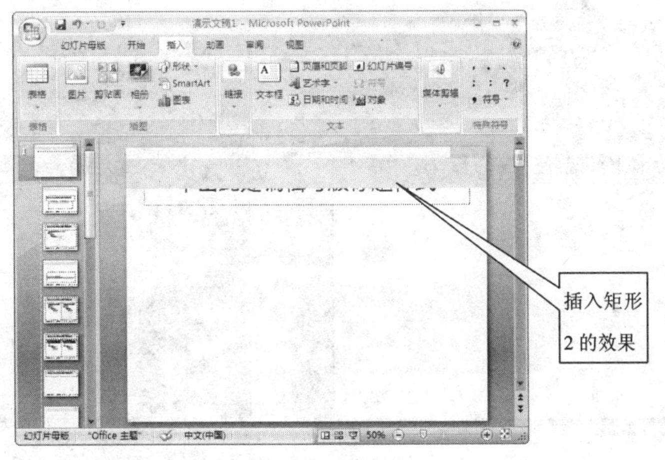

图 6-7　插入矩形 2 的效果

步骤8　再插入一个矩形 3，将其高度设置为“2.13 厘米”，宽度设置为“22.86 厘米”；将矩形 3 的水平位置设置为“0 厘米”，垂直位置设置为“0.74 厘米”；并将矩形 3 设置为“无线条”线型，其颜色的 RGB 值分别设置为“204”、“137”和“170”，如图 6-8 所示。

步骤9　选择标题文本框并单击鼠标右键，在弹出的快捷菜单中依次选择【置于顶层】、【置于顶层】命令，如图 6-9 所示。

步骤10　拖动鼠标将文本框调整到如图 6-10 所示的位置，然后将其文本对齐方式设置为“左对齐”，字号设置为“32”。

步骤11　再次插入一个矩形 4，将其高度设置为“1.06 厘米”，宽度设置为“25.4 厘米”；将矩形 4 的水平位置设置为“0 厘米”，垂直位置设置为“17.99 厘米”；并将矩形 4 设置为“无线条”线型，其颜色的 RGB 值分别设置为“166”、“173”和“180”，如图 6-11 所示。

步骤12　在【插入】选项卡的【插图】功能区中单击【图片】按钮，打开【插入图片】对话框，在对话框上方的【查找范围】下拉列表中，选择路径为“PowerPoint 经典应用实例\第 2

篇\实例 6”中的“图片 2. png”文件，然后单击【插入】按钮，插入图片。

步骤13 将所插入图片的高度设置为“16.22 厘米”，宽度设置为“2.54 厘米”，水平位置设置为“22.86 厘米”，垂直位置设置为“2.83 厘米”，如图 6-12 所示。

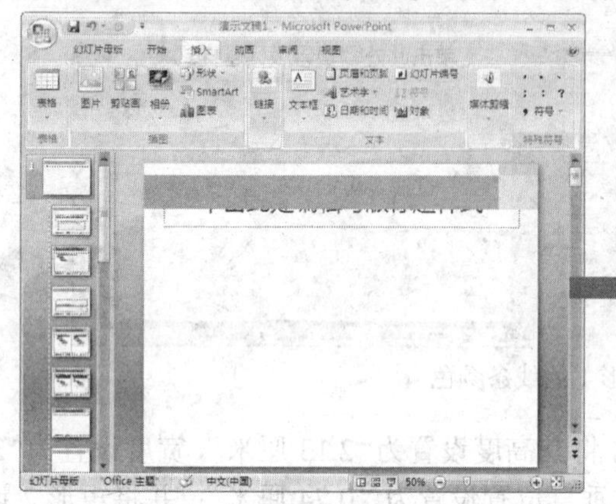

图 6-8 插入矩形 3 的效果

图 6-9 设置标题文本框的叠放次序

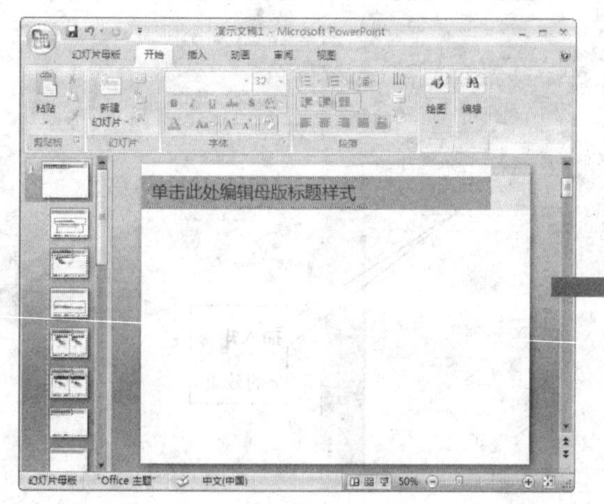

图 6-10 调整文本框的位置和字号

图 6-11 插入矩形 4 后的效果

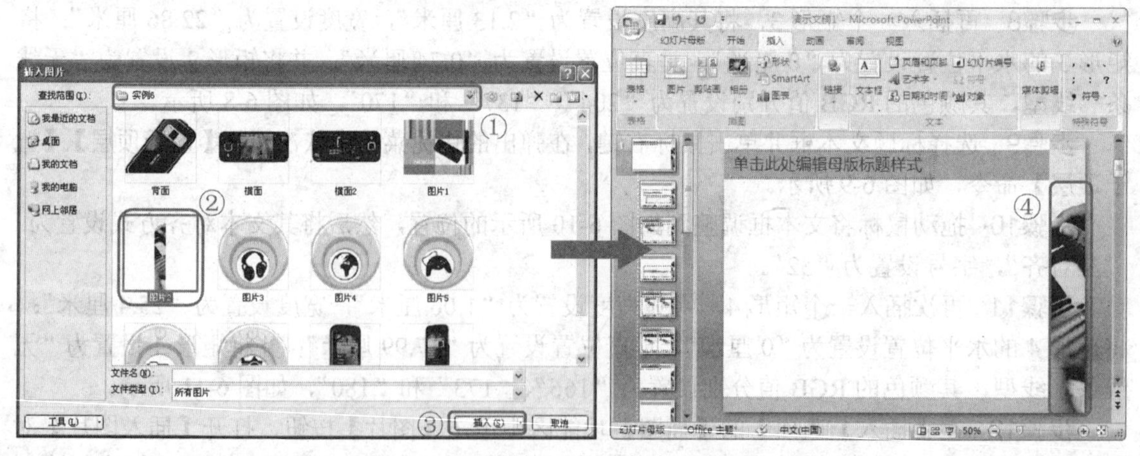

图 6-12 调整所插入图片的大小和位置

步骤14 在幻灯片导航栏中选择【标题幻灯片】，在【母版版式】功能区中取消对【页角】复选框的勾选，然后在【背景】功能区中勾选【隐藏背景图形】复选框；在幻灯片编辑区中删除【单击此处编辑母版副标题样式】文本框并将“单击此处编辑母版标题样式”的文本字号设置为“44”，如图 6-13 所示。

步骤15 在幻灯片编辑区中插入第一个矩形，其高度设置为“6.43 厘米”，宽度设置为“6.99 厘米”；矩形的水平位置设置为“18.42 厘米”，垂直位置设置为“0 厘米”；并将该矩形设置为“无线条”线型，其颜色的 RGB 值分别设置为“233”、“225”和“239”，如图 6-14 所示。

步骤16 在幻灯片编辑区中插入第二个矩形，其高度设置为“4.1 厘米”，宽度设置为“6.99 厘米”；矩形的水平位置设置为“18.42 厘米”，垂直位置设置为“6.43 厘米”；并将该矩形设置为“无线条”线型，其颜色的 RGB 值分别设置为“204”、“137”和“170”，如图 6-15 所示。

步骤17 在幻灯片编辑区中插入第三个矩形，将其高度设置为“6.4 厘米”，宽度设置为“6.99 厘米”；矩形的水平位置设置为“18.42 厘米”，垂直位置设置为“10.53 厘米”；并将该矩形设置为“无线条”线型，其颜色的 RGB 值分别设置为“204”、“137”和“170”，并将其透明度设置为“50%”，如图 6-16 所示。

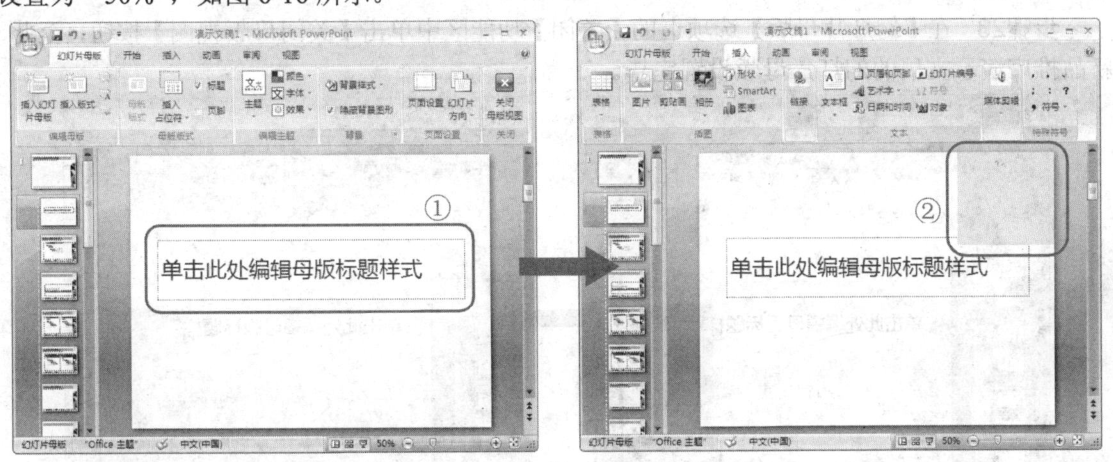

图 6-13 调整文本框的字号　　图 6-14 插入第一个矩形

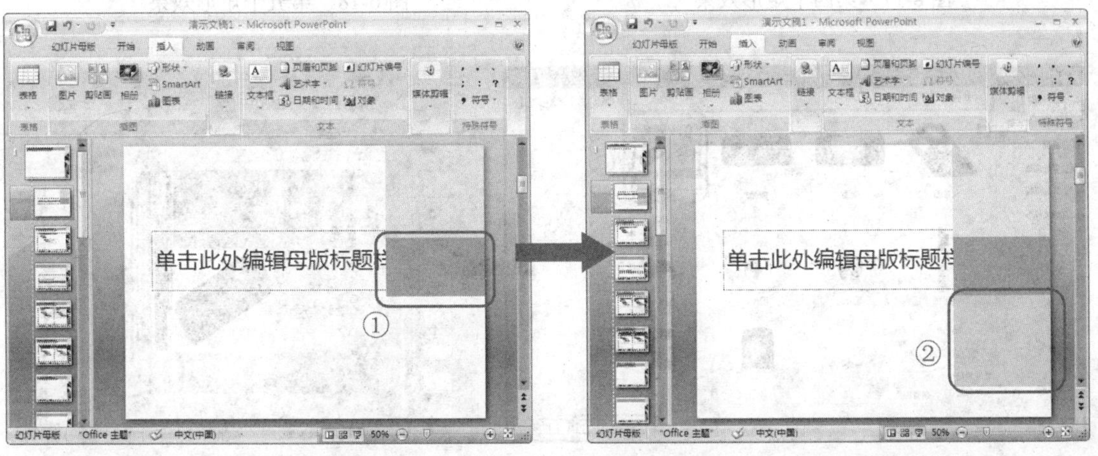

图 6-15 第二个矩形效果　　图 6-16 第三个矩形效果

步骤18 插入第四个矩形，将其高度设置为“2.17 厘米”，宽度设置为“6.99 厘米”；矩形的水平位置设置为“18.42 厘米”，垂直位置设置为“16.93 厘米”；并将该矩形设置为“无线条”线型，其颜色的 RGB 值分别设置为“166”、“173”和“180”，如图 6-17 所示。

步骤19 插入第五个矩形，将其高度设置为“2.17 厘米”，宽度设置为“18.42 厘米”；矩形的水平位置设置为“0 厘米”，垂直位置设置为“16.93 厘米”；并将该矩形设置为“无线条”线型，其颜色的 RGB 值分别设置为“195”、“200”和“205”，如图 6-18 所示。

步骤20 打开【插入图片】对话框，在其中选择路径为“PowerPoint 经典应用实例\第 2 篇\实例 6”中的“图片 1.jpg”文件，单击【插入】按钮插入图片，然后将图片的高度设置为“16.93 厘米”，宽度设置为“18.42 厘米”，水平位置和垂直位置均设置为“0 厘米”，如图 6-19 所示。

步骤21 在幻灯片编辑区中插入第六个矩形，将其高度设置为“4.1 厘米”，宽度设置为“18.42 厘米”，水平位置为“0 厘米”，垂直位置为“6.43 厘米”，将该矩形设置为“无线条”，并将其颜色设置为“白色”并将其透明度设置为“60%”，如图 6-20 所示。

步骤22 选择插入的图片和第六个矩形，并将其置于底层，然后再调整标题文本框的位置，如图 6-21 所示。

步骤23 在【幻灯片母版】选项卡的【关闭】功能区中单击【关闭母版视图】按钮，至此，新品推广演示文稿的幻灯片母版设置完毕。

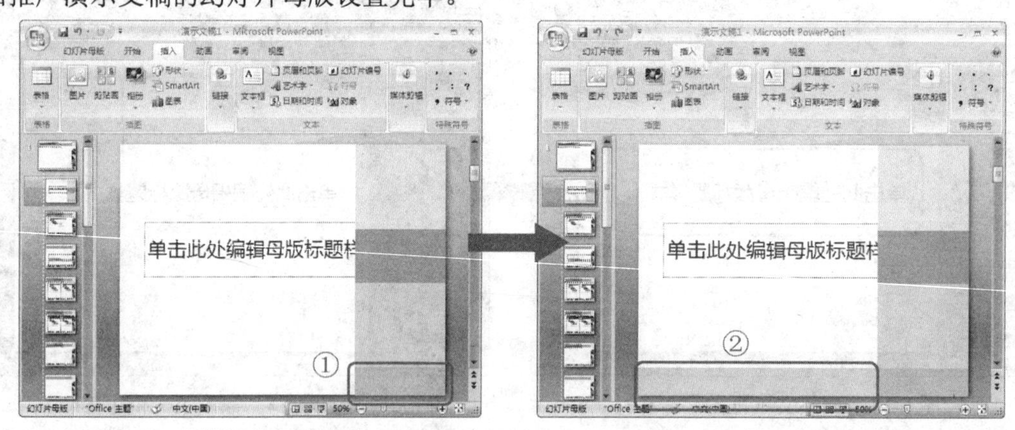

图 6-17 第四个矩形效果　　　图 6-18 第五个矩形效果

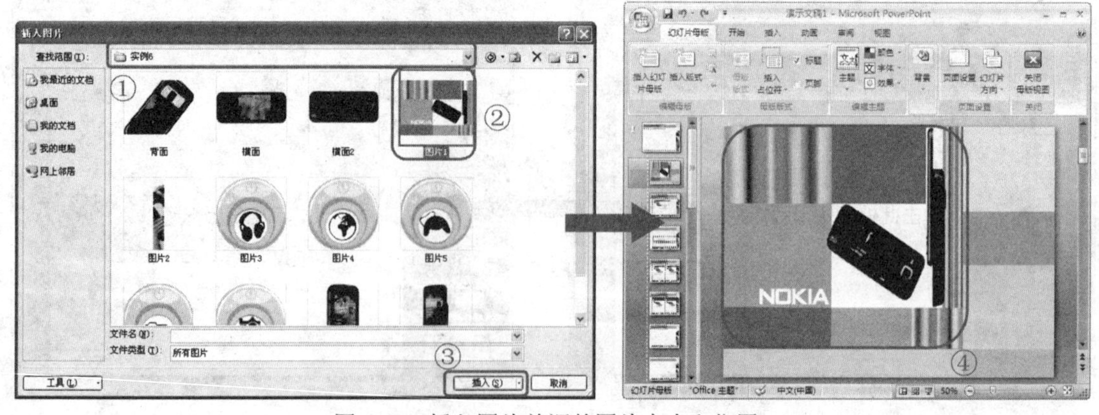

图 6-19 插入图片并调整图片大小和位置

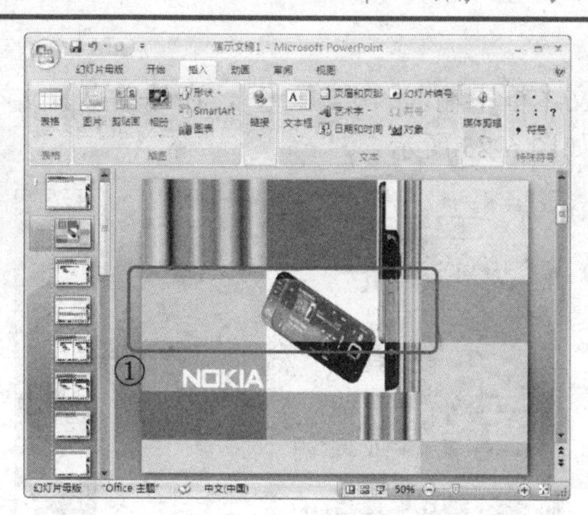

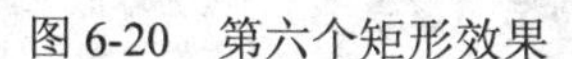
图 6-20 第六个矩形效果

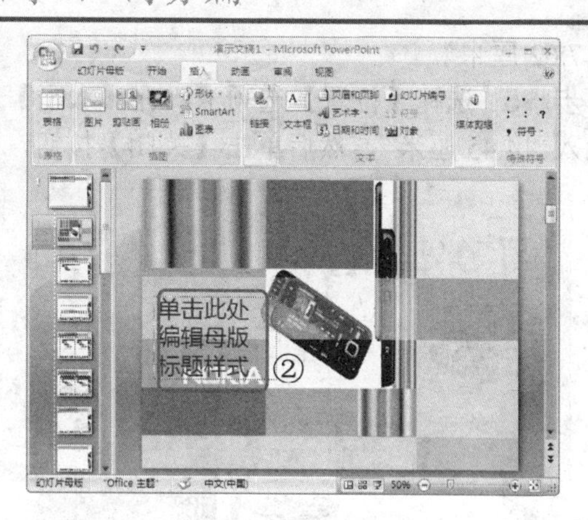

图 6-21 将设置叠放次序和文本框位置

6.2.2 创建首页和新品概况页面

在设置完幻灯片母版之后，就可以依照设置好的母版对新品展示的其他页面进行创建了。下面就介绍创建幻灯片首页和新品概况幻灯片页面的具体操作方法。

步骤1 完成母版的创建之后，在幻灯片首页中将【单击此处添加标题】文本框中的内容更改为“新品展示”，即可完成幻灯片首页的创建，如图 6-22 所示。

图 6-22 幻灯片首页效果

步骤2 在【开始】选项卡的【幻灯片】功能区中单击【新建幻灯片】按钮，在弹出的【Office 主题】列表中选择【仅标题】选项创建一个新幻灯片页面，如图 6-23 所示，然后在新幻灯片页面中的【单击此处添加标题】文本框中输入“新品概况”的文本内容。

步骤3 在【插入】选项卡的【插图】功能区中单击【形状】按钮，在弹出的列表【箭头汇总】选项组中选择【右键头】选项，如图 6-24 所示。

步骤4 拖动鼠标在幻灯片编辑区中创建图形，然后打开【大小和位置】对话框，在对话框中选择【大小】选项卡，然后在【高度】文本框中输入“12.28 厘米”，在【宽度】文本框输入“7.62 厘米”。

步骤5 选择【位置】选项卡，在【水平】文本框中输入“0.4 厘米”，在【垂直】文本框中输入“4.45 厘米”，然后单击【关闭】按钮，如图 6-25 所示。

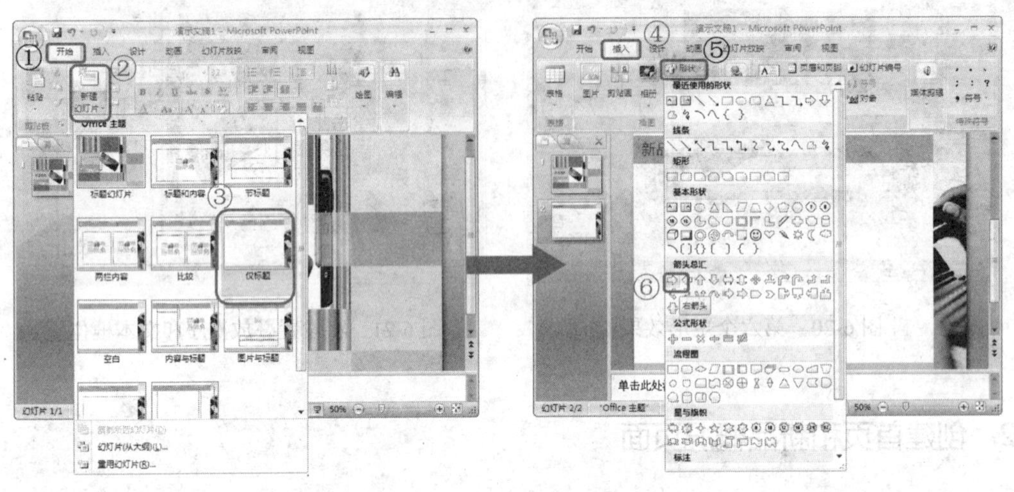

图 6-23 新建幻灯片页面　　图 6-24 插入右箭头

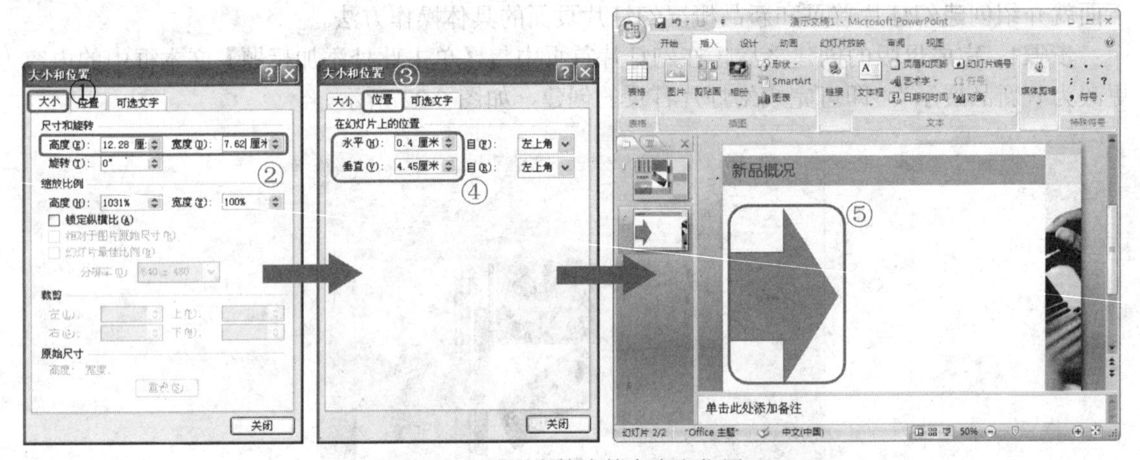

图 6-25 设置右箭头的大小和位置

步骤6 在右箭头上单击鼠标右键，然后在弹出的快捷菜单中选择【设置形状格式】命令，打开【设置形状格式】对话框。

步骤7 在打开的【设置形状格式】对话框的【填充】选项卡中点选【渐变填充】单选钮，然后在【类型】下拉列表中选择【线性】选项，并在【角度】文本框中输入“0°”，将“光圈 1”的颜色设置为“白色，背景 1”，并将该光圈的结束位置设置为“0%”。

步骤8 将“光圈 2”颜色的 RGB 值分别设置为“195”、“200”和“205”，然后将其透明度设置为“50%”，并将该光圈的结束位置设置为“100%”，如图 6-26 所示。

步骤9 选择【线条颜色】选项卡，点选【实线】单选钮，并将线条颜色的 RGB 值分别设置为“195”、“200”和“205”，然后选择【线型】选项卡，并在【宽度】文本框中输入“1.5 磅”，然后在【短划线类型】下拉列表中选择【圆点】选项，如图 6-27 所示。

步骤10 设置完毕后单击【关闭】按钮，退出【设置形状格式】对话框。

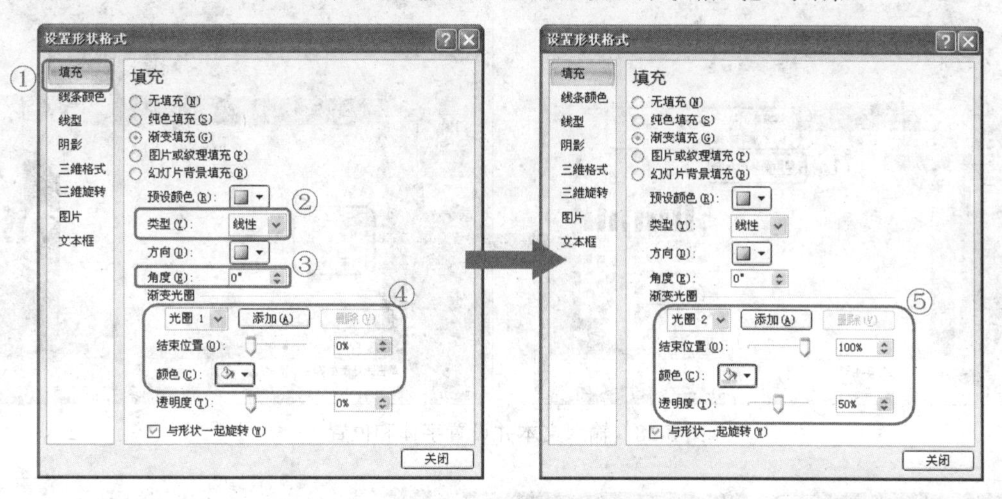

图 6-26 设置渐变颜色

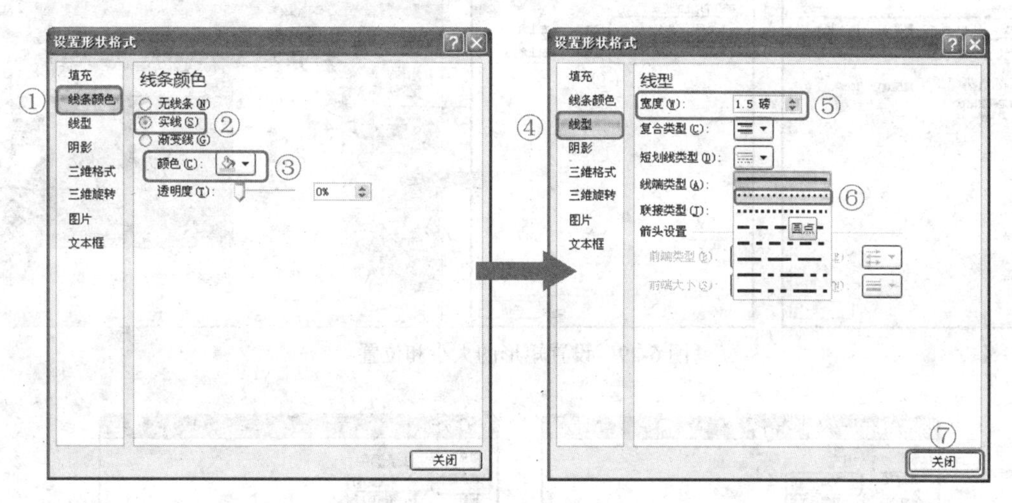

图 6-27 设置线条颜色和线型宽度

步骤11 插入一个横排文本框，在其中输入文本“单击箭头进入相应的页面了解详情”，并设置字体为【微软雅黑】，字号设置为【24】，字体颜色设置为最近使用的颜色中的第四种，文本内容的对齐方式设置为【左对齐】，然后拖动鼠标调整文本框的位置，使其位于箭头图形中，如图 6-28 所示。

步骤12 在幻灯片编辑区中插入一个矩形，并打开【大小和位置】对话框，然后在对话框中选择【大小】选项卡，设置“高度”为“11.64 厘米”，“宽度”为“14.18 厘米”。

步骤13 选择【位置】选项卡，然后在【水平】文本框中输入“8.44 厘米”，在【垂直】文本框中输入“4.66 厘米”，设置完毕后单击【关闭】按钮退出该对话框，如图 6-29 所示。

步骤14 选择矩形并打开【设置形状格式】对话框，并在其中的【填充】选项卡中点选【无填充】单选钮，然后在【线条颜色】选项卡中点选【实线】单选钮，并单击 【颜色】按钮选择最近使用的颜色中的第二种颜色，如图 6-30 所示。

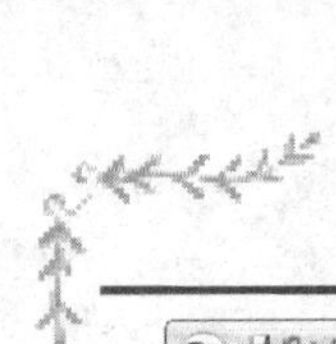

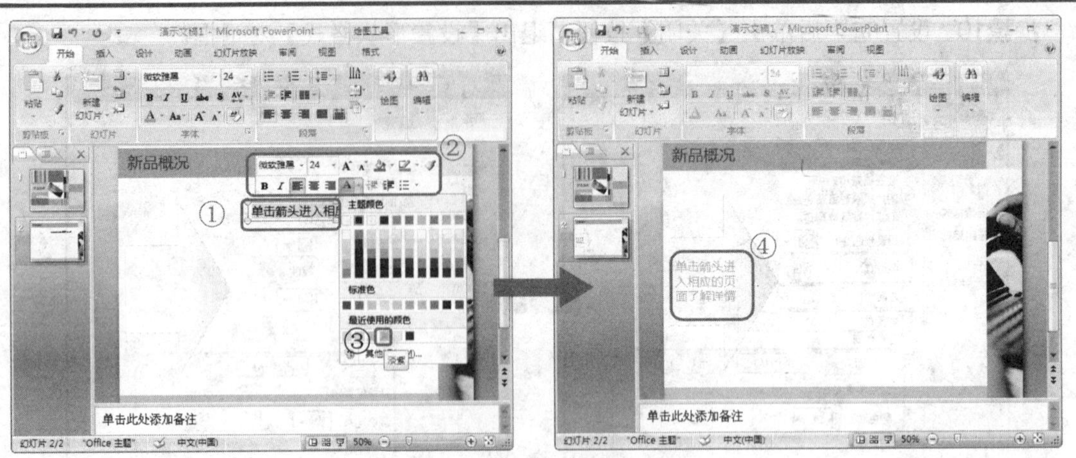

图 6-28　输入文本并设置字体和位置

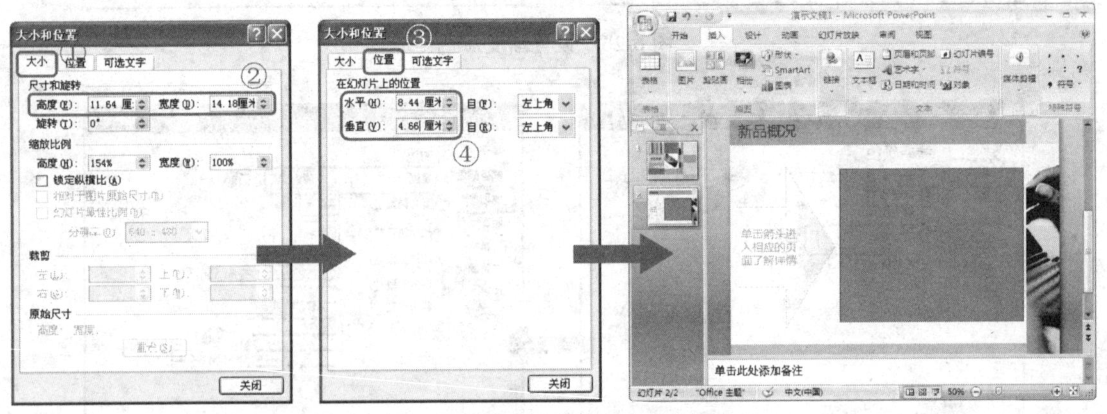

图 6-29　设置矩形的大小和位置

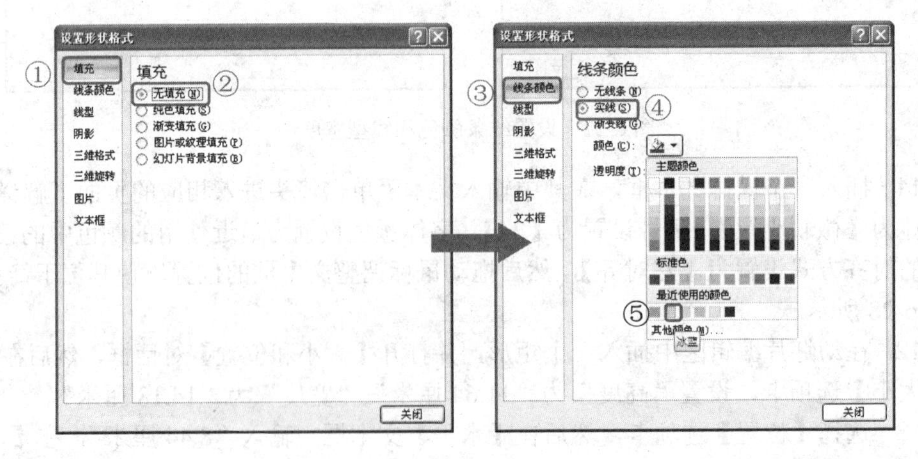

图 6-30　设置填充和线条颜色

步骤15　选择【线型】选项卡，在【宽度】文本框中输入“1.5 磅”，然后在【短划线类型】下拉列表中选择【圆点】选项，退出该对话框即可完成矩形的设置效果，如图 6-31 所示。

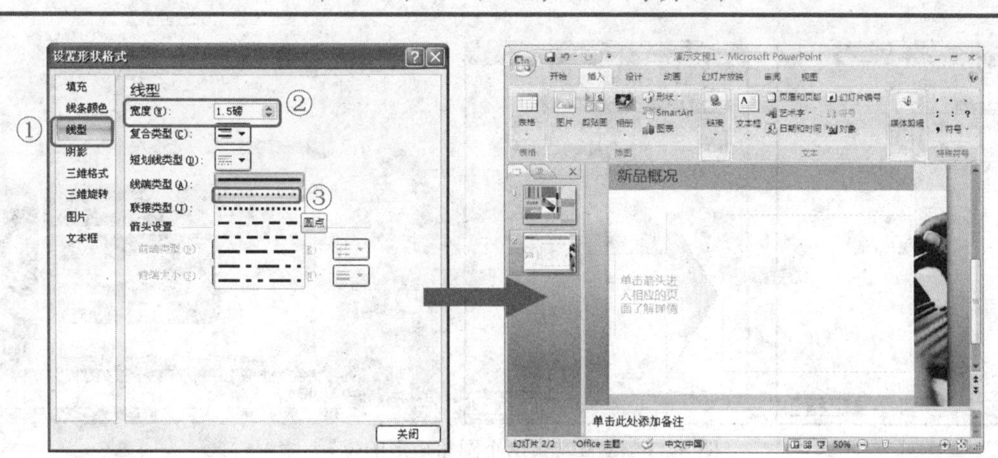

图 6-31　设置矩形的线型

步骤16　插入一个圆角矩形并打开【大小和位置】对话框，在对话框中选择【大小】选项卡，然后在【高度】文本框中输入“3.14 厘米”，在【宽度】文本框中“13.68 厘米”。

步骤17　选择【位置】选项卡，在其中的【水平】文本框中输入“8.78 厘米”，在【垂直】文本框中输入“5.08 厘米”，然后单击【关闭】按钮退出该对话框，如图 6-32 所示。

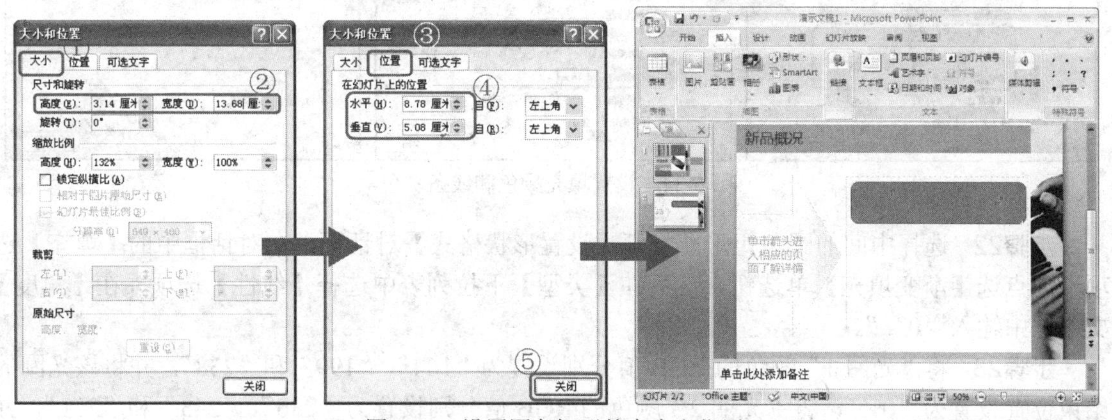

图 6-32　设置圆角矩形的大小和位置

步骤18　按住<Ctrl>键拖动复制两个相同的圆角矩形，然后在【大小和位置】对话框中设置中间圆角矩形的水平位置为“8.78 厘米”、垂直距离为“8.86 厘米”，设置下面圆角矩形的水平位置为“8.78 厘米”、垂直距离为“12.49 厘米”，如图 6-33 所示。

步骤19　选择上方的第一个圆角矩形，并打开【设置形状格式】对话框，在对话框中的【填充】选项卡中点选【渐变填充】单选钮，然后在【类型】下拉列表中选择【线性】选项，并在【角度】文本框中输入“0°”。

步骤20　将“光圈 1”的颜色的 RGB 值分别设置为“204”、“137”和“170”，并将该光圈的结束位置设置为“0%”，“光圈 2”的颜色的 RGB 值分别设置为“244”、“230”和“237”，并将该光圈的结束位置设置为“100%”。

步骤21　在对话框中的【线条颜色】选项卡中点选【无线条】单选钮，如图 6-34 所示，单击【关闭】按钮退出该对话框。

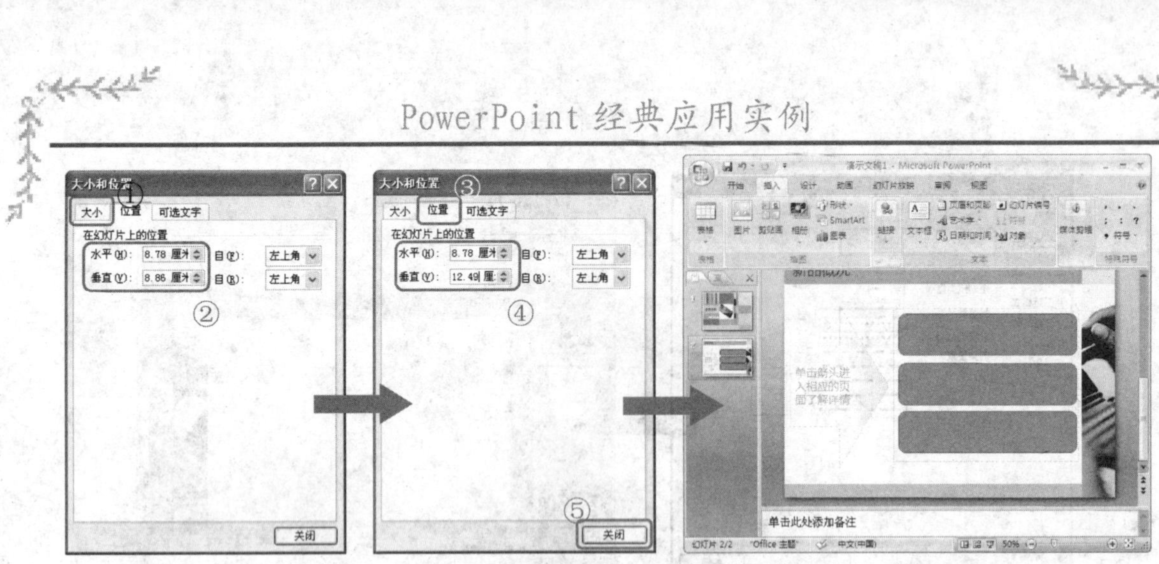

图 6-33　设置其余两个圆角矩形的位置

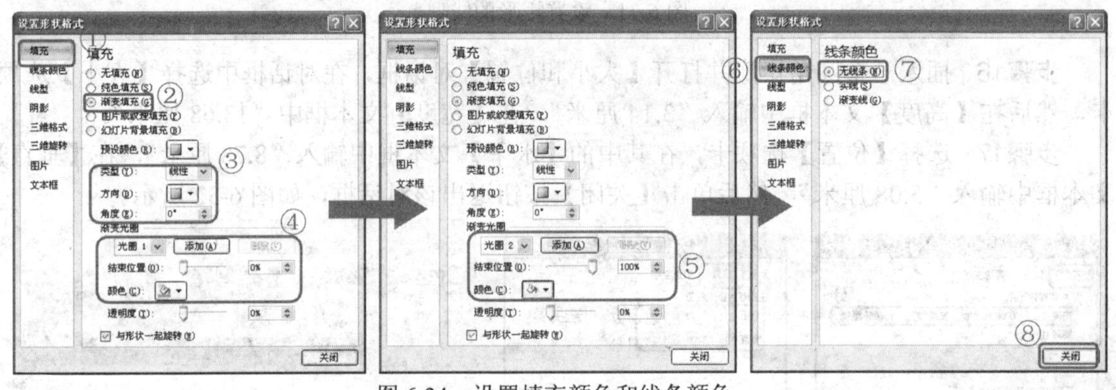

图 6-34　设置填充颜色和线条颜色

步骤22　选择中间的圆角矩形并打开【设置形状格式】对话框，在对话框中的【填充】选项卡中点选【渐变填充】单选钮，然后在【类型】下拉列表中选择【线性】选项并在【角度】文本框中输入“0°”。

步骤23　将“光圈 1”颜色的 RGB 值分别设置为“164”、“199”和“238”，并将该光圈的结束位置设置为“0%”，将“光圈 2”颜色的 RGB 值分别设置为“236”、“243”和“251”，并将该光圈的结束位置设置为“100%”，如图 6-35 所示。

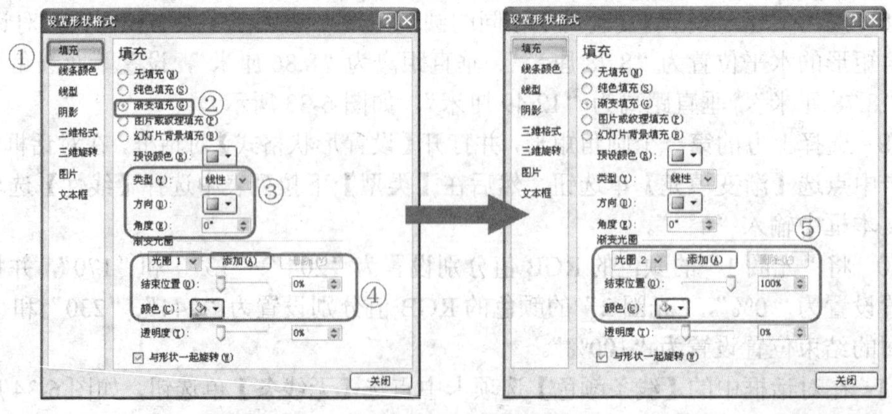

图 6-35　设置渐变填充

步骤24　在【线条颜色】选项卡中点选【无线条】单选钮，然后单击【关闭】按钮，退出该对话框，如图 6-36 所示。

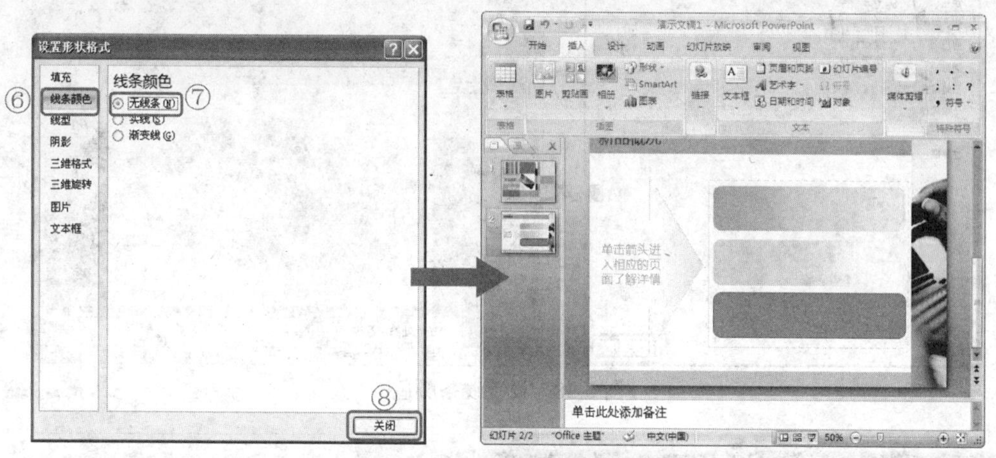

图 6-36　设置圆角矩形的线条

步骤25　选择第三个圆角矩形，然后打开【设置形状格式】对话框，在对话框中的【填充】选项卡中点选【渐变填充】单选钮，然后在【类型】下拉列表中选择【线性】选项并在【角度】文本框中输入“0°”。

步骤26　将“光圈 1”的颜色的 RGB 值分别设置为“166”、“173”和“180”，并将该光圈的结束位置设置为“0%”，将“光圈 2”的颜色的 RGB 值分别设置为“236”、“238”和“239”，并将该光圈的结束位置设置为“100%”，如图 6-37 所示。

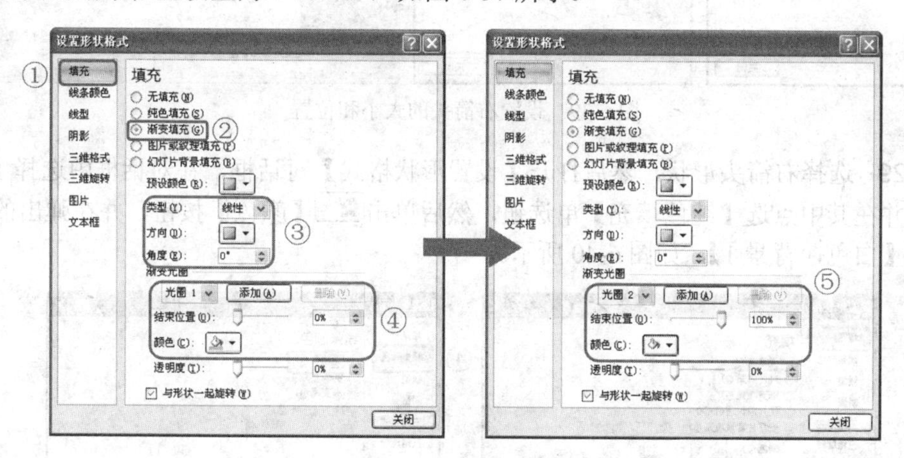

图 6-37　设置渐变填充

步骤27　在【线条颜色】选项卡中点选【无线条】单选钮，然后单击【关闭】按钮退出该对话框，如图 6-38 所示。

步骤28　在幻灯片编辑区中插入一个“右键头”形状，并打开【大小和位置】对话框，在对话框中选择【大小】选项卡，然后在【高度】文本框中输入“1.06 厘米”，在【宽度】文本框中输入“1.48 厘米”，然后选择【位置】选项卡，在【水平】文本框中输入“8.78 厘米”，在【垂直】文本框中输入“6.35 厘米”，单击【关闭】按钮退出该对话框，如图 6-39 所示。

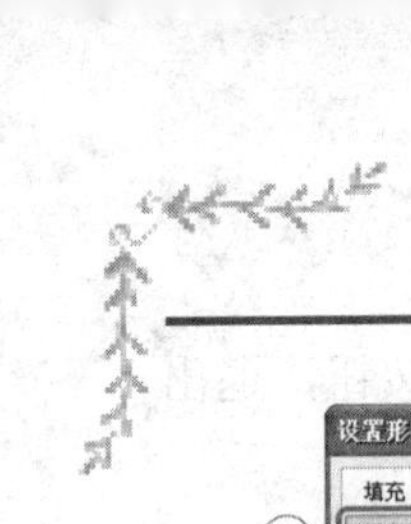

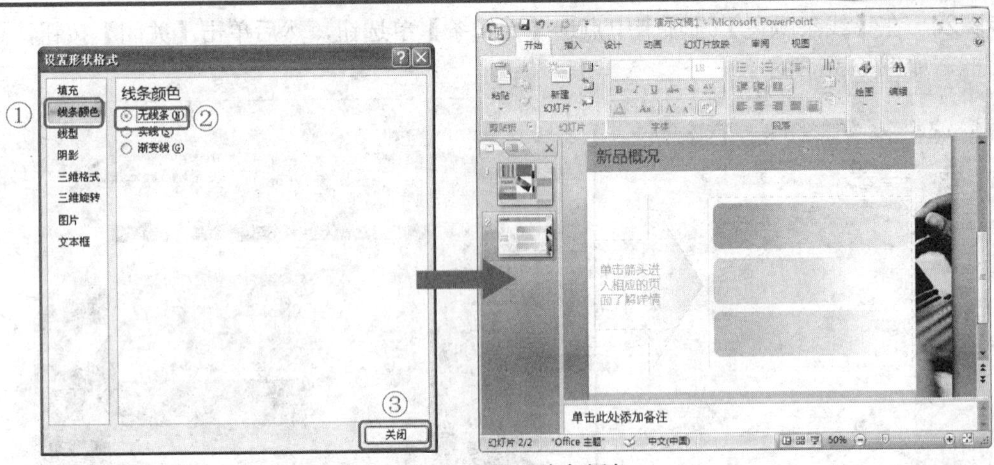

图 6-38　设置线条颜色

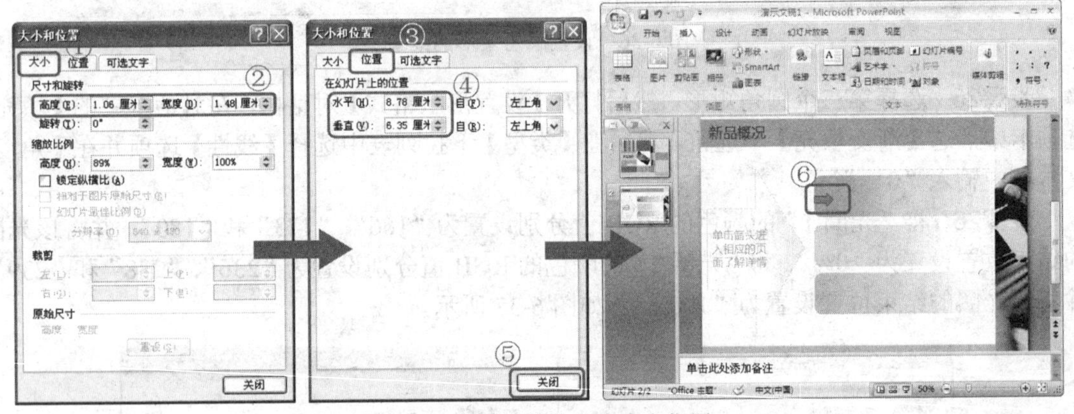

图 6-39　设置右箭头的大小和位置

步骤29　选择右箭头形状，然后打开【设置形状格式】对话框，在对话框中选择【填充】选项卡，并在其中点选【纯色填充】单选钮，然后单击【颜色】按钮，并在弹出的颜色列表中选择【白色，背景 1】，如图 6-40 所示。

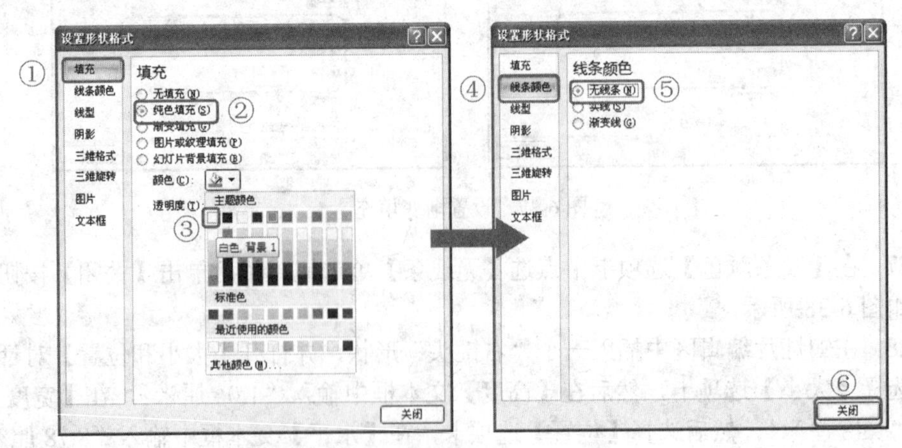

图 6-40　设置填充和线条颜色

步骤30　选择【线条颜色】选项卡，在其中点选【无线条】单选钮，设置完毕后单击【关闭】按钮退出该对话框，得到的右箭头效果如图 6-41 所示。

步骤31　按住<Ctrl>键拖动箭头，复制两个相同的箭头图形，使其分别位于另外两个圆角矩形中，然后选择第二个箭头，打开【大小和位置】对话框选择其中的【位置】选项卡，在【水平】文本框中输入“8.78 厘米”，在【垂直】文本框中输入“10.16 厘米”，如图 6-42 所示。

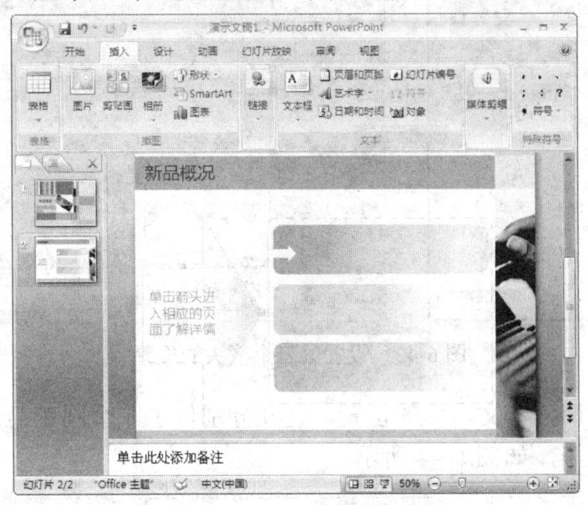

图 6-41　右箭头效果

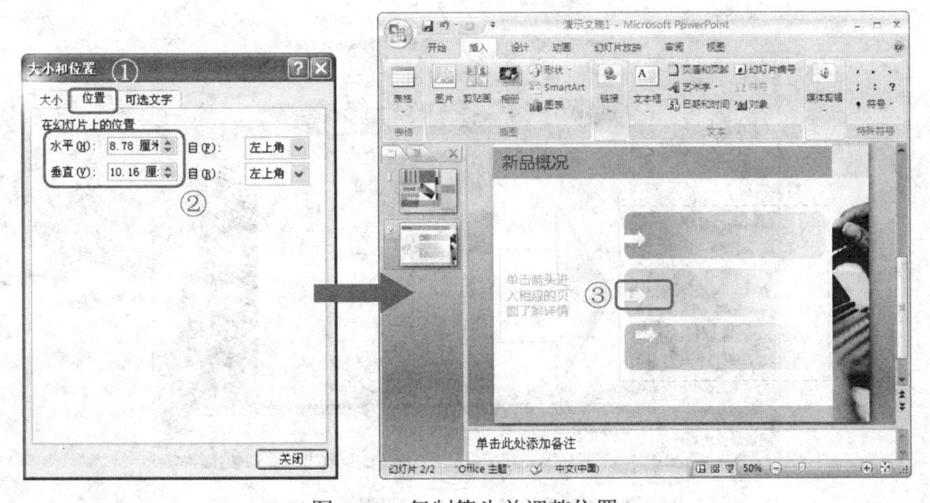

图 6-42　复制箭头并调整位置

步骤32　选择第三个箭头，在【大小和位置】对话框选择其中的【位置】选项卡，然后在【水平】文本框中输入“8.78 厘米”，在【垂直】文本框中输入“13.76 厘米”，如图 6-43 所示。

步骤33　插入一个横排文本框，在其中输入精致外观的相应文本内容，并将文本字体设置为【微软雅黑】，字号设置为【14】，字体颜色的 RGB 值分别设置为“0”、“153”和“204”。

步骤34　插入第二个横排文本框，在其中输入精英功能的相应文本内容，并将文本字体设置为【微软雅黑】，字号设置为【14】，字体颜色的 RGB 值分别设置为“166”、“173”和“180”。

步骤35　插入第三个横排文本框，在其中输入精彩广告的相应文本内容，并将文本字体设置为【微软雅黑】，字号设置为“14”，字体颜色的 RGB 值分别设置为“166”、“173”和“180”。

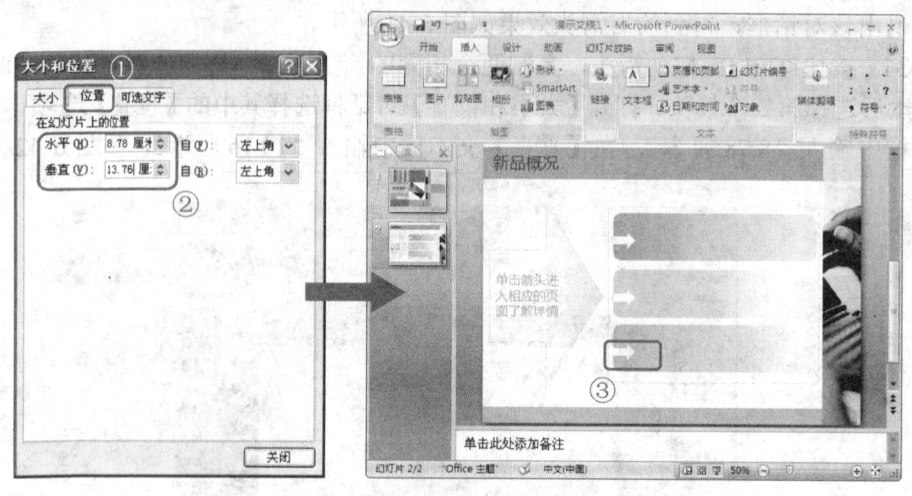

图 6-43　设置第三个箭头的位置

步骤36　拖动鼠标调整个文本框的位置，使其分别位于三个圆角矩形中即可。至此，新品概况幻灯片页面设置完毕，如图 6-44 所示。

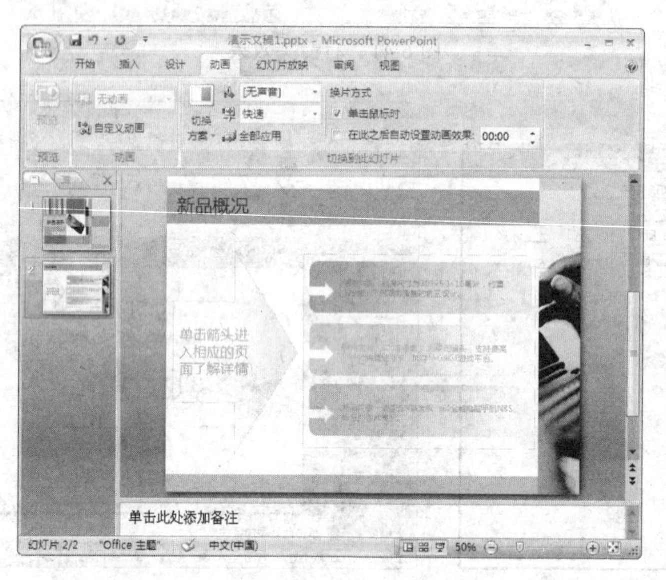

图 6-44　完成的新品概况幻灯片页面效果

6.2.3　创建精致外观幻灯片页面

按照新品展示幻灯片的设计思路，在创建完毕新品概况幻灯片页面之后，需要创建精致外观幻灯片页面。下面就介绍制作该幻灯片页面的具体操作方法。

步骤1　在【开始】选项卡的【幻灯片】功能区中单击【新建幻灯片】按钮，然后在弹出的【Office 主题】列表中选择【仅标题】选项，如图 6-45 所示。

步骤2　在新幻灯片页面中将【单击此处添加标题】文本框中的内容更改为“精致外观”，如图 6-46 所示。

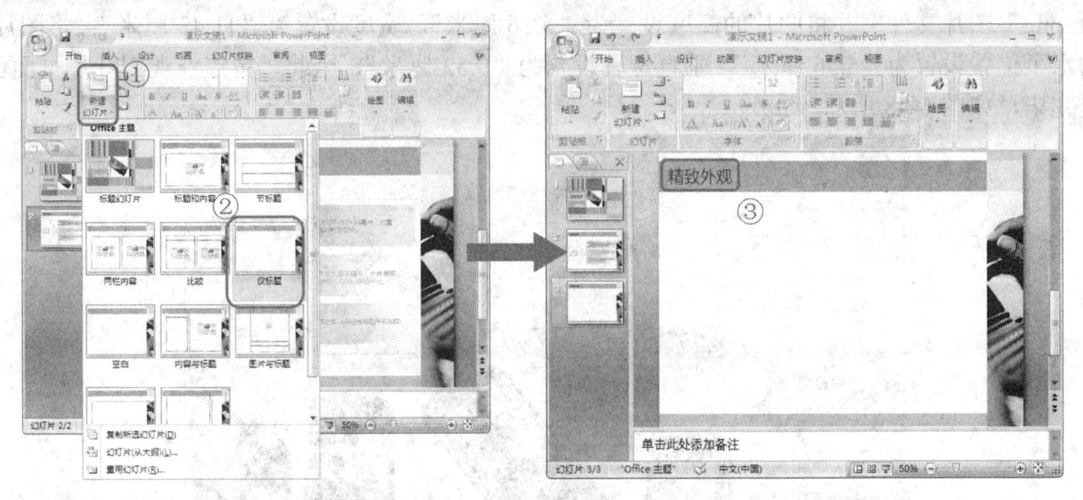

图 6-45　新建幻灯片　　　　图 6-46　输入标题

步骤3　在【插入】选项卡中的【插图】功能区中单击【图片】按钮，打开【插入图片】对话框，在对话框中选择路径为“PowerPoint 经典应用实例\第 2 篇\实例 6”中的“正面关.png”图片文件。

步骤4　单击【插入】按钮返回到幻灯片编辑区，并将图片的高度设置为“9.82 厘米”，宽度设置为“5.12 厘米”；将图片的水平位置设置为“0.43 厘米”，垂直位置设置为“5.76 厘米”，如图 6-47 所示。

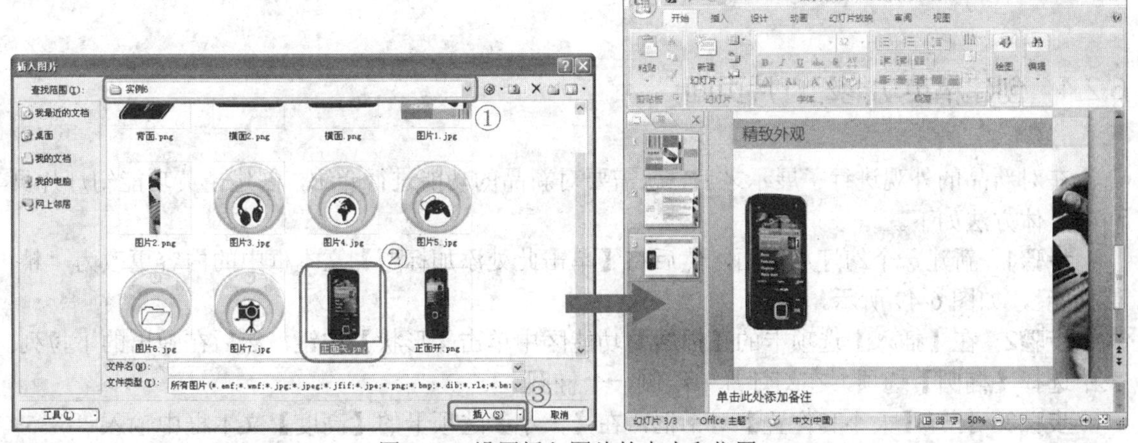

图 6-47　设置插入图片的大小和位置

步骤5　使用同样的方法，在幻灯片编辑区中插入路径为“PowerPoint 经典应用实例\第 2 篇\实例 6”中的“正面开. png”图片文件，不改变图片的大小，将其水平位置设置为“17.46 厘米”，垂直位置设置为“3.77 厘米”。

步骤6　在幻灯片编辑区中插入路径为“PowerPoint 经典应用实例\第 2 篇\实例 6”中的“背

面. png”图片文件，将图片的高度设置为“6.86 厘米”，宽度设置为“9.34 厘米”；将图片的水平位置设置为“7.14 厘米”，垂直位置设置为“2.86 厘米”。

步骤7 在幻灯片编辑区中插入路径为“PowerPoint 经典应用实例\第 2 篇\实例 6”中的“横面. png”图片文件，并将图片的高度设置为“5.16 厘米”，宽度设置为“11.43 厘米”；将图片的水平位置设置为“5.56 厘米”，垂直位置设置为“9.53 厘米”，至此，精致外观幻灯片页面创建完毕，如图 6-48 所示。

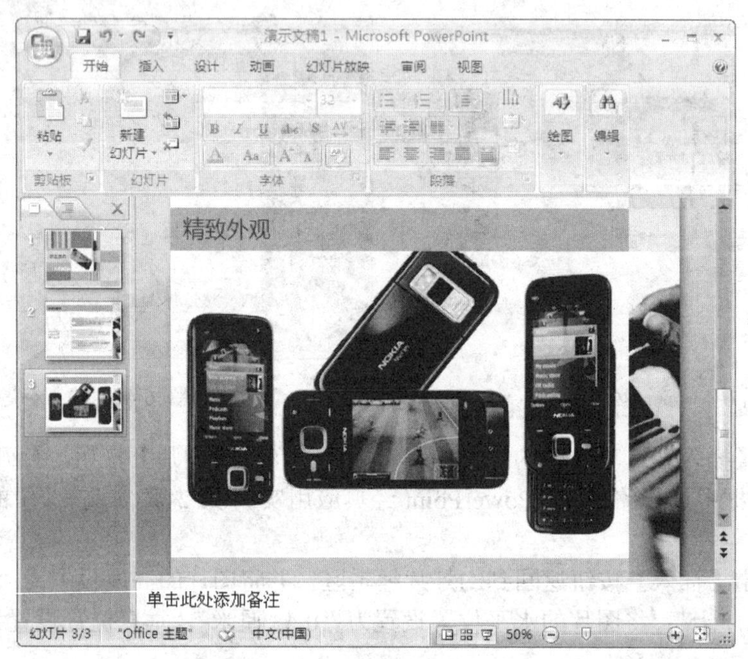

图 6-48 幻灯片页面效果

6.2.4 创建精英功能幻灯片页面

在对新品的外观进行了展示之后，就需要对新品的功能进行介绍，创建精英功能幻灯片页面的具体方法如下。

步骤1 新建一个幻灯片页面，然后将【单击此处添加标题】文本框中的内容更改为“精英功能”，如图 6-49 所示。

步骤2 在【插入】选项卡的【插图】功能区中单击【形状】按钮，然后在弹出的下拉列表中选择【椭圆】选项，在幻灯片中绘制一个椭圆。

步骤3 打开【大小和位置】对话框，在【大小】选项卡的【高度】文本框中输入“6.35 厘米”，在【宽度】文本框中输入“6.35 厘米”，然后选择【位置】选项卡，在【水平】文本框中输入“8.14 厘米”，在【垂直】文本框中输入“6.95 厘米”，如图 6-50 所示，设置完毕后单击【关闭】按钮。

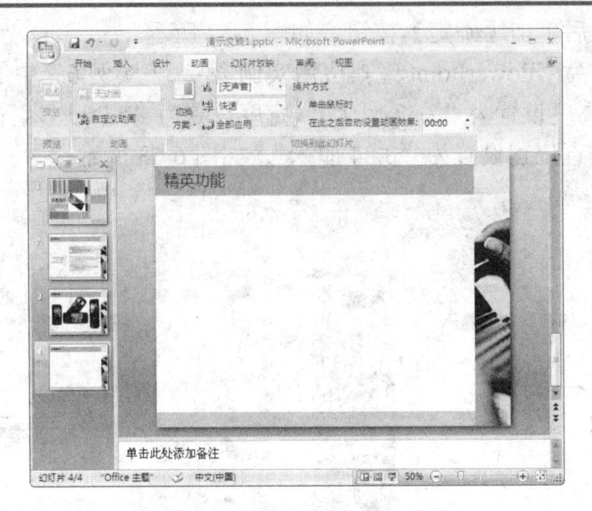

图 6-49　新建幻灯片并输入标题

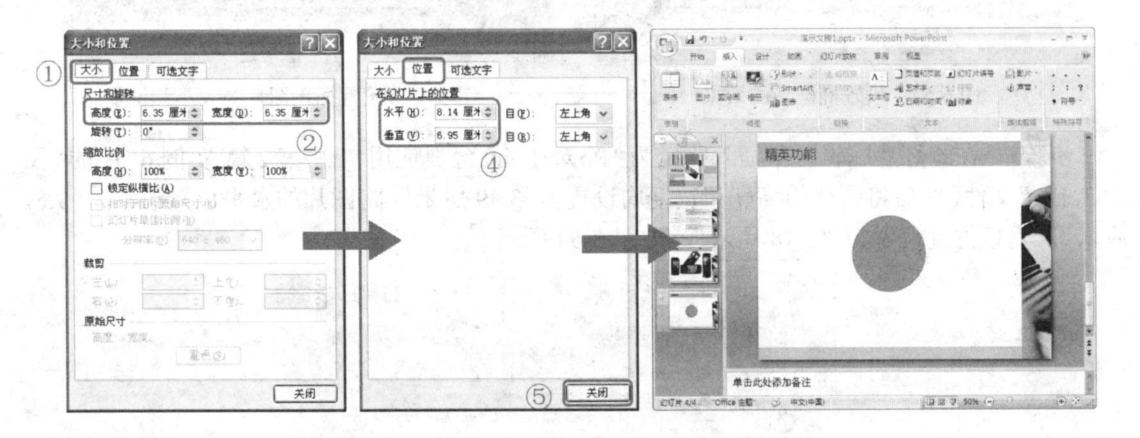

图 6-50　设置椭圆的大小和位置

步骤4　打开【设置形状格式】对话框，在【填充】选项卡中选择【无填充】单选钮，然后在【线条颜色】选项卡中点选【实线】单选钮，并单击【颜色】按钮并在打开的【颜色】对话框中将线条颜色的 RGB 值分别设置为“195”、“200”和“205”，如图 6-51 所示。

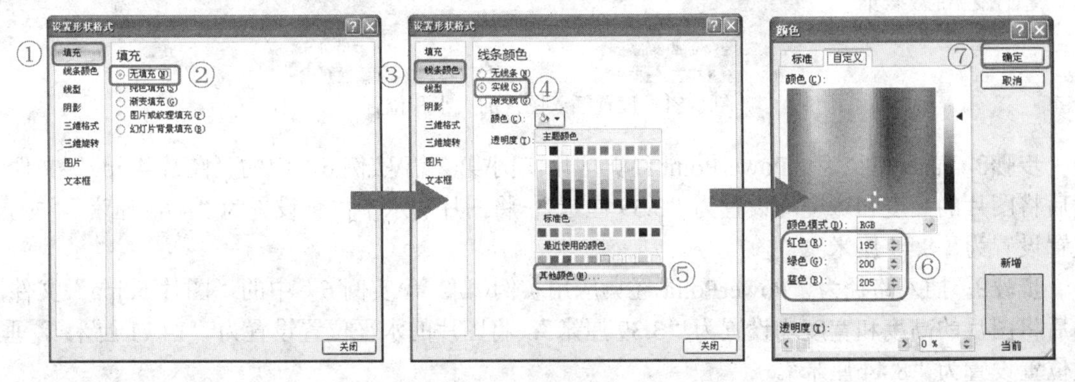

图 6-51　设置填充和线条颜色

步骤5 设置完毕后单击【确定】按钮，如图 6-52 所示。

步骤6 插入路径为“PowerPoint 经典应用实例\第 2 篇\实例 6”中的“横面 2. png”图片文件，然后将图片的高度设置为“2.57 厘米”，宽度设置为“5.76 厘米”；将图片的水平位置设置为“8.49 厘米”，垂直位置设置为“8.84 厘米”，如图 6-53 所示。

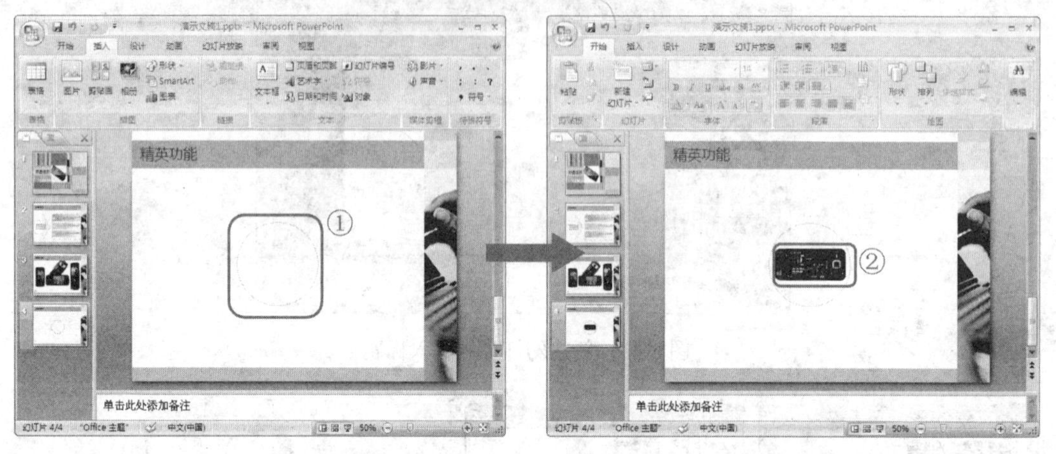

图 6-52 设置椭圆后的效果　　图 6-53 设置插入图片的大小和位置

步骤7 在幻灯片编辑区中插入路径为“PowerPoint 经典应用实例\第 2 篇\实例 6”中的“图片 3. jpg”文件，然后将图片的高度和宽度均设置为“3.39 厘米”；将图片的水平位置设置为“9.61 厘米”，垂直位置设置为“3.48 厘米”，如图 6-54 所示。

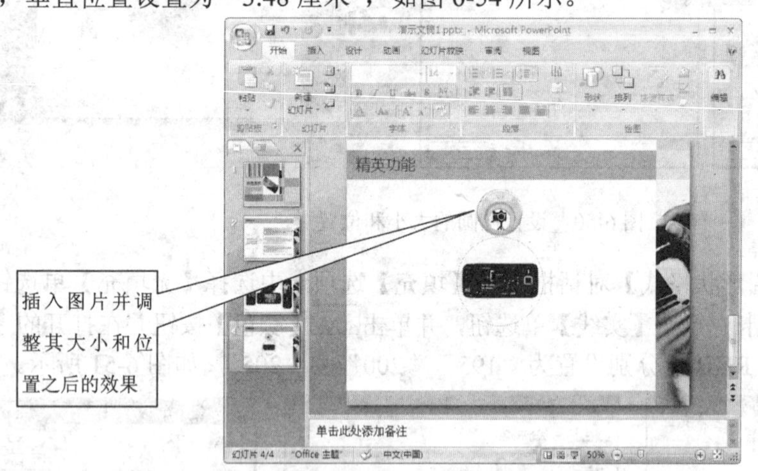

图 6-54 设置插入图片的大小和位置

步骤8 插入路径为“PowerPoint 经典应用实例\第 2 篇\实例 6”中的“图片 4. jpg”文件，然后将图片的高度和宽度均设置为“3.39 厘米”；将图片的水平位置设置为“4.65 厘米”，垂直位置设置为“8.44 厘米”。

步骤9 插入路径为“PowerPoint 经典应用实例\第 2 篇\实例 6”中的“图片 5. jpg”文件，然后将图片的高度和宽度均设置为“3.39 厘米”；将图片的水平位置设置为“14.71 厘米”，垂直位置设置为“8.44 厘米”。

步骤10 插入路径为“PowerPoint 经典应用实例\第 2 篇\实例 6”中的“图片 6. jpg”文件，

然后将图片的高度和宽度均设置为“3.39 厘米”；将图片的水平位置设置为“7.23 厘米”，垂直位置设置为“12.86 厘米”。

步骤11　插入路径为“PowerPoint 经典应用实例\第 2 篇\实例 6”中的“图片 7.jpg”文件，然后将图片的高度和宽度均设置为“3.39 厘米”；将图片的水平位置设置为“12.17 厘米”，垂直位置设置为“12.86 厘米”，如图 6-55 所示。

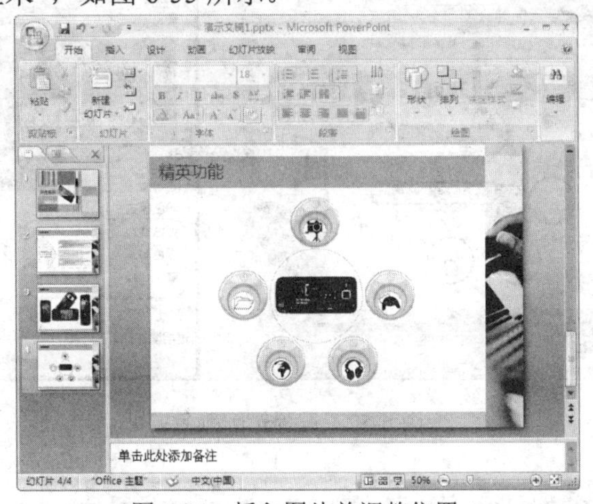

图 6-55　插入图片并调整位置

步骤12　选择所插入的 5 张图片，并在【图片工具格式】选项卡的【图片样式】功能区中单击【其他】按钮，然后在弹出的列表中选择【棱台形椭圆，黑色】选项，如图 6-56 所示。

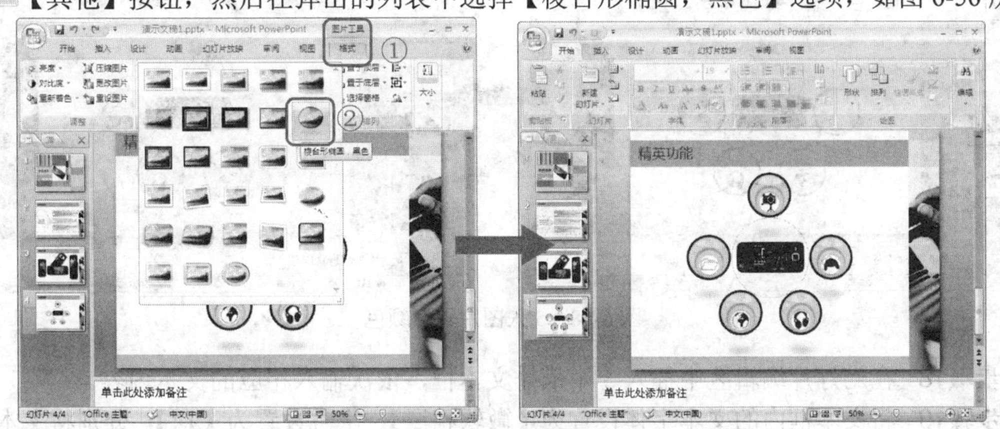

图 6-56　设置图片样式

步骤13　选择图片 3，并在【图片工具格式】选项卡的【图片样式】功能区中单击【图片边框】按钮，然后在弹出的列表中选择【其他轮廓颜色】选项。

步骤14　在打开的【颜色】对话框中选择【自定义】选项卡，然后将 RGB 值分别设置为“0”、“153”和“204”，如图 6-57 所示。

步骤15　单击【确定】按钮退出【颜色】对话框，即可改变图片的轮廓颜色，如图 6-58 所示。

步骤16　使用同样的方法，将图片 4 的轮廓颜色的 RGB 值分别设置为“166”、“173”和“180”。

步骤17 重复上述操作，将图片 5 的轮廓颜色的 RGB 值分别设置为“204”、“137”和“170”，然后将图片 6 的轮廓颜色的 RGB 值分别设置为“204”、“51”和“0”，最后将图片 7 的轮廓颜色的 RGB 值分别设置为“0”、“128”和“0”，5 张图片轮廓颜色如图 6-58 所示。

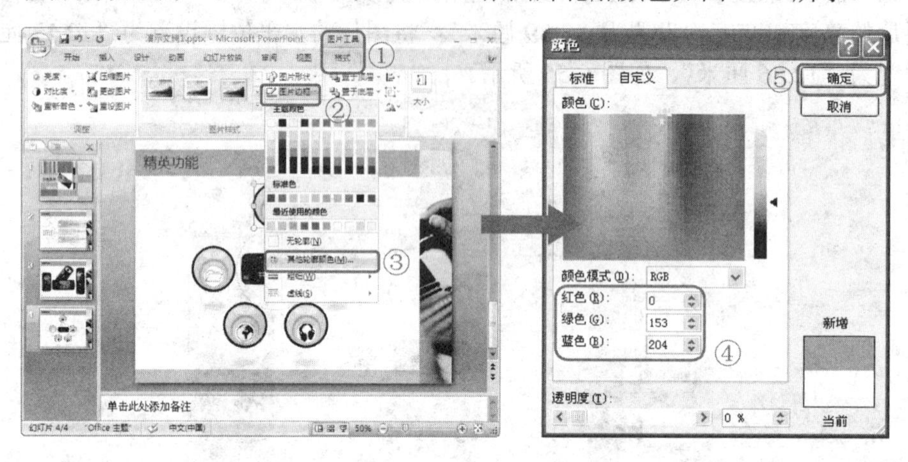

图 6-57 设置轮廓颜色

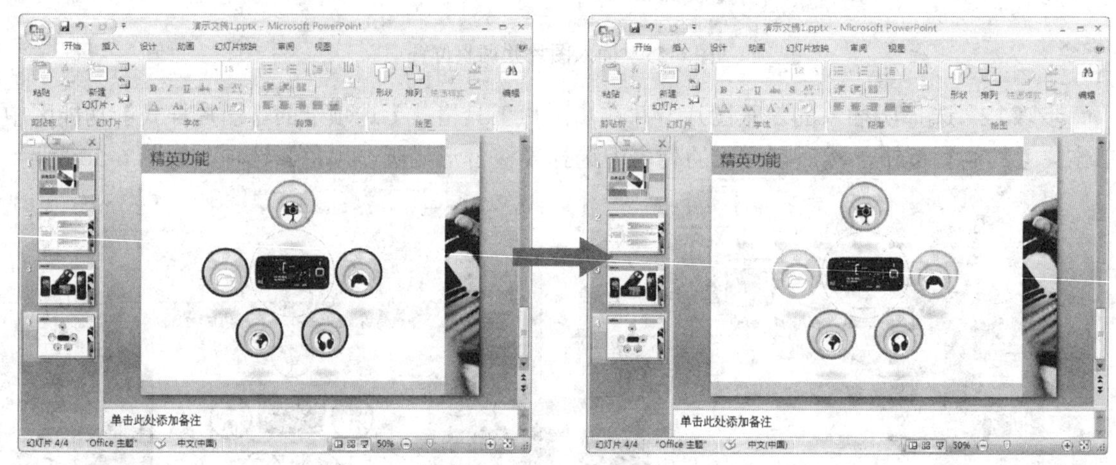

图 6-58 5 张图片轮廓颜色

步骤18 在幻灯片编辑区中插入 5 个横排文本框，依次输入相应的文本内容。

步骤19 将文本框内的文本字体设置为【微软雅黑】，字号设置为【14】，分别将文本框内文本内容的字体颜色设置的与相应图片标示的轮廓颜色相同，并拖动鼠标将文本框的调整到如图 6-59 所示的位置。

步骤20 在【插入】选项卡的【插图】功能区中单击【形状】按钮，然后在弹出的列表中选择【肘形连接符】选项，然后拖动鼠标在幻灯片编辑区中创建形状。

步骤21 单击肘形连接符，然后拖动尺寸控点改变其形状，并将其移动到适当的位置，然后将其颜色的将 RGB 值分别设置为“0”、“153”和“204”，如图 6-60 所示。

步骤22 使用同样方法再插入 4 个肘形连接符，改变其形状，并使其颜色与相应说明文字字体颜色一样，然后移至适合位置，如图 6-61 所示。至此，精英功能幻灯片页面创建完毕。

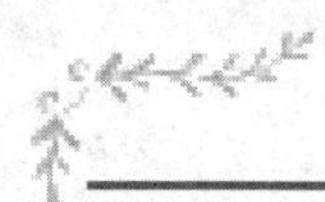

重点知识

尺寸控点是单击图形对象之后，出现在所选对象各角和各边上的小圆点或小方点，拖动尺寸控点可以更改形状的大小，在形状的大小改变到一定程度的时候其形状也会发生相应的变化。

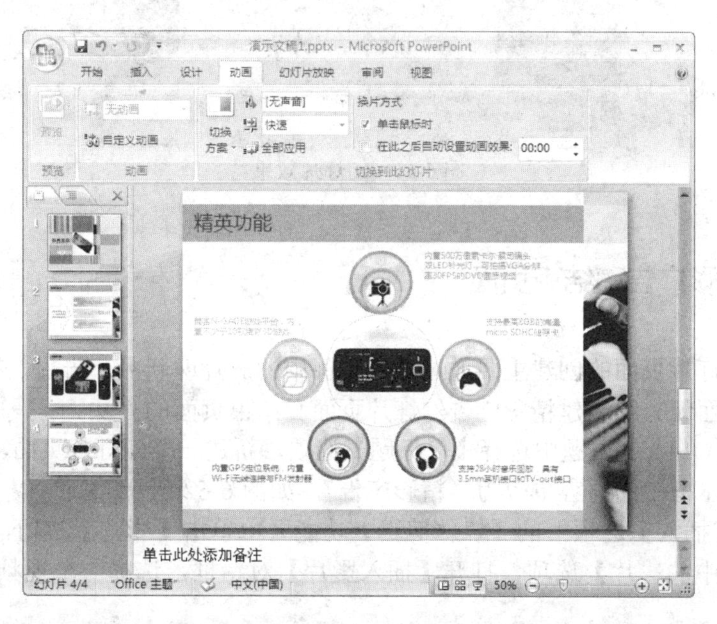

图 6-59　设置字体之后的效果

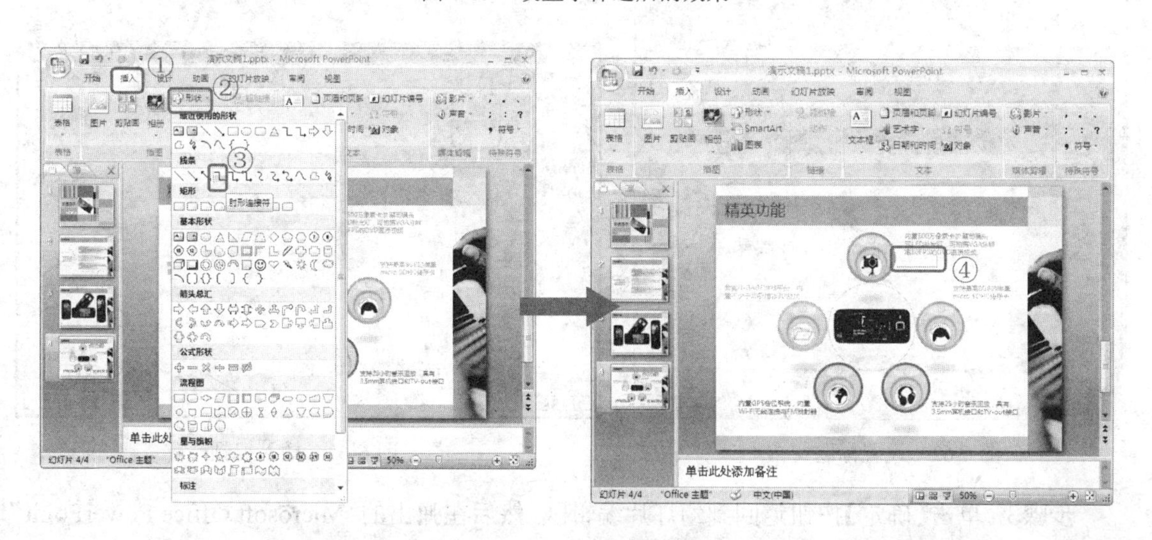

图 6-60　绘制肘形连接符

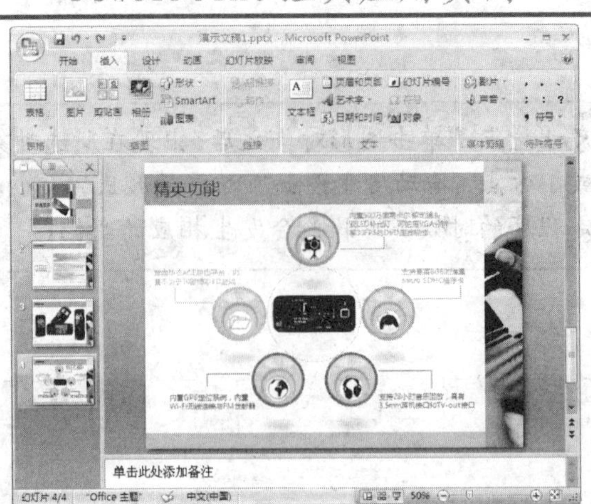

图 6-61　幻灯片效果

6.2.5　创建精彩广告和结束页面

精彩广告幻灯片页面的创建主要通过插入文件中的影片即新品广告片，来全方位介绍新品的综合信息。下面就介绍创建精彩广告幻灯片页面和结束页面的方法。

步骤1　在【Office】主题中选择【仅标题】选项，新建一个幻灯片页面，然后将【单击此处添加标题】文本框中的内容更改为“精彩广告”，如图 6-62 所示。

步骤2　在【插入】选项卡的【媒体剪辑】功能区中单击【影片】按钮，然后在弹出的列表中选择【文件中的影片】选项，打开【插入影片】对话框，选择一个视频文件，如图 6-63 所示。

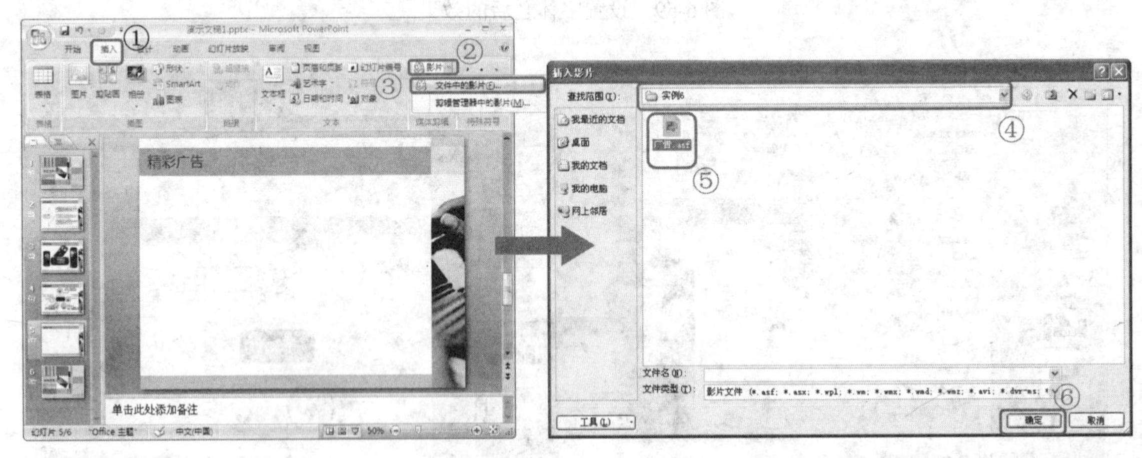

图 6-62　设置标题文本　　　　图 6-63　插入视频

步骤3　单击【确定】按钮返回到幻灯片编辑区，然后在弹出的“Microsoft Office PowerPoint”对话框中单击【在单击时】按钮，如图 6-64 所示。

步骤4　选择所插入的视频文件，将其水平位置设置为“2.38 厘米”，垂直位置设置为“4.33

厘米”，在【图片工具格式】选项卡的【图片样式】功能区中单击【其他】按钮，然后在弹出的列表中选择【棱台亚光，白色】选项，如图 6-65 所示。

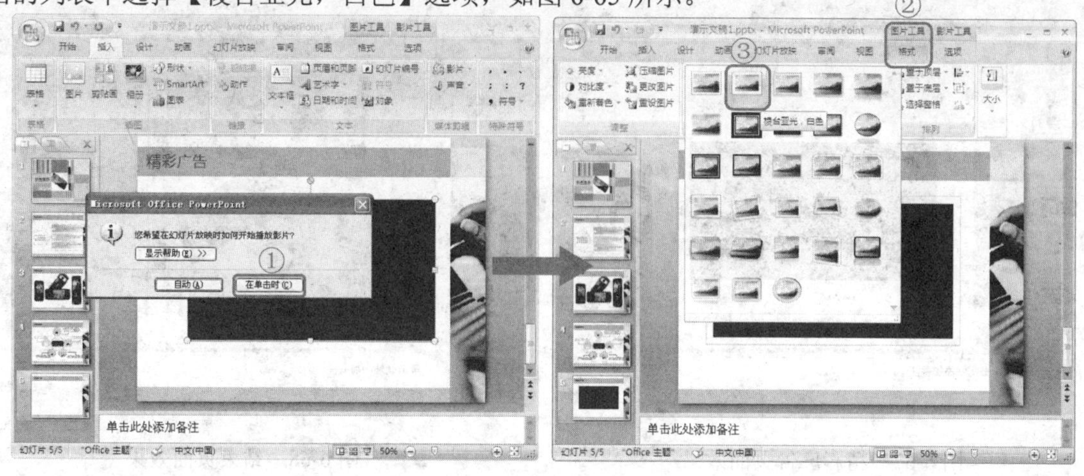

图 6-64　插入视频文件　　　　图 6-65　设置样式

步骤5　在【插入】选项卡的【文本】功能区中单击【艺术字】按钮，然后在弹出的列表中选择【填充-强调文字颜色 1，塑料棱台，映像】选项，在弹出的文本框中输入“科技以人为本”等文本内容，然后将文本字体设置为【华文行楷】，如图 6-66 所示。

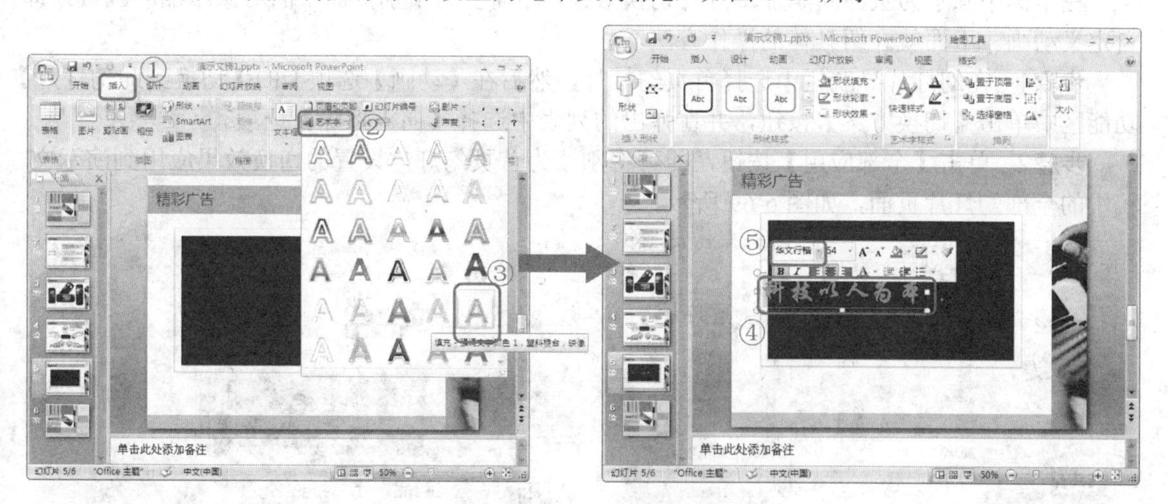

图 6-66　设置艺术字

步骤6　拖动鼠标将文本框移动到视频文件正下方的位置。至此，精彩广告幻灯片页面创建完毕，如图 6-67 所示。

步骤7　在【开始】选项卡的【幻灯片】功能区中单击【新建幻灯片】按钮，新建一个“标题幻灯片”页面。

步骤8　将【单击此处添加标题】文本框中的内容更改为“谢谢观看！”，然后拖动鼠标适当调整文本框的位置，即可完成结束页面的创建，如图 6-68 所示。

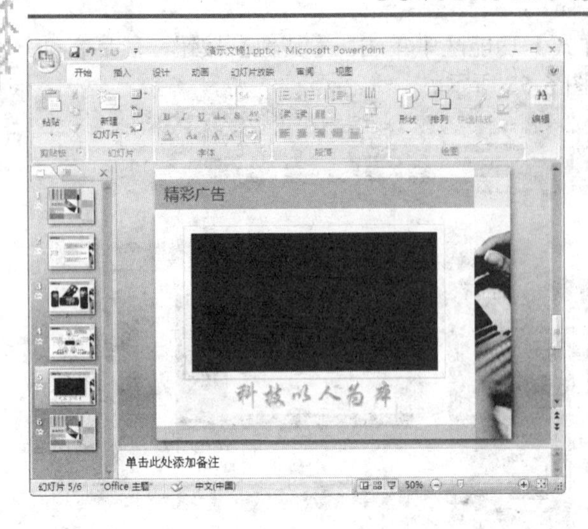

图 6-67　精彩广告页面效果

图 6-68　结束页面效果

6.2.6　为幻灯片添加动画效果

在本例中除了为页面间添加幻灯片切换效果，还需要为个别页面中的对象添加动画效果即自定义动画。下面就介绍具体的操作方法。

步骤1　在幻灯片导航栏中选择首页幻灯片，然后在【动画】选项卡的【切换到此幻灯片】功能区中单击【切换方案】按钮，并在弹出的列表中选择【向下擦除】选项。

步骤2　单击【全部应用】按钮，即可将刚才为首页幻灯片设置的切换效果应用到演示文稿中的全部幻灯片页面，如图 6-69 所示。

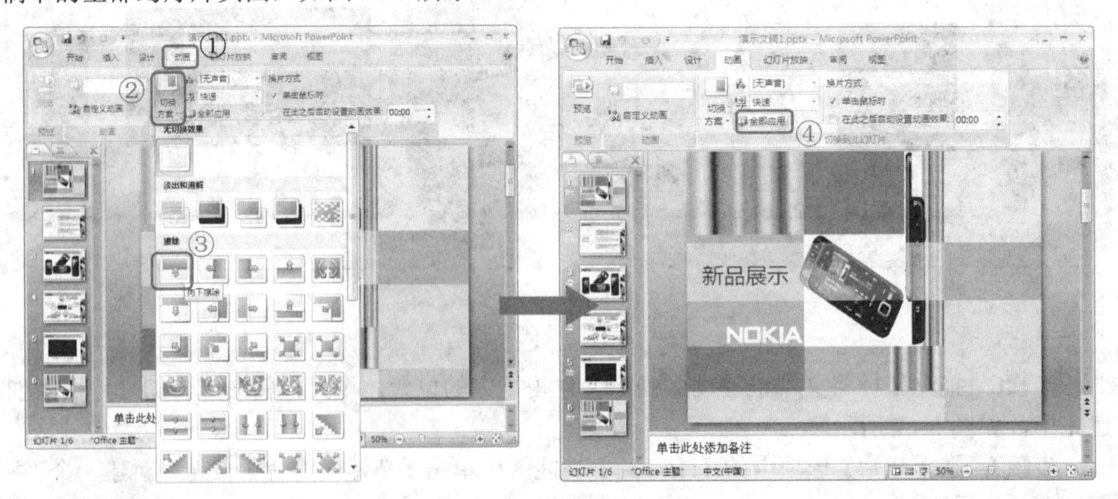

图 6-69　设置幻灯片的切换效果

步骤3　进入新品概况页面，然后在【动画】选项卡的【动画】功能区中单击【自定义动画】按钮，打开【自定义动画】任务窗格。

步骤4　选择右键头图形，在打开的【自定义动画】任务窗格中单击【添加效果】按钮，然后在弹出的列表中依次选择【强调】、【忽明忽暗】选项，然后在【自定义动画】任务窗格的【速度】下拉列表中选择【快速】选项，如图 6-70 所示。

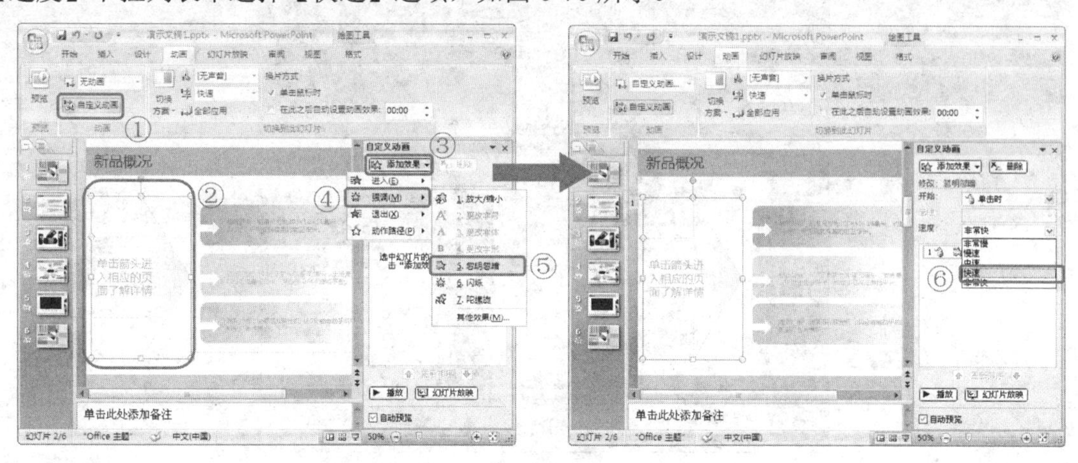

图 6-70　设置右箭头的动画效果

操作技巧

在自定义窗格中单击【播放】按钮，可以预览之前设置的动画效果；单击【幻灯片放映】按钮可以放映当前幻灯片页面；单击【更改】按钮，可以重新设置自定义动画效果；单击【删除】按钮，可以删除以设置的自定义动画效果。

步骤5　选择第一个圆角矩形图形，在打开的【自定义动画】任务窗格中单击【添加效果】按钮，然后在弹出的列表中依次选择【进入】、【百叶窗】选项，并在【自定义动画】任务窗格中的【开始】下拉列表中选择【之后】选项，然后在【速度】下拉列表中选择【快速】选项，如图 6-71 所示。

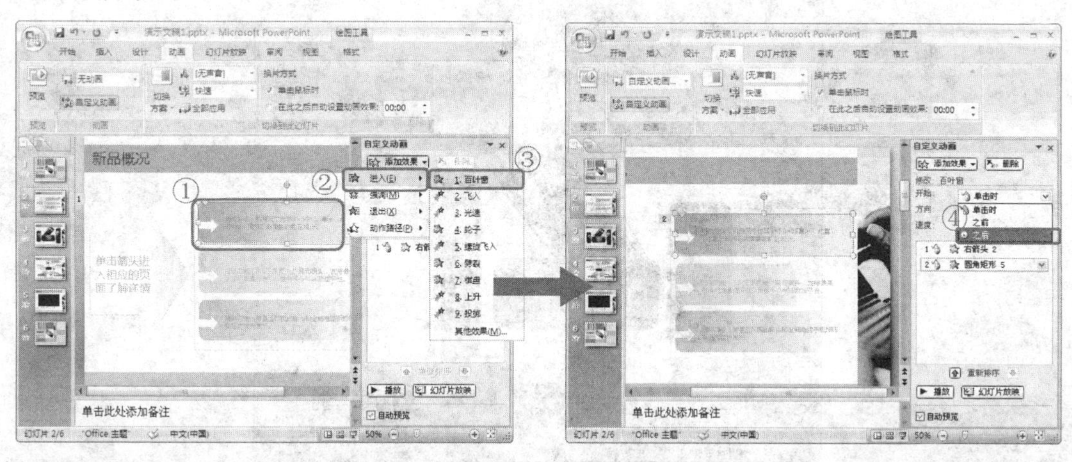

图 6-71　设置圆角矩形的动画效果

步骤6 重复上述操作步骤，为中间和下方的圆角矩形设置与上方的圆角矩形相同的动画效果，如图 6-72 所示。

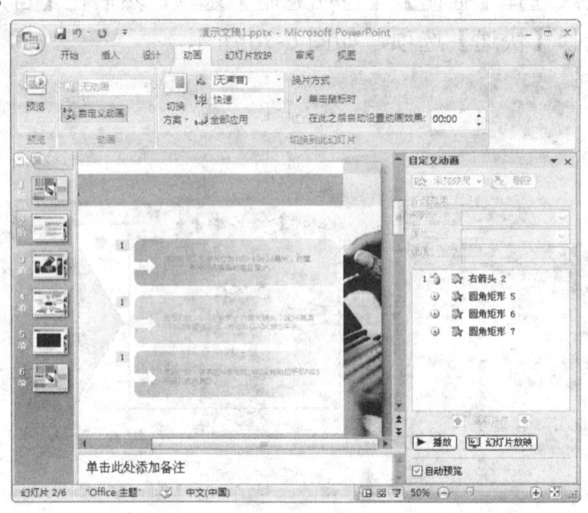

图 6-72 设置动画效果

步骤7 进入到精彩外观幻灯片页面，使用同样的方法为“正面关”图片设置名为“投掷”的进入效果，然后在【开始】下拉列表中选择【单击时】选项，在【速度】下拉列表中选择【中速】选项。

步骤8 为“正面开”图片设置名为“螺旋飞入”的进入效果，然后在【开始】下拉列表中选择【之后】选项，在【速度】下拉列表中选择【中速】选项。

步骤9 为“背面”图片设置名为“轮子”的进入效果，在【开始】下拉列表中选择【之后】选项，在【辐射状】下拉列表中选择【8】，在【速度】下拉列表中选择【中速】选项。

步骤10 为“横面”图片设置名为“轮子”的进入效果，在【开始】下拉列表中选择【之前】选项，在【辐射状】下拉列表中选择【8】，在【速度】下拉列表中选择【中速】选项。至此为幻灯片页面中的对象添加自定义动画操作完毕，如图 6-73 所示。

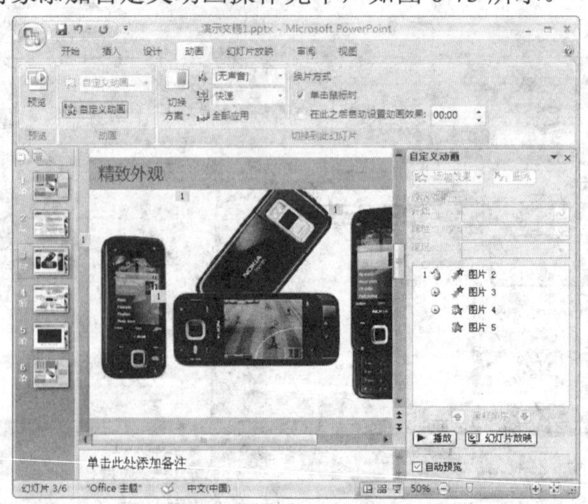

图 6-73 添加动画后的效果

在为页面中的对象添加自定义动画之后，在自定义动画窗格下方的显示窗内，单击任意一个动画效果，在其下拉列表中可以更改该动画效果的各种属性。

6.2.7　为幻灯片创建超链接

超链接是将一张幻灯片中的某个对象与其他的幻灯片页面或外部文件以及文件中的相关信息链接在一起，达到快速跳转到其他幻灯片或文件的捷径。与幻灯片建立链接的文件可以在同一个演示文稿、本地计算机或局域网中，还可以在 Internet 中。下面就介绍为幻灯片中的对象创建超链接的具体方法。

步骤1　进入新品概况幻灯片页面，选择第一个矩形中的右键头形状，然后在【插入】选项卡的【链接】功能区中单击【超链接】按钮，打开【插入超链接】对话框。

步骤2　在打开的【插入超链接】对话框的【链接到】列表中选择【本文档中的位置】选项，然后在【请选择文档中的位置】显示窗中选择【3.精致外观】选项。

步骤3　单击【确定】按钮退出该对话框，即可链接到精致外观页面，如图 6-74 所示。

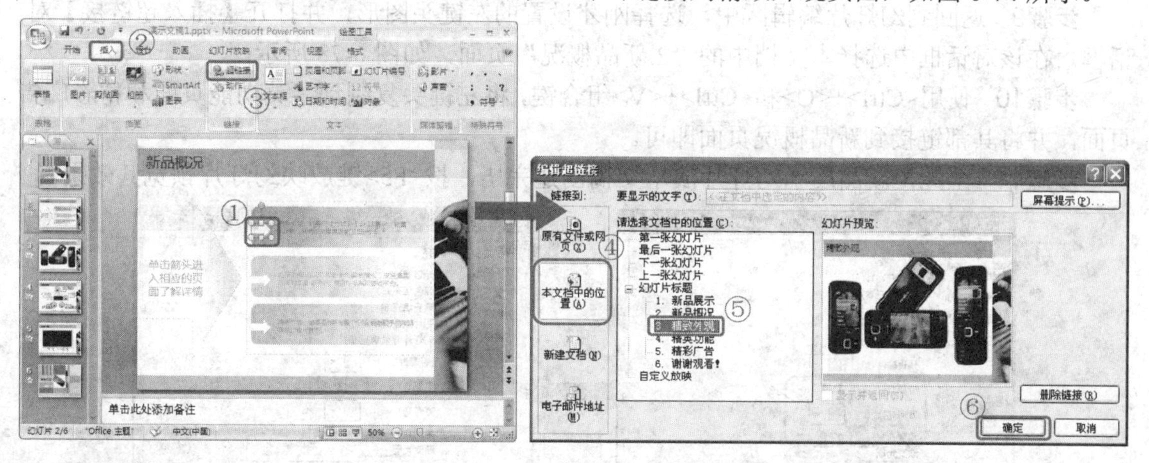

图 6-74　设置右箭头链接

步骤4　使用同样的方法分别将第二、第三个圆角矩形中的右键头形状链接到相应的页面。

步骤5　进入到精致广告幻灯片页面，在幻灯片编辑区中插入一个左键头形状，并打开【大小和位置】对话框，在【大小和位置】对话框中选择【大小】选项卡，在【高度】文本框中输入“1.06 厘米”，在【宽度】文本框中输入“1.48 厘米”，然后选择【位置】选项卡，然后在【水平】文本框中输入“0.2 厘米”，在【垂直】文本框中输入“16.67 厘米”，如图 6-75 所示。

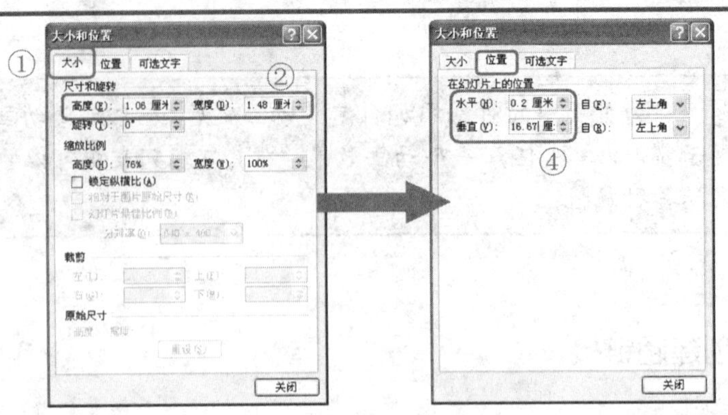

图 6-75　设置大小和位置

步骤6　打开【设置形状格式】对话框，选择【填充】选项卡，并点选【渐变填充】单选钮，然后在【类型】下拉列表中选择【线性】选项，在【角度】文本框中输入“0° ”。

步骤7　选择“光圈 1”，单击【颜色】按钮，在弹出列表的【最近使用的颜色】选项组中选择第 1 个颜色，然后选择“光圈 2”，并单击【颜色】按钮，在弹出列表的【最近使用的颜色】选项组中选择最后一个颜色，如图 6-76 所示。

步骤8　在【设置形状格式】对话框中选择【线条颜色】选项卡，然后点选【无线条】单选钮，如图 6-77 所示。

步骤9　返回到幻灯片编辑区中，选择刚才设置的左键头图形，并打开【插入超链接】对话框，在该对话框中选择本文档中的“2.新品概况”页面，如图 6-78 所示。

步骤10　使用<Ctrl>+<C>和<Ctrl>+<V>组合键，将左键头复制到精英功能页面和精彩广告页面，并将其都链接到新品概况页面即可。

步骤11　至此，新品展示幻灯片演示文稿创建完毕，按<F5>键放映幻灯片预览其效果。

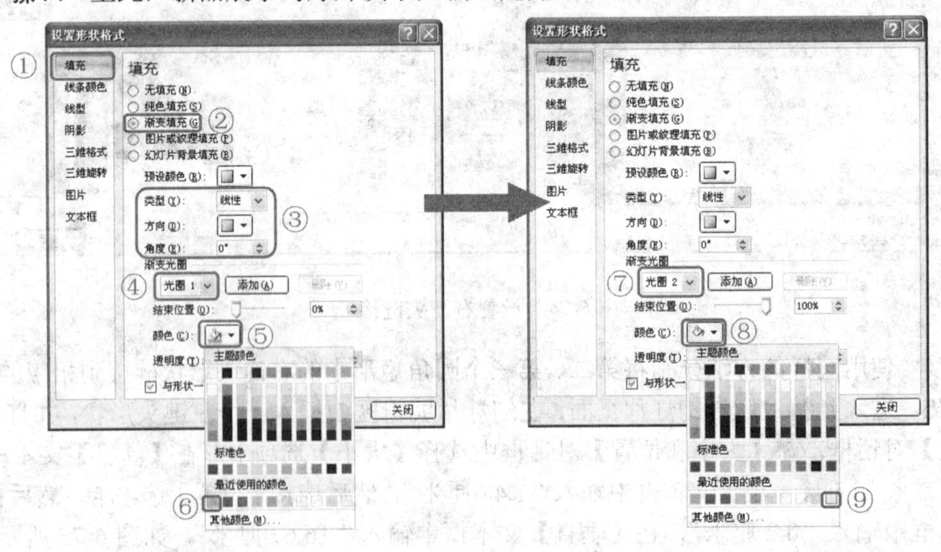

图 6-76　设置渐变填充颜色

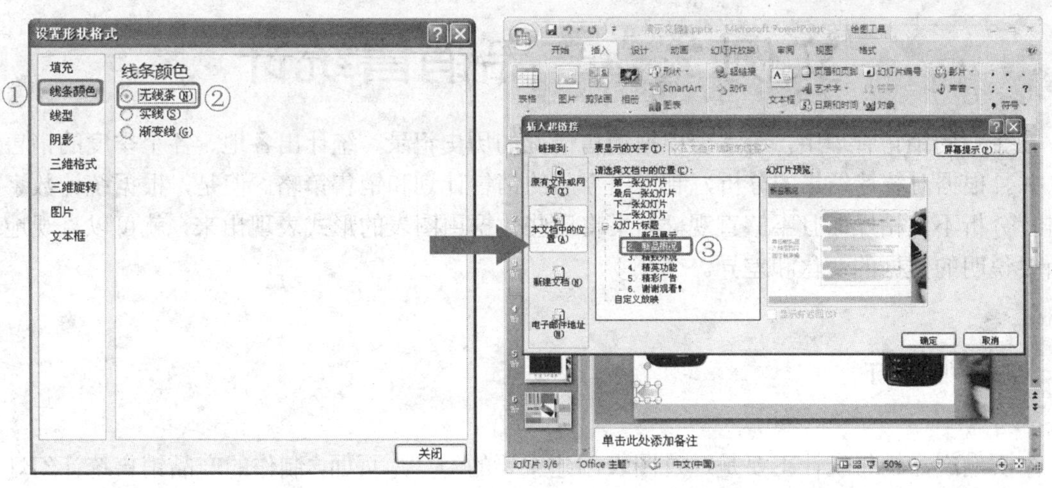

图 6-77　设置线条颜色　　　　　　图 6-78　设置链接页面

6.3　实例总结

本例中根据新品展示推广的设计要求，使用 PowerPoint 2007 制作了新品展示幻灯片演示文稿。通过本实例的学习，需要重点掌握以下的几个方面的内容。

- 通过绘制并填充形状，以及插图图片设置幻灯片母版。
- 在幻灯片中插入图片，并对其大小、位置等进行设置。
- 在幻灯片中插入视频文件，并为其设置图片效果。
- 为幻灯片页面进行切换效果的设置。
- 为幻灯片页面中的对象添加自定义动画。
- 为演示文稿中的对象创建超链接。

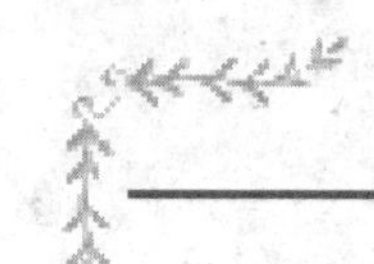

实例 7　产品销售统计

在企业的销售管理中，通常会根据销售情况的历史记录，统计出各地、各个季度的销售情况，并且根据对统计结果的分析，制定出今后的销售计划和销售策略。但是，根据统计数字直接进行分析不但枯燥而且不够直观。如果将这些数据用图表的形式表现出来，就可以直观地表达所要说明的数据的变化和差异。

7.1　实例分析

本实例产品销售统计主要是通过图表创建主要的幻灯片页面，制作的产品销售统计幻灯片浏览效果如图 7-1 所示。

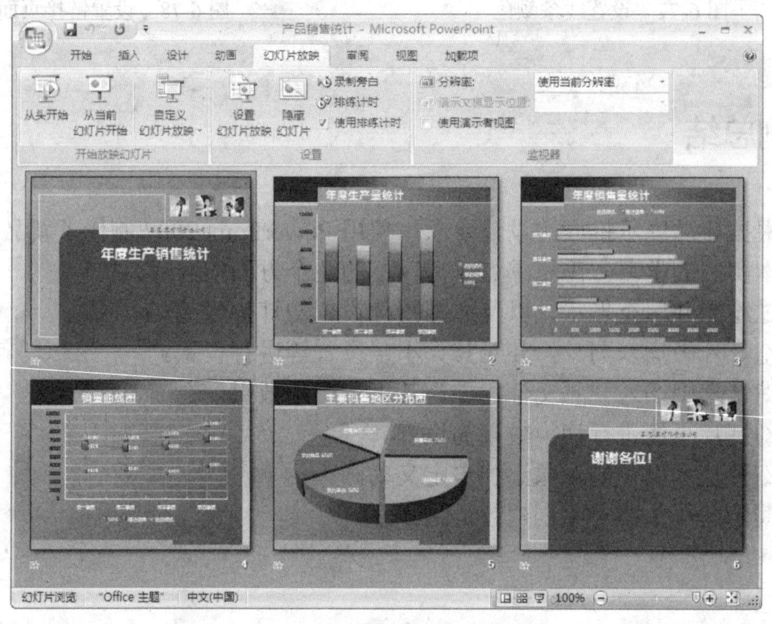

图 7-1　产品销售幻灯片的浏览效果

7.1.1　设计思路

本幻灯片实例是有关产品销售统计的演示文稿，主要是通过插入和设置柱形图、条形图、折线图和饼图，对产品的生产量、销售量、生产销售对比、销售地区分布页面进行创建，其中也包括对幻灯片母版和标题幻灯片的设置。在创建完毕后，在幻灯片母版中通过自定义动画分别对各元素进行设置，从而提高幻灯片的观赏性。

本幻灯片中各页面设计的基本思路为：首页→年度生产量统计→年度销售量统计→生产销售对比图→主要销售地区分布图→结束页。

7.1.2　涉及的知识点

在本实例的制作中首先对母版和标题幻灯片进行了设置，然后分别创建各种图表，创建完毕后再对幻灯片动画进行设置。

在产品销售统计幻灯片的制作中主要用到了以下的知识点：

- ✧　设置幻灯片母版和标题幻灯片
- ✧　堆积柱形图的创建和设置
- ✧　簇状水平圆柱图的创建和设置
- ✧　带数据标记的堆积折线图的创建和设置
- ✧　分离型三维饼图的创建和设置

7.2　实例操作

本节就根据前面所分析的设计思路和知识点，使用 PowerPoint 2007 对产品销售统计幻灯片的制作步骤进行详细的讲解。

7.2.1　设置幻灯片母版

在创建幻灯片的各页面之前，这里先对幻灯片母版进行设置，其具体的操作如下。

步骤1　启动 PowerPoint 2007，然后按<Ctrl>+<N>快捷键新建一个空白幻灯片文档。

步骤2　在幻灯片文档中选择【视图】选项卡，然后在【演示文稿视图】功能区中单击【幻灯片母版】按钮，进入幻灯片母版编辑区，如图 7-2 所示。

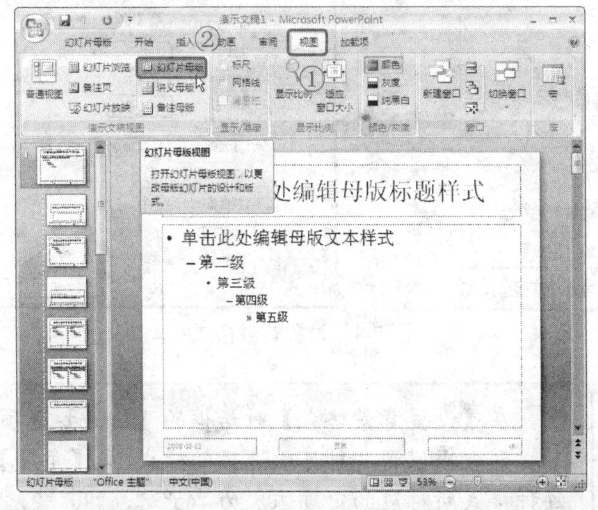

图 7-2　进入母版编辑区

步骤3 在幻灯片母版左侧的导航栏中选择最上方的幻灯片母版，然后在右侧的编辑区删除所有文本框，如图 7-3 所示。

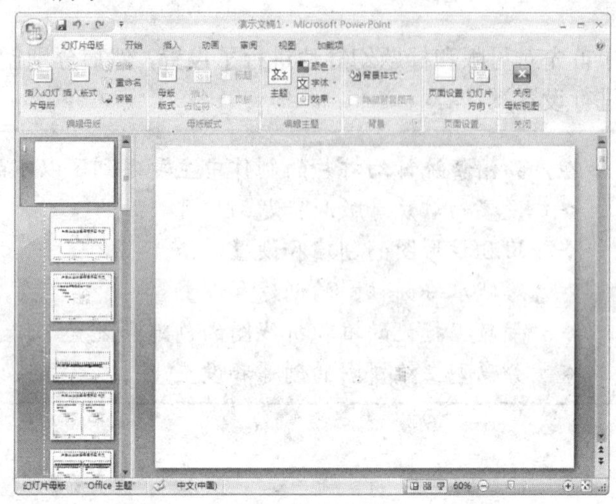

图 7-3 删除母版中的所有文本框

步骤4 在母版的空白区中单击鼠标右键，在弹出的快捷菜单中选择【设置背景格式】命令，打开【设置背景格式】对话框。

步骤5 在弹出的【设置背景格式】对话框左侧选择【填充】选项卡，然后点选【渐变填充】单选钮，并设置类型为【线性】，角度为【45°】，在【渐变光圈】选项组中设置“光圈 1”颜色的 RGB 值依次为“141”、“143”、“132”，“光圈 2”颜色的 RGB 值依次为“104”、“107”、“93”，如图 7-4 所示。

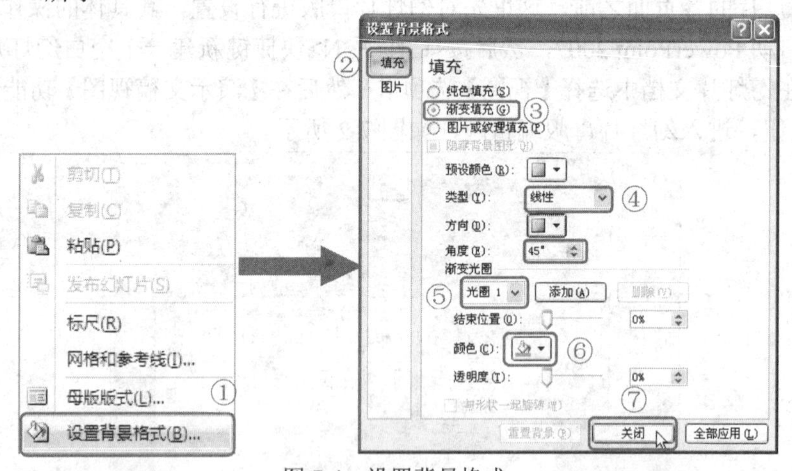

图 7-4 设置背景格式

操作技巧

在【设置背景格式】对话框的【填充】选项卡中，【方向】下拉列表提供了 8 种可供选择的样式，与【角度】文本框相对应，每种样式所对应的角度依次为“45°”、“90°”、“135°”、“0°”、“180°”、“315°”、“270°”、“225°”。

步骤6　单击【关闭】按钮即可设置母版的背景格式，如图 7-5 所示。

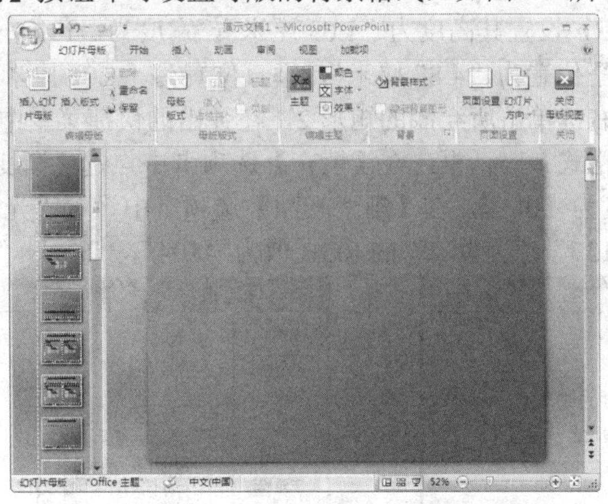

图 7-5　设置背景格式后的母版

步骤7　选择【插入】选项卡，然后在【插图】功能区中单击【形状】按钮，并在下拉列表中选择【矩形】选项卡，然后在幻灯片编辑区中拖动鼠标绘制矩形 1。

步骤8　双击所绘制的矩形 1，然后在【绘图工具格式】选项卡的【大小】功能区中设置形状高度为“2.75 厘米”，形状宽度为“25.4 厘米”，然后调整矩形的位置使其位于母版的正上方。

步骤9　使用鼠标右键单击所绘制的矩形 1，在弹出的菜单中选择【设置形状格式】命令打开【设置形状格式】对话框，选择【填充】选项卡，点选【渐变填充】单选钮，并设置类型为【线性】，角度为【0°】，在【渐变光圈】选项组中设置“光圈 1”颜色的 RGB 值依次为“43”、“43”、“40”，“光圈 2”的 RGB 值为“158”、“158”、“146”，如图 7-6 所示。

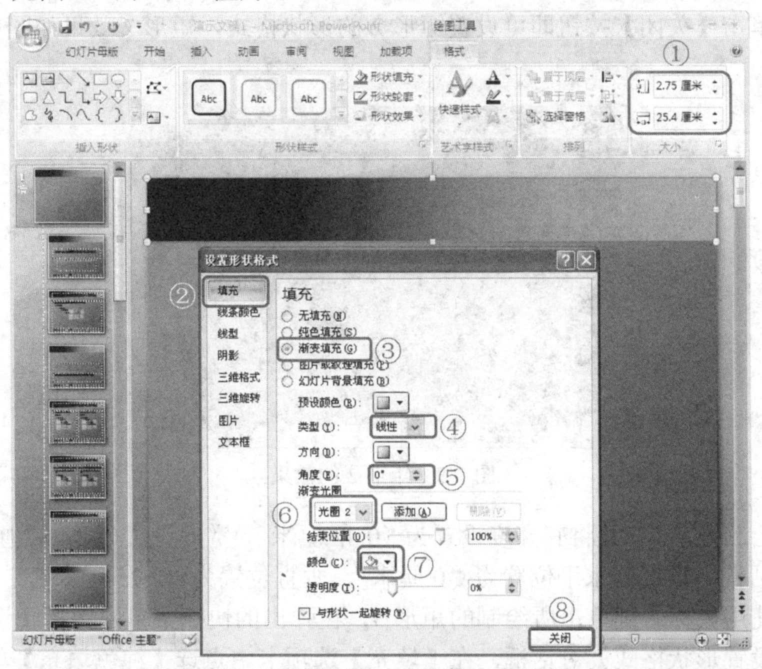

图 7-6　绘制矩形 1 并设置填充方式

步骤10 单击【关闭】按钮即可设置矩形的形状格式。

步骤11 绘制矩形 2，设置其高度为“1.69 厘米”，宽度为“19.69 厘米”，并在【大小和位置】对话框中设置其水平位置为“4.87 厘米”，垂直位置为“1.06 厘米”。

步骤12 使用鼠标右键单击所绘制的矩形 2，在弹出的快捷菜单中选择【设置形状格式】命令，打开【设置形状格式】对话框，在【填充】选项卡中点选【渐变填充】单选钮，并设置其类型为【线性】、角度为【0°】，在【渐变光圈】选项组中设置“光圈 1”颜色的 RGB 值依次为“145”、“148”、“137”，“光圈 2”的 RGB 值为“104”、“107”、“93”，如图 7-7 所示。

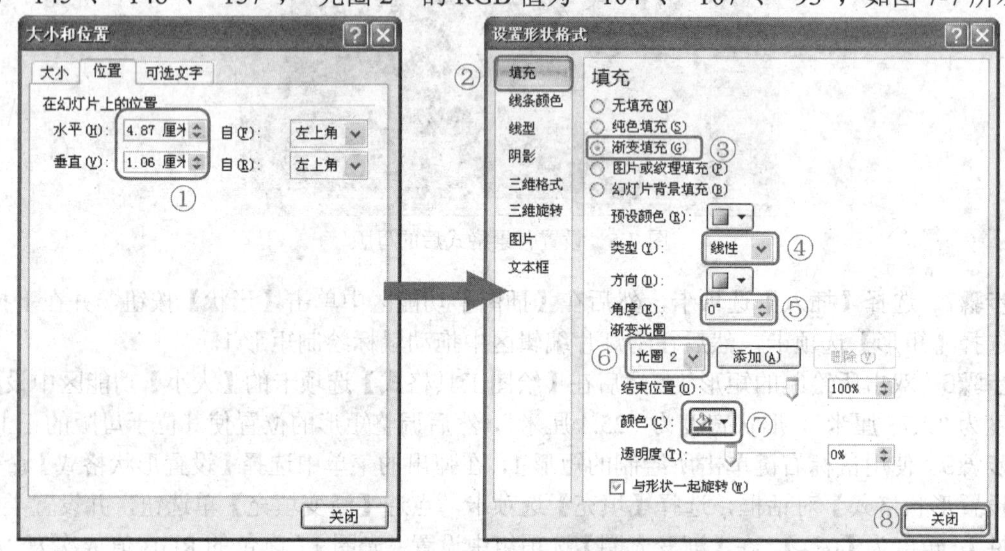

图 7-7 设置矩形 2 的位置和填充方式

步骤13 单击【关闭】按钮即可设置矩形 2 的形状格式，矩形 2 效果如图 7-8 所示。

图 7-8 矩形 2 的效果

步骤14 绘制矩形 3，并将其高度设置为“0.42 厘米”，宽度设置为“4.87 厘米”，并在“大小和位置”对话框中设置其水平位置为“0 厘米”，垂直位置为“2.75 厘米”。

步骤15 使用鼠标右键单击所绘制的矩形 3，在弹出的快捷菜单中选择【设置形状格式】命令，打开【设置形状格式】对话框，在【填充】选项卡中点选【纯色填充】单选钮，并设置填充颜色的 RGB 值为“255”、“204”、“102”，如图 7-9 所示。

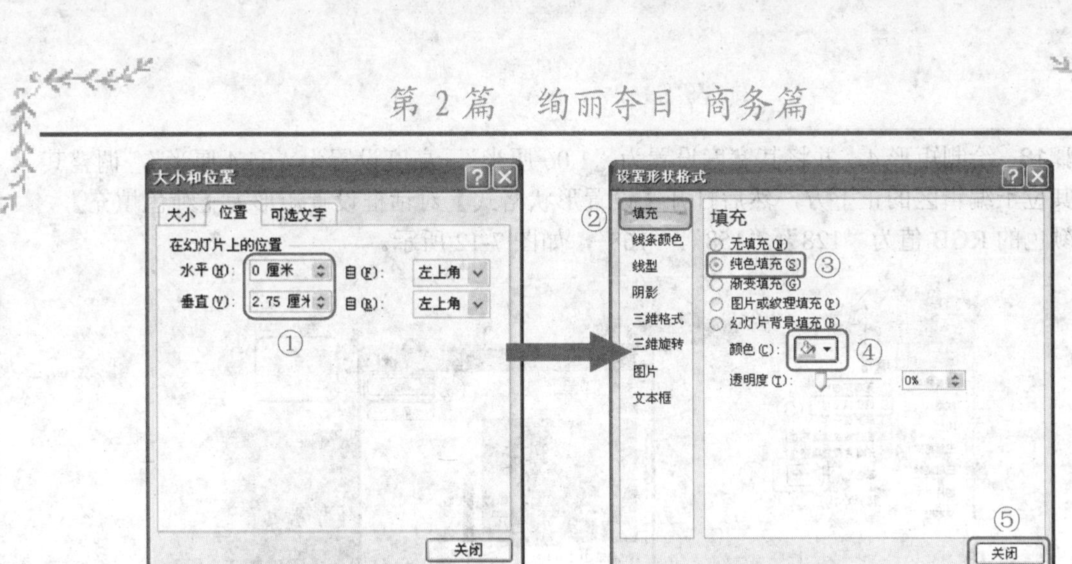

图 7-9　设置矩形 3 的位置和填充方式

步骤16　单击【关闭】按钮即可设置矩形 3 的形状格式，矩形 3 的效果如图 7-10 所示。

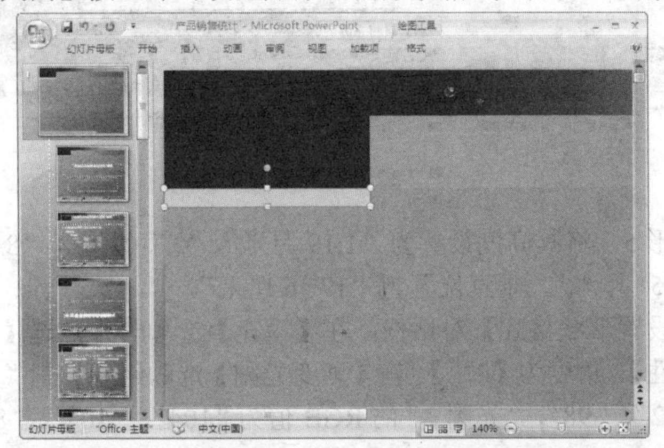

图 7-10　矩形 3 的效果

步骤17　绘制一条宽度为“25.4 厘米”的直线，并设置线条颜色的 RGB 值依次为“255”、“204”、“102”，然后调整直线的水平位置为“0 厘米”，垂直位置为“2.75 厘米”，如图 7-11 所示。

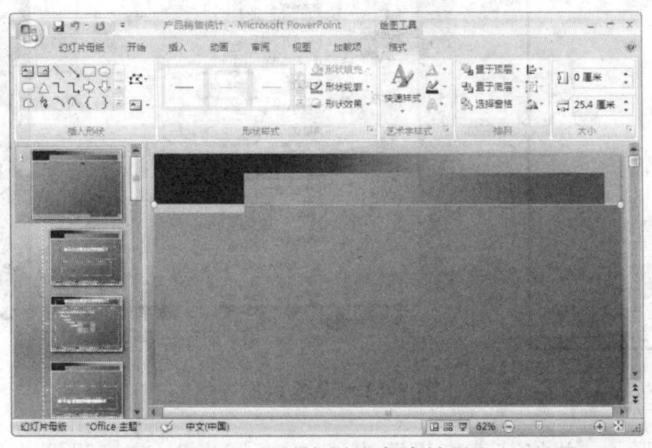

图 7-11　所绘制的直线效果

步骤18 绘制矩形 4，并将其宽度设置为“1.06 厘米”，高度设置为“24.4 厘米”，调整其位置使其位于编辑区的正下方，然后打开【设置形状格式】对话框设置矩形为【纯色填充】，其填充颜色的 RGB 值为“128”、“158”、“168”，如图 7-12 所示。

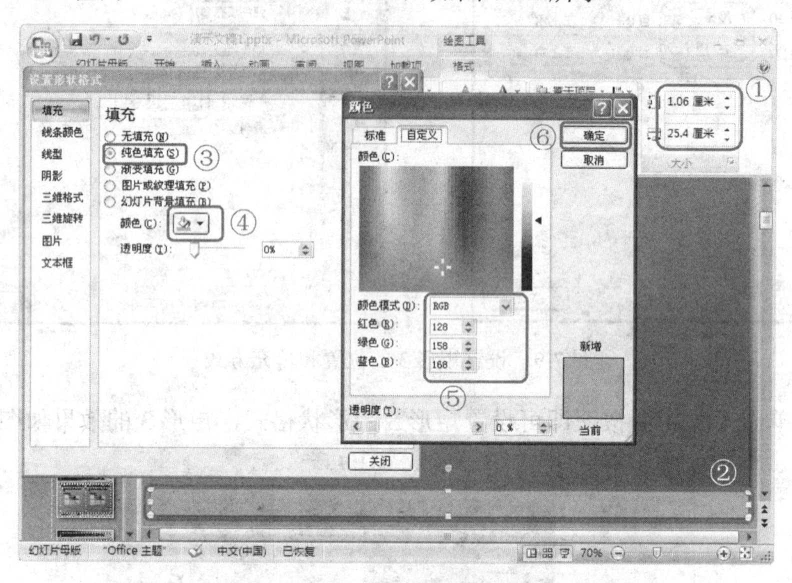

图 7-12 设置矩形 4

步骤19 绘制矩形 5，将其高度设置为“1.19 厘米”，宽度设置为“8.04 厘米”，并调整矩形的水平位置为“16.51 厘米”，垂直位置为“17.36 厘米”。

步骤20 打开【设置形状格式】对话框，在【填充】选项卡中点选【渐变填充】单选钮，并设置其类型为【线性】、角度为【0°】，在【渐变光圈】选项组中设置“光圈 1”颜色的 RGB 值依次为“109”、“112”、“98”，“光圈 2”的 RGB 值为“104”、“107”、“83”，如图 7-13 所示。

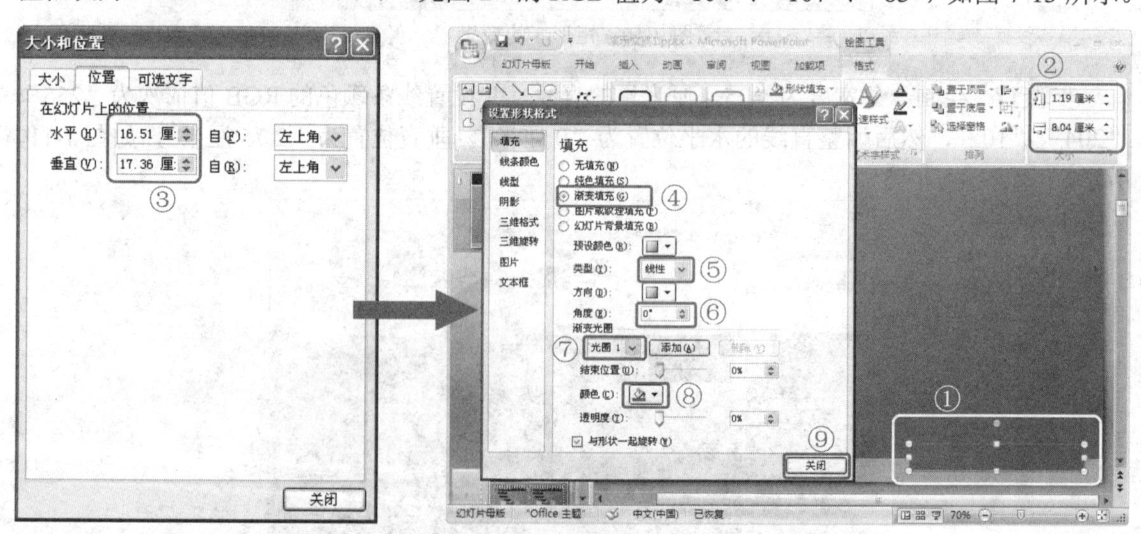

图 7-13 设置矩形 5

步骤21 绘制矩形 6，并将其高度设置为“17.89 厘米”，宽度设置为“0.85 厘米”，并调整矩形的水平位置为“24.55 厘米”，垂直位置为“0.64 厘米”。

步骤22　打开【设置形状格式】对话框，在【填充】选项卡中点选【渐变填充】单选钮，并设置其类型为【线性】、角度为【90°】，在【渐变光圈】选项组中设置“光圈 1”颜色的 RGB 值依次为“158”、“158”、“146”，“光圈 2”的 RGB 值为“193”、“193”、“186”，如图 7-14 所示。

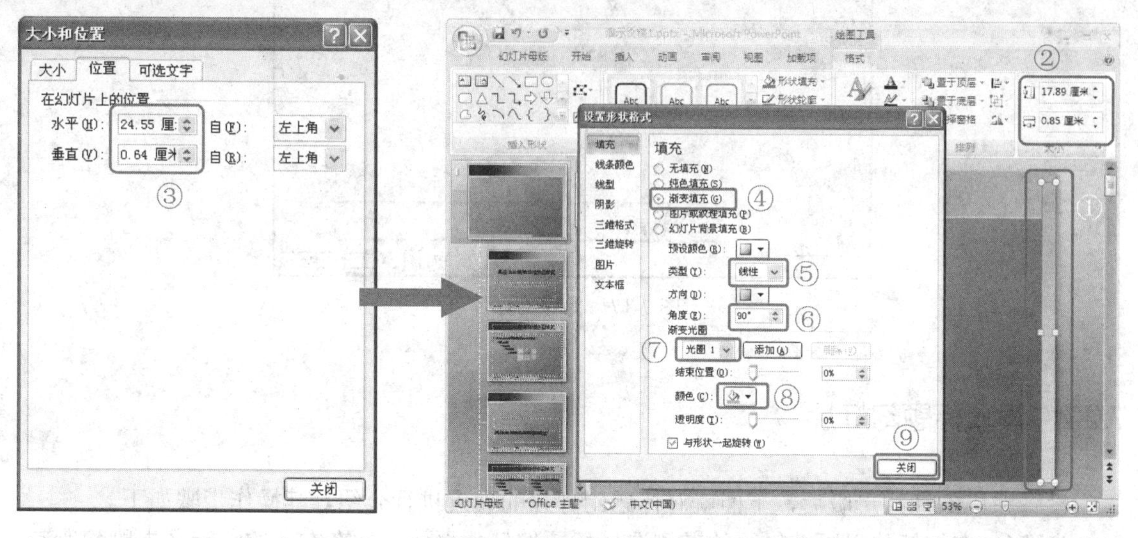

图 7-14　设置第六个矩形

步骤23　单击【关闭】按钮即可设置矩形的形状格式。然后在“幻灯片母版”选项卡的“母版版式”功能区中单击【母版版式】按钮，在弹出的【母版版式】对话框中勾选【标题】和【文本】复选框，单击【确定】按钮，如图 7-15 所示。

步骤24　选择【单击此处编辑母版标题样式】文本框，调整其位置，然后设置字体为【方正粗圆简体】、字号为【36】、字体颜色为【白色】，再选择【单击此处编辑母版文本样式】文本框，设置字体颜色也为【白色】，如图 7-16 所示。

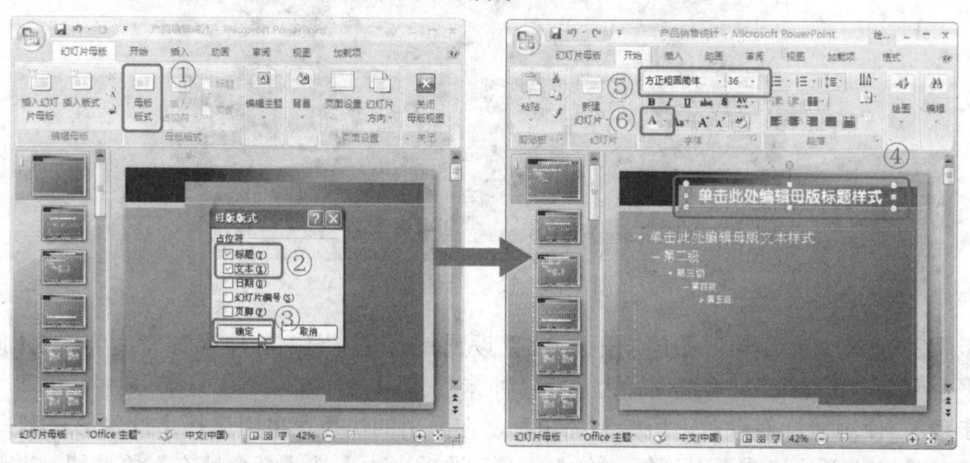

图 7-15　设置母版版式　　　　图 7-16　设置标题文本框

步骤25　按<Ctrl>+<S>快捷键，在弹出的【另存为】对话框中选择保存路径，然后输入文件名称，并在【保存类型】下拉列表中选择要保存的幻灯片类型，然后单击【保存】按钮保存演示文稿，如图 7-17 所示。至此幻灯片母版创建完毕。

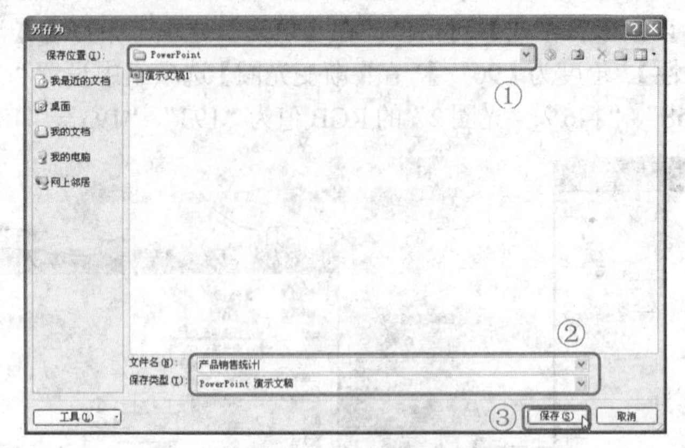

图 7-17 保存幻灯片

7.2.2 设置标题幻灯片

设置完毕幻灯片母版后，下面就对标题幻灯片的设置进行介绍，其操作步骤如下。

步骤1 在幻灯片母版编辑区的左侧选择标题幻灯片页面，并在右侧的编辑区中删除所有文本框，然后在【幻灯片母版】选项卡的【背景】功能区中勾选【隐藏背景图形】复选框，隐藏母版中所创建的背景图形，如图 7-18 所示。

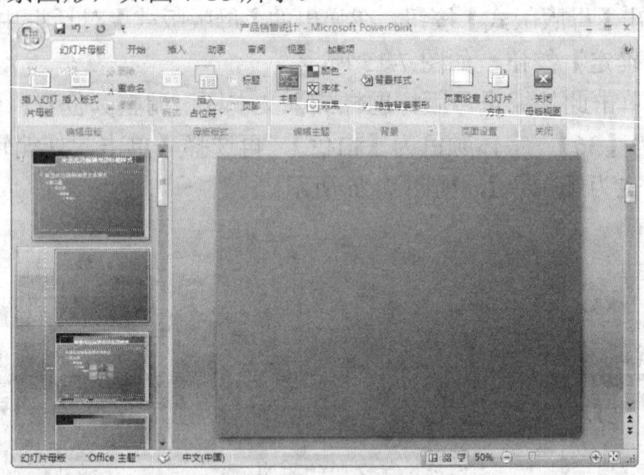

图 7-18 设置标题幻灯片

步骤2 在幻灯片编辑区中绘制矩形 1，并设置其高度为“17.73 厘米”，宽度为“25.4 厘米”，其水平位置为“0 厘米”，垂直位置为“1.32 厘米”。

步骤3 使用鼠标右键单击所绘制的矩形，在弹出的快捷菜单中选择【设置形状格式】命令，打开【设置形状格式】对话框，在【填充】选项卡中点选【渐变填充】单选钮，并设置类型为【线性】，角度为【0°】，在【渐变光圈】选项组中设置“光圈 1”颜色的 RGB 值依次为“158”、“158”、“146”，“光圈 2”的 RGB 值为“139”、“139”、“128”，如图 7-19 所示。

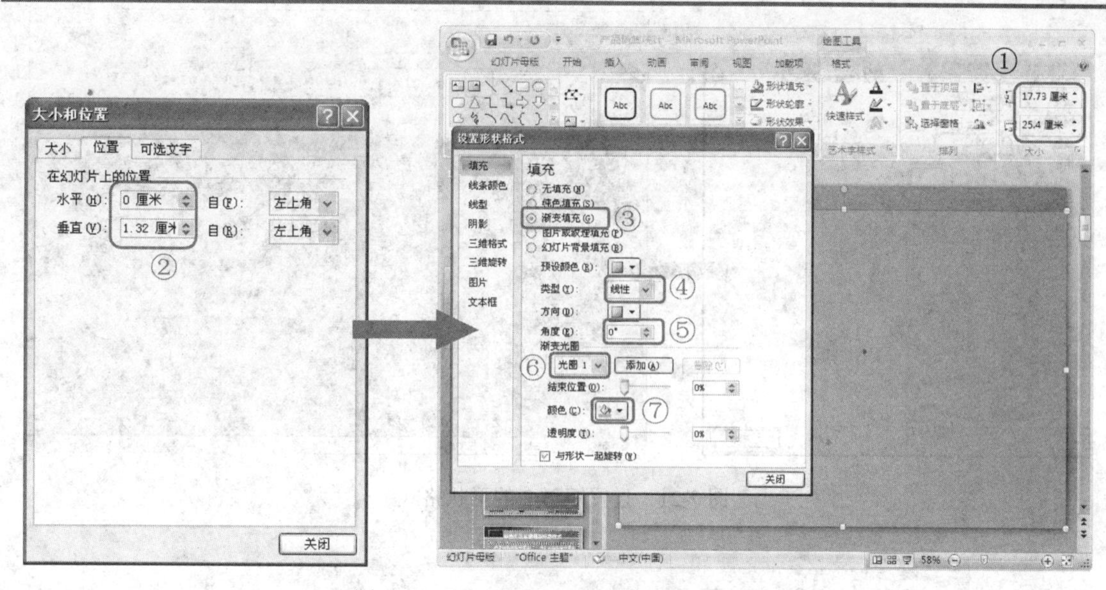

图 7-19　设置矩形 1 的位置和填充方式

步骤4　在幻灯片编辑区中绘制矩形 2，并设置其高度为“16.09 厘米”，宽度为“14.61 厘米”，其水平位置为“0.85 厘米”，垂直位置为“1.91 厘米”。

步骤5　使用鼠标右键单击所绘制的矩形 2，在弹出的快捷菜单中选择【设置形状格式】命令，打开【设置形状格式】对话框，在【填充】选项卡中点选【无填充】单选项，然后选择【线型】选项卡，设置其宽度为【0.75 磅】，联接类型为【斜接】，如图 7-20 所示。

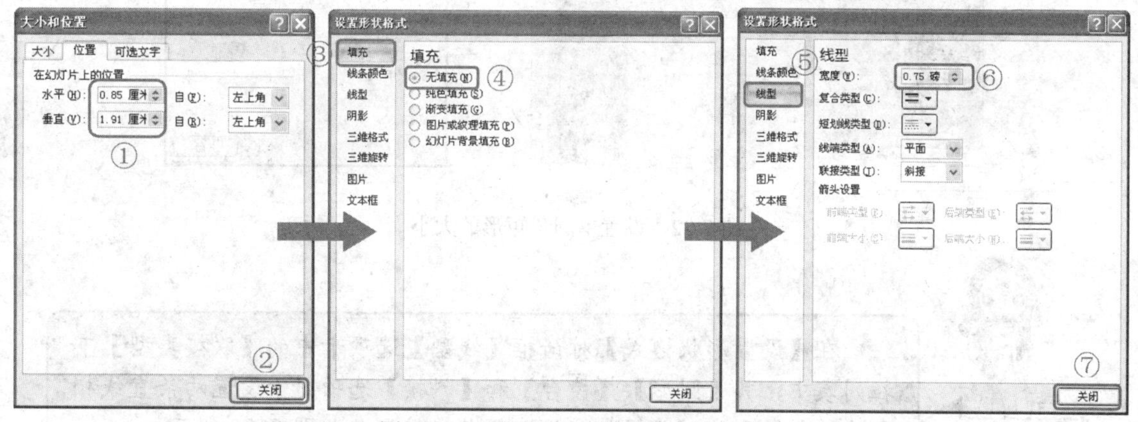

图 7-20　设置矩形 2 填充方式与线型

步骤6　在对话框中选择【线条颜色】选项卡，并点选【实线】单选钮，设置线条颜色的 RGB 值依次为“233”、“233”、“219”，单击【关闭】按钮即可设置矩形 2 的形状格式，如图 7-21 所示。

步骤7　选择【插入】选项卡，然后在【插图】功能区中单击【形状】按钮，在打开的下拉列表中选择【单圆角矩形】选项，在幻灯片编辑区中绘制一个单圆角矩形，并设置其高度为“13.1 厘米”，宽度为“22.23 厘米”，如图 7-22 所示。

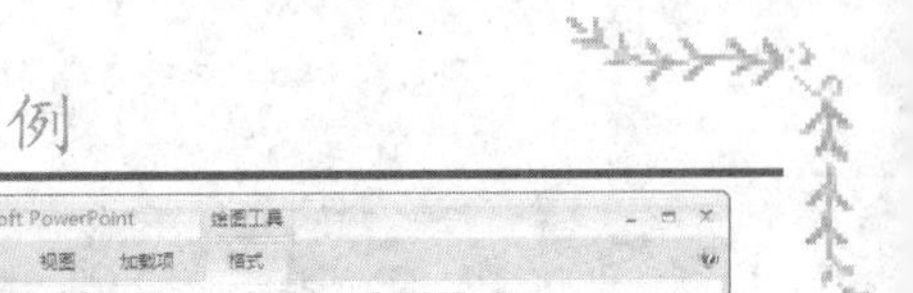

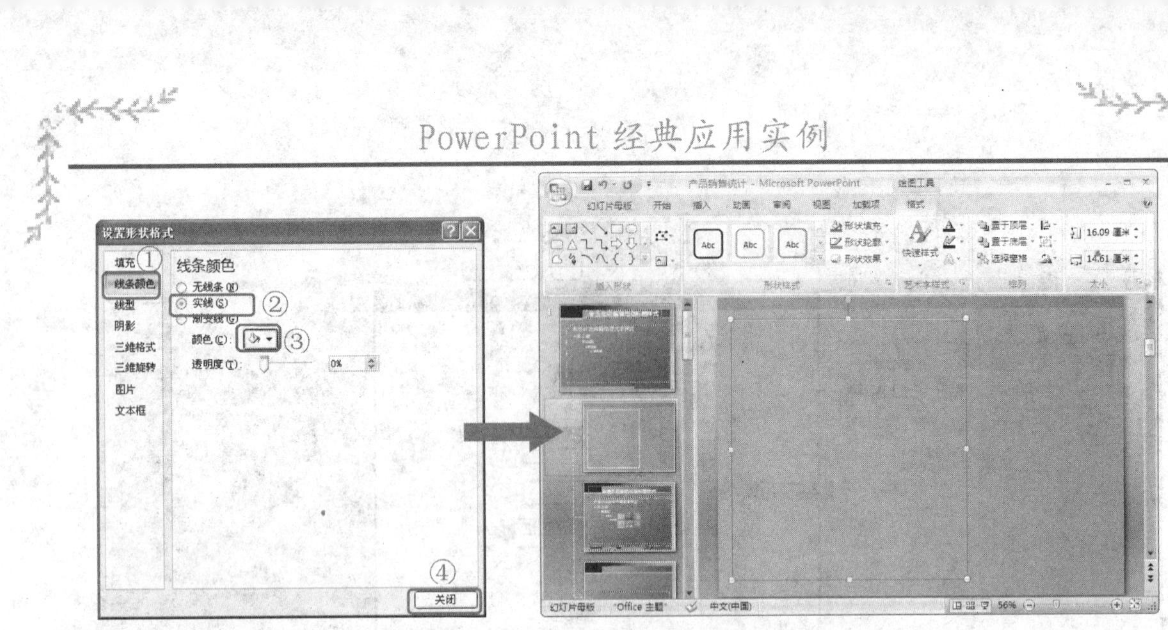

图 7-21　设置矩形 2 的形状格式

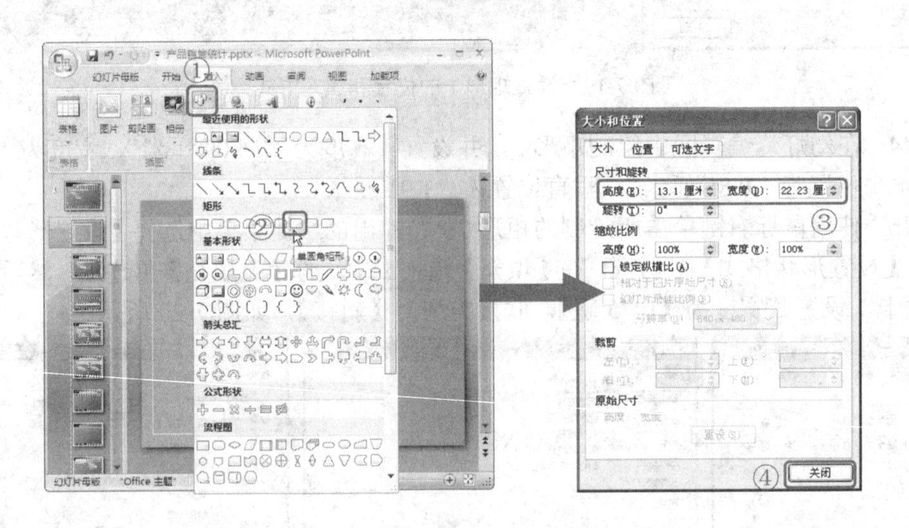

图 7-22　设置单圆角矩形的大小

在【设置形状格式】对话框【线型】选项卡中的【联接类型】下拉列表中，其【圆形】、【棱台】和【斜接】选项用于设置两条直线相交处的连接形状，选择相应的选项其连接形状如图 7-23 所示。

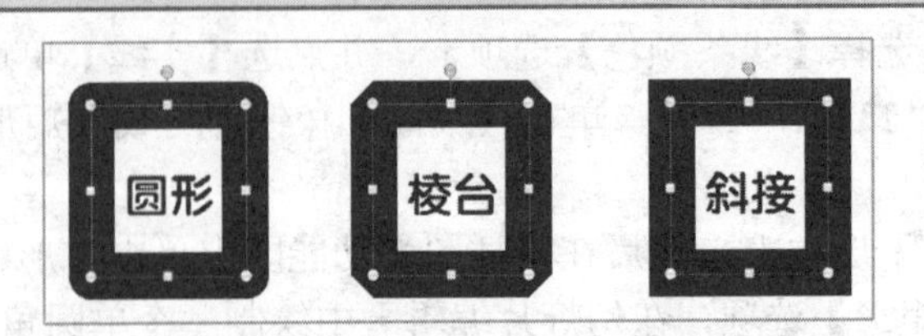

图 7-23　不同联接类型的效果对比图

步骤8　调整单圆角矩形的位置使其位于编辑区的右下方，然后打开【设置形状格式】对话框，在【填充】选项卡中设置填充模式为【纯色填充】，填充颜色的 RGB 值依次为“104”、“107”、“93”，单击【关闭】按钮即可设置单圆角矩形的形状格式，如图 7-24 所示。

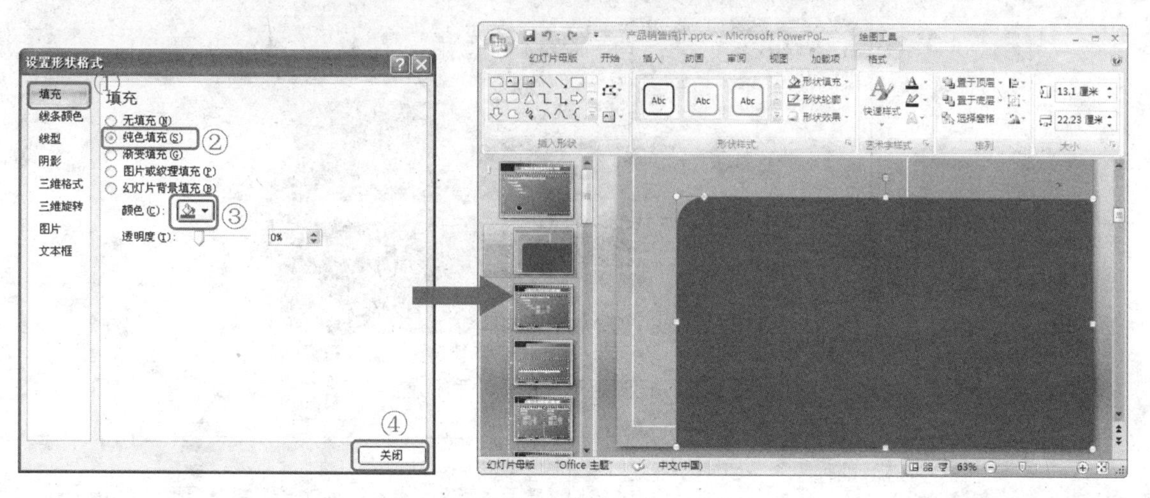

图 7-24　设置单圆角矩形的形状格式

步骤9　在幻灯片编辑区中绘制矩形 3，并打开【设置形状格式】对话框，在【填充】选项卡中设置填充模式为【纯色填充】，填充颜色的 RGB 值依次为“255”、“204”、“102”，然后设置线条颜色为“白色实线　”，线型宽度为“0.75 磅”，最后单击【关闭】按钮，如图 7-25 所示。

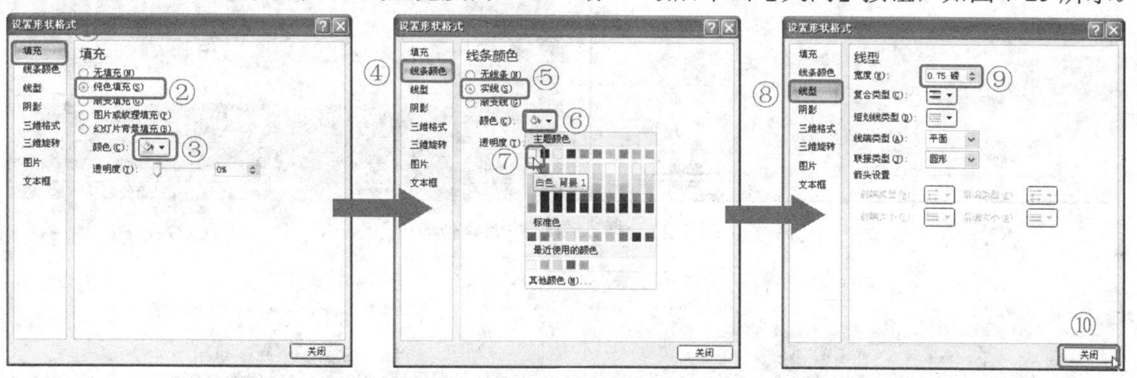

图 7-25　设置矩形 3 的形状格式

步骤10　再设置矩形 3 的高度为“1.06 厘米”，宽度为“17.57 厘米”，并在【大小和位置】对话框中设置其水平位置为“7.83 厘米”，垂直位置为“5.29 厘米”，如图 7-26 所示。

步骤11　打开【插入图片】对话框，在【查找范围】下拉列表中选择路径为“PowerPoint 经典应用实例\第 2 篇\实例 7”文件夹中的“图片 1.png”、“图片 2.png”和“图片 3.png”文件，单击【插入】按钮，插入图片，设置图片高度均为“2.5 厘米”，调整图片的位置使其如图 7-27 所示。

步骤12　选择【幻灯片母版】选项卡，然后在【母版标题】功能区中勾选【标题】复选框，然后在编辑区中设置字体为【方正粗圆简体】、字号为【44】、字体颜色为【白色】，然后调整标题文本框的位置使其如图 7-28 所示。

步骤13　按住<Ctrl>键拖动标题文本框将其复制一个，然后将文本改为“单击此处编辑母版副标题样式”，然后设置字体为【楷体_GB2312】、字号为【20】，字体颜色的 RGB 值分别为“104”、“107”和“93”，然后调整文本框的位置使其如图 7-29 所示。

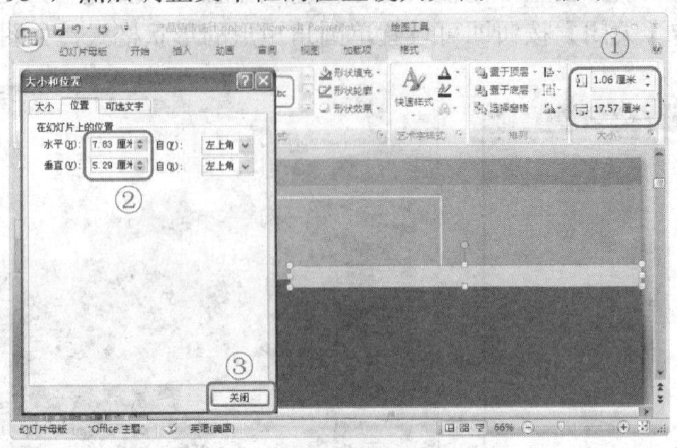

图 7-26　设置矩形 3 的大小和位置

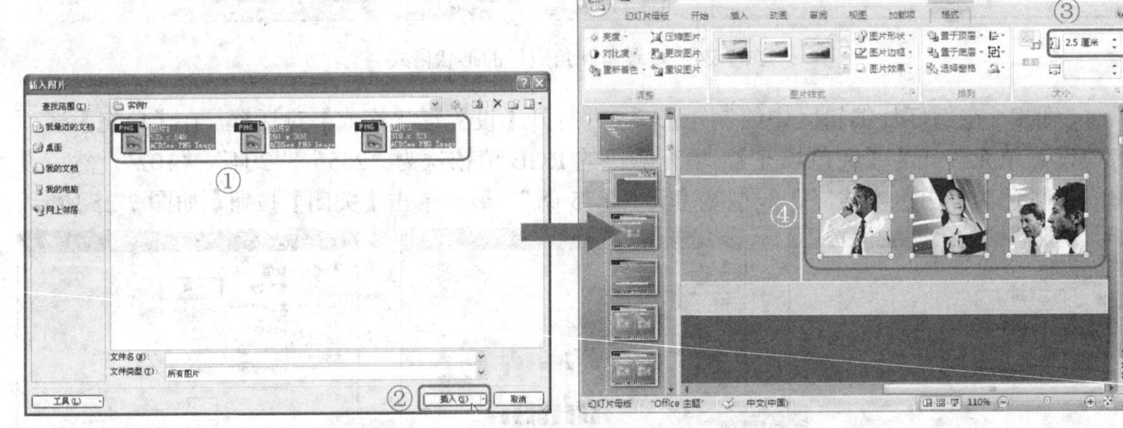

图 7-27　插入图片并调整位置

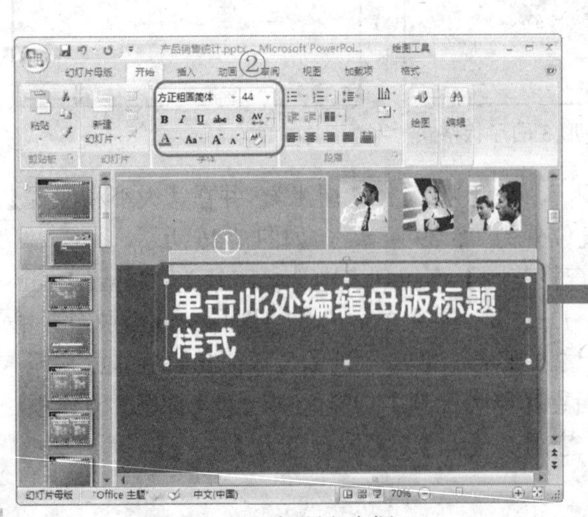

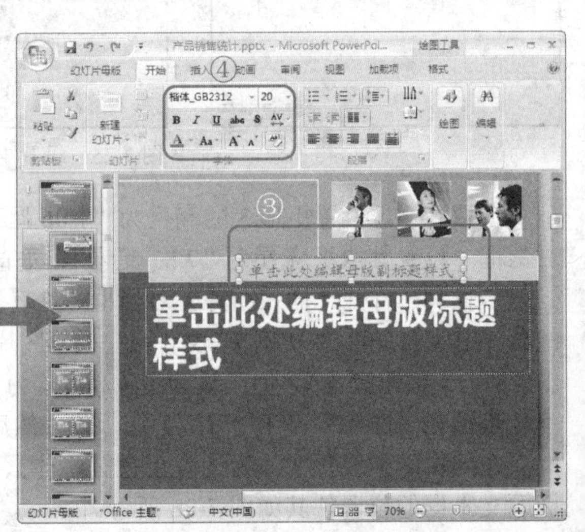

图 7-28　设置标题文本框　　　　图 7-29　设置副标题文本框

步骤14　按<Ctrl>+<S>快捷键保存文档，标题幻灯片设置完毕。

7.2.3　创建首页和产量统计幻灯片

设置完毕幻灯片母版和标题幻灯片后，就可以对幻灯片中的页面进行创建了。下面先对首页和产量统计幻灯片页面进行创建，其具体的操作如下。

步骤1　在幻灯片母版编辑区中选择【幻灯片母版】选项卡，然后在【关闭】功能区中单击【关闭母版视图】按钮退出母版编辑区，在首页的【单击此处添加标题】文本框中输入文本"年度销量统计"，然后在【单击此处添加副标题】文本框中输入公司名称，如"墨思客有限责任公司"，如图 7-30 所示，首页创建完毕。

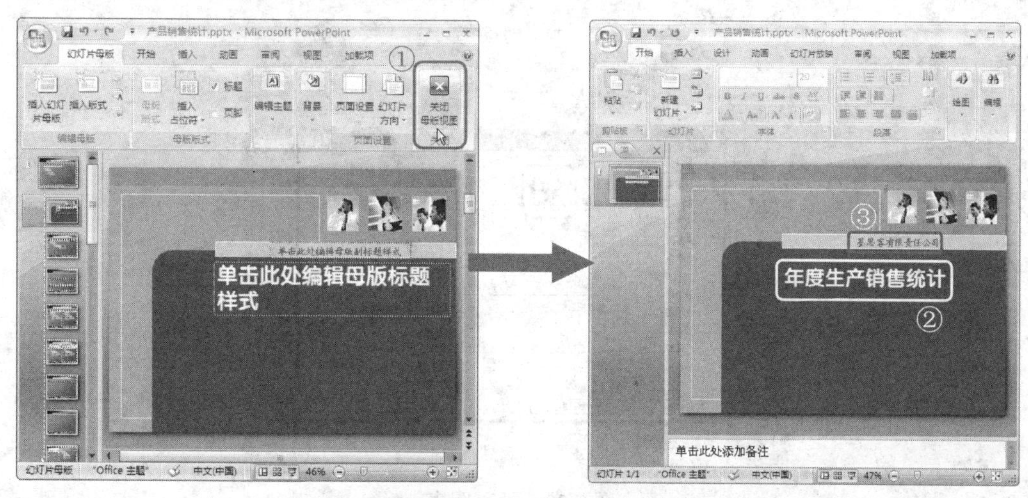

图 7-30　设置首页

步骤2　选择【开始】选项卡，在【幻灯片】功能区中单击【新建幻灯片】按钮，在弹出的下拉列表中选择【仅标题】选项创建新幻灯片页面，并在新页面的【单击此处添加标题】文本框中输入文本"年度生产量统计"，如图 7-31 所示。

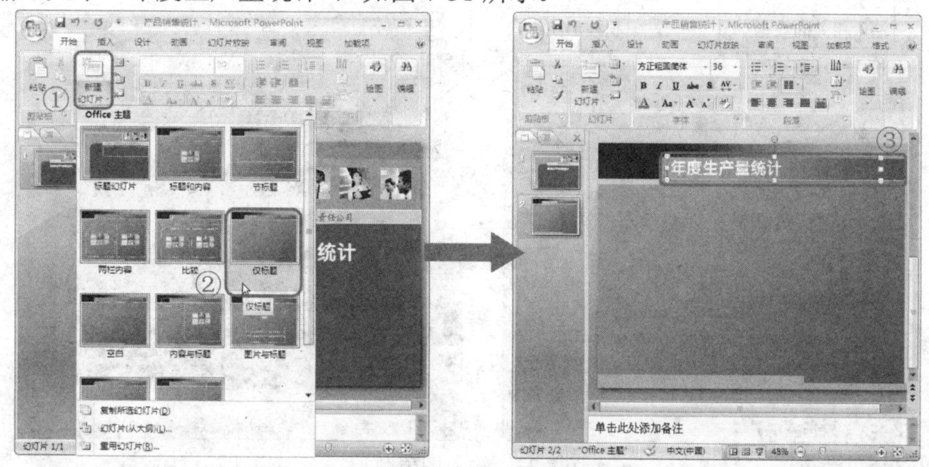

图 7-31　新建页面并添加标题

在母版编辑区中所设置的版式效果最终会出现在单击【新建幻灯片】按钮后的下拉列表中。如上步所选择【仅标题】选项所创建的幻灯片页面，如果默认的标题位置需要同上图相同，则需要在母版编辑区中对“仅标题版式”的标题位置进行设置才能得到相同的位置效果。其位于母版编辑区左侧导航栏的第 7 个版式。

步骤3 选择【插入】选项卡，在【插图】功能区中单击【图表】按钮，打开【插入图表】对话框，选择【柱形图】选项卡，并在右侧【柱状图】选项组中选择【堆积柱形图】选项，单击【确定】按钮插入堆积柱形图，如图 7-32 所示。

图 7-32　插入图表

步骤4 在插入堆积柱形图的同时会打开 Excel 表格，在 Excel 表格中输入相关的数据，此时 PowerPoint 中所插入的图表如图 7-33 所示。

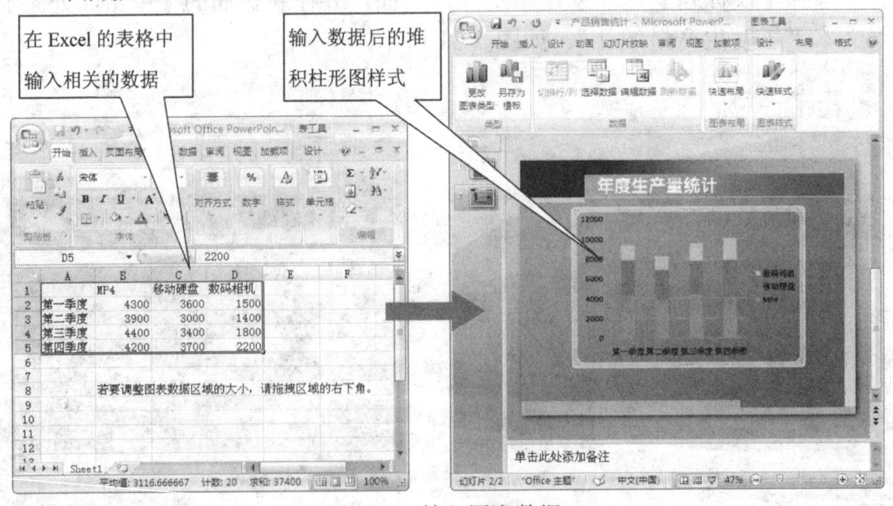

图 7-33　输入图表数据

如果在 PowerPoint 中插入图表的同时，会自动打开 Excel 对所插入图表中的数据进行编辑，图表中的形状会根据 Excel 中所输入的数值进行相应的调整。输入完毕数值后，直接关闭 Excel 即可。

步骤5　选择所插入的堆积柱形图，然后选择【图表工具设计】选项卡，在【图表样式】功能区中单击【快速样式】按钮，在弹出的下拉列表中选择【样式 26】，如图 7-34 所示。

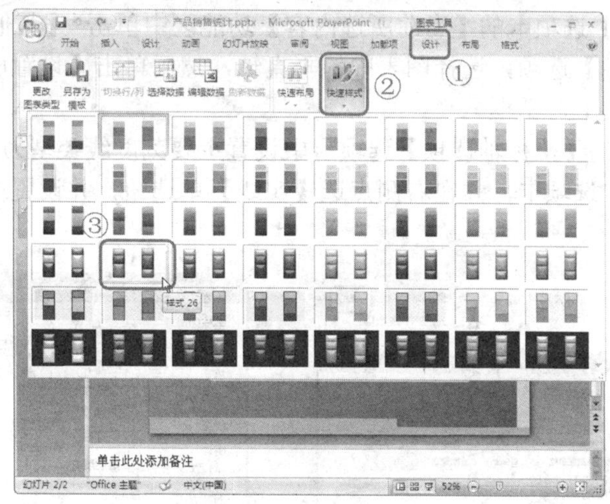

图 7-34　设置图表样式

步骤6　选择所插入的堆积柱形图，然后选择【图表工具布局】选项卡，然后在【坐标轴】功能区中单击【网格线】按钮，在弹出的下拉列表中依次选择【主要横网格线】、【无】选项，取消显示主要横网格线，如图 7-35 所示。

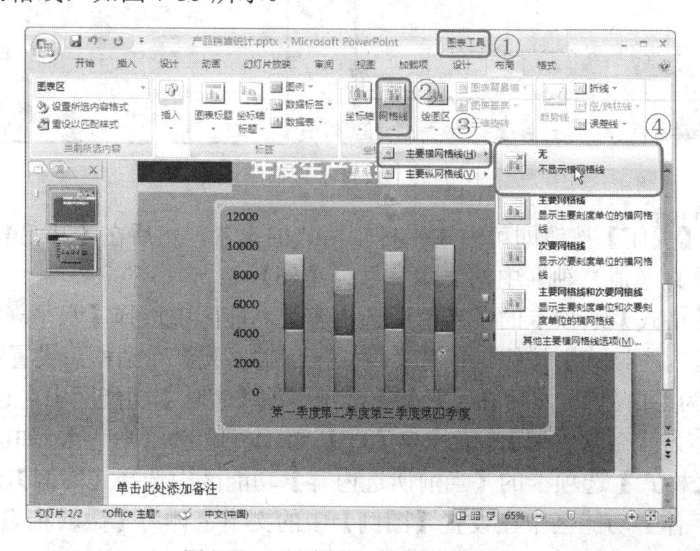

图 7-35　取消显示主要横网格线

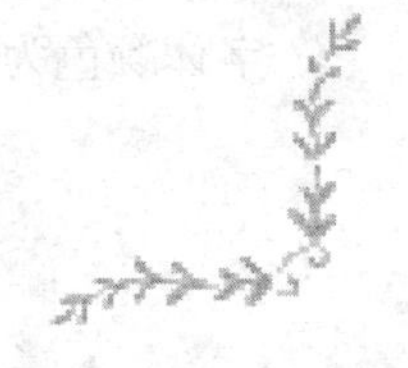

在 PowerPoint 中选择所插入的图表，在出现的图表工具中有【设计】、【布局】和【格式】选项卡可对图表进行设置。在【设计】选项卡中可以对图表的类型、数据、图表布局和图表样式进行设置；【布局】选项卡中可以选择图表中的内容、插入图片文本框、设置标签、坐标轴和背景样式等；【格式】选项卡也可以选择图表中的内容，同时还可以对图表的形状样式、艺术字样式、排列和大小进行设置。

步骤7 在【格式】选项卡的【当前所选内容】功能区中单击【其他】按钮，在下拉列表中选择【垂直（值）轴】选项，选择图表中的垂直轴，然后单击【设置所选内容格式】按钮，打开【设置坐标轴格式】对话框。

步骤8 在对话框的【坐标轴选项】选项卡中设置主要刻度线类型为【内部】，然后在对话框中选择【线条颜色】选项卡，并在右侧点选【实线】单选钮，并设置线条颜色为【白色】，如图 7-36 所示。

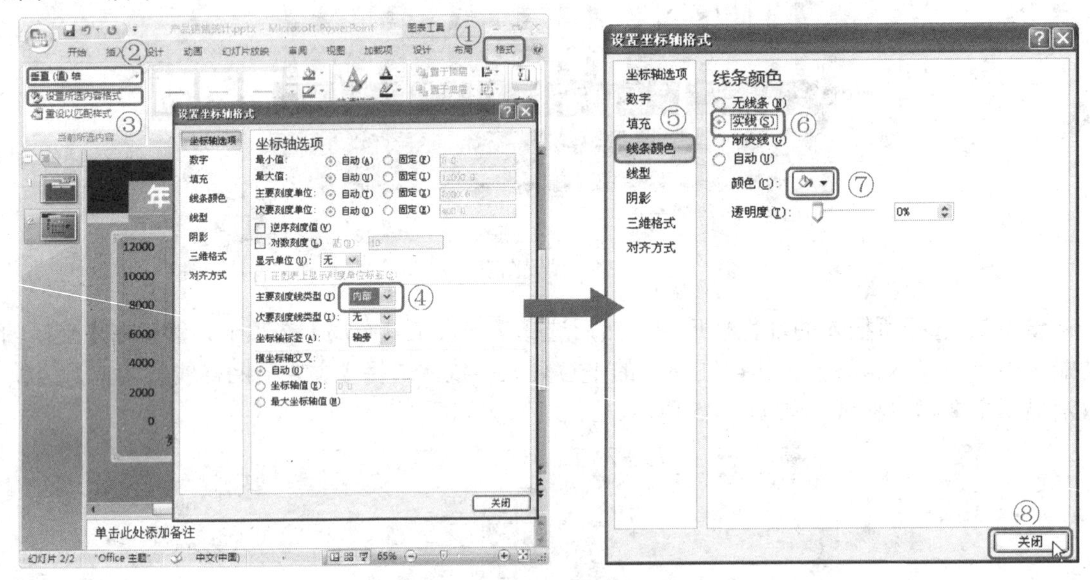

图 7-36 设置垂直轴格式

步骤9 单击【关闭】按钮即可完成坐标轴格式的设置，然后在【开始】选项卡的【字体】功能区中设置【垂直（值）轴】中的文本字号为【16】。

步骤10 在【格式】选项卡的【当前所选内容】功能区中选择【水平（类别）轴】选项，并单击【设置所选内容格式】按钮，打开【设置坐标轴格式】对话框，设置主要刻度线类型为【无】，线条颜色为【白色】，然后在【开始】选项卡的【字体】功能区中在设置【水平（类别）轴】中的文本字体为【微软雅黑】、字号为【16】、字体颜色为【白色】，如图 7-37 所示。

步骤11 在【格式】选项卡的【当前所选内容】功能区中选择【图例】选项，然后在【开始】选项卡的【字体】功能区中在设置【图例】中的文本字体为【微软雅黑】、字号为【16】、字体颜色为【白色】，如图 7-38 所示。

步骤12　设置完毕后拖动图表区的外框并调整其宽度和高度，然后再拖动“绘图区”的边框将其调整为如图 7-39 所示。

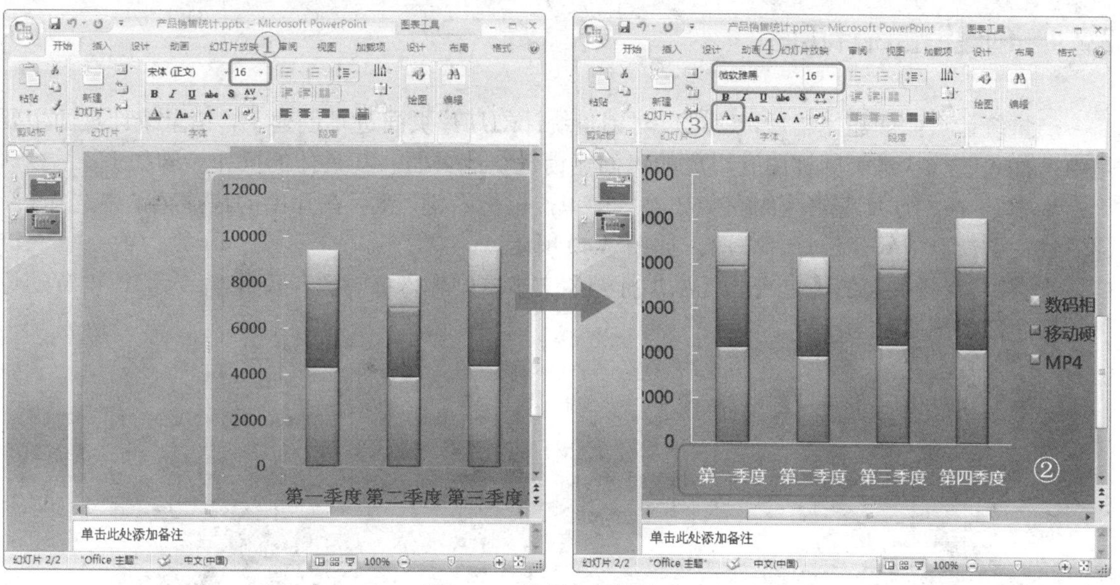

图 7-37　设置水平轴格式

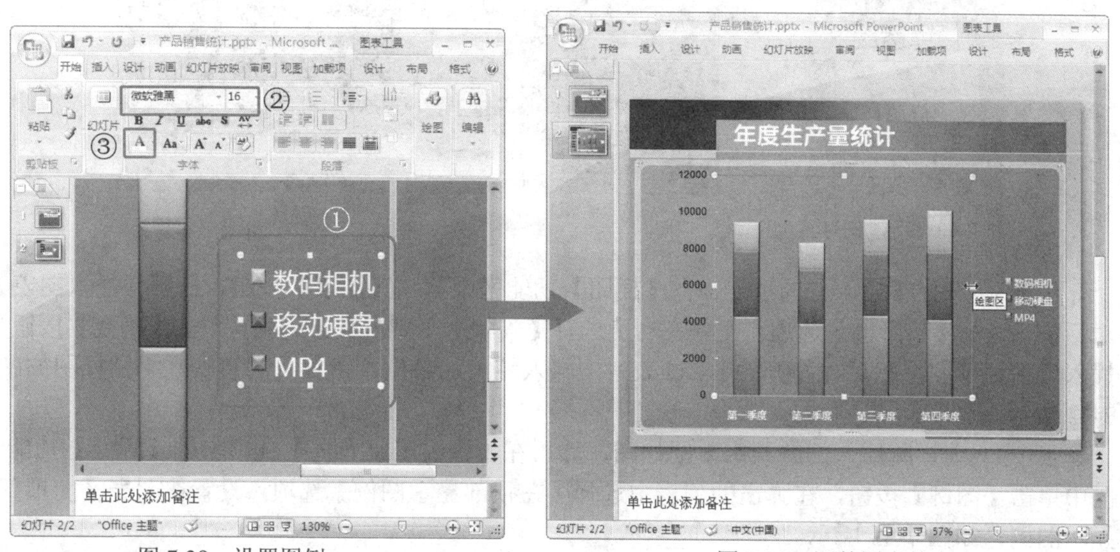

图 7-38　设置图例

图 7-39　调整图表的大小

操作技巧

如果需要在幻灯片中选择图表的某一部分区域，可以通过在【图表工具布局】选项卡或者【图表工具格式】选项卡中的【当前所选内容】下拉列表中进行选择，或者直接在编辑区中单击需要选择的部分。这里需要注意的是，选择的区域不同，单击鼠标右键所弹出的菜单内容也会不同。

步骤13 按<Ctrl>+<S>快捷键保存文档，产量统计幻灯片设置完毕。

7.2.4 创建销量统计页面

产量统计页面创建完毕后，就可以对销量统计幻灯片页面进行创建了，销量统计页面主要是由所插入的簇状水平圆柱图表组成的。创建销量统计页面，其具体的操作步骤如下。

步骤1 在幻灯片编辑区的左侧导航栏中单击鼠标右键，然后在弹出的快捷菜单中选择【新建幻灯片】命令，新建幻灯片页面，如图 7-40 所示。

步骤2 在新页面的【单击此处添加标题】文本框中输入文本“年度销售统计”，设置幻灯片的标题，如图 7-41 所示。

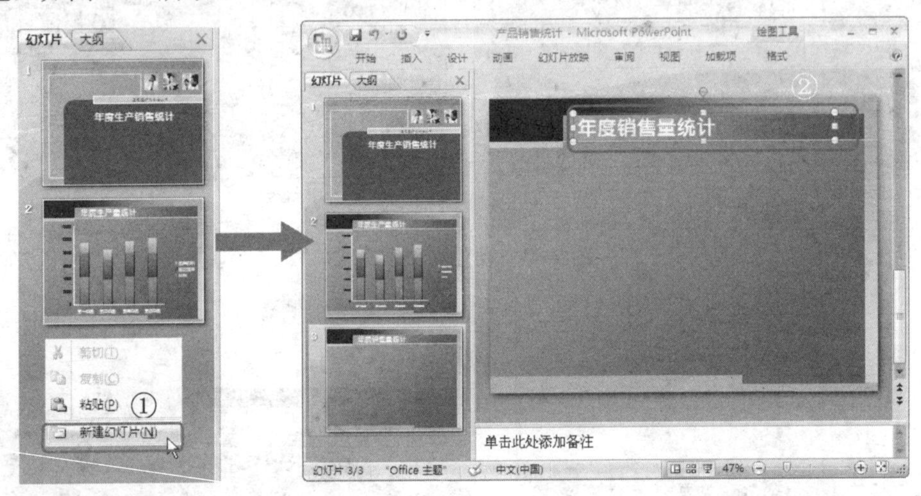

图 7-40　新建幻灯片　　　　图 7-41　输入标题

步骤3 选择【插入】选项卡，在【插图】功能区中单击【图表】按钮，打开【插入图表】对话框，选择【条形图】选项卡，并在右侧选择【簇状水平圆柱图】选项，单击【确定】按钮，插入堆积柱形图，然后在打开的 Excel 表格中输入相关的数据，所插入的簇状水平圆柱图如图 7-42 所示。

步骤4 选择所插入的簇状水平圆柱图，然后在【图表工具布局】选项卡的【标签】功能区中单击【图例】按钮，在弹出的列表中选择【在顶部显示图例】选项，设置在图表区的顶部显示图例，如图 7-43 所示。

步骤5 打开【开始】选项卡，在【字体】功能区中设置图表区中的字体为【微软雅黑】、字号为【16】、字体颜色为【白色】，如图 7-44 所示。

步骤6 在【图表工具布局】选项卡的【坐标轴】功能区中单击【网格线】按钮，在弹出的列表中依次选择【主要纵网格线】、【无】选项，取消网格线的显示，如图 7-45 所示。

步骤7 在【布局】选项卡的【当前所选内容】功能区中单击【其他】按钮，在下拉列表中选择【水平（值）轴】选项，单击【设置所选内容格式】按钮打开【设置坐标轴格式】对话框，在对话框的【坐标轴选项】选项卡中设置主要刻度线类型为【内部】，如图 7-46 所示。

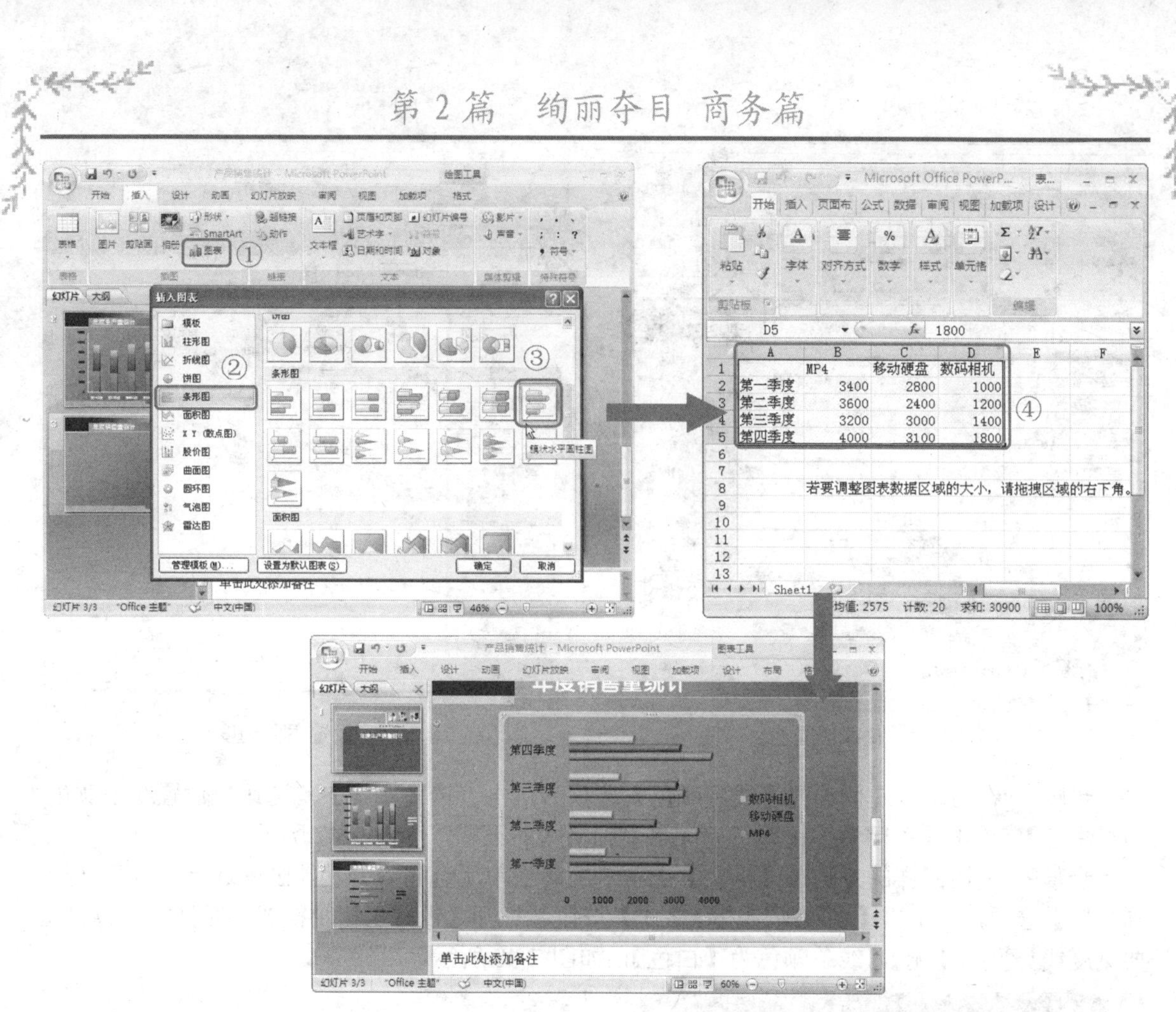

图 7-42　插入簇状水平圆柱图

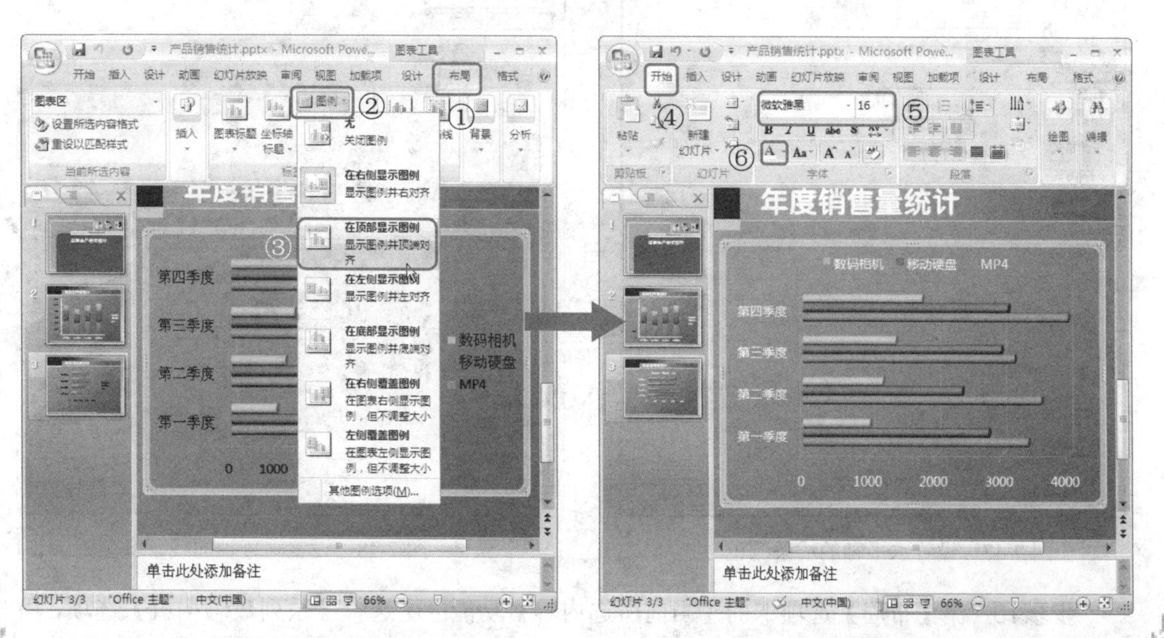

图 7-43　设置顶部显示图例

图 7-44　设置图表中的文本字体

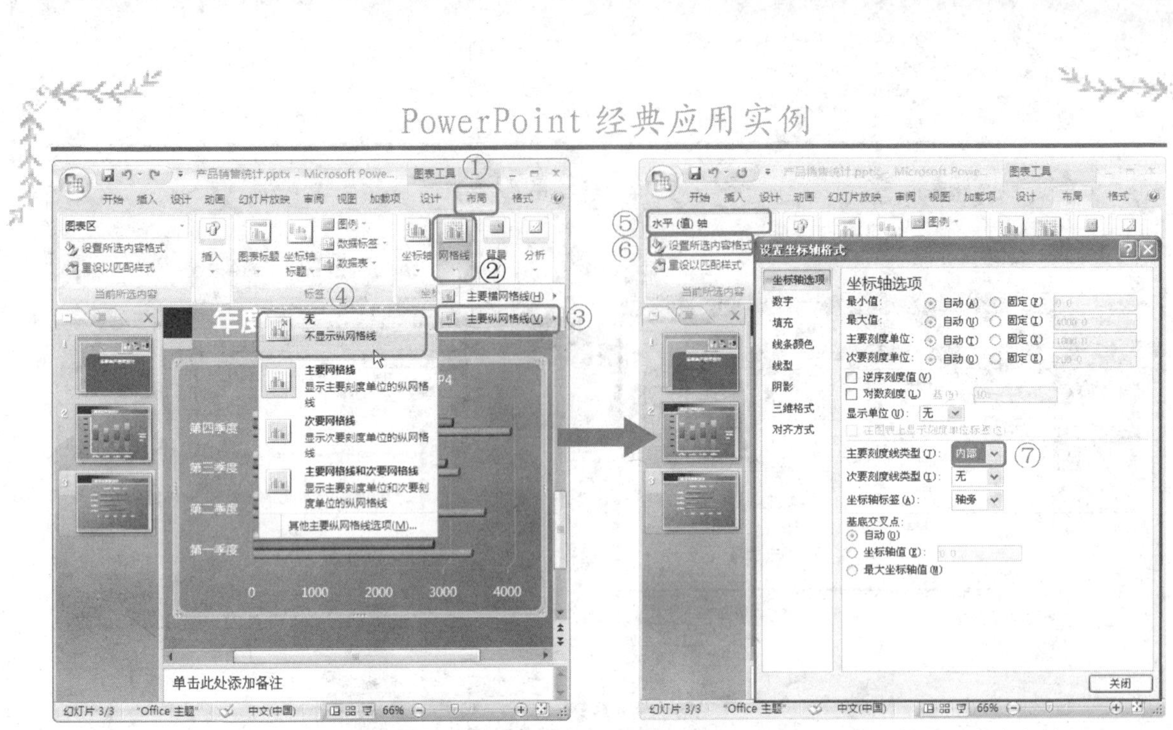

图 7-45　取消网格线的显示　　　　图 7-46　设置主要刻度线类型

步骤8　在对话框左侧选择【线条颜色】选项卡，再点选【实线】单选钮，设置线条颜色为【白色】，单击【关闭】按钮即可完成水平轴格式的设置，如图 7-47 所示。

步骤9　使用同样的方法在【格式】选项卡的【当前所选内容】功能区中选择【垂直（类别）轴】选项，并单击【设置所选内容格式】按钮，打开【设置坐标轴格式】对话框，设置主要刻度线类型为【无】，线条颜色为【白色】，如图 7-48 所示。

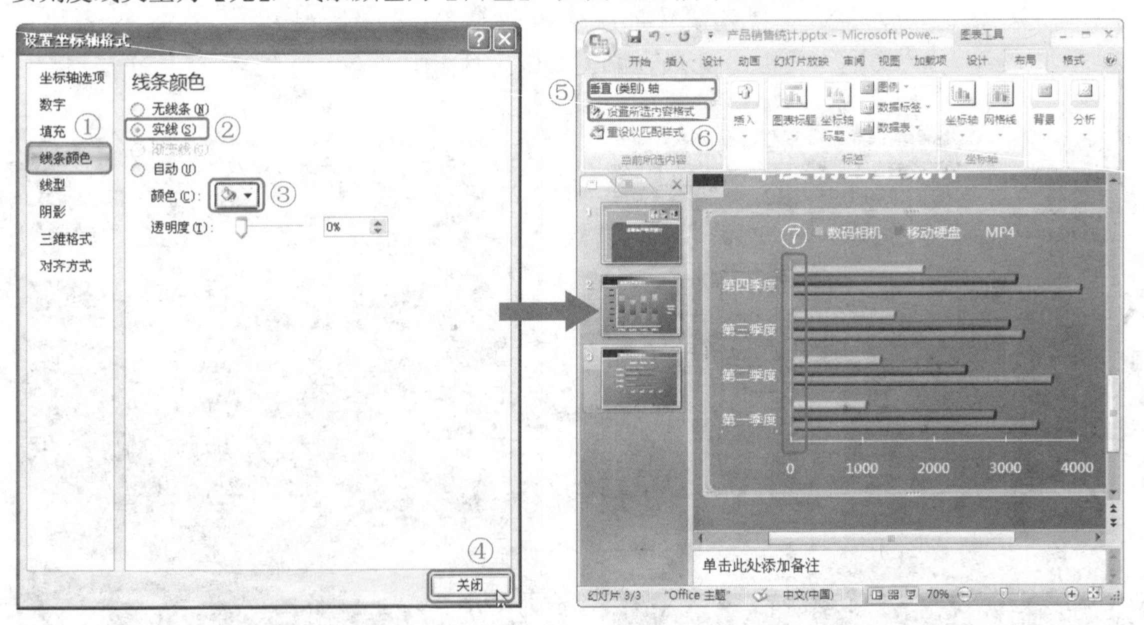

图 7-47　设置水平轴的线条颜色　　　　图 7-48　设置垂直轴的线条颜色

步骤10　在【布局】选项卡的【当前所选内容】功能区中选择【系列数码相机】选项，并单击【设置所选内容格式】按钮，打开【设置数据格式系列】对话框。

步骤11 在对话框左侧选择【填充】选项卡，在右侧点选【渐变填充】单选钮，并设置类型为【射线】，在【渐变光圈】选项组中设置“光圈 1”颜色的 RGB 值依次为“195”、“214”、“155”，“光圈 2”颜色的 RGB 值依次为“119”、“147”、“60”，然后单击【关闭】按钮完成设置，如图 7-49 所示。

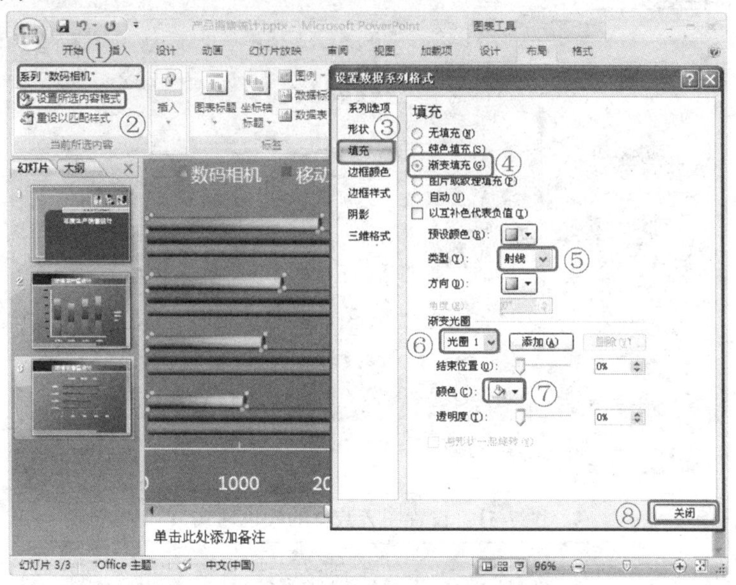

图 7-49　设置图表数据的填充样式

步骤12 在【格式】选项卡的【当前所选内容】功能区中选择【系列移动硬盘】选项，然后在【形状样式】功能区中单击【其他】按钮，在弹出的列表中选择【细微效果-强调颜色 4】选项，如图 7-50 所示。

图 7-50　设置图表数据的形状样式

步骤13 采用同样的方法，在【格式】选项卡的【当前所选内容】功能区中选择【系列 MP4】选项，然后在【形状样式】功能区中单击【形状填充】按钮，在弹出的列表中选择【浅蓝】选项，如图 7-51 所示。

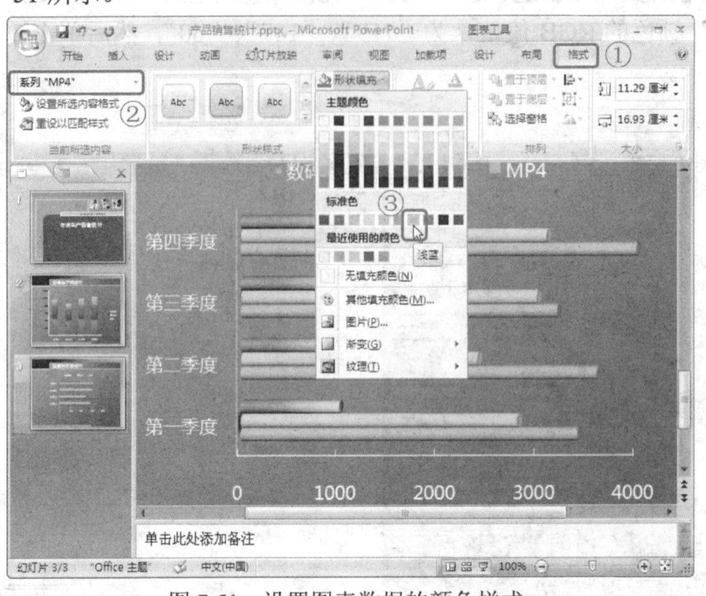

图 7-51　设置图表数据的颜色样式

在这三个步骤中，使用了设置自定义填充颜色、使用内置形状样式和使用形状填充三种不同的方法对数据格式的颜色填充分别进行了设置。设置数据格式是为了区别各数据之间的颜色类别，使图表更加清晰直观，同时好的配色也可以使图表达到更好视觉效果，从而吸引观赏者的眼球。

步骤14　设置完毕后拖动图表区的外框并调整其宽度和高度使其如图 7-52 所示，然后按 <Ctrl>+<S>快捷键保存文档，至此销量统计幻灯片设置完毕。

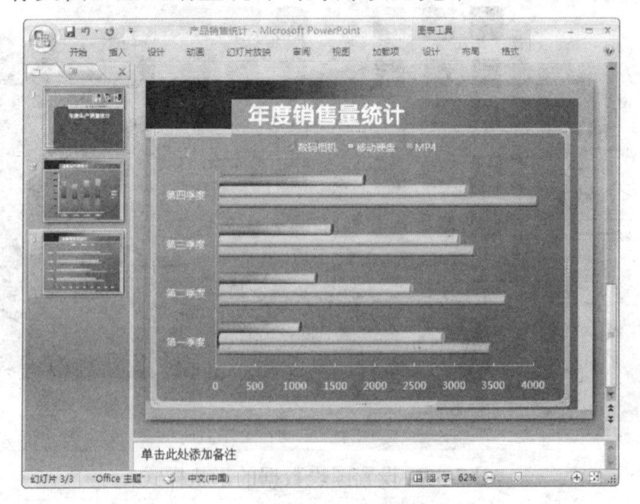

图 7-52　调整图表的宽度和高度

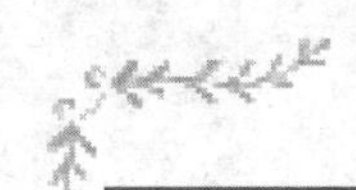

7.2.5 创建曲线图页面

销量统计页面创建完毕后，就可以创建销量曲线图页面了，销量曲线图主要是由所插入的带数据标记的堆积折线图表组成的。创建销量曲线图页面，其具体的操作如下。

步骤1 选择【开始】选项卡，在【幻灯片】功能区中单击【新建幻灯片】按钮，创建新的幻灯片页面，然后在新页面的【单击此处添加标题】文本框中输入文本“销量曲线图”，如图 7-53 所示。

步骤2 在【插入】选项卡的【插图】功能区中单击【图表】按钮，打开【插入图表】对话框，在左侧选择【折线图】选项卡，并在右侧选择【带数据标记的堆积折线图】选项，单击【确定】按钮，插入带数据标记的堆积折线图，如图 7-54 所示。

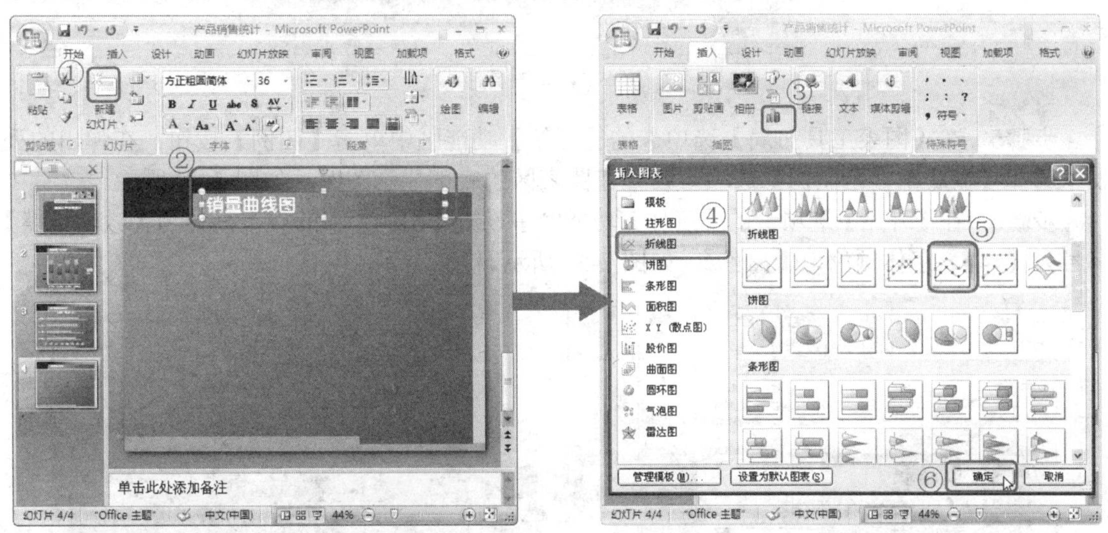

图 7-53 新建幻灯片并输入标题　　　　图 7-54 插入图表

步骤3 在插入打开 Excel 表格中输入相关的数据，所如图 7-55 所示。

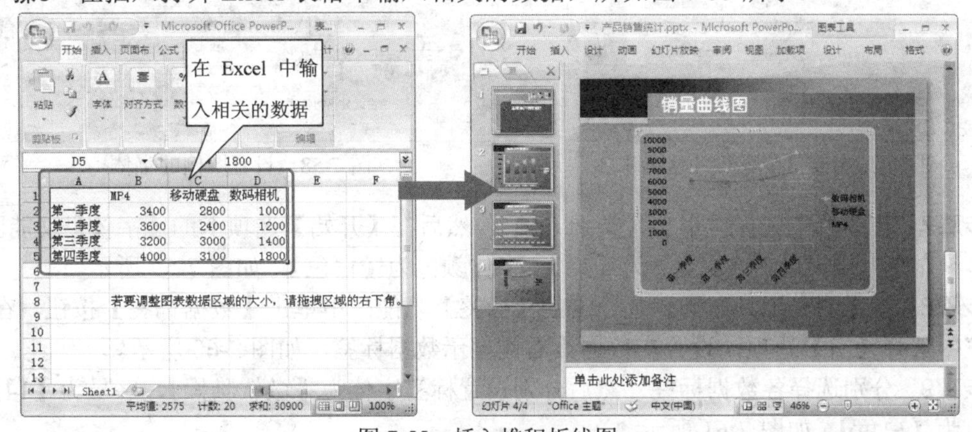

图 7-55 插入堆积折线图

步骤4 选择所插入的折线图，然后选择【图表工具设计】选项卡，然后在【图表样式】

功能区中单击【其他】按钮，在弹出的下拉列表中选择【样式 26】，如图 7-56 所示。

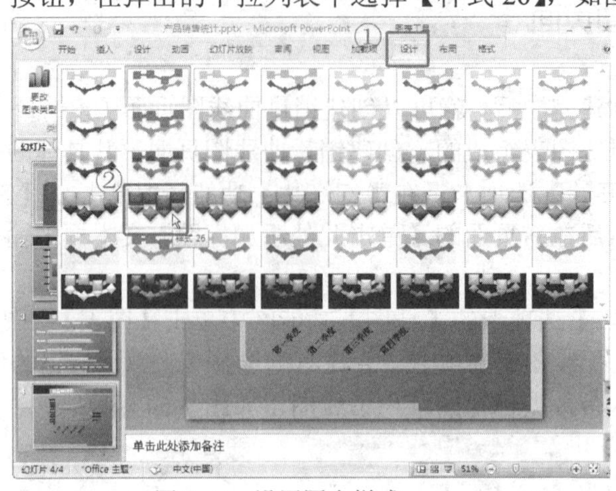

图 7-56　设置图表样式

步骤5　在【图表工具布局】选项卡的【标签】功能区中单击【图例】按钮，在弹出的列表中选择【在底部显示图例】选项，设置在图表区的底部显示图例，如图 7-57 所示。

步骤6　在【开始】选项卡的【字体】功能区中设置【图例】中的文本字体为【微软雅黑】、字号为【14】、字体颜色为【白色】，如图 7-58 所示。

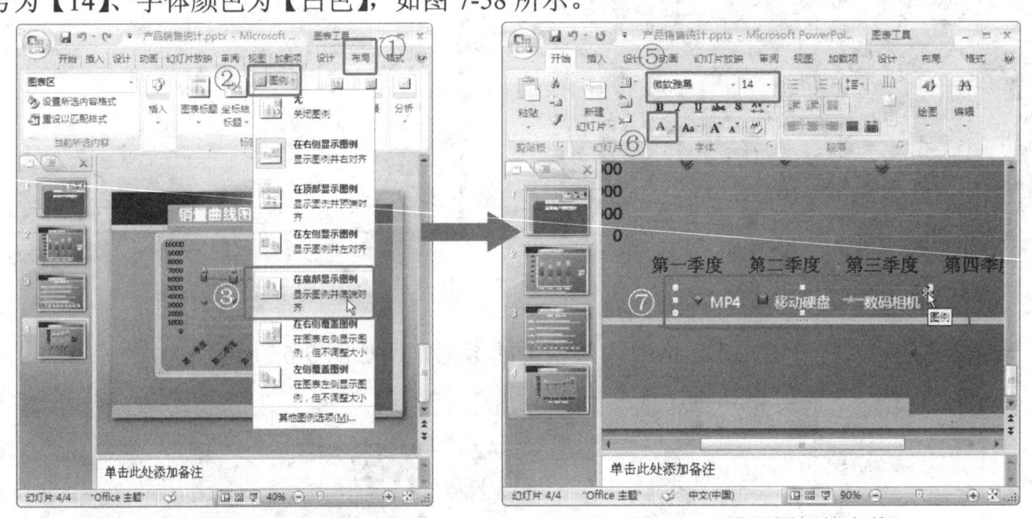

图 7-57　设置在底部显示图例　　　　图 7-58　设置图例的字体

步骤7　在图表中选择“水平（类别）轴”，然后在【开始】选项卡的【字体】功能区中设置文本字体为【微软雅黑】、字号为【15】、字体颜色为【白色】，如图 7-59 所示。

步骤8　在【图表工具布局】选项卡的【标签】功能区中单击【数据标签】按钮，在弹出的列表中选择【右】选项，设置在数据点右侧显示数据标签，如图 7-60 所示。

步骤9　分别选择各数据标签，然后分别设置标签字体为【微软雅黑】、字号为【14】、字体颜色为【白色】，如图 7-61 所示。

步骤10　分别在图表中选择“水平（类别）轴”和“垂直（值）轴”，然后依次打开【设置坐标轴格式】对话框，设置主要刻度线类型为【内部】，线条颜色为【白色】实线，如图 7-62

所示。

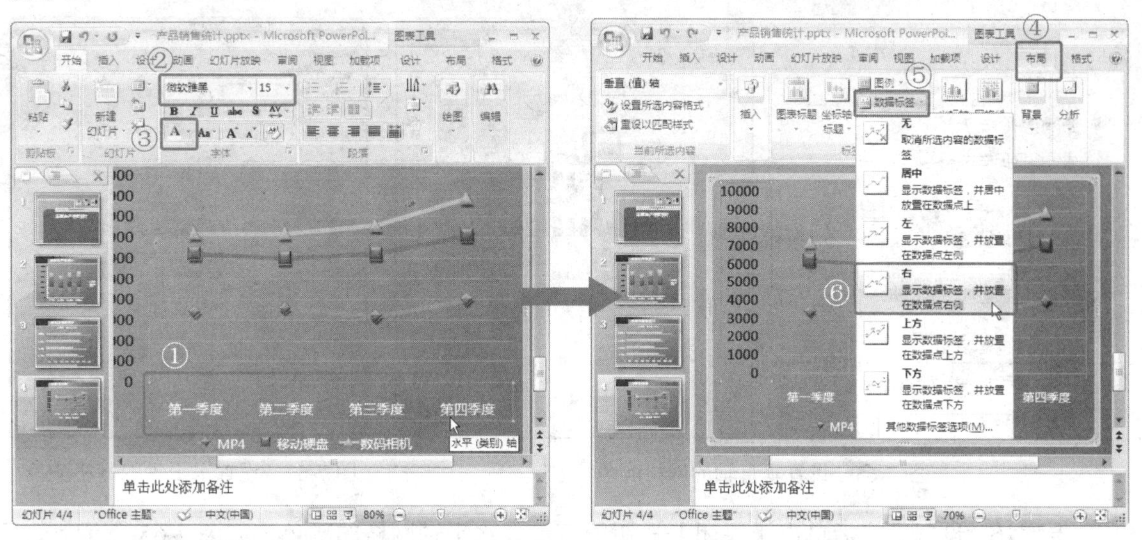

图 7-59　设置水平轴文本的字体　　　　图 7-60　设置右侧显示数据标签

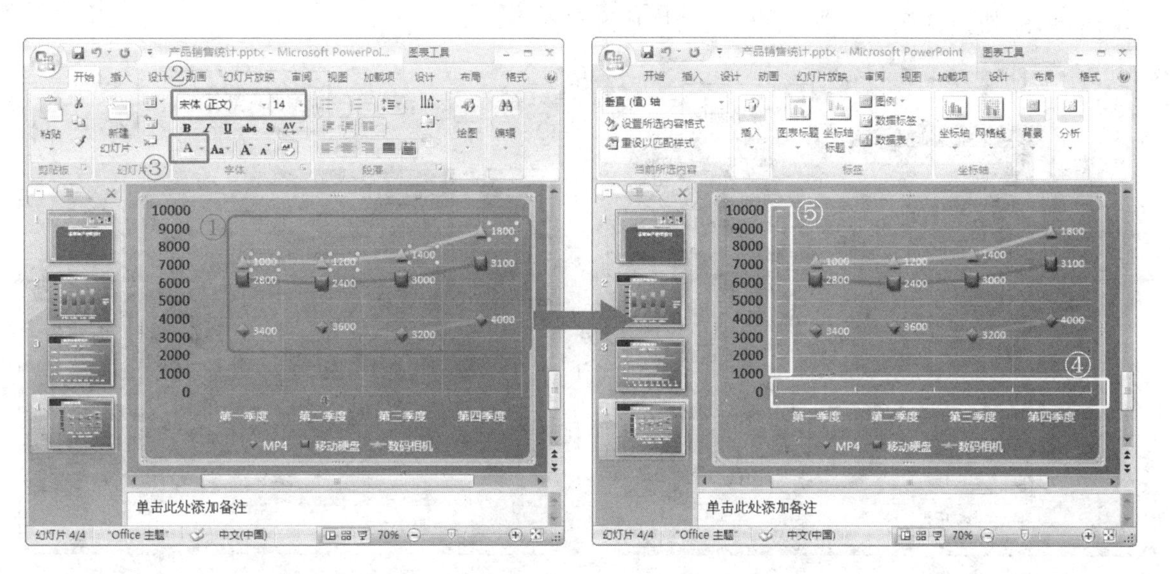

图 7-61　设置标签字体　　　　图 7-62　设置坐标轴格式

步骤11　在图表中选择“垂直（值）轴”，然后单击鼠标右键，在弹出的快捷菜单中选择【设置主要网格线格式】命令，打开【设置主要网格线格式】对话框。

步骤12　在对话框中选择【线条颜色】选项卡，点选【实线】单选钮，然后单击 【颜色】按钮，在弹出的颜色列表中选择【白色，背景 1，深色 35%】，设置完毕后单击【关闭】按钮，即可设置垂直轴网格的颜色，如图 7-63 所示。

步骤13　在图表中选择“水平（类别）轴”，然后单击鼠标右键，在弹出的快捷菜单中选择【设置主要网格线格式】命令，打开【设置主要网格线格式】对话框。

步骤14　在对话框的【线条颜色】选项卡中点选【实线】单选钮，然后单击 【颜色】

按钮，在弹出的颜色列表中选择【黑色，文字 1，深色 50%】，如图 7-64 所示。

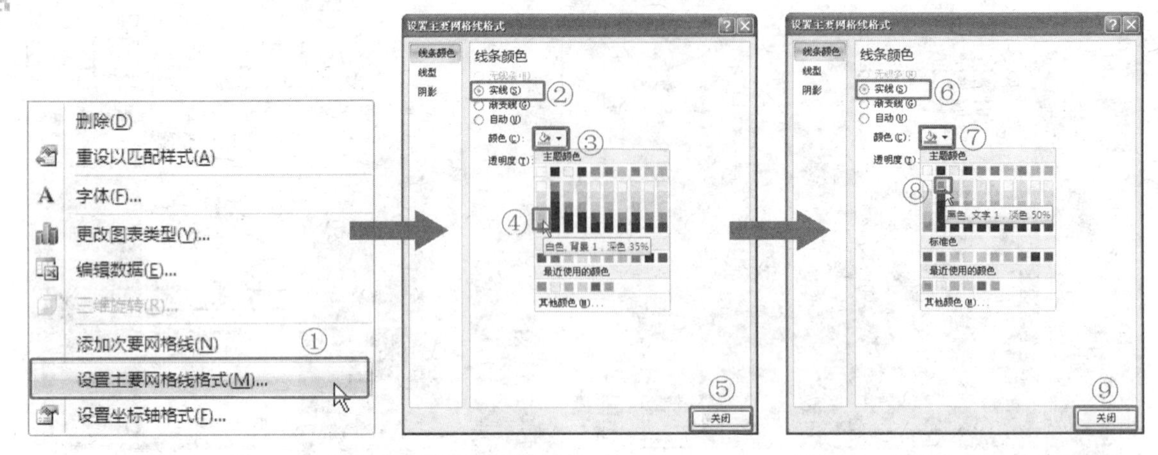

图 7-63　设置垂直轴的网格颜色　　　　图 7-64　设置水平轴的网格颜色

步骤15　设置完毕后单击【关闭】按钮即可设置水平轴网格的颜色，如图 7-65 所示。

步骤16　设置完毕后拖动图表区的外框并调整其宽度和高度，如图 7-66 所示，然后按<Ctrl>+<S>快捷键保存文档，曲线图幻灯片设置完毕。

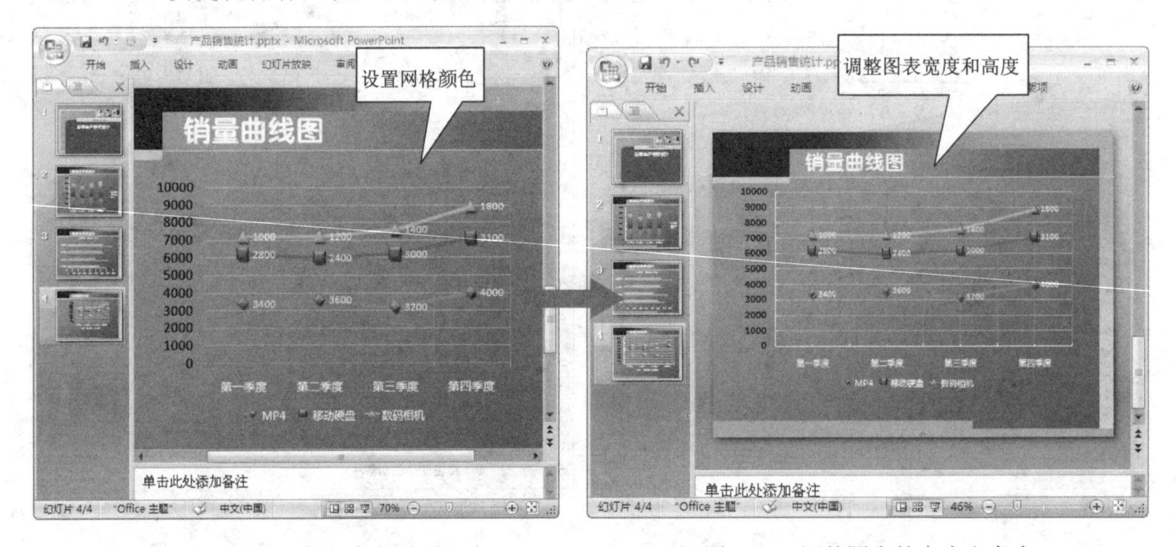

图 7-65　设置网格颜色的效果　　　　图 7-66　调整图表的宽度和高度

7.2.6　创建分布图页面

销量曲线图页面创建完毕后，就可以创建销售地区分布图页面了，销售地区分布图主要是由所插入的分离型三维饼图表组成的。创建销售地区分布图页面，其具体的操作步骤如下。

步骤1　选择【开始】选项卡，在【幻灯片】功能区中单击【新建幻灯片】按钮，创建新的幻灯片，然后在新页面的【单击此处添加标题】文本框中输入文本“主要销售地区分布图”，如图 7-67 所示。

步骤2　在【插入】选项卡的【插图】功能区中单击【图表】按钮，打开【插入图表】对话框，在左侧选择【饼图】选项卡，并在右侧选择【分离型三维饼图】选项，单击【确定】按钮，插入分离型三维饼图，如图 7-68 所示。

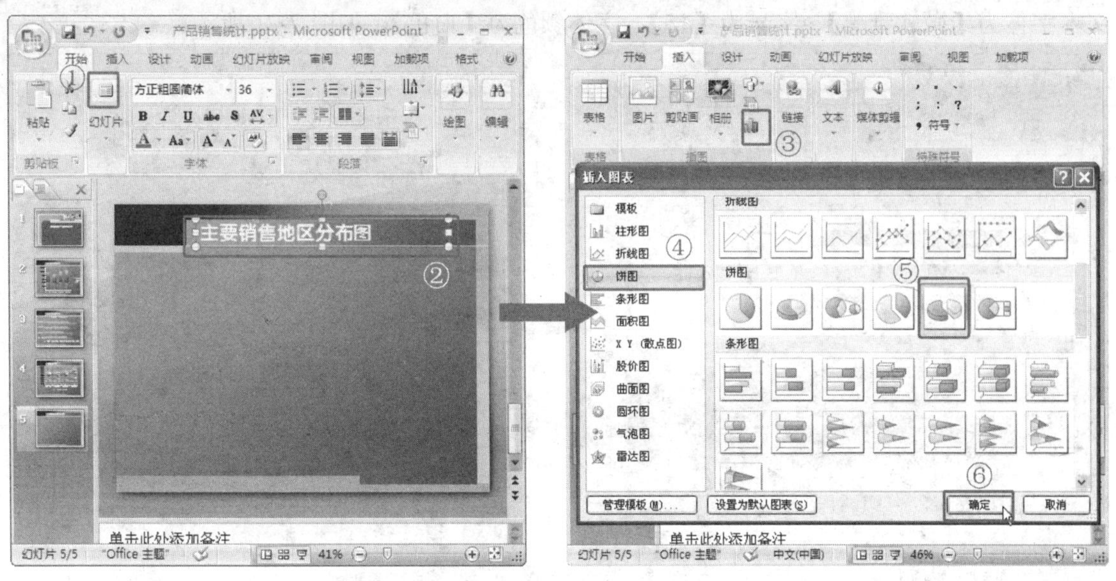

图 7-67　新建幻灯片并输入标题　　　　图 7-68　插入图表

步骤3　在打开的 Excel 表格中输入相关的数据，所插入的分离型三维饼图如图 7-69 所示。

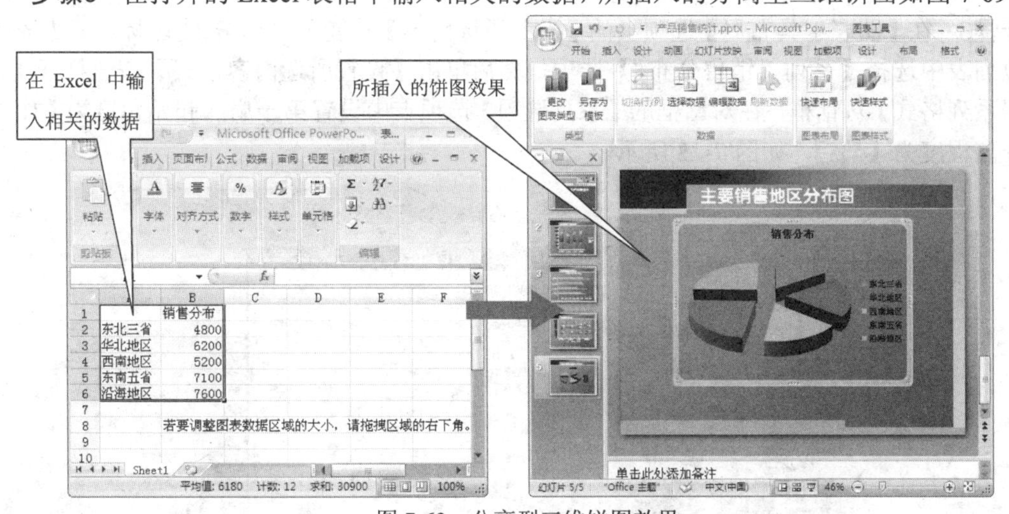

图 7-69　分离型三维饼图效果

操作技巧

在 Excel 中输入数据时，如果默认的数据区域不够，可以通过拖动蓝色表格区域右下角至需要添加的位置即可。如果直接在单元格中创建新的数据而不扩展表格区域，则输入的数据有可能不会反映到所创建的图表中。

步骤4 选择所插入的饼图，然后选择【图表工具设计】选项卡，然后在【图表布局】功能区中单击【其他】按钮，在弹出的下拉列表中选择【布局 4】，如图 7-70 所示。

步骤5 拖动调整图表的大小，然后在【开始】选项卡的【字体】功能区中设置图表中的文本字体为【微软雅黑】、字号为【15】、字体颜色为【白色】，如图 7-71 所示。

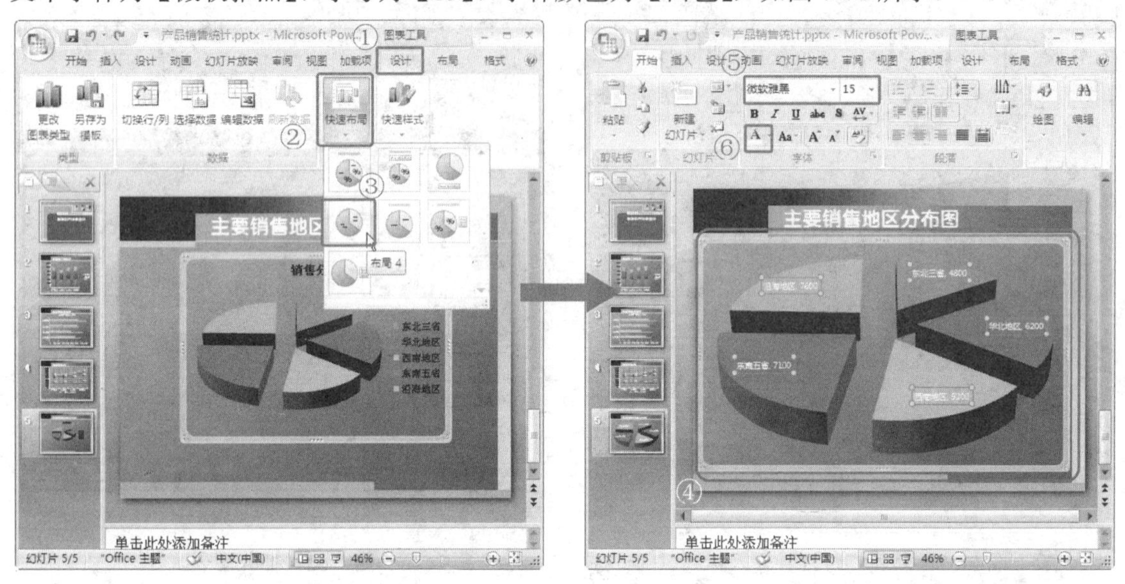

图 7-70 设置布局样式 图 7-71 设置图表字体

步骤6 在【图表工具布局】选项卡的【当前所选内容】功能区中单击【图标元素】按钮，在下拉列表中选择【系列“销售分布”】选项，然后单击【设置所选内容格式】按钮打开【设置数据系列格式】对话框，在对话框的【系列选项】选项卡中设置第一扇区起始角度为【180】、饼图分离程度为【5%】，如图 7-72 所示。

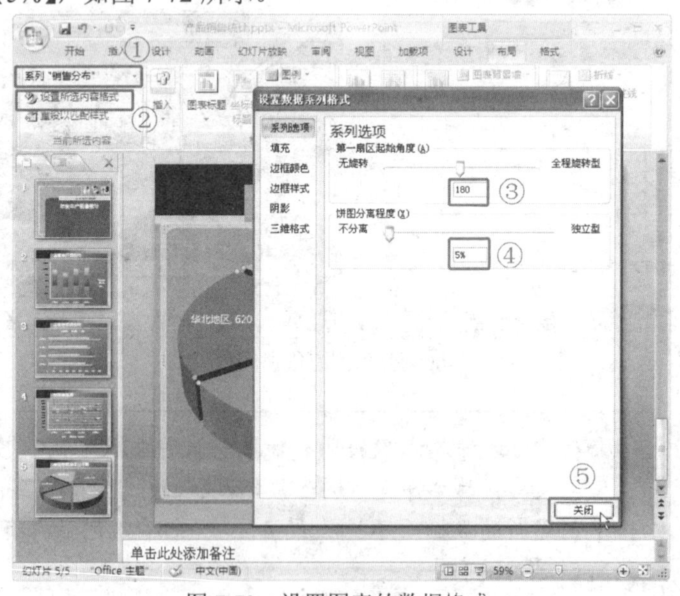

图 7-72 设置图表的数据格式

步骤7　设置完毕后单击【关闭】按钮，退出【设置数据系列格式】对话框完成分离型三维饼图的创建，按<Ctrl>+<S>快捷键保存文档，分布图幻灯片设置完毕，如图 7-73 所示。

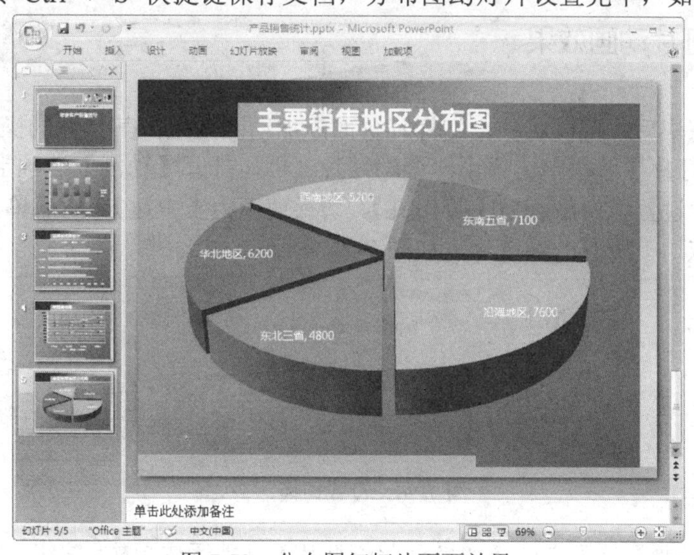

图 7-73　分布图幻灯片页面效果

7.2.7　创建结束页面

结束页的创建同首页类似，只是输入标题和副标题文本即可。创建结束页，其具体的操作如下。

步骤1　在幻灯片编辑区选择【开始】选项卡，在【幻灯片】功能区中单击【新建幻灯片】按钮，在弹出的下拉列表中选择【标题幻灯片】选项创建新幻灯片页面，如图 7-74 所示。

步骤2　在幻灯片页面的【单击此处添加标题】文本框中输入文本“谢谢各位！”，然后在“单击此处添加副标题”文本框中输入公司名称，如“墨思客有限责任公司”，如图 7-75 所示。

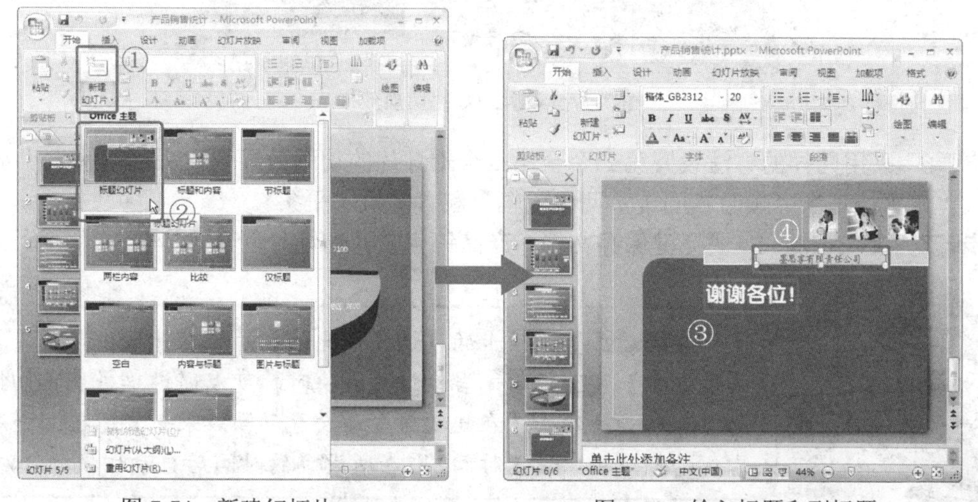

图 7-74　新建幻灯片　　　　图 7-75　输入标题和副标题

步骤3 按<Ctrl>+<S>快捷键保存文档，结束幻灯片页面创建完毕。

7.2.8 创建幻灯片动画效果

幻灯片创建完毕后，可以对各个幻灯片页面添加动画效果，其具体的操作步骤如下。

步骤4 在幻灯片导航栏中选择第一个幻灯片文档，打开【动画】选项卡，在【切换到此幻灯片】功能区中设置切换声音为【照相机】、切换速度为【中速】，然后单击【全部应用】按钮，将动画效果应用于所有的幻灯片，如图 7-76 所示。

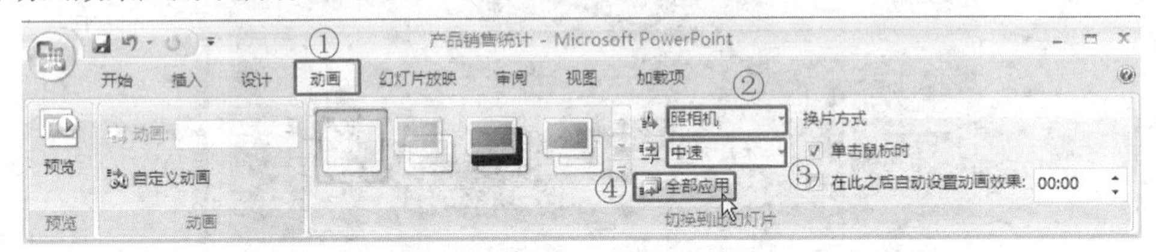

图 7-76 设置切换声音

步骤5 在【动画】选项卡的【切换到此幻灯片】功能区中单击 按钮，在弹出的下拉列表中选择【楔入】选项，设置第一个幻灯片文档的动画效果，如图 7-77 所示。

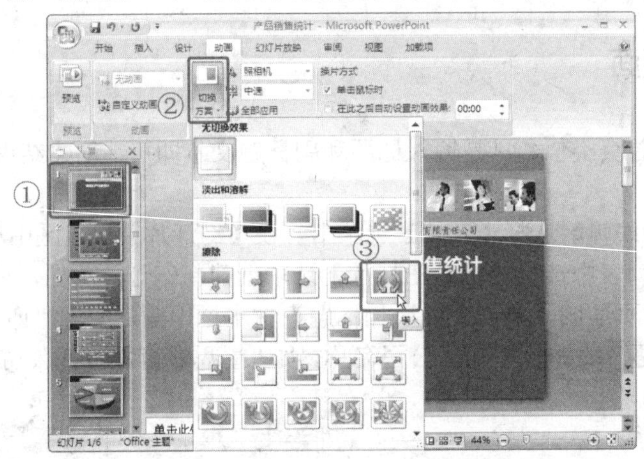

图 7-77 设置幻灯片切换效果

步骤6 采用同样的方法设置第二个至第六个幻灯片的动画效果依次为“溶解”、“水平百叶窗”、“水平梳理”、“顺时针回旋，两根轮辐”和“随机水平条”。

步骤7 按<Ctrl>+<S>快捷键保存文档，产品销售统计幻灯片创建完毕。

操作技巧

在【动画】选项卡的【切换到此幻灯片】功能区中勾选【单击鼠标时】复选框后，当幻灯片放映时，可以通过单击鼠标切换幻灯片；如果勾选【在此之后自动设置动画效果】复选框，并在右侧的数值框中设置时间，即在所设置的时间后自动切换幻灯片。

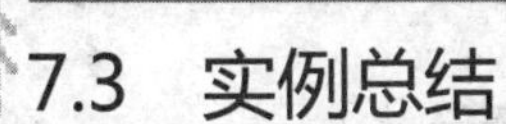

7.3 实例总结

在本实例是创建产品销售统计的幻灯片页面，通过使用柱形图、条形图、折线图以及饼图图表，对产品的生产销售等数据进行了图形化的显示。对于数据的统计和比较，在商务数据统计工作中一般都会使用图表，这是由于图表具有直观、形象的特点，可以使枯燥无味的数据图形化，因而更能让观众接受。

通过本实例的学习，需要重点掌握以下几个方面的内容。

- 矩形和单圆角矩形的绘制和设置方法，包括填充颜色和线条颜色的设置。
- 柱形图的插入和设置方法，包括数据的输入、图表样式、坐标轴、网格的设置。
- 条形图的插入和设置方法，包括图例、图表字体、数据格式的填充颜色的设置。
- 折线图的插入和设置方法，包括数据标签和网格的显示设置。
- 饼图的插入和设置方法，包括图表布局、扇区起始角度和分离程度的设置。
- 幻灯片切换动画的添加方法，包括切换声音、切换速度和切换效果的设置。

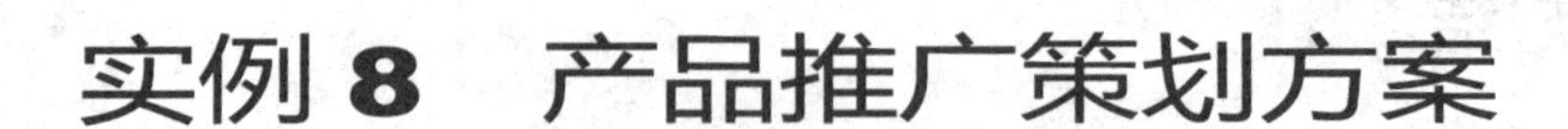

实例 8　产品推广策划方案

在当今市场经济下，商品的品种日益繁多，同类商品的竞争尤为激烈。如何使企业生产或者销售的产品在众多的同类商品中脱颖而出，已经成为每一位企业的决策者所注重的环节。本实例就通过使用 PowerPoint 2007 制作产品推广策划方案的幻灯片演示文稿。

8.1　实例分析

本实例是创建产品策划方案，主要通过绘制图形进行创建，由 6 个幻灯片页面组成，其完成效果如图 8-1 所示。

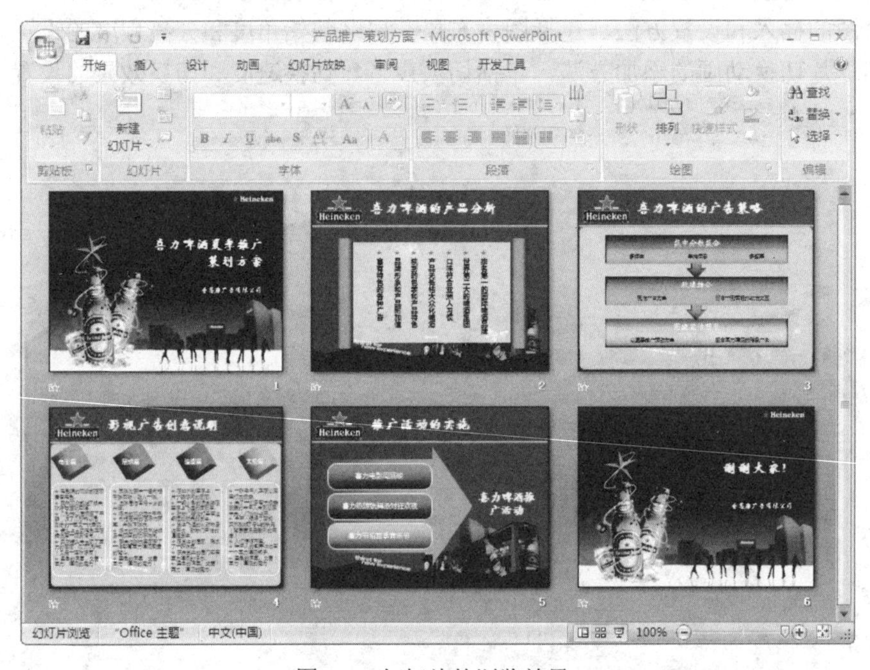

图 8-1　幻灯片的浏览效果

8.1.1　设计思路

制作产品推广策划方案的幻灯片文稿时，按照一般策划的要求，首先应该对产品进行相应的分析，然后对产品的广告策略进行了详细的介绍，并对广告的创意说明以及推广活动的实施进行了制作。由于是啤酒的推广策划方案幻灯片文稿，所以在创作时采用了以绿色为主的色调，搭配相关的彩色图形，使幻灯片在专业的色彩上更添加了一种亮丽活泼的气氛。

本幻灯片中各页面设计的基本思路为：首页→产品分析→广告策略→影视广告的创意说明→推广活动的实施→结束页。

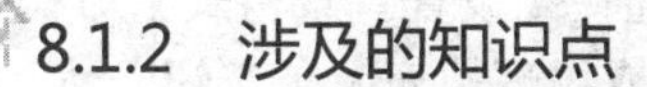

8.1.2 涉及的知识点

在本实例幻灯片演示文稿中首先在母版中设置幻灯片的背景，然后在各页面通过创建不同的图形完成幻灯片的创建。

在产品推广策划方案的制作中主要用到了以下方面的知识点：

- ✧ 在幻灯片母版设置背景
- ✧ 形状的插入和调整
- ✧ 形状阴影效果的添加
- ✧ 项目符号的插入和编辑
- ✧ 三维格式的设置
- ✧ 幻灯片切换效果的创建

8.2 实例操作

下面就根据前面对产品推广策划方案演示文稿分析得出的设计思路和知识点，使用 PowerPoint 2007 对幻灯片每个页面的具体制作步骤进行介绍。

8.2.1 母版和标题幻灯片的设置

在创建幻灯片的各页面之前，这里先对幻灯片母版和标题幻灯片进行设置，其具体的操作如下。

步骤1 在 PowerPoint 2007 中新建一个空白幻灯片文档，并在幻灯片文档中选择【视图】选项卡，在【演示文稿视图】功能区中单击【幻灯片母版】按钮，进入幻灯片母版编辑区，然后在导航栏中选择最上方的幻灯片母版，然后在右侧的编辑区删除所有文本框，如图 8-2 所示。

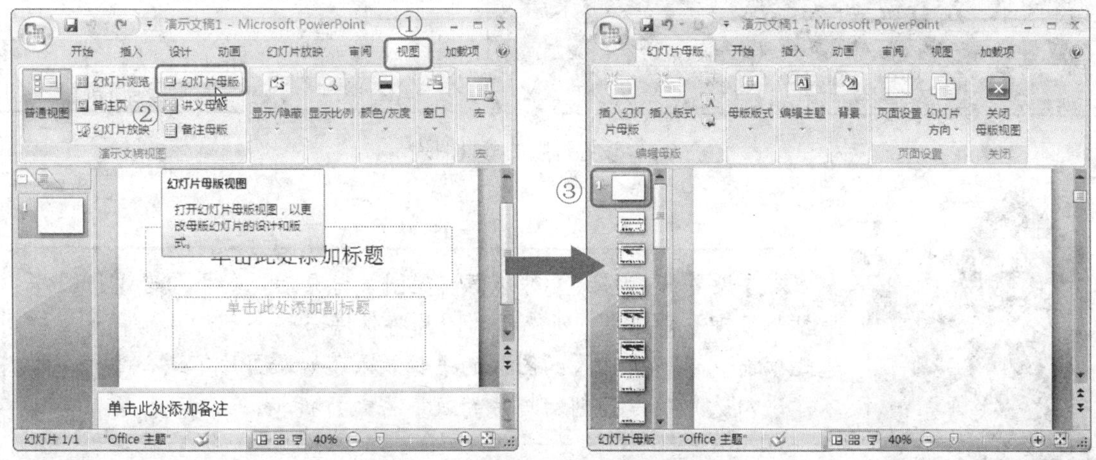

图 8-2 删除幻灯片母版的文本框

步骤2 在母版的空白区中单击鼠标右键，在弹出的快捷菜单中选择【设置背景格式】命令，打开【设置背景格式】对话框，在【填充】选项卡中点选【图片或纹理填充】单选钮，然后单击【文件】按钮，打开【插入图片】对话框。

步骤3 在【插入图片】对话框中选择路径为“PowerPoint 经典应用实例\第 2 篇\实例 8”文件夹中的“pic02.jpg”图片文件，然后单击【插入】按钮，选择图片作为背景，返回【设置背景格式】对话框中，单击【关闭】按钮，完成母版背景的设置，如图 8-3 所示。

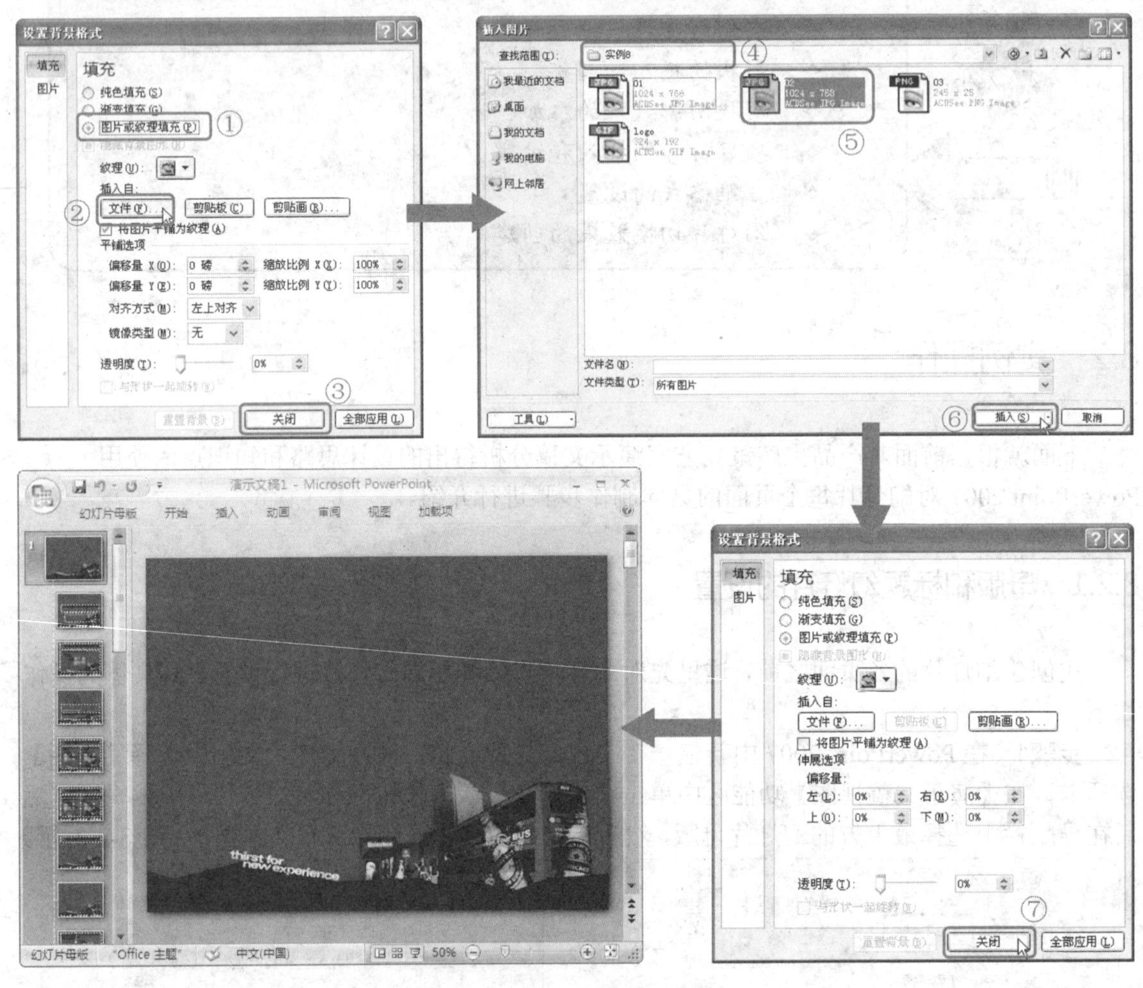

图 8-3 设置母版的背景图片

操作技巧

在【设置背景格式】对话框设置图片背景后，如果勾选【将图片平铺为纹理】复选框，所选择的图片将铺满与整个幻灯片的背景。勾选此项前需考虑所插入的图片的平铺效果，如果图片不适合平铺，则不建议勾选此项，否则幻灯片的效果将大打折扣。

步骤4　在幻灯片编辑区中选择【插入】选项卡，然后在【插图】功能区中单击【图片】按钮，在打开的【插入图片】对话框中，选择路径为“PowerPoint 经典应用实例\第 2 篇\实例 8”文件夹中的“logo.gif”图片文件，然后单击【插入】按钮，插入图片。

步骤5　调整所插入的图片位置，使其位于幻灯片母版的左上方，如图 8-4 所示。

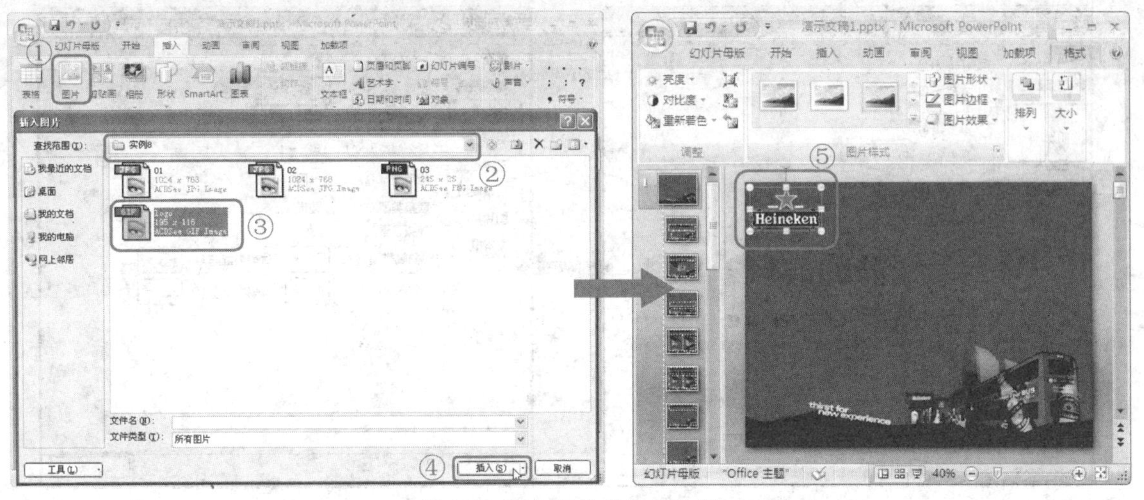

图 8-4　插入图片并调整位置

步骤6　选择【插入】选项卡，然后在【插图】功能区中单击【形状】按钮，并在下拉列表中选择【直线】选项，在幻灯片编辑区中绘制一个宽度为“24.4 厘米”水平的直线。

步骤7　使用鼠标右键单击所绘制的矩形，在弹出的快捷菜单中选择【大小和位置】命令，打开【大小和位置】对话框，然后选择【位置】选项卡，设置直线的水平位置为“0 厘米”，垂直位置为“3.57 厘米”，设置完毕后单击【关闭】按钮即可调整直线的位置，如图 8-5 所示。

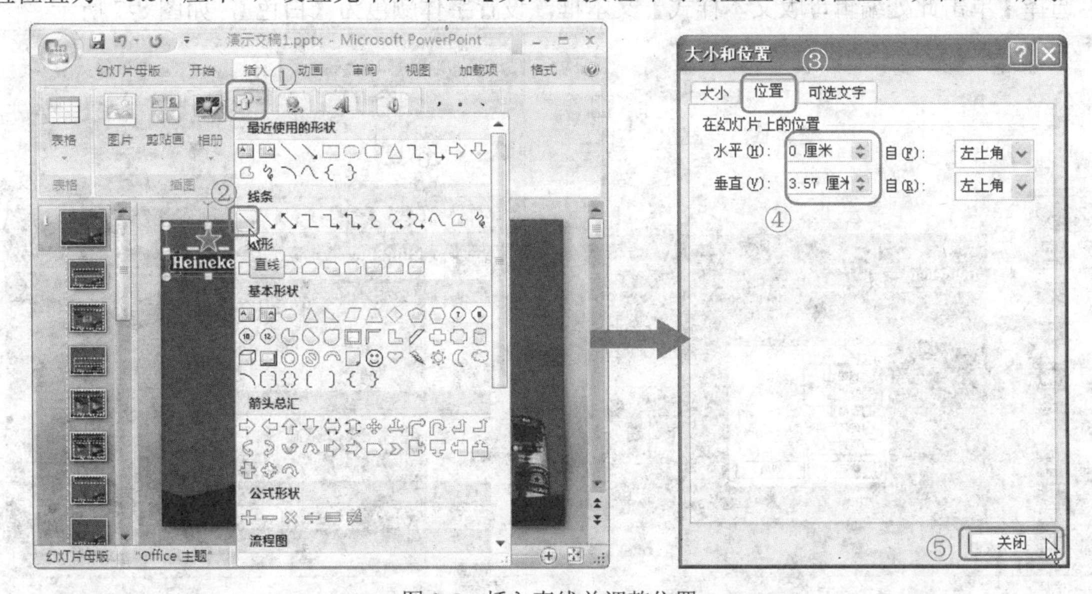

图 8-5　插入直线并调整位置

步骤8　在直线上再单击鼠标右键，在弹出的快捷菜单中选择【设置形状格式】命令，打开【设置形状格式】对话框，选择【线条颜色】选项卡，然后在右侧点选【实线】单选钮，并设置填充颜色为【白色】。

步骤9 在对话框左侧选择【线型】选项卡，然后在右侧设置线型宽度为“2 磅”，设置完毕后单击【关闭】按钮，即可调整直线的颜色和线型宽度，如图 8-6 所示。

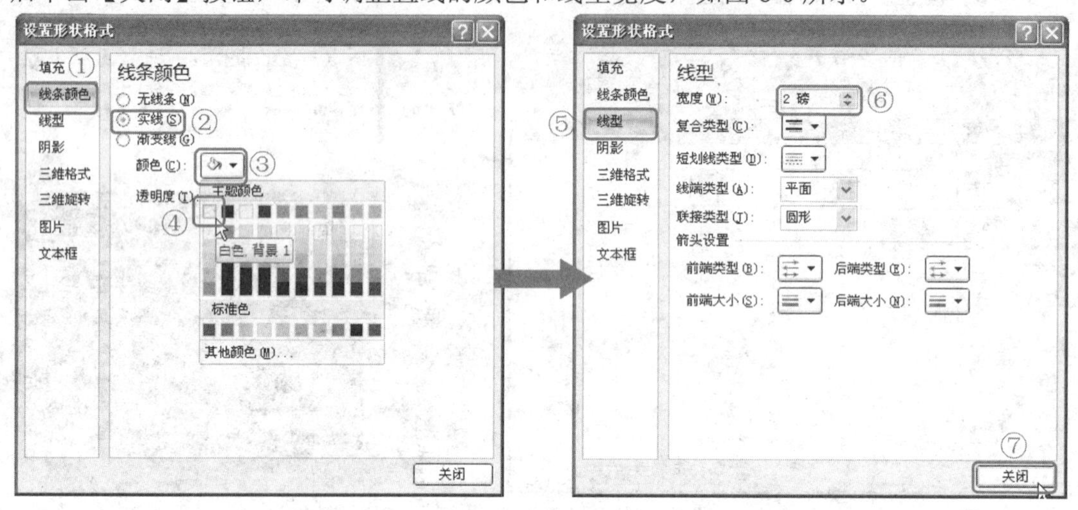

图 8-6 设置线条颜色和线型宽度

步骤10 在【幻灯片母版】选项卡的【母版版式】功能区中单击【母版版式】按钮，在弹出的【母版版式】对话框中勾选【标题】和【文本】复选框，然后单击【确定】按钮。

步骤11 选择【单击此处编辑母版标题样式】标题文本框，调整其位置，然后设置字体为【华文新魏】、字号为【42】、字体颜色为【白色】，并单击 **B** 【加粗】按钮将文本加粗显示，再选择【单击此处编辑母版文本样式】文本框，设置字体颜色为【白色】，如图 8-7 所示。

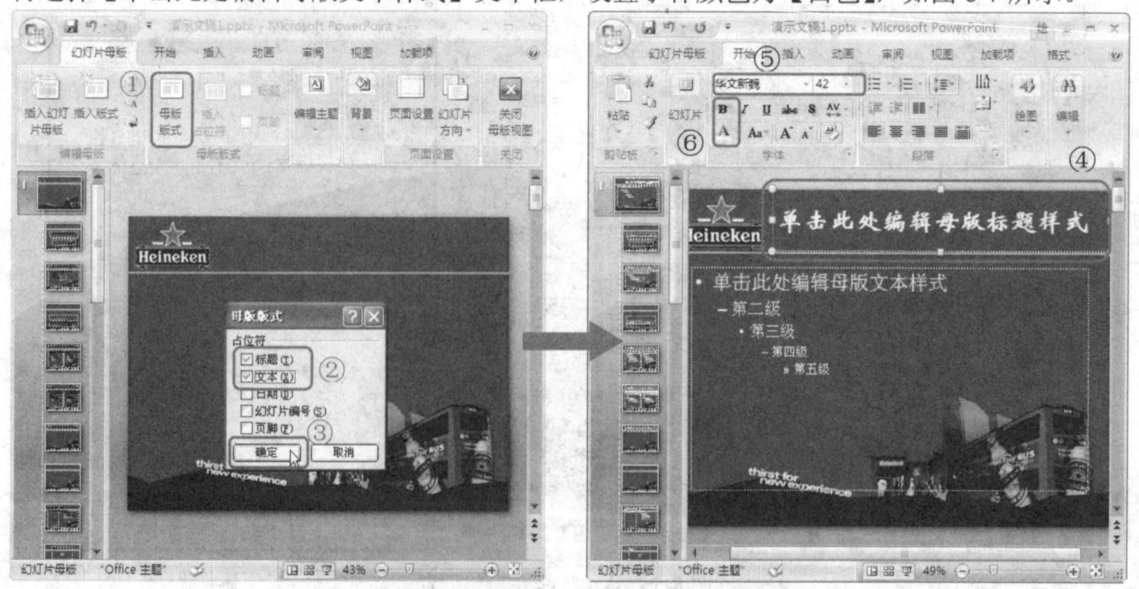

图 8-7 设置标题和副标题的文本格式

步骤12　在母版编辑区左侧的导航栏中选择第二个幻灯片页面，即标题幻灯片页面，然后在【幻灯片母版】选项卡的【背景】功能区中勾选【隐藏背景图形】复选框。

步骤13　在标题幻灯片的空白区中单击鼠标右键，在弹出的快捷菜单中选择【设置背景格式】命令，打开【设置背景格式】对话框，在【填充】选项卡中点选【图片或纹理填充】单选钮，然后单击【文件】按钮，打开【插入图片】对话框。

步骤14　在【插入图片】对话框中选择路径为“PowerPoint 经典应用实例\第 2 篇\实例 8”文件夹中的“pic01.jpg”图片文件，然后单击【插入】按钮，选择图片作为背景，如图 8-8 所示。

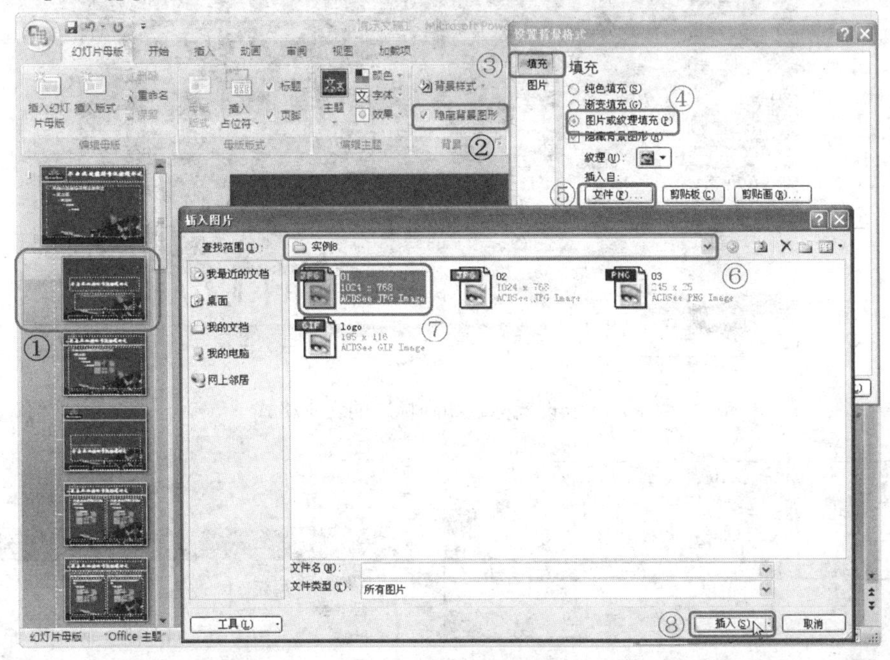

图 8-8　设置背景图片

步骤15　返回【设置背景格式】对话框中，单击【关闭】按钮完成标题幻灯片背景的设置。

步骤16　在标题幻灯片中选择【单击此处编辑母版标题样式】文本框，设置字体为【华文新魏】、字号为【42】、字体颜色为【白色】，并单击 **B** 【加粗】按钮，将文本加粗显示。

步骤17　选择【单击此处编辑母版文本样式】文本框，设置字体为【华文行楷】、字号为【20】、字体颜色为【白色】，设置两个文本框的对齐方式都为文本右对齐，然后分别调整文本的位置，如图 8-9 所示。

步骤18　在幻灯片母版编辑区的左侧选择第八个幻灯片页面，即空白版式页面，然后在此页面中绘制一个圆角矩形，其宽度为“15.4 厘米”，高度为“25.4 厘米”，并调整其位置使其位于页面的正下方。

步骤19　选择所绘制的圆角矩形，在【设置形状格式】对话框中设置其填充颜色为【白色】，透明度为【30%】，然后单击【关闭】按钮，如图 8-10 所示。

步骤20　选择所绘制的矩形，然后在【绘图工具格式】选项卡的【形状格式】功能区中单击【形状效果】按钮，在下拉列表中依次选择【柔化边缘】、【5 磅】选项，对圆角矩形设置柔化边缘效果，如图 8-11 所示。

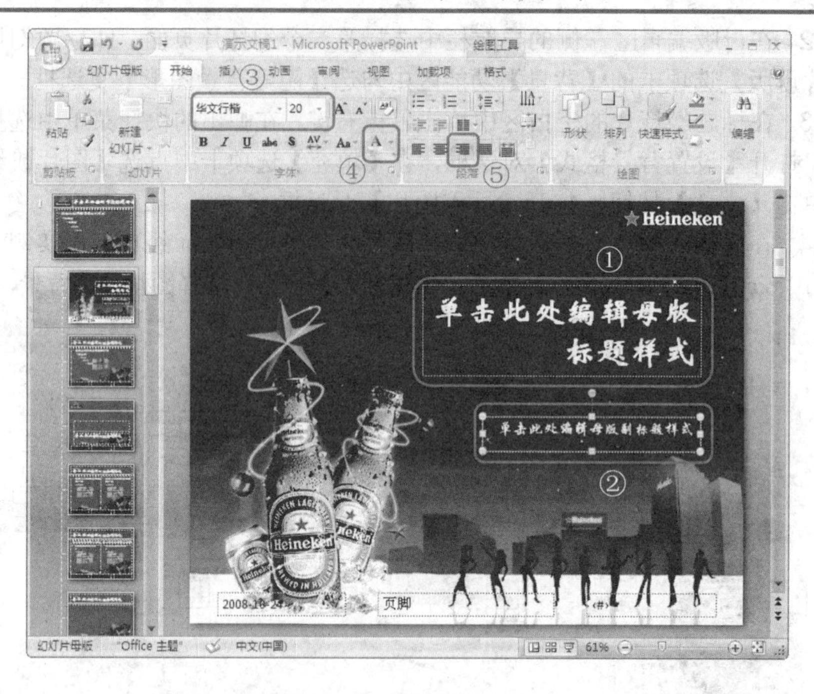

图 8-9　设置标题和副标题的文本格式

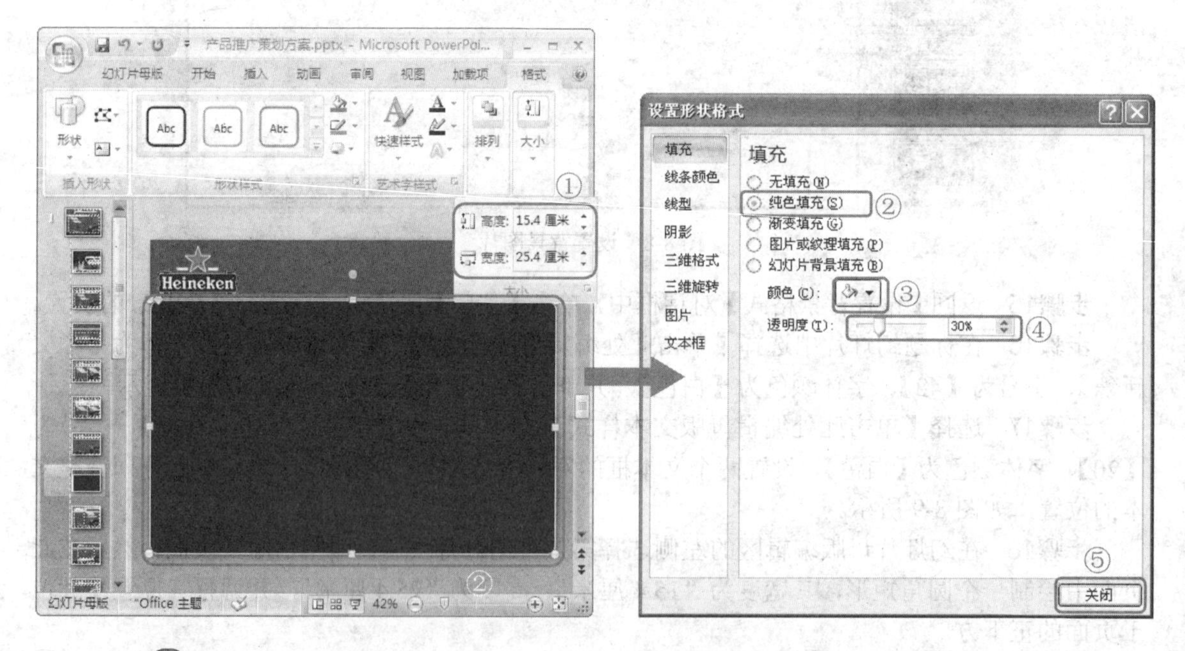

图 8-10　设置空白版式页面

在设置柔滑边缘的列表项中，所选择选项的值越大则柔化边缘的效果越明显，反之则柔化边缘的效果越不明显。可以选择柔化效果选项的最大值为“50 磅”，最小值为“1 磅”。

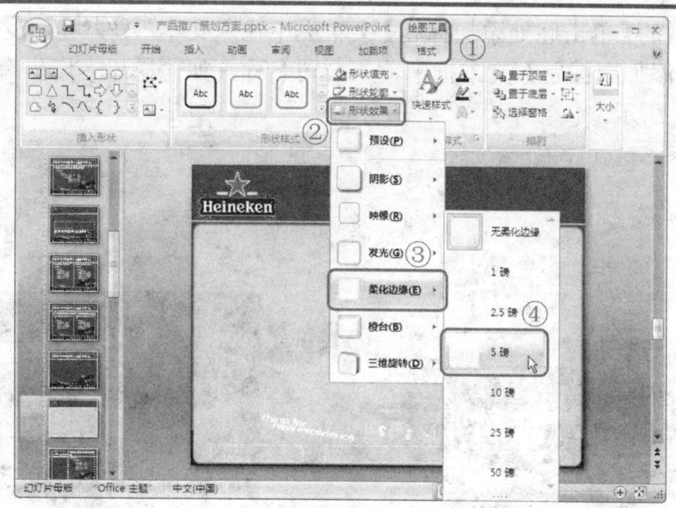

图 8-11　设置柔化边缘效果

步骤21　将母版中的“单击此处编辑母版标题样式”标题框复制，并分别粘贴到其他幻灯片版式中，同时删除各版式中的原有标题框，如图 8-12 所示。

步骤22　按<Ctrl>+<S>快捷键，在弹出的【另存为】对话框中选择保存路径，输入文件名称并选择要保存的幻灯片类型，然后单击【保存】按钮保存演示文稿，如图 8-13 所示，幻灯片母版创建完毕。

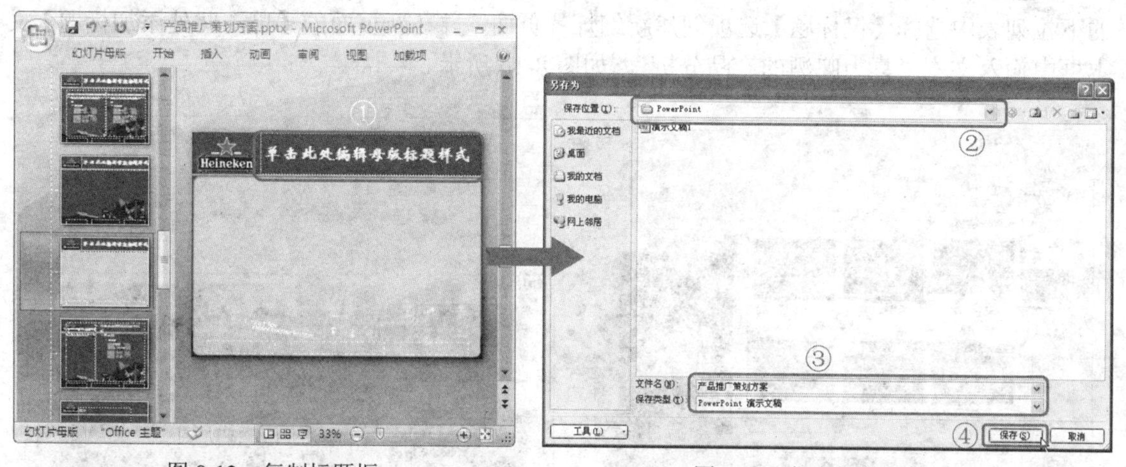

图 8-12　复制标题框　　　　图 8-13　保存幻灯片文档

8.2.2　首页和产品分析页面的创建

设置完毕幻灯片母版和标题幻灯片后，就可以对幻灯片中的页面进行创建了。下面先对首页和产品分析页面进行创建，其具体的操作步骤如下。

步骤1　在幻灯片母版编辑区中选择【幻灯片母版】选项卡，然后在【关闭】功能区中单击【关闭母版视图】按钮退出母版编辑区，如图 8-14 所示。

步骤2 在首页的【单击此处添加标题】文本框中输入文本“喜力啤酒夏季推广策划方案”，然后在【单击此处添加副标题】文本框中输入公司名称，如“墨思客广告有限公司”，首页创建完毕，如图 8-15 所示。

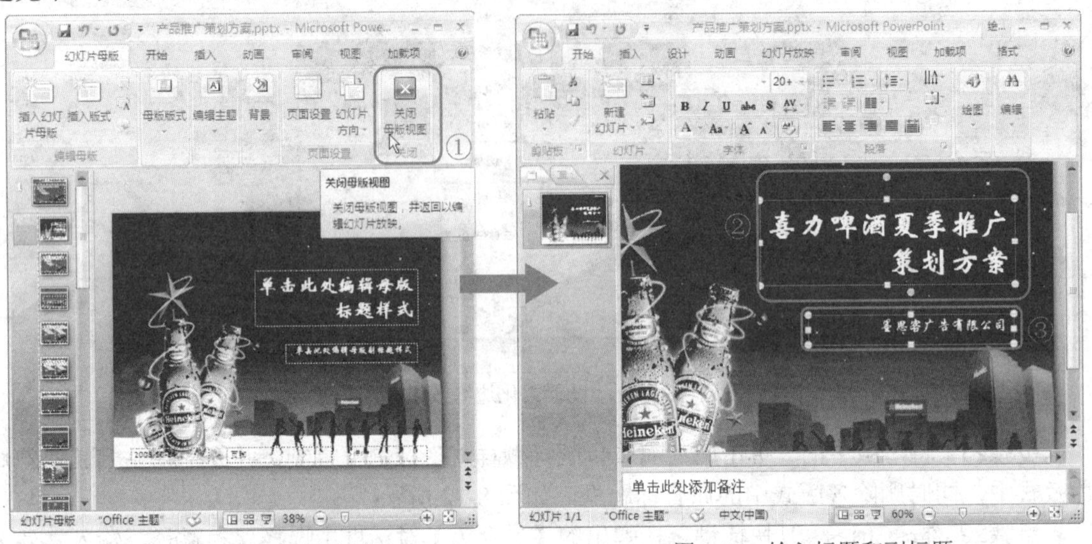

图 8-14 退出母版编辑区　　图 8-15 输入标题和副标题

步骤3 选择【开始】选项卡，在【幻灯片】功能区中单击【新建幻灯片】按钮，在弹出的下拉列表中选择【仅标题】选项创建新幻灯片页面，并在新页面的【单击此处添加标题】文本框中输入文本“喜力啤酒的产品分析”，如图 8-16 所示。

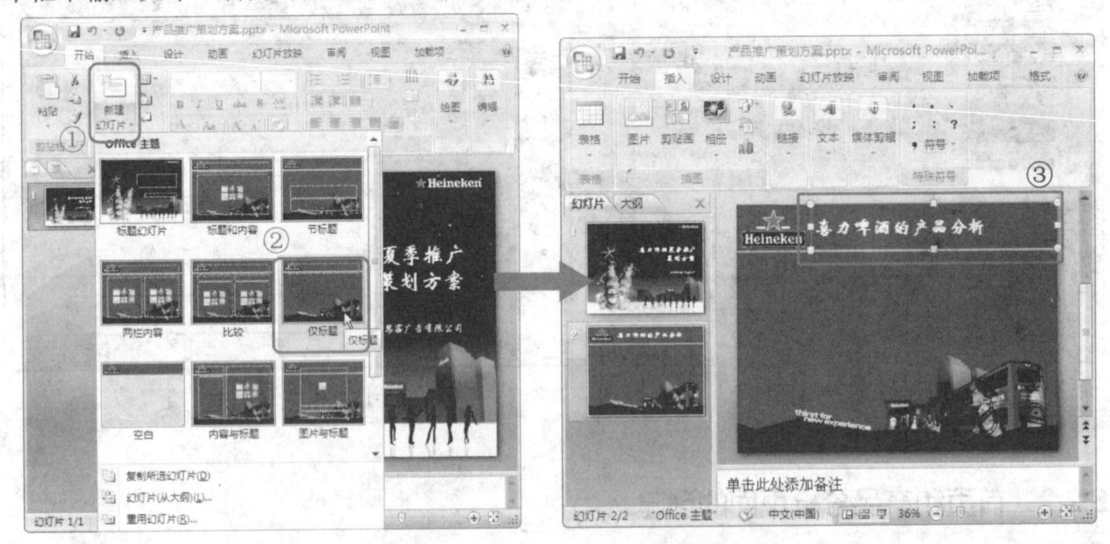

图 8-16 新建幻灯片并输入标题

步骤4 选择【插入】选项卡，然后在【插图】功能区中单击【形状】按钮，并在下拉列表中选择【缺角矩形】选项，在幻灯片编辑区中绘制一个缺角矩形。

步骤5 双击所绘制的缺角矩形，在【绘图工具格式】选项卡的【大小】功能区中，设置高度为“11.7 厘米”，宽度为“1.8 厘米”，如图 8-17 所示。

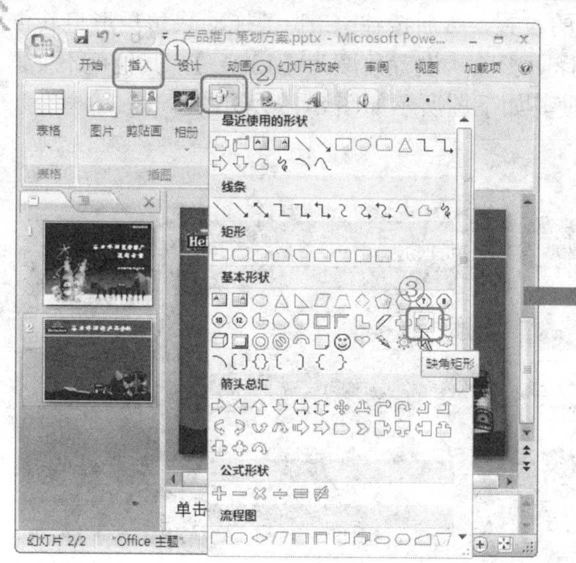

图 8-17 绘制缺角矩形并调整其大小

步骤6 在缺角矩形上单击鼠标右键，在弹出的快捷菜单中选择【设置形状格式】命令，打开【设置形状格式】对话框，选择【填充】选项卡，然后在右侧点选【渐变填充】单选钮，并设置类型为【线性】，角度为【0°】，在【渐变光圈】选项组中设置“光圈 1”和“光圈 3”颜色的 RGB 值依次为“0”、“102”、“0”，“光圈 2”的 RGB 值为“51”、“204”、“51”。

步骤7 在对话框的左侧选择【线条颜色】选项卡，然后在右侧点选【无线条】单选钮。

步骤8 在对话框的左侧选择【阴影】选项卡，然后在右侧设置颜色为【黑色】，透明度为【50%】，大小为【100%】，模糊为【0 磅】，角度为【35°】，距离为【8.5 磅】，如图 8-18 所示。

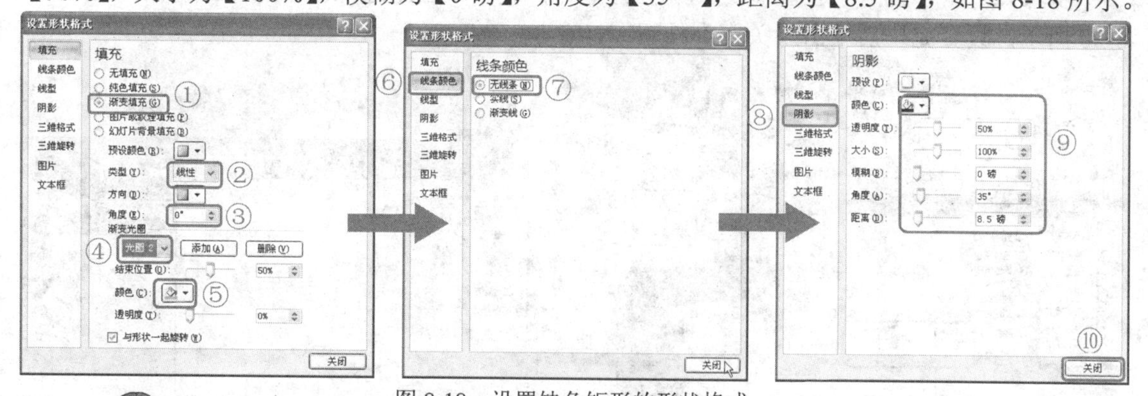

图 8-18 设置缺角矩形的形状格式

重点知识

在【设置形状格式】对话框中的【阴影】项中可以对阴影效果进行自定义设置，包括对阴影的颜色、透明度、大小、模糊效果、阴影相对图形的角度和距离进行详细的设置。如果需要取消阴影效果，可以在【预设】右侧单击按钮，然后在弹出的列表中选择【无阴影】选项即可。

步骤9 单击【关闭】按钮完成对缺角矩形的设置，然后按住<Ctrl>键拖动缺角矩形将其再复制一个，并打开【设置形状格式】对话框选择阴影项，设置角度为【135°】，其他值不变。

步骤10 分别调整两个缺角矩形的位置，使其如下图所示如图 8-19 所示。

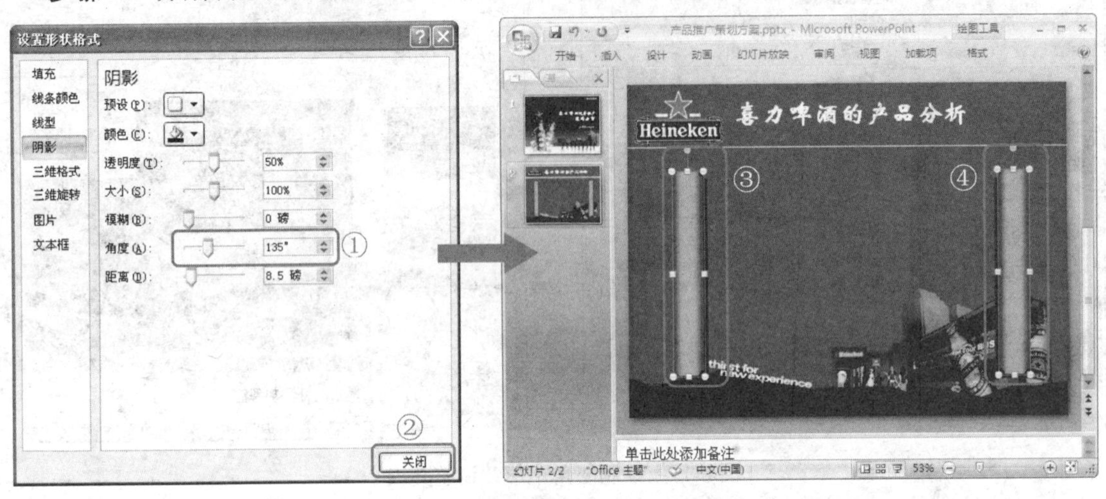

图 8-19 设置缺角矩形的形状格式和位置

步骤11 绘制一个矩形，双击所绘制的矩形，在【绘图工具格式】选项卡的【大小】功能区中，设置高度为“10.72 厘米”，宽度为“17.86 厘米”，然后调整矩形的位置，使其位于两个缺角矩形之间。

步骤12 在矩形上单击鼠标右键，并在弹出的快捷菜单中选择【设置形状格式】命令，打开【设置形状格式】对话框，选择【填充】选项卡，设置填充颜色为【白色】，透明度为【20%】。

步骤13 在对话框中选择【线条颜色】选项卡，然后在右侧点选【无线条】单选钮，如图 8-20 所示，设置完毕后单击【关闭】按钮。

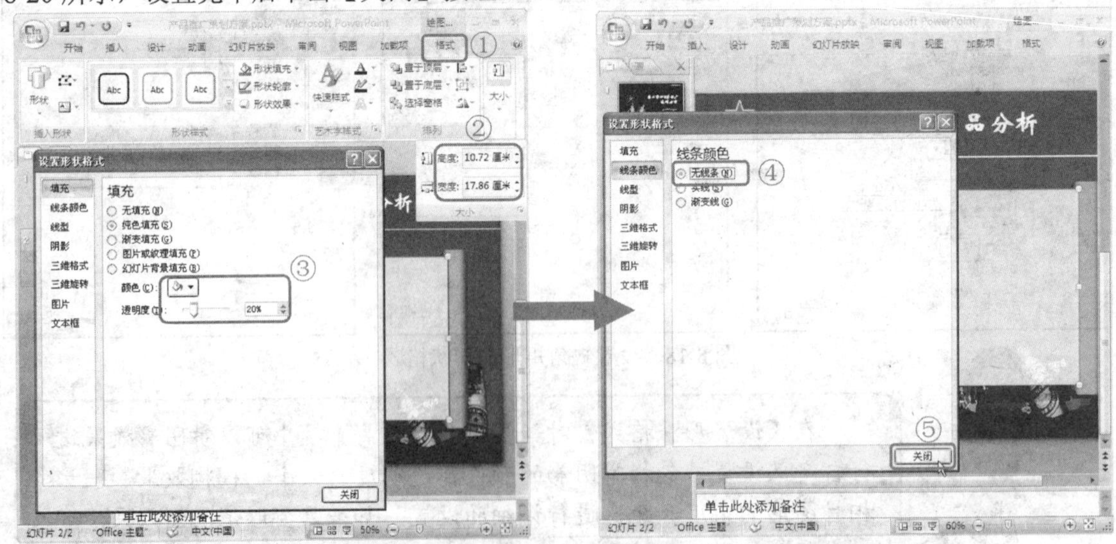

图 8-20 设置矩形的大小和形状格式

步骤14 双击所绘制的矩形，在【绘图工具格式】选项卡的【排列】功能区中单击【置于底层】按钮，调整所选矩形的叠放顺序，如图 8-21 所示。

步骤15　选择【插入】选项卡，在【文本】功能区中单击【文本框】按钮，在弹出的列表中选择【垂直文本框】选项，在幻灯片中插入一个垂直文本框，如图 8-22 所示。

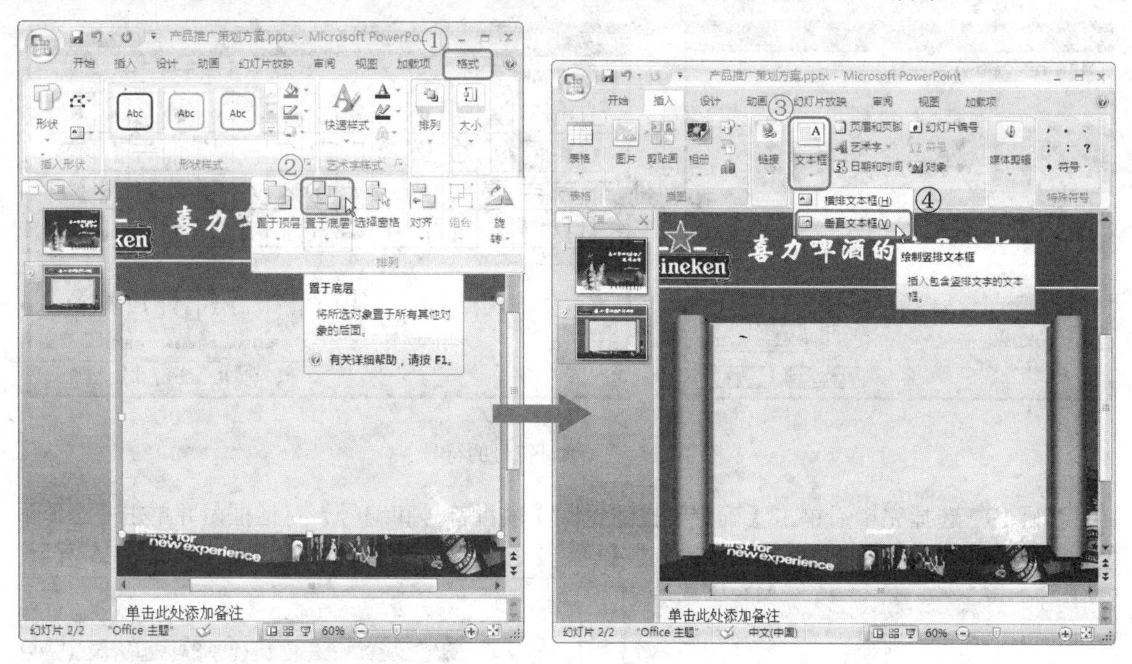

图 8-21　设置矩形的叠放顺序　　　　图 8-22　插入垂直文本框

步骤16　在垂直文本框中输入相应的产品分析文本，并设置文本字体为【微软雅黑】、字号为【22】、字体颜色为【黑色】，然后单击 【行距】按钮，在弹出的列表中选择【2.0】选项，设置文本的行距，如图 8-23 所示。

步骤17　选中所输入的文本，在【开始】选项卡的【段落】功能区中单击 按钮，在弹出的列表中选择【项目符号和编号】选项，打开【项目符号和编号】对话框，如图 8-24 所示。

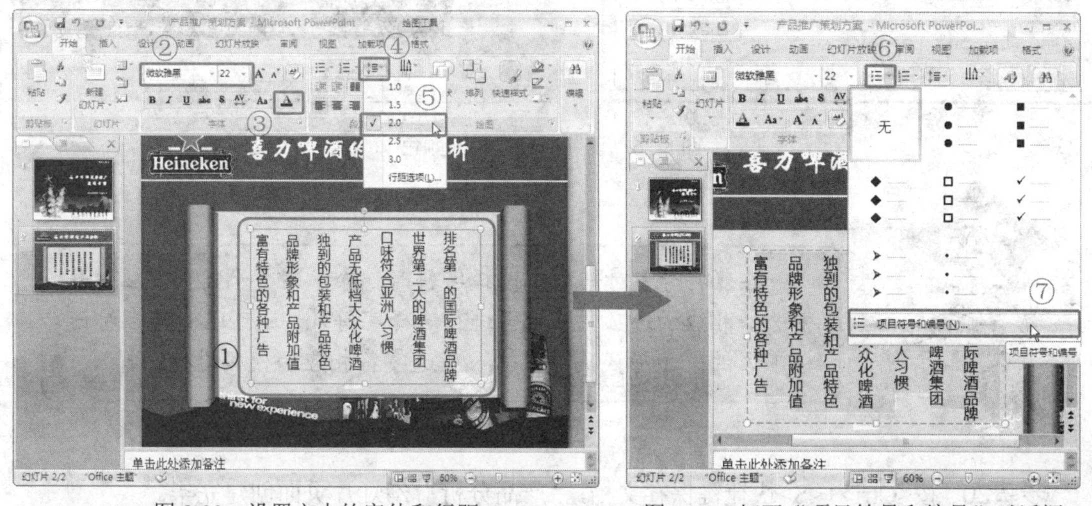

图 8-23　设置文本的字体和行距　　　　图 8-24　打开“项目符号和编号”对话框

步骤18 在对话框中直接单击【自定义】按钮，打开【符号】对话框，在对话框的【子集】下拉列表中选择【其他字符】选项，然后选择名称为【BLACK STAR】的黑色五角星字符，如图 8-25 所示。

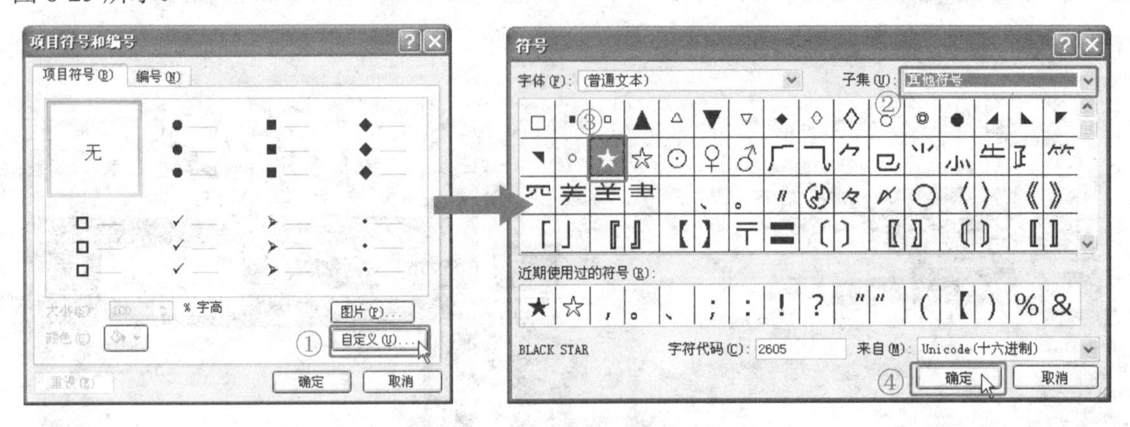

图 8-25 设置项目符号的符号

步骤19 选择完毕后单击【确定】按钮返回【项目符号和编号】对话框，并单击【颜色】按钮，设置颜色为【红色】，然后单击【确定】按钮完成项目符号的设置，如图 8-26 所示。

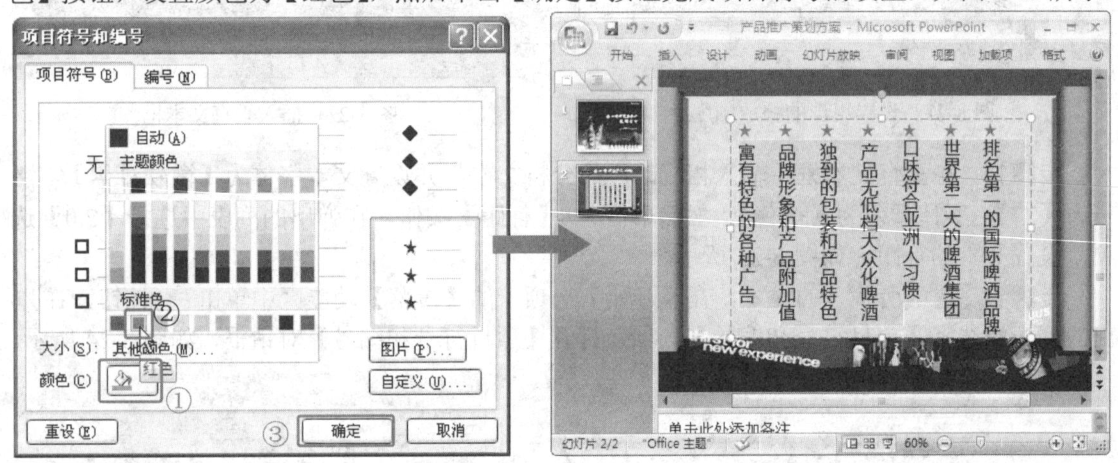

图 8-26 设置项目符号的颜色

在【符号】对话框中选择字符时，除了在【子集】下拉列表中选择相应的选项，然后再进行选择字符外，还可以直接在对话框下方的“字符代码”中输入所选字符相应的代码进行选择。

步骤20 按<Ctrl>+<S>快捷键保存文档，“产品分析”幻灯片页面创建完毕。

8.2.3　广告策略页面的创建

创建完毕“产品分析”幻灯片页面后，接下来就要对“广告策略”幻灯片页面进行创建了。“广告策略”幻灯片页面主要是由“分段流程”的 SmartArt 图形组成。创建“广告策略”幻灯片页面，其具体的操作步骤如下。

步骤1　选择【开始】选项卡，在【幻灯片】功能区中单击【新建幻灯片】按钮，在弹出的下拉列表中选择【空白】选项创建新幻灯片页面，并在新页面的【单击此处添加标题】文本框中输入文本“喜力啤酒的广告策略”，如图 8-27 所示。

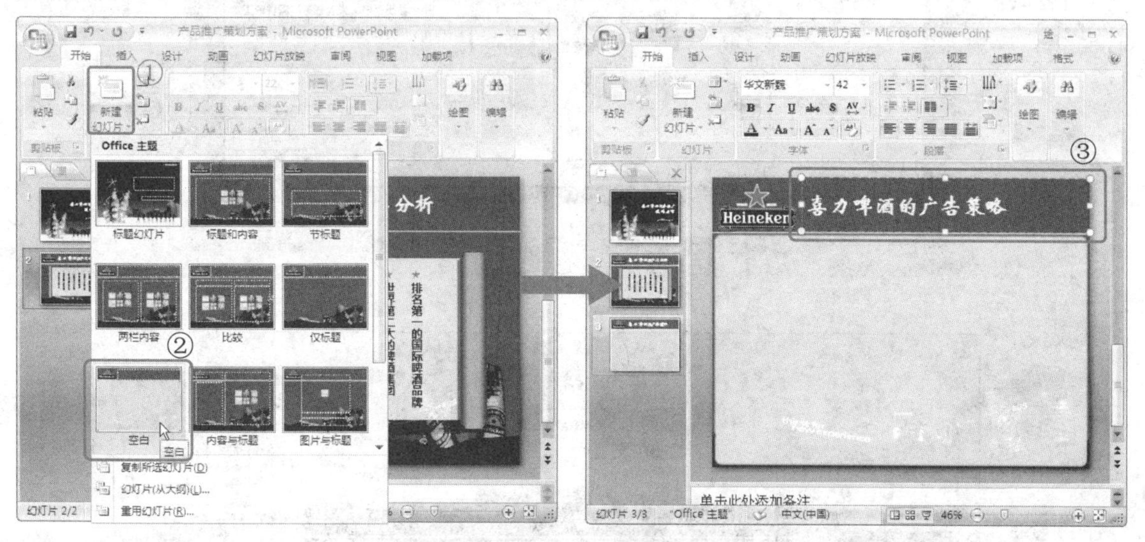

图 8-27　新建幻灯片并输入标题

从上面的操作可以看出，在母版中对个别版式所作的设置在【新建幻灯片】下拉列表中都有体现。因此，可以对母版中不同的版式进行不同的设置，从而使幻灯片的各个页面产生不同的效果。

步骤2　在【插入】选项卡的【插图】功能区中单击【SmartArt】按钮，在弹出的【选择 SmartArt 图形】对话框左侧选择【列表】选项卡，并在右侧选择【分段流程】选项，然后单击【确定】按钮，插入分段流程图形，如图 8-28 所示。

步骤3　在幻灯片文档中单击插入的“分段流程”外框左侧的按钮，打开【在此处键入文字】文本窗格中输入相关的广告策略文本，然后在【SmartArt 工具格式】选项卡中单击【大小】按钮，在弹出的列表中设置宽度为“11.88 厘米”，高度为“19.65 厘米”，如图 8-29 所示。

步骤4　单击选择“分段流程”SmartArt 图形中上方的形状，然后在开始选项卡的【字体】功能区中设置字体为【楷体_GB2312】、字号为【24】，然后在该形状上单击鼠标右键，在弹出的快捷菜单中选择【设置形状格式】命令，打开【设置形状格式】对话框。

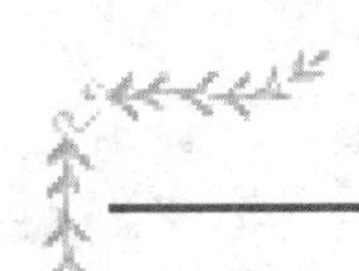

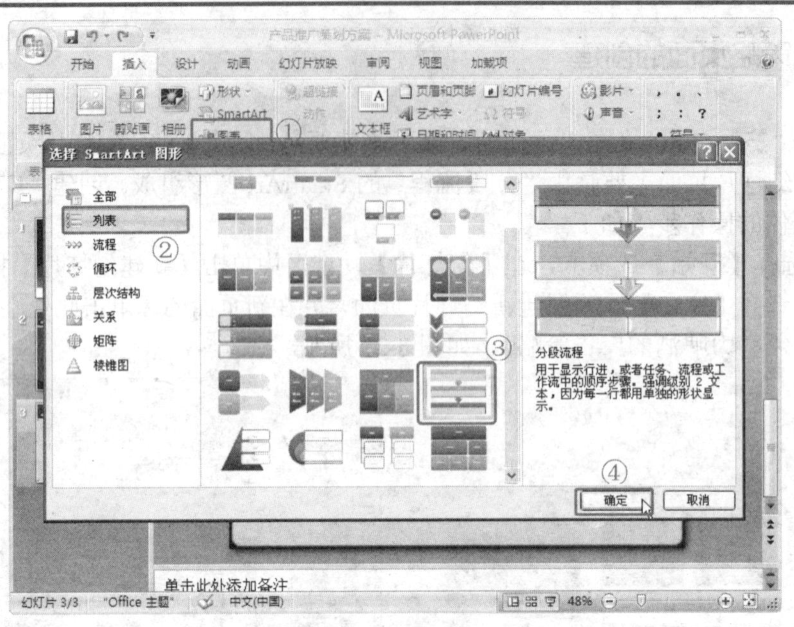

图 8-28　插入图表

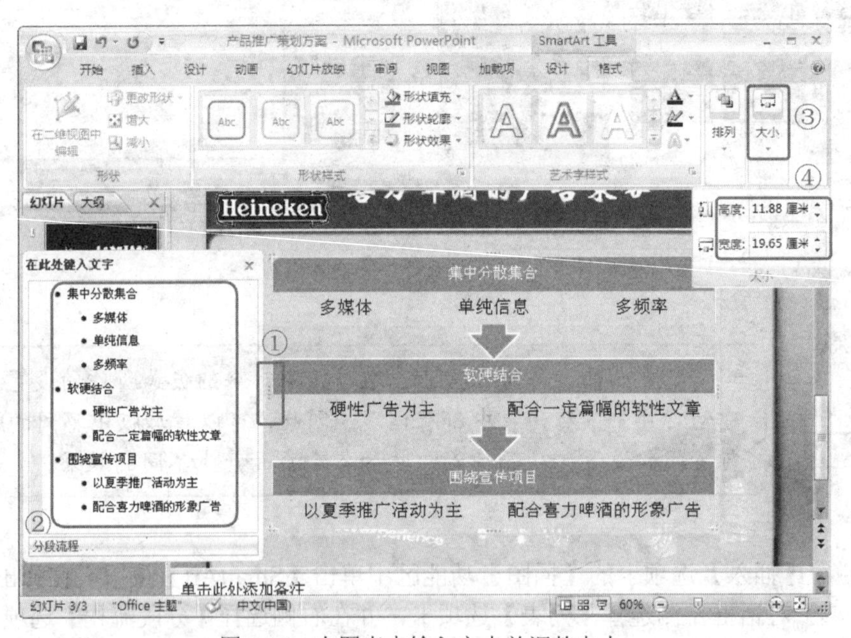

图 8-29　在图表中输入文本并调整大小

步骤5　在对话框的【填充】选项卡中点选【渐变填充】单选钮，设置类型为【线性】，角度为【90°】，在【渐变光圈】选项组中设置“光圈 1”和“光圈 3”颜色的 RGB 值为“9”、“68”、“100”，“光圈 2”的 RGB 值为“19”、“146”、“217”，并设置线条颜色为【无】，如图 8-30 所示。

步骤6　采用同样的方法，分别选择“分段流程”SmartArt 图形中间和下方的形状，并依次设置字体为【楷体_GB2312】、字号为【24】。

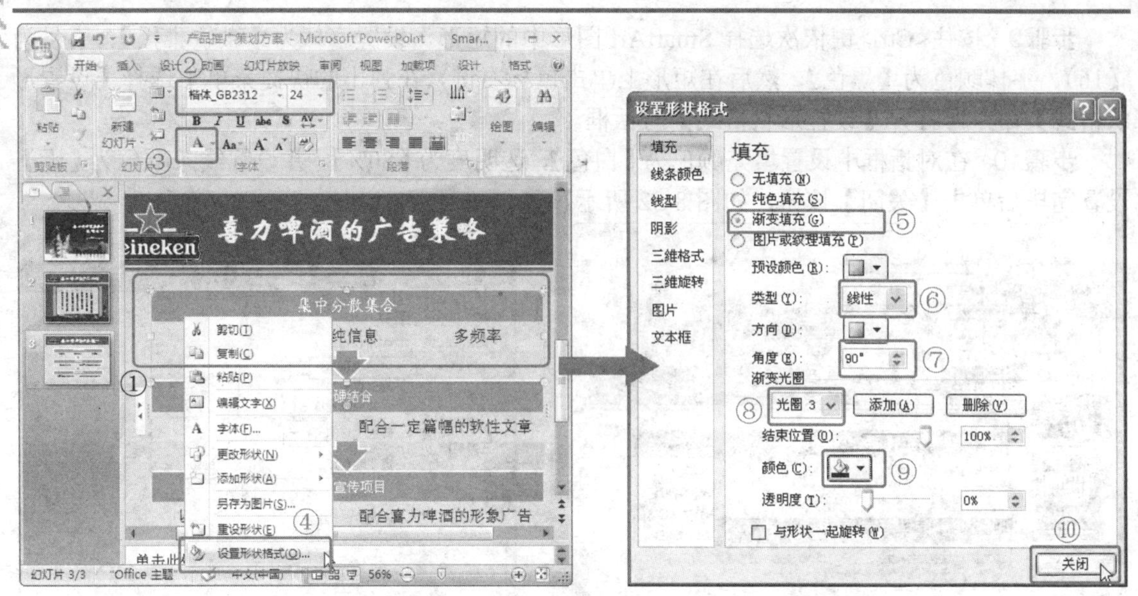

图 8-30　设置文本和形状格式

步骤7　在中间形状上单击鼠标右键，在弹出的快捷菜单中选择【设置形状格式】命令，打开【设置形状格式】对话框，在【填充】选项卡中点选【渐变填充】单选钮，设置类型为【线性】，角度为【90°】，在【渐变光圈】选项组中设置“光圈1”和“光圈3”颜色的RGB值为“0”、“102”、“0”，“光圈2”的RGB值为“51”、“204”、“51”，并设置线条颜色为【无】。

步骤8　在下方的形状上单击鼠标右键，在弹出的快捷菜单中选择【设置形状格式】命令，打开【设置形状格式】对话框，在【填充】选项卡中点选【渐变填充】单选钮，设置类型为【线性】，角度为【90°】，在【渐变光圈】选项组中设置“光圈1”和“光圈3”颜色的RGB值为“109”、“95”、“35”，“光圈2”的RGB值为“236”、“206”、“76”，并设置线条颜色为【无】，设置完毕如图8-31所示。

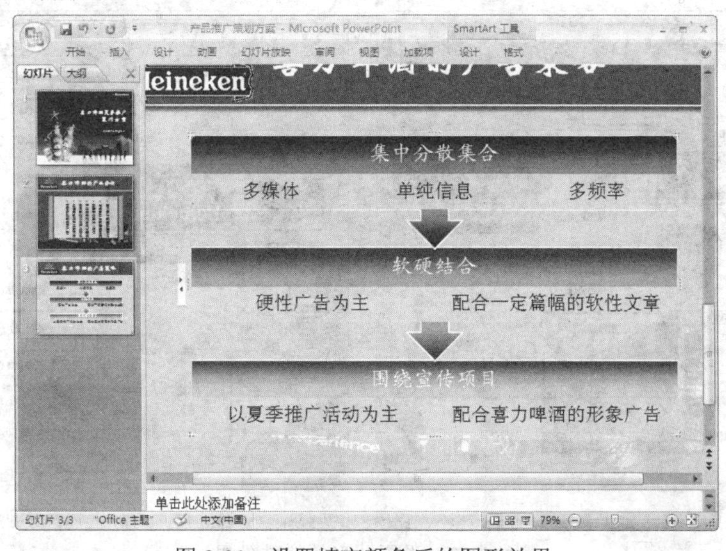

图 8-31　设置填充颜色后的图形效果

步骤9 按住<Ctrl>键依次选择 SmartArt 图形中的矩形，设置字体为【微软雅黑】、字号为【16】、字体颜色为【黑色】，然后在矩形上单击鼠标右键，在弹出的快捷菜单中选择【设置形状格式】命令，打开【设置形状格式】对话框。

步骤10 在对话框中设置填充颜色为【白色】，透明度为【80%】，并设置线条颜色为【无】，设置完毕后单击【关闭】按钮，如图 8-32 所示。

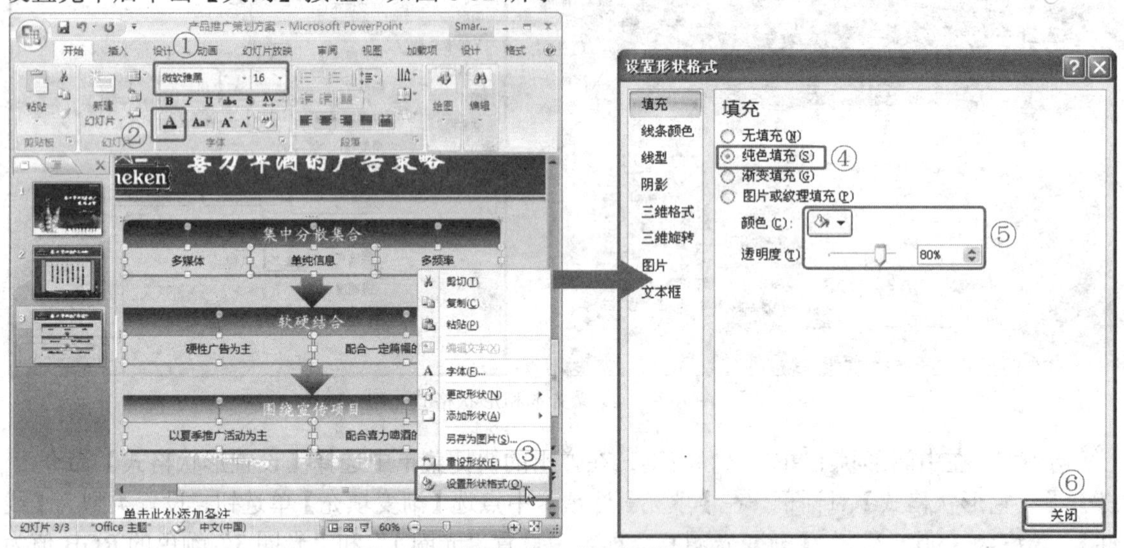

图 8-32 设置文本格式和矩形填充颜色

步骤11 在【SmartArt 工具格式】选项卡的【形状样式】功能区中单击【形状效果】按钮，在弹出的下拉列表中依次选择【柔化边缘】、【5 磅】选项，对所选择的几个矩形设置柔化边缘。

步骤12 选择 SmartArt 图形的外框，然后在【SmartArt 工具格式】选项卡的【形状样式】功能区中单击【形状效果】按钮，在弹出的下拉列表中依次选择【棱台】、【圆】选项，设置【分段流程】图形的特殊效果，如图 8-33 所示。

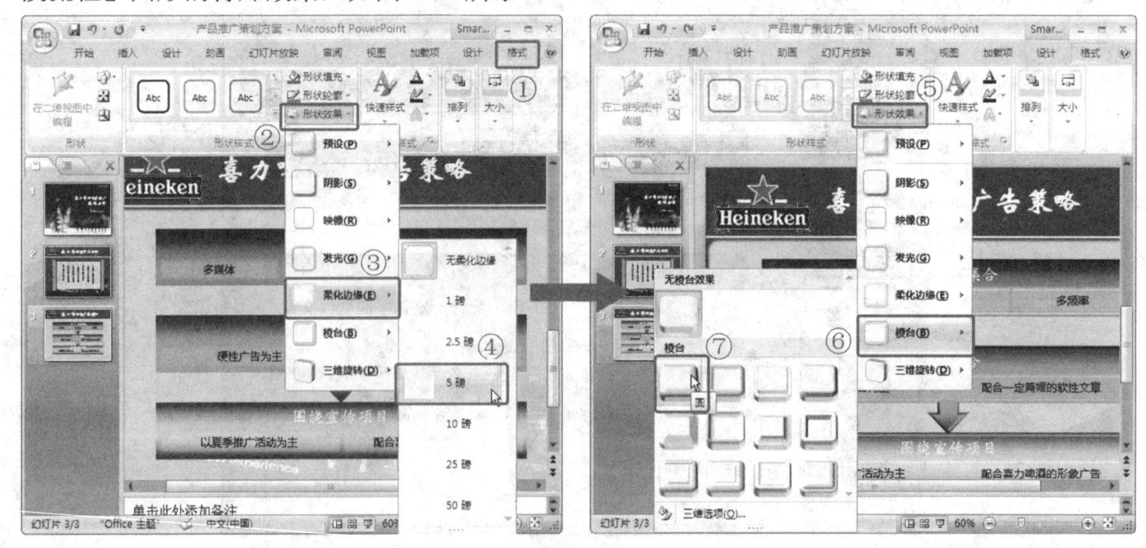

图 8-33 设置图形的特殊效果

步骤13　按<Ctrl>+<S>快捷键保存文档，“广告策略”幻灯片页面创建完毕，其页面效果如图 8-34 所示。

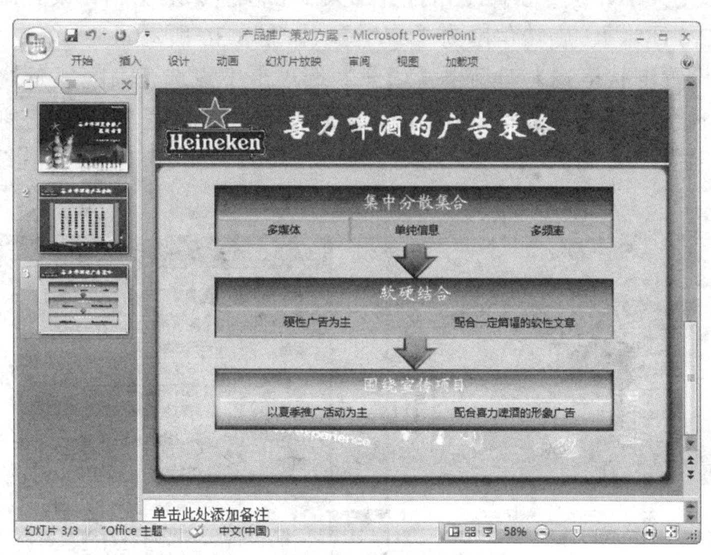

图 8-34　幻灯片页面的效果

8.2.4　广告创意说明页面的创建

广告创意说明页面主要对四种广告的创意进行说明，由矩形、圆角矩形以及相应的文本组成。创建“广告创意说明”幻灯片页面的具体操作步骤如下。

步骤1　在幻灯片编辑区的左侧导航栏中单击鼠标右键，在弹出的快捷菜单中选择【新建幻灯片】命令新建幻灯片页面，然后在新页面的【单击此处添加标题】文本框中输入文本“影视广告创意说明”，设置幻灯片的标题，如图 8-35 所示。

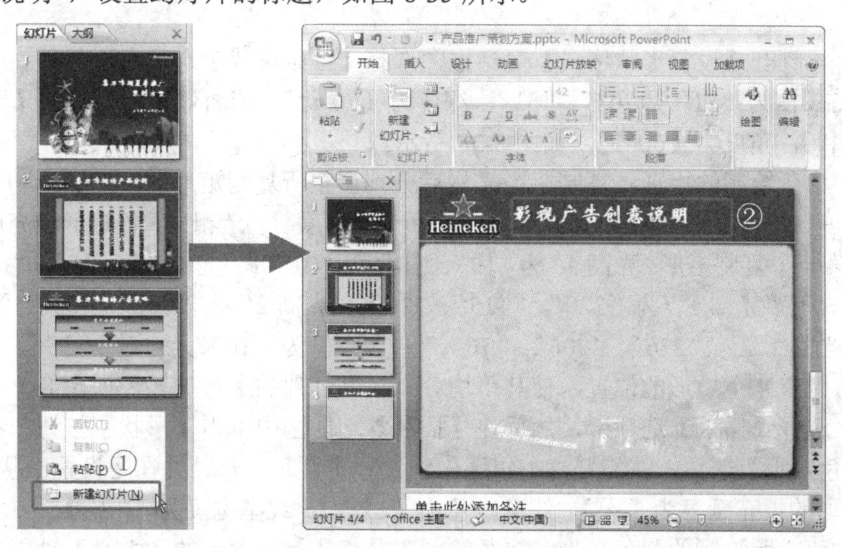

图 8-35　新建幻灯片并输入标题

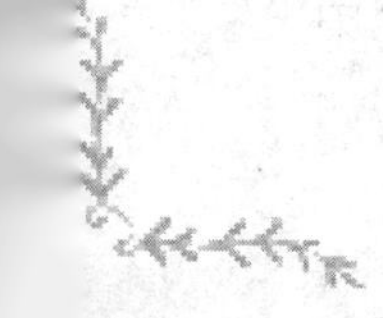

步骤2 在幻灯片编辑区中绘制一个矩形，然后使用鼠标右键单击所绘制的矩形，在弹出的快捷菜单中选择【大小和位置】命令，打开【大小和位置】对话框，设置矩形的高度为【2.8 厘米】、宽度为【2.6 厘米】、旋转角度为【57°】，如图 8-36 所示。

步骤3 在【设置形状格式】对话框【填充】选项卡中点选【渐变填充】单选钮，并设置类型为【线性】，角度为【90°】，在【渐变光圈】选项组中设置“光圈 1”颜色的 RGB 值为“51”、“204”、“51”，“光圈 2”的 RGB 值为“0”、“102”、“0”，然后设置线条颜色为【无】，如图 8-37 所示。

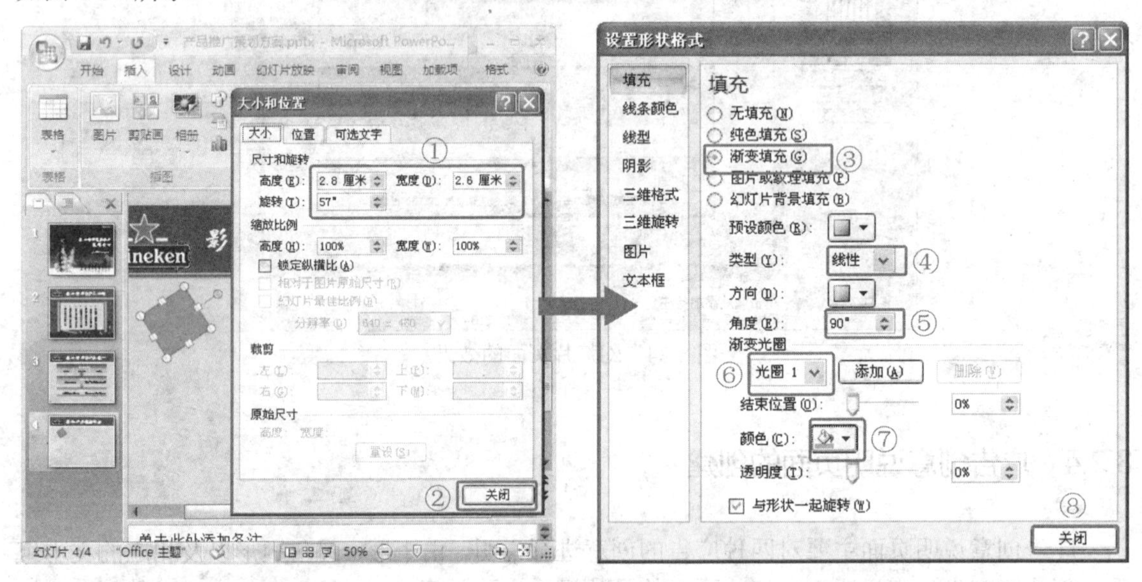

图 8-36 设置矩形的大小和位置　　图 8-37 设置矩形的形状格式

步骤4 选择所绘制的矩形，在【绘图工具格式】选项卡的【形状样式】功能区中单击【形状效果】按钮，在弹出的列表中依次选择【三维旋转】、【倾斜向上】选项，设置矩形的三维旋转效果。

步骤5 再打开【设置形状格式】对话框，选择【三维格式】选项卡，然后在右侧设置深度颜色的 RGB 值为“51”、“204”、“51”，深度为【70 磅】，表面效果的材料为【亚光效果】、照明为【柔和】，角度为【60°】，如图 8-38 所示。

步骤6 将所绘制的矩形再复制 3 个，然后分别调整所复制矩形的填充颜色和深度颜色，其他参数不变，并且填充颜色中“光圈 1”的颜色同“深度颜色”相同，各矩形填充颜色的 RGB 值依次为：第一个复制矩形“光圈 1”为“19”、“146”、“217”，“光圈 2”为“9”、“68”、“100”；第二个复制矩形“光圈 1”为“220”、“115”、“20”、“光圈 2”为“102”、“53”、“9”；第三个复制矩形“光圈 1”为“236”、“206”、“76”、“光圈 2”为“109”、“95”、“35”。

步骤7 调整 4 个矩形的位置，使其平均分布在幻灯片的上方位置，如图 8-39 所示。

步骤8 选择【插入】选项卡，然后在【插图】功能区中单击【形状】按钮，在下拉列表中选择【圆角矩形】选项，在幻灯片编辑区中绘制一个圆角矩形，并在【设置形状格式】对话框中设置矩形的填充颜色为【无】，线条颜色为【白色】，线型宽度为【3 磅】。

步骤9 双击所绘制的圆角矩形，在【绘图工具格式】选项卡的【大小】功能区中设置其高度为“9.8 厘米”，宽度为“5.8 厘米”，如图 8-40 所示。

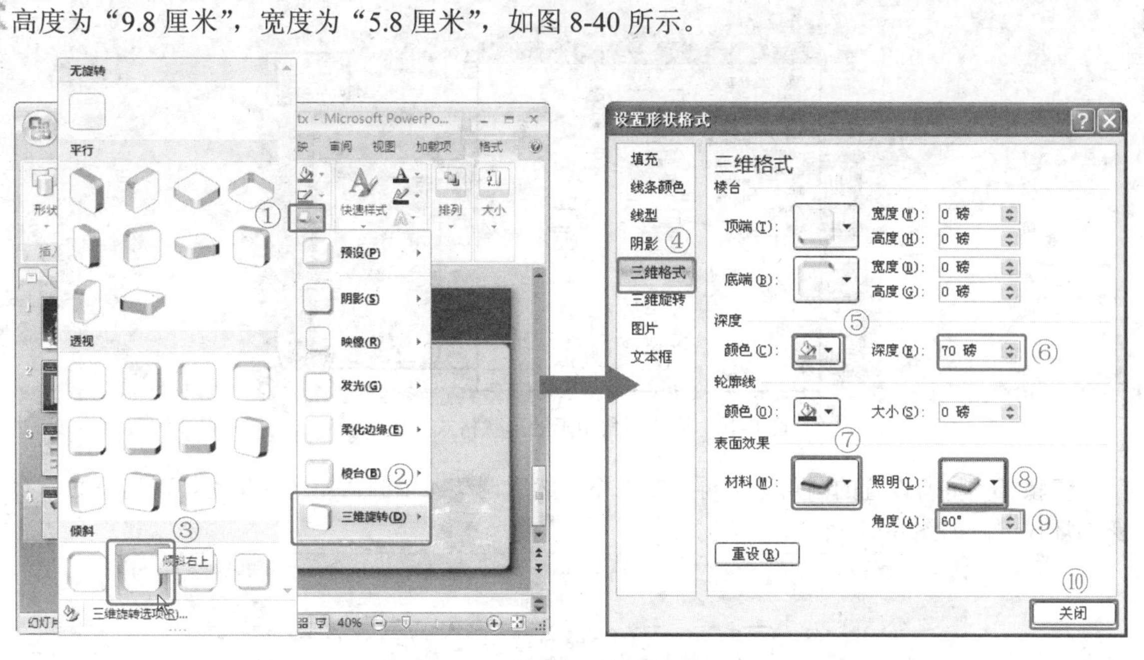

图 8-38　设置矩形的三维效果

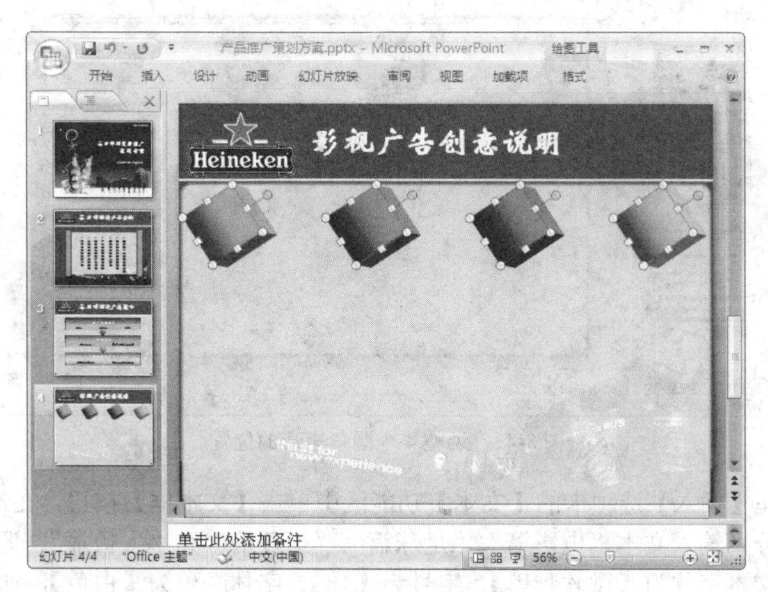

图 8-39　矩形的设置效果

操作技巧

在幻灯片中如果要对齐所选择的多个对象，可以在选择了对象后，在【开始】选项卡的【绘图】功能区中单击【排列】按钮，在弹出的列表中选择【对齐】选项，然后在下级列表中选择相应的选项设置对齐方式。

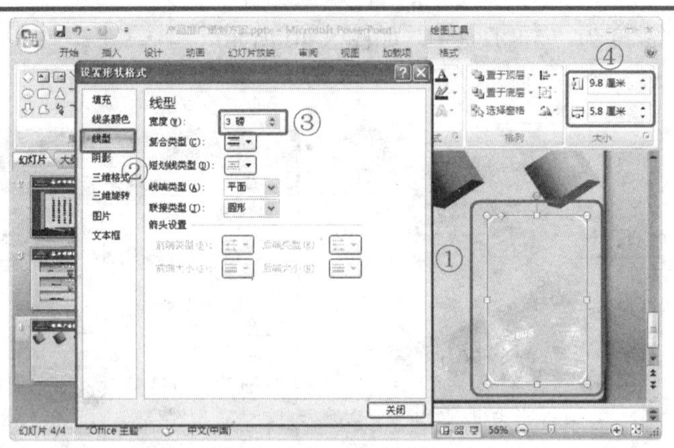

图 8-40　设置圆角矩形的形状格式和大小

步骤10　将所设置的圆角矩形再复制 3 个，然后调整 4 个圆角矩形的位置，使其平均分布在幻灯片中，如图 8-41 所示。

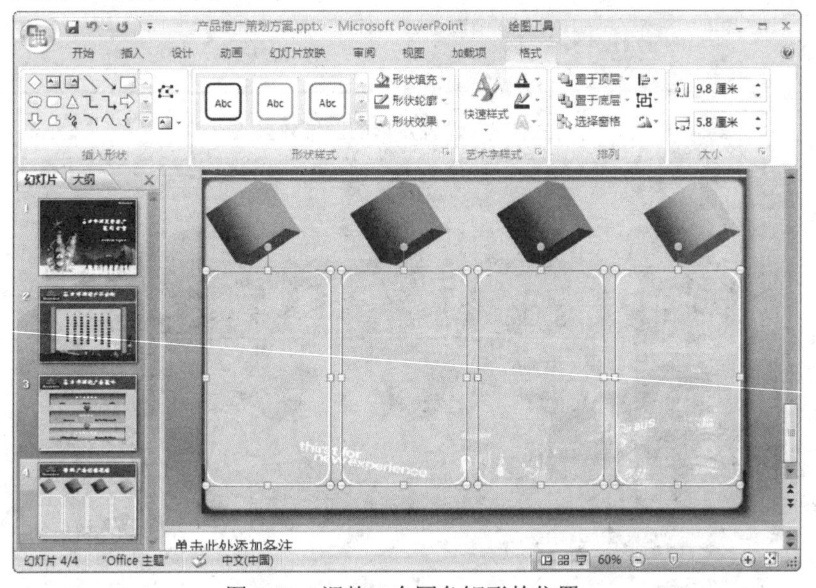

图 8-41　调整 4 个圆角矩形的位置

步骤11　在【插入】选项卡的【文本】功能区中单击【文本框】按钮，在幻灯片中插入 4 个文本框，并分别输入文本“电影篇”、“足球篇”、“追逐篇”和“太极篇”，调整各文本的位置，然后设置文本字体为【微软雅黑】、字号为【18】、字体颜色为【白色】，如图 8-42 所示。

步骤12　在幻灯片中再插入一个文本框，并输入电影篇的广告介绍文本，并设置字体为【微软雅黑】、字号为【14】，字体颜色的 RGB 值分别为“0”、“102”和“0”。

步骤13　选中所输入的文本，打开【项目符号和编号】对话框，在对话框中单击【自定义】按钮，打开【符号】对话框，在对话框的【近期使用过的符号】下拉列表中选择名称为【BLACK STAR】的黑色五角星字符。

步骤14　返回【项目符号和编号】对话框，设置项目符号的颜色为【红色】，然后单击【确定】按钮，完成项目符号的设置，如图 8-43 所示。

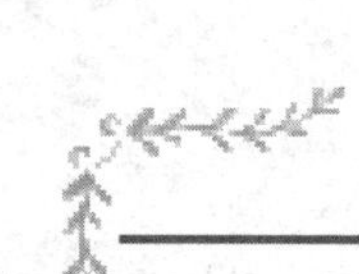

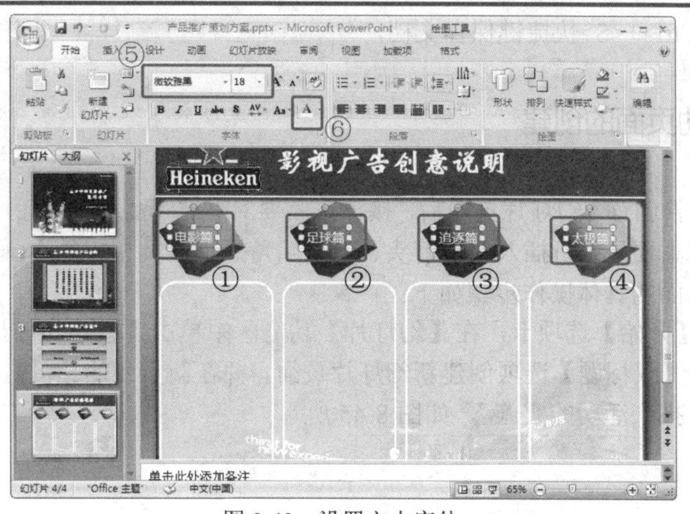

图 8-42　设置文本字体

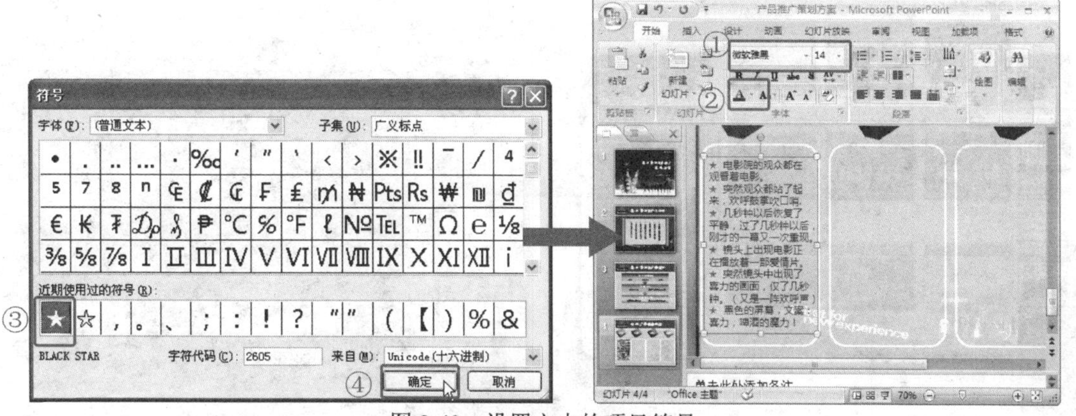

图 8-43　设置文本的项目符号

步骤15　采用同样的方法再插入 3 个文本框，并设置相同的文本效果和项目符号，调整各文本框的位置，使其如图 8-44 所示。

图 8-44　插入文本框并设置相同的文本效果

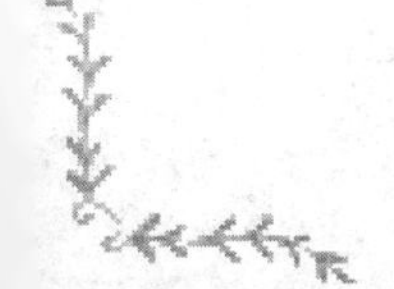

步骤16 按<Ctrl>+<S>快捷键保存文档，“广告创意说明”幻灯片页面创建完毕。

8.2.5 推广活动页面的创建

创建完毕“广告创意”幻灯片页面后，接下来就要对“推广活动”幻灯片页面进行创建了。“推广活动”页面主要是由所插入的右箭头、三个圆角矩形以及相应的文本所组成。创建“推广活动”幻灯片页面的具体操作步骤如下。

步骤1 选择【开始】选项卡，在【幻灯片】功能区中单击【新建幻灯片】按钮，在弹出的下拉列表中选择【仅标题】选项创建新幻灯片页面，并在新页面的【单击此处添加标题】文本框中输入文本“推广活动的实施”，如图 8-45 所示。

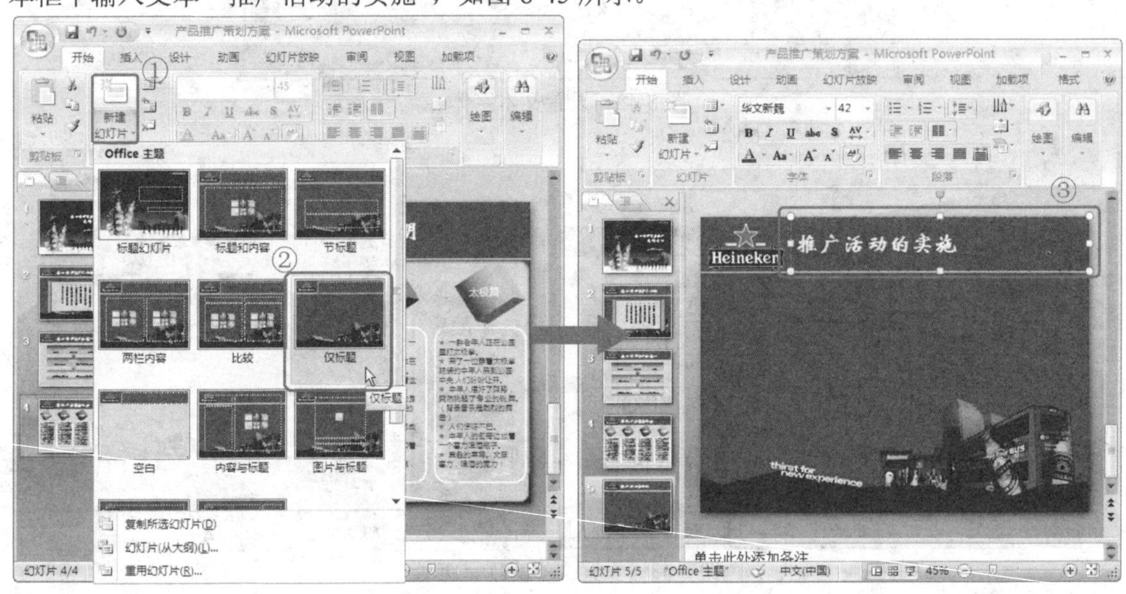

图 8-45 新建幻灯片并输入标题

步骤2 选择【插入】选项卡，然后在【插图】功能区中单击【形状】按钮，并在下拉列表中选择【右箭头】选项，在幻灯片编辑区中绘制一个右箭头。

步骤3 调整所绘制的右箭头的位置，使其与幻灯片文档的左侧对齐，然后在【绘图工具格式】选项卡的【大小】功能区中设置其高度为“12.5 厘米”，宽度为“17.2 厘米”，如图 8-46 所示。

步骤4 在右箭头上单击鼠标右键，在弹出的快捷菜单中选择“设置形状格式”命令打开【设置形状格式】对话框，在【填充】选项卡中点选【渐变填充】单选钮，并设置类型为【线性】，角度为【0°】，在【渐变光圈】选项组中设置“光圈 1”颜色的 RGB 值为“4”、“114”、“119”，“光圈 2”的 RGB 值为“51”、“204”、“51”，如图 8-47 所示。

步骤5 在对话框的左侧选择【线条颜色】选项卡，然后在右侧点选【无线条】单选钮，设置完毕后单击【关闭】按钮，即可完成对右箭头的设置，如图 8-48 所示。

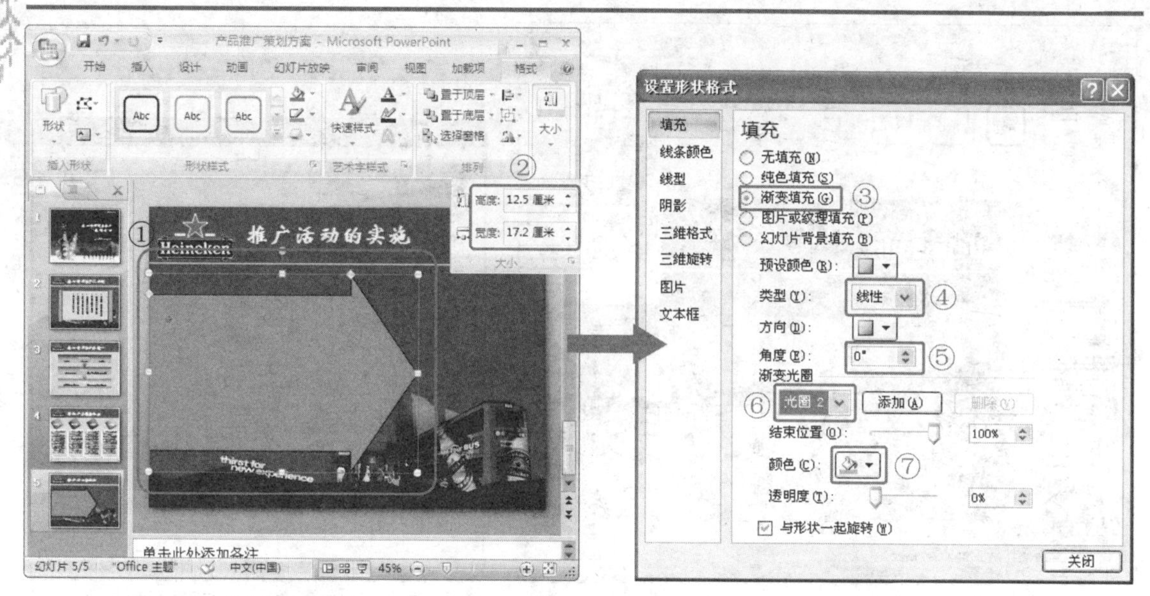

图 8-46　设置右箭头的大小和位置　　　　图 8-47　设置右箭头的填充颜色

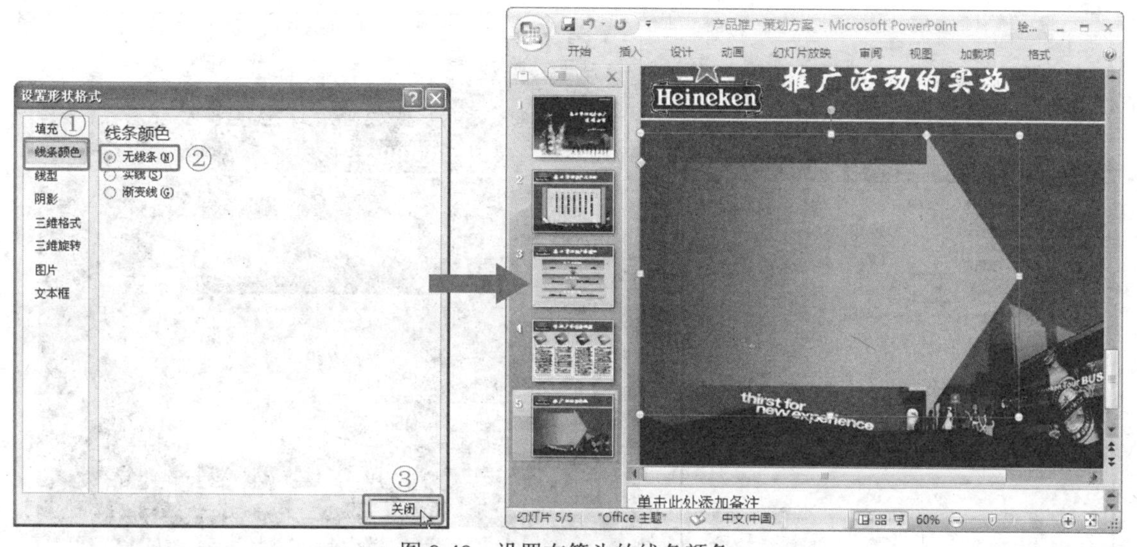

图 8-48　设置右箭头的线条颜色

步骤6　在幻灯片编辑区中绘制一个圆角矩形，调整所绘制的右箭头的位置，使其与幻灯片文档的左侧对齐，然后在【绘图工具格式】选项卡的【大小】功能区中设置其高度为“2.75 厘米”，宽度为“11.22 厘米”，如图 8-49 所示。

步骤7　打开【设置形状格式】对话框，选择【填充】选项卡，点选【渐变填充】单选钮，并设置类型为【线性】，角度为【90°】，在【渐变光圈】选项卡中设置“光圈 1”颜色的 RGB 值为“19”、“146”、“217”，“光圈 2”的 RGB 值为“9”、“68”、“100”，并设置线条颜色为【无】，设置完毕后单击【关闭】按钮即可，如图 8-50 所示。

步骤8　在对话框的左侧选择【线条颜色】选项卡，然后在右侧点选【实线】单选钮，设置颜色为【白色】，设置完毕后单击【关闭】按钮即可完成对右箭头的设置，如图 8-51 所示。

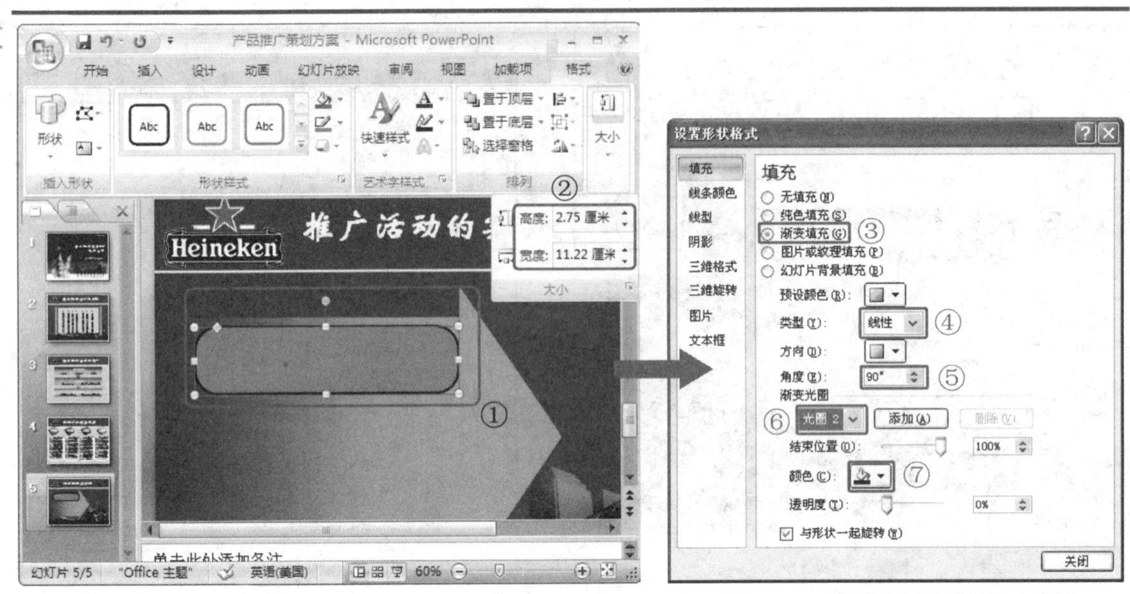

图 8-49 设置圆角矩形的大小和位置　　图 8-50 设置圆角矩形的填充颜色

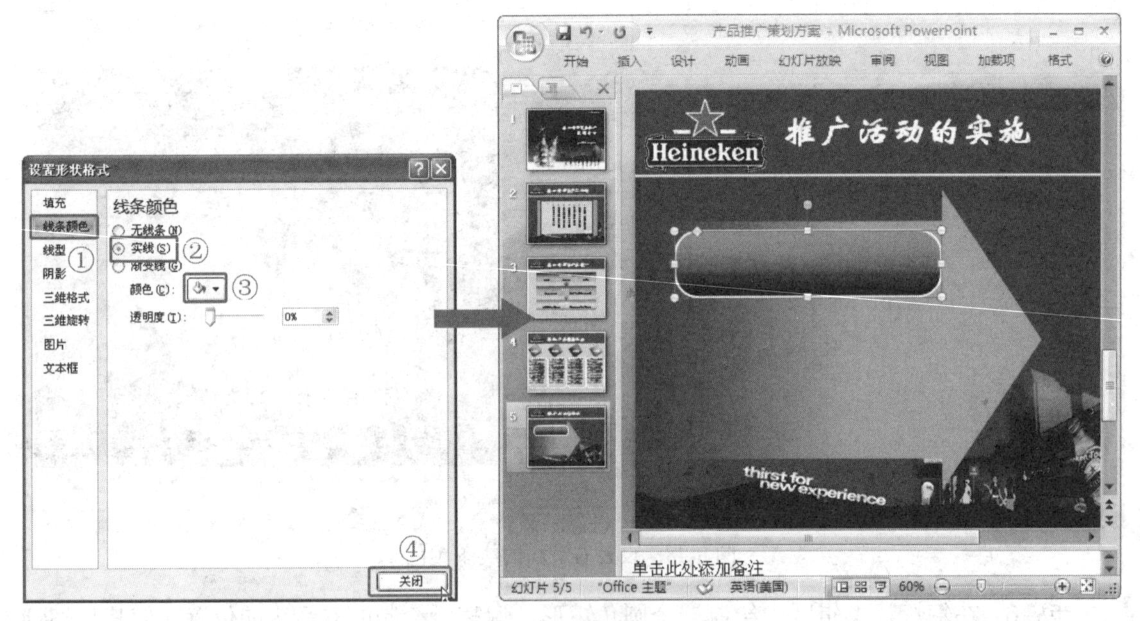

图 8-51 设置圆角矩形的线条颜色

步骤9 再复制两个相同的圆角矩形，然后分别调整所复制圆角矩形的填充颜色，其他参数不变，圆角矩形填充颜色的 RGB 值依次是：第一个复制圆角矩形“光圈 1”为“220”、“115”、“20”，“光圈 2”为“102”、“53”、“9”；第二个复制矩形“光圈 1”为“236”、“206”、“76”、“光圈 2”为“109”、“95”、“35”。

步骤10 调整圆角矩形各自的位置，使其位于右箭头的上方，如图 8-52 所示。

步骤11 分别在三个圆角矩形上输入推广活动的文本“喜力电影周展映”、“喜力热辣锐舞派对狂欢夜”和“喜力节拍夏季音乐节”，并设置文本的字体为【微软雅黑】、字号为【20】、字体颜色为【白色】，如图 8-53 所示。

图 8-52　调整圆角矩形的位置

重点知识

在幻灯片中可以在所创建的形状上直接输入文本，即在形状上单击鼠标右键，在弹出的快捷菜单中选择【编辑文字】命令即可。

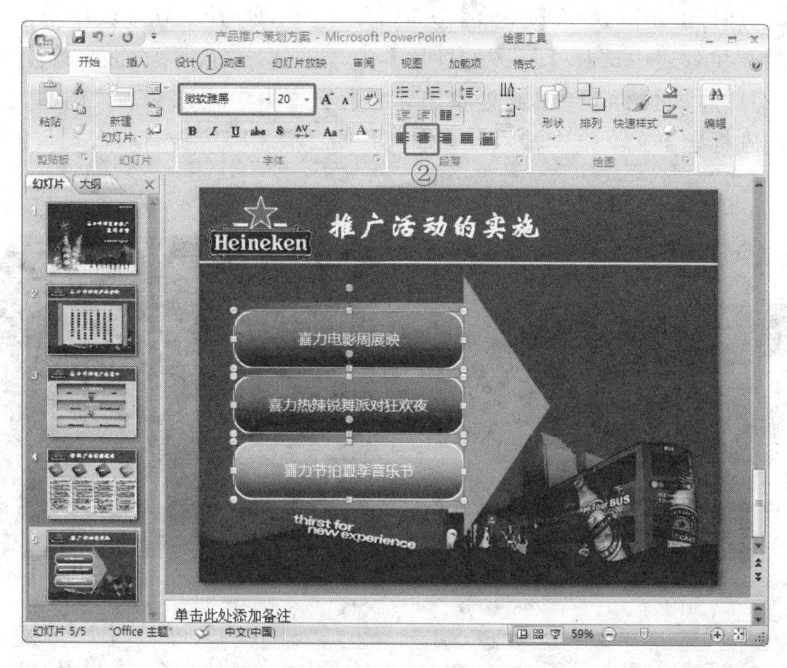

图 8-53　输入文本并设置字体

步骤12 再插入一个文本框，输入文本“喜力啤酒推广活动”，调整文本框的位置，然后设置文本的字体为【楷体_GB2312】、字号为【32】、字体颜色为【白色】，并设置加粗和阴影，如图 8-54 所示。按<Ctrl>+<S>快捷键保存文档，“推广活动”幻灯片页面创建完毕。

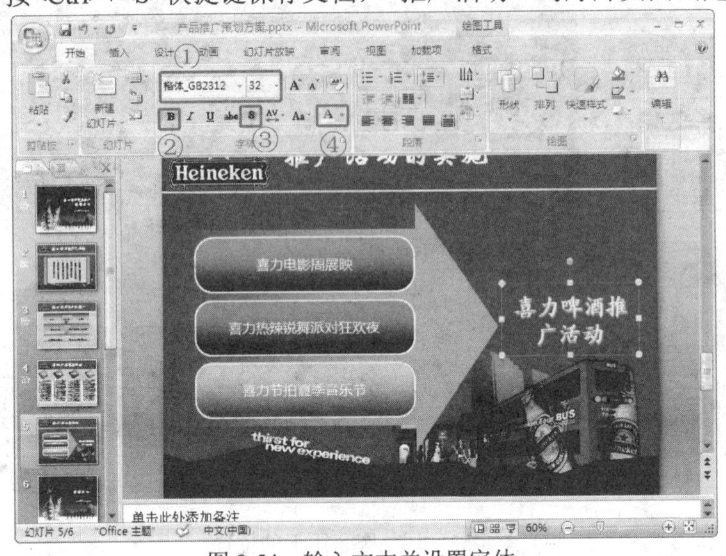

图 8-54 输入文本并设置字体

8.2.6 结束页的创建和切换效果的设置

创建结束页和设置切换效果的具体操作步骤如下。

步骤1 在幻灯片编辑区选择【开始】选项卡，在【幻灯片】功能区中单击【新建幻灯片】按钮，在弹出的下拉列表中选择【标题幻灯片】选项创建新幻灯片页面，如图 8-55 所示。

步骤2 在幻灯片页面的【单击此处添加标题】文本框中输入文本“谢谢大家!”，然后在【单击此处添加副标题】文本框中输入公司名称，如“墨思客广告有限公司”，如图 8-56 所示。

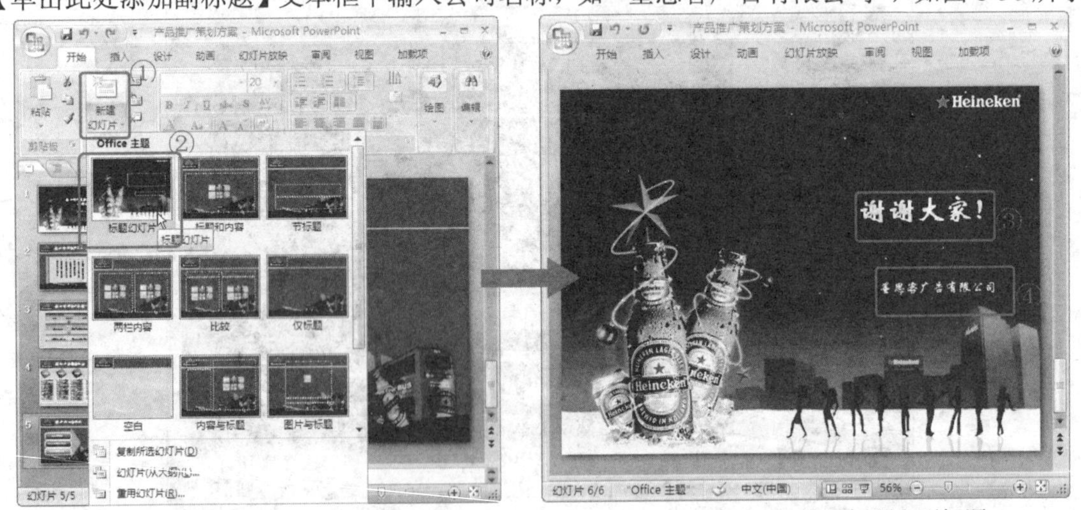

图 8-55 新建幻灯片　　图 8-56 输入标题和副标题

步骤3　在幻灯片导航栏中选择第一个幻灯片文档，打开【动画】选项卡，在【切换到此幻灯片】功能区中设置切换声音为【风铃】、切换速度为【中速】，然后单击【全部应用】按钮应用于所有的幻灯片，如图 8-57 所示。

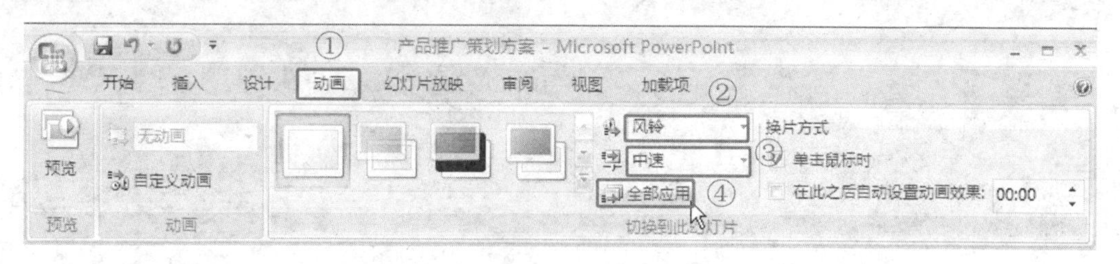

图 8-57　设置切换声音效果

步骤4　在【动画】选项卡的【切换到此幻灯片】功能区中单击 按钮，在弹出的下拉列表中选择【新闻快报】选项，设置第一个幻灯片文档的动画效果，如图 8-58 所示。

图 8-58　设置切换效果

步骤5　采用同样的方法设置第二个至第六个幻灯片的动画效果依次为“从内到外垂直分割”、“向下揭开”、“从外到内垂直分割”、“横向棋盘式”和“顺时针回旋，2 根轮辐”。

步骤6　按<Ctrl>+<S>快捷键保存文档，产品推广策划方案幻灯片创建完毕。

8.3　实例总结

在本实例是创建产品推广策划方案的幻灯片页面，根据策划的要求创建了 6 个幻灯片页面，通过本实例的学习，需要重点掌握以下的几个方面的内容。

- 通过绘制并填充形状，以及插图图片设置幻灯片母版。
- 在幻灯片中插入图片，并对其大小、位置等进行设置。

- 在幻灯片中绘制形状，并为其设置三维效果。
- 对多段落文本添加自定义项目符号和编号。
- 为幻灯片页面进行切换效果的设置。

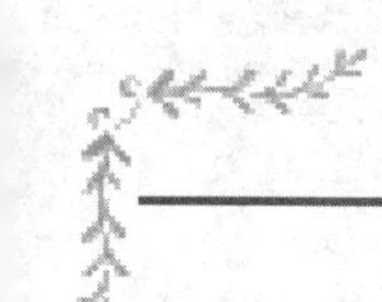

举一反三

本篇的举一反三是在产品推广策划方案幻灯片的“影视广告创意说明”幻灯片页面中，添加连接矩形的 3 个连接形状，其效果如图 8-59 所示。

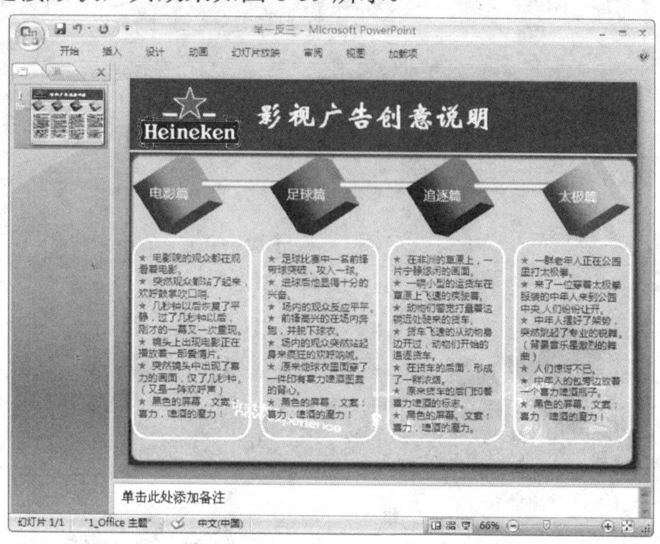

图 8-59　幻灯片页面效果

分析及提示

连接形状的组成分析和绘制提示如下。

- 连接形状由两个椭圆和一个矩形组合而成，如图 8-60 所示。
- 三个形状填充都为线性渐变填充，角度都为 90°，如图 8-61 所示。
- 右侧椭圆线条颜色为白色，线型宽度为 1 磅。
- 调整形状的位置后需要再调整形状的排列顺序。
- 包括原先绘制的矩形和连接形状从左至右依次设置为至于顶层，如图 8-62 所示。

图 8-60　形状的组成

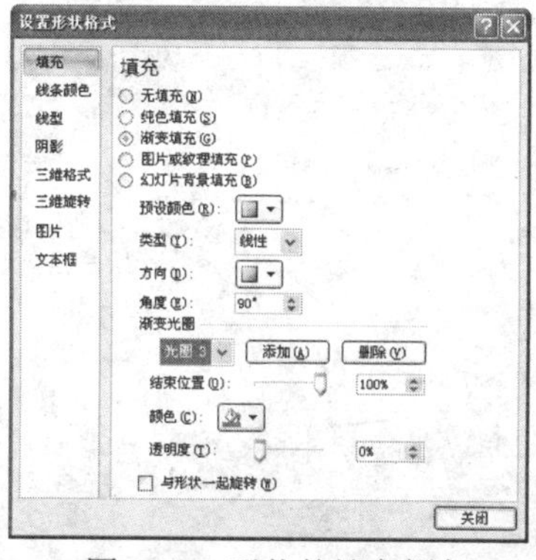

图 8-61　形状的填充颜色

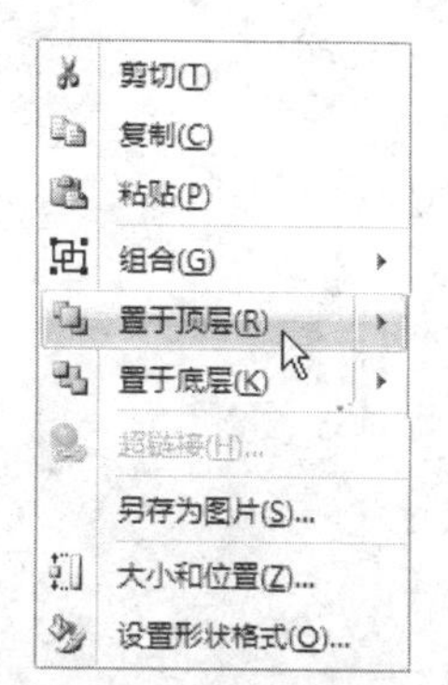

图 8-62　设置叠放顺序

第3篇

轻松讲解 课件篇

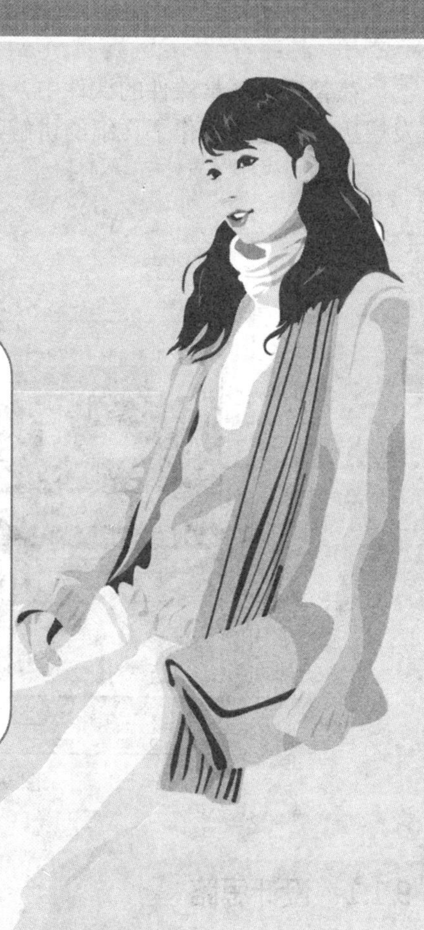

本篇导读

众所周知，PowerPoint 2007 不仅是优秀的办公组件，而且，也是制作多媒体课件的首选软件。对学生难以理解、抽象复杂的内容，借助于 PowerPoint 课件配合，可以调动学生的听课兴趣，从而使学生对知识的理解和记忆都大幅提高。PowerPoint 2007 易学、易用、不仅功能强大，而且易于修改，便于普通授课教师掌握，是一种非常普及的多媒体课件制作工具。

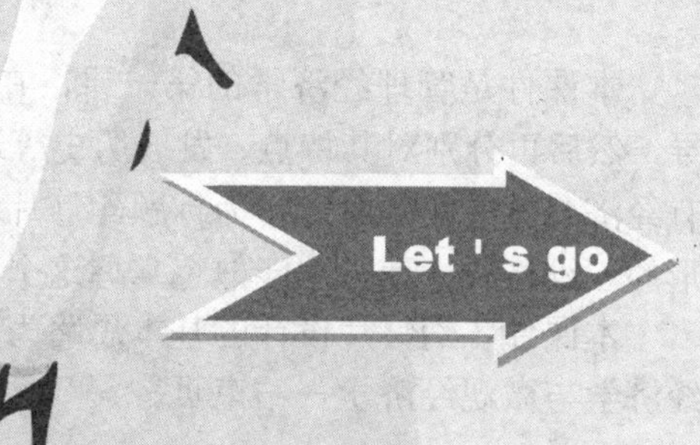

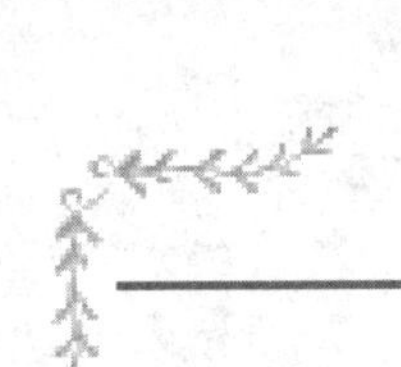

实例 9　管理经济学课件

管理经济学是以微观经济学的理论和分析方法，探讨与企业管理有关的各种问题的一门学科。其目标是在微观经济学和企业管理实践之间架起桥梁，帮助企业管理者提高管理水平。管理经济学的教学内容应当在了解其基本分析前提和基本原理的基础上，用更宽的视角进一步分析企业组织问题。本实例就使用 PowerPoint 2007 创建管理经济学课件的幻灯片演示文稿。

9.1　实例分析

在管理经济学课件的课件中，对管理经济学的概况、特点、同微观经济学的联系和区别、发展历史等方面都作了详细的讲解，其预览效果如图 9-1 所示。

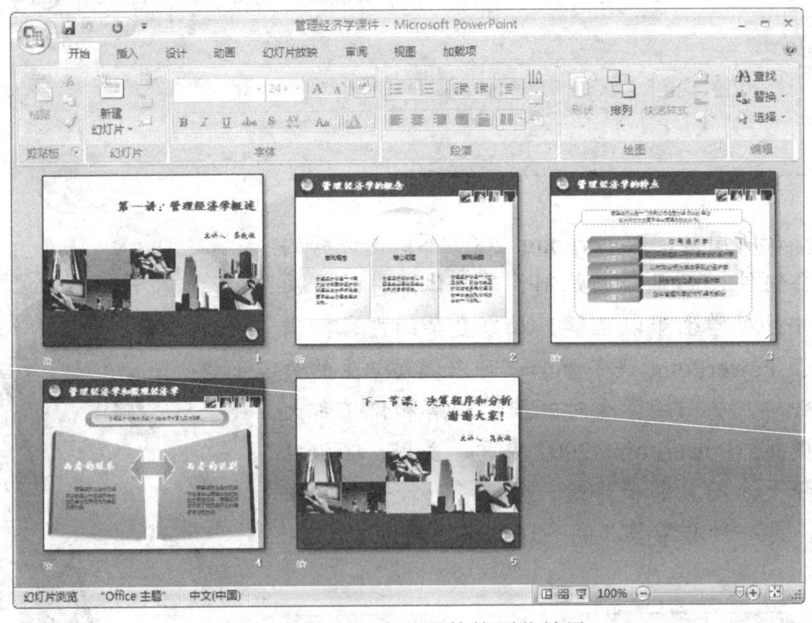

图 9-1　管理经济学课件的预览效果

9.1.1　设计思路

本课件是管理经济学的第一讲，在制作的过程中首先从管理经济学的概念对学生进行引导，然后再分别对其特点、发展历史等进行讲解介绍。在制作此幻灯片课件时，首先采用了具有经济商务方面的图片作为标题幻灯片的背景，然后在各页面中创建相关图形，主要是设置图形的三维格式，使大家能熟练掌握这个新的知识点。

本课件各幻灯片设计的基本思路为：首页→管理经济学的概念→管理经济学的特点→管理经济学与微观经济学→结束页。

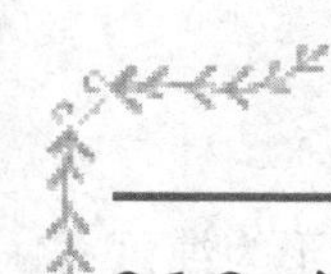

9.1.2　涉及的知识点

在本课件的制作中，首先在幻灯片母版中插入相应的图片和文本框，然后在各个页面中分别绘制相应的图形，并设置图形各自不同的三维效果。

在管理经济学课件的制作中主要用到了以下方面的知识点：

- ✧ 设置幻灯片母版
- ✧ 图片的插入和调整
- ✧ 图形的创建和设置
- ✧ 三维格式的添加和设置
- ✧ 三维旋转的添加和设置
- ✧ 幻灯片切换效果的添加

9.2　实例操作

本节就根据前面所分析的设计思路和知识点，使用 PowerPoint 2007 对管理经济学课件幻灯片的制作步骤进行详细的讲解。

9.2.1　设置母版和标题幻灯片

在创建幻灯片各页面之前，先对幻灯片母版和标题幻灯片进行设置，其具体操作步骤如下。

步骤1　在 PowerPoint 2007 中新建一个空白幻灯片文档，在【视图】选项卡的【演示文稿视图】功能区中单击【幻灯片母版】按钮，进入幻灯片母版编辑区，然后在导航栏中选择最上方的幻灯片母版，并在右侧的编辑区删除所有文本框，如图 9-2 所示。

步骤2　绘制一个高度为“2.54 厘米”，宽度为“25.4 厘米”矩形 1，设置为纯色填充，填充颜色的 RGB 值依次为“84”、“83”、“109”，调整矩形使其位于母版的正上方，如图 9-3 所示。

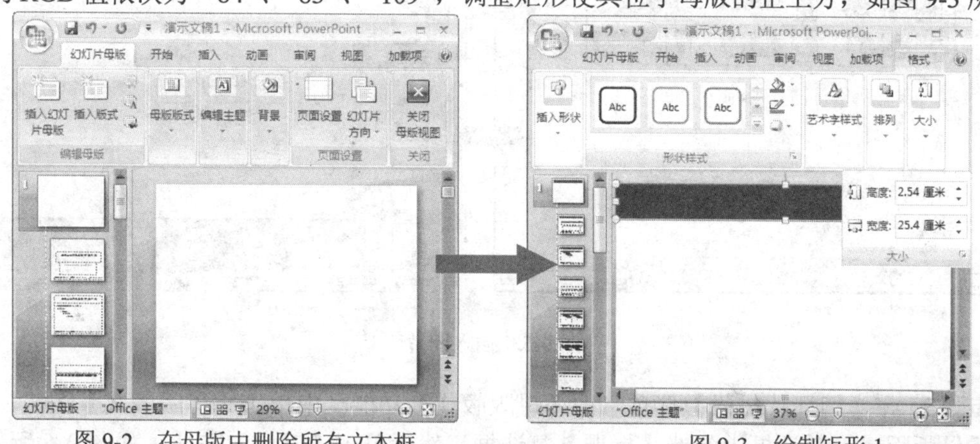

图 9-2　在母版中删除所有文本框　　　图 9-3　绘制矩形 1

步骤3 再绘制一个高度为“16.51 厘米”，宽度为“0.64 厘米”的矩形 2，设置矩形为纯色填充，其填充颜色的 RGB 值依次为“84”、“83”、“109”，透明度为“50%”，无线条颜色，并调整矩形的位置使其位于母版的右侧，如图 9-4 所示。

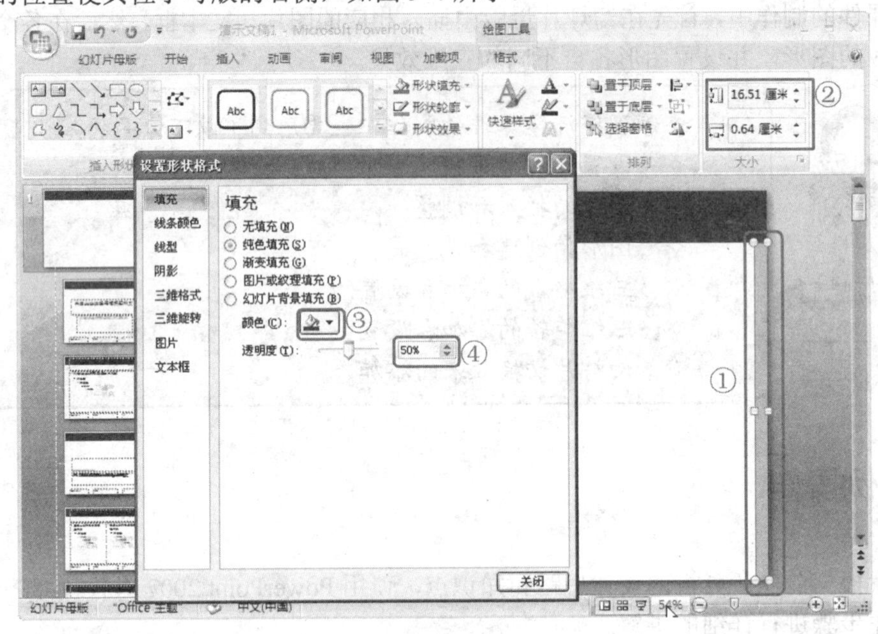

图 9-4　绘制矩形 2

步骤4 打开【插入图片】对话框，在【查找范围】下拉列表中选择路径为“PowerPoint 经典应用实例\第 3 篇\实例 9”中的“01.jpg”、“02.jpg”、“03.jpg”、“04.jpg”、“05.jpg”、“06.jpg”和“07.png”图形文件插入，然后分别调整所插入的图片位置，使其如图 9-5 所示。

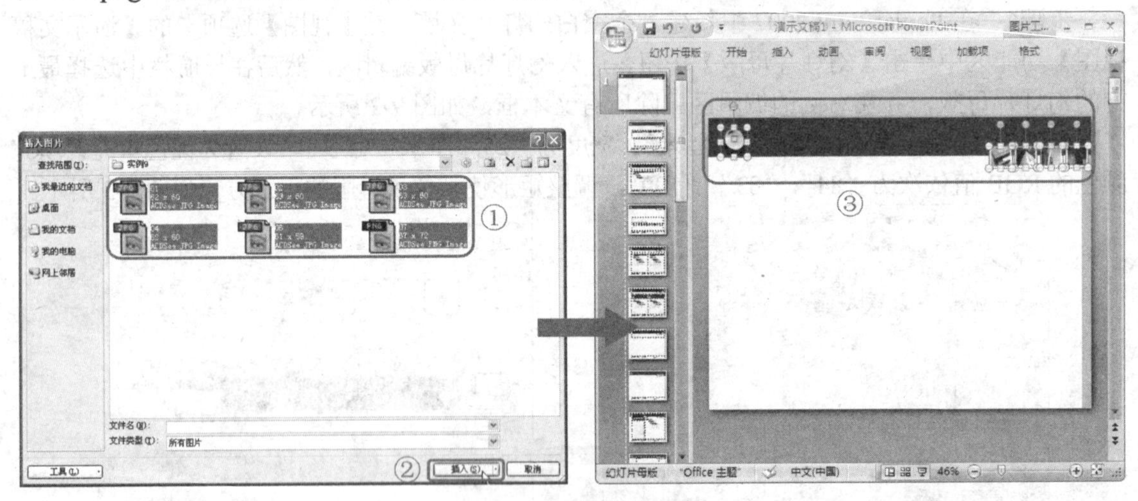

图 9-5　插入图片

步骤5 在【幻灯片母版】选项卡的【母版版式】功能区中单击【母版版式】按钮，在弹出的【母版版式】对话框中勾选【标题】复选框，然后单击【确定】按钮，如图 9-6 所示。

步骤6　选择【单击此处编辑母版标题样式】标题文本框，调整其位置，然后设置字体为【方正北魏楷书简体】、字号为【32】、字体颜色为【白色】，设置字体为【粗体】，单击【左对齐】按钮设置文本为左对齐，再调整标题文本框的位置，如图 9-7 所示，母版设置完毕。

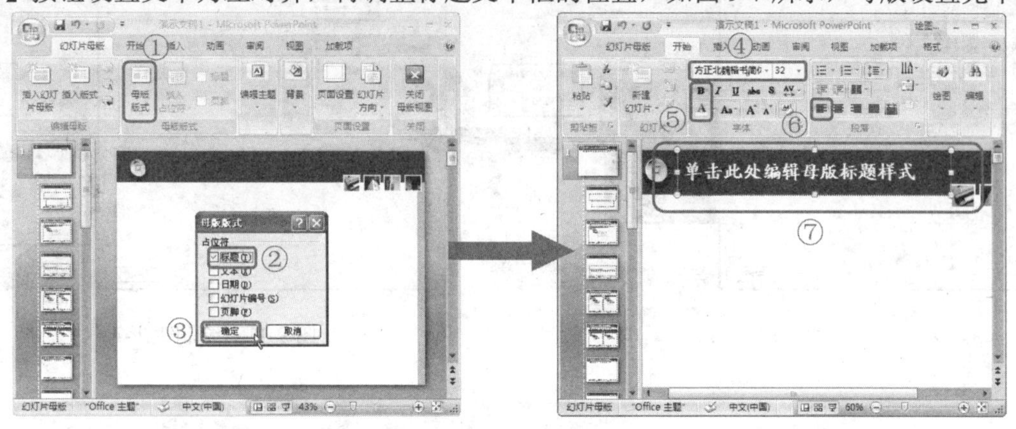

图 9-6　设置母版版式　　　　图 9-7　设置标题文本框

步骤7　在母版编辑区左侧的导航栏中选择第二个幻灯片即标题幻灯片页面，然后在【幻灯片母版】选项卡的【母版版式】功能区中取消对【页角】复选框的勾选，并在【幻灯片母版】选项卡的【背景】功能区中勾选【隐藏背景图形】复选框，如图 9-8 所示。

步骤8　打开【插入图片】对话框，在【查找范围】下拉列表中，选择路径为“PowerPoint 经典应用实例\第 3 篇\实例 9”中的“07.png”、“08.jpg”、“09.jpg”、“10.jpg”、“11.jpg”、“12.jpg”、“13.jpg”和“14.png”图片文件插入，并分别调整所插入的图片位置，如图 9-9 所示。

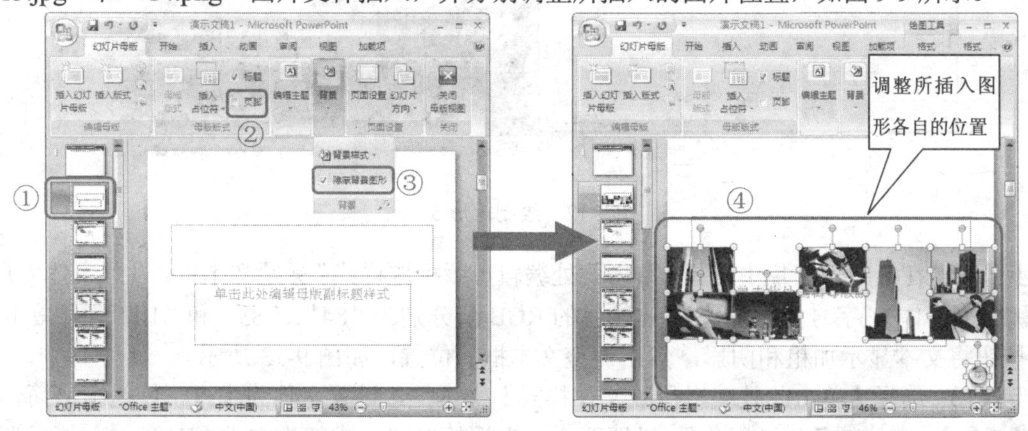

图 9-8　设置标题幻灯片　　　　图 9-9　插入图片

步骤9　绘制高度为“3.43 厘米”，宽度为“5.09 厘米”的矩形 3，设置矩形为纯色填充，其填充颜色的 RGB 值为“207”、“111”、“159”，无线条颜色，并调整矩形的位置如图 9-10 所示。

步骤10　绘制高度为“3.55 厘米”，宽度为“5.16 厘米”的矩形 4，设置矩形为纯色填充，其填充颜色的 RGB 值为“255”、“204”、“0”，无线条颜色，并调整矩形的位置如图 9-11 所示。

步骤11　绘制高度为“3.88 厘米”，宽度为“25.4 厘米”的矩形 5，设置矩形为纯色填充，其填充颜色的 RGB 值为“84”、“83”、“109”，无线条颜色，调整矩形的位置使其位于文档的正下方，并单击【置于底层】按钮调整其层叠位置，如图 9-12 所示。

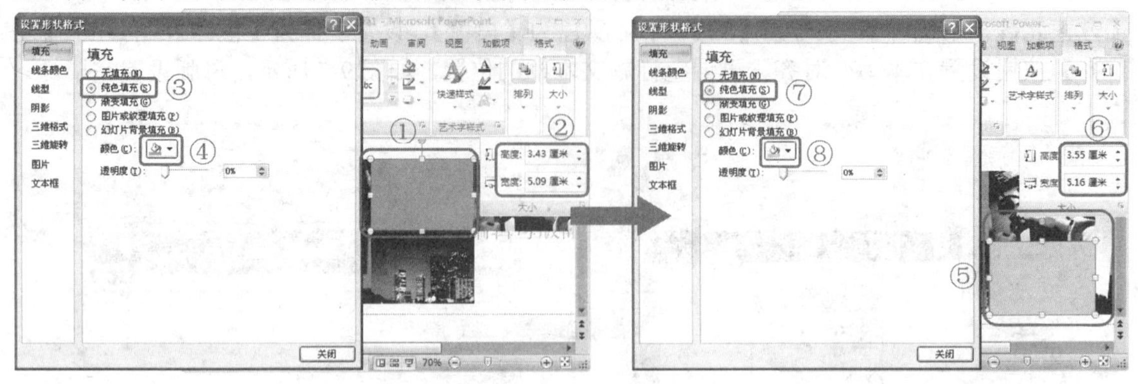

图 9-10　绘制矩形 3　　　　图 9-11　绘制矩形 4

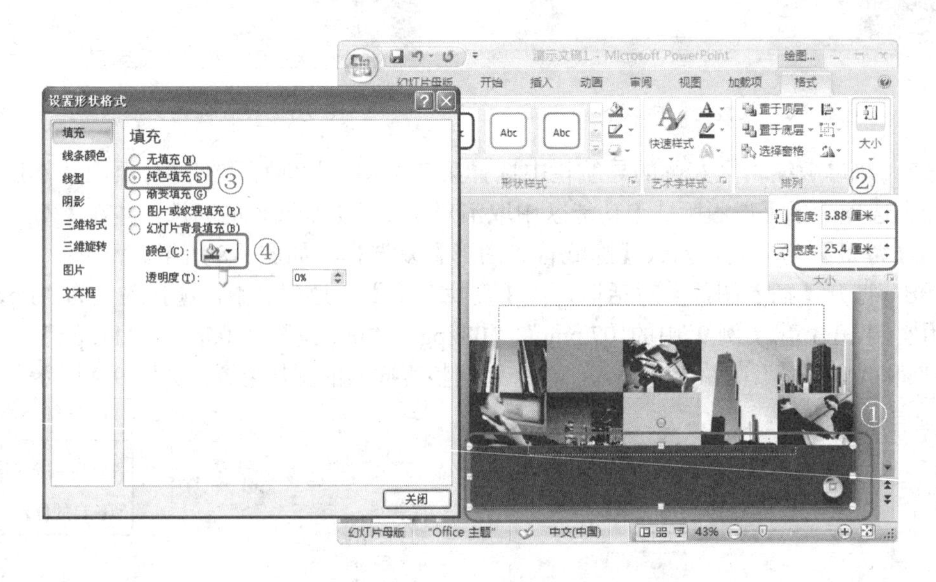

图 9-12　绘制矩形 5

步骤12　在标题幻灯片中选择“单击此处编辑母版标题样式”标题文本框，设置字体为【方正北魏楷书简体】、字号为【40】，字体颜色的 RGB 值分别为“84”、“83”和“109”，并单击 B 和 S 按钮将文本显示加粗和阴影，然后调整文本框的位置，如图 9-13 所示。

步骤13　选择【单击此处编辑母版文本样式】文本框，设置字体为【方正硬笔楷书简体】、字号为【20】、字体颜色为【黑色】，设置两个文本框的对齐方式都为文本右对齐，然后调整调整文本框的位置，如图 9-14 所示，标题幻灯片创建完毕。

步骤14　在幻灯片母版编辑区中选择【幻灯片母版】选项卡，然后在【关闭】功能区中单击【关闭母版视图】按钮，退出母版编辑区，如图 9-15 所示。

步骤15　按<Ctrl>+<S>快捷键，在弹出的【另存为】对话框中选择保存路径，输入文件名称并选择要保存的幻灯片类型，然后单击【保存】按钮保存演示文稿，如图 9-16 所示。

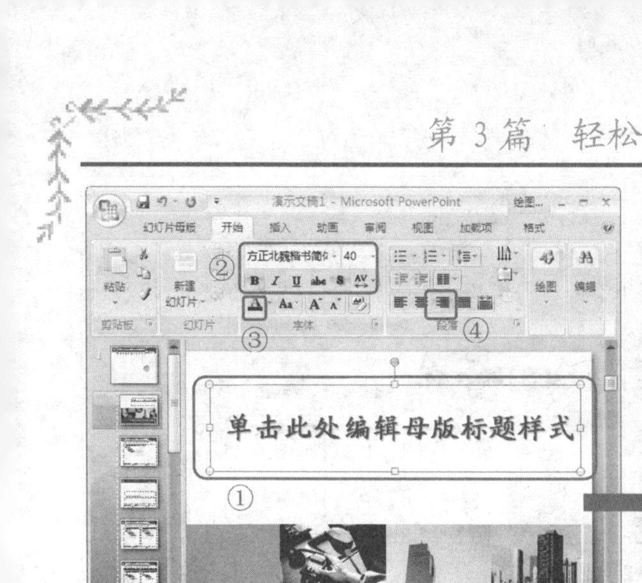

图 9-13　设置标题

图 9-14　设置副标题

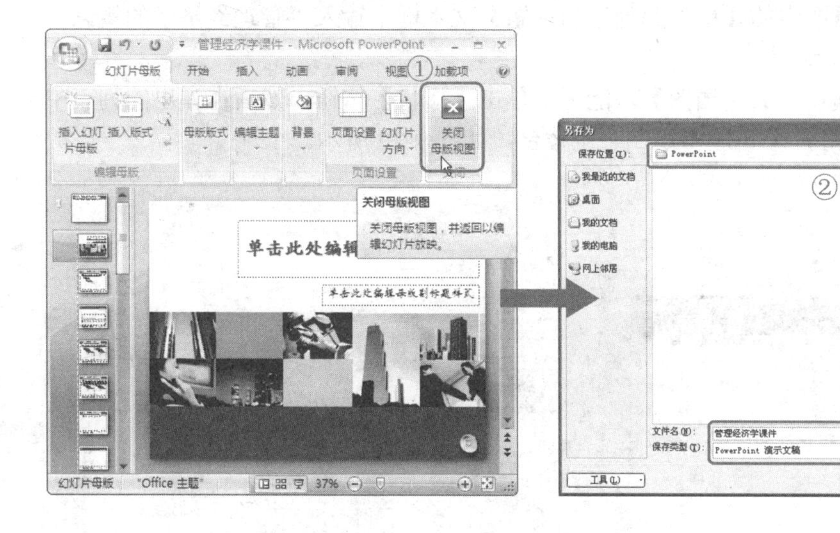

图 9-15　退出母版编辑区

图 9-16　保存文档

9.2.2　创建首页和管理经济学的概念页面

在设置完幻灯片母版之后，就可以依照设置好的母版对其他页面进行创建了。下面就介绍创建幻灯片首页和管理经济学的概念页面的具体操作方法。

步骤1　完成母版的创建之后，进入到幻灯片首页，首先将【单击此处添加标题】文本框中的内容更改为“第一讲：管理经济学概述”，然后将【单击此处添加副标题】文本框中的内容更改为“主讲人：莫教授”，即可完成幻灯片首页的创建，如图 9-17 所示。

步骤2　在【开始】选项卡的【幻灯片】功能区中单击【新建幻灯片】按钮，然后在弹出的【Office 主题】列表中选择【仅标题】选项，即可创建一个新幻灯片页面，如图 9-18 所示。

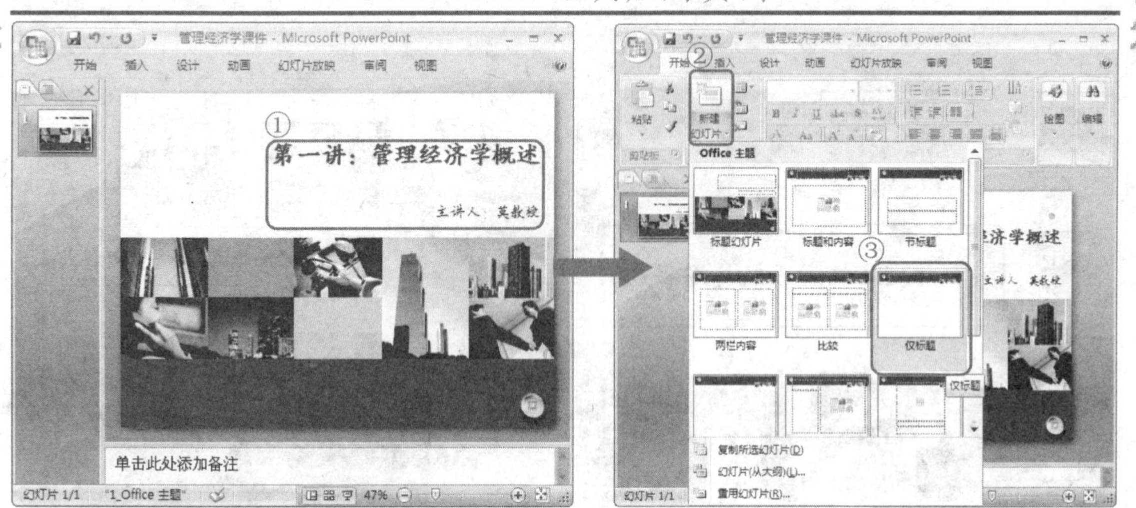

图 9-17　设置幻灯片首页　　　　图 9-18　新建幻灯片

步骤3　在新幻灯片页面中的【单击此处添加标题】文本框中输入“管理经济学的概念”的文本内容，如图 9-19 所示。

步骤4　在【插入】选项卡的【插图】功能区中单击【形状】按钮，然后在弹出的列表中选择【棱台】选项，在幻灯片编辑区中绘制一个棱台，如图 9-20 所示。

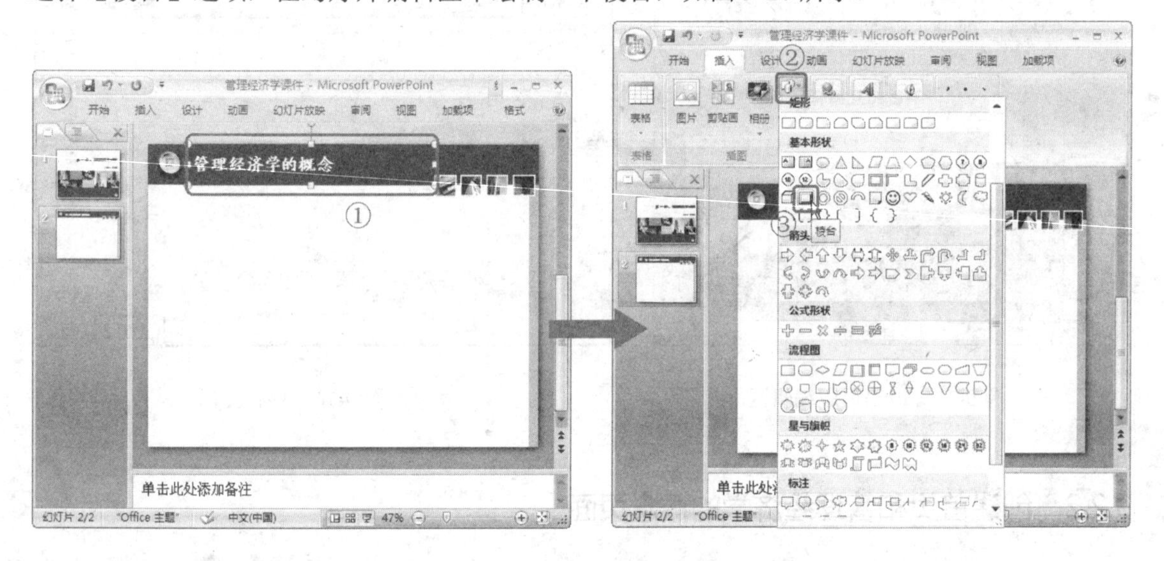

图 9-19　输入页面标题　　　　图 9-20　插入棱台

步骤5　在所绘制的棱台上拖动的黄色调整点调整其形状，然后设置其高度为“5.73 厘米”，宽度为“7.74 厘米”，如图 9-21 所示。

步骤6　在所绘制的棱台上单击鼠标右键，在弹出的快捷菜单中选择【设置形状格式】命令，打开【设置形状格式】对话框，选择【填充】选项卡，然后在右侧点选【渐变填充】单选钮，并设置类型为【线性】，角度为【45°】，在【渐变光圈】选项组中设置“光圈 1”和“光圈 3”颜色的 RGB 值均为“221”，“光圈 2”的 RGB 值均为“244”，如图 9-22 所示。

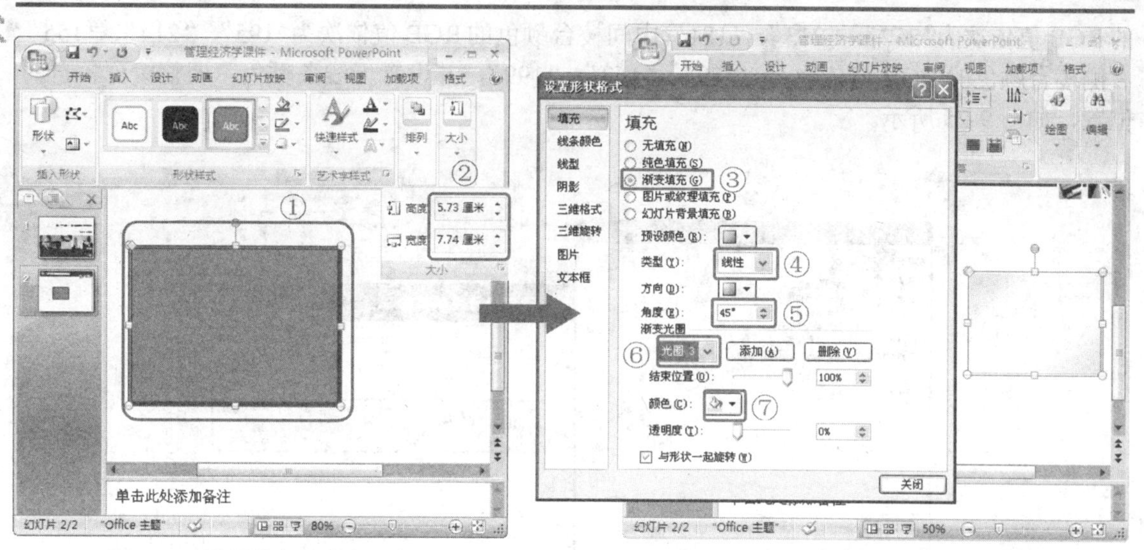

图 9-21　设置棱台的宽度和高度　　　　图 9-22　设置棱台的填充颜色

在幻灯片中如果需要对图形进行细微的调整，可以在 PowerPoint 界面的右下角单击【放大】按钮放大文档，每单击一次增大 10%；相反，每单击一次【缩小】按钮，则缩小 10%。

步骤7　在对话框的左侧选择【线条颜色】选项卡，然后在右侧点选【无线条】单选钮，设置完毕后单击【关闭】按钮，即可完成棱台的设置，如图 9-23 所示。

步骤8　将所绘制的棱台再复制两个，并分别调整各自的位置，使其如图 9-24 所示。

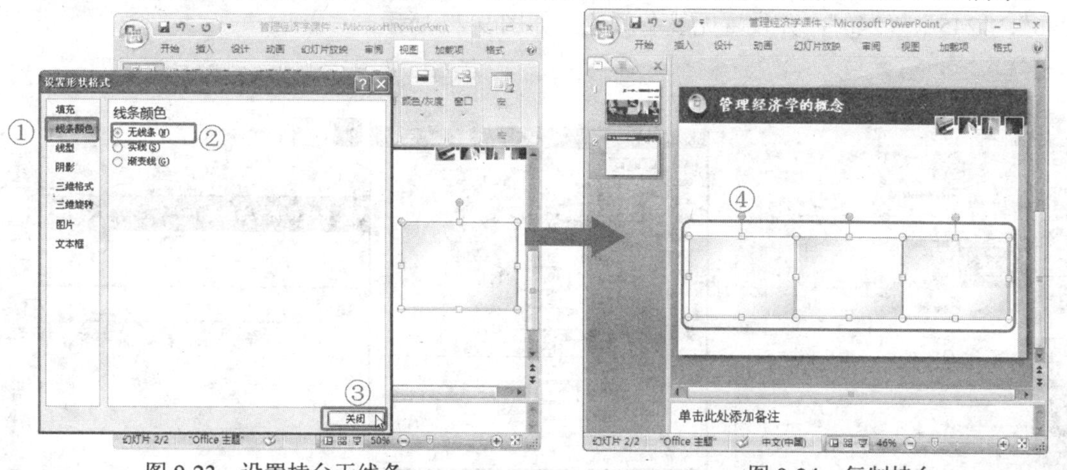

图 9-23　设置棱台无线条　　　　图 9-24　复制棱台

步骤9　再绘制三个大小相同的棱台，分别拖动的黄色调整点调整其形状，设置高度均为“2.35 厘米”，宽度均为“7.74 厘米”，然后设置棱台的填充颜色均为纯色填充，左侧棱台颜色的RGB值依次为“252”、“213”、“181”，中间棱台颜色的RGB值依次为“195”、“214”、“155”，右侧棱台颜色的RGB值依次为“179”、“162”、“199”，并设置无线条颜色，调整棱台各自的位置，如图9-25所示。

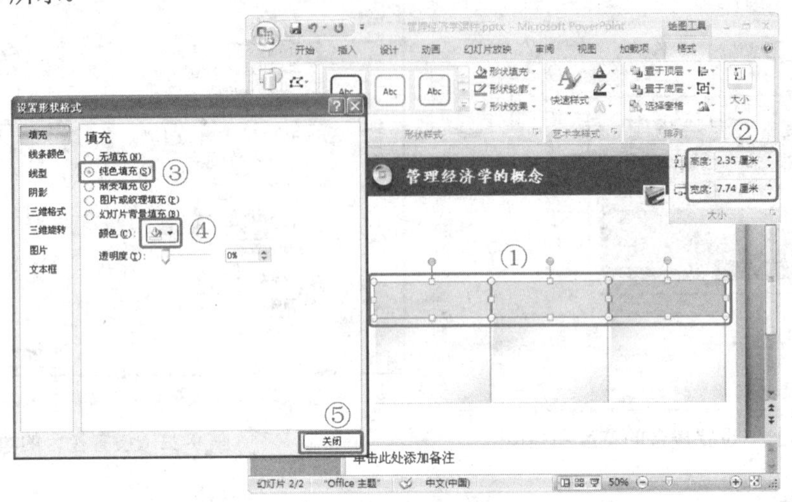

图9-25　绘制三个相同大小的棱台

步骤10　在【插入】选项卡的【插图】功能区中单击【形状】按钮，然后在弹出的列表中选择【梯形】选项，在幻灯片编辑区中绘制一个梯形，如图9-26所示。

步骤11　在所绘制的梯形上拖动的黄色调整点调整其形状，然后设置其高度为“1.26 厘米”，宽度为“23.19 厘米”，并调整梯形的位置使其位于三个棱台的上方。

步骤12　在所绘制的棱台上单击鼠标右键，在弹出的快捷菜单中选择【设置形状格式】命令，打开【设置形状格式】对话框，在对话框左侧选择【填充】选项卡，然后在右侧点选【渐变填充】单选钮，并设置类型为【线性】，角度为【315°】，在【渐变光圈】选项组中设置“光圈1”和“光圈3”颜色的RGB值依次为“238”、“236”、“225”，“光圈2”的RGB值依次为“246”、“245”、“240”，并设置无线条颜色，如图9-27所示。

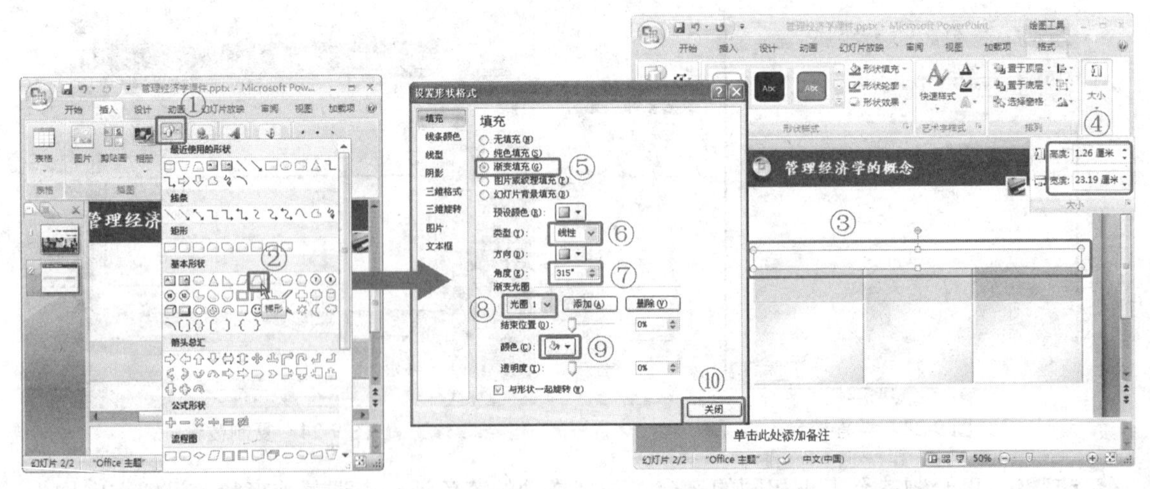

图9-26　绘制梯形　　　　图9-27　设置梯形的大小和填充

步骤13　绘制两条对称的直线，设置直线的线条颜色为【灰色】，即 RGB 值均为“127”，然后调整直线的长度和位置，使其如图 9-28 所示。

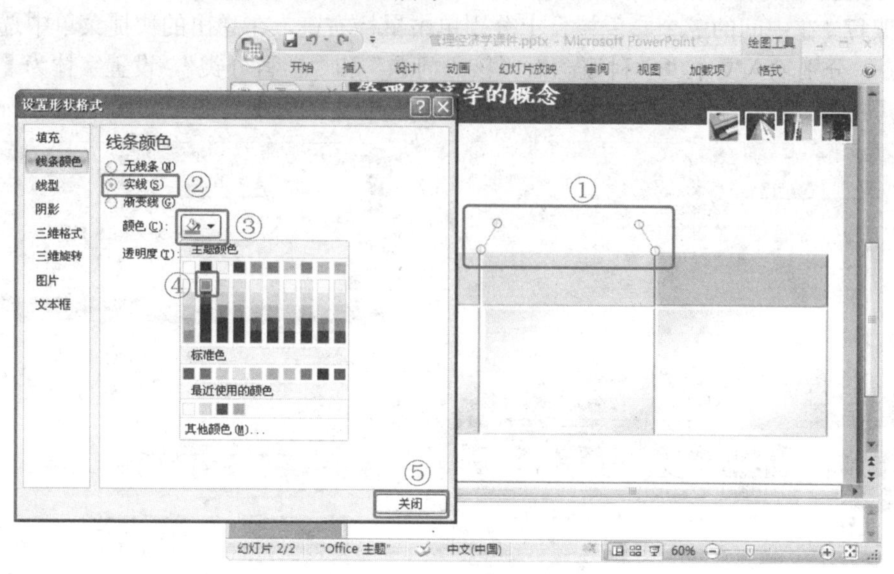

图 9-28　绘制两条直线

步骤14　在【插入】选项卡的【插图】功能区中单击【形状】按钮，然后在弹出的列表中选择【等腰三角形】选项，如图 9-29 所示，在幻灯片编辑区中绘制一个等腰三角形，设置其高度为“1.87 厘米”，宽度为“16.87 厘米”，并调整等腰三角形的位置。

步骤15　在所绘制的棱台上单击鼠标右键，在弹出的快捷菜单中选择【设置形状格式】命令，打开【设置形状格式】对话框，在对话框左侧选择【填充】选项卡，然后在右侧点选【渐变填充】单选钮，并设置类型为【线性】，角度为【315°】，在【渐变光圈】选项组中设置“光圈 1”颜色的 RGB 值均为“217”，“光圈 2”的 RGB 值均为“191”，设置透明度为【100%】，并将棱台设置为无线条颜色，如图 9-30 所示。

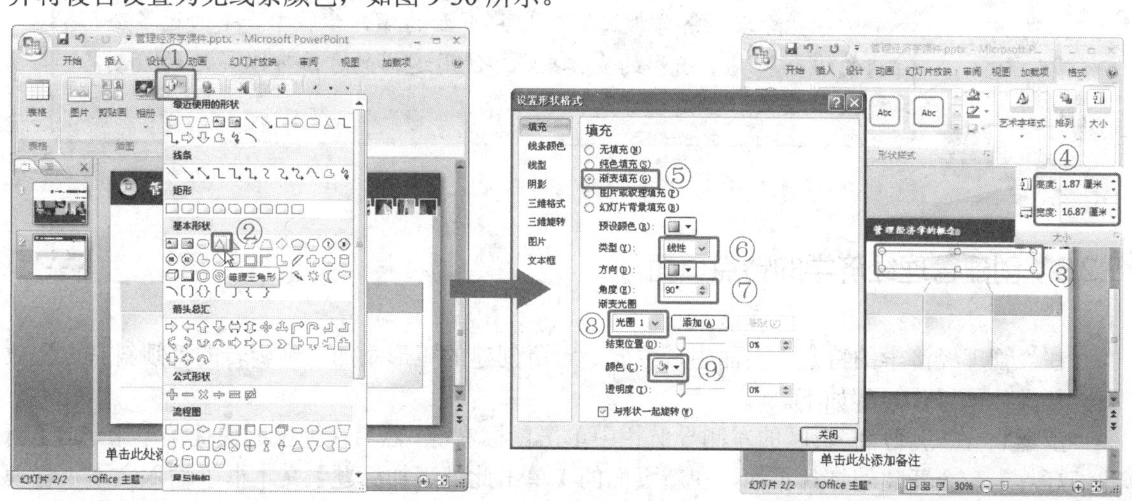

图 9-29　绘制等腰三角形　　　　图 9-30　设置等腰三角形的大小和填充

步骤16 在幻灯片中插入三个文本框，并输入相应的文本，设置文本的字体为【宋体】、字号为【16】，然后调整文本框的位置。

步骤17 在中间的三个彩色棱台上分别单击鼠标右键，在弹出的快捷菜单中选择【编辑文字】命令，分别输入文本“学科概念”、“核心问题”和“学科分类”，设置字体为【微软雅黑】、字号为【18】，并单击【居中】按钮，使文本框中文字居中对齐，如图 9-31 所示。

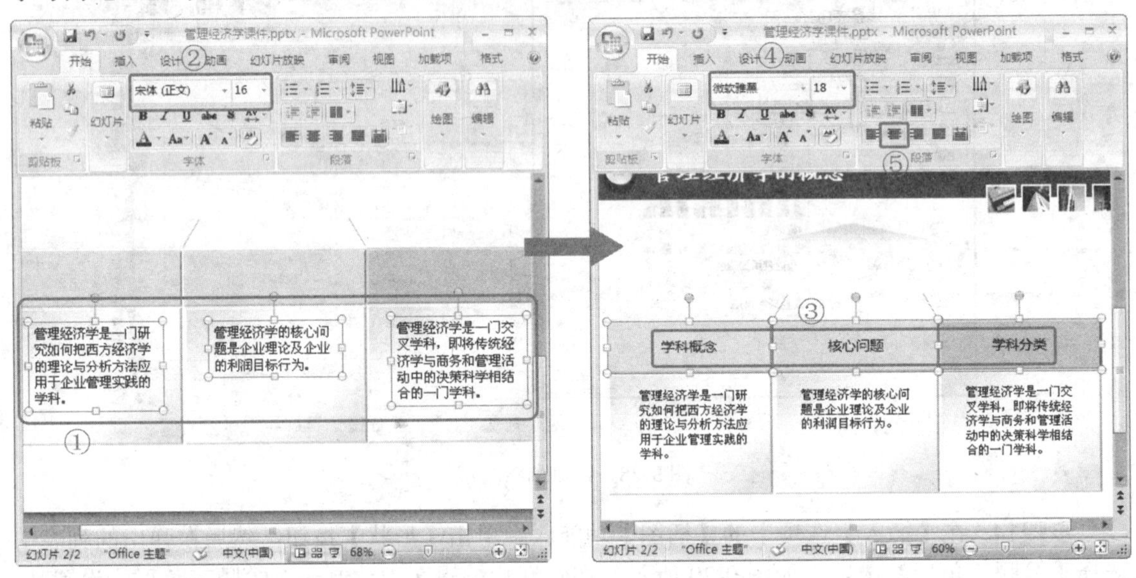

图 9-31　输入文本并设置字体

步骤18 按<Ctrl>+<S>快捷键保存文档，“管理经济学概念”幻灯片页面创建完毕。

在“管理经济学概念”幻灯片页面的操作步骤中，是通过多个形状的组合展现了图形的立体效果。使用这样的方法可以灵活的绘制各种图形效果，但是创建时比较复杂。

9.2.3　创建管理经济学的特点页面

在“管理经济学的特点”页面中，主要是对所创建的矩形添加三维旋转的“倾斜右上”效果，其具体的操作步骤如下。

步骤1 在幻灯片编辑区的左侧导航栏中单击鼠标右键，然后在弹出的快捷菜单中选择【新建幻灯片】命令新建幻灯片页面，在新页面的【单击此处添加标题】文本框中输入文本“管理经济学的特点”，设置幻灯片的标题，如图 9-32 所示。

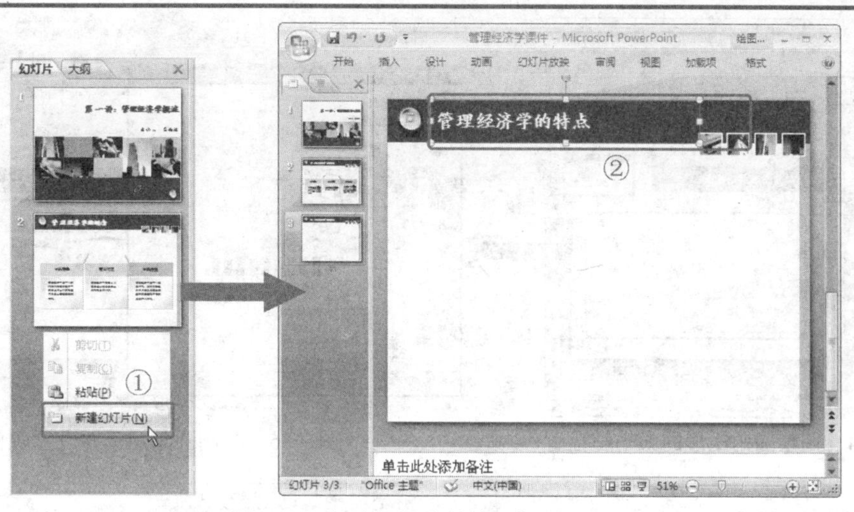

图 9-32 新建幻灯片并输入标题

步骤2 在幻灯片中绘制一个圆角矩形，在圆角矩形上单击鼠标右键，在弹出的快捷菜单中选择【设置形状格式】命令，打开【设置形状格式】对话框，在【填充】选项卡中点选【无填充】单选钮；然后在【线条颜色】选项卡中点选【实线】单选钮，并设置线条颜色的 RGB 值依次为“148”、“138”、“84”，最后在【线型】选项卡中设置宽度为【1.5 磅】，短划线类型为【方点】，如图 9-33 所示。

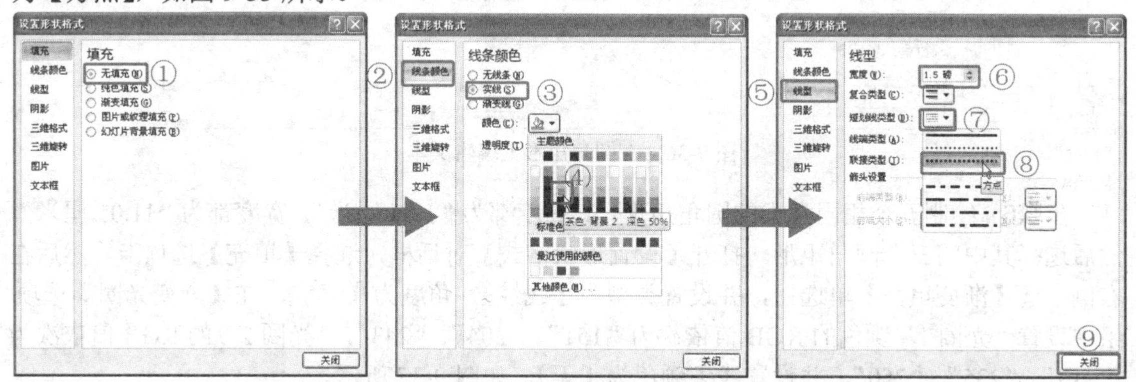

图 9-33 设置圆角矩形的填充颜色和线型

步骤3 设置完毕后单击【关闭】按钮，然后双击所设置的矩形，在【格式】选项卡的【大小】功能区中设置其高度为“11.01 厘米”，宽度为“20.11 厘米”，调整圆角矩形的位置，使其位于幻灯片的正中位置，如图 9-34 所示。

步骤4 将所绘制的圆角矩形再复制一个，在【设置形状格式】对话框中设置复制的圆角矩形的填充颜色为【白色】，其他设置保持不变，然后双击所设置的矩形，在【格式】选项卡的【大小】功能区中设置其高度为“1.58 厘米”，宽度为“18.2 厘米”，再调整圆角矩形的位置，如图 9-35 所示。

步骤5 在圆角矩形上单击鼠标右键，在弹出的快捷菜单中选择【编辑文字】命令，输入相应的文本，设置文本字体为【微软雅黑】、字号为【16】，字体颜色的 RGB 值分别为“83”、“86”和“123”，并单击【居中】按钮，使文字居中对齐，如图 9-36 所示。

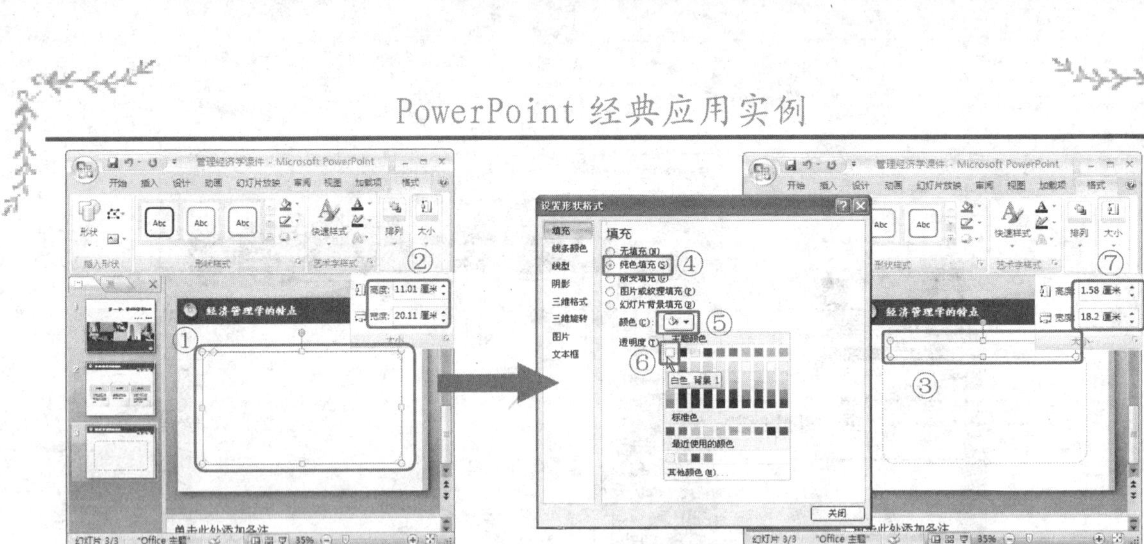

图 9-34　调整圆角矩形的大小和位置　　　　图 9-35　复制圆角矩形并设置颜色和大小

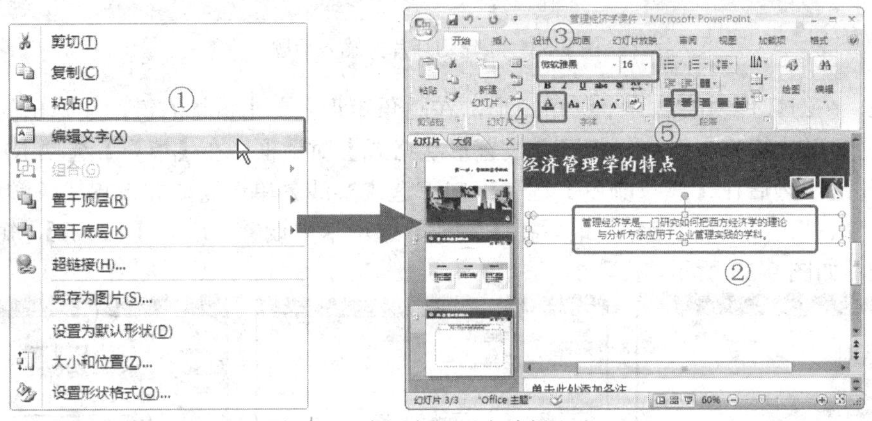

图 9-36　在圆角矩形上编辑文本

步骤6　绘制五个相同大小的圆角矩形，其高度都为“1.06 厘米”，宽度都为“11.01 厘米”，然后选择其中的三个圆角矩形，打开【设置形状格式】对话框，选择【填充】选项卡，然后在右侧点选【渐变填充】单选钮，并设置类型为【线性】，角度为【0°】，在【渐变光圈】选项组中设置“光圈 1”颜色的 RGB 值依次为“151”、“204”、“243”，“光圈 2”的 RGB 值依次为“213”、“235”、“250”，并设置线条颜色为【无】，如图 9-37 所示。

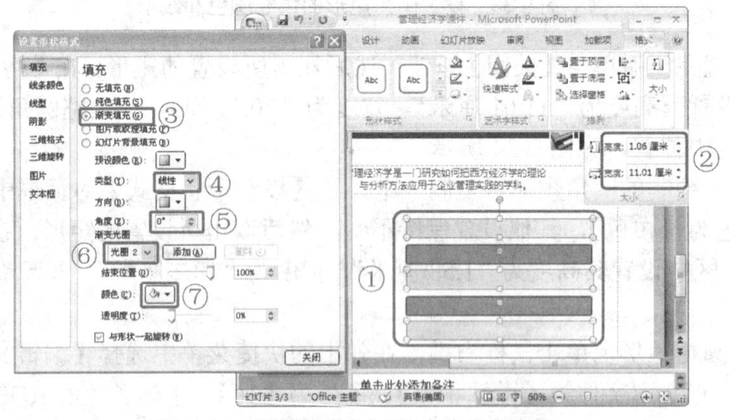

图 9-37　设置圆角矩形的大小和颜色

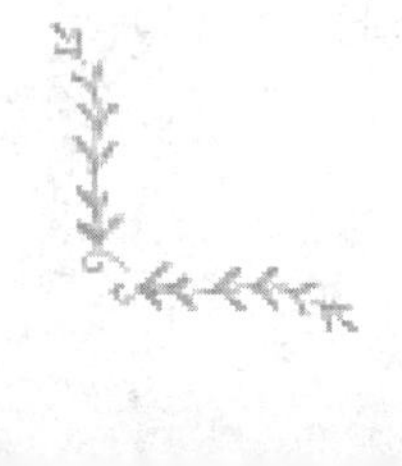

步骤7　选择剩余的两个圆角矩形，打开【设置形状格式】对话框，选择【填充】选项卡，然后在右侧点选【渐变填充】单选钮，并设置类型为【线性】，角度为【0°】，在【渐变光圈】选项组中设置“光圈 1”颜色的 RGB 值依次为“136”、“120”、“176”，“光圈 2”的 RGB 值依次为“169”、“157”、“198”，并设置线条颜色为【无】，如图 9-38 所示。

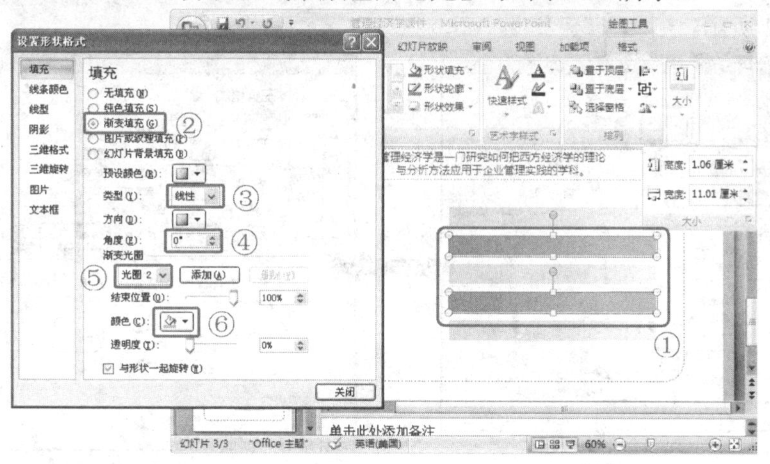

图 9-38　设置圆角矩形的大小和颜色

步骤8　调整圆角矩形的位置，然后在 5 个圆角矩形上分别输入相应的文本，并设置文本字体为【微软雅黑】、字号为【18】，字体颜色的 RGB 值分别为“31”、“73”和“125”，并单击【居中】按钮，使文本居中对齐，如图 9-39 所示。

步骤9　再绘制 5 个大小相同的圆角矩形，其高度都为“1.06 厘米”，宽度都为“5.72 厘米”，然后选择其中 3 个圆角矩形，打开【设置形状格式】对话框，选择【填充】选项卡，然后在右侧点选【渐变填充】单选钮，并设置类型为【线性】，角度为【45°】，在【渐变光圈】选项组中设置“光圈 1”和“光圈 3”颜色的 RGB 值分别为“79”、“129”和“189”，“光圈 2”的 RGB 值依次为“127”、“164”、“207”，并设置线条颜色为【无】，如图 9-40 所示。

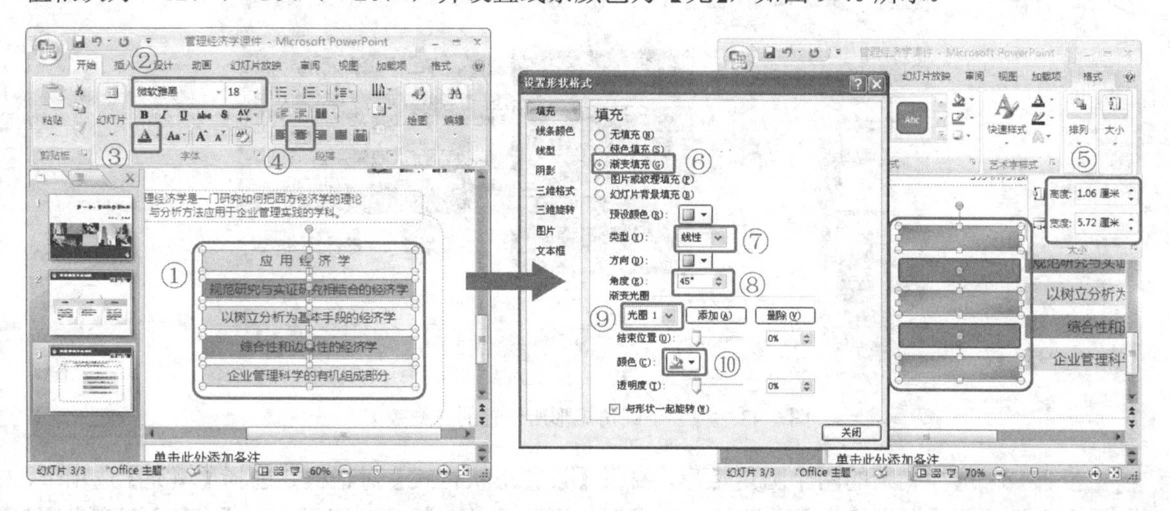

图 9-39　输入文本　　　　图 9-40　设置圆角矩形的大小和颜色

步骤10 在对话框中左侧选择【三维旋转】选项卡，然后在右侧单击按钮，在弹出的下拉列表中选择【倾斜右上】选项，如图 9-41 所示。

步骤11 在对话框中左侧选择【三维格式】选项卡，然后在右侧设置深度颜色的 RGB 值依次为“79”、“129”、“189”，深度值为【50 磅】，并设置材料效果为【亚光效果】，照明为【三点】，如图 9-42 所示。

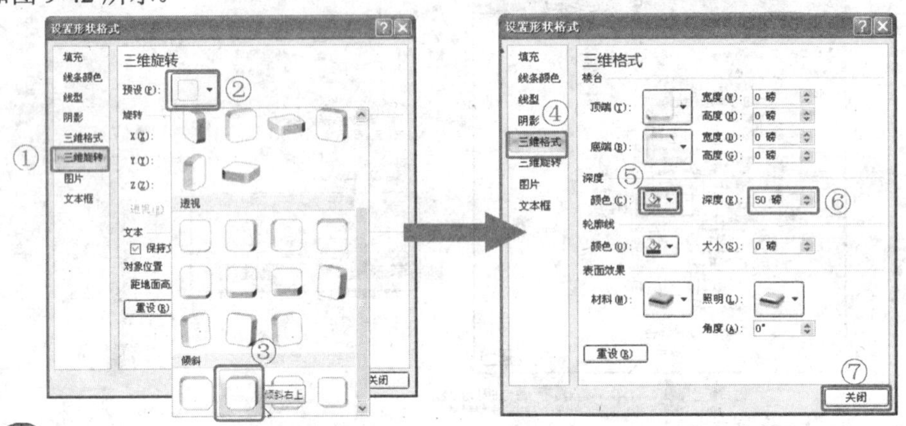

图 9-41　设置三维旋转　　　　图 9-42　设置三维格式

重点知识

在【三维格式】选项卡的【材料】下拉列表中，可以设置形状的表面材料效果，有【标准】、【特殊效果】、【半透明】3 个种类 11 种效果可供选择；在【照明】下拉列表中可以设置三维形状的各个表面的光照效果，有【中性】、【暖调】、【冷调】、【特殊格式】4 个种类 15 种效果可供选择。

步骤12 设置完毕后单击【关闭】按钮，所设置的 3 个圆角矩形三维效果如图 9-43 所示。

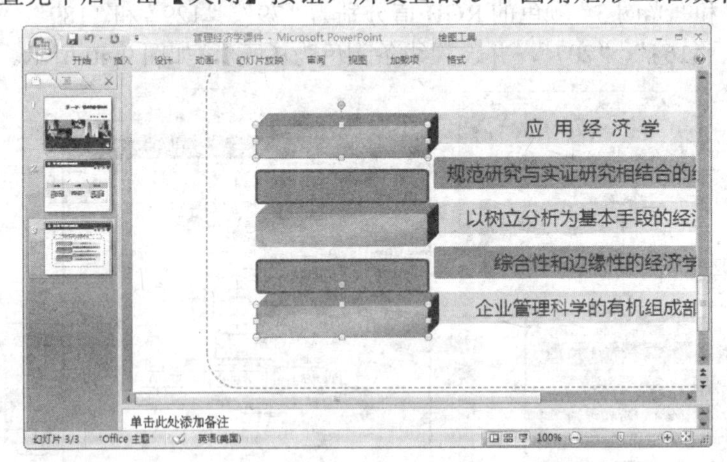

图 9-43　对 3 个圆角矩形所设置的三维效果

步骤13 选择剩余的两个圆角矩形，打开【设置形状格式】对话框，选择【填充】选项卡，然后在右侧选择【渐变填充】单选钮，并设置类型为【线性】，角度为【45°】，在【渐变光圈】选项组中设置“光圈 1”颜色的 RGB 值依次为“136”、“120”、“176”，“光圈 2”的 RGB 值依次为“169”、“157”、“198”，并设置线条颜色为【无】，如图 9-44 所示。

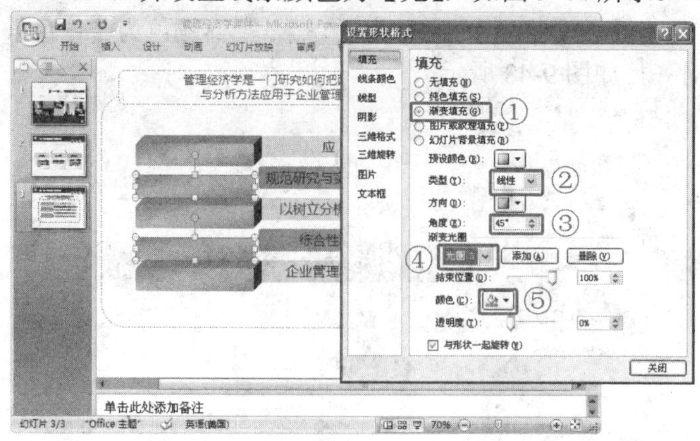

图 9-44　设置圆角矩形的大小和颜色

步骤14　在对话框中左侧选择【三维旋转】选项卡，并在右侧单击□按钮，在弹出的下拉列表中选择【倾斜右上】选项，如图 9-45 所示，然后在对话框中左侧选择【三维格式】选项卡，然后在右侧设置深度颜色的 RGB 值依次为“79”、“129”、“189”，深度值为【50 磅】，材料效果为【亚光效果】，照明为【三点】，如图 9-46 所示。

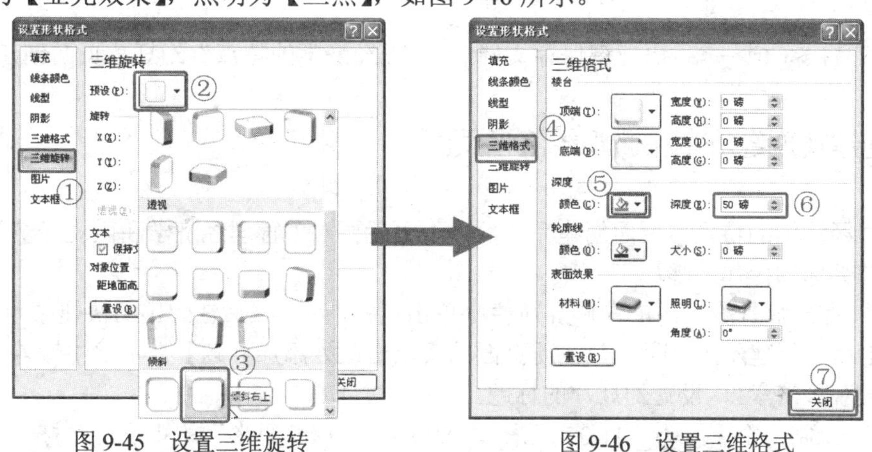

图 9-45　设置三维旋转　　图 9-46　设置三维格式

步骤15　设置完毕后单击【关闭】按钮，所设置的 2 个圆角矩形三维效果如图 9-47 所示。

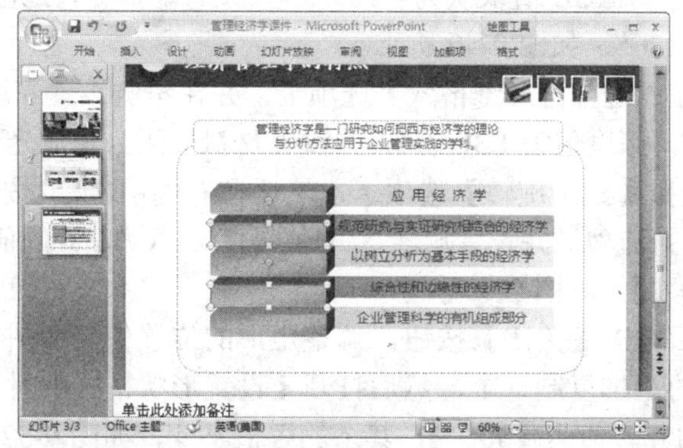

图 9-47　剩余 2 个圆角矩形的三维效果

步骤16 在所设置的五个三维图形上分别添加文本“(一)”、“(二)”、“(三)”、“(四)”、“(五)”，并设置字体为【微软雅黑】、字号为【18】、字体颜色为【白色】，并单击 【居中】按钮，使文本居中对齐，如图 9-48 所示。

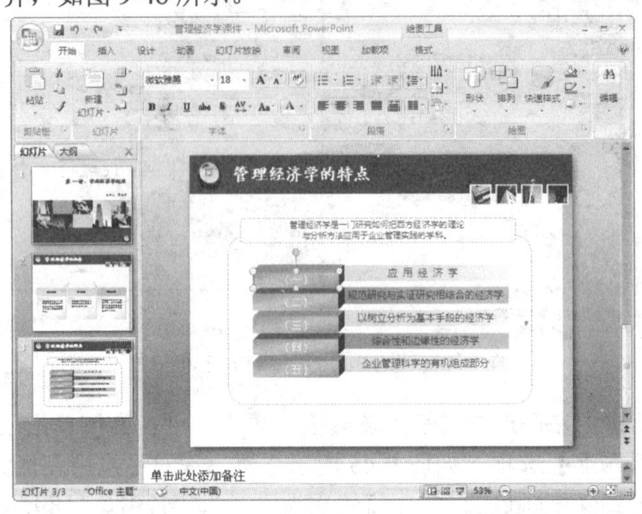

图 9-48 在三维图形中插入文本

步骤17 按<Ctrl>+<S>快捷键保存文档，“管理经济学的特点”幻灯片页面创建完毕。

9.2.4 创建管理经济学和微观经济学页面

“管理经济学的特点”页面创建完毕后，下面就要对“管理经济学和微观经济学”页面进行创建，其具体的操作步骤如下。

步骤1 在幻灯片编辑区的左侧导航栏中单击鼠标右键，然后在弹出的快捷菜单中选择【新建幻灯片】命令新建幻灯片页面，在新页面的【单击此处添加标题】文本框中输入文本“管理经济学和微观经济学”，设置幻灯片的标题。

步骤2 绘制一个高度为“11.05 厘米”，宽度为“11.86 厘米”的矩形，并打开【设置形状格式】对话框，在【填充】选项卡中点选【渐变填充】单选钮，设置类型为【线性】，角度为【90°】，“光圈 1”颜色的 RGB 值依次为“169”、“157”、“198”，“光圈 2”颜色的 RGB 值依次为“136”、“120”、“176”，如图 9-49 所示。

步骤3 在对话框左侧选择【三维格式】选项卡，并在右侧设置深度颜色的 RGB 值依次为“169”、“157”、“198”，深度值为【30 磅】，并设置材料效果为【亚光效果】，照明为【三点】，然后在对话框中左侧选择【三维旋转】选项卡，然后在右侧单击 按钮，在弹出的下拉列表中选择【右项对比透视】选项，并设置旋转 X 的值为【330°】，Y 的值为【345°】，Z 的值为【0】，透视的值为【50°】，如图 9-50 所示。

步骤4 设置完毕后单击【关闭】按钮，调整矩形的位置使其如图 9-51 所示。

步骤5 将所设置的矩形复制一个，然后打开【设置形状格式】对话框，并选择【三维旋转】选项卡，修改 X 的旋转值为【30°】，其余的各值不变，如图 9-52 所示，设置完毕后单击

【关闭】按钮。

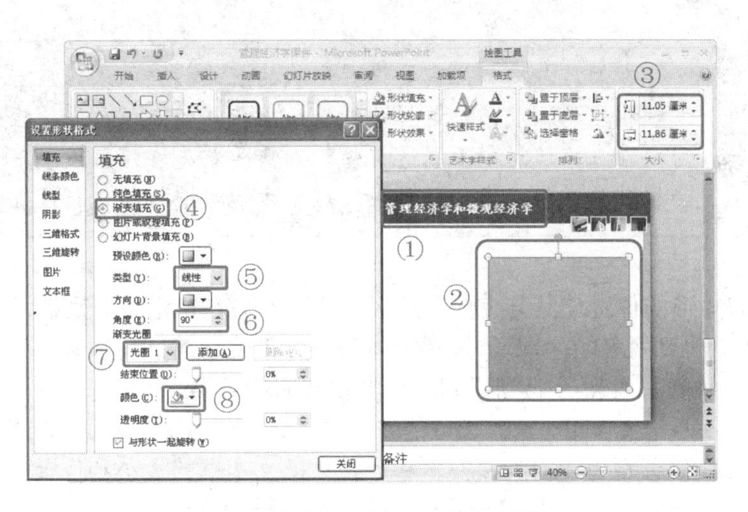

图 9-49　绘制矩形并设置大小和填充

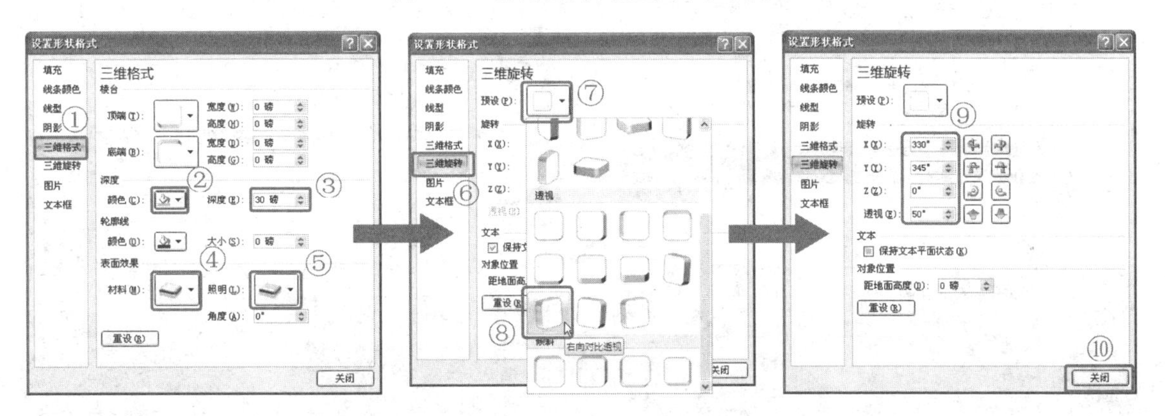

图 9-50　设置三维格式和三维旋转

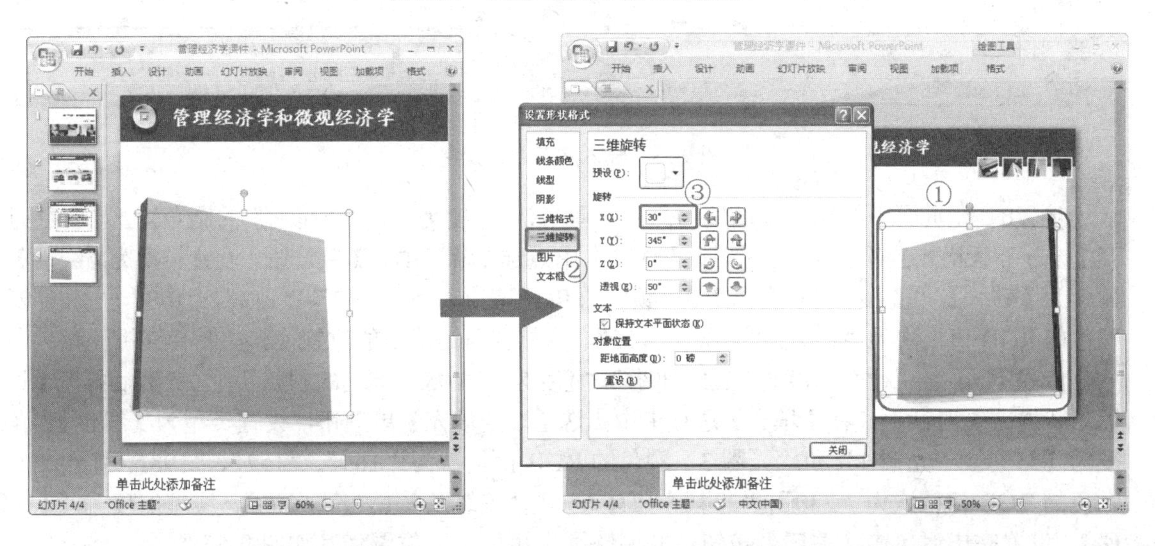

图 9-51　矩形的三维效果　　　　图 9-52　复制矩形并调整旋转值

操作技巧

在幻灯片中如果需要设置形状的三维旋转效果，应首先考虑为形状设置相应的深度值，这样才能显示出旋转的三维效果。除此之外，如果需要在三维旋转中设置透视值，则需要首先在【预设】下拉列表中选择透视种类中的任意一种效果，然后才能对透视值进行设置。

步骤6 调整矩形的位置使其与上一个矩形对称，然后在矩形中分别插入文本框，输入文本“两者的联系”和“两者的区别”，设置字体为【方正硬笔楷书简体】、字号为【32】、字体颜色为【白色】，并单击 B 和 S 按钮设置字体加粗和阴影效果。

步骤7 再插入两个文本框，输入相应的介绍文本，设置字体为【微软雅黑】、字号为【16】，字体颜色为的 RGB 值分别为“31”、“73”和“125”，文本框的大小和位置如图 9-53 所示。

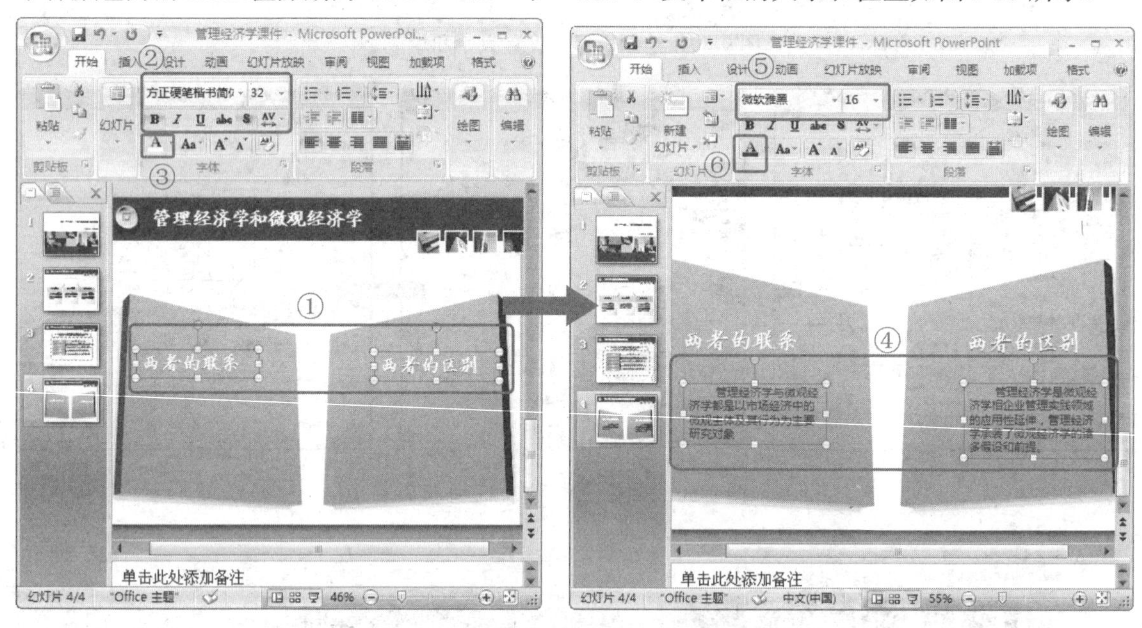

图 9-53　输入文本并设置字体

步骤8 在页面中绘制一个高度为“1.91 厘米”、宽度为“16.72 厘米”的圆角矩形 1，并打开【设置形状格式】对话框，在【填充】选项卡中点选【渐变填充】单选钮，设置类型为【线性】、角度为【45°】，“光圈 1”和“光圈 3”颜色的 RGB 值依次为“169”、“157”、“198”，“光圈 2”颜色的 RGB 值依次为“136”、“120”、“176”，调整圆角矩形 1 的位置使其如图 9-54 所示。

步骤9 再绘制一个高度为“1.22 厘米”，宽度为“15.05 厘米”的圆角矩形 2，然后打开【设置形状格式】对话框，在【填充】选项卡中点选【渐变填充】单选钮，设置类型为【线性】、角度为【45°】，“光圈 1”和“光圈 3”颜色的 RGB 值依次为“169”、“157”、“198”，“光圈 2”颜色的 RGB 值依次为“230”、“224”、“236”，并设置线条颜色为【白色】、线型宽度为【1.5 磅】，设置完毕后单击【关闭】按钮，并调整圆角矩形 2 的位置使其如图 9-55 所示。

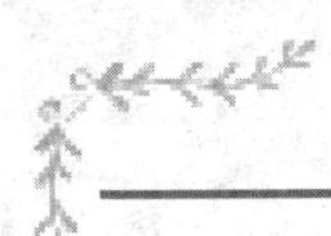

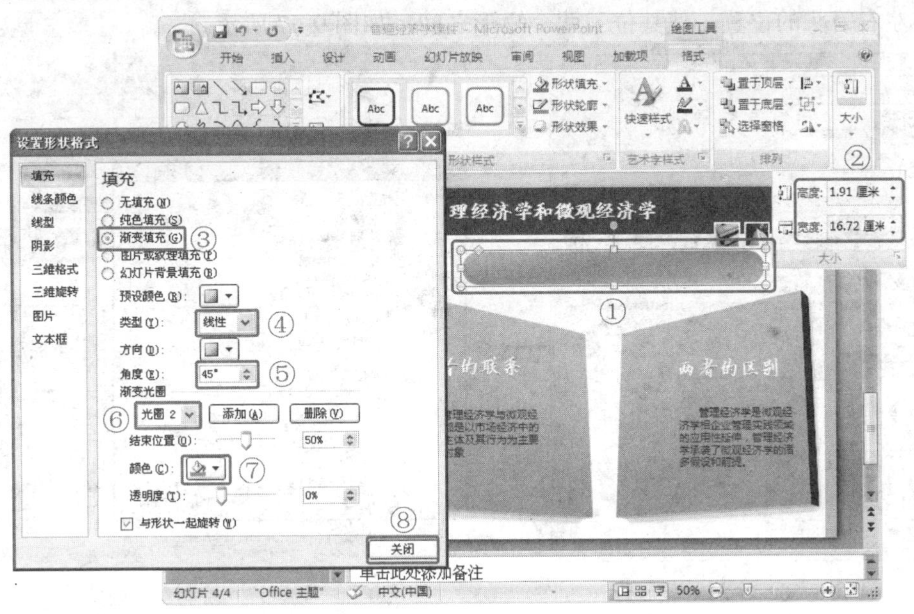

图 9-54　设置圆角矩形 1 的大小和填充

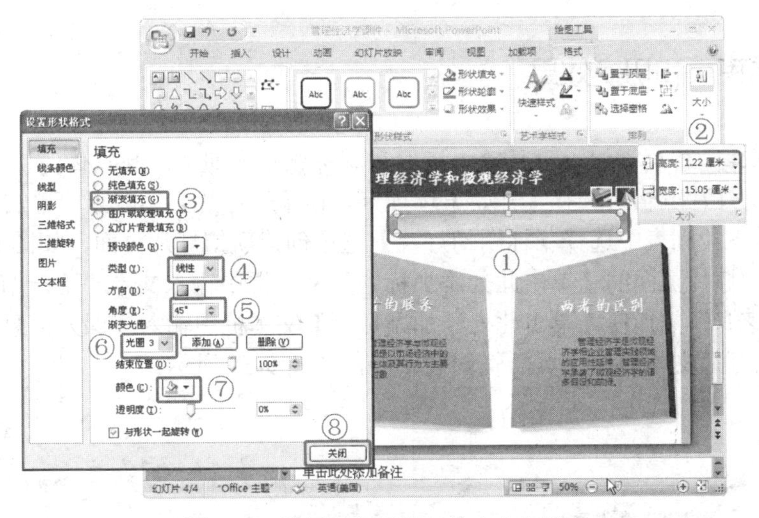

图 9-55　设置圆角矩形 2 的大小和填充

步骤10　在圆角矩形上输入文本“管理经济学和微观经济学二者既有区别又有联系”，设置文本字体为【宋体】、字号为【14】，字体颜色的 RGB 值分别为“31”、“73”和“125”，并单击【居中】按钮，使文字居中对齐，如图 9-56 所示。

步骤11　再绘制一个高度为“3.4 厘米”、宽度为“5.2 厘米”的左右箭头，并打开【设置形状格式】对话框，在【填充】选项卡中点选【渐变填充】单选钮，设置类型为【矩形】，“光圈 1”颜色的 RGB 值分别为“127”、“164”和“207”，“光圈 2”颜色的 RGB 值分别为“79”、“129”和“189”。

步骤12　设置线条颜色为【白色】，线型宽度为【2 磅】，设置完毕后单击【关闭】按钮，然后调整左右箭头的位置，使其位于两个矩形之间，如图 9-57 所示。

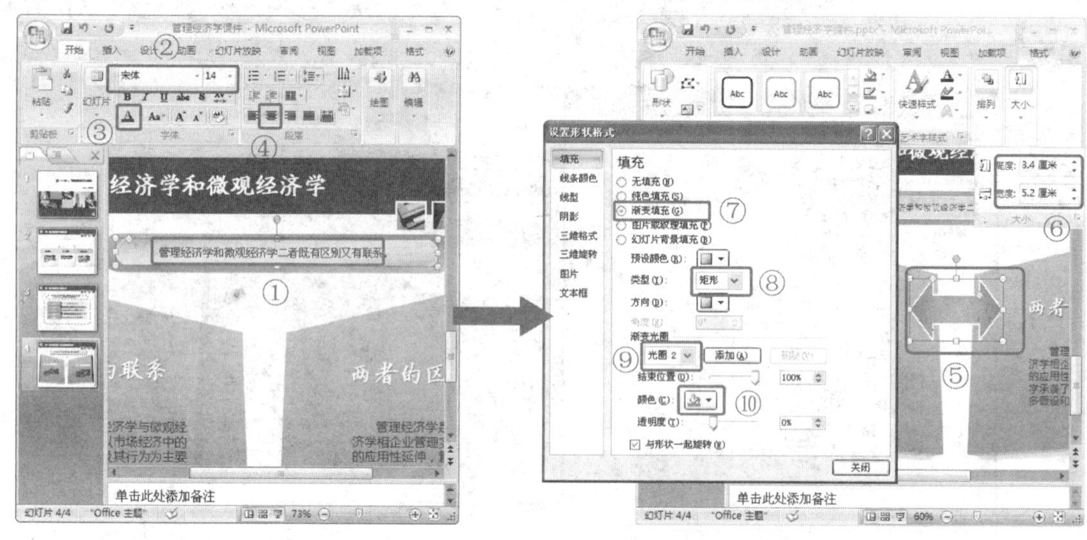

图 9-56　输入文本　　　　图 9-57　绘制左右箭头

步骤13　按<Ctrl>+<S>快捷键保存文档，“管理经济学和微观经济学”幻灯片页面创建完毕。

9.2.5　创建结束页和切换效果

结束页的创建同首页类似，只是输入标题和副标题文本即可，其具体的操作如下。

步骤1　在幻灯片编辑区选择【开始】选项卡，在【幻灯片】功能区中单击【新建幻灯片】按钮，在弹出的下拉列表中选择【标题幻灯片】选项创建新幻灯片页面，如图 9-58 所示。

步骤2　在幻灯片页面的【单击此处添加标题】文本框中输入文本“下一节课：决策程序和分析 谢谢大家！”，然后在【单击此处添加副标题】文本框中输入授课人信息，如“主讲人：莫教授”等，幻灯片文档的结束页面就创建完毕，如图 9-59 所示。

图 9-58　新建标题幻灯片　　　　图 9-59　输入标题和副标题

步骤3　打开【动画】选项卡，在【切换到此幻灯片】功能区中设置切换方案为【向下揭开】、切换声音为【硬币】、切换速度为【慢速】，然后单击【全部应用】按钮应用于所有的幻灯片，如图 9-60 所示。

图 9-60　设置幻灯片的切换效果

在【动画】选项卡中，如果先设置幻灯片的切换方案、切换声音和切换速度，然后再单击【全部应用】按钮，则所设置的切换效果和声音将应用到幻灯片中的所有页面中，从而达到统一的动画效果。

步骤4　按<Ctrl>+<S>快捷键保存文档，管理经济学课件幻灯片创建完毕。

9.3　实例总结

在本实例是使用 PowerPoint 2007 创建管理经济学课件的幻灯片页面，通过本实例的学习，需要重点掌握以下几个方面的内容。

- 通过插入图片和绘制形状设置幻灯片母版。
- 在页面中绘制多个形状的创建图形的立体效果。
- 设置三维格式和三维旋转的参数，从而设置图形的三维倾斜效果。
- 设置三维格式和三维旋转的参数，从而设置图形的三维透视效果。
- 统一设置幻灯片切换的动画，包括切换声音、切换速度和切换效果的设置。

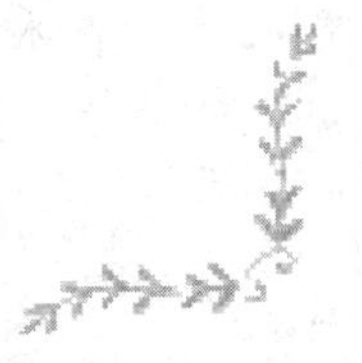

实例 10　学习中国现代史课件

中国现代史是学习中国历史不可缺少的一部分，在这段时期所发生的重大历史事件对于中国都具有深远的历史意义。学生通过学习中国现代史可以对中国的国情有更加深刻的了解，从而树立坚定的爱国主义思想。本实例就使用 PowerPoint 2007 创建学习中国现代史课件的演示文稿。

10.1　实例分析

在学习中国现代史的课件中，对中国现代史的研究时间、目的和要求、前提条件、分期及历史线索等方面都作了详细的讲解，其预览效果如图 10-1 所示。

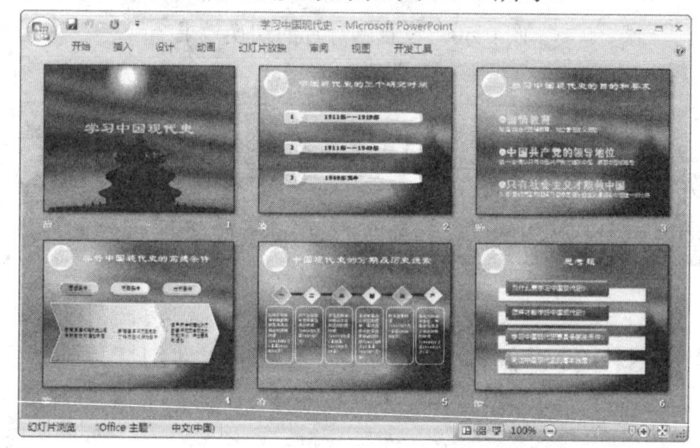

图 10-1　学习中国现代史课件预览效果

10.1.1　设计思路

本课件作为学习中国现代史的引言课件，在制作的过程中应该以指导学生对中国现代史有方向性的了解，包括学习中国现代史的目的、要求、前提条件等内容；然后对中国现代史的划分和历史线索进行讲解，其中也包括主要的参考书目；最后对所学习内容以思考题的形式让学生加深对所学知识的印象。

本课件各幻灯片设计的基本思路为：首页→中国现代史的三个研究时间→学习中国现代史的目的和要求→学好中国现代史的前提条件→中国现代史的分期及历史线索→思考题。

10.1.2　涉及的知识点

在本课件的制作中，首先在幻灯片中设置母版，然后在幻灯片中插入相应的图片和文本框，输入文本并调整文本格式等操作讲述了学习中国现代史所需要条件、所达到的目的和要求等页面的制作。

在中国现代史课件的制作中主要用到了以下方面的知识点：

- ✧ 设计幻灯片母版
- ✧ 在幻灯片母版中设置幻灯片切换效果
- ✧ 在幻灯片母版中添加自定义动画
- ✧ 图片的插入和调整
- ✧ 导入图片创建项目符号

10.2 实例操作

本节就根据前面所分析的设计思路和知识点，使用 PowerPoint 2007 对学习中国现代史课件幻灯片的制作步骤进行详细的讲解。

10.2.1 创建幻灯片母版

在通过插入图片或形状创建母版和标题母版的过程中，还可以为演示文稿添加统一的页面切换效果以及为同类对象添加一致的自定义动画。这样可以使演示文稿的风格更加统一，也使得之后页面的创建和编辑更加方便，其具体操作步骤如下。

步骤1　在 PowerPoint 2007 中新建一个空白演示文稿，并进入母版编辑区，然后选择幻灯片母版，只保留【单击此处编辑母版标题样式】文本框，然后在【背景】功能区中单击【背景样式】按钮，并在弹出的列表中选择【设置背景格式】选项。

步骤2　在打开的【设置背景格式】对话框中点选【图片或纹理填充】单选项，然后单击【文件】按钮，如图 10-2 所示。

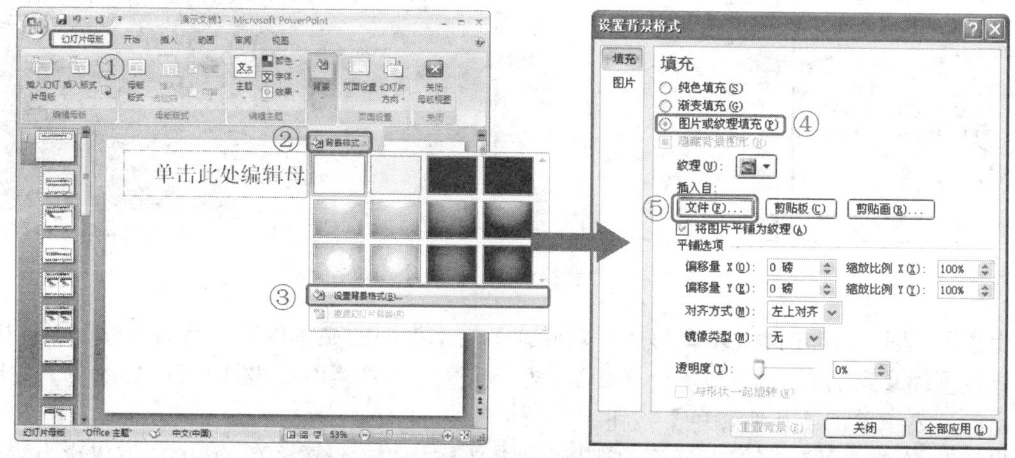

图 10-2　打开“设置背景格式”对话框

步骤3 在打开的【插入图片】对话框上方的【查找范围】下拉列表中选择路径为“PowerPoint经典应用实例\第 3 篇\实例 10”中的“图片 1. jpg”文件，然后单击【插入】按钮返回到【设置背景格式】对话框中，再单击【关闭】按钮，如图 10-3 所示。

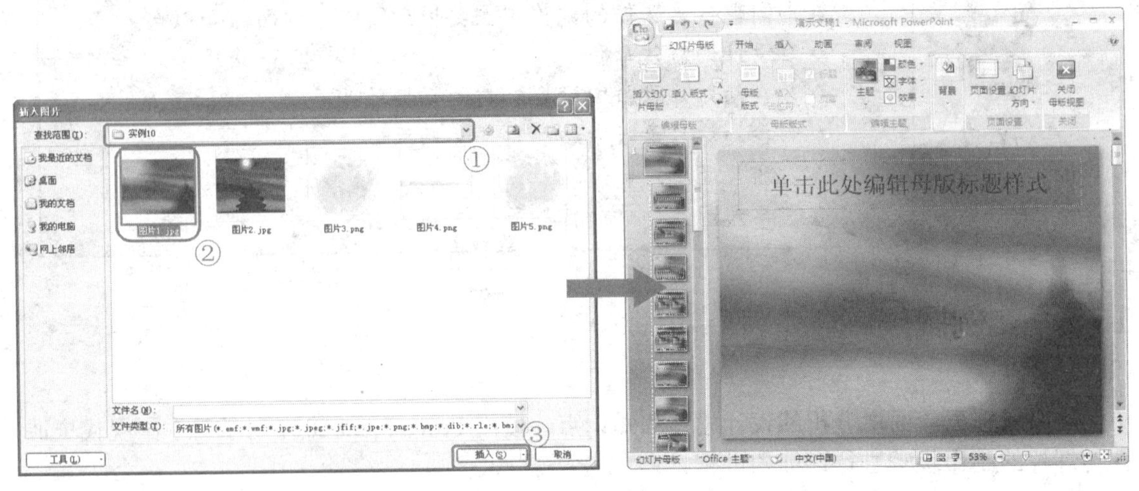

图 10-3 设置母版的图片背景

步骤4 在母版编辑区中插入路径为“PowerPoint 经典应用实例\第 3 篇\实例 10”中的“图片 3. png”文件，并打开【大小和位置】对话框，设置“高度”和“宽度”均为“3.49 厘米”，然后选择【位置】选项卡，设置“水平”和“垂直”位置均为“0.4 厘米”，设置完毕后单击【关闭】按钮，返回到母版编辑区，如图 10-4 所示。

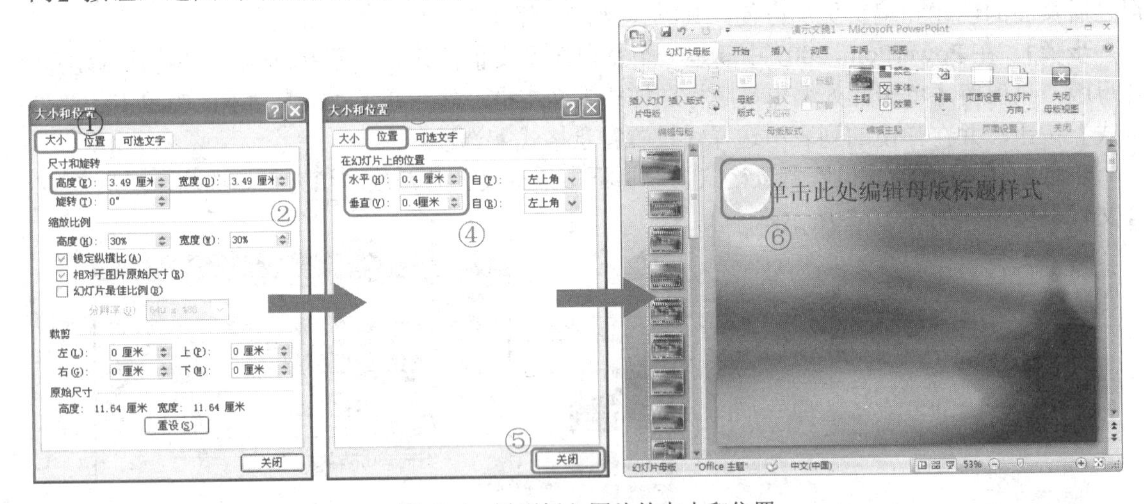

图 10-4 设置插入图片的大小和位置

步骤5 选择【单击此处编辑母版标题样式】文本框中的文本内容，然后在浮动工具栏中将字体设置为【隶书】，字号设置为【40】，然后在浮动工具栏中单击【字体颜色】按钮，在弹出的列表中单击【其他颜色】按钮。

步骤6 在打开的【颜色】对话框中选择【自定义】选项卡，设置颜色的 RGB 值依次为“255”、“255”和“204”，设置完毕后单击【确定】按钮，如图 10-5 所示。

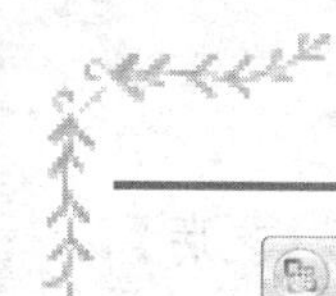

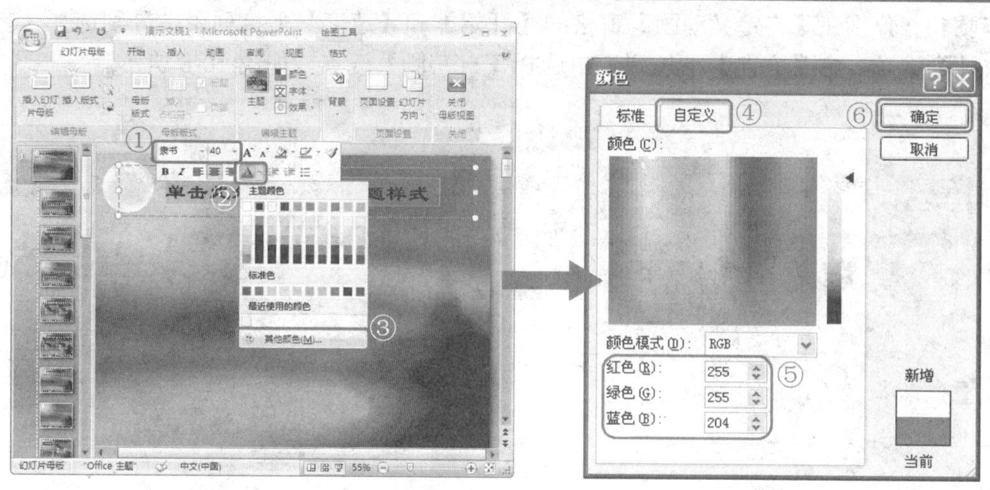

图 10-5　设置标题文本框的字体和颜色

步骤7　拖动鼠标调整文本框的大小并将其移动到插入的月亮图片右侧，然后在【动画】选项卡的【切换到此幻灯片】功能区中单击【切换方案】按钮，并在弹出的列表中选择【溶解】选项，设置完毕后单击【全部应用】按钮，如图 10-6 所示。

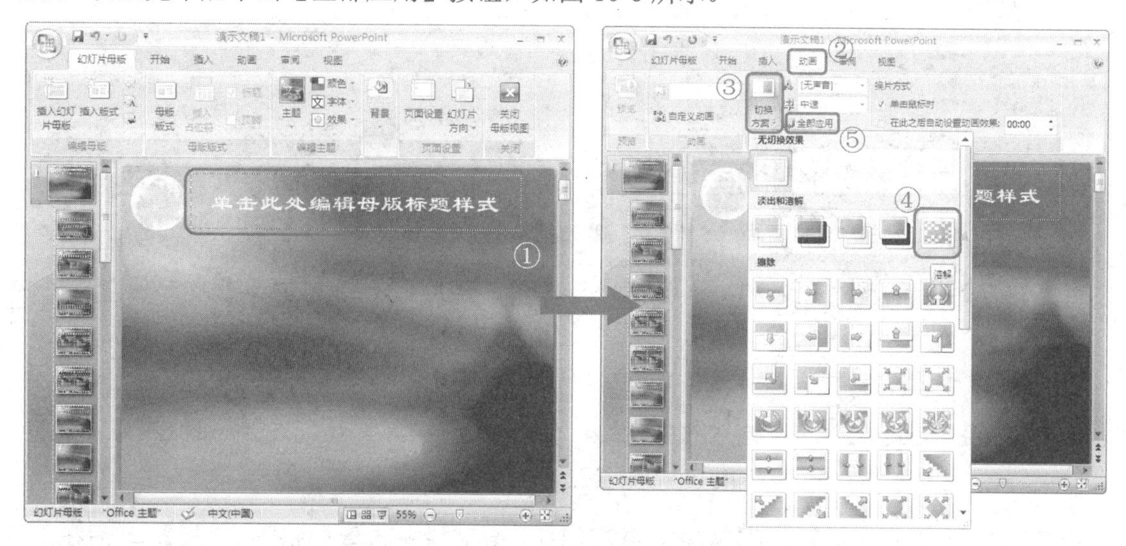

图 10-6　设置切换效果

步骤8　在【动画】选项卡的【动画】功能区中单击【自定义动画】按钮，打开【自定义动画】窗格，然后在母版编辑区中选择月亮图片，在自定义窗格中单击【添加效果】按钮并在弹出的列表中依次选择【进入】、【轮子】选项。

步骤9　在【自定义动画】窗格中的【开始】下拉列表中选择【之后】选项，在【辐射状】下拉列表中选择【1 轮辐图案（1)】选项，在【速度】下拉列表中选择【快速】选项，如图 10-7 所示。

步骤10　在母版编辑区中选择【单击此处编辑母版标题样式】文本框，然后在【自定义动画】窗格中单击【添加效果】按钮并在弹出的列表中依次选择【进入】、【擦除】选项。

步骤11 分别在【自定义动画】窗格的【开始】和【速度】下拉列表中分别选择【之后】和【快速】选项，在【方向】下拉列表中选择【自左侧】选项，如图 10-8 所示。

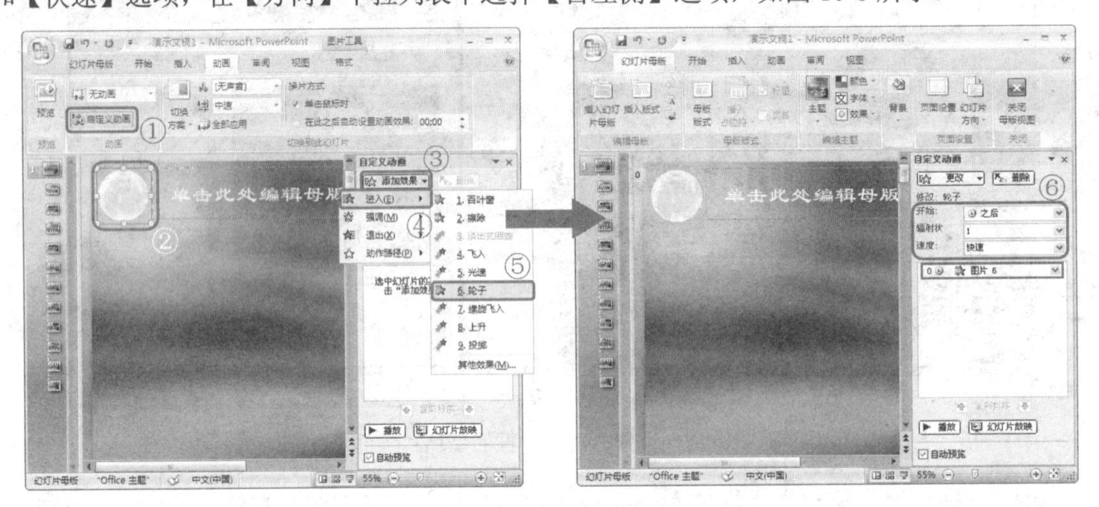

图 10-7 设置图片的动画效果

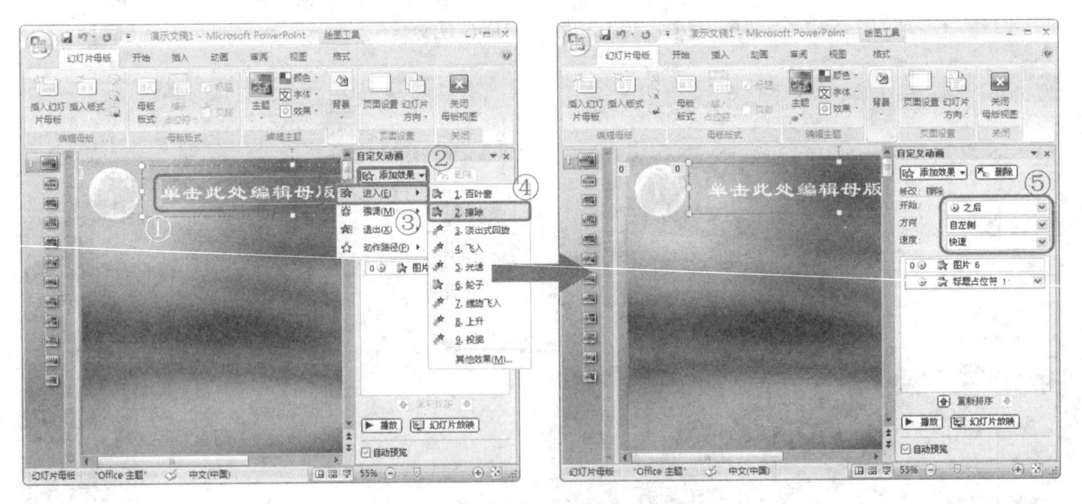

图 10-8 设置文本框的动画效果

步骤12 关闭【自定义动画】窗格，并在幻灯片导航栏中选择【标题幻灯片】，然后在【幻灯片母版】选项卡的【背景】功能区中勾选【隐藏背景图形】复选框。

步骤13 单击【设置背景格式】按钮，打开【设置背景格式】对话框，在【填充】选项卡中点选【图片或纹理填充】单选钮，单击【文件】按钮，打开【插入图片】对话框，选择路径为“PowerPoint 经典应用实例\第 3 篇\实例 10”中的“图片 2. jpg”文件，单击【插入】按钮，返回【设置背景格式】对话框，单击【关闭】按钮即可设置标题幻灯片的背景，如图 10-9 所示。

步骤14 选择【单击此处编辑母版标题样式】文本框，将字体设置为【隶书】，字号设置为【60】，字体颜色的 RGB 值依次为“255”、“255”和“102”，然后选择【单击此处编辑母版副标题样式】文本框，将字体设置为【仿宋-GB2312】，字号设置为【28】，字体颜色的 RGB 值依次为“255”、“255”和“204”，如图 10-10 所示。

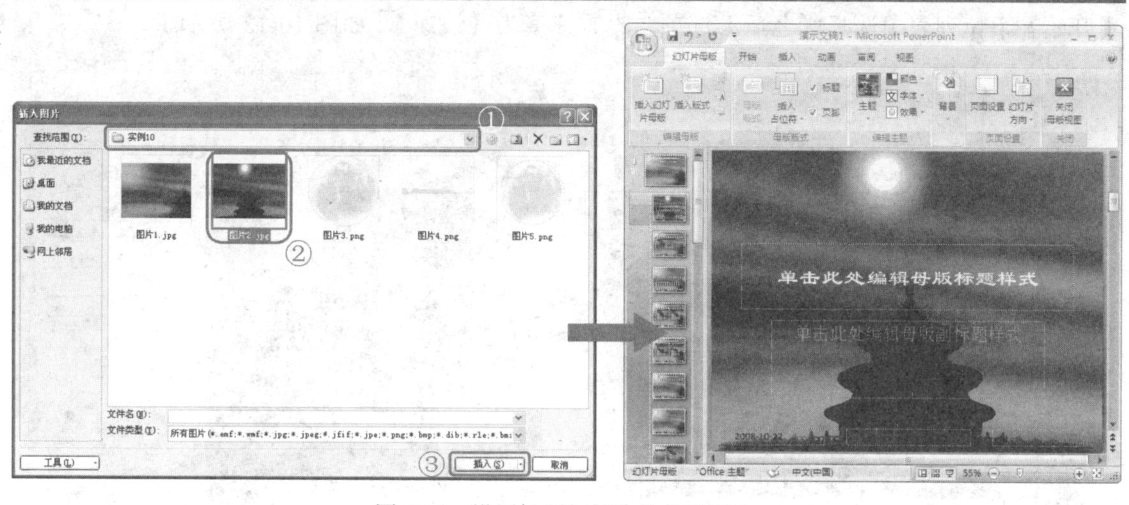

图 10-9　设置标题幻灯片的背景图片

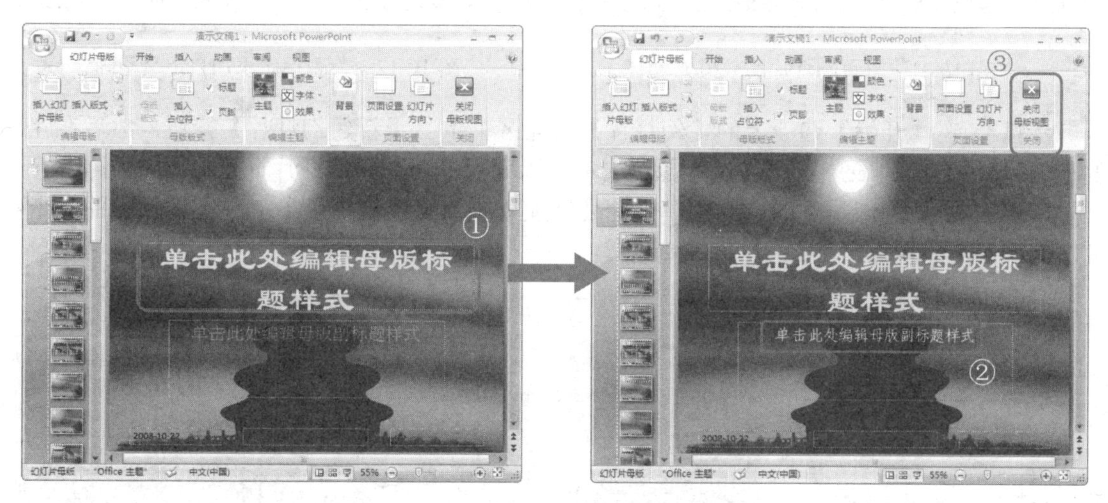

图 10-10　设置标题和副标题的文本格式

步骤15　在【幻灯片母版】选项卡的【关闭】功能区中单击【关闭母版视图】按钮，至此，新品推广演示文稿的幻灯片母版设置完毕。

10.2.2　创建首页和中国现代史的三个研究时间页面

在设置完幻灯片母版之后，就可以依照设置好的母版对其他页面进行创建了。下面就介绍创建幻灯片首页和中国现代史的三个研究时间页面的具体操作步骤。

步骤1　完成母版的创建之后，进入到幻灯片首页，首先将【单击此处添加标题】文本框中的内容更改为“学习中国现代史”，然后将【单击此处添加副标题】文本框中的内容更改为“主讲人：莫教授”，即可完成幻灯片首页的创建，如图 10-11 所示。

步骤2　选择副标题并打开【自定义动画】窗格，添加名称“上升”的进入动画效果，在

【开始】下拉列表中选择【之后】选项，设置速度为【快速】，如图 10-12 所示。

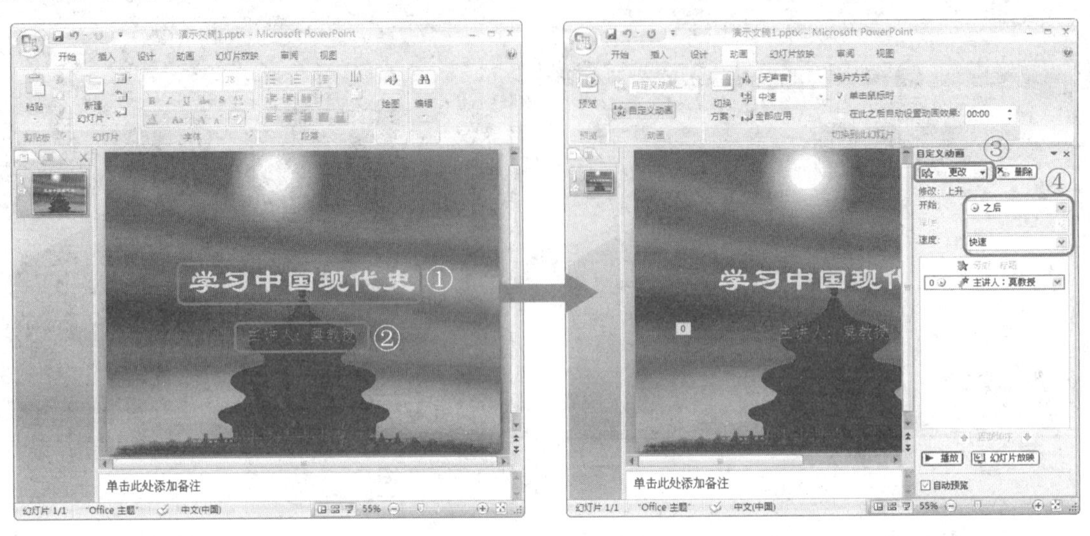

图 10-11　首页幻灯片的效果　　　　图 10-12　为副标题添加自定义动画

步骤3　在【开始】选项卡的【幻灯片】功能区中单击【新建幻灯片】按钮，然后在弹出的【Office 主题】列表中选择【仅标题】选项，即可创建一个新幻灯片页面，如图 10-13 所示。

步骤4　在新幻灯片页面中的【单击此处添加标题】文本框中输入“中国现代史的三个研究时间”的文本内容，如图 10-14 所示。

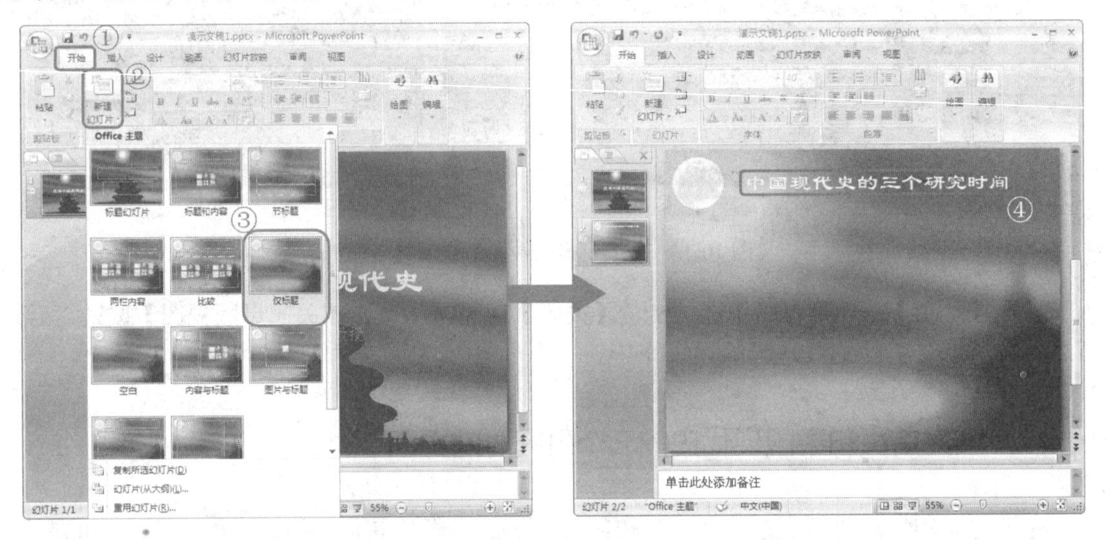

图 10-13　新建幻灯片　　　　图 10-14　输入标题

步骤5　在【插入】选项卡的【插图】功能区中单击【图片】按钮，打开【插入图片】对话框，然后选择路径为“PowerPoint 经典应用实例\第 3 篇\实例 10”中的“图片 4. png”文件。

步骤6　单击【插入】按钮返回到幻灯片编辑区中，然后按住<Ctrl>键拖动图片对象，再复制两个相同的图片对象，如图 10-15 所示。

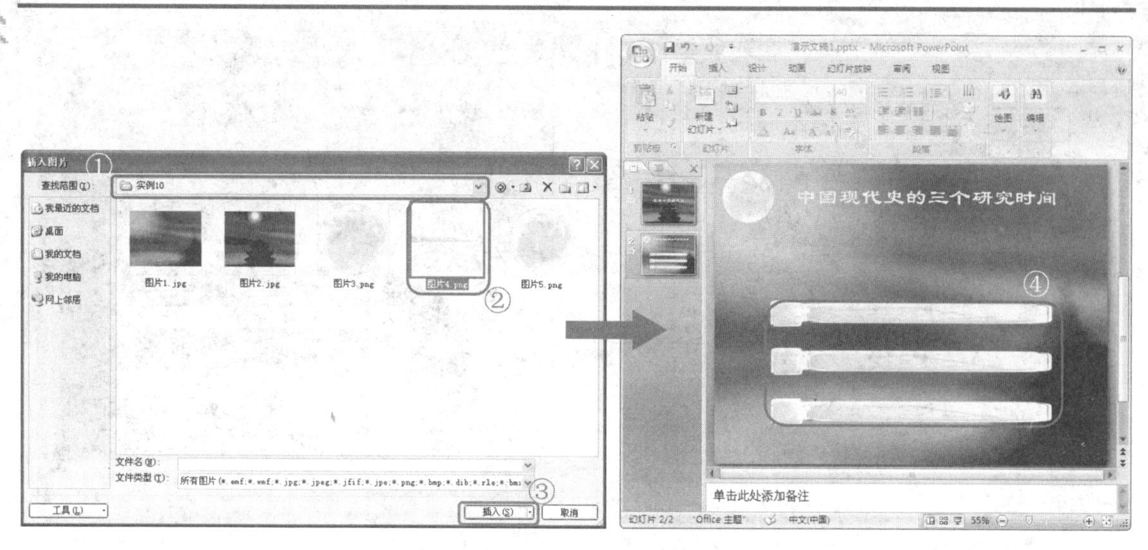

图 10-15　插入图片并将其复制

步骤7　将三个图片对象的水平位置均设置为“3.3 厘米”，然后从上到下将 3 个图片对象的垂直位置依次设置为“5.7 厘米”、“9.7 厘米”和“13.7 厘米”。

步骤8　插入 6 个横排文本框，并分别输入的文本内容，然后设置文本字体为【Verdana】，字号设置为【20】，并将字体加粗，分别调整文本框的位置，如图 10-16 所示。

步骤9　按住<Ctrl>键选择位于同一个图片对象中的两个文本框以及图片对象，然后单击鼠标右键，在弹出的快捷菜单中依次选择【组合】、【组合】命令，将其组合成一个整体的对象，如图 10-17 所示，并使用同样的方法对另外两个图形对象及位于其内部的文本框进行组合。

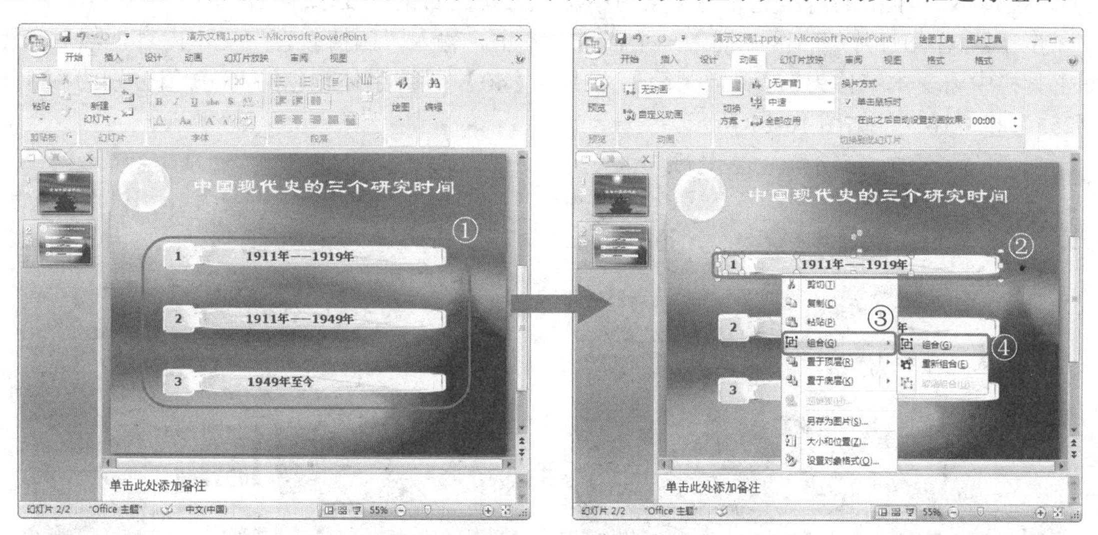

图 10-16　插入文本框并输入文本　　　　图 10-17　组合文本和图片

步骤10　打开【自定义动画】窗格，在其中分别为 3 个组合后的对象设置名为“淡出”的自定义动画效果，在【开始】下拉列表中选择【之后】选项，设置速度为【中速】，如图 10-18 所示至此，中国现代史的三个研究时间幻灯片页面创建完毕，如图 10-19 所示。

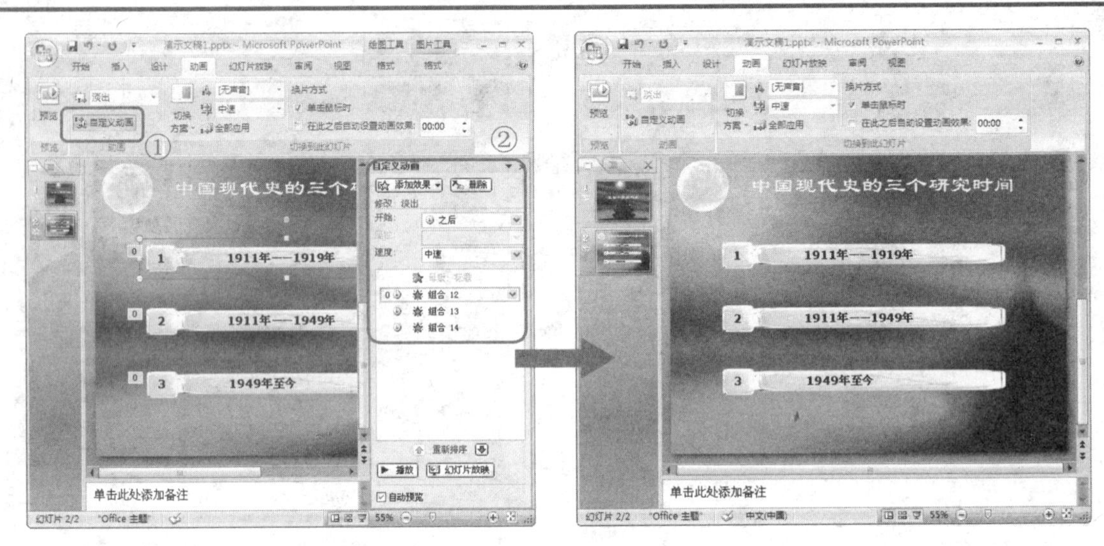

图 10-18　设置自定义动画效果

图 10-19　幻灯片页面效果

10.2.3　创建学习中国现代史的目的和要求页面

按照学习中国现代史课件的设计思路，在创建完中国现代史的三个研究时间页面之后，需要创建学习中国现代史的目的和要求页面。下面就介绍创建该幻灯片页面的具体操作步骤。

步骤1　在【Office 主题】列表中选择【仅标题】选项新建幻灯片页面，然后将【单击此处添加标题】文本框中的内容更改为“学习中国现代史的目的和要求”，如图 10-20 所示。

步骤2　在幻灯片编辑区中插入一个横排文本框，输入“国情教育”文本内容，然后在浮动工具栏中将文本字体为【经典粗黑简】、字号为【40】，设置字体颜色的 RGB 值分别为“255”、“255”和“102”，如图 10-21 所示。

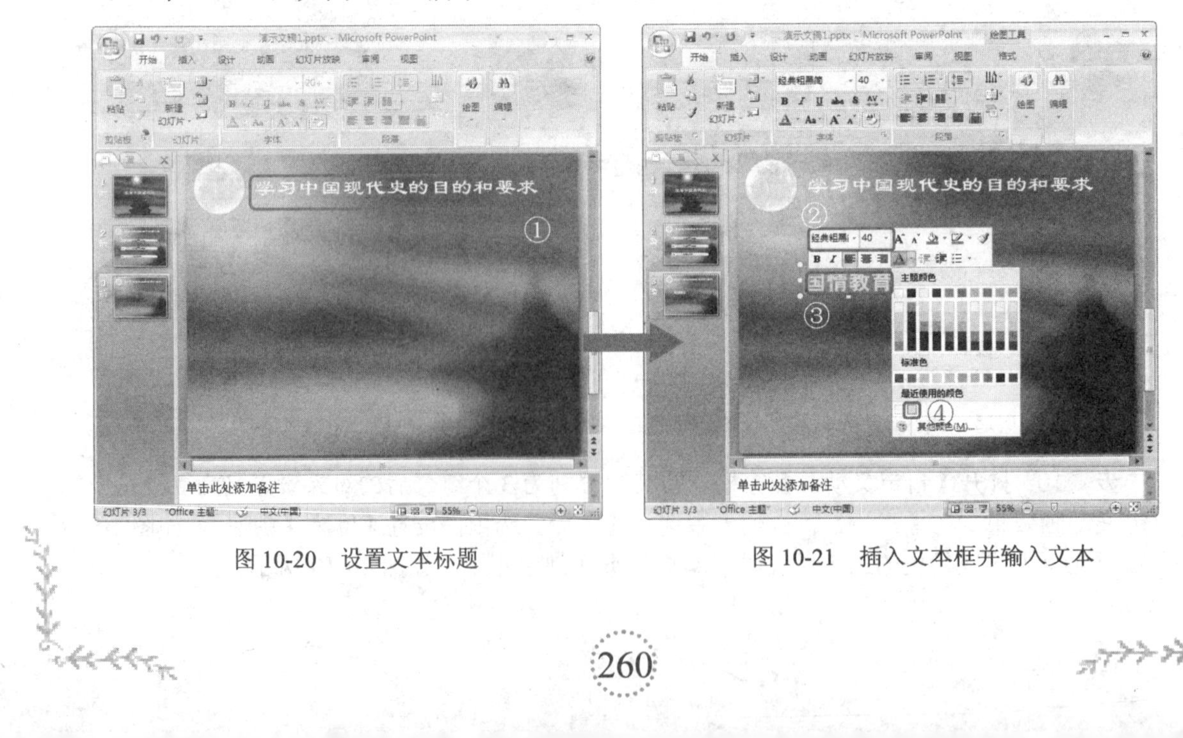

图 10-20　设置文本标题

图 10-21　插入文本框并输入文本

步骤3　在文本内容的结束位置单击鼠标并按<Enter>键换行，然后输入文本“注重学生的国情教育，树立爱国主义思想”，并将字体设置为【幼圆】、字号为【20】，字体颜色的 RGB 值分别为“255”、“255”和“204”。

步骤4　使用同样的方法输入并设置其余的文本内容，如图 10-22 所示。

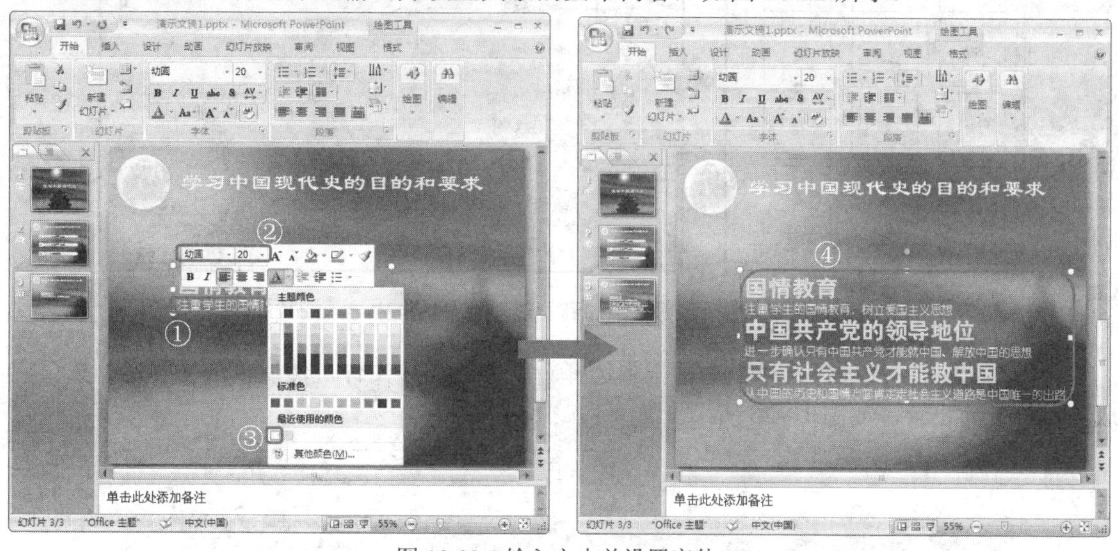

图 10-22　输入文本并设置字体

步骤5　选中“国情教育”文本内容，在【开始】选项卡的【段落】功能区中单击【项目符号】按钮，在弹出的下拉列表中单击【项目符号和编号】按钮，打开【项目符号和编号】对话框，然后在对话框中单击【图片】按钮，打开“图片项目符号”对话框，如图 10-23 所示。

步骤6　在“图片项目符号”对话框中单击【导入】按钮，打开“将剪辑添加到管理器”对话框，在对话框中，选择路径为“PowerPoint 经典应用实例\第 3 篇\实例 10”中的“图片 5. png”文件，单击【添加】按钮，返回【图片项目符号】对话框，如图 10-24 所示。

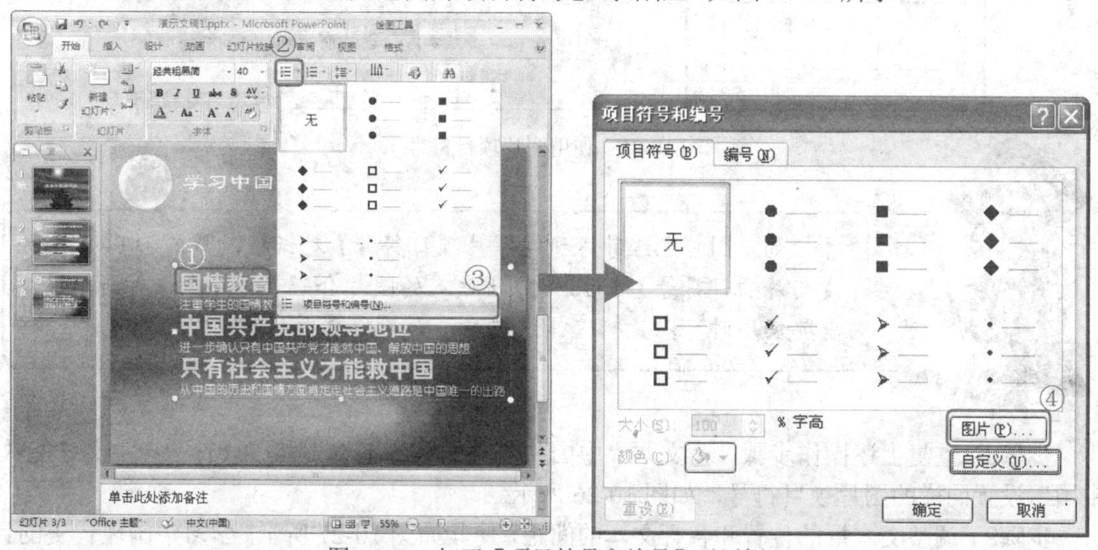

图 10-23　打开【项目符号和编号】对话框

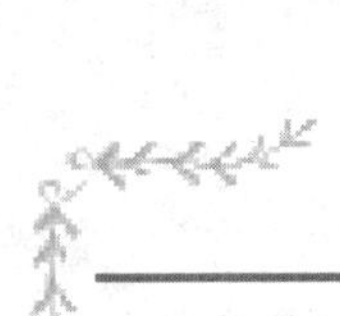

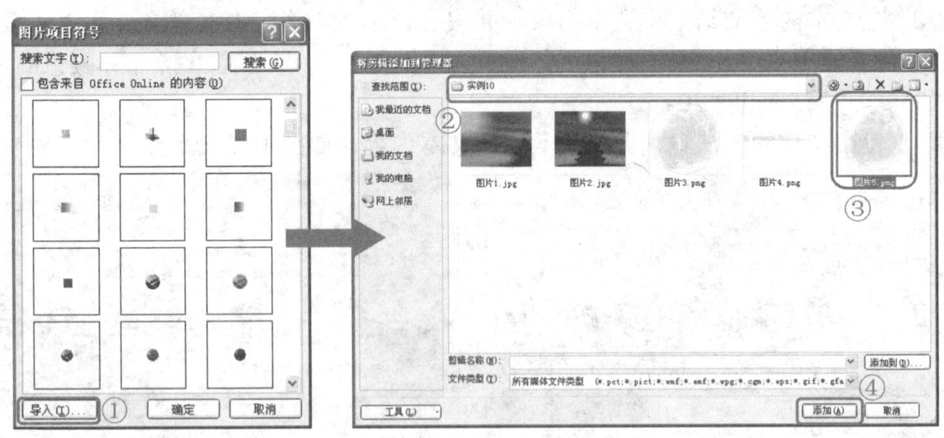

图 10-24　在“将剪辑添加到管理器”对话框中导入图片

步骤7　在【图片项目符号】对话框中选择新添加的图片文件，然后单击【确定】按钮完成项目符号的设置，如图 10-25 所示。

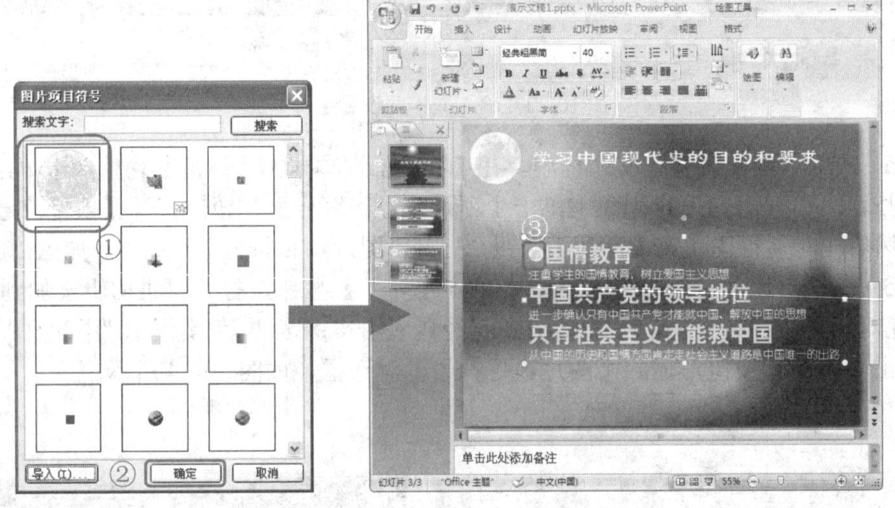

图 10-25　使用图片项目符号

操作技巧

如果图片已经导入到【图片项目符号】对话框，那么在下次打开【图片项目符号】对话框时，所导入的图片会一直保存在该对话框中，需要使用时可以直接选择该图片，而不用再次导入相同的图片。

步骤8　重复上述操作步骤，为文本“中国共产党的领导地位”和“只有社会主义才能救中国”设置同样的图片项目符号，如图 10-26 所示。

步骤9　调整文本框的位置和各行文本的间距，使其如图 10-27 所示。学习中国现代史的目的和要求页面创建完毕。

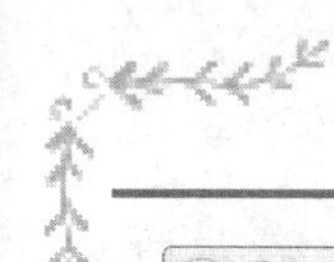

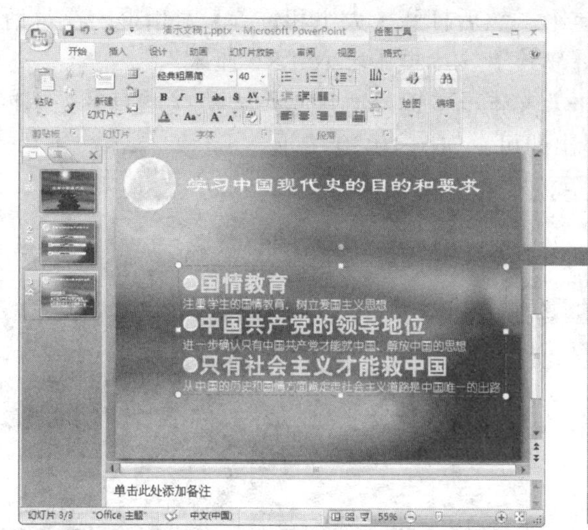

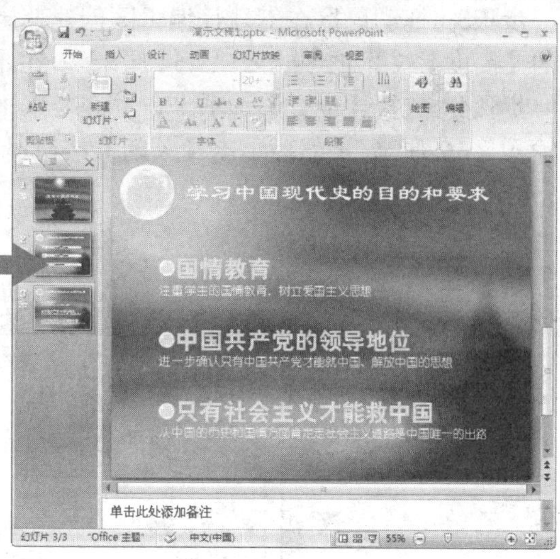

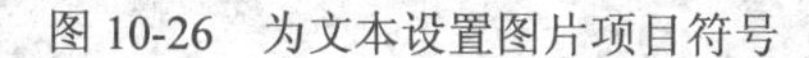

图 10-26　为文本设置图片项目符号　　　　图 10-27　设置完毕后的幻灯片页面效果

10.2.4　创建学好中国现代史的前提条件页面

制作完毕学习中国现代史的目的和要求页面后，下面就对学好中国现代史的前提条件演示文稿进行创建，其具体的操作步骤如下。

步骤1　新建一个“仅标题”幻灯片页面，然后将【单击此处添加标题】文本框中的内容更改为“学好中国现代史的前提条件”，如图 10-28 所示。

步骤2　在【插入】选项卡的【插图】功能区中单击【形状】按钮，然后在弹出的列表中选择【燕尾形】选项，如图 10-29 所示。

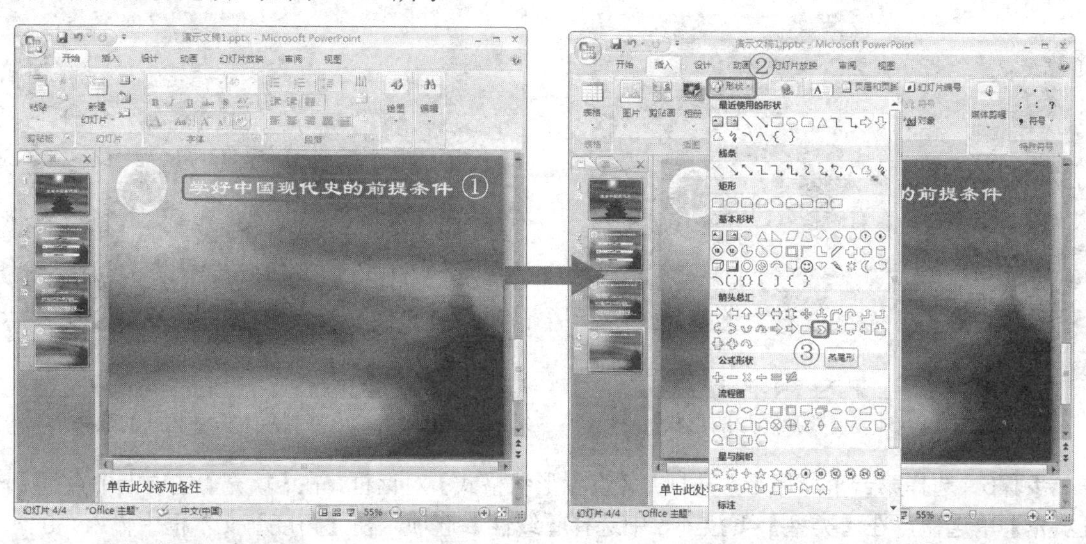

图 10-28　新建幻灯片并输入标题　　　　图 10-29　插入燕尾形

步骤3 拖动鼠标在幻灯片编辑区创建燕尾形，然后打开【大小和位置】对话框，在对话框的【高度】文本框中输入“7.54 厘米”，在【宽度】文本框中输入“8.5 厘米”。

步骤4 选择【位置】选项卡，并在【水平】文本框中输入“1 厘米”，在【垂直】文本框中输入“8.2 厘米”，然后单击【关闭】按钮退出即可，如图 10-30 所示。

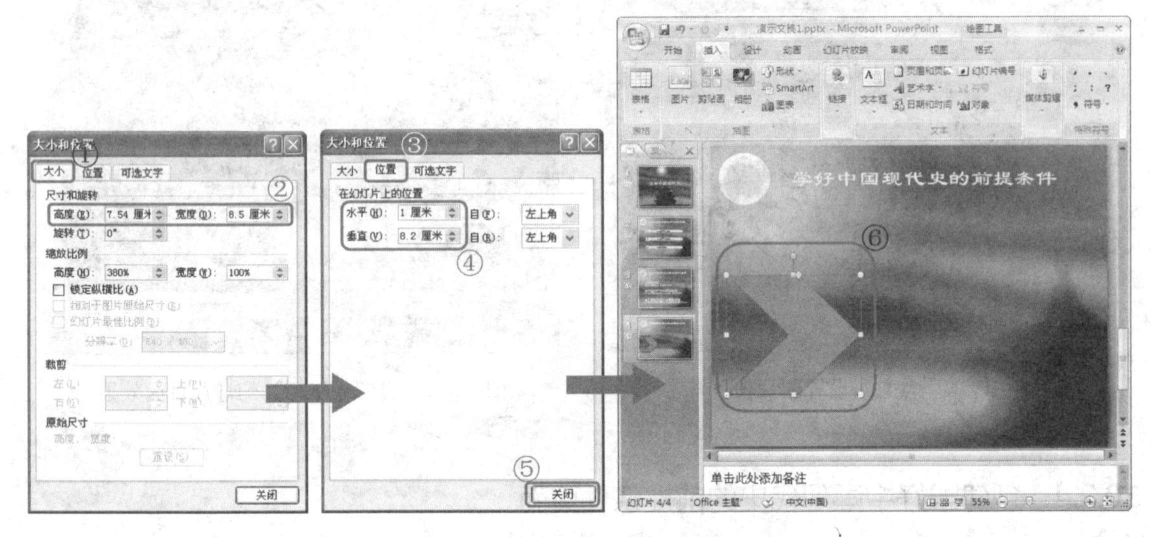

图 10-30　设置燕尾形的大小和位置

步骤5 单击燕尾形的黄色调控点将形状调整为如图 10-31 所示的形状，然后按住<Ctrl>键拖动形状对象，再复制出两个大小相同的形状对象，如图 10-32 所示。

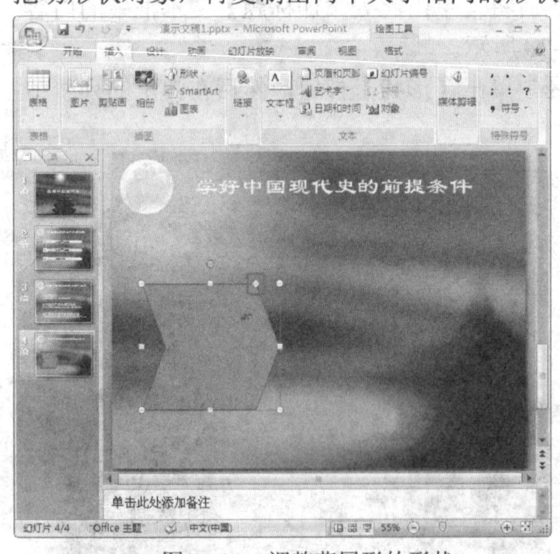

图 10-31　调整燕尾形的形状

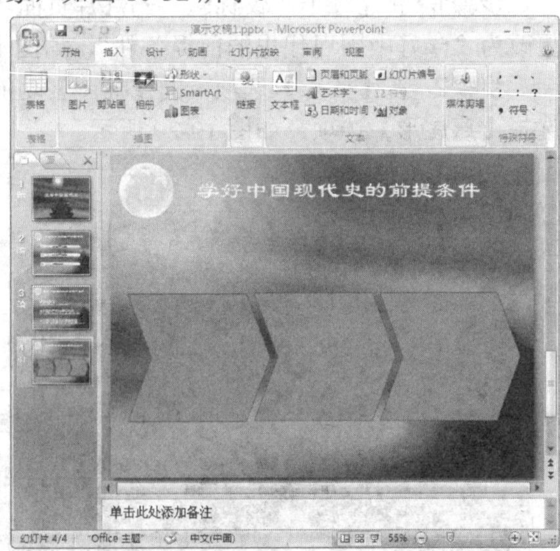

图 10-32　复制两个大小相同的燕尾形

步骤6 选择第一个燕尾形，并打开【设置形状格式】对话框，在【填充】选项卡中点选【渐变填充】单选钮，在【类型】下拉列表中选择【线性】选项，在【角度】文本框中输入“0° ”。

步骤7 选择“光圈 1”，在【结束位置】文本框中输入“26%”，然后单击【颜色】按钮并在弹出的颜色列表中选择【深蓝，文字 2，淡色 40%】。

步骤8　选择“光圈 2”，在【结束位置】文本框中输入“100%”，然后单击【颜色】按钮，并在弹出的颜色列表中选择【深蓝，文字 2，淡色 80%】，如图 10-33 所示。

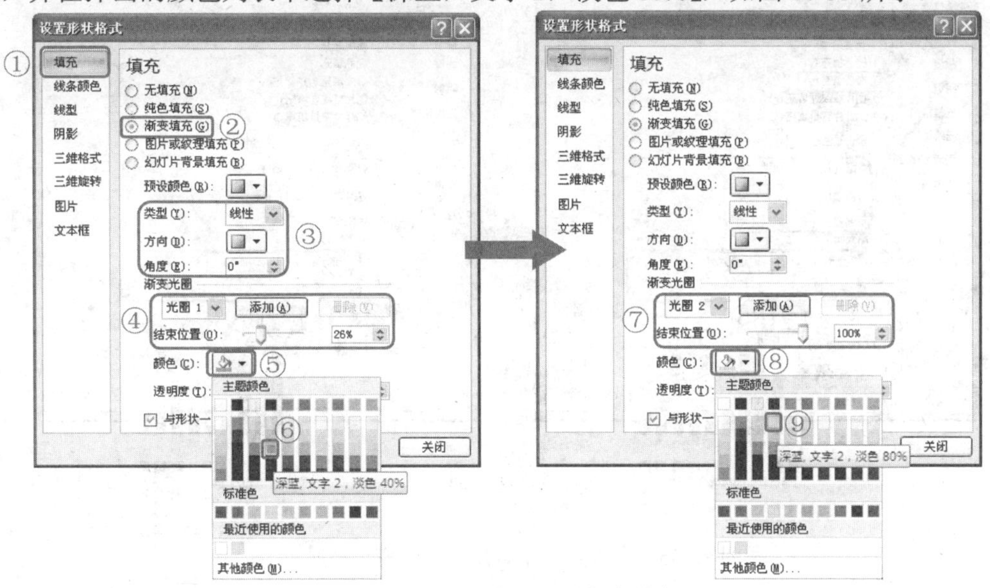

图 10-33　设置燕尾形的渐变填充

步骤9　选择【线条颜色】选项卡，然后点选【无线条】单选卡，设置完毕后单击【关闭】按钮返回到幻灯片编辑区，如图 10-34 所示。

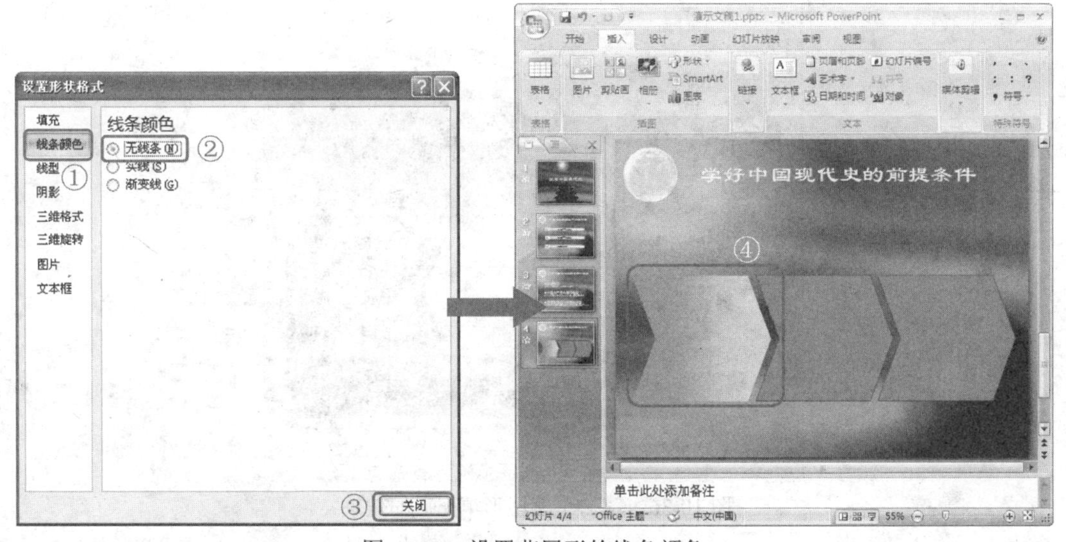

图 10-34　设置燕尾形的线条颜色

步骤10　选择第二个燕尾形，并打开【设置形状格式】对话框，在【填充】选项卡中点选【渐变填充】单选钮，在【类型】下拉列表中选择【线性】选项，在【角度】文本框中输入“0°”。

步骤11　选择“光圈 1”，在【结束位置】文本框中输入“0%”，单击【颜色】按钮，弹出列表中的【最近使用的颜色】选项组中选择第二个颜色。

步骤12　选择“光圈 2”，在【结束位置】文本框中输入“100%”，然后单击【颜色】

按钮，在弹出列表中的【最近使用的颜色】选项组中选择第一个颜色，如图 10-35 所示。

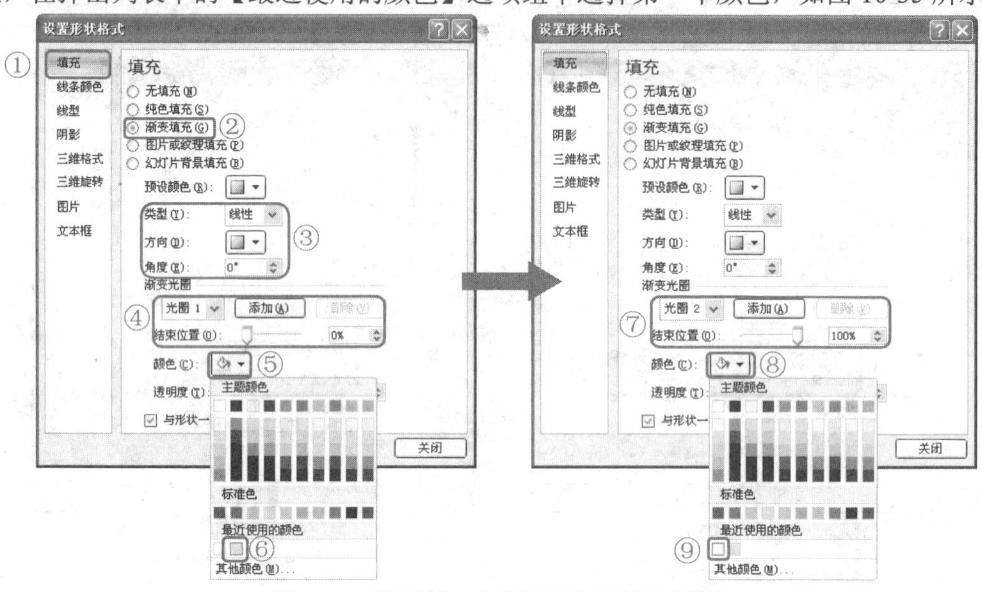

图 10-35　设置第二个燕尾形的渐变填充颜色

步骤13　在【线条颜色】选项卡中点选【无线条】单选钮，然后单击【关闭】按钮返回到幻灯片编辑区，如图 10-36 所示。

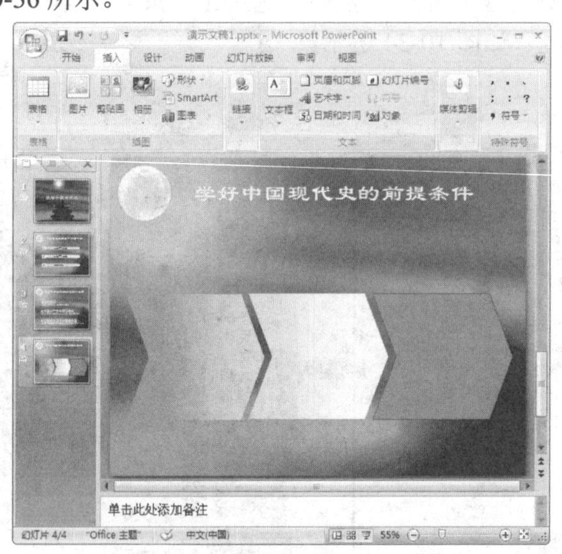

图 10-36　第二个燕尾形填充后的效果

步骤14　选择第三个燕尾形，打开【设置形状格式】对话框，在【填充】选项卡中点选【渐变填充】单选钮，在【类型】下拉列表中选择【线性】选项，在【角度】文本框中输入“0° ”。

步骤15　选择“光圈 1”，在【结束位置】文本框中输入“26%”，单击【颜色】按钮，在弹出的颜色列表中选择【橄榄色，强调文字颜色 3，淡色 40%】。

步骤16　选择“光圈 2”，在【结束位置】文本框中输入“100%”，然后单击【颜色】按钮，在弹出的颜色列表中选择【橄榄色，强调文字颜色 3，淡色 80%】，如图 10-37 所示。

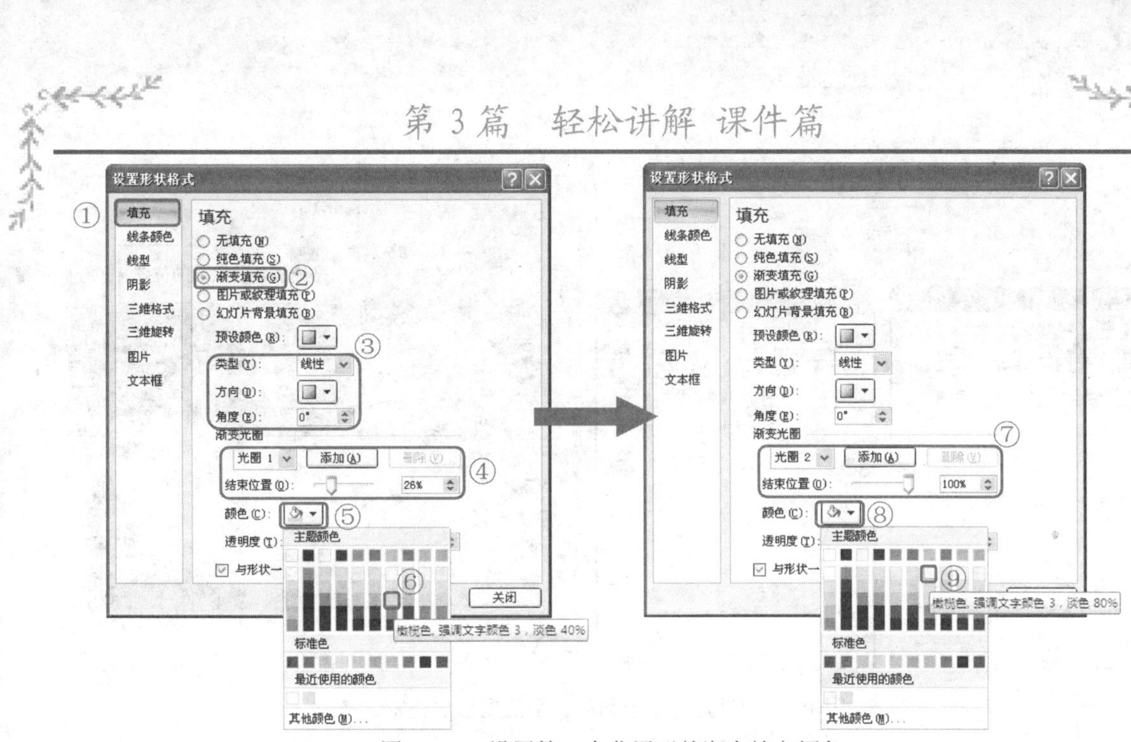

图 10-37　设置第三个燕尾形的渐变填充颜色

步骤17　在【线条颜色】选项卡中点选【无线条】单选钮，然后单击【关闭】按钮返回到幻灯片编辑区，如图 10-38 所示。

图 10-38　第三个燕尾形填充后的效果

步骤18　选择第二个燕尾形并打开【大小和位置】对话框，并选择其中的【位置】选项卡，然后在【水平】文本框中输入“8.03 厘米”，在【垂直】文本框中输入“8.2 厘米”。

步骤19　选择第三个燕尾形并打开【大小和位置】对话框，并选择其中的【位置】选项卡，然后在【水平】文本框中输入“15.08 厘米”，在【垂直】文本框中输入“8.2 厘米”。

步骤20　单击【关闭】按钮退出【大小个位置】对话框，如图 10-39 所示。

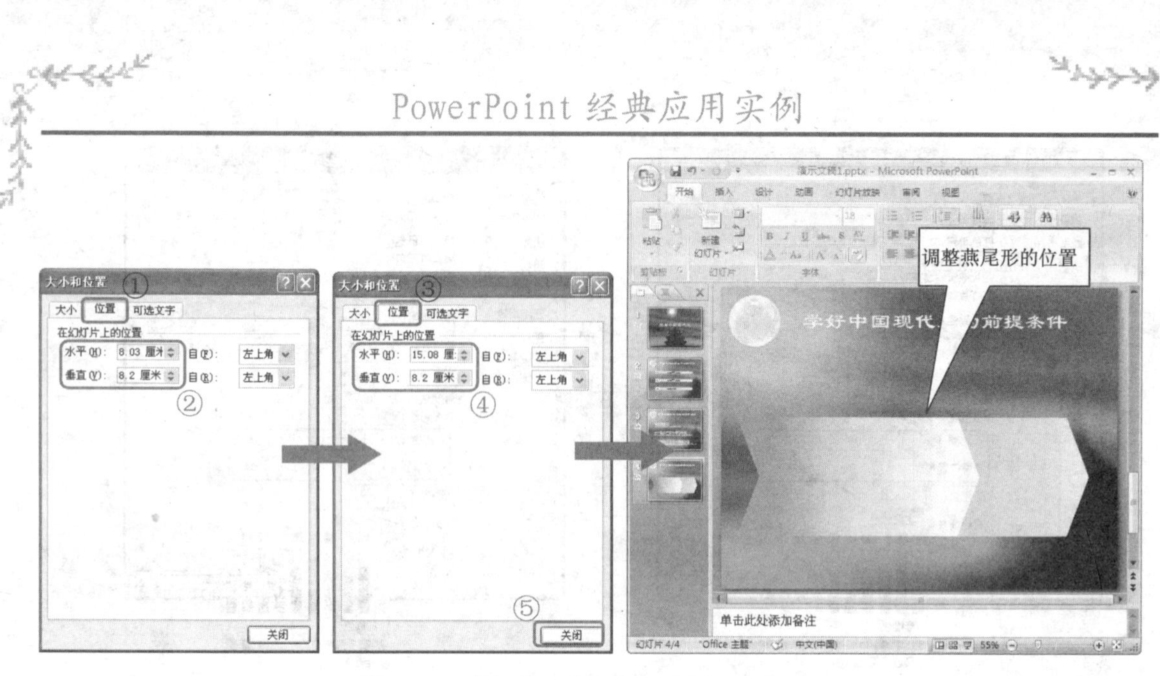

图 10-39 设置第二个和第三个燕尾形的位置

步骤21 按住<Ctrl>键选择三个燕尾形对象，然后在【绘图工具格式】选项卡的【形状样式】功能区中单击【形状效果】按钮，并在弹出的列表中依次选择【预设】、【预设 1】选项，如图 10-40 所示。

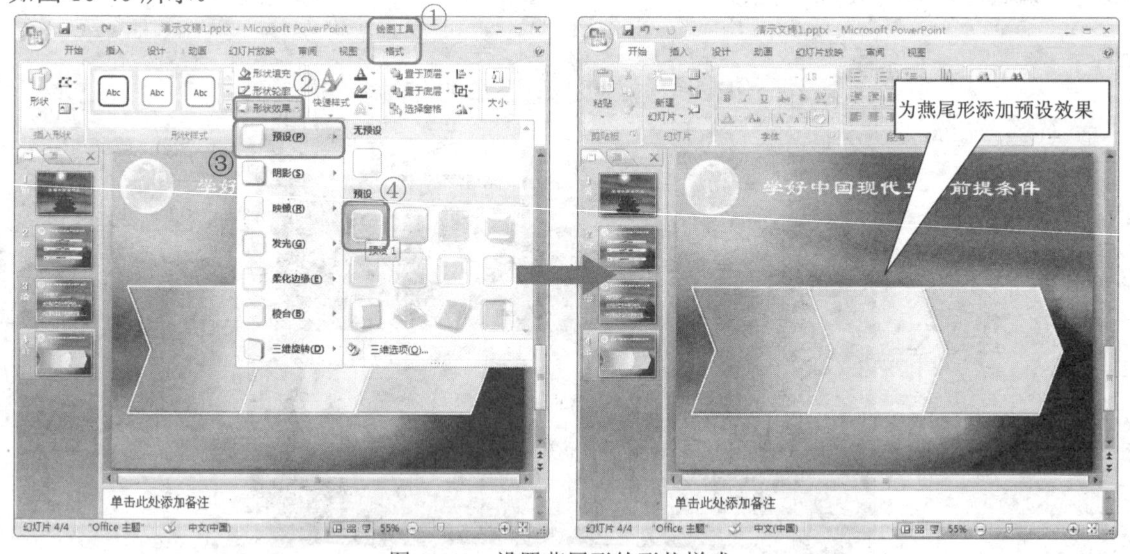

图 10-40 设置燕尾形的形状样式

步骤22 插入一个横排文本框，在其中输入“要有深厚的马列主义毛泽东思想的理论根底”等文本内容，并将其移动到第一个燕尾形内部，然后在浮动工具栏中将文本字体设置为【汉仪中圆简】，字号设置为【16】，字体颜色设置为【黑色，文字 1，淡色 25%】。

步骤23 使用同样的方法插入第二个文本框，在其中输入“掌握基本的历史概念，了解历史的来龙去脉”等文本内容，并将其移动到第二个燕尾形内部，然后在浮动工具栏中将文本字体设置为【汉仪中圆简】，字号设置为【16】，字体颜色设置为【黑色，文字 1，淡色 25%】。

步骤24 使用同样的方法插入第三个文本框，在其中输入“运用所学的理论对历史事件和现象做出分析和评价，得出自己的结论”文本内容，并将其移动到第三个燕尾形内部，然后在浮动工具栏中将文本字体设置为【汉仪中圆简】，字号设置为【16】，字体颜色设置为【黑色，文字 1，淡色 25%】，如图 10-41 所示。

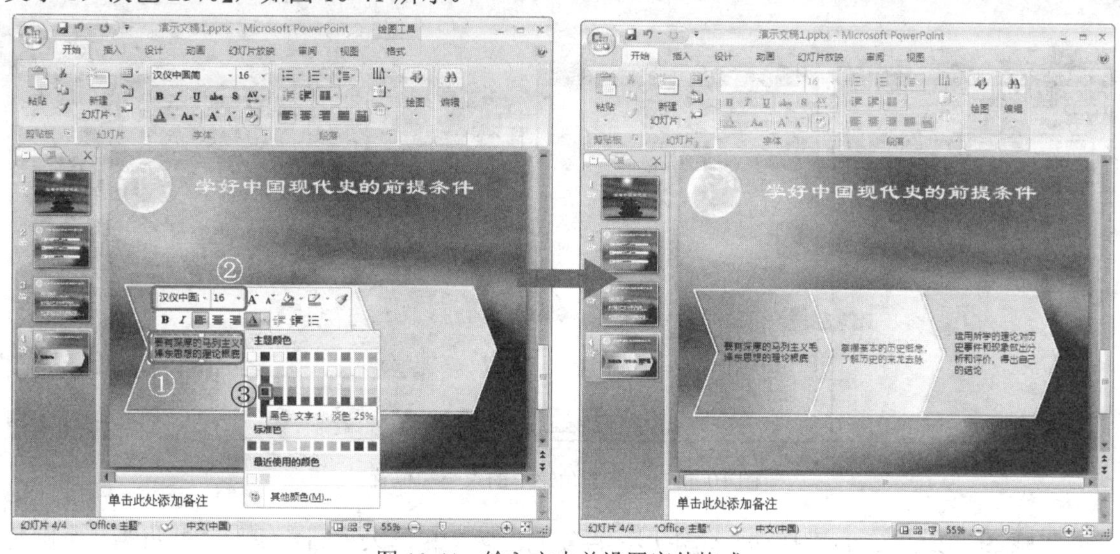

图 10-41　输入文本并设置字体格式

步骤25　在【插入】选项卡的【插图】功能区中单击【形状】按钮，然后在弹出的列表中选择【圆角矩形】选项。

步骤26　拖动鼠标在幻灯片编辑区中创建形状，然后单击圆角矩形上边的黄色尺寸调控点并向右拖动，将形状调整为如图 10-42 所示的形状。

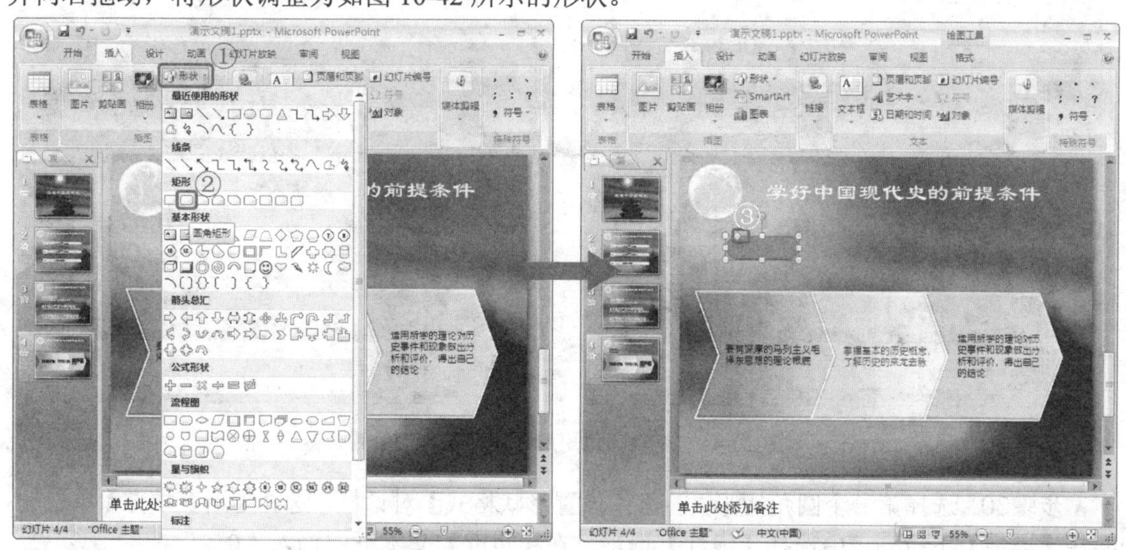

图 10-42　绘制圆角矩形

步骤27　选择圆角矩形，然后打开【大小和位置】对话框，选择【大小】选项卡，然后在【高度】文本框中输入“1.39 厘米”，在【宽度】文本框中输入“4.96 厘米”。

步骤28　选择【位置】选项卡，然后在【水平】文本框中输入“2.18 厘米”，在【垂直】

文本框中输入“5.56 厘米”，设置完毕后单击【关闭】按钮，如图 10-43 所示。

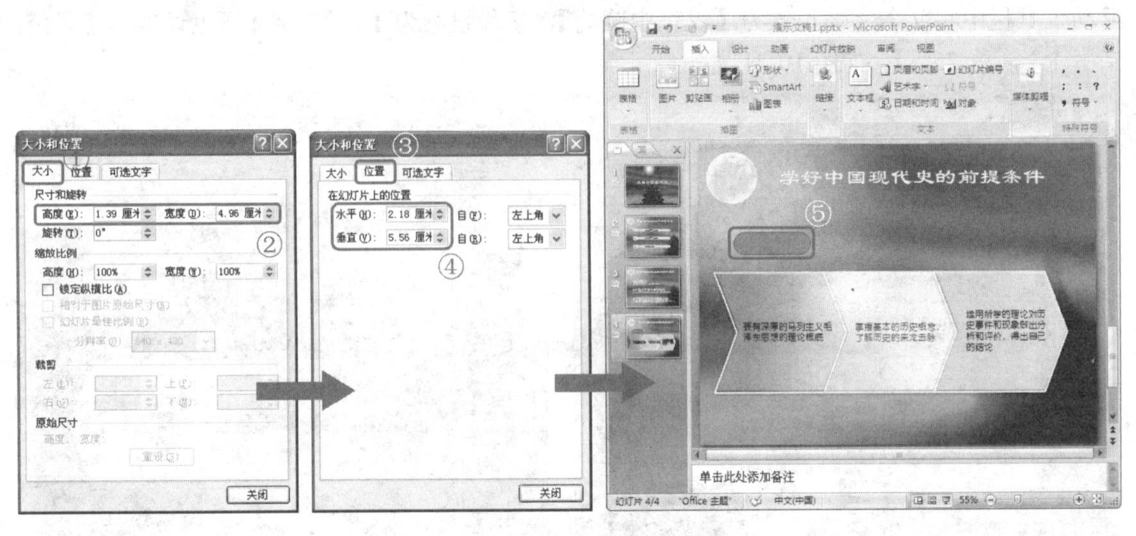

图 10-43 设置圆角矩形的大小和位置

步骤29 按住<Ctrl>键拖动圆角矩形，再复制出两个相同大小圆角矩形，并将第二个圆角矩形的水平位置设置为“9.13 厘米”，垂直距离设置为“5.56 厘米”，将第三个圆角矩形的水平位置设置为“16.07 厘米”，垂直距离设置为“5.56 厘米”，如图 10-44 所示。

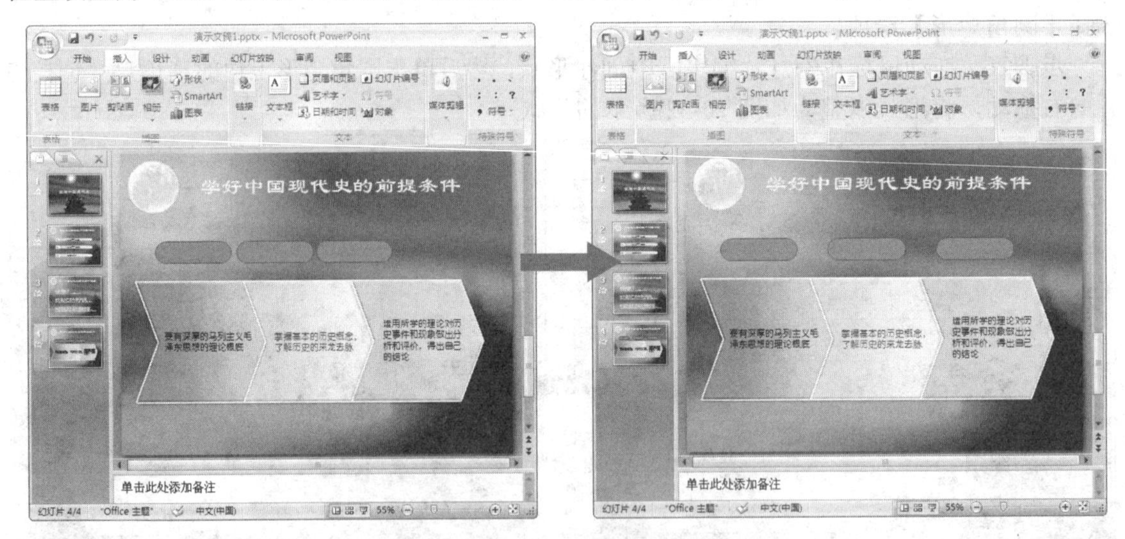

图 10-44 复制圆角矩形并调整各自的位置

步骤30 选择第一个圆角矩形，打开【设置形状格式】对话框，选择【渐变填充】单选钮，并在【类型】下拉列表中选择【线性】选项，在【角度】文本框中输入“0° ”。

步骤31 选择“光圈 1”，在【结束位置】文本框中输入“26%”，然后单击【颜色】按钮，在弹出的颜色列表中选择【深蓝，文字 2，淡色 40%】。

步骤32 选择“光圈 2”，在【结束位置】文本框中输入“100%”，然后单击【颜色】按钮，在弹出的颜色列表中选择【深蓝，文字 2，淡色 80%】，如图 10-45 所示。

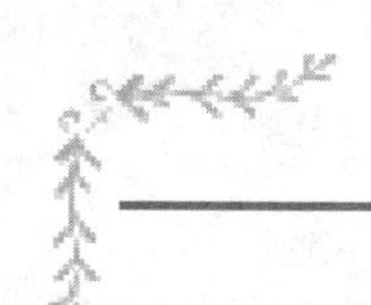

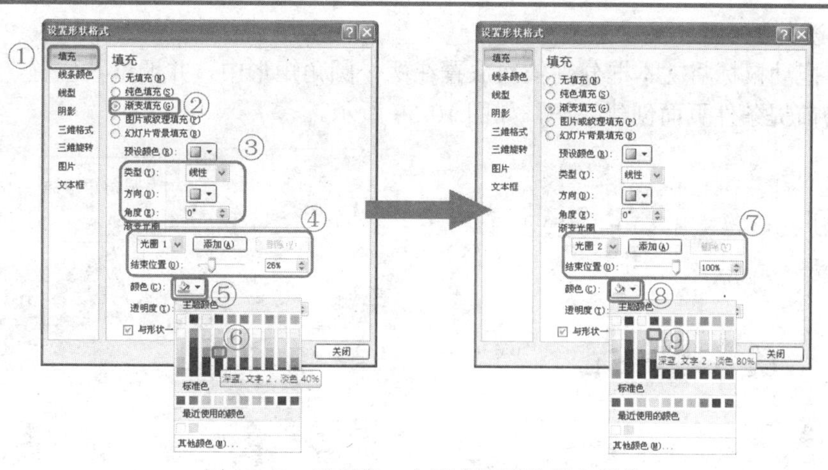

图 10-45　设置第一个圆角矩形的填充颜色

步骤33　选择【线条颜色】选项卡，点选【无线条】单选钮，然后单击【关闭】按钮，返回到幻灯片编辑区，如图 10-46 所示。

步骤34　使用同样的方法，参照各自下方燕尾形的填充颜色设置另外两个圆角矩形的填充颜色，如图 10-47 所示。

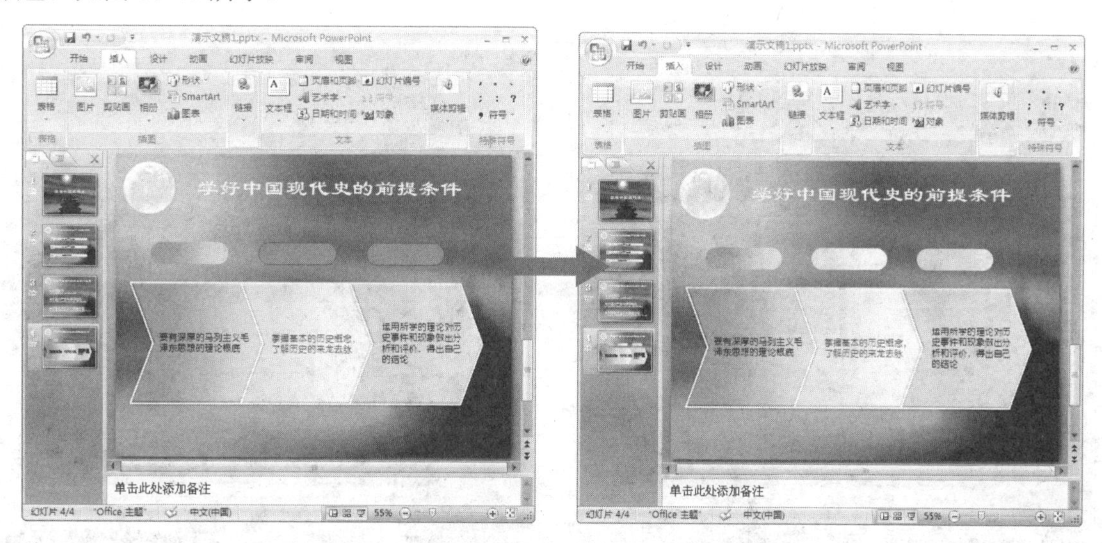

图 10-46　第一个圆角矩形填充后的效果图　　　　图 10-47　其他圆角矩形填充后的效果

步骤35　按住<Ctrl>键选择三个圆角矩形，然后在【绘图工具格式】选项卡的【形状样式】功能区中单击【形状效果】按钮，并在弹出的列表中依次选择【预设】、【预设 1】选项，如图 10-48 所示。

步骤36　插入一个横排文本框并在其中输入文本“思想条件”，然后将文本字体设置为【汉仪中圆简】，字号设置为【18】，字体颜色设置为【黑色，文字 1，淡色 25%】，并拖动鼠标将文本框放置到第一个圆角矩形的重叠位置，如图 10-49 所示。

步骤37　使用同样的方法插入另外两个文本框，并依次在其中输入“历史条件”、“分析条件”文本内容，然后将文本字体设置为【汉仪中圆简】，字号设置为【18】，字体颜色设置为【黑色，文字 1，淡色 25%】。

步骤38 拖动鼠标将文本框分别依次放置在两个圆角矩形中，并调整其位置。至此，学好中国现代史的前提条件页面创建完毕，如图 10-50 所示。

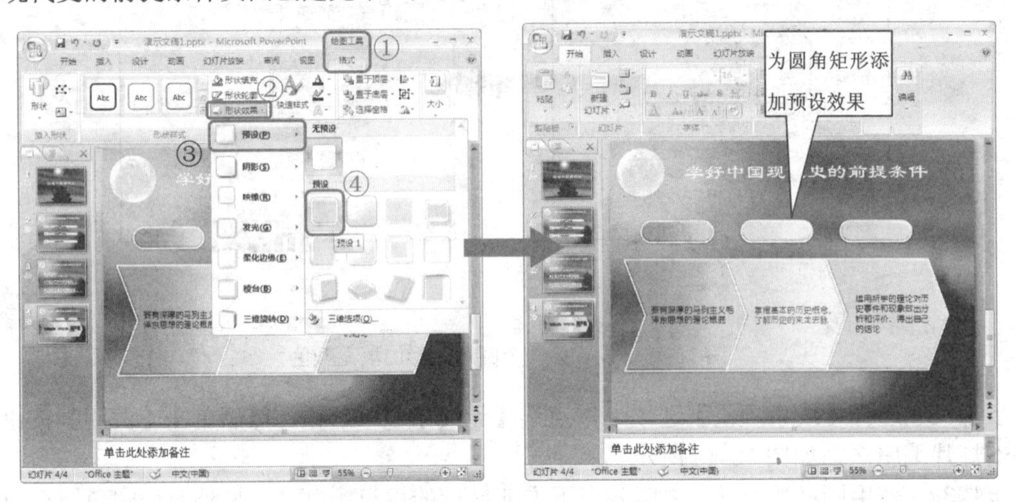

图 10-48　设置圆角矩形的形状效果

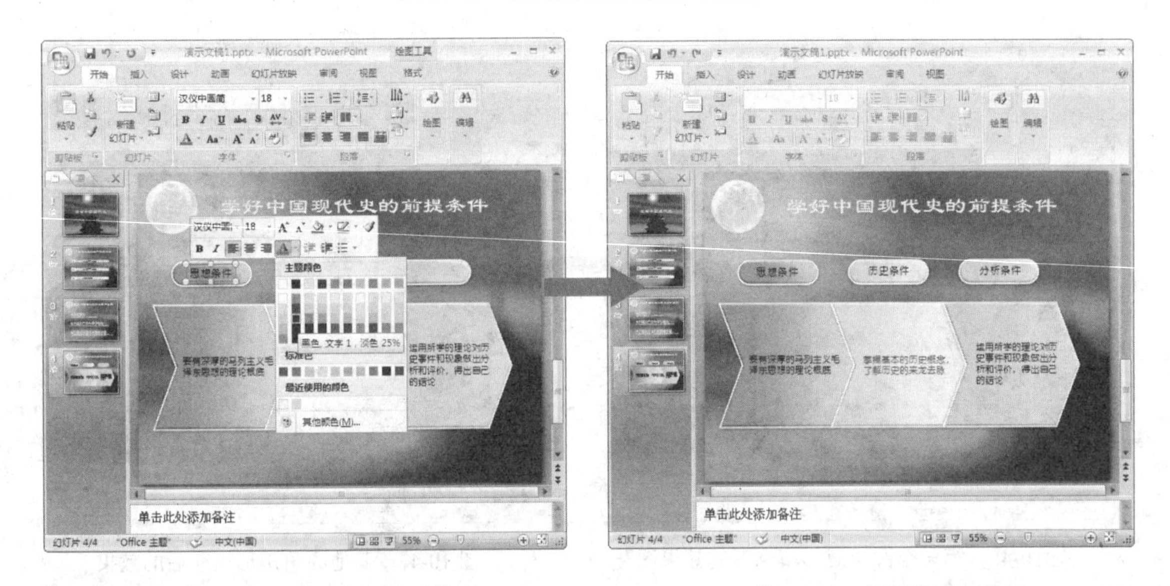

图 10-49　添加文本设置字体格式

图 10-50　幻灯片页面效果

10.2.5　创建中国现代史的分期及历史线索页面

制作完毕学习中国现代史的目的和要求页面后，就可以对中国现代史的分期及历史线索幻灯片页面进行创建，其具体的操作步骤如下。

步骤1 新建一个“仅标题”幻灯片页面，然后将【单击此处添加标题】文本框中的内容更改为“中国现代史的分期及历史线索”，如图 10-51 所示。

步骤2　在【插入】选项卡的【插图】功能区中单击【形状】按钮，然后在弹出的列表中选择【矩形】选项，如图 10-52 所示。

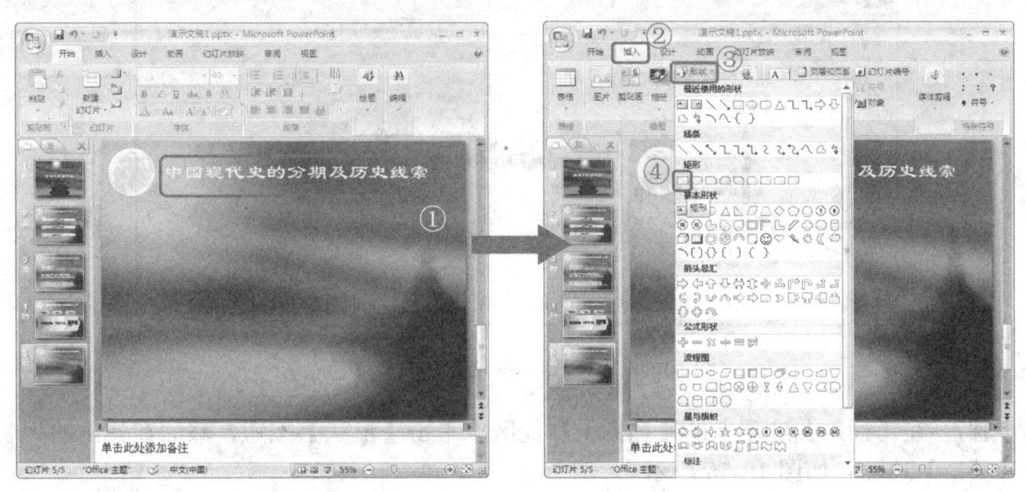

图 10-51　输入标题　　　　图 10-52　创建矩形

步骤3　拖动鼠标在幻灯片编辑区中创建矩形，然后打开【大小和位置】对话框，在对话框中选择【大小】选项卡，然后在【高度】文本框中输入“0.3 厘米”，在【宽度】文本框中输入“19.83 厘米”。

步骤4　选择【位置】选项卡，在【水平】文本框中输入“3.1 厘米”，在【垂直】文本框中输入“6.58 厘米”，然后单击【关闭】按钮，返回到幻灯片编辑区，如图 10-53 所示。

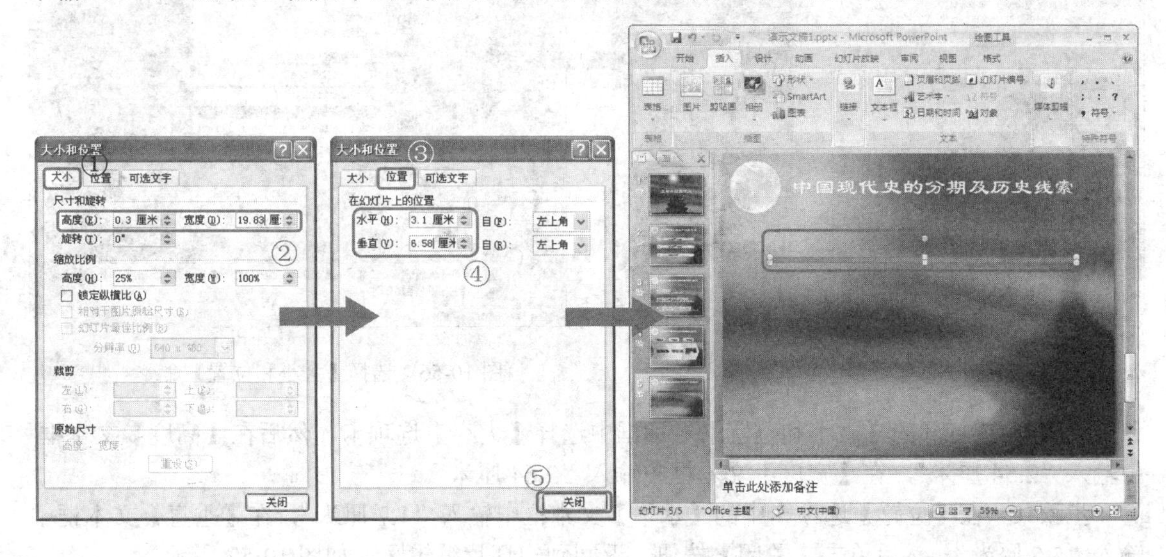

图 10-53　设置矩形的大小和位置

步骤5　打开【设置形状格式】对话框在其中选择【填充】选项卡，点选【纯色填充】单选钮，然后单击【颜色】按钮并在弹出的颜色列表中选择【深蓝，文字 2，深色 25%】。

步骤6 选择【线条颜色】选项卡，点选【无线条】单选钮，然后单击【关闭】按钮，退出【设置形状格式】对话框，如图 10-54 所示。

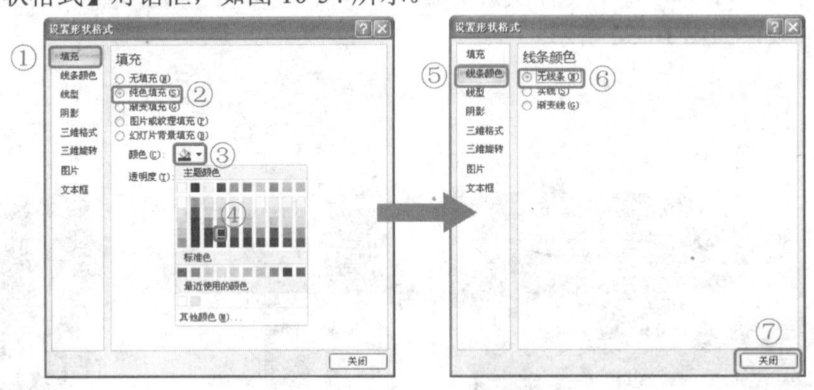

图 10-54 设置矩形的填充和线条颜色

步骤7 在【插入】选项卡的【插图】功能区中单击【形状】按钮，然后在弹出的列表中选择【菱形】选项，如图 10-55 所示。

步骤8 拖动鼠标在幻灯片编辑区中创建矩形，然后在菱形上单击鼠标右键，在弹出的快捷菜单中选择【大小和位置】命令，如图 10-56 所示。

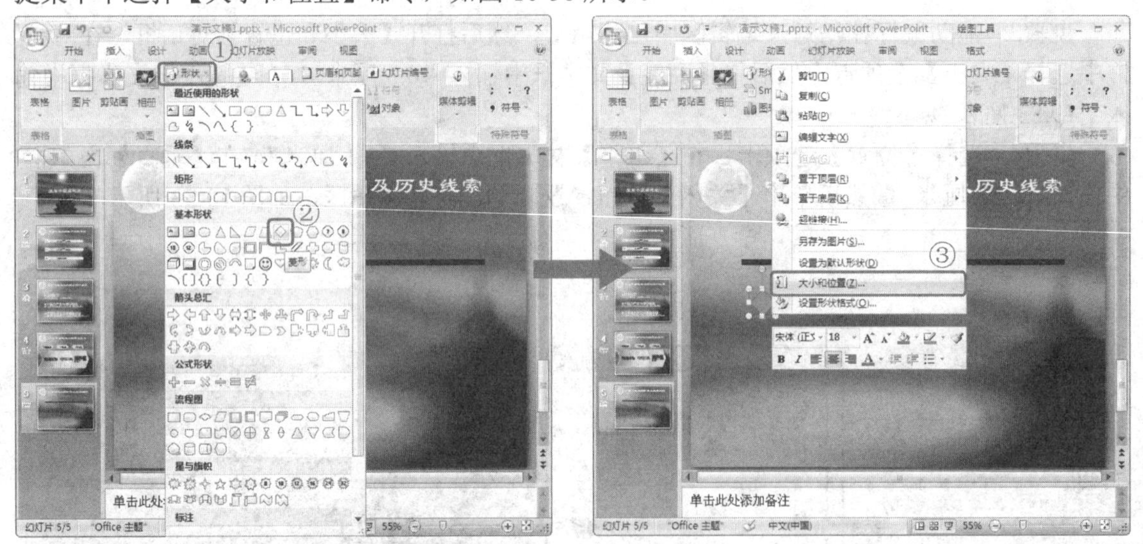

图 10-55 创建菱形

图 10-56 选择【大小和位置】命令

步骤9 在打开的【大小和位置】对话框中选择【大小】选项卡，然后在【高度】文本框中输入“2.54 厘米”，在【宽度】文本框中输入“2.64 厘米”。

步骤10 在【位置】选项卡中的【水平】文本框中输入“1.7 厘米”，在【垂直】文本框中输入“5.5 厘米”，然后单击【关闭】按钮，返回到幻灯片编辑区，如图 10-57 所示。

步骤11 选择菱形然后打开【设置形状格式】对话框，在【填充】选项卡中点选【渐变填充】单选钮，并在【类型】下拉列表中选择【线性】选项，在【角度】文本框中输入“45°”。

步骤12 选择“光圈 1”，在【结束位置】文本框中输入“30%”，并单击【颜色】按钮，在弹出的颜色列表中选择【深蓝，文字 2，淡色 40%】；然后选择“光圈 2”，在【结束位置】文本框中输入“100%”，并单击【颜色】按钮，在弹出的颜色列表中选择【深蓝，文字 2，淡色 80%】，如图 10-58 所示。

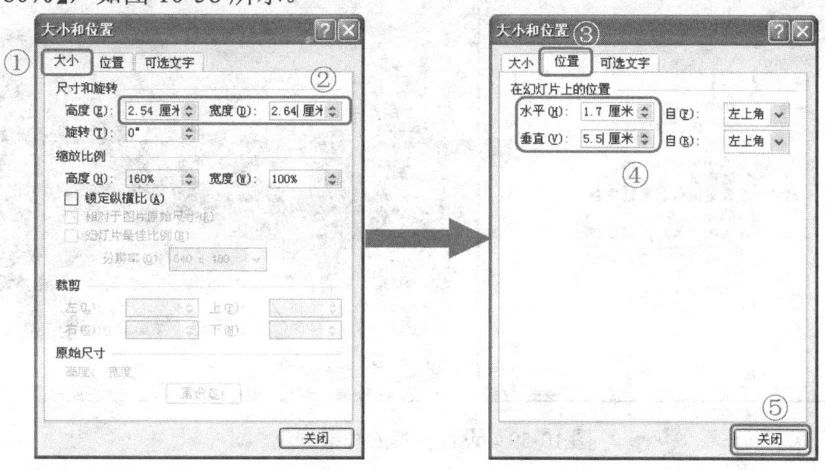

图 10-57　设置菱形的大小和位置

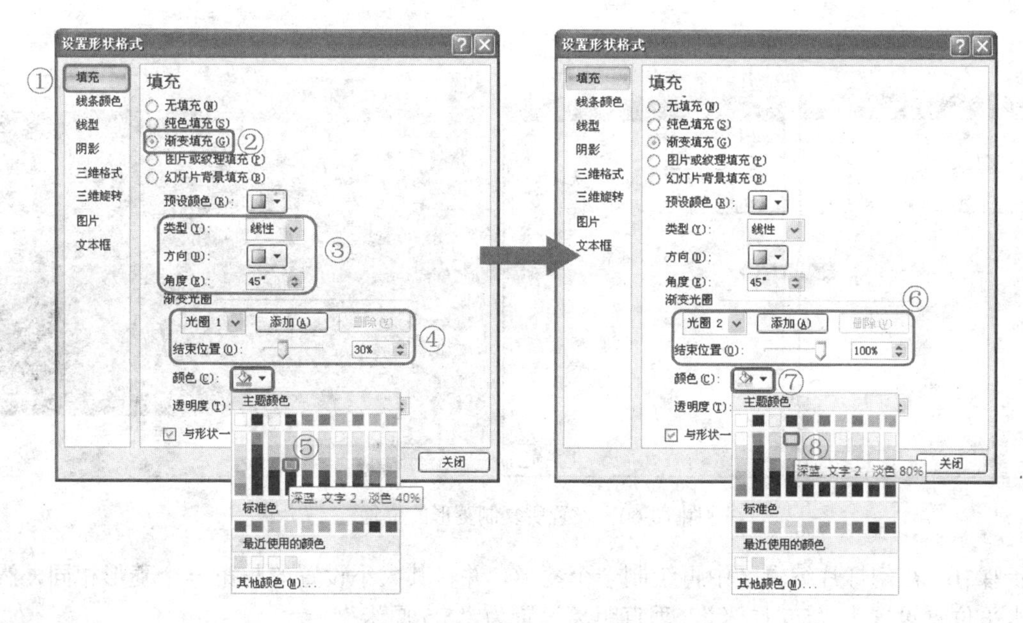

图 10-58　设置菱形的渐变填充颜色

步骤13　选择【线条颜色】选项卡，点选【实线】单选钮，然后单击【颜色】按钮，在弹出的颜色列表中选择【白色，背景 1】，设置完毕后单击【关闭】按钮，如图 10-59 所示。

步骤14　按住<Ctrl>键拖动菱形，再复制两个大小相同的菱形，然后选择第二个菱形并打开【大小和位置】对话框，设置水平位置为“9.69 厘米”、垂直位置为“5.5 厘米”。

步骤15　选择第三个菱形并打开【大小和位置】对话框，在该对话框中设置水平位置为“17.69 厘米”、垂直位置为“5.5 厘米”，如图 10-60 所示。

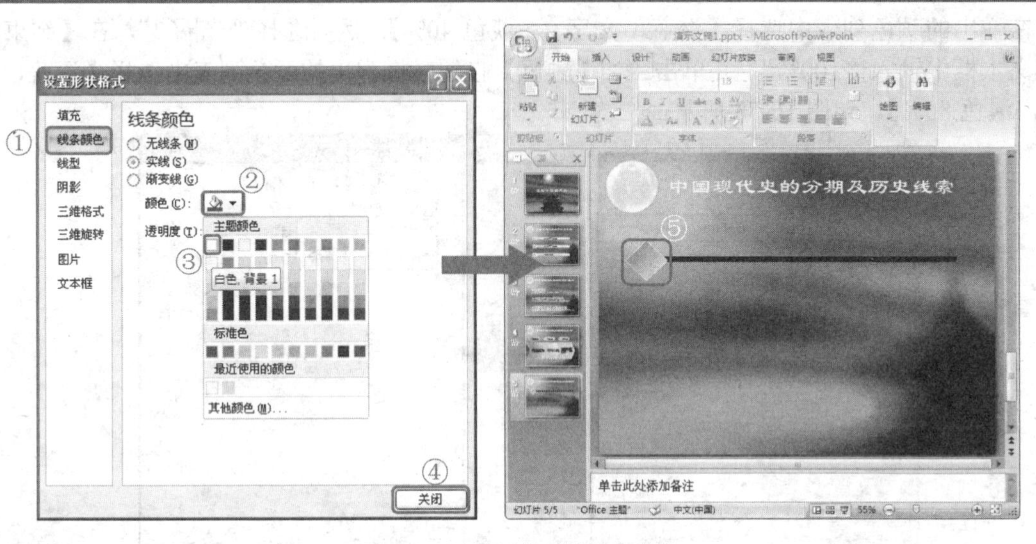

图 10-59　设置菱形的线条颜色

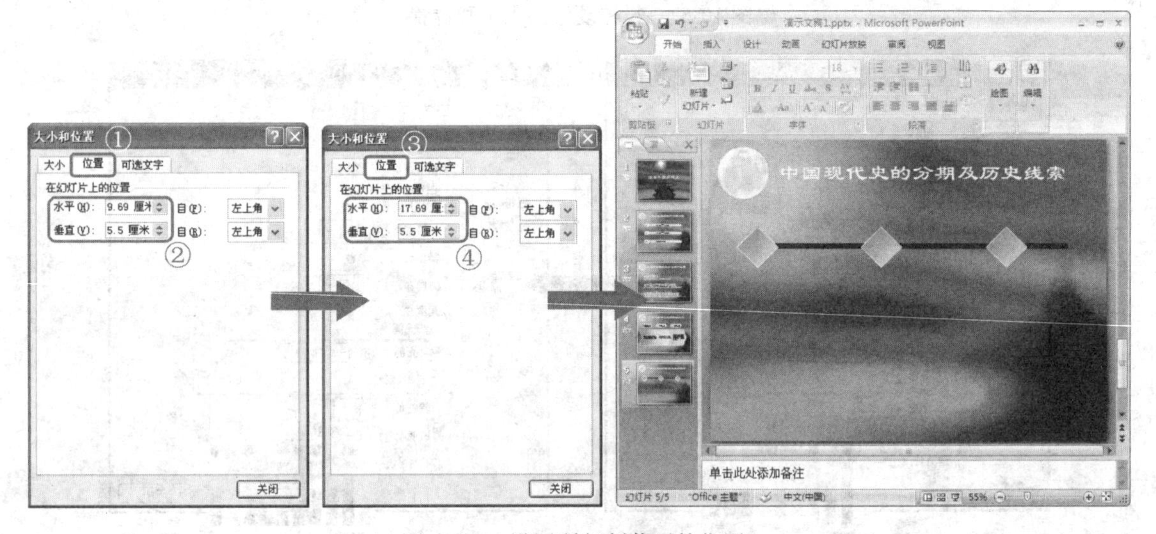

图 10-60　设置所复制菱形的位置

步骤16　在幻灯片编辑区中再绘制一个菱形，并将其大小设置的与第一个菱形相同，然后将其水平位置设置为“5.7 厘米”，垂直距离设置为“5.5 厘米”。

步骤17　打开【设置形状格式】对话框，选择【填充】选项卡，然后点选【渐变填充】单选项，并在【类型】下拉列表中选择【线性】选项，在【角度】文本框中输入“45°”。

步骤18　选择“光圈 1”，在【结束位置】文本框中输入“0%”，单击【颜色】按钮，在弹出的颜色列表中选择最近使用的第二种颜色；选择“光圈 2”，在【结束位置】文本框中输入“100%”，单击【颜色】按钮，在弹出的颜色列表中选择最近使用的第一种颜色，如图 10-61 所示。

步骤19　选择【线条颜色】选项卡，点选【实线】单选钮，然后单击【颜色】按钮，在弹出的颜色列表中选择【橄榄色，强调文字颜色 3，深色 50%】，设置完毕后单击【关闭】按钮，如图 10-62 所示。

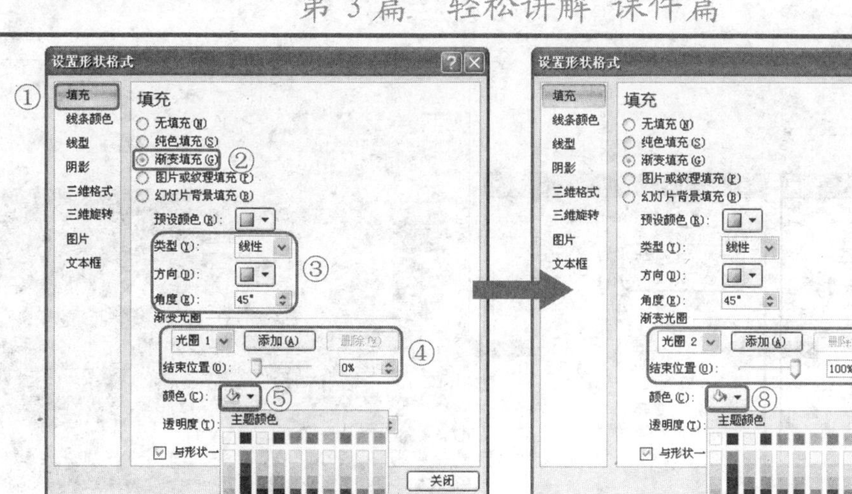

图 10-61　设置菱形的渐变填充颜色

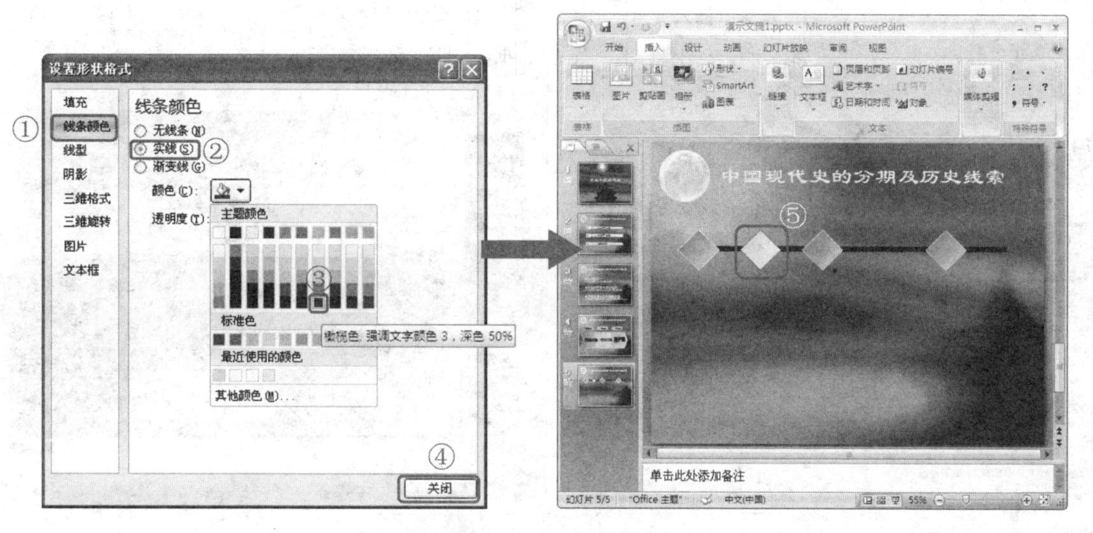

图 10-62　设置菱形的线条颜色

步骤20　按住<Ctrl>键拖动设置完成的菱形，再复制出两个大小相同的黄色填充的菱形。

步骤21　选择选择第二个黄色填充的菱形，并打开【大小和位置】对话框，在该对话框中设置水平位置为“13.69 厘米”、垂直位置为“5.5 厘米”。

步骤22　选择第三个黄色填充的菱形，并打开【大小和位置】对话框，在该对话框中设置水平位置为“21.69 厘米”、垂直位置为“5.5 厘米”，如图 10-63 所示。

步骤23　插入一个横排文本框并输入文本“一”，然后将文本字体设置为【宋体（正文）】，字号设置为【18】，字体颜色设置为【黑色，文字 1】，调整文本的位置使其位于第一个蓝色填充的菱形当中。

步骤24　重复上述操作，创建其他文本框并依次放置在其他菱形中，如图 10-64 所示。

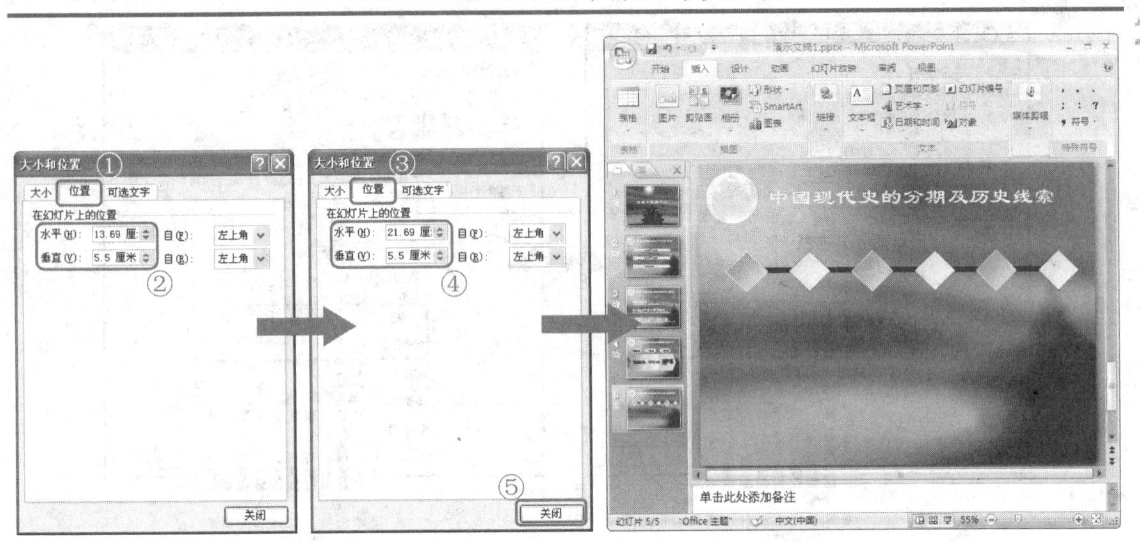

图 10-63　设置菱形的位置

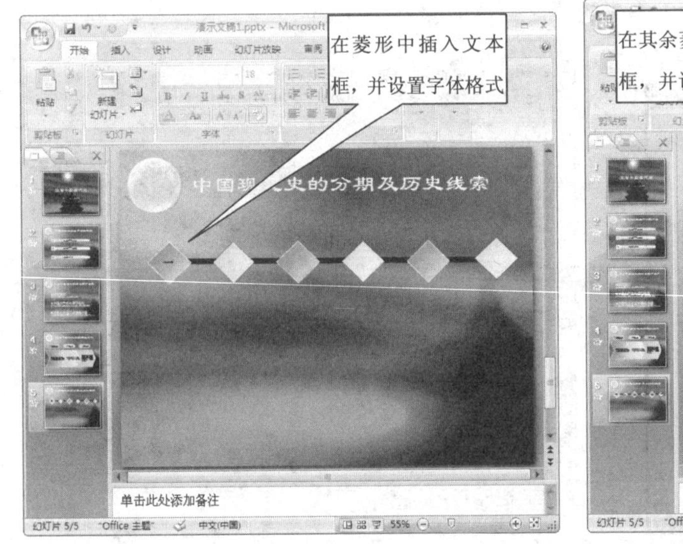

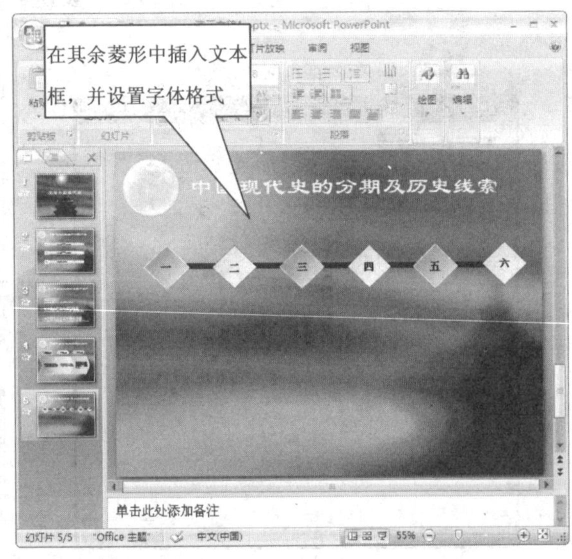

图 10-64　插入文本框并输入文本

步骤25　在幻灯片编辑区中插入一个高度为“7.33 厘米”，宽度为“3.64 厘米”的圆角矩形，选择圆角矩形，打开【设置形状格式】对话框，在【填充】选项卡中点选【无填充】单选钮。

步骤26　在对话框左侧中选择【线条颜色】选项卡，然后在右侧点选【实线】单选钮，并单击【颜色】按钮，在弹出的颜色列表中选择【白色，背景 1】，如图 10-65 所示。

步骤27　选择【线型】选项卡，并在其中的【宽度】文本框中输入“3 磅”，然后单击【关闭】按钮即可，如图 10-66 所示。

步骤28　按住<Ctrl>键拖动圆角矩形，再复制 5 个相同的圆角矩形，将 6 个圆角矩形的垂直位置统一设置为“8.3 厘米”，然后依次将 6 个圆角矩形的水平位置设置为“0.9 厘米”、“4.9 厘米”、“8.9 厘米”、“12.9 厘米”、“16.9 厘米”和“20.9 厘米”，如图 10-67 所示。

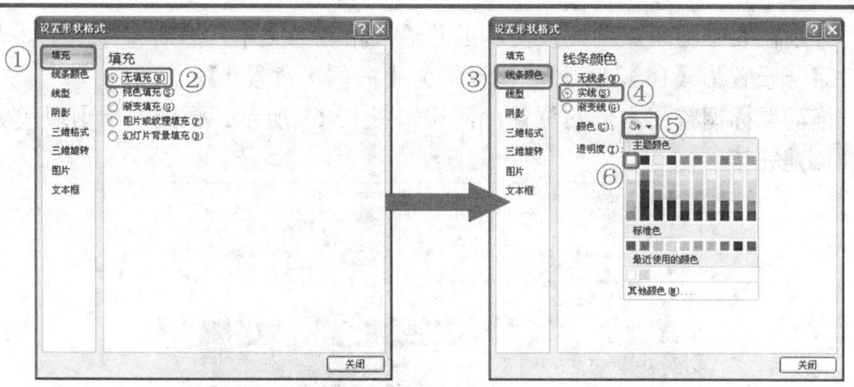

图 10-65　设置圆角矩形的填充和线条颜色

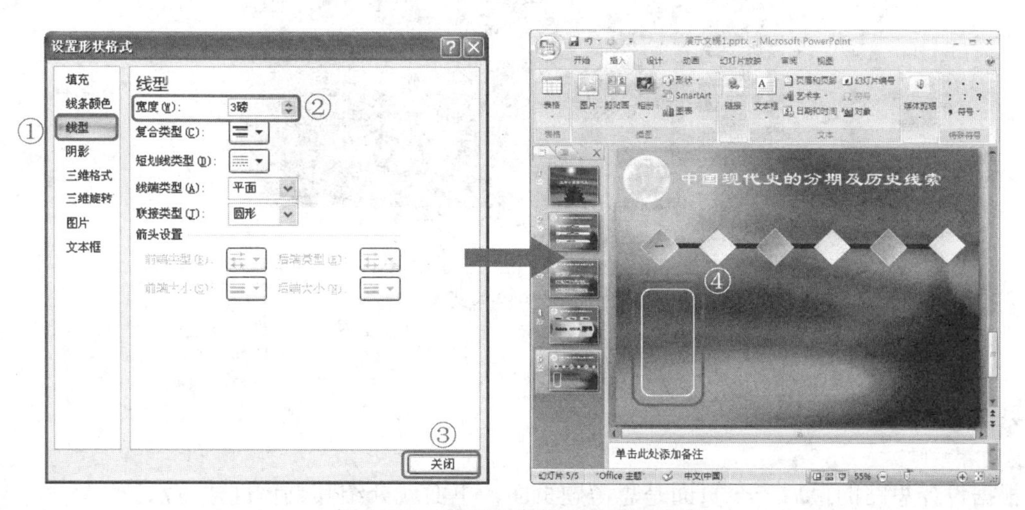

图 10-66　设置圆角矩形的线型宽度

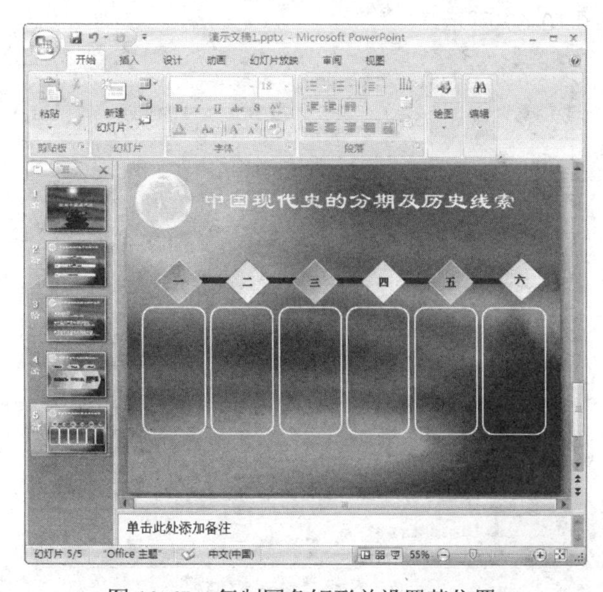

图 10-67　复制圆角矩形并设置其位置

步骤29 分别在 6 个圆角矩形插入文本框并输入相应的文本，然后将文本字体设置为【宋体（正文）】，字号设置为【16】，字体颜色设置为【白色，背景 1】。

步骤30 拖动鼠标调整文本框的位置，使其如图 10-68 所示。至此，中国现代史的分期及历史线索页面创建完毕。

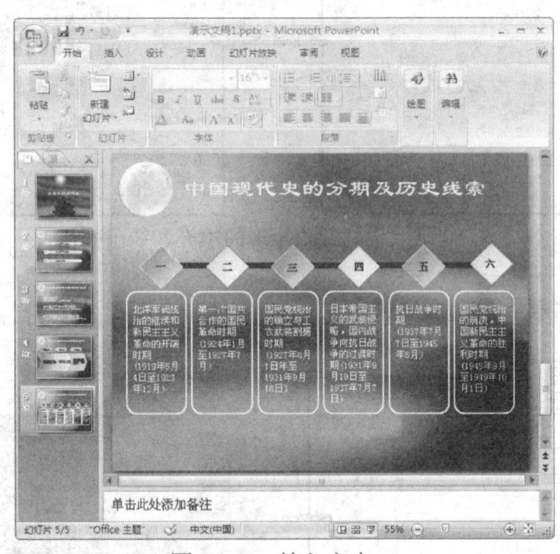

图 10-68　输入文本

10.2.6　创建思考题页面

根据设计思路的最后一个页面是思考题页面，下面就介绍其具体创建方法。

步骤1 新建一个“仅标题”幻灯片页面，然后将“单击此处添加标题”文本框中的内容更改为“思考题”，如图 10-69 所示。

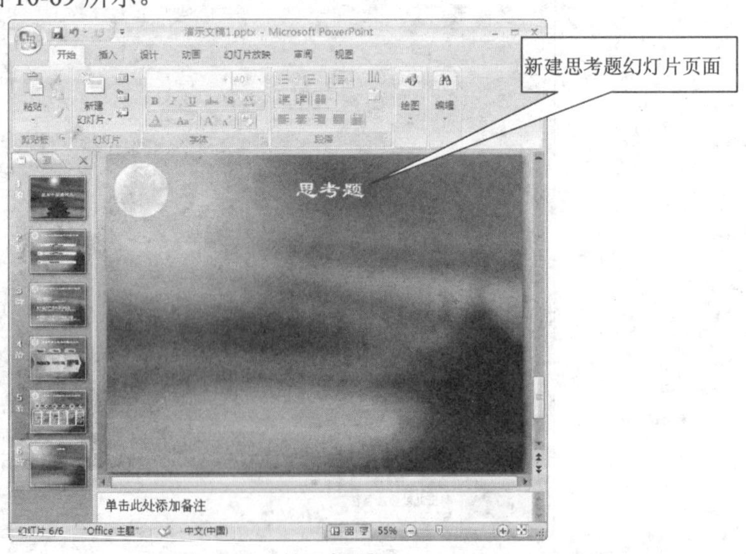

图 10-69　输入标题

步骤2　在【插入】选项卡的【插图】功能区中单击【SmartArt】按钮，并在打开的【选择 SmartArt 图形】对话框中选择【垂直列表框】选项，然后单击【确定】按钮，插入 SmartArt 图形，如图 10-70 所示。

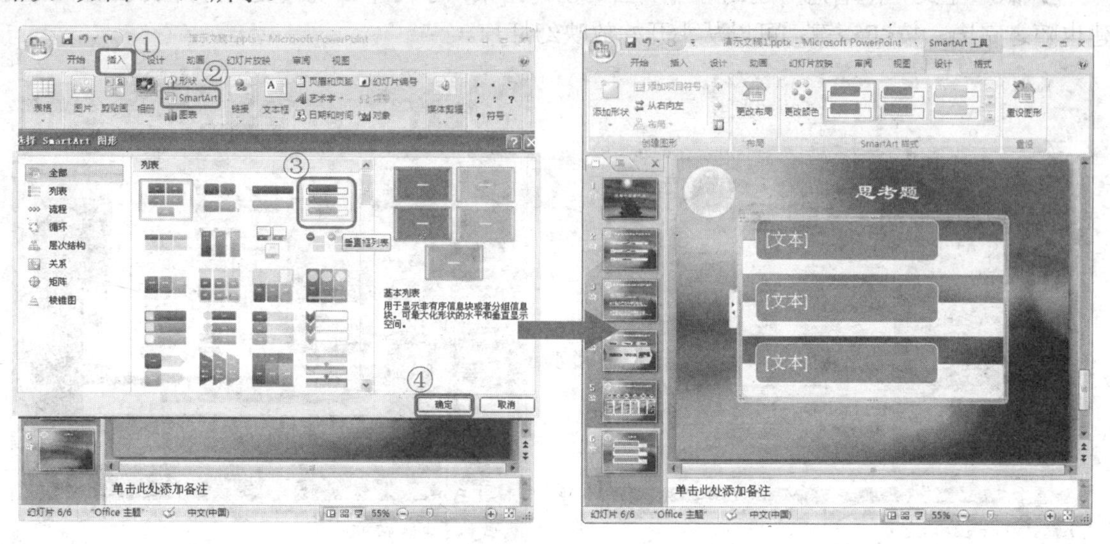

图 10-70　插入 SmartArt 图形

步骤3　选择位于最下方的文本框，然后在【SmartArt 工具设计】选项卡的【创建图形】功能区中单击【添加形状】按钮，并在弹出的列表中选择【在后面添加形状】选项。

步骤4　在文本框中分别输入相应的文本内容，并将文本字体设置为【汉仪中圆简】，字号设置为【23】，字体颜色设置为【白色，背景 1】。

步骤5　调整 SmartArt 形状的大小和位置，使其如图 10-71 所示。

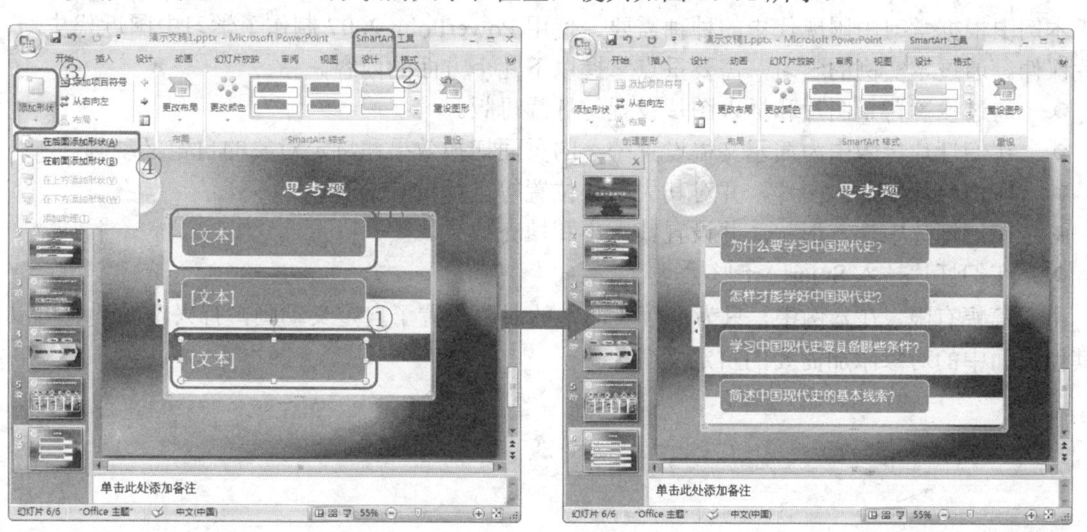

图 10-71　调整形状并输入文本

步骤6　在【SmartArt 工具设计】选项卡的【SmartArt 样式】功能区中单击【更改颜色】按钮，并在弹出的列表中选择【彩色范围-强调文字颜色 4 至 5】，如图 10-72 所示。

步骤7 在【SmartArt 工具设计】选项卡的【SmartArt 样式】功能区中单击【其他】按钮，并在弹出的列表中选择【优雅】选项，如图 10-73 所示。

步骤8 至此，随着思考题幻灯片页面的创建结束，学习中国现代史幻灯片演示文稿的创建也随之完毕，按<F5>键，可以从头开始放映幻灯片。

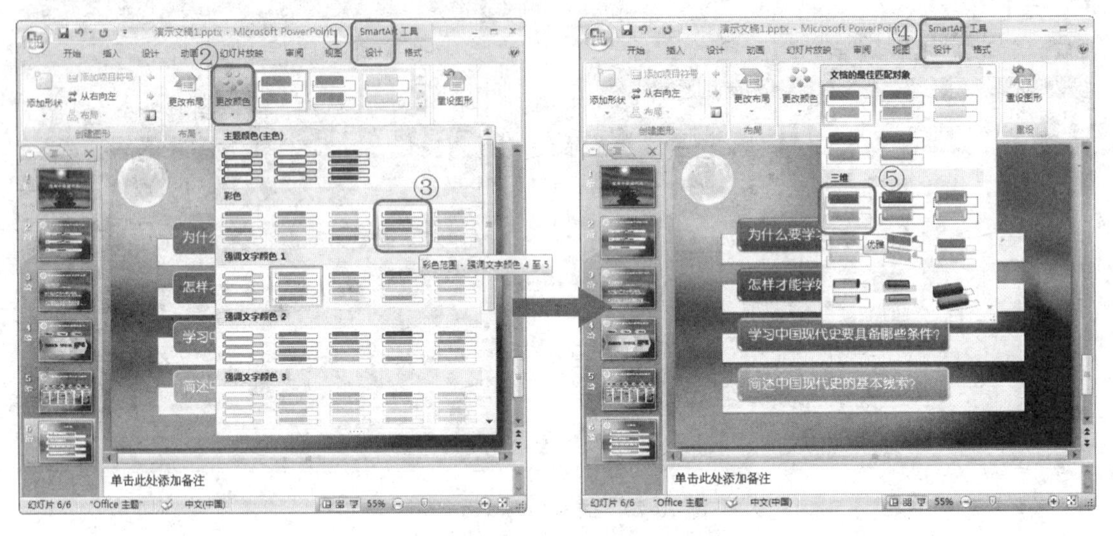

图 10-72 更改 SmartArt 颜色

图 10-73 设置 SmartArt 样式

10.3 实例总结

本例中根据学习中国现代史的种种需要，使用 PowerPoint 2007 制作了学习中国近代史幻灯片课件。通过本实例的学习，需要重点掌握以下几个方面的内容。

- 通过设置背景图片和插入图片设置幻灯片母版。
- 在幻灯片母版中为演示文稿设置统一的页面切换效果和特定对象的自定义动画。
- 在幻灯片中插入图片，并对其大小、位置等进行设置。
- 在幻灯片中插入形状，并设置其大小和填充效果。
- 在幻灯片插入 SmartArt 形状。

由于篇幅有限，在本例中，只为少数页面中的对象设置了自定义动画，有兴趣的读者可以为其他页面中的对象添加需要的自定义对象。

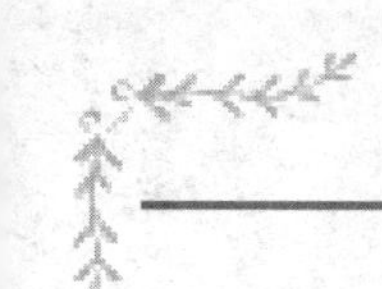

实例 11　人力资源管理概论课件

人力资源管理就是预测组织人力资源需求并做出人力资源需求计划、招聘选择人员、进行有效组织、考核绩效、支付报酬并进行有效激励、结合组织与个人需要进行有效开发，以便实现最优组织绩效的全过程，是以人为本思想在组织中的具体运用。本章就使用 PowerPoint 2007 创建人力资源管理概论课件的演示文稿。

11.1　实例分析

在人力资源管理幻灯片中，对传统的人事管理、人力资源管理的形成和人力资源战略等基本概论进行了介绍，预览效果如图 11-1 所示。

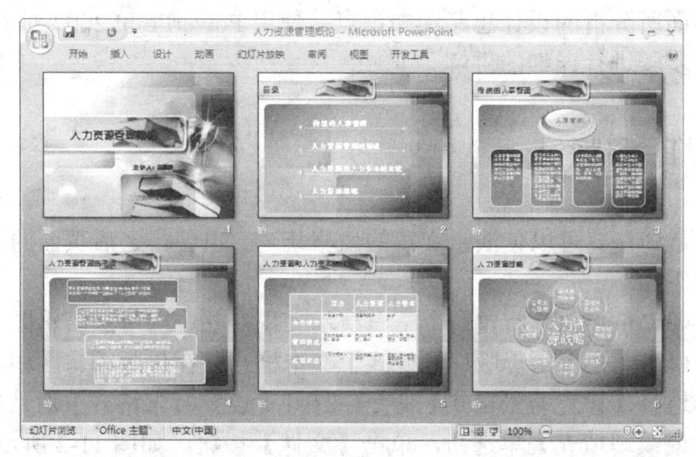

图 11-1　人力资源管理概论课件预览效果

11.1.1　设计思路

本课件作为学习人力资源管理的导读课件，通过该课件使学生对人力资源管理有大致的了解，包括人力资源管理的概念、形成、发展等基本概况以及组成企业人力资源战略的各个方面。

该演示文稿设计的基本思路为：首页→目录→传统的人事管理→人力资源管理的形成→从人力资源转变为人力资本→人力资源战略。

11.1.2　涉及的知识点

在本课件的制作中，首先需要在幻灯片中创建母版，然后在幻灯片中插入相应的图片和文本框，输入文本并调整文本格式，并在幻灯片中插入 SmartArt 图形、表格等，使演示文稿更加

生动、直观。

在课件的制作过程中主要用到了以下方面的知识点：

- ✧ 设计幻灯片母版
- ✧ 图片的插入和调整
- ✧ 创建幻灯片切换效果
- ✧ 自定义动画的制作
- ✧ SmartArt 图形的插入和编辑
- ✧ 在幻灯片中插入表格

11.2 实例操作

本节就根据前面所分析的设计思路和知识点，使用 PowerPoint 2007 对人力资源管理概论课件幻灯片的制作步骤进行详细的讲解。

11.2.1 创建幻灯片母版

创建母版和标题母版，可以使演示文稿的风格统一，也使得之后页面的创建和编辑更加方便，其具体操作步骤如下。

步骤1 在 PowerPoint 2007 新建一个空白演示文稿，并进入母版编辑区中，然后选择幻灯片母版，只保留【单击此处编辑母版标题样式】文本框，并在母版编辑区中单击鼠标右键，在弹出的快捷菜单中选择【设置背景格式】命令，打开【设置背景格式】对话框。在【填充】选项卡中点选【图片或纹理填充】单选钮，单击【文件】按钮，如图 11-2 所示。

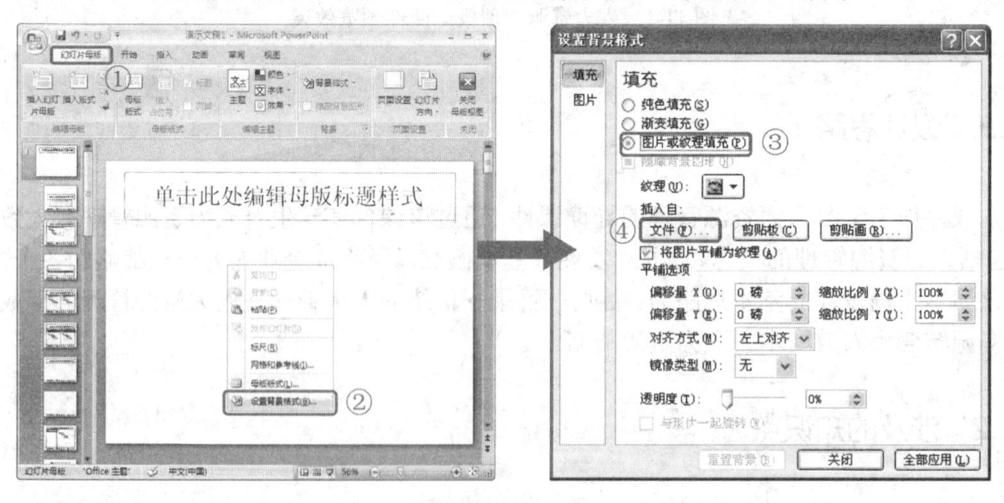

图 11-2 设置母版的背景格式

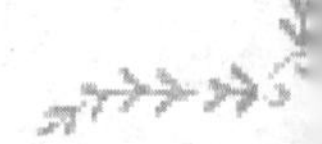

步骤2 在打开的【插入图片】对话框上方的【查找范围】下拉列表中选择路径为“PowerPoint

经典应用实例\第 3 篇\实例 11”中的“图片 1. jpg”文件，单击【插入】按钮，返回【设置背景格式】对话框中，然后单击【关闭】按钮，如图 11-3 所示。

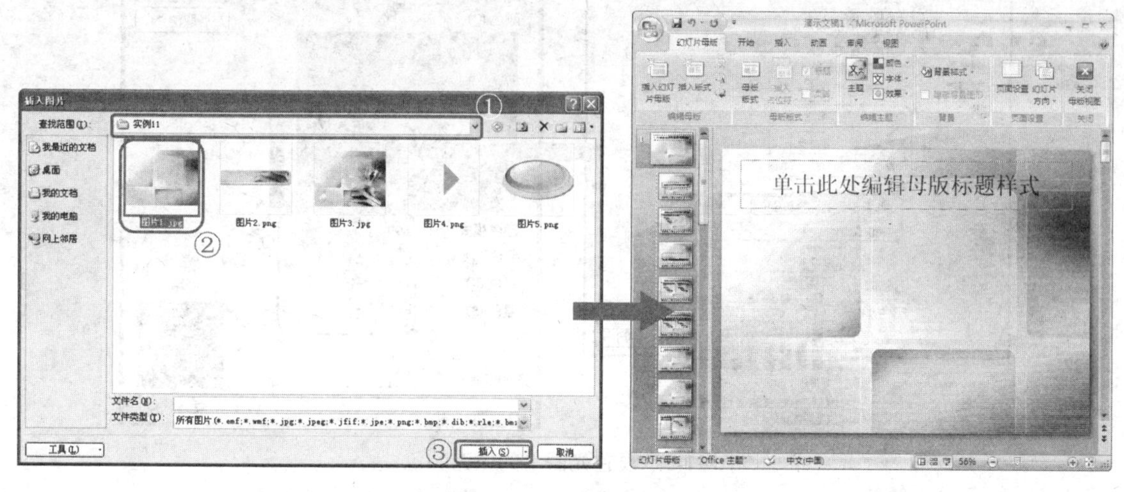

图 11-3　设置图片背景

步骤3　在母版编辑区中插入一个圆角矩形，并打开【大小和位置】对话框，设置高度为“1.91 厘米”、宽度为“23.9 厘米”，然后选择【位置】选项卡，设置水平位置为“0.75 厘米”、垂直位置为“1.32 厘米”，设置完毕后单击【关闭】按钮，如图 11-4 所示。

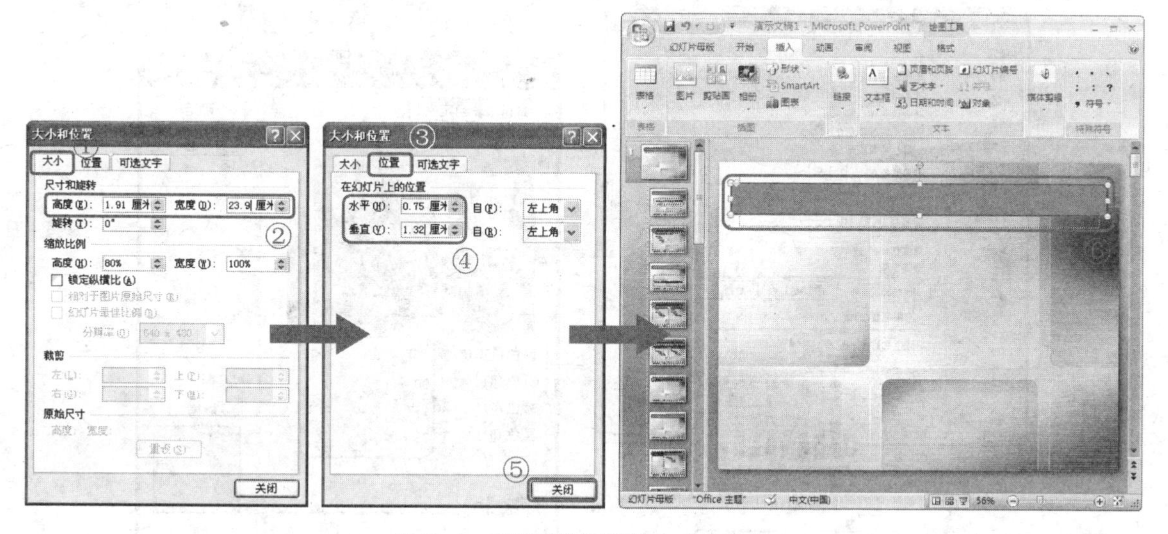

图 11-4　设置圆角矩形的大小和位置

步骤4　打开【设置形状格式】对话框，在【填充】选项卡中点选【渐变填充】单选钮，并在【类型】下拉列表中选择【线性】选项，在【角度】文本框中输入“45°”。

步骤5　在【设置形状格式】对话框中选择“光圈 1”，在【结束位置】文本框中输入“0%”，单击 【颜色】按钮，在弹出的颜色列表中单击【其他颜色】按钮，打开【颜色】对话框，选择【自定义】选项卡，设置其 RGB 值依次为“6”、“11”、“5”，并在【透明度】文本框中输入“40%”，如图 11-5 所示。

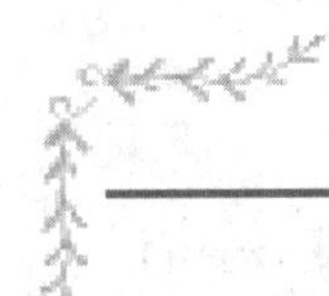

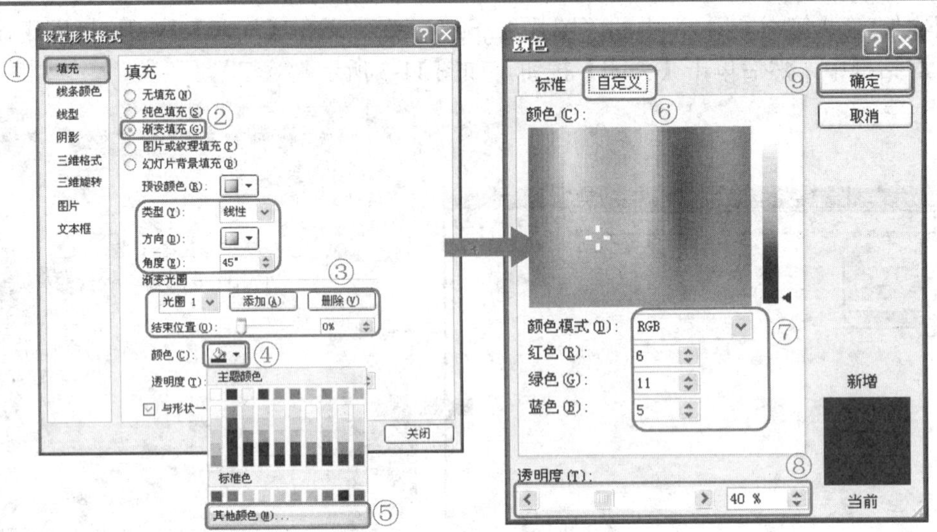

图 11-5　设置光圈 1 的填充颜色

步骤6　单击【确定】按钮，返回【填充】选项卡，选择“光圈 2”，在【结束位置】文本框中输入“50%”，然后单击【颜色】按钮，在弹出的颜色列表中单击【其他颜色】按钮。

步骤7　在打开的【颜色】对话框中选择【自定义】选项卡，设置其 RGB 值依次为“90”、“177”、“75”，并在【透明度】文本框中输入“40%”，如图 11-6 所示。

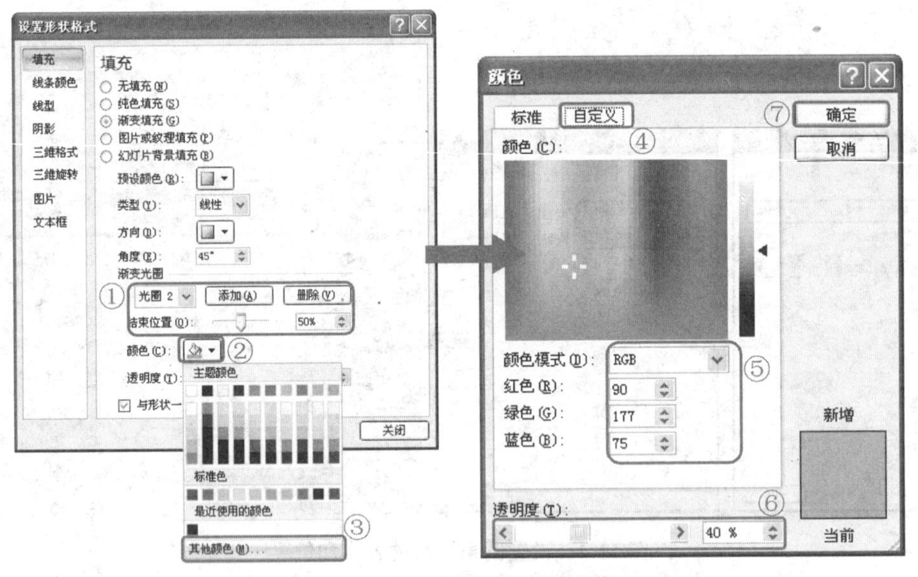

图 11-6　设置光圈 2 的填充颜色

步骤8　单击【确定】按钮，返回【设置形状格式】对话框，设置“光圈 3”的 RGB 值为“6”、“11”、“5”，透明度为“40%”，如图 11-7 所示。

步骤9　在对话框中选择【线条颜色】选项卡，然后点选【无线条】单选钮，如图 11-8 所示，设置完毕后单击【关闭】按钮，其效果如图 11-9 所示。

步骤10　按住<Ctrl>键拖动圆角矩形，再复制一个圆角矩形，如图 11-10 所示。

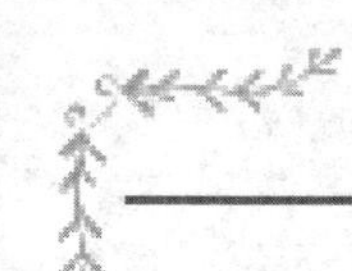

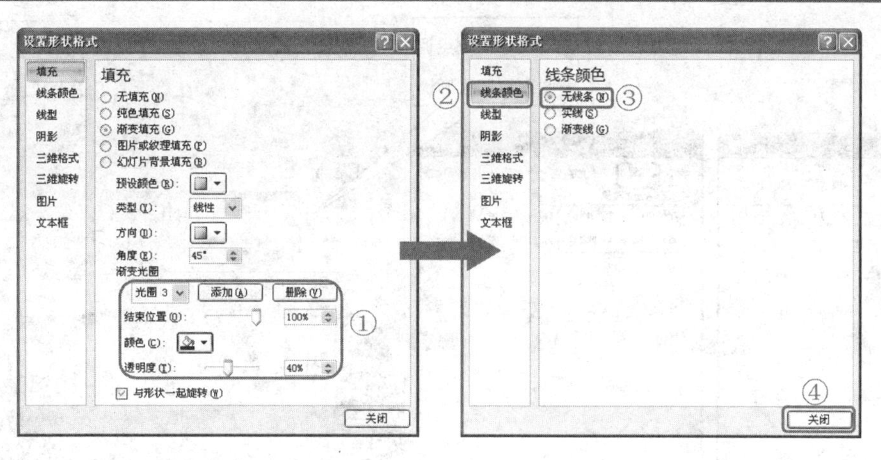

图 11-7　设置光圈 3 的填充颜色　　　　图 11-8　设置线条颜色

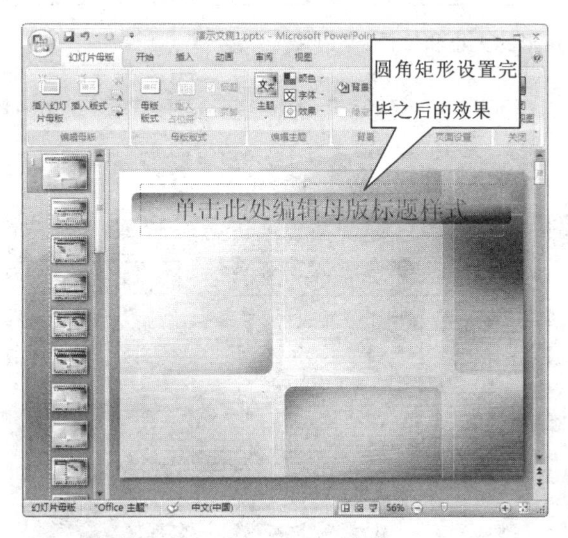

图 11-9　圆角矩形效果

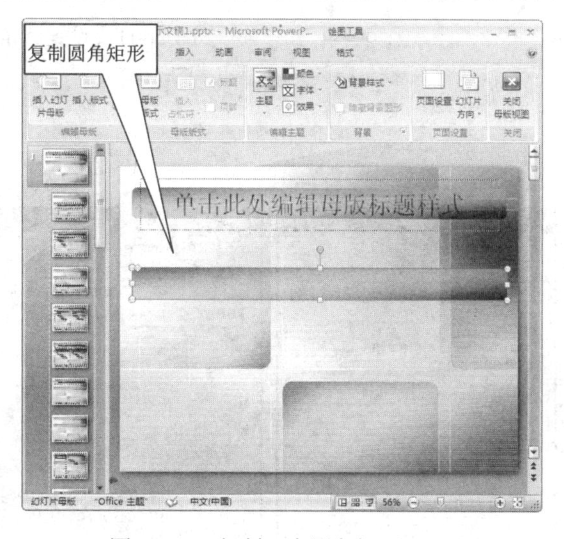

图 11-10　复制一个圆角矩形

步骤11　打开【大小和位置】对话框，并设置圆角矩形的高度为“14.2 厘米”、宽度为“23.9 厘米”，然后选择【位置】选项卡，设置水平位置为“0.75 厘米”、垂直位置为“4.17 厘米”，设置完毕后单击【关闭】按钮。

步骤12　拖动圆角矩形上边的黄色调控点，将圆角矩形调整到如图 11-11 所示的状态。

步骤13　在母版编辑区中插入一条直线，然后打开【大小和位置】对话框，设置直线的高度为“0 厘米”、宽度为“25.4 厘米”，然后选择【位置】选项卡，并设置水平位置为“0 厘米”、垂直位置为“2.23 厘米”，设置完毕后单击【关闭】按钮，如图 11-12 所示。

步骤14　选择直线并打开【设置形状格式】对话框，选择【线条颜色】选项卡，点选【实线】单选钮，然后单击 【颜色】按钮，在弹出的颜色列表中选择【白色，背景 1】。

步骤15　选择【线型】选项卡，在【宽度】文本框中输入“2.25 磅”，设置完毕后单击【关闭】按钮，如图 11-13 所示。

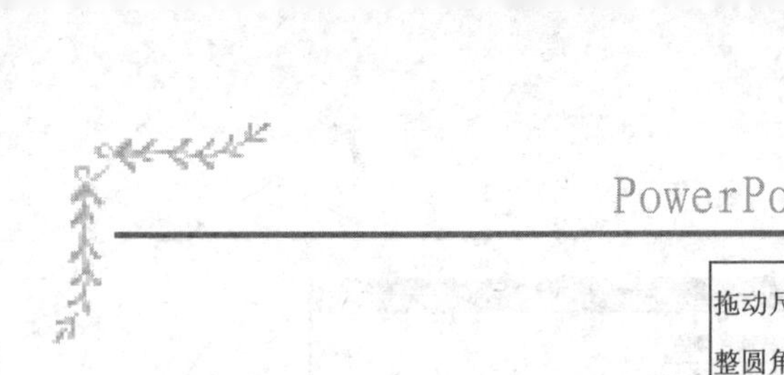

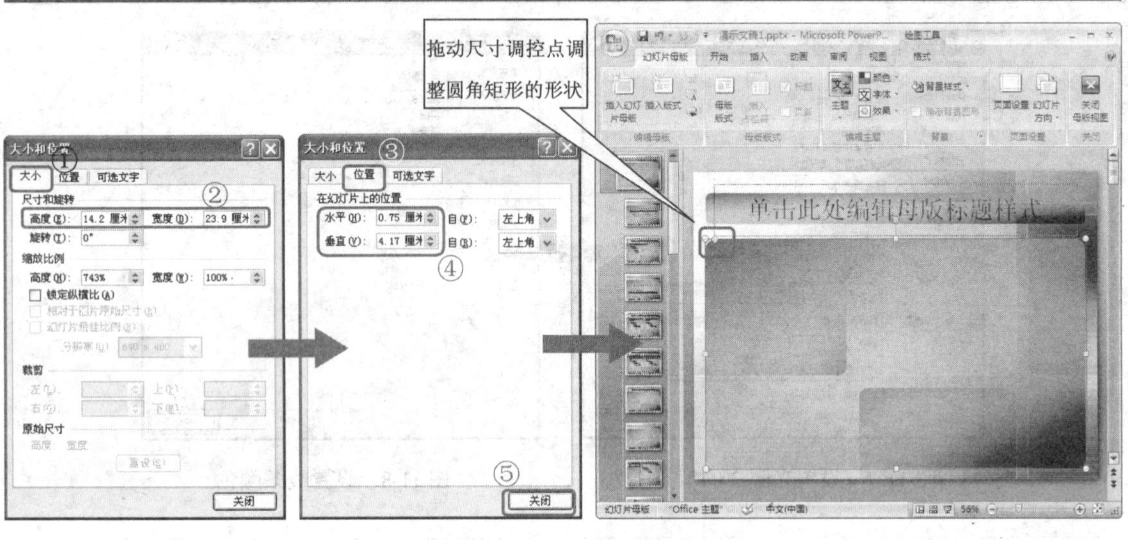

图 11-11　设置圆角矩形的大小和位置

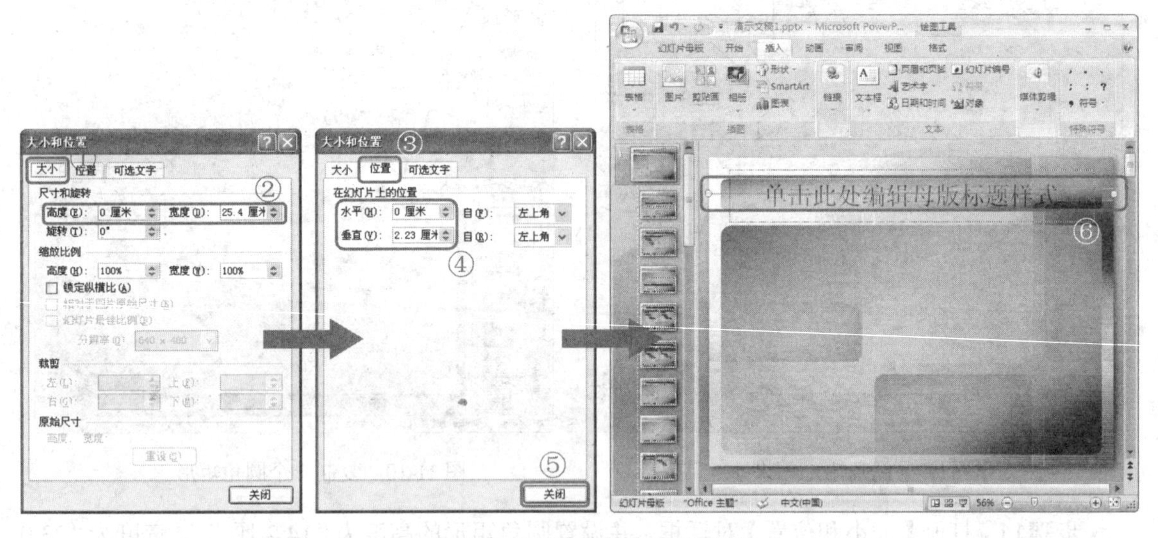

图 11-12　设置直线的大小和位置

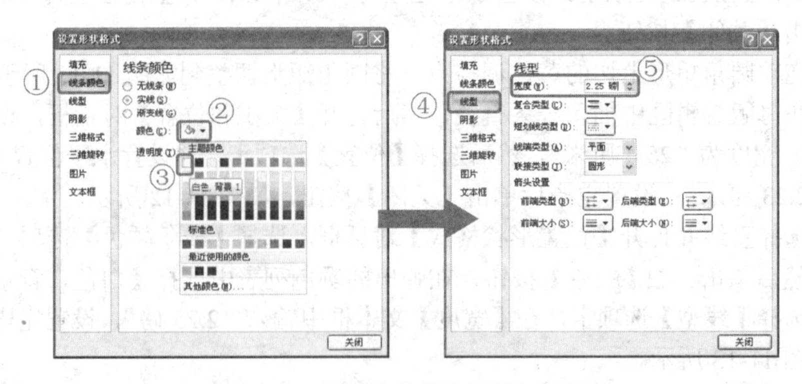

图 11-13　设置直线的线条颜色和线型

步骤16　在母版编辑区中插入路径为“PowerPoint 经典应用实例\第 3 篇\实例 11”中的“图片 2. png”文件，并将图片的水平位置设置为“0 厘米”，垂直位置设置为“0.79 厘米”，如图 11-14 所示。

步骤17　将【单击此处编辑母版标题样式】文本框置于顶层，并将其中文本内容的字体设置为【幼圆】，字号设置为【28】，字体颜色的 RGB 值分别设置为“2”、“56”、“136”，并将文本字体加粗，然后将文本的对齐方式设置为“左对齐”，如图 11-15 所示。

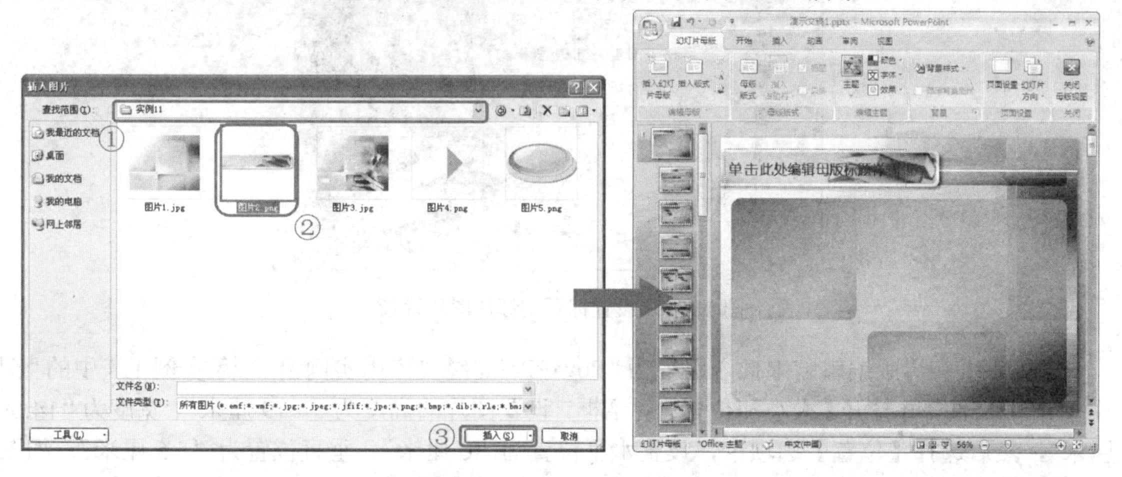

图 11-14　插入图片并调整位置　　　　图 11-15　设置标题文本的格式和位置

步骤18　在【动画】选项卡的【切换到此幻灯片】功能区中单击【切换方案】按钮，并在弹出的列表中选择【从外到内垂直分割】选项，然后设置切换声音和速度并单击【全部应用】按钮，如图 11-16 所示。

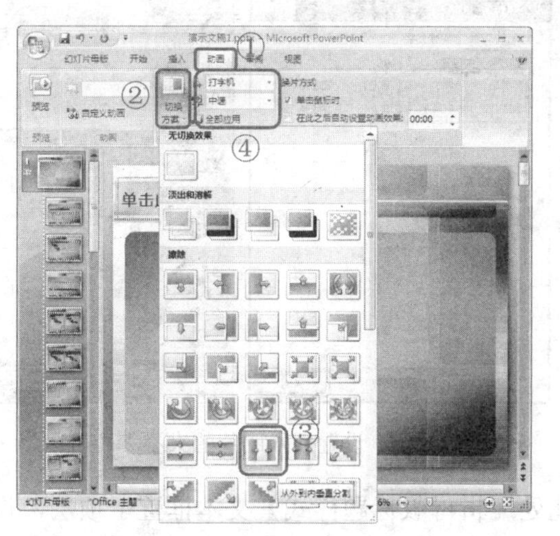

图 11-16　设置幻灯片的切换效果

步骤19　关闭【自定义动画】窗格，然后在幻灯片导航栏中选择【标题幻灯片】，在【背景】功能区中勾选【隐藏背景图形】复选框，然后在母版编辑区中设置路径为“PowerPoint 经典应用实例\第 3 篇\实例 11”中的“图片 3. jpg”文件作为标题幻灯片的背景，如图 11-17 所示。

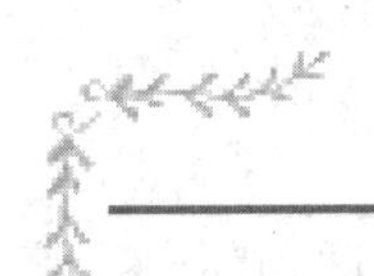

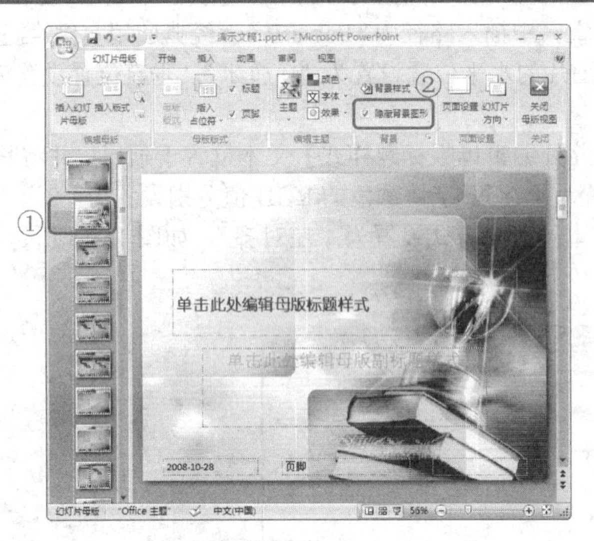

图 11-17　设置标题幻灯片图片背景

步骤20　在母版编辑区中插入路径为“PowerPoint 经典应用实例\第 3 篇\实例 11”中的“图片 3. jpg”文件，并打开【大小和位置】对话框，设置图片的高度为“4.19 厘米”、宽度为“14.69 厘米”，然后选择【位置】选项卡，设置水平位置为“0 厘米”、垂直位置为“5.5 厘米”，如图 11-18 所示。

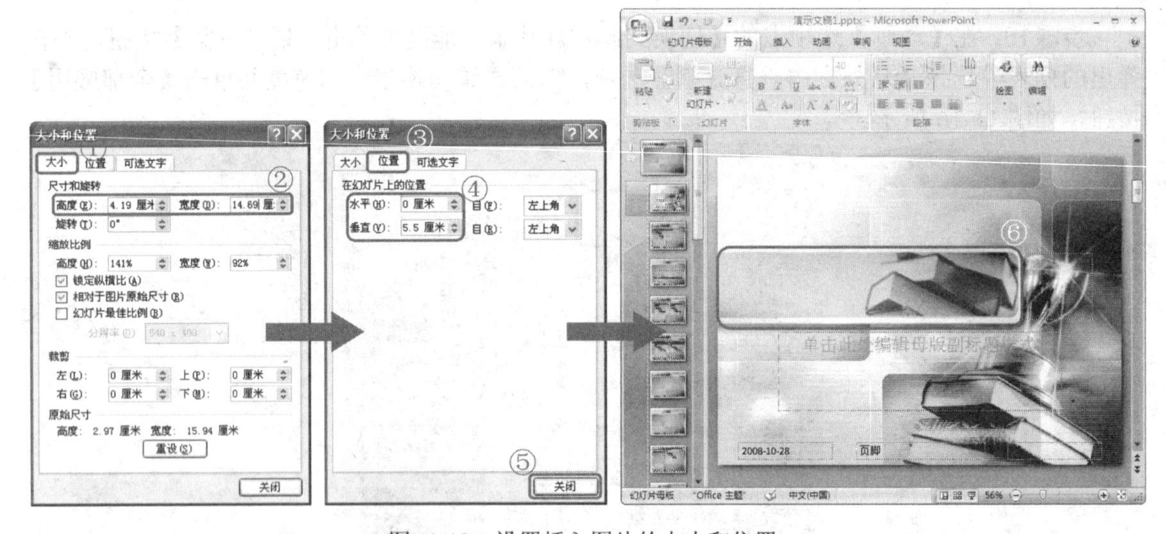

图 11-18　设置插入图片的大小和位置

步骤21　将【单击此处编辑母版标题样式】文本框置于顶层，设置字体为【幼圆】、字号为【40】、字体颜色为【黑色，文字 1】、对齐方式为【居中】，然后将【单击此处编辑母版副标题样式】文本框中的文本内容字体设置为【幼圆】、字号设置为【20】、字体颜色设置为【黑色，文字 1】，并将字体加粗。

步骤22　在【母版版式】功能区中取消对【页角】复选框的勾选，并调整文本框的位置。退出母版视图，至此人力资源管理概论课件的幻灯片母版设置完毕，如图 11-19 所示。

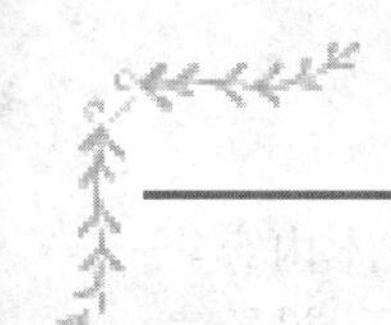

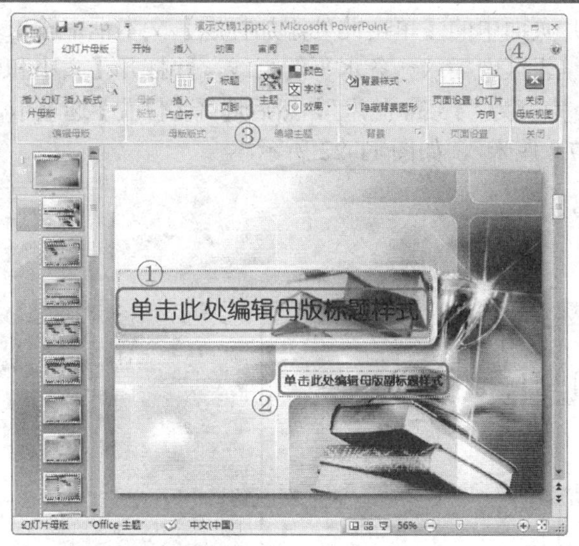

图 11-19　设置标题和副标题并退出母版

11.2.2　创建首页和目录幻灯片页面

在创建完幻灯片母版之后，就可以开始进行其他页面的创建了。下面就介绍创建幻灯片首页和目录页面的具体操作步骤。

步骤1　完成母版的创建之后，进入到幻灯片首页，首先将【单击此处添加标题】文本框中的内容更改为“人力资源管理概论”，然后将【单击此处添加副标题】文本框中的内容更改为“主讲人：墨教授”，即可完成幻灯片首页的创建，如图 11-20 所示。

步骤2　在【开始】选项卡的【幻灯片】功能区中单击【新建幻灯片】按钮，然后在弹出的【Office 主题】列表中选择【仅标题】选项，创建新幻灯片页面，如图 11-21 所示。

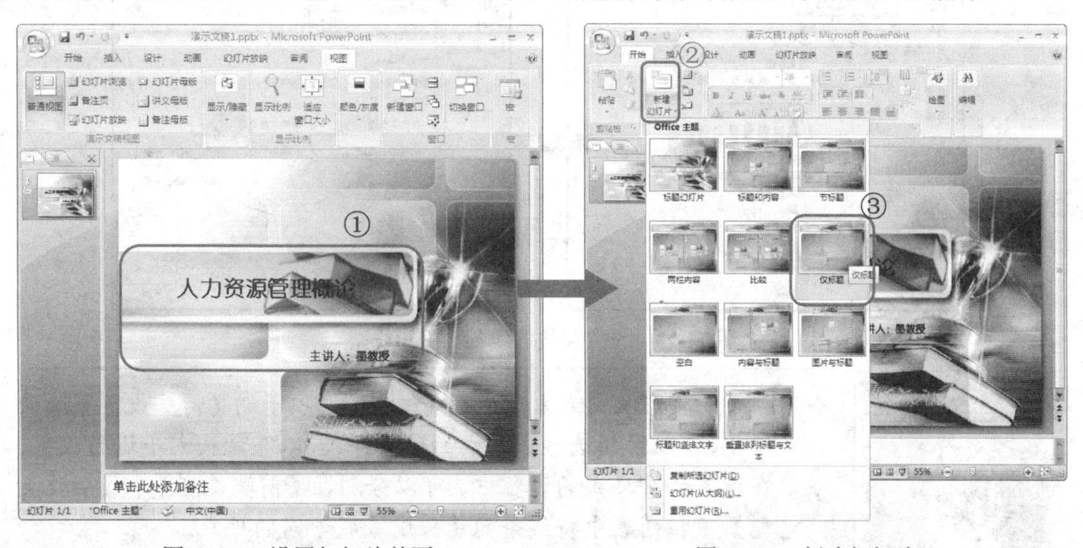

图 11-20　设置幻灯片首页　　　　图 11-21　新建幻灯片

步骤3 在新幻灯片页面中的【单击此处添加标题】文本框中输入“目录”的文本内容。

步骤4 在幻灯片编辑区中插入一条水平的直线，并打开【大小和位置】对话框，设置直线的高度为“0 厘米”、宽度为“13.34 厘米”，然后选择【位置】选项卡，设置水平位置为“6.03 厘米”、垂直位置为“7.2 厘米”，如图 11-22 所示。

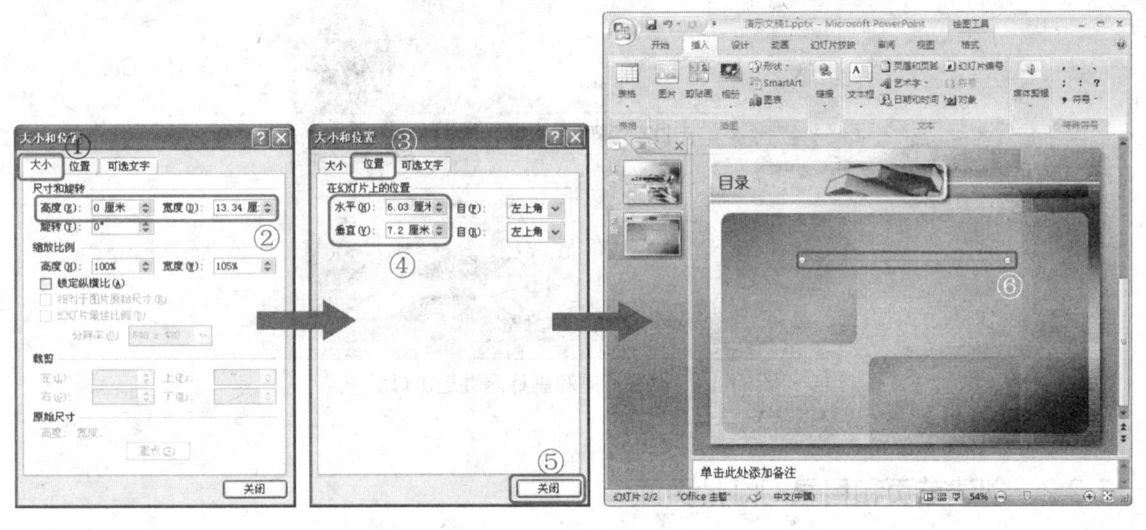

图 11-22 设置直线的大小和位置

步骤5 打开【设置形状格式】对话框，并在其中的【线条颜色】选项卡中点选【实线】单选钮，然后单击【颜色】按钮，在弹出的颜色列表中选择【白色，背景 1】。

步骤6 选择【线型】选项卡，设置宽度为“2.25 磅”，并在【短划线类型】下拉列表中选择【圆点】选项，然后在【后端类型】下拉列表中选择【圆型箭头】选项，如图 11-23 所示。

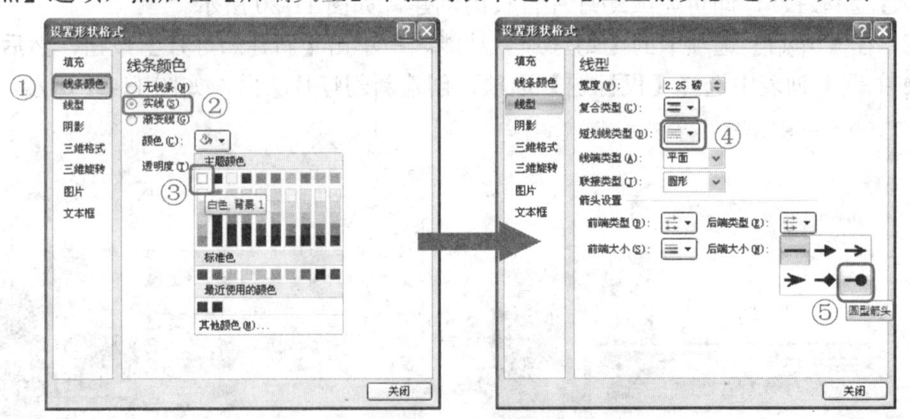

图 11-23 设置直线的线条颜色和线型

操作技巧

- 在【设置形状格式】对话框【线型】选项卡的【箭头设置】选项组中，可以对所选线段两端的箭头样式，以及箭头大小进行设置。
- 在设置箭头样式的过程中，可以分别在【前端类型】和【后端类型】下拉列表中将线条的箭头设置成不同的样式。

步骤7　返回到编辑区中，将创建的直线复制三条，调整各直线的位置使其如图 11-24 所示。

步骤8　在编辑区中插入路径为“PowerPoint 经典应用实例\第 3 篇\实例 11”中的“图片 4. png”文件，并将其复制为 4 个，拖动鼠标分别将 4 个图片放置在 4 条直线的左侧，如图 11-25 所示。

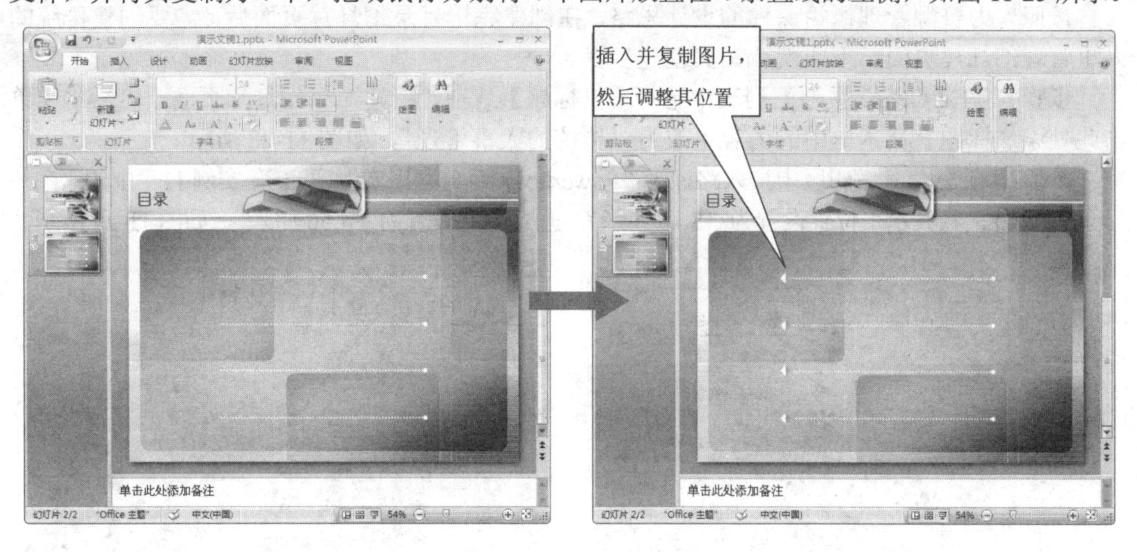

图 11-24　复制直线并调整位置　　　　图 11-25　插入图片并将其复制

步骤9　插入 4 个文本框，分别输入相应的文本，设置字体为【方正大标宋简体】、字号为【24】、字体颜色为【白色，背景 1】，并将字体加粗，调整文本框的位置。

步骤10　将文本框、直线和图片分别进行组合，形成 4 个组合图形，然后打开【自定义动画】窗格，为 4 个组合图形设置名为“擦除”的进入效果，然后在【开始】、【方向】、【速度】下拉列表中分别选择【之后】、【自左侧】和【中速】选项，如图 11-26 所示。

步骤11　关闭【自定义动画】窗格，即可完成目录幻灯片页面的创建，如图 11-27 所示。

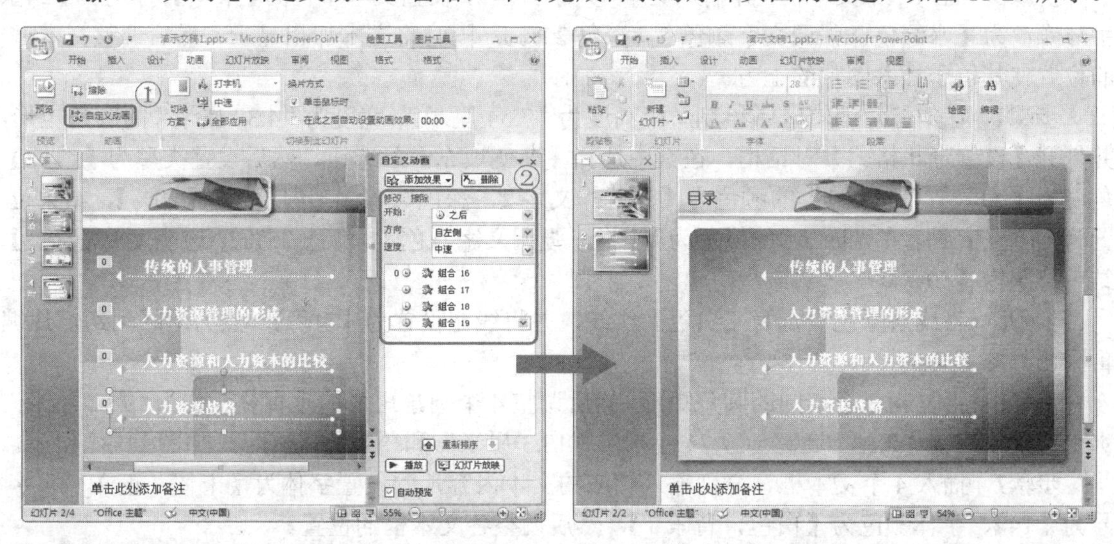

图 11-26　设置自定义动画　　　　图 11-27　幻灯片页面效果

11.2.3 创建传统的人事管理页面

按照人力资源管理概论课件的设计思路，在创建完毕目录幻灯片页面后，需要创建传统的人事管理幻灯片页面，下面就介绍其创建步骤。

步骤1 在【Office 主题】列表中选择【仅标题】选项，新建一个幻灯片页面，然后将【单击此处添加标题】文本框中的内容更改为“传统的人事管理”，如图 11-28 所示。

步骤2 在幻灯片编辑区中插入路径为“PowerPoint 经典应用实例\第 3 篇\实例 11”中的“图片 5. png”文件，将其水平位置设置为“8.76 厘米”，垂直位置设置为“4.56 厘米”，如图 11-29 所示。

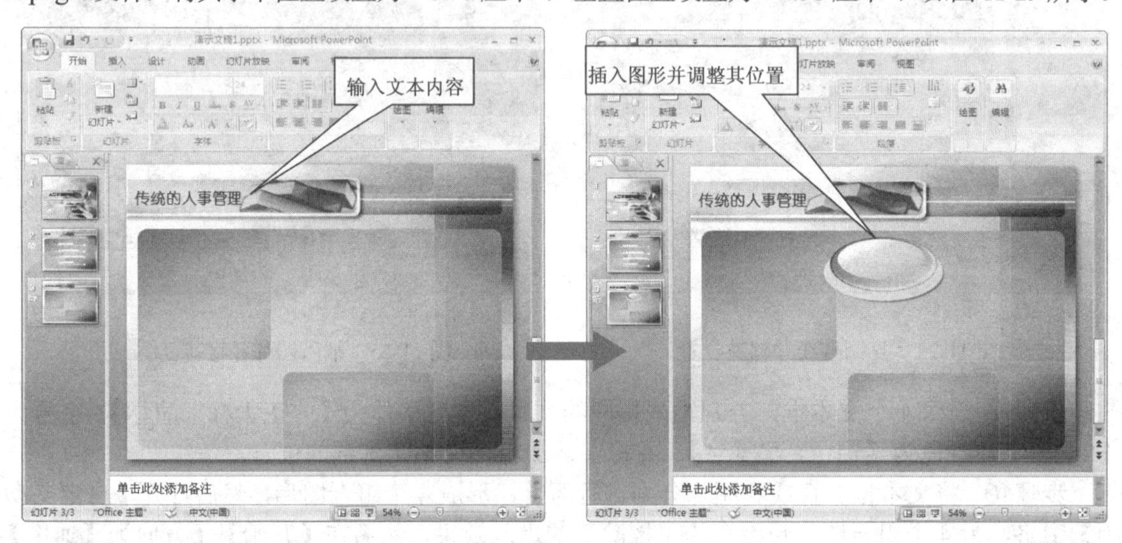

图 11-28 输入标题　　图 11-29 插入图片并调整位置

步骤3 插入一个文本框，并输入文本“人事管理”，设置文本字体为【宋体】、字号为【24】、字体颜色为【水绿色，强调文字颜色 5，深色 25%】，同时将文本加粗显示，然后调整文本框的位置使其位于插入图片的上方。

步骤4 在幻灯片编辑区中绘制一个高度为“7.54 厘米”、宽度为“4.37 厘米”的圆角矩形，并打开【设置形状格式】对话框，在其中选择【渐变填充】单选钮，然后设置类型为【线性】、角度为【90°】、“光圈 1”的颜色为【深蓝，文字 2，深色 25%】、透明度为【20%】、结束位置为【10%】；设置“光圈 2”的颜色为【蓝色，强调文字颜色 1，深色 25%】、透明度为【50%】、结束位置为【50%】。

步骤5 将线条颜色设置为【白色】实线，并将线宽设置为【3 磅】，然后返回到幻灯片编辑区，如图 11-30 所示。

步骤6 再复制 3 个相同的圆角矩形，然后调整 4 个圆角矩形的垂直位置均为“9.92 厘米”，水平位置依次为“2.38 厘米”、“7.74 厘米”、“13.3 厘米”和“18.65 厘米”，如图 11-31 所示。

步骤7 插入 4 个文本框，分别输入相应的文本内容，并设置字体为【宋体（正文）】、字号为【14】、字体颜色为【白色，背景 1】，然后调整各文本框的位置。

步骤8 在幻灯片编辑区中插入 4 个箭头，并将其颜色设置为【橄榄色，强调文字颜色 3，

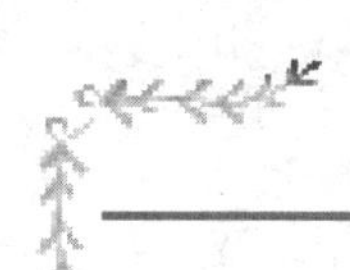

淡色 60%】，线宽设置为【2.5 磅】，如图 11-32 所示。至此，幻灯片页面创建完成。

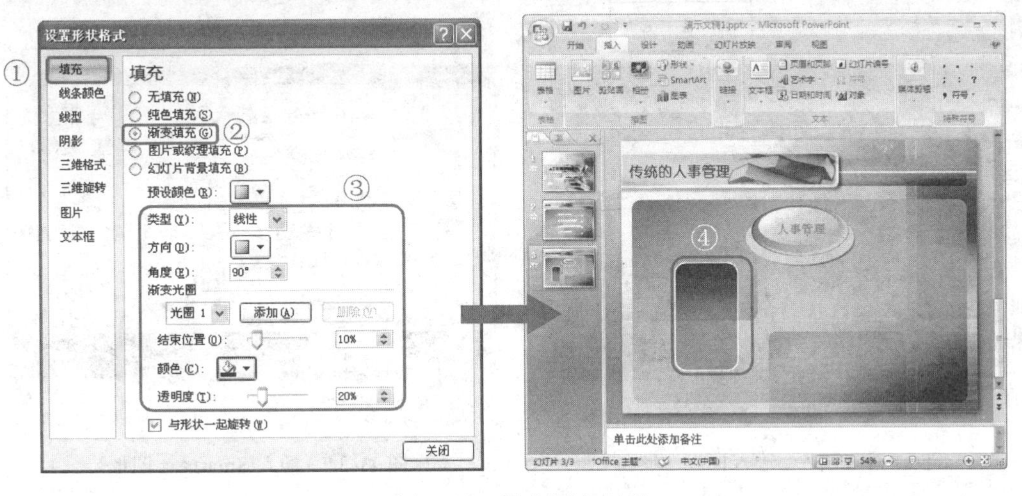

图 11-30　绘制圆角矩形

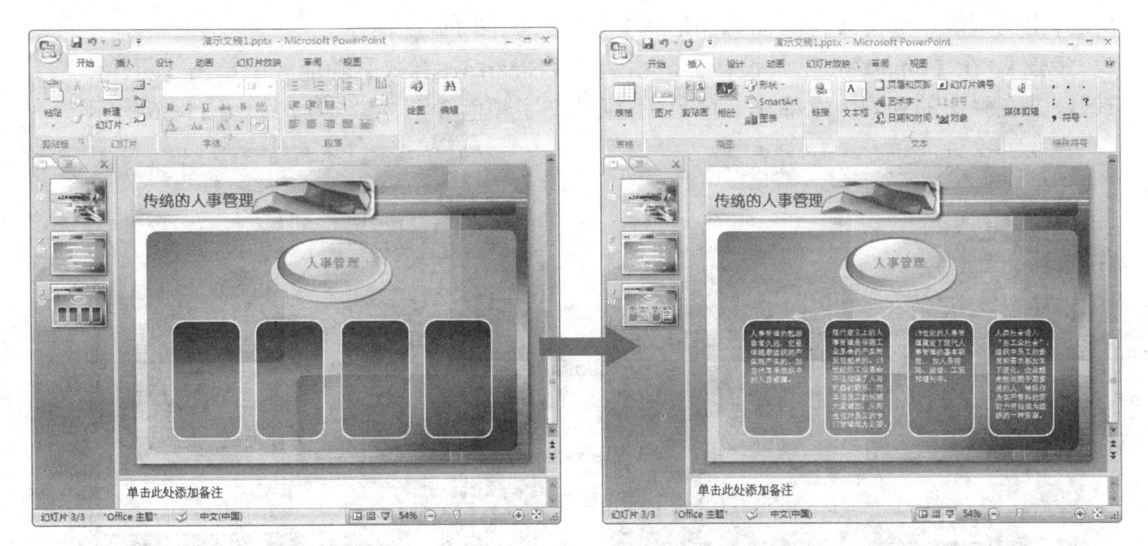

图 11-31　复制圆角矩形

图 11-32　插入文本框和箭头

11.2.4　创建人力资源管理的形成页面

制作完毕传统的人事管理页面后，就可以对人力资源管理的形成页面进行创建，其具体的操作步骤如下。

步骤1　新建一个“仅标题”幻灯片页面，然后将【单击此处添加标题】文本框中的内容更改为“人力资源管理的形成”，如图 11-33 所示。

步骤2　在【插入】选项卡的【插图】功能区中单击【SmartArt】按钮，然后在打开的【插入 SmartArt 图形】对话框中选择【交错流程】选项并单击【确定】按钮，如图 11-34 所示。

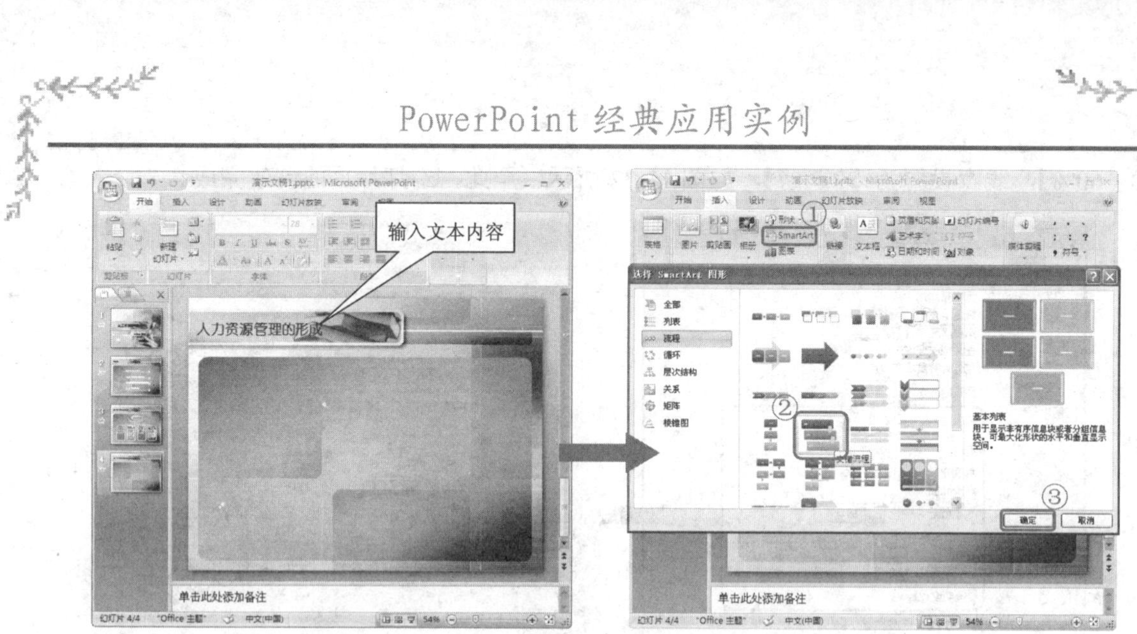

图 11-33　输入标题　　　　图 11-34　插入 SmartArt 图形

步骤3　在【SmartArt 工具设计】选项卡的【创建图形】功能区中单击【添加形状】按钮，并在弹出的列表中选择【在后面添加形状】选项，如图 11-35 所示。

步骤4　在【SmartArt 工具设计】选项卡的【SmartArt 样式】功能区中单击【更改颜色】按钮，并在弹出的列表中选择【彩色范围-强调文字颜色 2 至 3】选项，如图 11-36 所示。

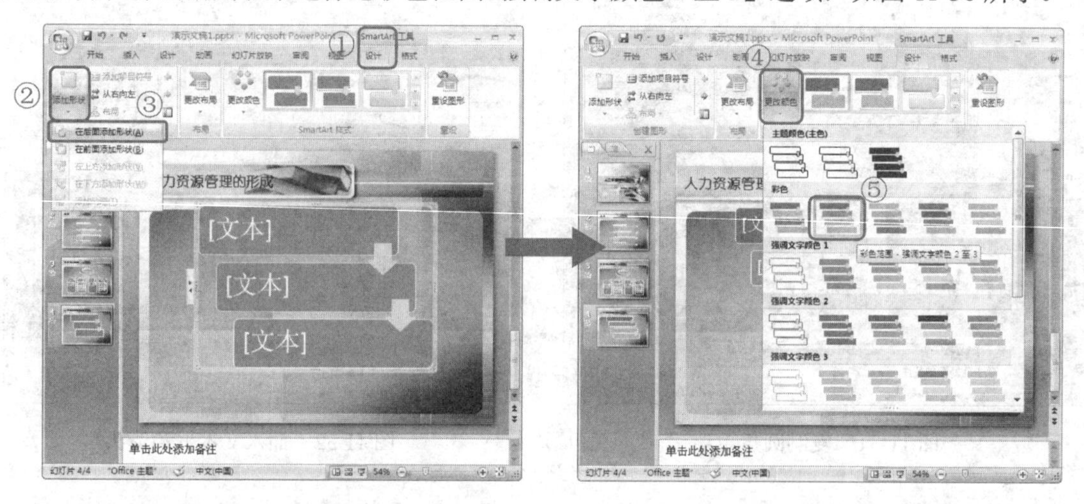

图 11-35　为 SmartArt 图形添加形状　　　　图 11-36　更改 SmartArt 图形的颜色

步骤5　将 SmartArt 图形的高度设置为“13.69 厘米”，宽度设置为“18.46 厘米”，然后拖动鼠标将其移动如图 11-37 所示的位置。

步骤6　插入 4 个横排文本框，分别输入相应的文本内容，设置字体为【宋体（正文）】、字号为【14】、字体颜色为【白色，背景 1】，然后调整各文本框的位置，如图 11-38 所示。

步骤7　打开【自定义动画】窗格，为 SmartArt 图形设置名为“擦除”的进入效果，然后在【开始】、【方向】、【速度】下拉列表中分别选择【之后】、【自顶部】和【非常慢】选项，如图 11-39 所示。

步骤8　关闭【自定义动画】窗格，完成人力资源管理形成页面的创建。

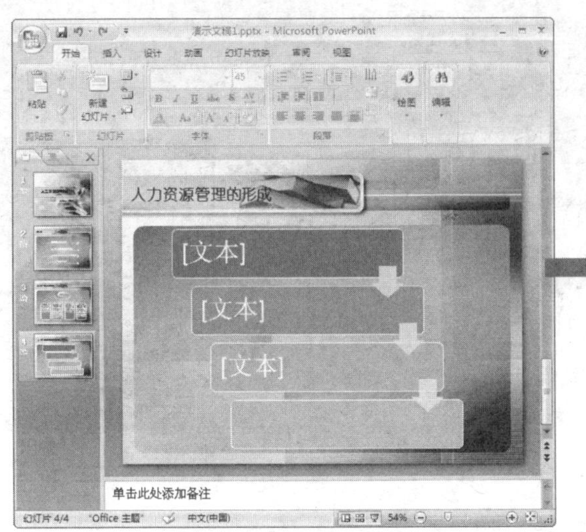

图 11-37　调整图形大小

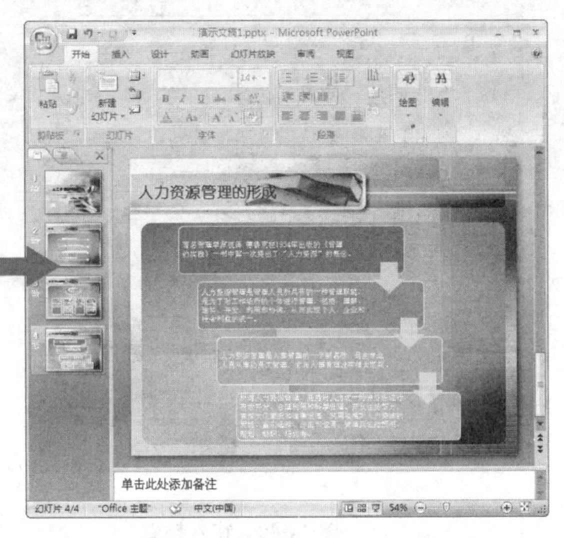

图 11-38　输入文本并设置文本格式

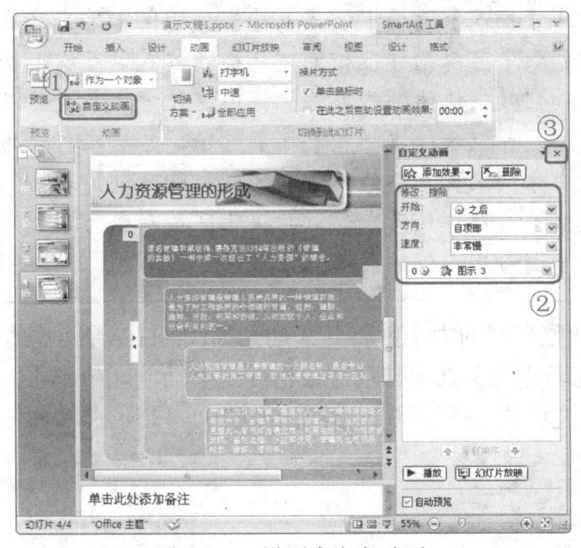

图 11-39　设置自定义动画

11.2.5　创建人力资源和人力资本的比较页面

人力资源和人力资本的比较页面主要是对“劳力”、“人力资源”和“人力资本”这三个阶段性概念做多方面的比较，这种比较用表格来体现会更加直观，其具体操作步骤如下。

步骤1　新建一个“仅标题”幻灯片页面，然后将【单击此处添加标题】文本框中的内容更改为“人力资源和人力资本的比较”，如图 11-40 所示。

步骤2　在【插入】选项卡的【表格】功能区中单击【表格】按钮，并在弹出的列表中拖动鼠标选择【4×4 表格】，然后单击鼠标在幻灯片中插入一个表格，如图 11-41 所示。

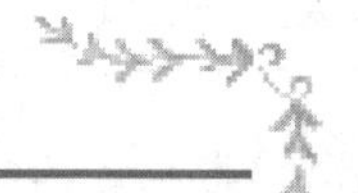

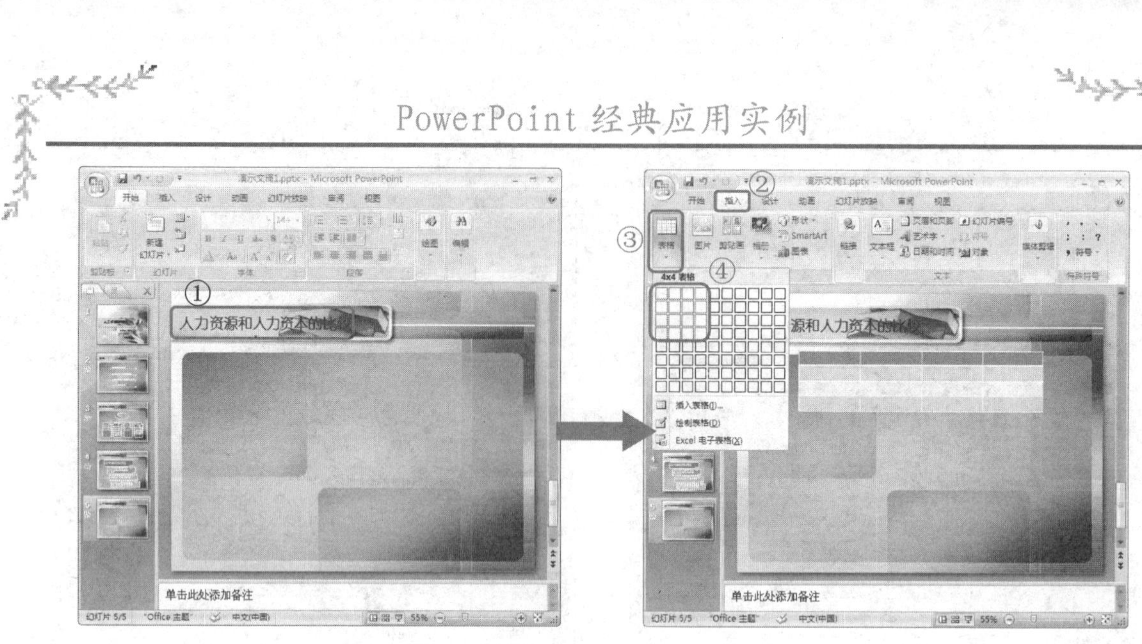

图 11-40　输入标题　　　　图 11-41　插入表格

在【插入】选项卡的【表格】功能区中单击【表格】按钮，在弹出的列表中可以选择 3 种创建表格的方式：可以拖动鼠标选择需要的行数和列数，快速插入表格，使用这种方法最大可以插入一个 10×8 的表格；可以选择【插入表格】选项，然后在打开的【插入表格】对话框中分别设置表格的行数和列数，即可创建表格；还可以选择【绘制表格】选项，然后在幻灯片编辑区拖动变为笔形的光标，按照实际需要自由绘制，创建表格。

步骤3　拖动鼠标调整表格的大小并将其移动到如图 11-42 所示的位置。

步骤4　在【表格工具设计】选项卡的【表格样式】功能区中单击【其他】按钮，然后在弹出的列表中选择【中度样式 2-强调 3】选项，如图 11-43 所示。

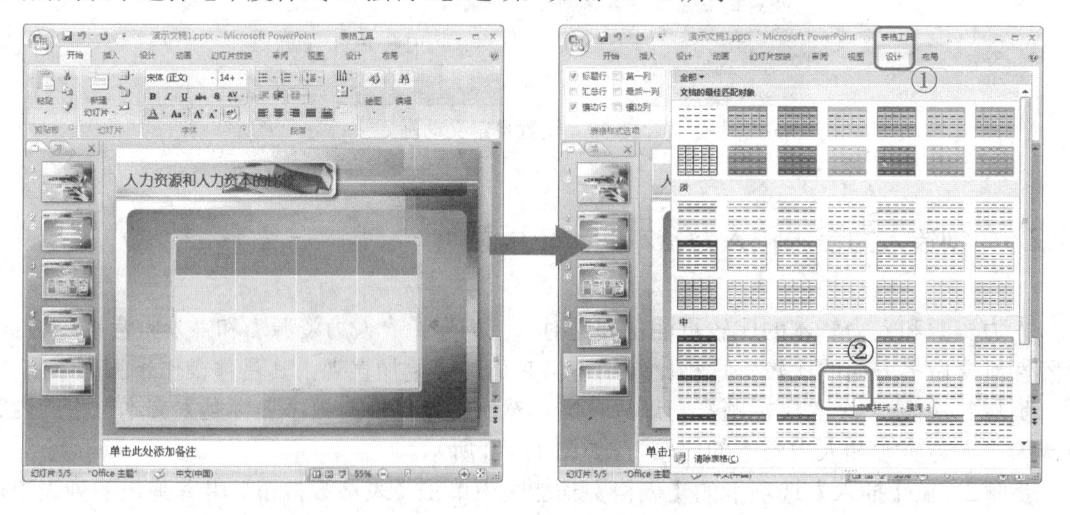

图 11-42　调整表格大小位置　　　　图 11-43　设置表格样式

步骤5　选择表格最左侧的一列，在【表格样式】功能区中单击【颜色】按钮，然后在弹出的颜色列表中选择【橄榄色，强调文字颜色 3】，如图 11-44 所示。

步骤6　分别在第一行和第一列的各个单元格中输入文本内容，设置字体为【宋体】、字号为【24】、字体颜色为【白色，背景 1】，并将字体加粗显示，如图 11-45 所示。

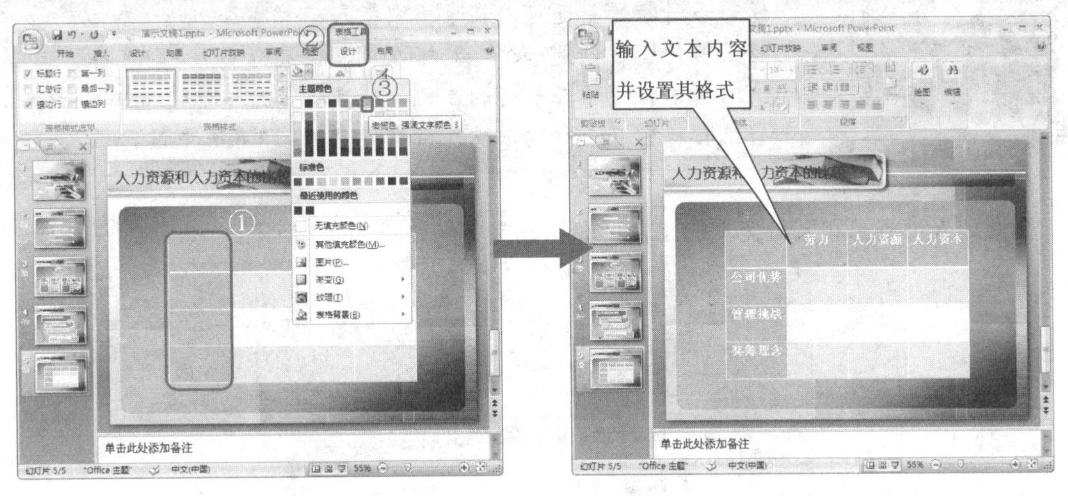

图 11-44　设置单元格颜色　　　　图 11-45　输入文本并设置文本格式

步骤7　选择表格中的第一行，然后在【表格工具布局】选项卡中的【对齐方式】功能区中单击【垂直居中】按钮，将位于该行单元格中的文本内容设置为垂直居中对齐。

步骤8　使用同样的方法将表格中第一列的文本内容也设置为垂直居中对齐，如图 11-46 所示。

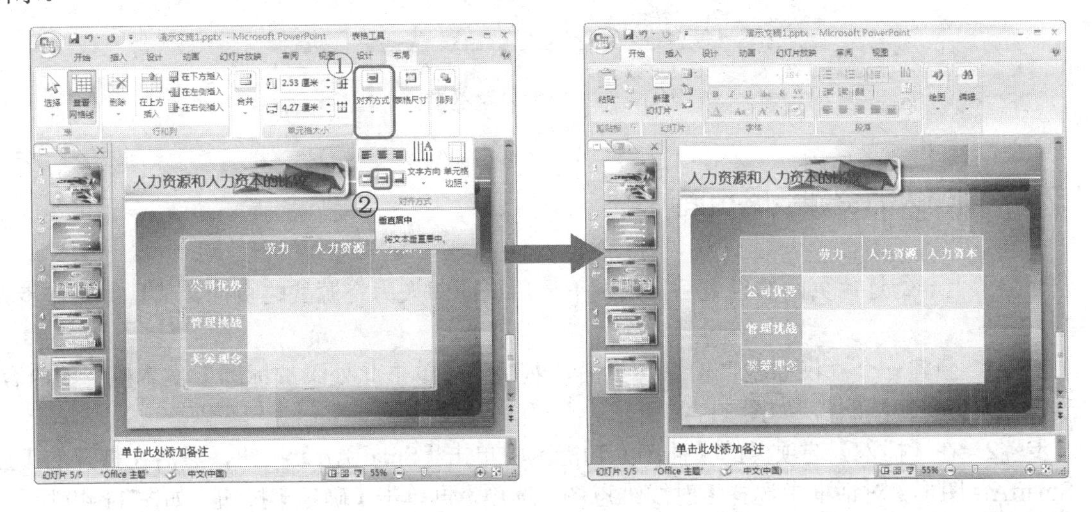

图 11-46　设置表格第一行和第一列的对齐方式

步骤9　在其他的单元格中使用默认字体输入相应文本内容，并将字号设置为【14】，字体颜色设置为【橄榄色，强调文字颜色 3，深色 50%】，对齐方式设置为【左对齐】。

- ✧ 在【表格工具布局】选项卡中，可以进行插入行/列、删除行/列、合并/拆分单元格、调整表格/单元格大小等多种操作。
- ✧ 在【表格工具设计】选项卡中可以设置表格的样式、效果、底纹等多种特性，还可以在表格中插入艺术字等。
- ✧ 将鼠标停留在任意一个单元格左侧，待鼠标变为↗即可将其选中；将鼠标停留在一行的左侧，待鼠标变为➡即可选中该行；将鼠标停留在一行的顶端，待鼠标变为⬇即可选中该列。

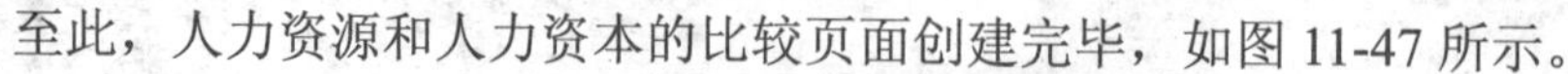
至此，人力资源和人力资本的比较页面创建完毕，如图 11-47 所示。

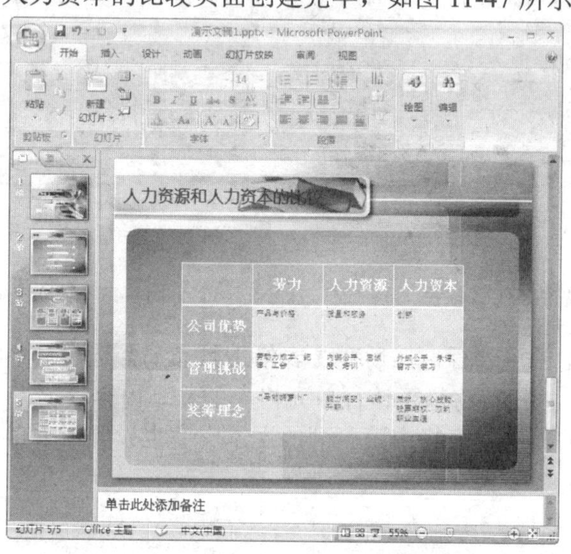

图 11-47　页面最终效果

11.2.6　创建人力资源战略页面

介绍了上一幻灯片页面的设置后，只剩下最后页面即人力资源战略页面，其具体操作步骤如下。

步骤1　新建一个“仅标题”幻灯片页面，然后将【单击此处添加标题】文本框中的内容更改为“人力资源战略”，如图 11-48 所示。

步骤2　在【插入】选项卡的【插图】功能区中单击【SmartArt】按钮，然后在打开的【插入 SmartArt 图形】对话框中选择【射线维恩图】选项，再单击【确定】按钮，如图 11-49 所示。

步骤3　选择位于 SmartArt 图形外圈的任意一个圆形，然后在【SmartArt 工具设计】选项卡的【创建图形】功能区中单击【添加形状】按钮，在弹出的列表中选择【在前面添加形状】选项，如图 11-50 所示。

步骤4　多次重复上述操作，将 SmartArt 图形外圈的圆形增加为 8 个，如图 11-51 所示。

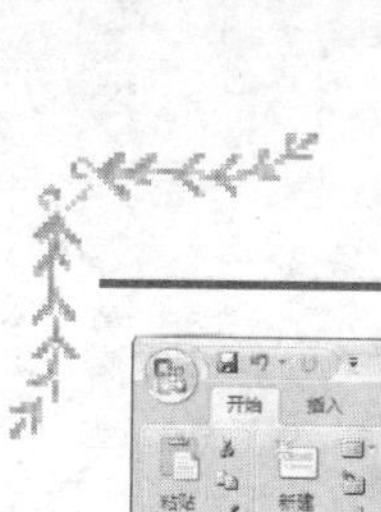

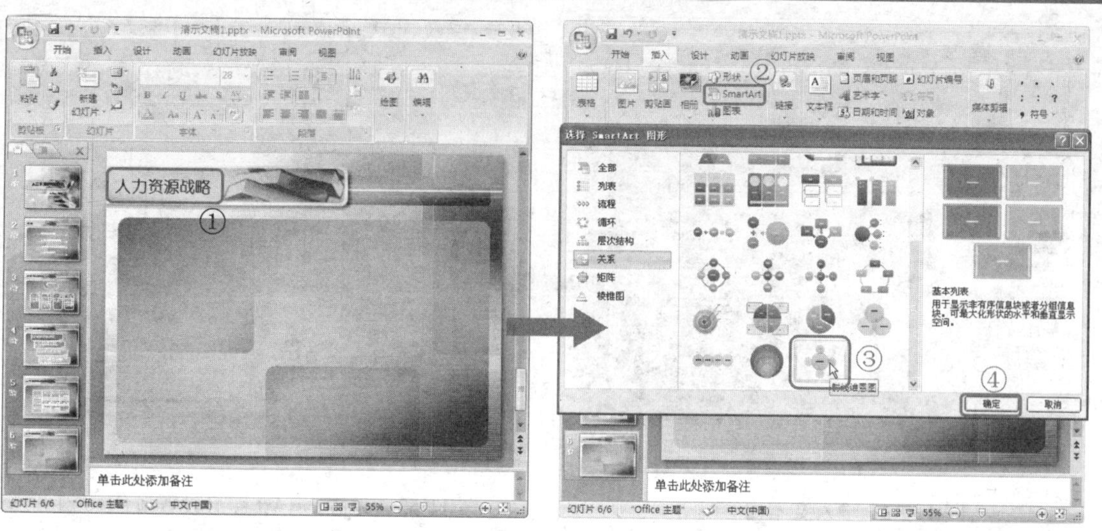

图 11-48　输入标题　　　　图 11-49　插入 SmartArt 图形

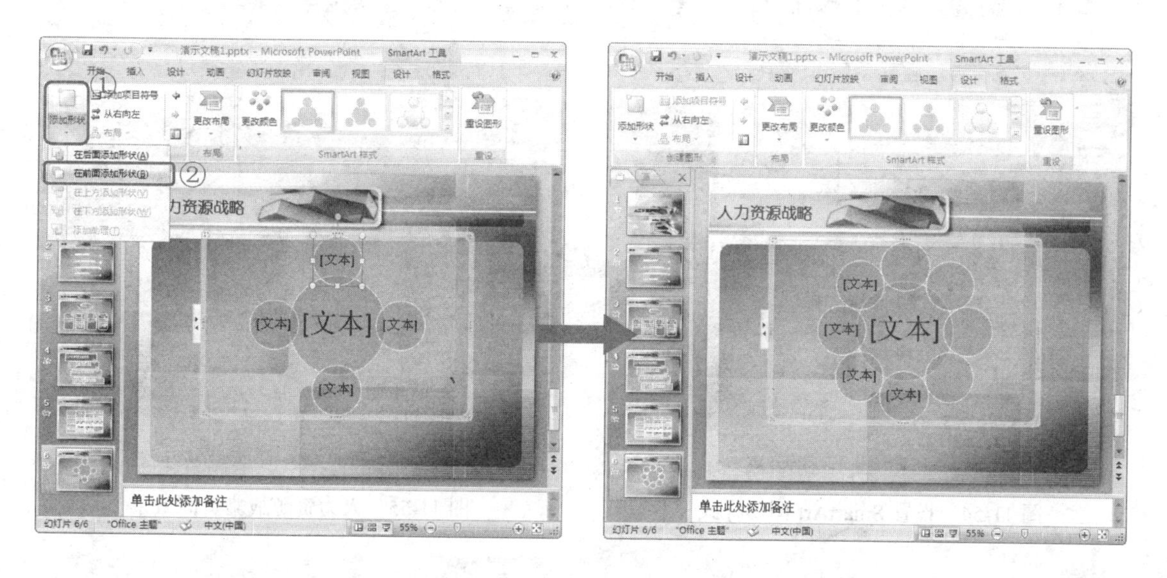

图 11-50　在 SmartArt 图形中添加形状　　　　图 11-51　添加形状后的效果

步骤5　拖动鼠标调整 SmartArt 图形的大小和位置，然后在文本窗格中输入相应的文本内容，并在浮动工具栏中将字体颜色设置为【白色，背景 1】，如图 11-52 所示。

步骤6　在【SmartArt 工具设计】选项卡的【SmartArt 样式】功能区中单击【更改颜色】按钮，并在弹出的列表中选择【彩色范围-强调文字颜色 5 至 6】选项，如图 11-53 所示。

步骤7　在【SmartArt 工具设计】选项卡的【SmartArt 样式】功能区中单击【其他】按钮，并在弹出的列表中选择【嵌入】选项，如图 11-54 所示。

步骤8　将 SmartArt 图形中的文本字体颜色设置为【白色，背景 1】，至此，人力资源战略幻灯片页面创建完毕，如图 11-55 所示。

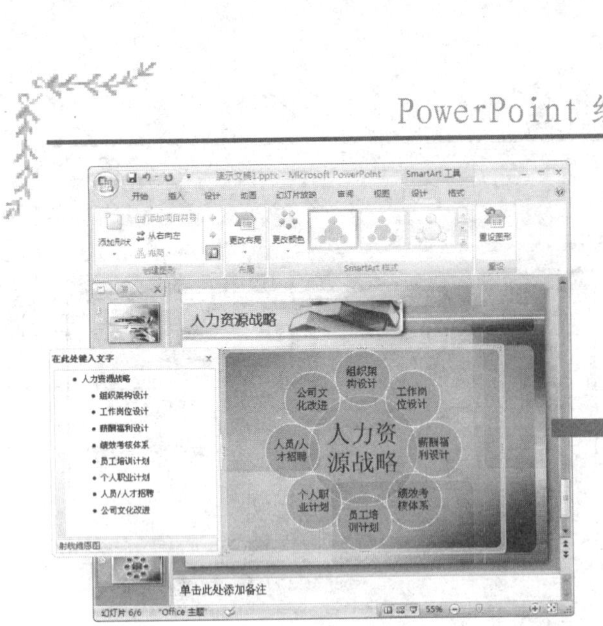

图 11-52　输入文本内容

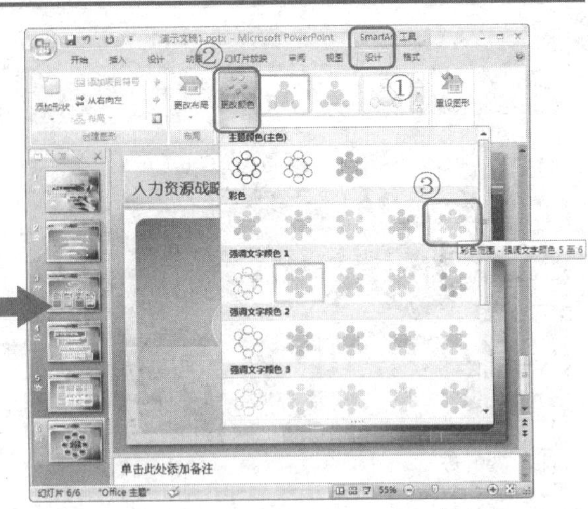

图 11-53　为 SmartArt 图形设置颜色

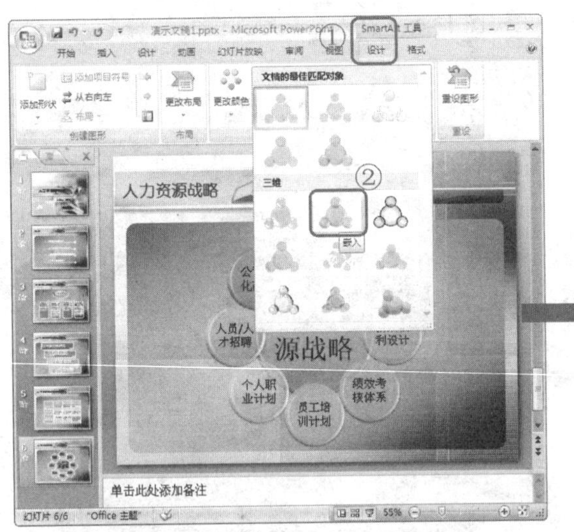

图 11-54　设置 SmartArt 图形样式

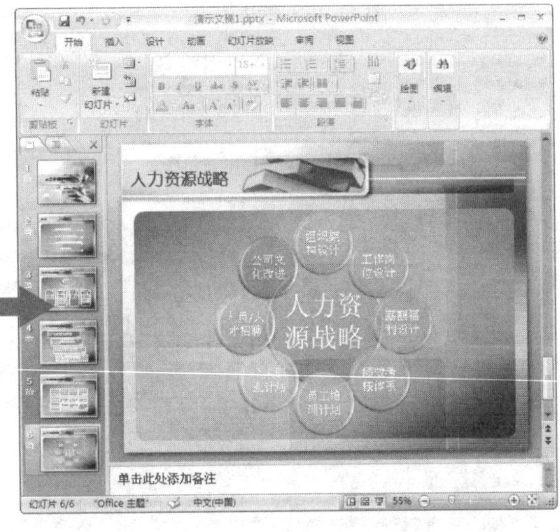

图 11-55　人力资源战略页面效果

11.2.7　为幻灯片创建超链接

在讲课的过程中，有时需要在各个幻灯片页面之间自由跳转，想要实现这一效果，就必须为幻灯片创建超链接，其具体操作步骤如下。

步骤1　进入目录幻灯片页面，选择【传统的人事管理】文本框，然后单击鼠标右键，并在弹出的快捷菜单中选择【超链接】命令，打开【插入超链接】对话框。

步骤2　在【链接到】列表中选择【本文档中的位置】选项，然后在【请选择文档中的位置】显示窗中选择【3.传统的人事管理】选项。

步骤3　单击【确定】按钮退出该对话框，即可将这个文本框链接到传统的人事管理页面，

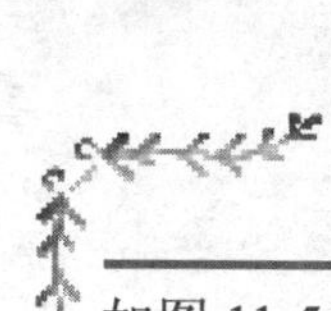

如图 11-56 所示。

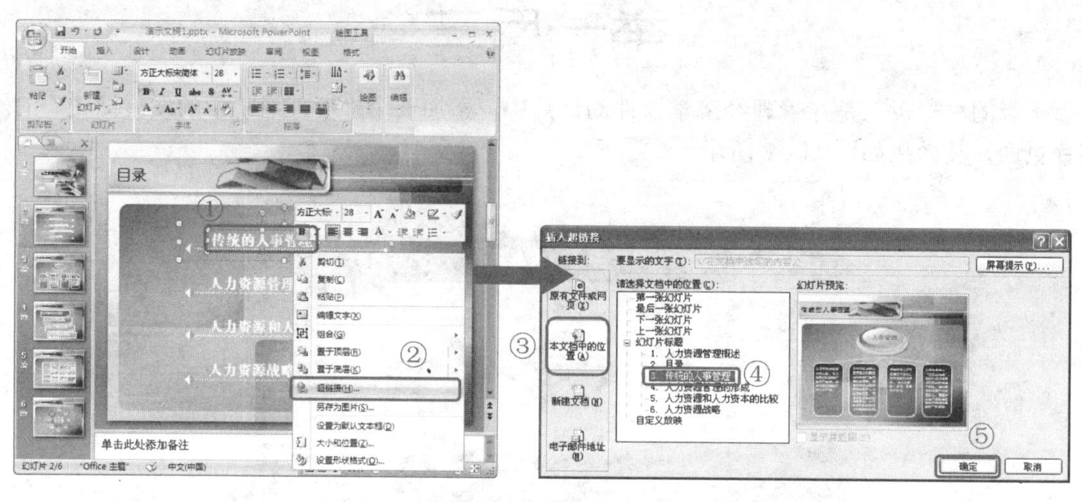

图 11-56　设置文本和幻灯片之间的超链接

步骤4　使用同样的方法分别将“人力资源管理的形成”、“从人力资源转变为人力资本”和“人力资源战略”文本框链接到相应的页面。

步骤5　至此，人力资源管理概论幻灯片课件制作完毕，按<F5>键即可预览课件效果。

操作技巧

在幻灯片创建完毕之后，可以在【幻灯片放映】选项卡中进行多种操作：在【开始放映幻灯片】功能区中可以设置放映开始的页面；在【设置】功能区中可以进行录制旁白、排练计时等操作；在【监视器】功能区中则可以调节分辨率或启动演示者视图功能。

11.3　实例总结

本例中根据人力资源管理概论课件的设计要求，使用 PowerPoint 2007 制作了人力资源管理概论课件。通过本实例的学习，需要重点掌握以下几个方面的内容。

- 通过绘制并填充形状，以及插入图片设置幻灯片母版。
- 在幻灯片中插入表格，并对其样式、文本内容等进行设置。
- 在幻灯片中插入 SmartArt 图形，并设置其颜色及三维效果。
- 为幻灯片页面进行切换效果的设置。
- 为幻灯片页面中的对象添加自定义动画。
- 为演示文稿中的对象创建超链接。

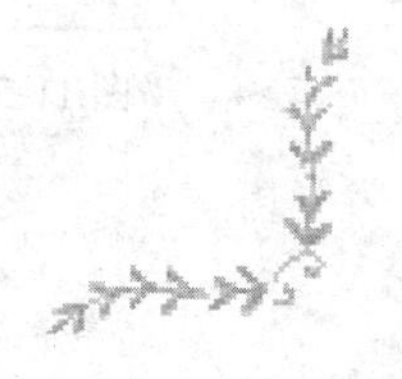

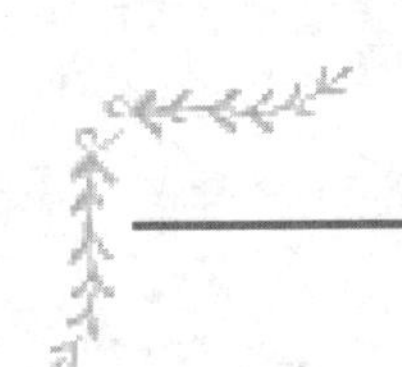

举一反三

本篇的举一反三是在管理经济学课件幻灯片中，添加一个“管理经济学的发展简史”的幻灯片页面，其效果如图 11-57 所示。

图 11-58　幻灯片页面效果

分析及提示

本页面的组成分析和绘制提示如下。

- 页面中的图形主要是由椭圆和已设置三维旋转的多个菱形组成。
- 菱形的填充颜色都是“线性”渐变填充，角度为“90°”，渐变光圈是“光圈 1”和“光圈 2”组成，如图 11-58 所示。
- 4 个圆形的填充颜色都是纯色填充
- 菱形三维格式的深度都为“20 磅”，如图 11-59 所示。
- 菱形三维旋转 Y 的旋转值都为“335°”，如图 11-60 所示。

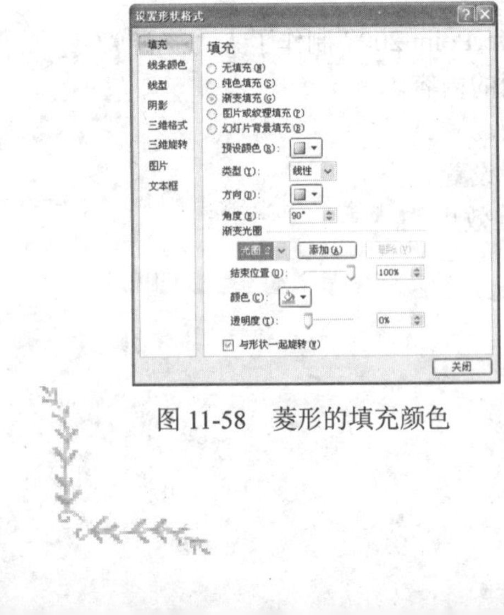

图 11-58　菱形的填充颜色　　图 11-59　菱形的三维格式

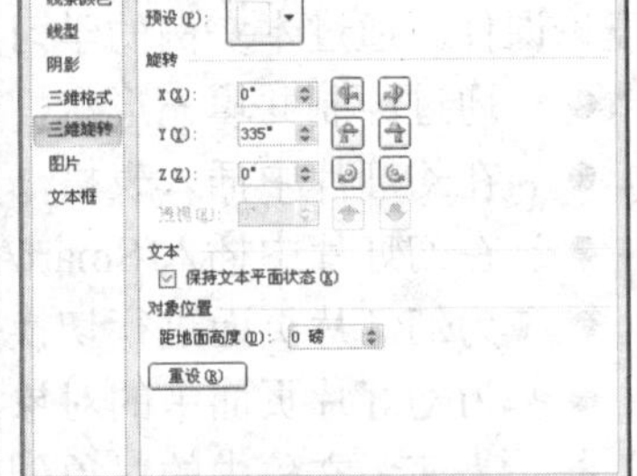

图 11-60　菱形的三维旋转

第 4 篇

创意无限 个人篇

本篇导读

使用 PowerPoint 2007 不仅可以创建办公、商务以及课件等高质量的幻灯片演示文稿，还可以根据个人的创意制作如动画贺卡、动感相册等极具个性化的幻灯片文档。由于 PowerPoint 具有强大的图形绘制功能和自定义动画效果，使得所创建的贺卡或者相册具有比较高的可欣赏性。本篇就以使用 PowerPoint 2007 创建新年贺卡和动感相册的幻灯片实例，使大家了解幻灯片的更多实用功能。

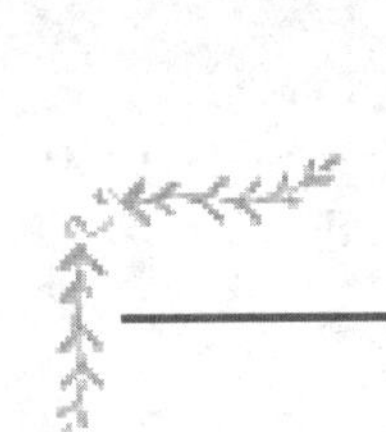

实例 12　新年贺卡

在互联网不断发展的今天，使用电子贺卡已经成为大家逢年过节时相互祝福的一种形式，以往在网络中使用的电子贺卡主要是由 Flash 制作。而通过使用 PowerPoint 也可以制作出极具个性、美轮美奂且动感十足的电子贺卡了。本实例就使用 PowerPoint 2007 制作一个新年贺卡。

12.1　实例分析

贺卡的创建与其他的幻灯片有所不同，主要是自定义动画的添加，所创建的新年贺卡幻灯片预览效果如图 12-1 所示。

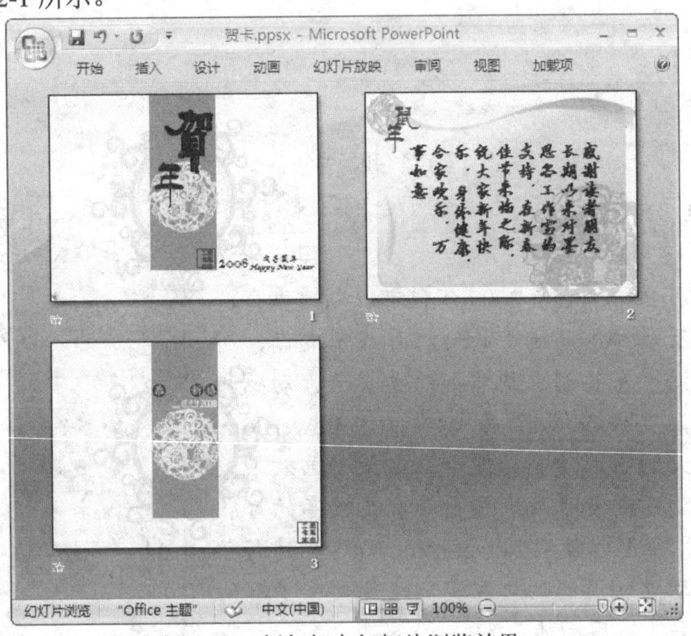

图 12-1　新年贺卡幻灯片浏览效果

12.1.1　设计思路

本实例是创建一个新年贺卡，在贺卡的设计上使用了具有中国文化特色的一些素材，如传统的剪纸图片、接近毛笔的字体等。在创建时主要是对幻灯片页面中的各个元素进行自定义动画的设置，并且添加相应的声音效果。

本实例创建新年贺卡幻灯片的思路为：进入幻灯片母版→设置母版并创建各元素的自定义动画→设置标题幻灯片并创建自定义动画→设置贺卡结束页→退出幻灯片母版→输入贺卡的祝福文本并设置动画→结束制作。

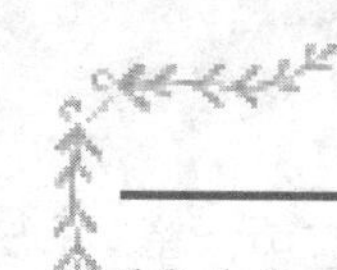

12.1.2　涉及的知识点

在本贺卡的制作中，首先在幻灯片母版中插入相应的图片并绘制图形，然后分别设置不同的自定义动画。

在新年贺卡幻灯片的制作中主要用到了以下方面的知识点：

- ✧　设计幻灯片母版
- ✧　图片的插入和设置
- ✧　形状的绘制和调整
- ✧　自定义动画的进入、退出、强调效果的设置
- ✧　声音文件的添加和设置

12.2　实例操作

本节根据前面所分析的设计思路和知识点，详细讲解使用 PowerPoint 2007 制作新年贺卡幻灯片的操作步骤。

12.2.1　幻灯片母版的设置

为了便于设置自定义动画，在设置幻灯片母版的同时，也应该对母版中的各元素设置自定义动画，其具体的操作步骤如下。

步骤1　在 PowerPoint 2007 中按<Ctrl>+<N>快捷键新建一个空白幻灯片文档，然后进入母版编辑区。

步骤2　在导航栏中选择最上方的幻灯片母版，并在右侧的编辑区删除所有文本框，然后在母版中单击鼠标右键，在弹出的快捷菜单中选择【设置背景格式】命令，打开【设置背景格式】对话框，在对话框中设置背景颜色的 RGB 值依次为“252”、“255”、“217”，如图 12-2 所示。

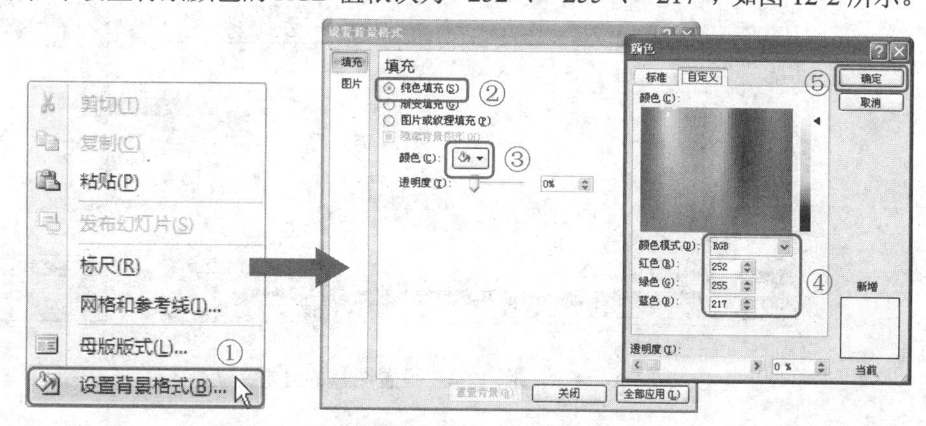

图 12-2　设置母版背景颜色

步骤3 设置完毕后单击【关闭】按钮，然后在【插入】选项卡的【插入】功能区中，单击【图片】按钮，打开【插入图片】对话框，在【查找范围】下拉列表中选择路径为“PowerPoint 经典应用实例\第 4 篇\实例 12”中的“03.png”图片文件，单击【插入】按钮，插入图片，如图 12-3 所示。

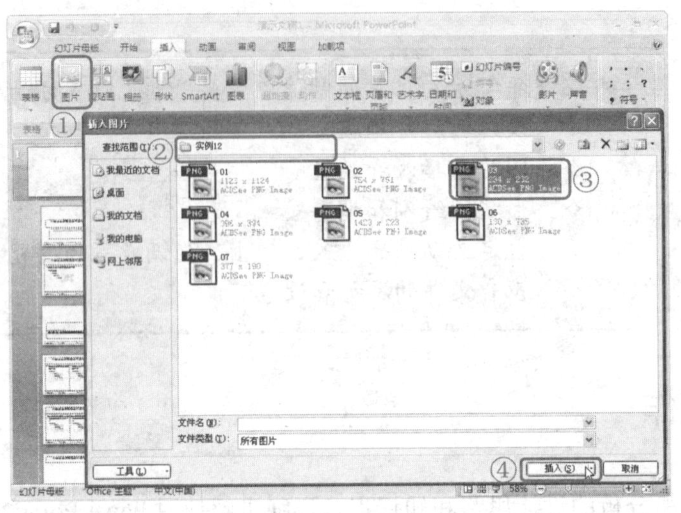

图 12-3 插入图片

步骤4 调整所插入图片的位置，使其位于母版的左上方，然后在【动画】选项卡的【动画】功能区中单击【自定义动画】按钮，打开【自定义动画】窗格。

步骤5 选择所插入的图片，在【自定义动画】窗格中单击【添加效果】按钮，在弹出的列表中依次选择【进入】、【飞入】选项，设置“飞入”的动画效果。

步骤6 在【自定义动画】窗格的【开始】下拉列表中选择【之后】选项，在【方向】下拉列表中选择【自右侧】选项，在【速度】下拉列表中选择【非常快】选项，如图 12-4 所示。

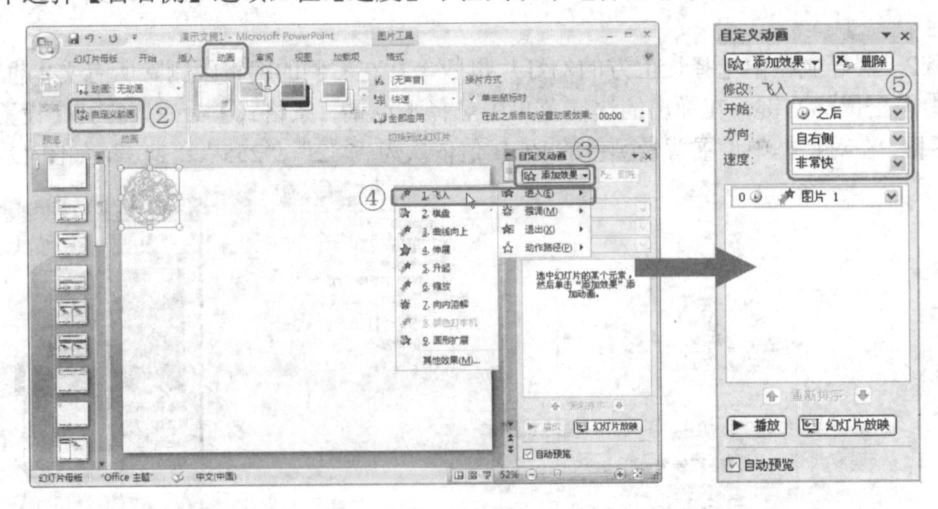

图 12-4 设置图片的自定义动画

步骤7 打开【插入图片】对话框，选择路径为“PowerPoint 经典应用实例\第 4 篇\实例 12”

中的“05.png”和“06.png”图片文件，然后单击【插入】按钮插入图片，如图 12-5 所示。

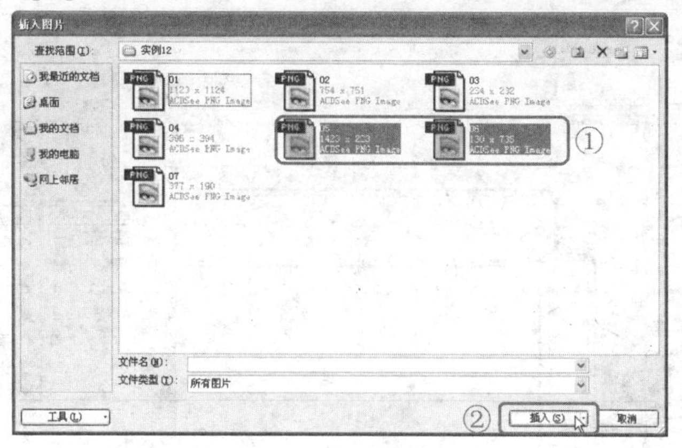

图 12-5 插入图片

重点知识

在【自定义动画】窗格单击【添加效果】按钮并选择相应的选项后，如果所打开的子列表中没有所要设置的动画效果，可以选择【其他效果】选项，在打开的【添加效果】对话框中选择所需要的动画效果。如图 12-6 所示分别为“进入”、“强调”、“退出”和“动作路径”的【添加效果】对话框。

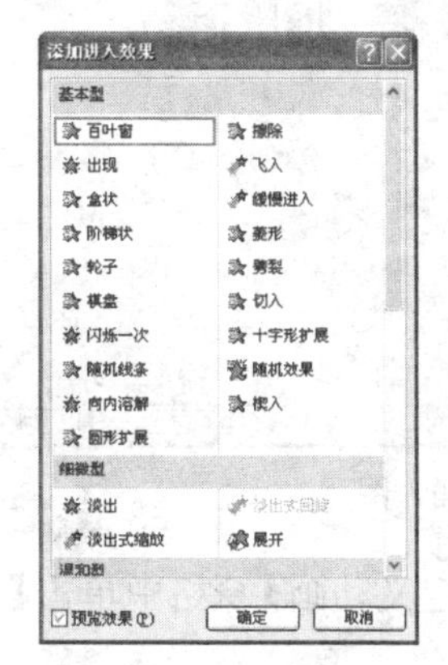

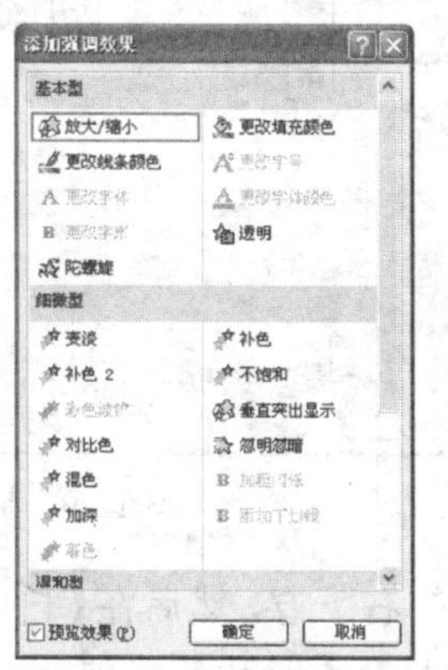

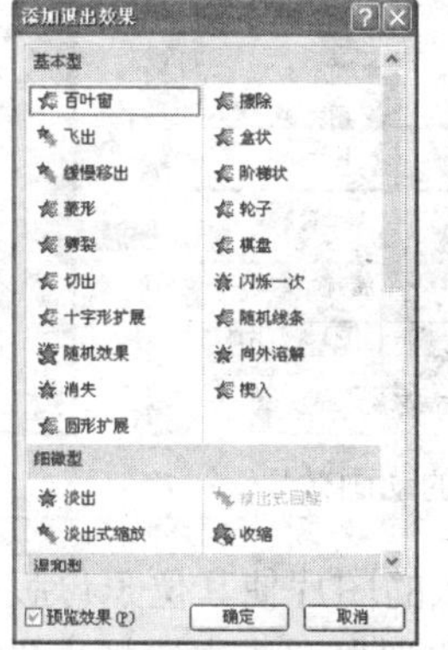

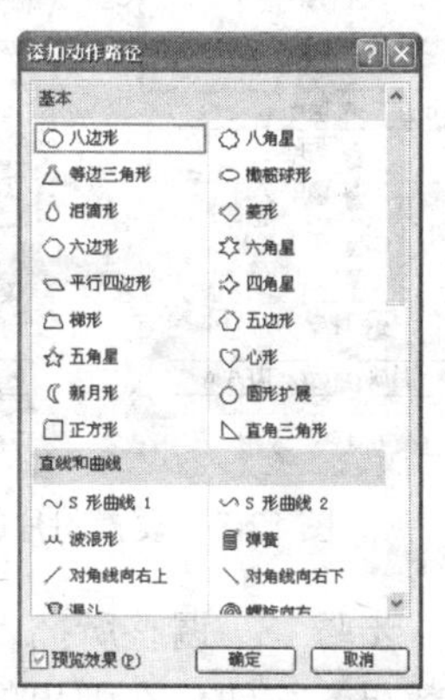

图 12-6 【添加效果】对话框

步骤8 在调整母版中调整“05.png”图片的位置使其位于母版的左侧，然后调整“06.png”图片的位置使其位于母版的上方。

步骤9 同时选择这两个图片，在【自定义动画】窗格中单击【添加效果】按钮，在弹出的列表中依次选择【进入】、【旋转】选项，设置“旋转”的动画效果，如图 12-7 所示。

步骤10 在【自定义动画】窗格中选择“05.png”的动画效果，在【开始】、【方向】、【速度】下拉列表中分别选择【之后】、【水平】、【慢速】选项。

步骤11 在【自定义动画】窗格中选择“06.png”的动画效果，在【开始】、【方向】、【速度】下拉列表中分别选择【之前】、【垂直】、【慢速】选项，如图 12-8 所示。

步骤12 打开“插入图片”对话框，选择路径为“PowerPoint 经典应用实例\第 4 篇\实例

12”中的“05.png”和“06.png”图片文件，然后单击【插入】按钮插入图片，如图 12-9 所示。

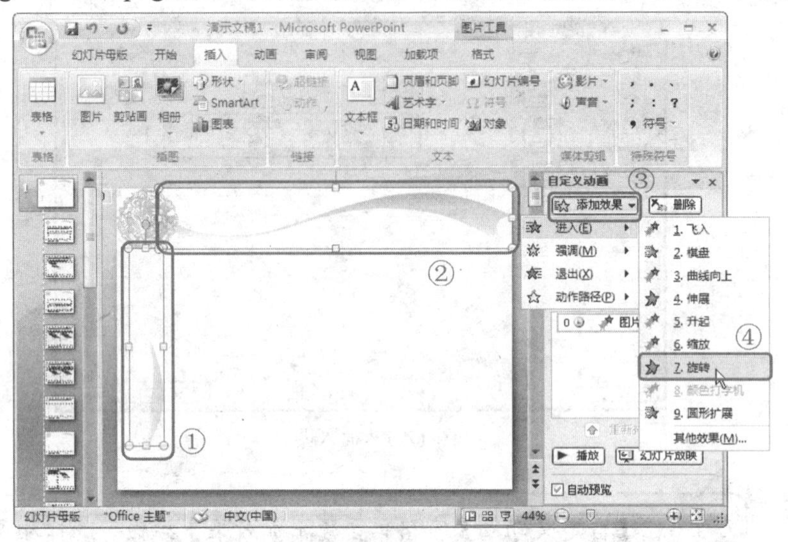

图 12-7　设置旋转动画效果

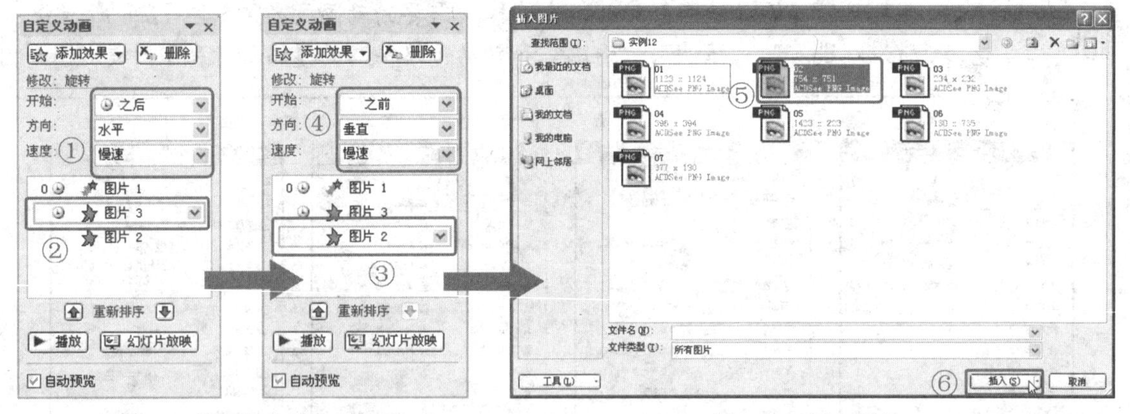

图 12-8　设置图片的动画效果　　　　　图 12-9　插入图片

步骤13　调整所插入的图片使其位于母版的右下方，然后在【自定义动画】窗格中单击【添加效果】按钮，在弹出的列表中依次选择【进入】、【展开】选项。

步骤14　在【自定义动画】窗格的【开始】下拉列表中选择【之前】选项，然后在【速度】下拉列表中选择【慢速】选项，如图 12-10 所示。

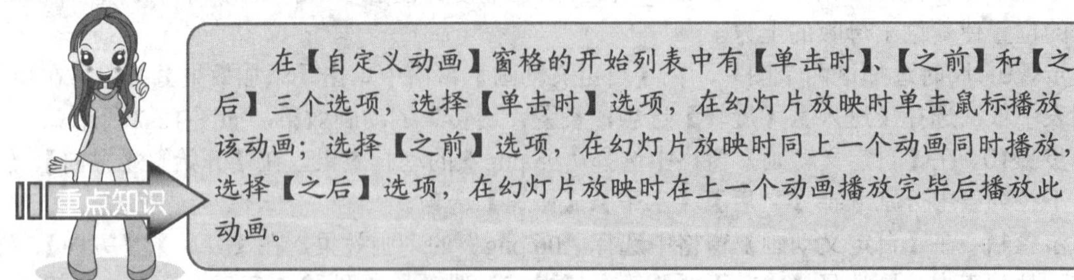

步骤15　在幻灯片中插入两个文本框，分别输入文本“鼠”和“年”，设置字体为【汉仪

柏青体简】、字号为【88】，字体颜色的 RGB 值分别为“200”、“0”和“0”，并单击 S 按钮设置文本的阴影效果，然后调整文本框的位置，使其位于母版的左下方，如图 12-11 所示。

步骤16　选择文本“鼠”，在【自定义动画】窗格中单击【添加效果】按钮，在弹出的列表中选择【进入】、【投掷】选项，然后在【开始】下拉列表中选择【之后】选项，在【速度】下拉列表中选择【中速】选项，如图 12-12 所示。

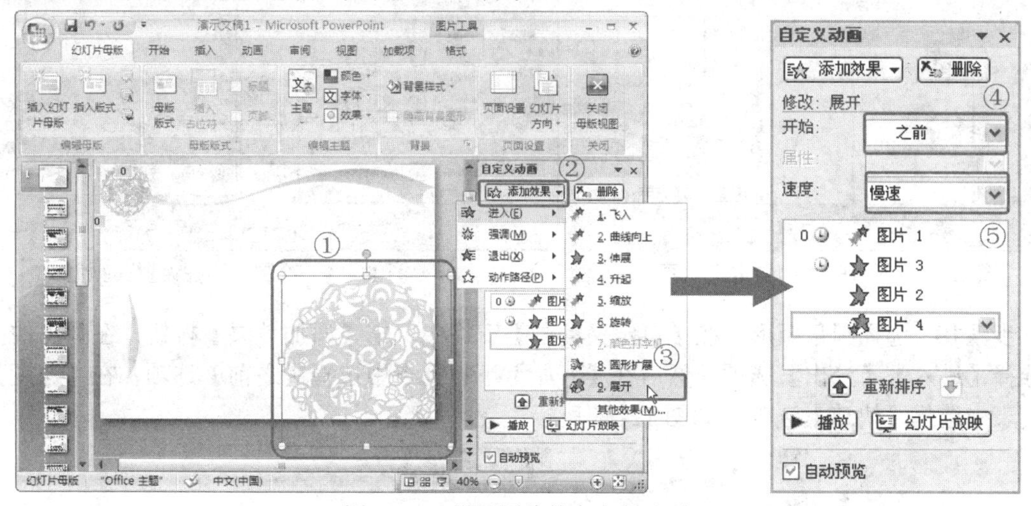

图 12-10　设置图片的自定义动画

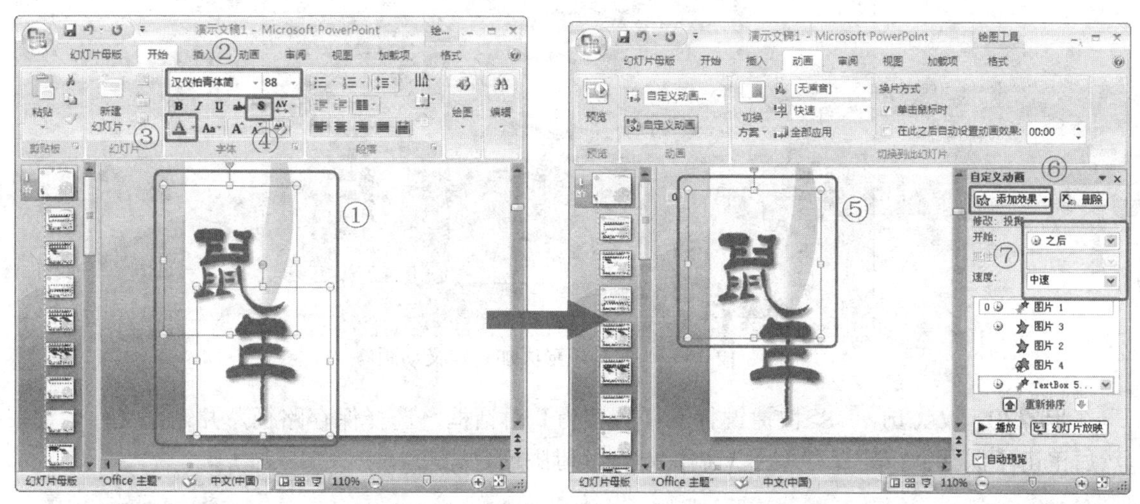

图 12-11　输入文本并设置文本格式　　　　图 12-12　设置文本的自定义动画

步骤17　选择文本“年”，在【自定义动画】窗格中单击【添加效果】按钮，在弹出的列表中选择【进入】、【弹跳】选项，然后在【开始】下拉列表中选择【之前】选项，在【速度】下拉列表中选择【中速】选项，如图 12-13 所示。

步骤18　在母版中绘制一个高度为“16.87 厘米”、宽度为“23.42 厘米”的圆角矩形，并调整圆角矩形的位置，然后打开【设置形状格式】对话框；在【填充】选项卡中点选【渐变填充】单选钮，设置类型为【线性】，角度为【225°】，在【渐变光圈】选项组中设置“光圈 1”、“光圈 2”和“光圈 3”颜色的 RGB 值均为“255”、“109”、“109”，其中“光圈 1”和“光圈

3”的透明度为“100%”，“光圈 2”的结束位置为“0%”，透明度为“50%”，如图 12-14 所示。

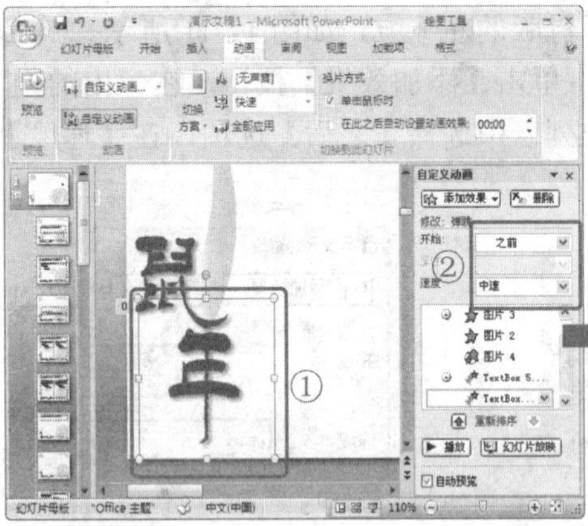

图 12-13　设置文本的自定义动画

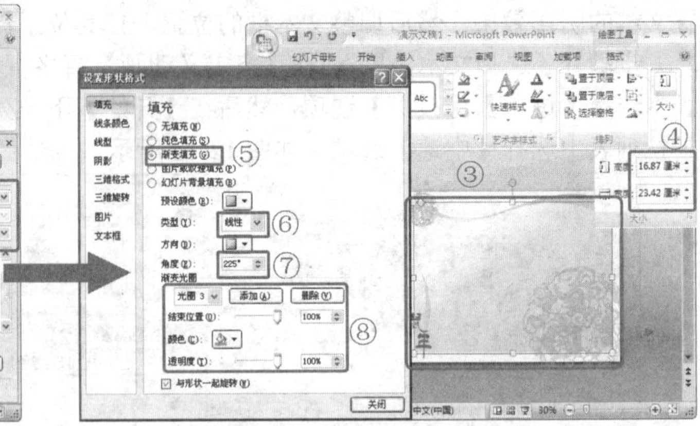

图 12-14　绘制矩形并设置其颜色

步骤19　选择圆角矩形，在【自定义动画】窗格中单击【添加效果】按钮，在弹出的列表中选择【进入】、【淡出】选项，然后在【开始】下拉列表中选择【之前】选项，在【速度】下拉列表中选择【快速】选项，如图 12-15 所示。

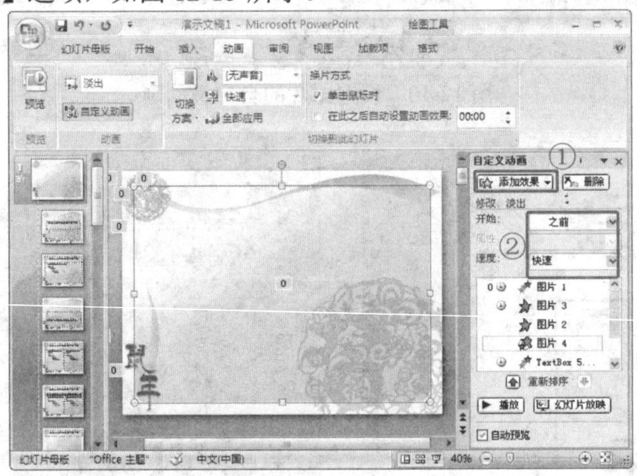

图 12-15　为圆角矩形添加自定义动画

步骤20　按<Ctrl>+<S>快捷键打开【另存为】对话框，选择保存路径，并输入文件名称，然后单击【保存】按钮保存演示文稿，幻灯片母版创建完毕。

12.2.2　标题幻灯片的设置

幻灯片母版设置完毕后，下面就对标题幻灯片进行设置，其具体操作步骤如下。

步骤1　在母版编辑区左侧的导航栏中选择第二个幻灯片页面，在【幻灯片母版】选项卡的【背景】功能区中勾选【隐藏背景图形】复选框，同时删除所有的文本框，如图 12-16 所示。

步骤2　在【插入】选项卡的【媒体剪辑】功能区中单击【声音】按钮，在弹出的列表中选择【文件中的声音】选项，如图 12-17 所示，打开【插入声音】对话框。在【插入声音】对话框的【查找范围】下拉列表中选择自己需要的声音文件，然后单击【确定】按钮。

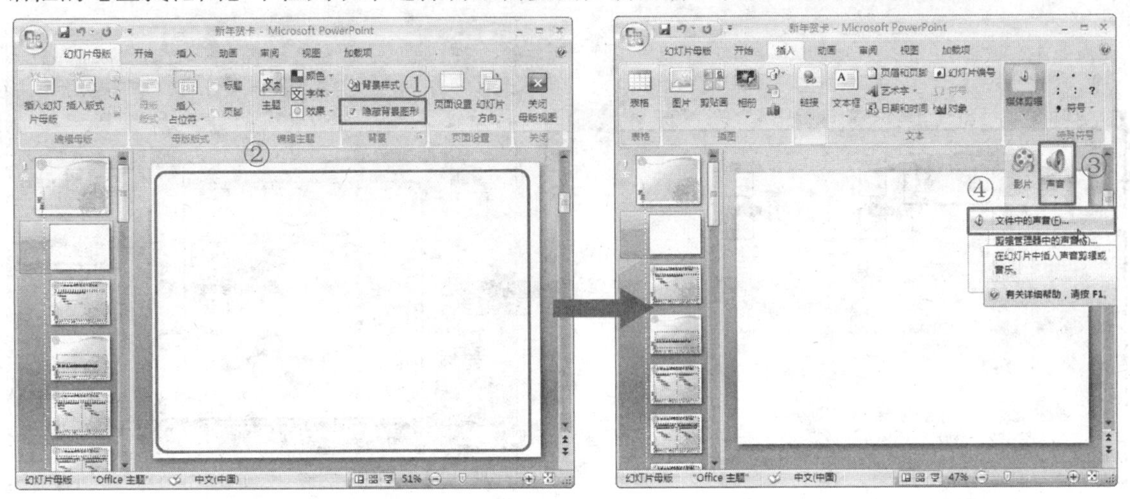

图 12-16　设置标题幻灯片　　　　图 12-17　打开“插入声音”对话框

步骤3　在弹出的对话框中直接单击【自动】按钮插入声音文件，此时幻灯片中会出现一个声音图标，选择此图标，在【声音工具选项】选项卡的【声音选项】功能区中勾选【放映时隐藏】和【循环播放，直到停止】复选框，并在【播放声音】下拉列表中选择【跨幻灯片播放】选项，然后在【自定义动画】窗格的【开始】下拉列表中选择【之前】选项，如图 12-18 所示。

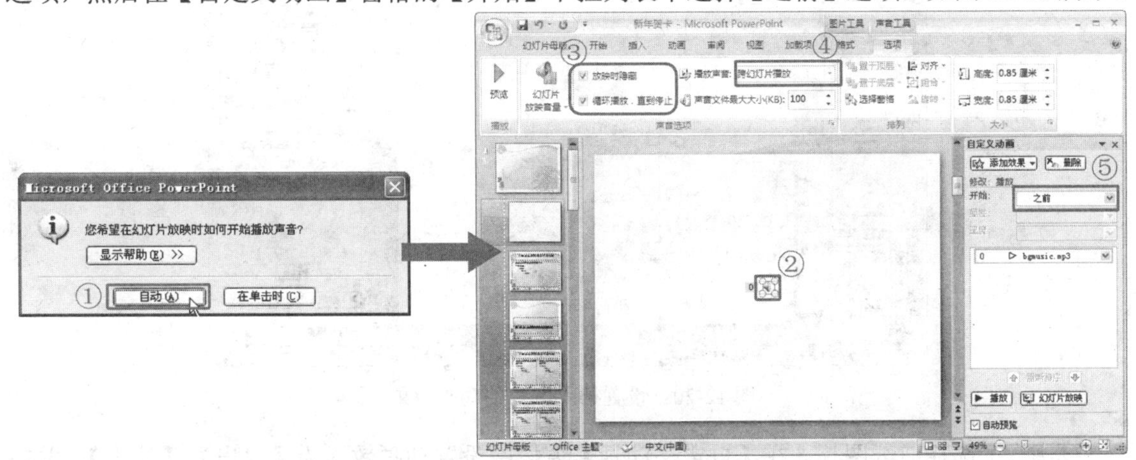

图 12-18　设置声音的播放方式

步骤4　打开【插入图片】对话框，在【查找范围】下拉列表中，选择路径为“PowerPoint 经典应用实例\第 4 篇\实例 12”中的“01.png”图片文件，然后单击【插入】按钮插入图片。

步骤5　调整所插入的图片使其位于标题幻灯片的中间位置，然后打开【自定义动画】窗格，设置动画效果为【进入】、【淡出】，并在【开始】下拉列表中选择【之后】选项，然后在【速度】下拉列表中选择【慢速】选项，如图 12-19 所示。

步骤6　打开【插入图片】对话框，选择路径为“PowerPoint 经典应用实例\第 4 篇\实例 12”中的“08.png”图片文件插入幻灯片中，并调整所插入的剪纸图片使其位于标题幻灯片的中间位置，然后打开【自定义动画】窗格，设置动画效果为【进入】、【轮子】，在【开始】、【辐射状为】、【速度】下拉列表中分别选择【之后】、【4】、【慢速】选项，如图 12-20 所示。

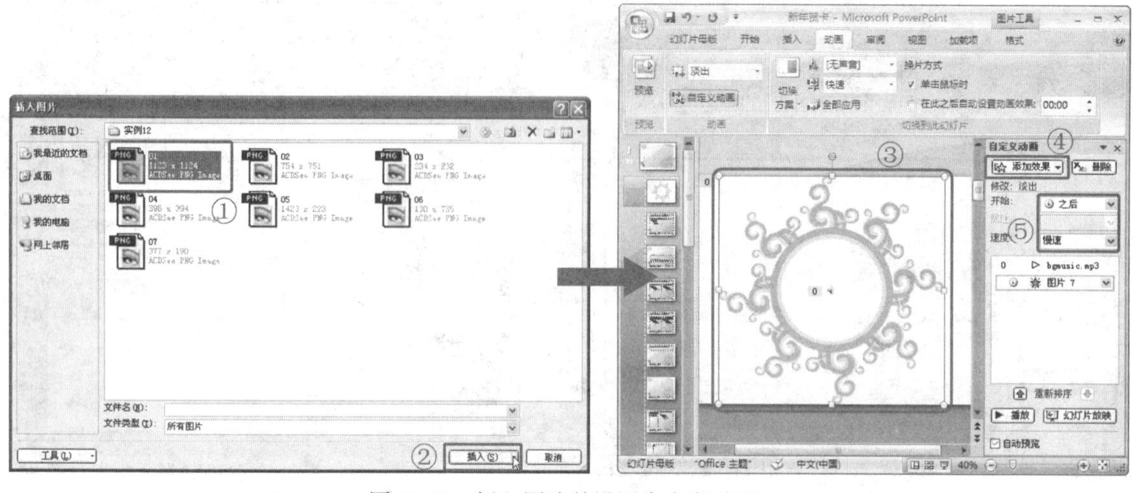

图 12-19　插入图片并设置自定义动画

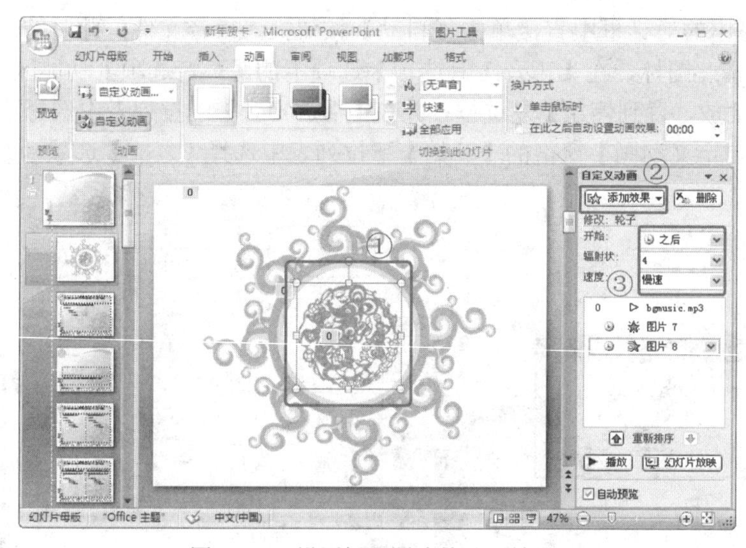

图 12-20　设置插入图片的动画效果

步骤7　选择剪纸图片，在【自定义动画】窗格中设置动画效果为【退出】、【淡出】，并在【开始】、【速度】下拉列表中分别选择【之后】、【非常慢】选项，设置退出的动画效果，如图 12-21 所示。

在幻灯片中设置自定义动画时，可以对一个对象设置多个动画效果，所设置的动画将按照在【自定义动画】窗格的排列顺序和【开始】下拉列表中所选择的选项进行播放。一般是先设置对象进入的动画效果，然后再设置一个退出的动画效果。在【自定义动画】窗格中绿色的动画图标表示进入的动画效果，红色的动画图标表示退出的动画效果，而黄色图标则代表强调的动画效果。

步骤8　绘制一个高度为“19.05 厘米”、宽度为“25.4 厘米”的矩形 1，然后打开【设置形状格式】对话框，在【填充】选项卡中点选【纯色填充】单选钮，设置填充颜色的 RGB 值依次为“252”、“255”、“217”，透明度为【20%】，如图 12-22 所示。

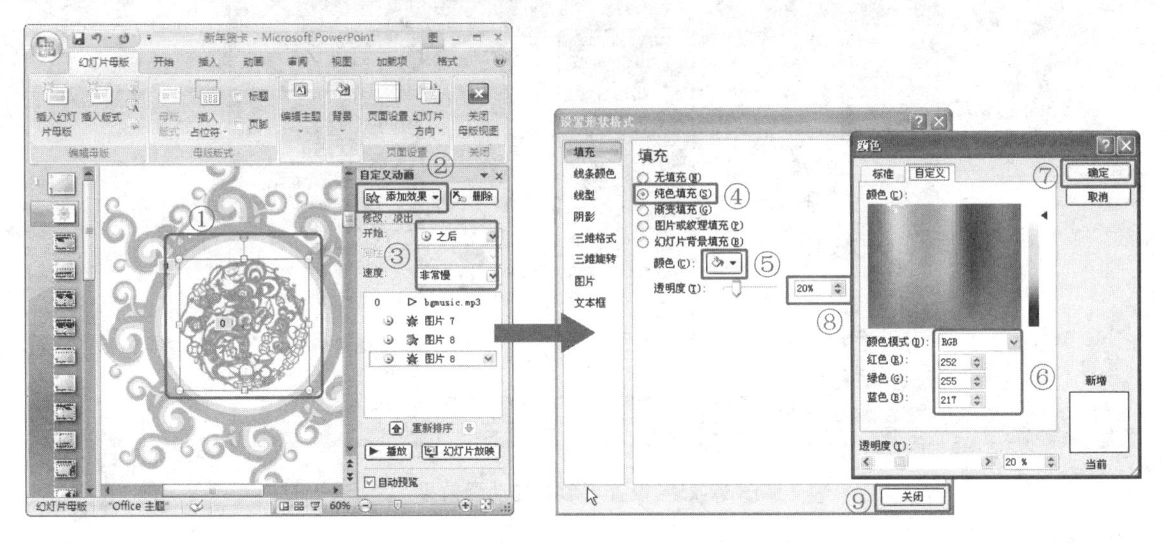

图 12-21　设置图片的退出动画效果　　图 12-22　绘制矩形 1 并设置填充颜色

步骤9　调整矩形 1 的位置，然后打开【自定义动画】窗格，设置动画效果为【进入】、【淡出】，并在【开始】、【速度】下拉列表中分别选择【之前】、【慢速】选项，如图 12-23 所示。

步骤10　绘制一个高度为“16.27 厘米”、宽度为“6.35 厘米”的矩形 2，然后打开【设置形状格式】对话框，在【填充】选项卡中点选【纯色填充】单选钮，设置填充颜色的 RGB 值依次为“255”、“109”、“109”，透明度为【30%】，如图 12-24 所示。

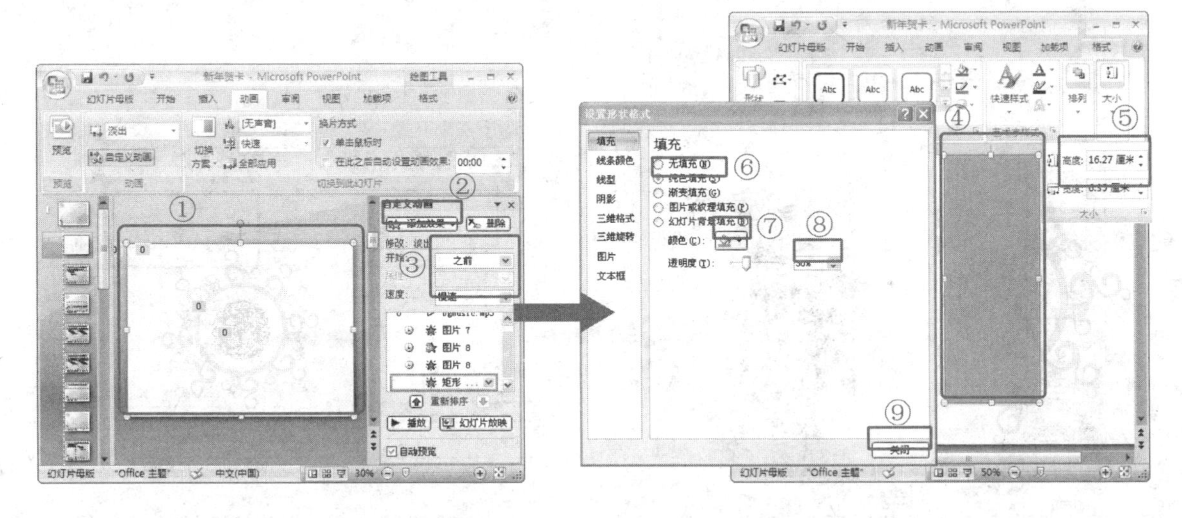

图 12-23　设置矩形 1 的动画效果　　图 12-24　绘制矩形 2

步骤11　调整矩形 2 的位置使其位于幻灯片的中间上方，然后打开【自定义动画】窗格，设置动画效果为【进入】、【擦除】，并在【开始】、【方向】、【速度】下拉列表中分别选择【之前】、【自顶部】、【非常慢】选项，如图 12-25 所示。

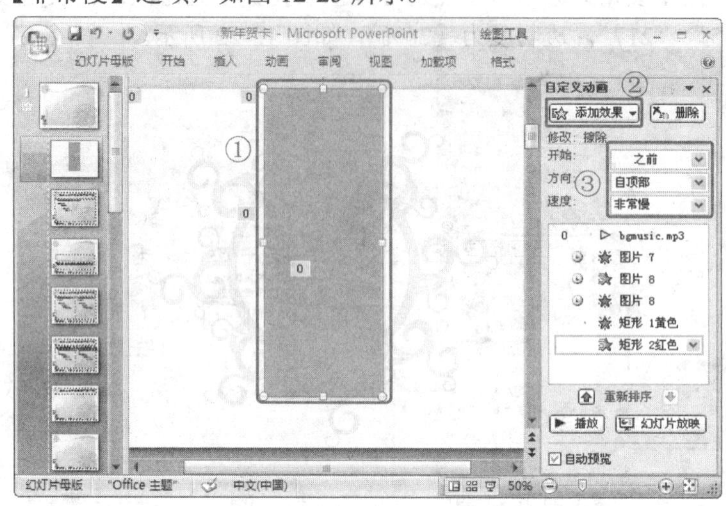

图 12-25　设置矩形 2 的动画效果

步骤12　在幻灯片中插入两个文本框，分别输入文本“贺”和“年”，设置字体均为【汉仪柏青体繁】，字体颜色均为【黑色】，文本“贺”的字号为【180】，文本“年”的字号为【130】，并单击 S 按钮设置文本的阴影效果，然后调整文本框的位置，如图 12-26 所示。

步骤13　选择文本“贺”，然后打开【自定义动画】窗格，设置动画效果为【进入】、【曲线向上】，在【开始】、【速度】下拉列表中分别选择【之前】、【慢速】选项。

步骤14　选择文本“年”，然后打开【自定义动画】窗格，设置动画效果为【进入】、【螺旋飞入】，在【开始】、【速度】下拉列表中分别选择【之前】、【慢速】选项，如图 12-27 所示。

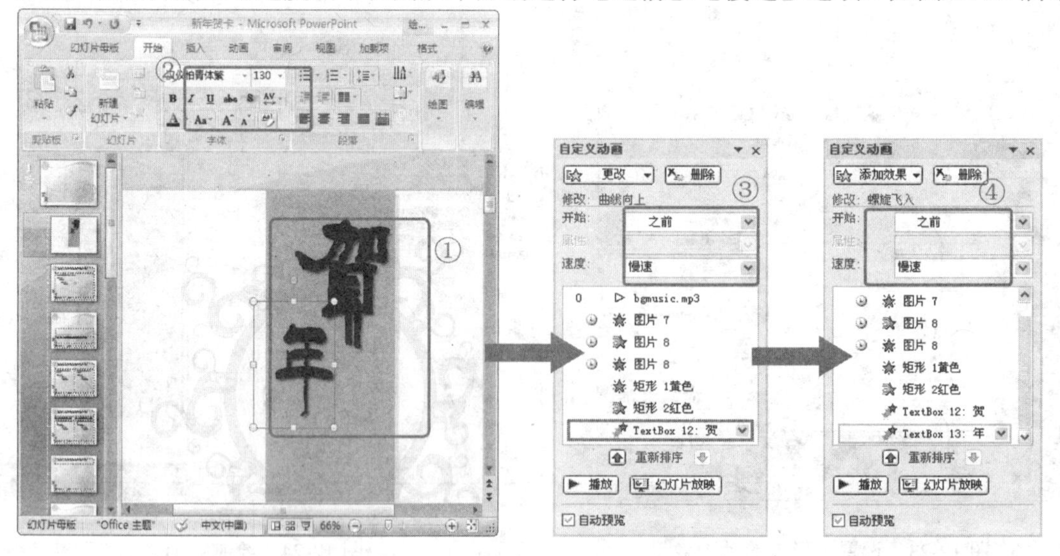

图 12-26　输入文本　　　　　　　　　　图 12-27　设置文本的自定义动画

在【自定义动画】窗格中，如果需要调整动画的先后播放顺序，可以通过单击按钮或者按钮对所选择的动画进行排序；如果需要在幻灯片中预览动画效果，可以直接单击【播放】按钮；如果需要预览整个幻灯片，可以直接单击【幻灯片放映】按钮。

步骤15　打开【插入图片】对话框，选择路径为“PowerPoint 经典应用实例\第 4 篇\实例 12”中的“04.png”图片文件插入幻灯片中，调整图片使其位于标题幻灯片的中间位置，其叠放顺序位于文字“贺”和“年”的下方，如图 12-28 所示。

步骤16　打开【自定义动画】窗格，设置图片的动画效果为【进入】、【淡出式缩放】，并在【开始】、【速度】下拉列表中分别选择【之后】、【慢速】选项，然后单击按钮调整动画的排列顺序，使其位于文本动画之前，如图 12-29 所示。

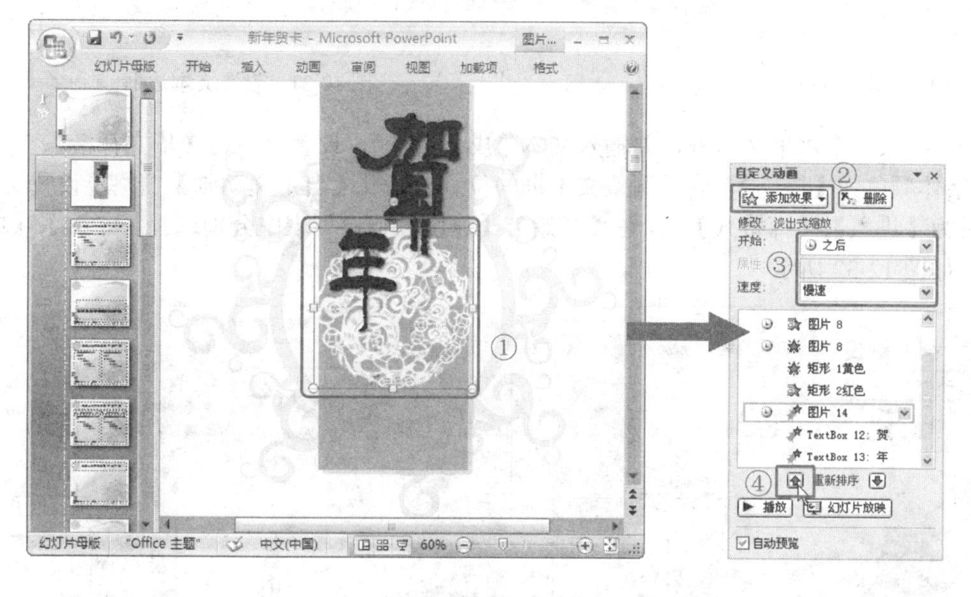

图 12-28　插入图片并调整叠放次序　　　　图 12-29　设置动画播放顺序

步骤17　插入一个垂直文本框，并输入文本，如“墨思客工作室”，设置字体为【汉鼎繁古印】、字号为【14】、字体颜色的 RGB 值依次为“200”、“0”、“0”，并单击 **B**【加粗】按钮，设置文本加粗效果，然后调整文本框的位置，如图 12-30 所示。

步骤18　在【绘图工具格式】选项卡的【形状样式】功能区中单击【形状轮廓】按钮，在弹出的列表中设置轮廓粗细为【3 磅】，轮廓颜色同字体颜色相同，如图 12-31 所示。

步骤19　打开【自定义动画】窗格，设置文本的动画效果为【进入】、【曲线向上】，并在【开始】、【速度】下拉列表中分别选择【之后】、【中速】选项。

步骤20　插入一个水平文本框，并输入文本“2008”，设置字体为【Colonna MT】、字号为【44】、字体颜色为【黑色】，然后调整文本框的位置，打开【自定义动画】窗格，设置文本的动画效果为【进入】、【擦除】，并在【开始】、【方向】、【速度】下拉列表中分别选择【之后】、【自左侧】、【慢速】选项。

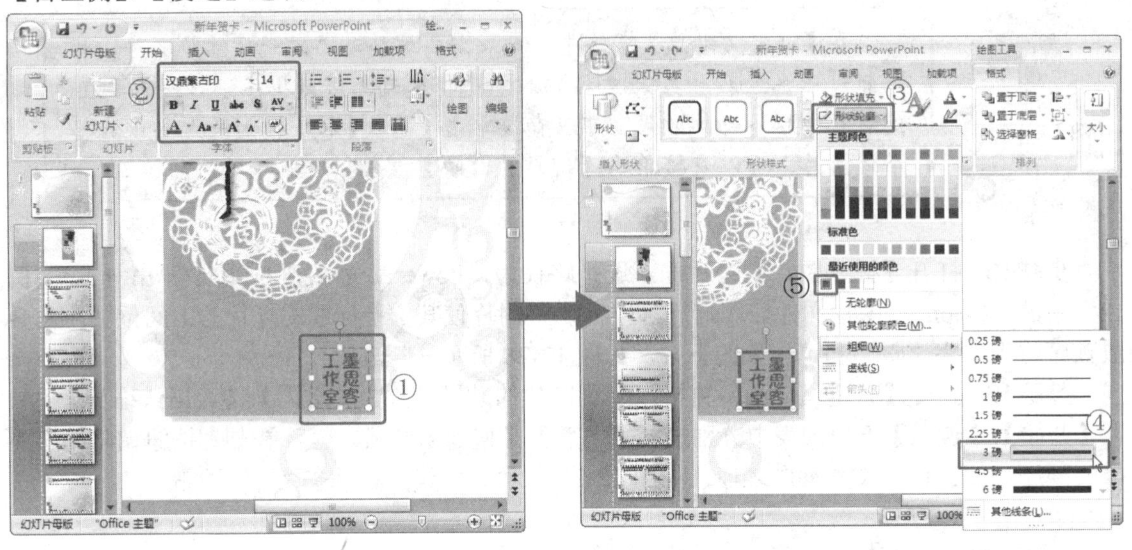

图 12-30 输入文本　　图 12-31 设置文本边框

步骤21 插入一个水平文本框，并输入文本“戊子鼠年”，设置字体为【华文行楷】、字号为【24】、字体颜色为【黑色】，然后调整文本框的位置，打开【自定义动画】窗格，设置文本的动画效果为【进入】、【挥鞭式】，并在【开始】、【速度】下拉列表中分别选择【之后】、【中速】选项，如图 12-32 所示。

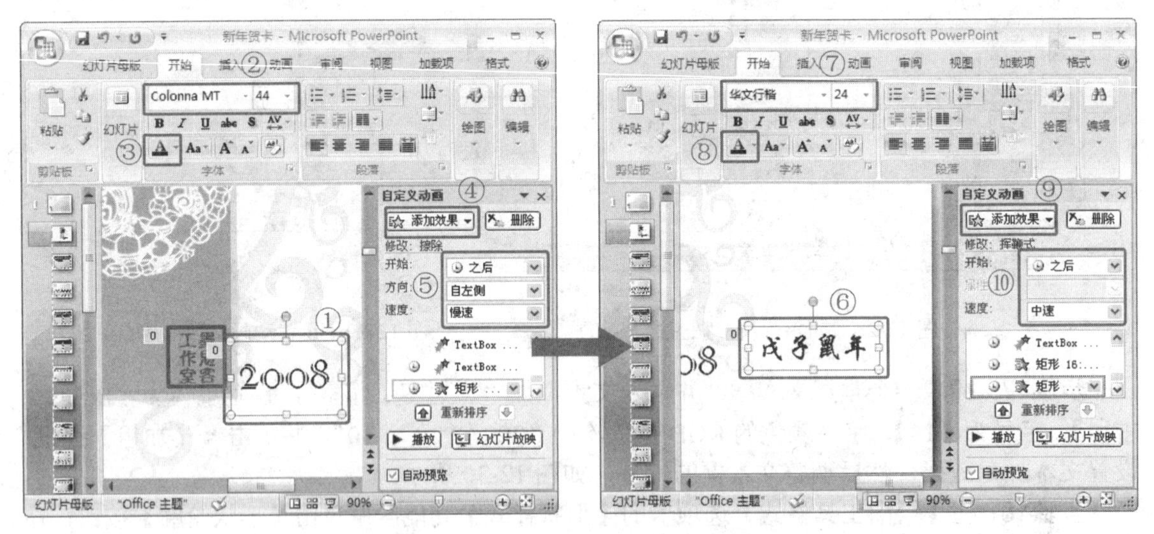

图 12-32 插入文本框并设置动画效果

步骤22 插入一个文本框并输入文本“Happy New Year”，设置字体为【Lucida Calligraphy】、字号为【18】、字体颜色为【黑色】，然后调整文本框的位置，打开【自定义动画】窗格，设置文本的动画效果为【进入】、【挥鞭式】，并在【开始】、【速度】下拉列表中分别选择【之前】、

【中速】选项，如图 12-33 所示。

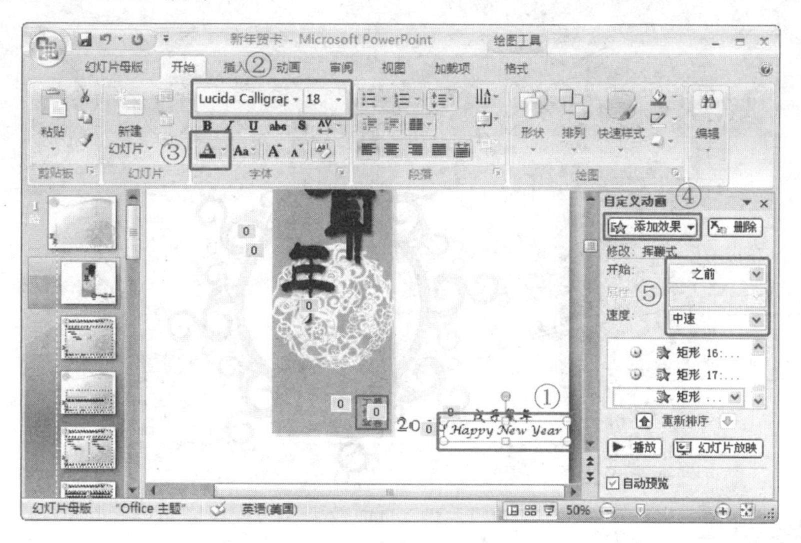

图 12-33　插入文本框并设置动画效果

步骤23　按<Ctrl>+<S>快捷键保存幻灯片文档，标题幻灯片创建完毕。

12.2.3　结束页版式的设置

结束页版式就是在幻灯片母版中对贺卡结束页进行设置，其具体操作步骤如下。

步骤1　在母版编辑区左侧的导航栏中选择第三个幻灯片页面，然后在【幻灯片母版】选项卡的【背景】功能区中勾选【隐藏背景图形】复选框，同时删除所有的文本框。

步骤2　在【幻灯片母版】选项卡的【编辑母版】功能区中单击【重命名】按钮，打开【重命名版式】对话框，输入名称“结束页版式”，然后单击【重命名】按钮，如图 12-34 所示。

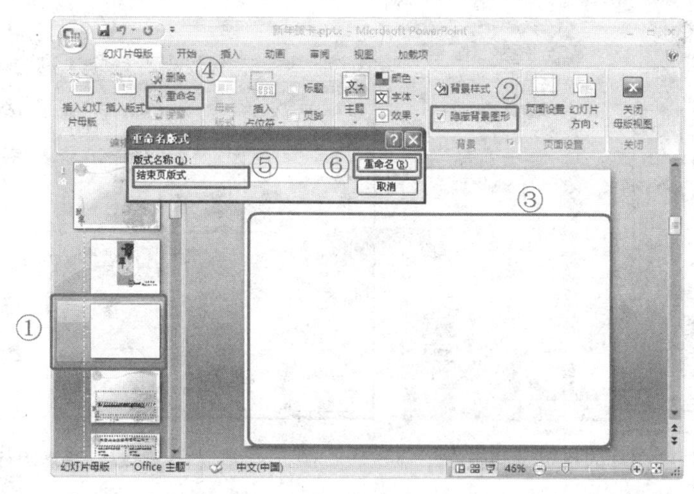

图 12-34　重命名版式

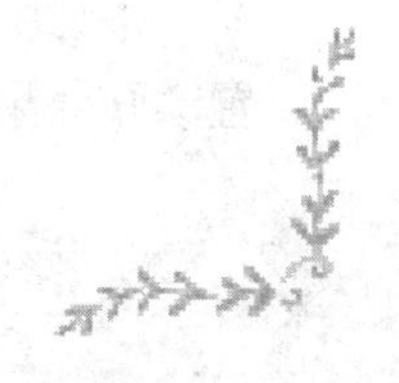

步骤3 使用设置标题幻灯片相同的方法创建如图 12-35 所示的页面效果，然后删除所有的自定义动画效果。

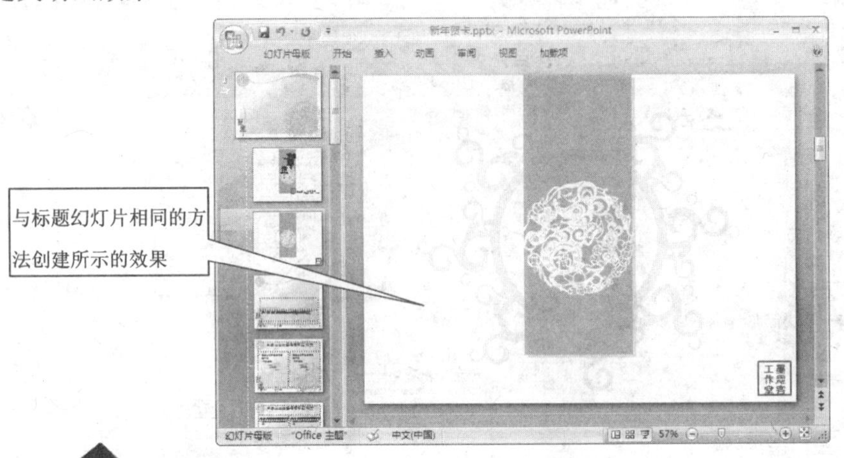

图 12-35 页面效果

在【自定义动画】窗格中如果要删除自定义动画，可以先选择所要删除的动画，然后直接单击【删除】按钮即可。

步骤4 选择幻灯片中间的剪纸图片，然后打开【自定义动画】窗格，设置动画效果为【强调】、【陀螺旋】，并在【开始】、【数量】、【速度】下拉列表中分别选择【之后】、【360° 逆时针】、【中速】选项，如图 12-36 所示。

步骤5 打开【插入图片】对话框，在【查找范围】下拉列表中，选择路径为“PowerPoint 经典应用实例\第 4 篇\实例 12”中的“07.png”图片文件，单击【插入】按钮插入图片，如图 12-37 所示。

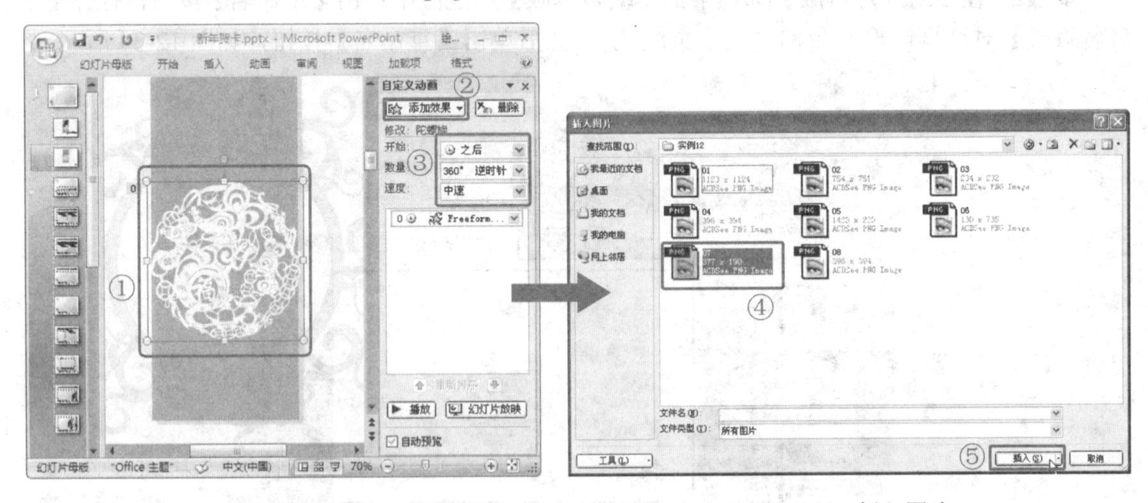

图 12-36 设置剪纸图片的自定义动画

图 12-37 插入图片

步骤6 调整所插入的图片使其位于幻灯片的中间位置，然后在【自定义动画】窗格中设置动画效果为【强调】、【忽明忽暗】，并在【开始】、【速度】下拉列表中分别选择【之前】、【慢速】选项，如图 12-38 所示。按<Ctrl>+<S>快捷键保存幻灯片文档，结束页版式创建完毕。

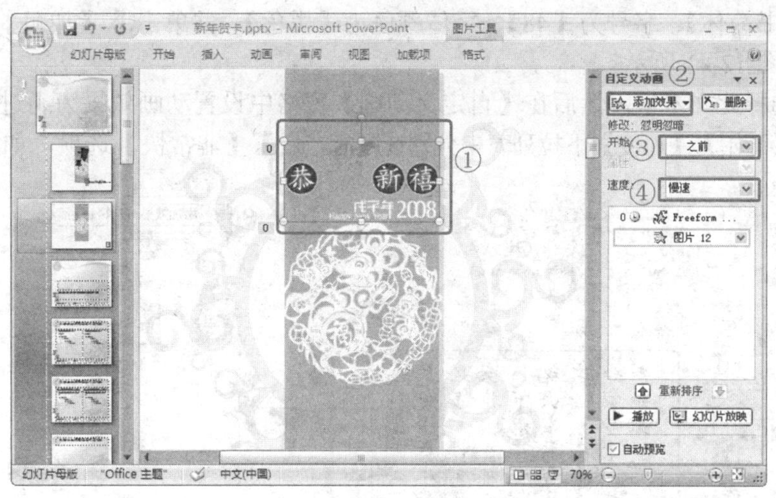

图 12-38　设置图片的动画效果

12.2.4　贺卡内容的添加

创建完毕幻灯片母版、标题幻灯片以及结束页后，下面就可以退出母版设置，为贺卡添加相应的内容了，其具体操作步骤如下。

步骤1　在幻灯片母版编辑区中选择【幻灯片母版】选项卡，然后在【关闭】功能区中单击【关闭母版视图】按钮，退出母版编辑区，如图 12-39 所示。

步骤2　在首页幻灯片中删除所有的文本框，然后选择【开始】选项卡，在【幻灯片】功能区中单击【新建幻灯片】按钮，在弹出的下拉列表中选择【空白】选项创建新幻灯片页面，如图 12-40 所示。

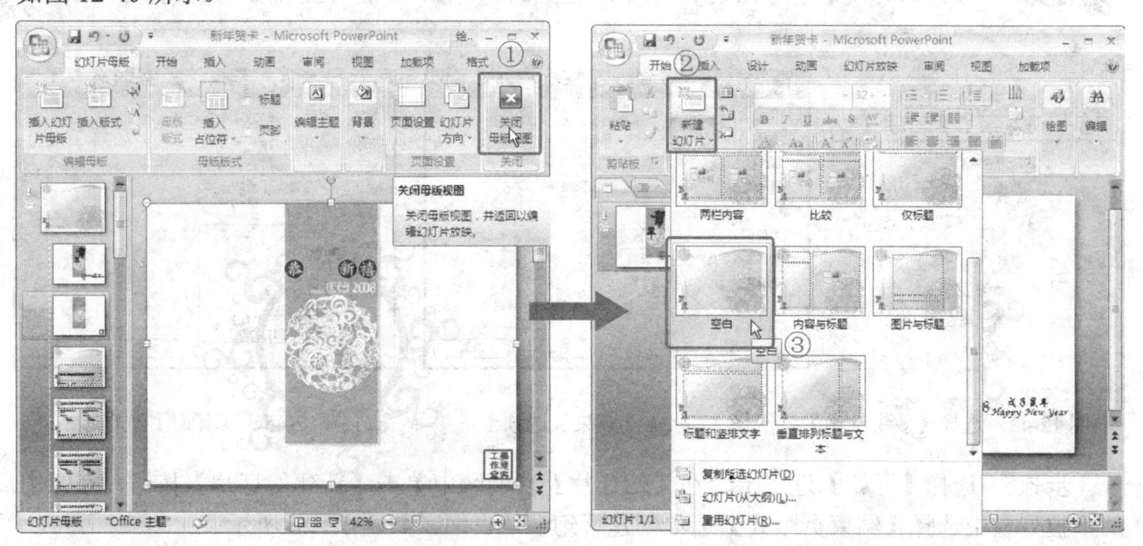

图 12-39　退出母版编辑区　　　　图 12-40　新建空白幻灯片页面

步骤3 在新页面中插入一个垂直文本框，输入相应的祝福文本，然后设置文本的字体为【方正硬笔行书简体】、字号为【48】、字体颜色为【黑色】，并单击 **B**【加粗】按钮，使文本加粗显示，如图 12-41 所示。

步骤4 选择此文本框，然后在【自定义动画】窗格中设置动画效果为【进入】、【颜色打字机】，并在【开始】、【速度】下拉列表中分别选择【之后】、【非常快】选项，如图 12-42 所示。

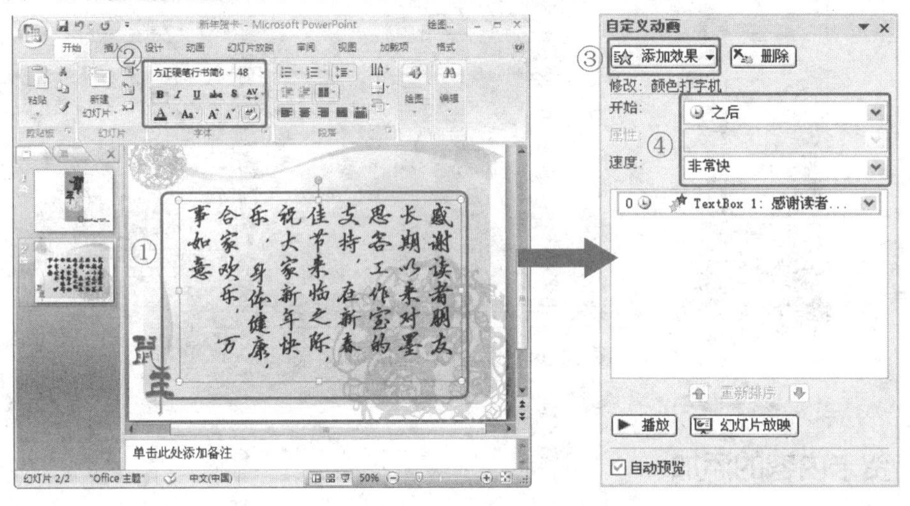

图 12-41 输入祝福文本　　　　图 12-42 设置文本的动画效果

在对图形或者文本设置了自定义动画后，可以在动画效果栏上单击 ∨ 按钮，在弹出的下拉列表中选择【效果选项】选项，如图 12-43 所示，打开相应的动画对话框，在【效果】选项卡中可以设置动画的高级效果，也可以为动画添加声音，如图 12-44 所示；在【计时】选项卡中可以设置动画的重复播放次数，如图 12-45 所示。

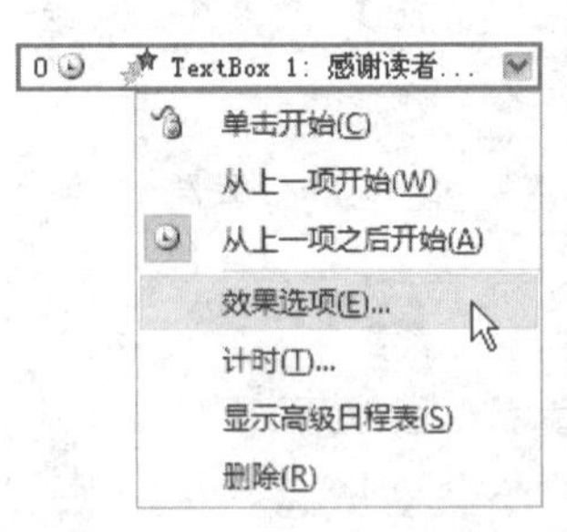

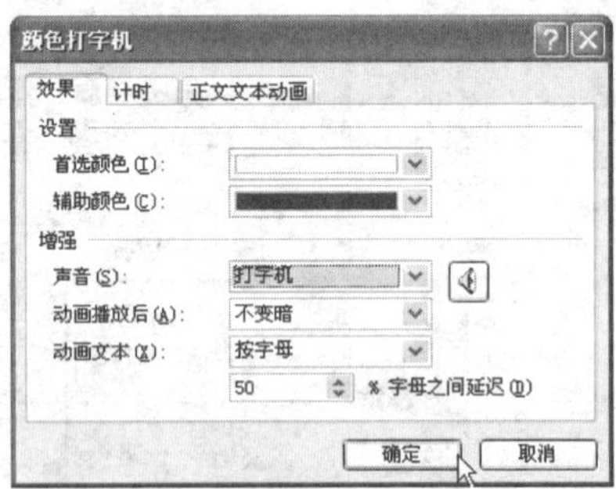

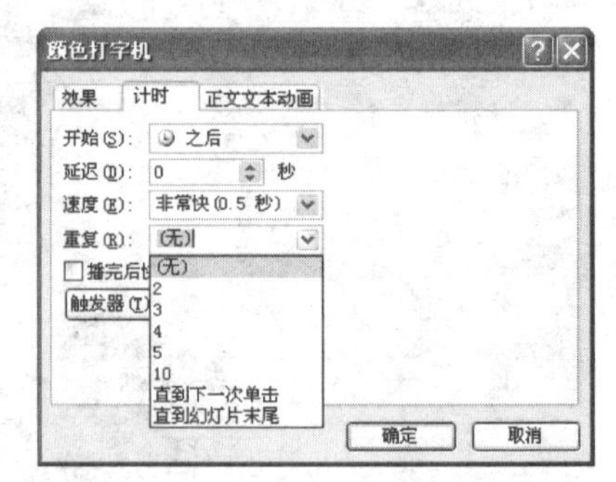

图 12-43 选择【效果选项】　　图 12-44 【效果】选项卡　　图 12-45 【计时】选项卡

步骤5 选择【开始】选项卡，在【幻灯片】功能区中单击【新建幻灯片】按钮，在弹出的下拉列表中选择【结束页版式】选项创建新幻灯片页面，如图 12-46 所示。

步骤6 按<Ctrl>+<S>快捷键保存文档，新年贺卡幻灯片创建完毕。

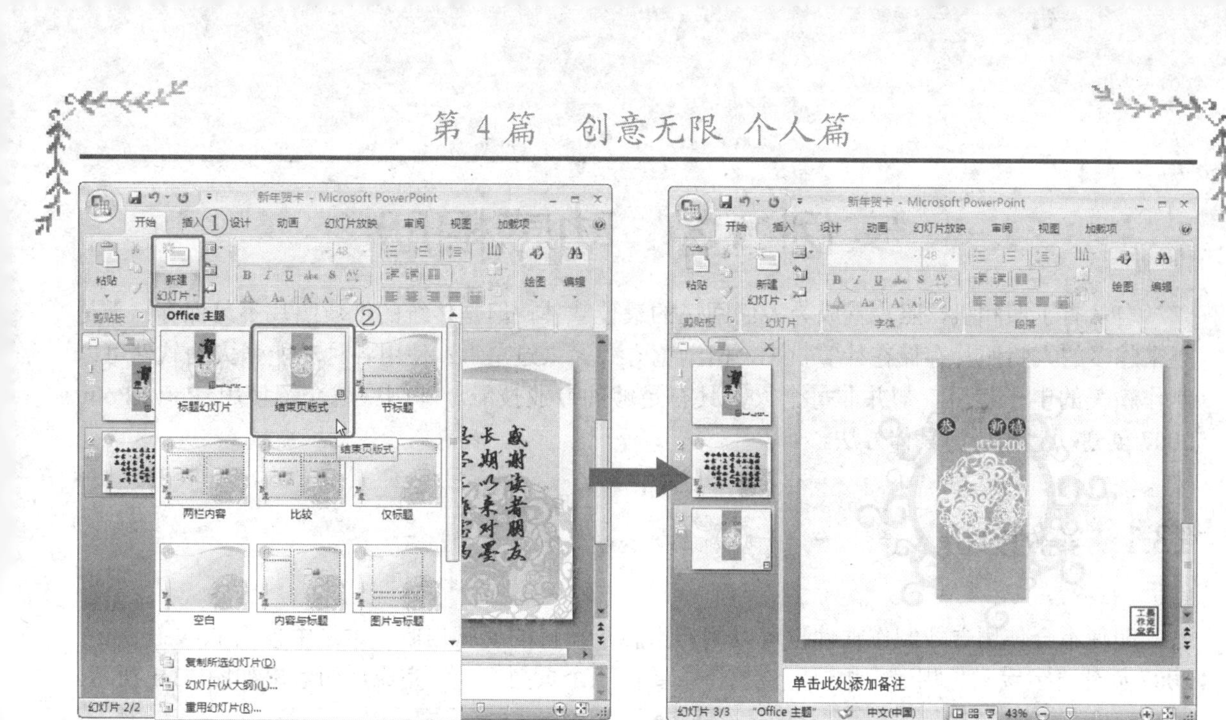

图 12-46　创建结束页幻灯片

12.3　实例总结

本实例是创建新年贺卡的幻灯片页面，根据贺卡的形式创建了 3 个幻灯片页面，通过本实例的学习，需要重点掌握以下几个方面的内容。

- 通过绘制并填充形状，以及插入图片设置幻灯片母版。
- 在幻灯片母版中设置多个自定义动画，并分别设置各动画的属性。
- 在幻灯片母版中插入声音文件，并设置声音的相关选项。
- 在幻灯片母版中对版式进行重新命名。

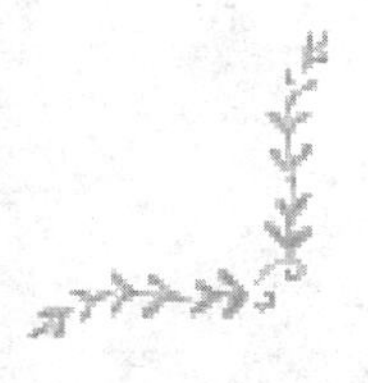

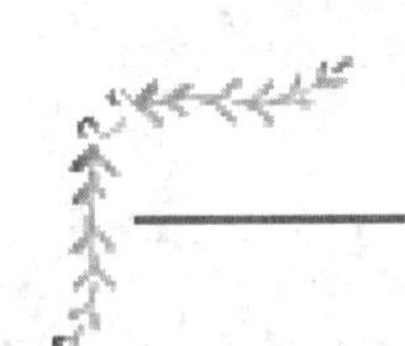

实例 13　动感相册

自从有了照相机，照片就成为人们回忆的最佳载体，但是传统的纸质照片不易保存；于是越来越多的人将照片存储在计算机中，但浏览方式又太过单调；使用各种功能强大的软件可以制作精美的电子相册，却并非每个人都具有足够的专业技能。本例中就介绍使用 PowerPoint 2007 创建动感相册的具体方法。

13.1　实例分析

即使不会使用专业制作软件也可以制作出属于自己的动感相册，本例中使用 PowerPoint 2007 创建“宝宝成长相册”相册，该相册主要由三个页面组成，完成后的效果如图 13-1 所示。

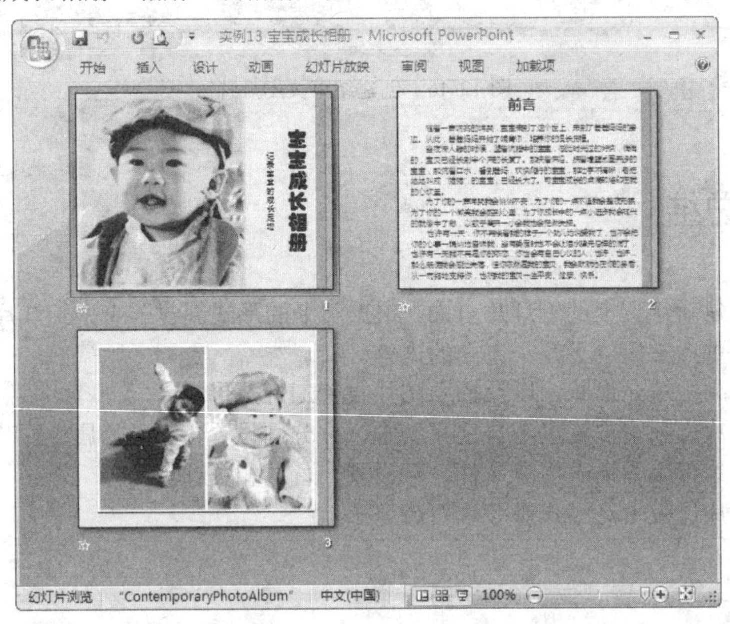

图 13-1　相册预览效果

13.1.1　设计思路

本实例主要面对广大非专业用户，在创建时主要使用 PowerPoint 2007 的自带功能，如通过自带的模板创建幻灯片文档，然后通过设置自定义动画来实现相册自动翻页的效果，此外还插入了音频文件使幻灯片更加声情并茂。

本实例创建动感相册幻灯片的思路为：首页（即幻灯片标题）→前言→相册。

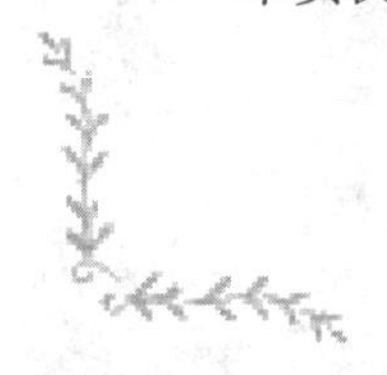

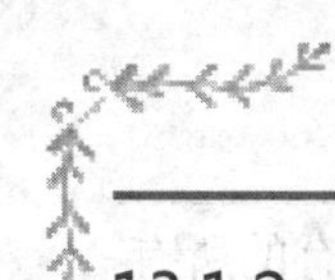

13.1.2　涉及的知识点

在动感相册的制作中，首先通过模板创建了幻灯片，然后导入图片并依次进行设置。

在相册的制作中主要用到了以下方面的知识点：

- ✧ 使用已安装模板创建幻灯片
- ✧ 图片的插入和调整
- ✧ 文本框的插入和文本的输入
- ✧ 通过添加自定义动画实现相册自动翻页效果
- ✧ 插入音频文件并设置声音选项

13.2　实例操作

在 PowerPoint 2007 中可以通过模板快速的创建精美的幻灯片文档，下面就逐一介绍创建“宝宝成长相册”的具体方法。

13.2.1　创建幻灯片首页

使用已安装母版创建纪念相册首页的具体操作步骤如下。

步骤1　在 PowerPoint 2007 界面的左上角单击【Office】按钮，在弹出菜单中选择【新建】命令，打开【新建演示文稿】对话框。

步骤2　在【模板】列表中选择【已安装的模板】选项，并在右侧列表框选择【现代型相册】选项，选择完毕后单击【创建】按钮，新建演示文稿，如图 13-2 所示。

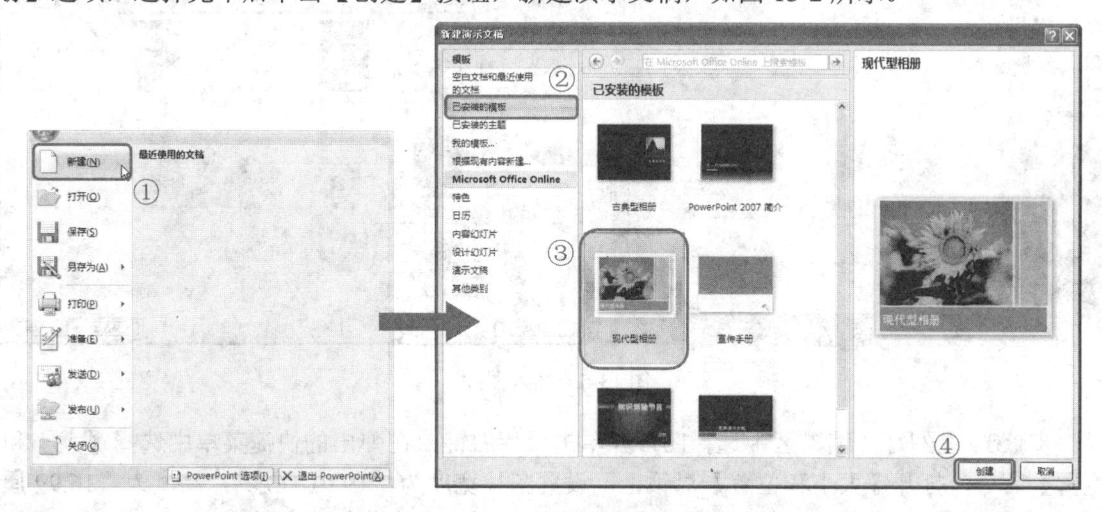

图 13-2　通过模板创建幻灯片

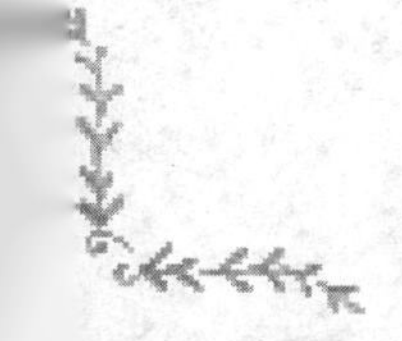

步骤3 在【开始】选项卡的【幻灯片】功能区中单击【删除】按钮，删除已有的所有幻灯片页面，如图13-3所示。

步骤4 在【开始】选项卡的【幻灯片】功能区中单击【新建幻灯片】按钮，然后在弹出的【Classic Photo Album】列表中选择【空白】选项，如图13-4所示。

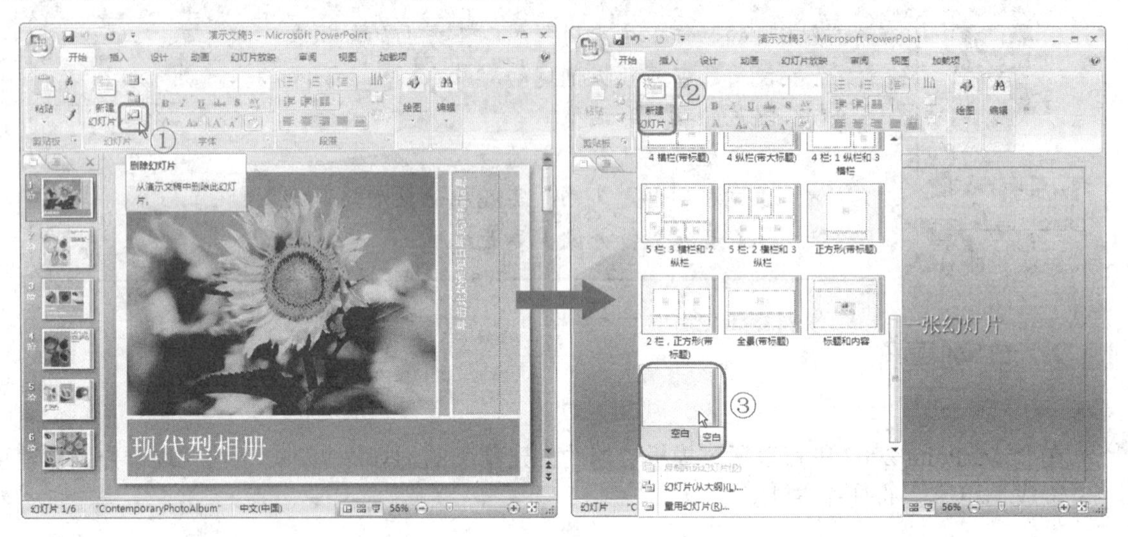

图13-3 删除幻灯片页面　　　　图13-4 创建空白幻灯片页面

步骤5 在【插入】选项卡的【插图】功能区中单击【图片】按钮，打开【插入图片】对话框，在对话框中选择路径为“PowerPoint经典应用实例\第4篇\实例13”中的“pic01.jpg”图片文件，然后单击【插入】按钮插入图片，如图13-5所示。

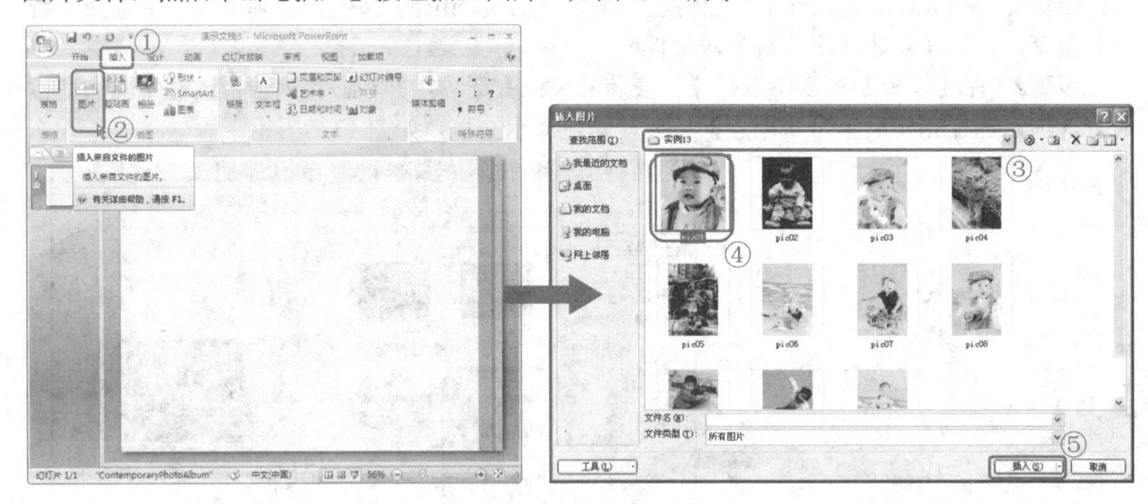

图13-5 插入图片

步骤6 在幻灯片编辑区中选择图片并单击鼠标右键，在弹出的快捷菜单中选择【大小和位置】命令，打开【大小和位置】对话框，设置图片宽度为“19.01厘米”，高度为“16.99厘米”，并选择【位置】选项卡，然后在【水平】和【垂直】文本框中都输入“0厘米”。

步骤7 单击【关闭】按钮即可设置图片的位置，如图13-6所示。

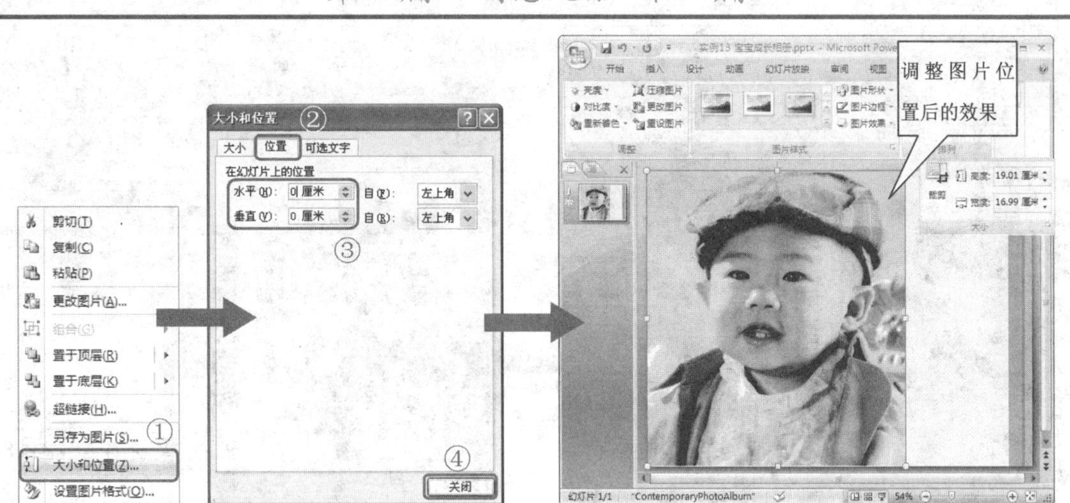

图 13-6　设置图片的位置

步骤8　选择图片并在【图片工具格式】选项卡的【图片样式】功能区中单击【图片效果】按钮，然后在弹出的列表中依次选择【柔化边缘】、【5 磅】选项，如图 13-7 所示。

步骤9　在幻灯片编辑区中插入一个垂直文本框，并在其中输入“宝宝成长相册”，然后将文本字体设置为【华文琥珀】，字号设置为【54】。

步骤10　再次插入一个垂直文本框，并在其中输入“记录宝宝的成长足迹”，然后将文本字体设置为【方正黑体简体】，字号设置为【24】。

步骤11　拖动鼠标调整两个文本框的位置，使其如图 13-8 所示即可。

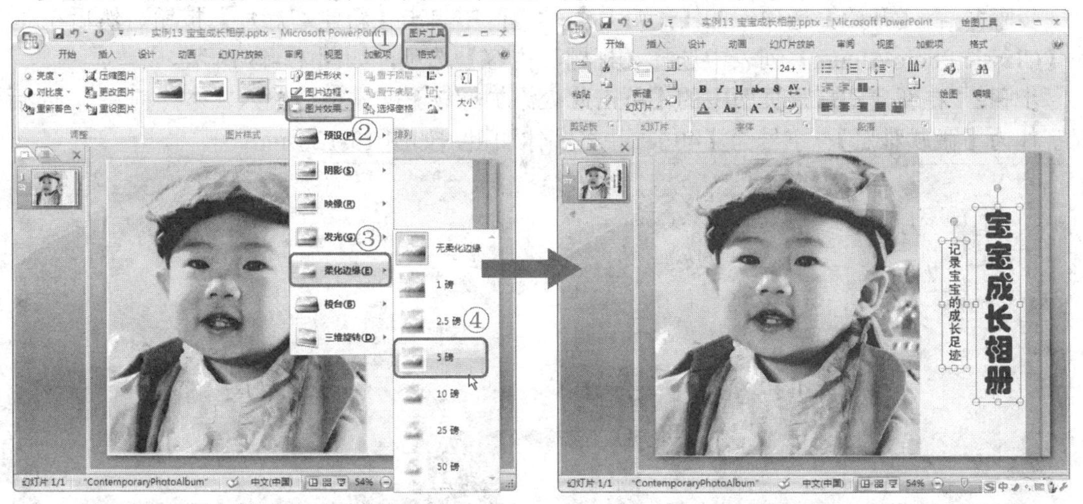

图 13-7　设置图片的柔化边缘效果　　　图 13-8　插入垂直文本框并调整位置

步骤12　选择【宝宝成长相册】文本框，然后打开【自定义动画】窗格，并在窗格中单击【添加效果】按钮，然后在弹出的列表中依次选择【进入】、【下降】选项，分别在【开始】和【速度】下拉列表中分别选择【之后】和【慢速】选项，如图 13-9 所示。

步骤13　重复上述操作，为【记录宝宝的成长足迹】文本框添加相同的进入效果，在【自定义窗格】底端单击【播放】按钮可以预览动画效果，如图 13-10 所示。

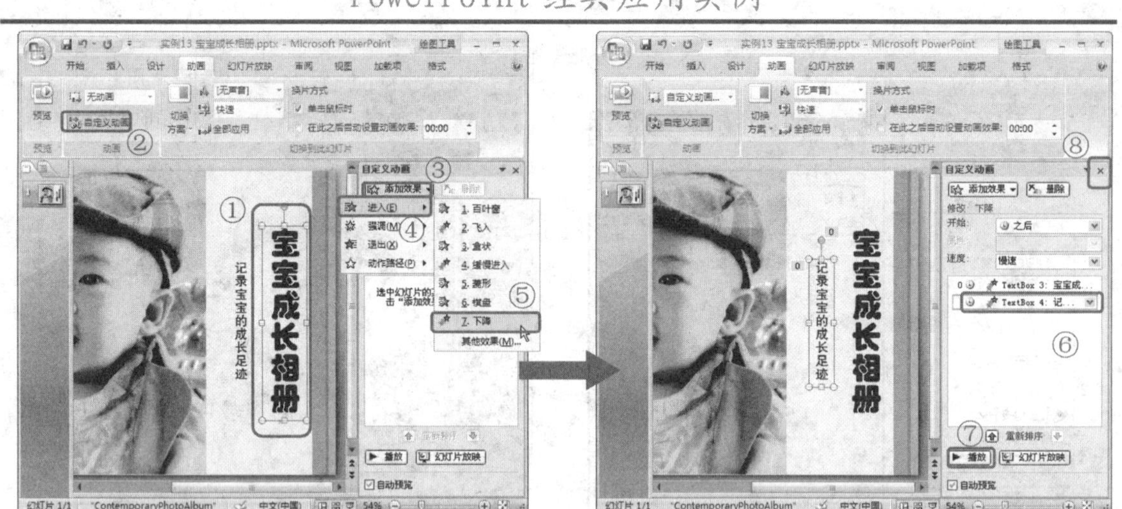

图 13-9　设置标题文本框的动画效果　　　　图 13-10　设置副标题文本框的动画效果

步骤14　单击 ×【关闭】按钮，关闭【自定义动画】窗格。至此，纪念相册首页创建完毕。

13.2.2　创建前言页面

前言页面主要由大量的文本内容组成，为了消除文本内容的生硬感，可以将文本内容设置成电影字幕的效果，其具体操作步骤如下。

步骤1　在【开始】选项卡的【幻灯片】功能区中单击【新建幻灯片】按钮，然后在弹出的【Classic Photo Album】列表中选择【标题和内容】选项，如图 13-11 所示。

步骤2　在新建幻灯片页面中的【单击此处添加标题】文本框内输入文本“前言”，然后设置字体为【微软雅黑】、字号为【40】，并将字体加粗，如图 13-12 所示。

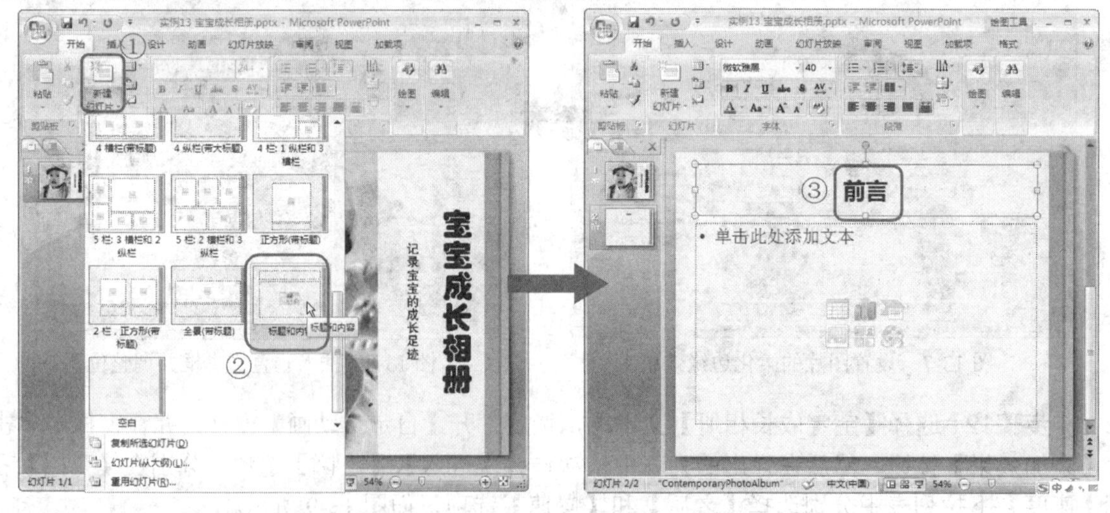

图 13-11　新建幻灯片页面　　　　图 13-12　输入标题

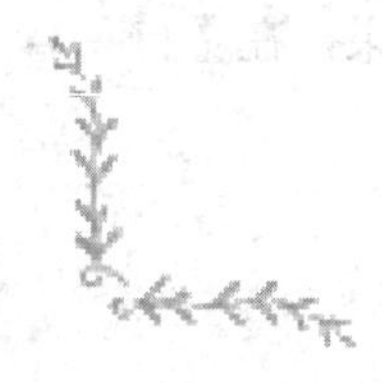

步骤3　在【单击此处添加文本】文本框中输入相应的文本内容，然后将在文本框上单击鼠标右键，在弹出的快捷菜单中选择【项目符号/无】命令，删除项目符号。

步骤4　调整文本的段落格式和字体，使其如图 13-13 所示即可。

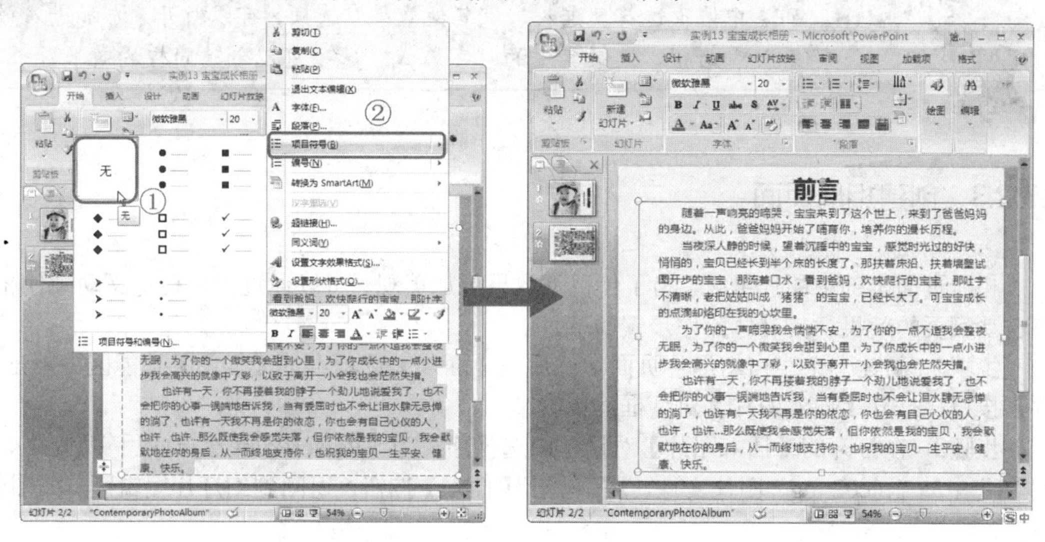

图 13-13　删除项目符号并调整文本

步骤5　选择标题文本框，然后打开【自定义动画】窗格，在窗格中设置名为【展开】的进入动画效果，然后分别在【开始】和【速度】下拉列表中分别选择【之后】和【中速】选项，如图 13-14 所示。

步骤6　选择内容文本框，并在【自定义动画】窗格中为其设置名为【飞入】的进入效果，然后分别在【开始】、【方向】和【速度】下拉列表中分别选择【之后】、【自底部】和【中速】选项，如图 13-15 所示。

步骤7　在【自定义窗格】底端单击【▶ 播放】按钮可以预览动画效果，至此前言页面创建完毕。

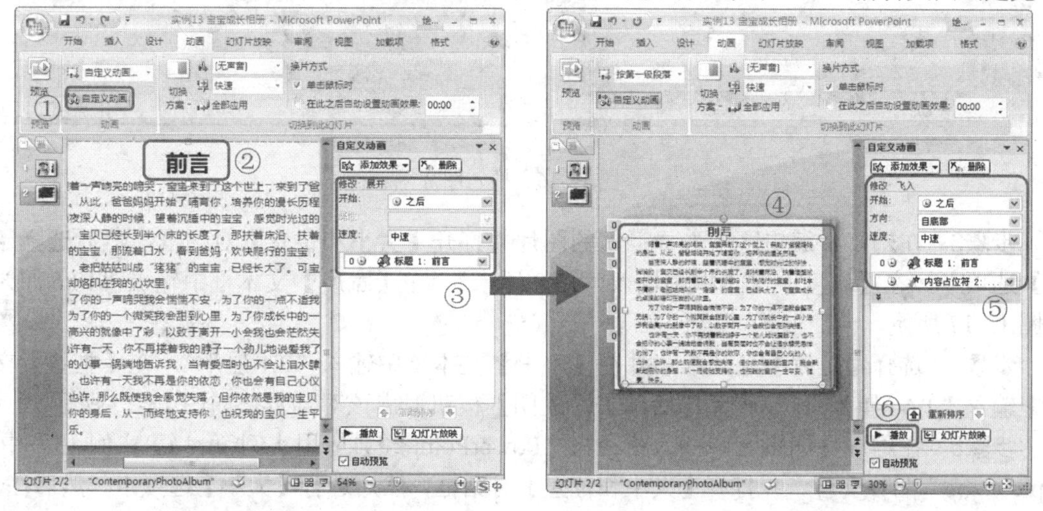

图 13-14　设置标题的动画效果　　　　图 13-15　设置文本框的动画效果

在“自定义动画”窗格中单击【添加效果】按钮，然后在弹出的列表中依次选择“进入”、“其他效果”选项，可以打开“添加进入效果”对话框，选择其中的“字幕式”选项可以创建同样的效果。

13.2.3 创建相册页面

相册页面全部由图片组成，为了使视觉效果更加美观，可以通过添加自定义动画使相册具有自动翻页的效果，其具体操作步骤如下。

步骤1 新建一个空白幻灯片页面，然后在【插入】选项卡的【插图】功能区中单击【图片】按钮，打开【插入图片】对话框。

步骤2 在打开的【插入图片】对话框中选择路径为“PowerPoint 经典应用实例\第 4 篇\实例 13”中的“pic02.jpg”图片文件，然后单击【插入】按钮，返回到幻灯片编辑区，如图 13-16 所示。

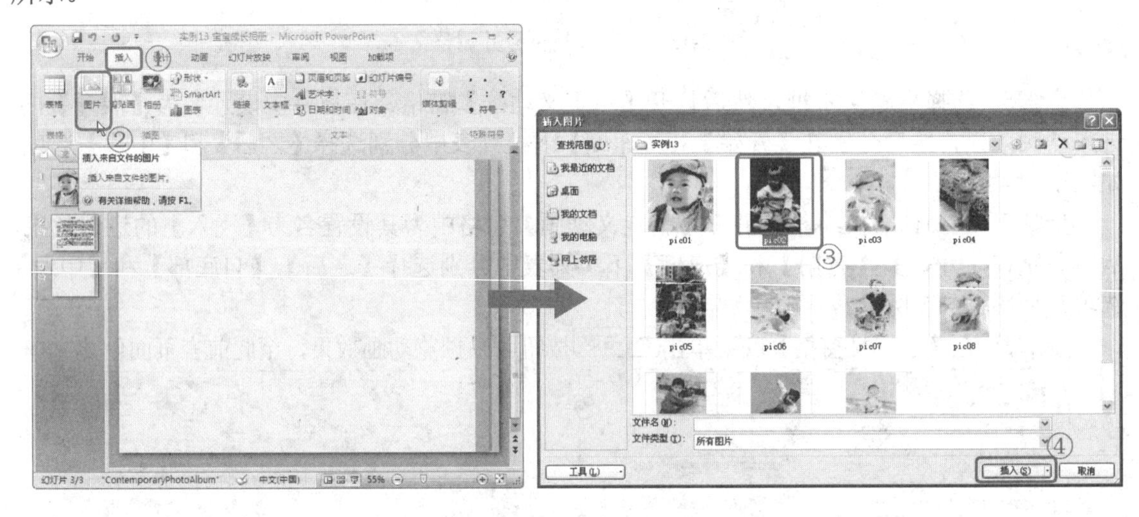

图 13-16 插入图片

步骤3 在幻灯片编辑区中选择插入的图片并打开【大小和位置】对话框，然后选择【大小】选项卡，在【高度】文本框中输入“15.8 厘米”，在【宽度】文本框中输入“10.6 厘米”，如图 13-17 所示。

步骤4 选择【位置】选项卡，并在【水平】文本框中输入“2.1 厘米”，在【垂直】文本框中输入“1.66 厘米”，设置完毕后单击【关闭】按钮退出该对话框，如图 13-17 所示。

步骤5 在幻灯片编辑区中插入路径为“PowerPoint 经典应用实例\第 4 篇\实例 13”中的“pic03.jpg”图片文件，并打开【大小和位置】对话框，然后选择【大小】选项卡，然后在【高度】文本框中输入“15.8 厘米”，在【宽度】文本框中输入“10.6 厘米”。

步骤6　选择【位置】选项卡，并在【水平】文本框中输入“12.7 厘米”，在【垂直】文本框中输入“1.66 厘米”，设置完毕后单击【关闭】按钮退出该对话框，如图 13-18 所示。

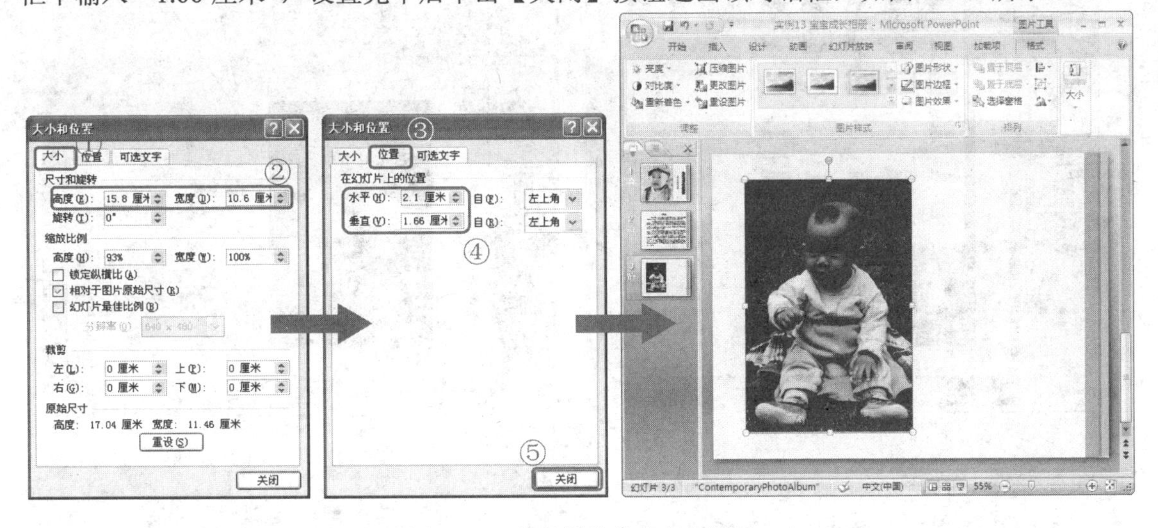

图 13-17　调整图片的大小和位置

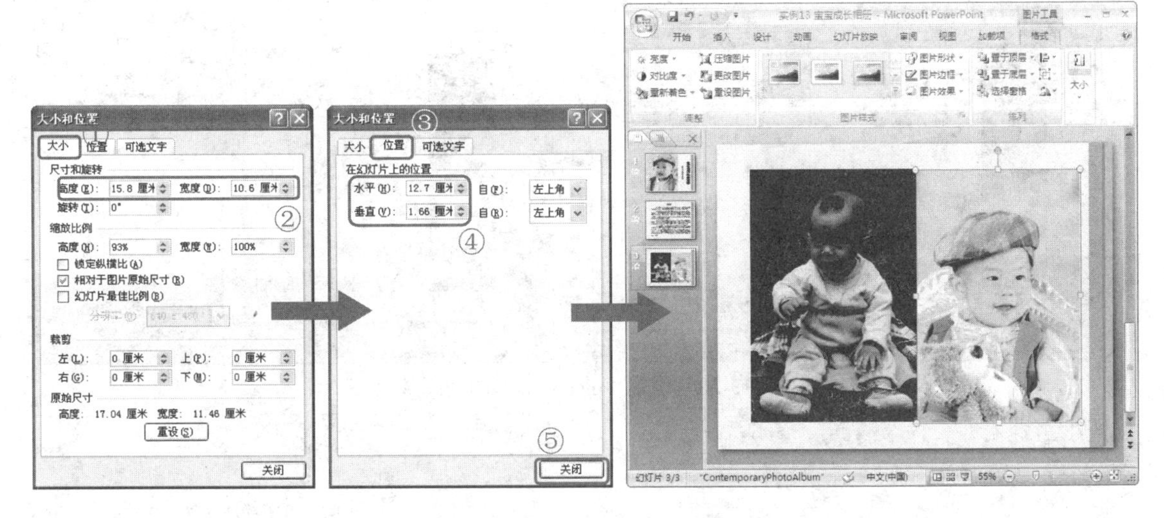

图 13-18　调整图片的大小和位置

步骤7　选择调整后的两张图片，然后在【图片工具格式】选项卡的【图片样式】功能区中单击【其他】按钮，并在弹出的列表中选择【简单框架，白色】选项，如图 13-19 所示。

步骤8　打开【自定义动画】窗格，选择“pic03.jpg”图片，然后在【自定义动画】窗格中单击【添加效果】按钮，并在弹出的列表中依次选择【退出】、【层叠】选项。

步骤9　分别在【开始】、【方向】和【速度】下拉列表中分别选择【之后】、【到左侧】和【中速】选项，如图 13-20 所示。

步骤10　选择“pic02.jpg”图片，在【自定义动画】窗格中单击【添加效果】按钮，在弹出的列表中依次选择【进入】、【伸展】选项，然后分别在【开始】、【方向】和【速度】下拉列表中分别选择【之后】、【自右侧】和【中速】选项，如图 13-21 所示。

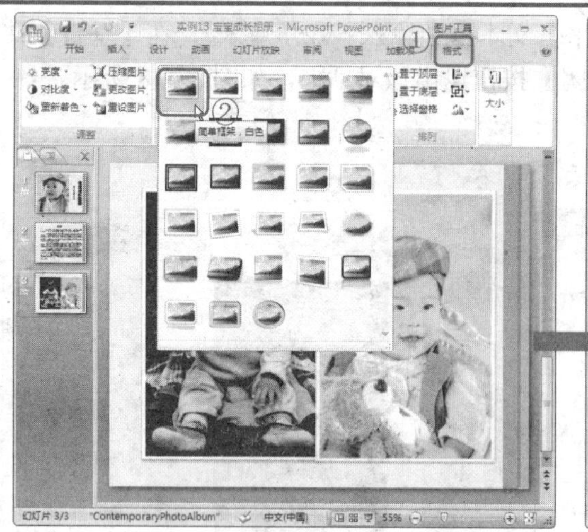

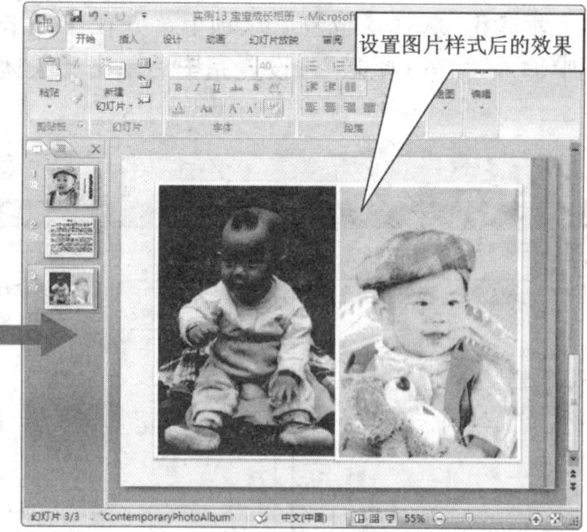

图 13-19　设置图片样式

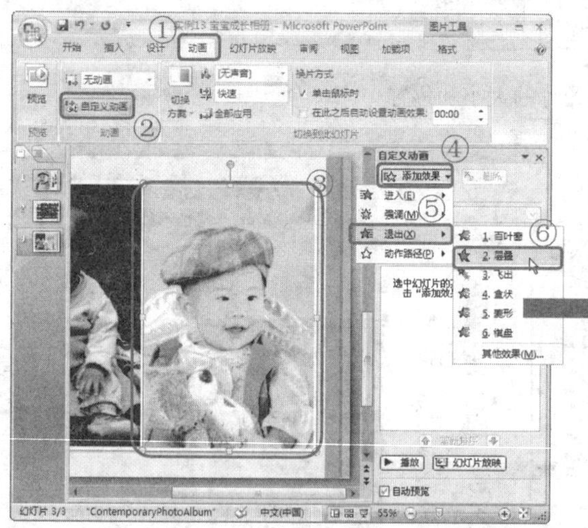

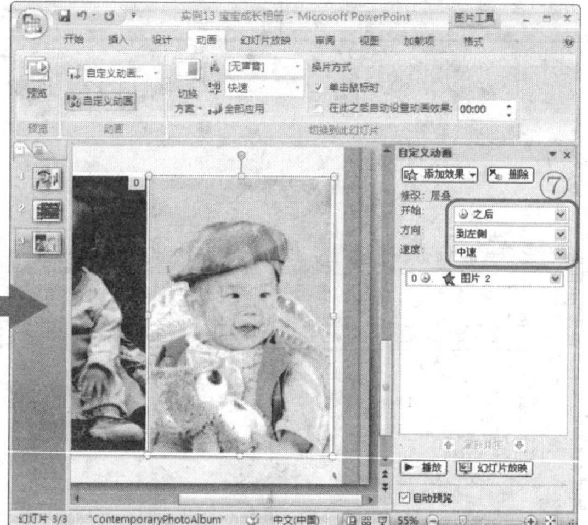

图 13-20　设置“pic03.jpg”的动画效果

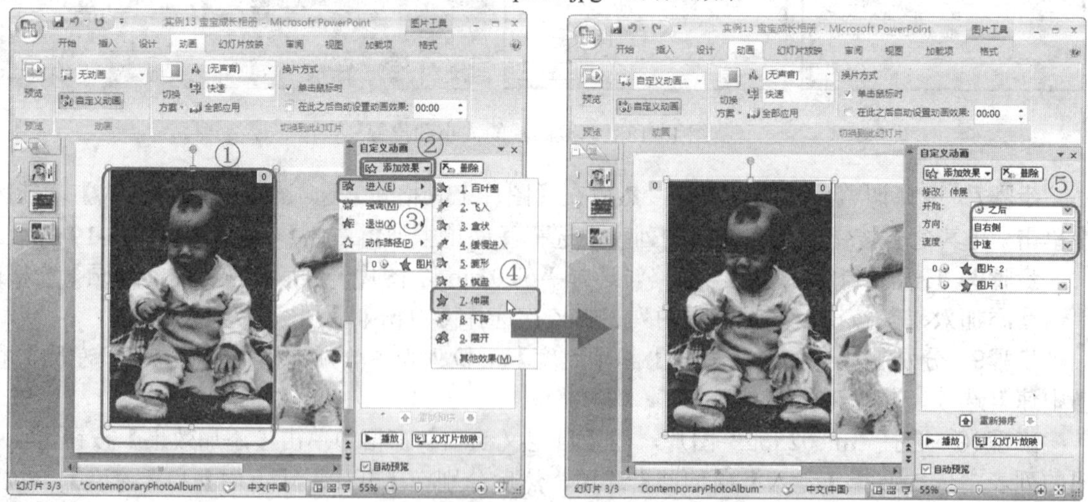

图 13-21　设置“pic02.jpg”的动画效果

步骤11　打开【插入图片】对话框，并在其中选择路径为“PowerPoint经典应用实例\第4篇\实例13”中的“pic04.jpg”图片文件，然后参照“pic02.jpg”图片的数据设置其大小和位置。

步骤12　打开【插入图片】对话框，选择路径为“PowerPoint经典应用实例\第4篇\实例13”中的“pic05.jpg”图片文件，然后参照“pic03.jpg”的数据设置其大小和位置，如图13-22所示。

步骤13　选择调整后的两张图片，在【图片工具格式】选项卡的【图片样式】功能区中单击【其他】按钮，并在弹出的列表中选择【简单框架，白色】选项，如图13-23所示。

图13-22　调整图片的大小和位置

图13-23　设置图片样式

步骤14　选择图片“pic05.jpg”，并打开【自定义动画】窗格，在窗格中单击【添加效果】按钮，然后在弹出的列表中依次选择【退出】、【层叠】选项，然后分别在【开始】、【方向】和【速度】下拉列表中分别选择【之后】、【到左侧】和【中速】选项。

步骤15　选择图片“pic04.jpg”，并在【自定义动画】窗格中单击【添加效果】按钮，在弹出的列表中依次选择【进入】、【伸展】选项，然后分别在【开始】、【方向】和【速度】下拉列表中分别选择【之后】、【自右侧】和【中速】选项，如图13-24所示。

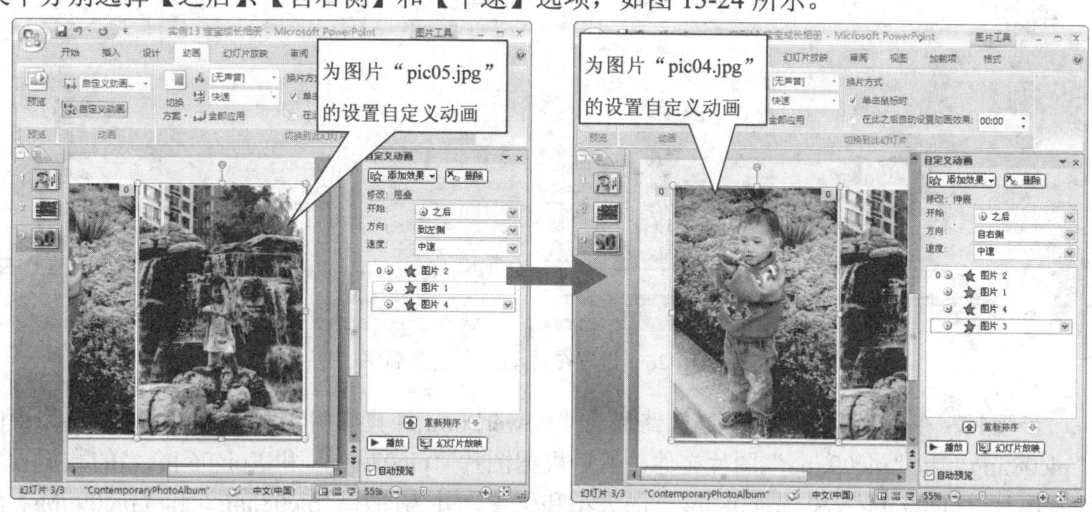

图13-24　设置图片的动画效果

步骤16 单击×【关闭】按钮，关闭【自定义动画】窗格，然后选择图片“pic05.jpg”，单击鼠标右键，在弹出的快捷菜单中选择【置于底层/置于底层】命令，如图 13-25 所示。

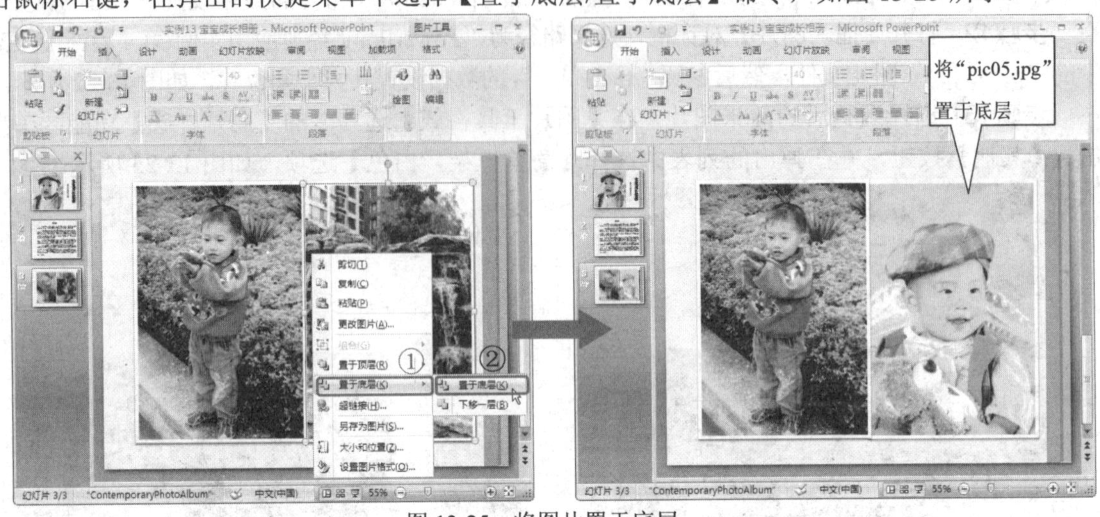

图 13-25　将图片置于底层

步骤17 在幻灯片编辑区中插入路径为“PowerPoint 经典应用实例\第 4 篇\实例 13”中的“pic06.jpg”和“pic07.jpg”图片文件，根据“pic05.jpg”和“pic04.jpg”的数据设置“pic07.jpg”和“pic06.jpg”的大小和位置，并为“pic06.jpg”和“pic07.jpg”添加【简单框架，白色】图片样式。

步骤18 据图片“pic05.jpg”和“pic04.jpg”的数据设置图片“pic07.jpg”和“pic06.jpg”的自定义动画效果，并将图片“pic07.jpg”置于底层，如图 13-26 所示。

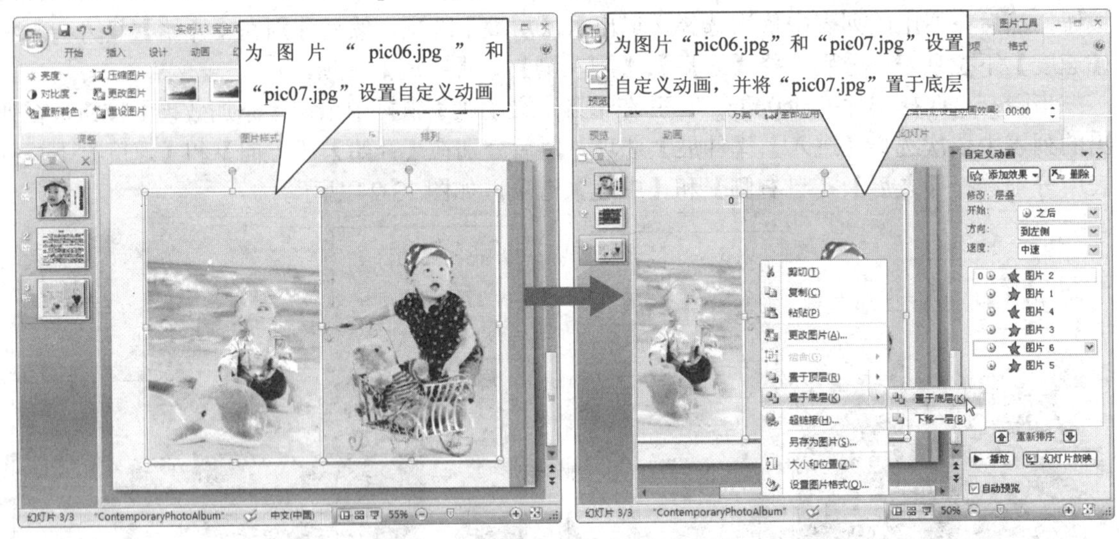

图 13-26　设置图片动画和层叠顺序

步骤19 在幻灯片编辑区中插入路径为“PowerPoint 经典应用实例\第 4 篇\实例 13”中的“pic08.jpg”和“pic09.jpg”图片文件，然后根据图片“pic07.jpg”和“pic06.jpg”的数据设置设置图片“pic09.jpg”和“pic08.jpg”的大小和位置，并为图片“pic08.jpg”和“pic09.jpg”添加相同的图片样式【简单框架，白色】。

步骤20　根据图片“pic07.jpg”和“pic06.jpg”的数据设置图片“pic09.jpg”和“pic08.jpg”的自定义动画效果，并将图片“pic09.jpg”置于底层，如图 13-27 所示。

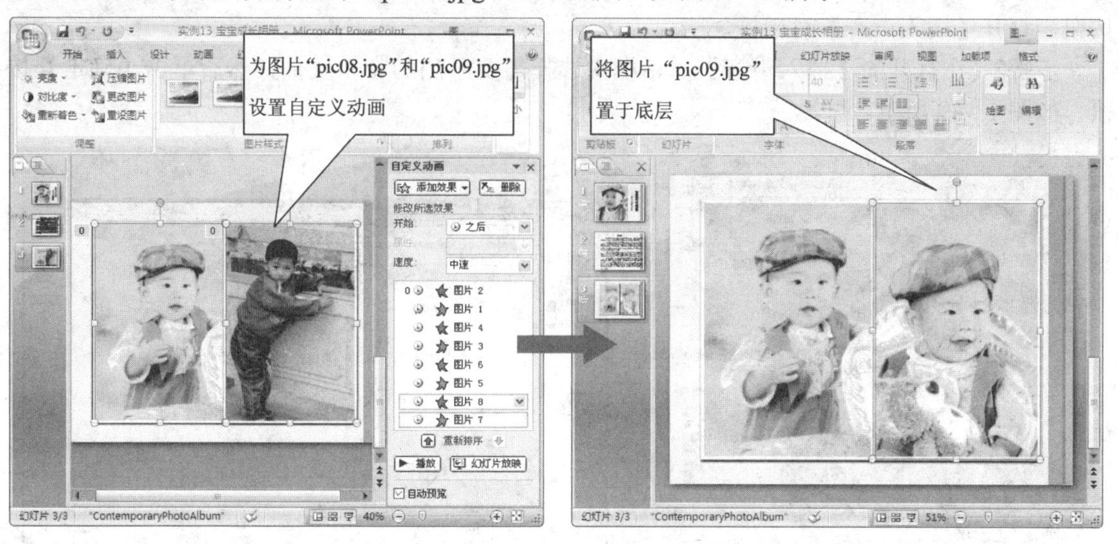

图 13-27　设置图片动画和层叠顺序

步骤21　使用同样的方法将路径为“PowerPoint 经典应用实例\第 4 篇\实例 13”中的“pic10.jpg”和“pic11.jpg”图片文件也制作到相册中，并将图片“pic11.jpg”置于底层，如图 13-28 所示。至此，相册页面创建完毕。

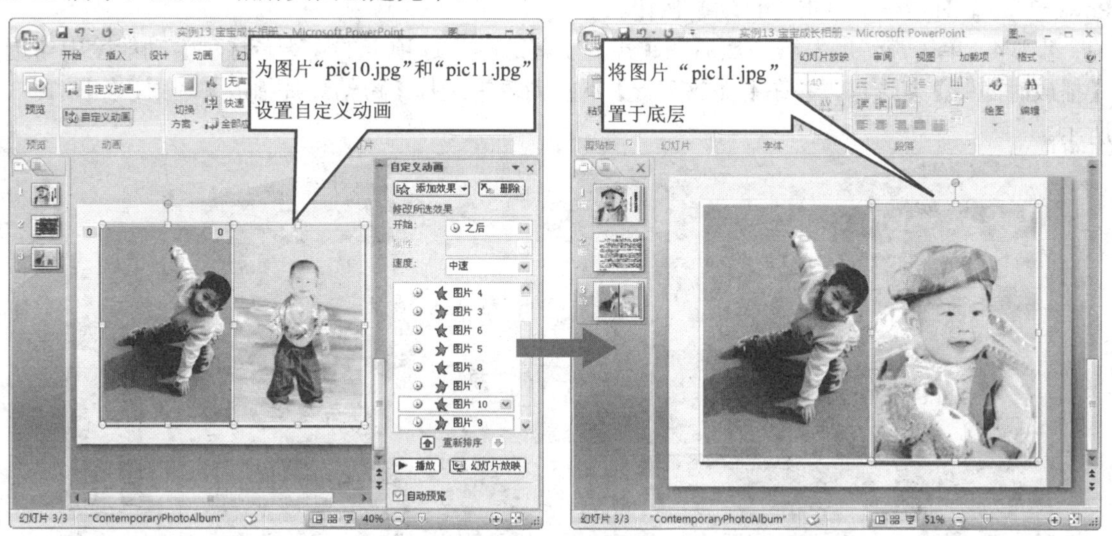

图 13-28　设置图片动画和层叠顺序

13.2.4　为相册添加声音

为了使相册更加声情并茂，可以选择钢琴曲作为背景音乐添加在相册之中，其具体操作步骤如下。

步骤1 进入到相册首页，然后在【插入】选项卡的【媒体剪辑】功能区中单击【声音】按钮，打开【插入声音】对话框。

步骤2 在打开的【插入声音】对话框中选择需要添加的音乐文件，然后单击【确定】按钮，如图 13-29 所示。

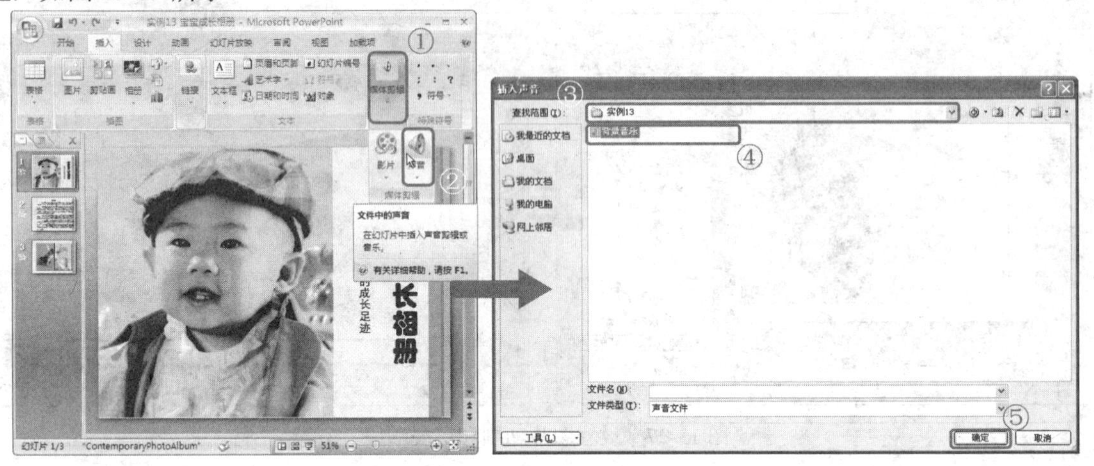

图 13-29 插入声音文件

步骤3 单击【确定】按钮关闭【插入声音】对话框，然后在弹出的【Microsoft Office PowerPoint】对话框中单击【自动】按钮。

步骤4 单击声音触发器，然后在【声音工具选项】选项卡的【声音选项】功能区中勾选【播放时隐藏】复选框，并在【播放声音】下拉列表中选择【跨幻灯片播放】选项，如图 13-30 所示。

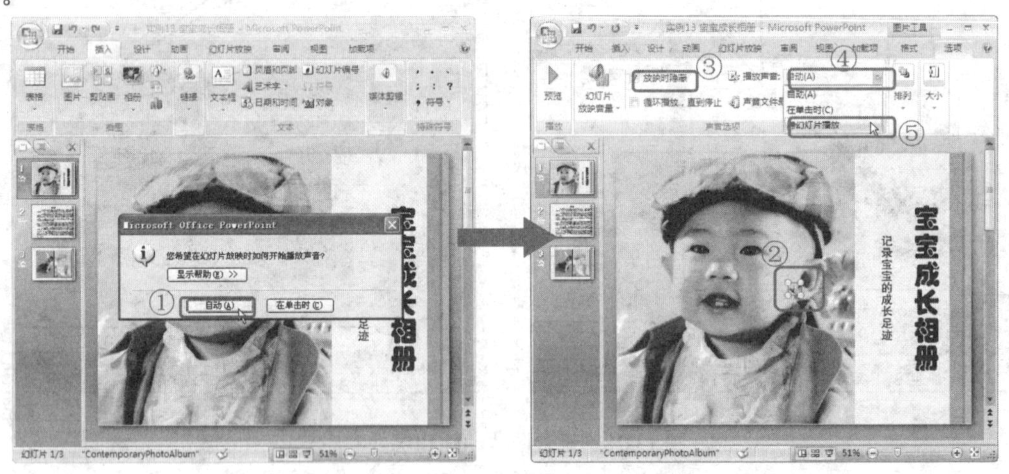

图 13-30 设置声音播放

步骤5 打开【自定义动画】窗格，并在其中选择声音动画，然后在显示窗的下方单击两次⬆按钮，使声音播放位于其他动画之前，然后调整标题文本框的动画开始选择为【之前】，如图 13-31 所示。

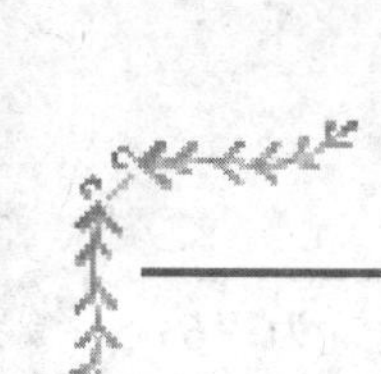

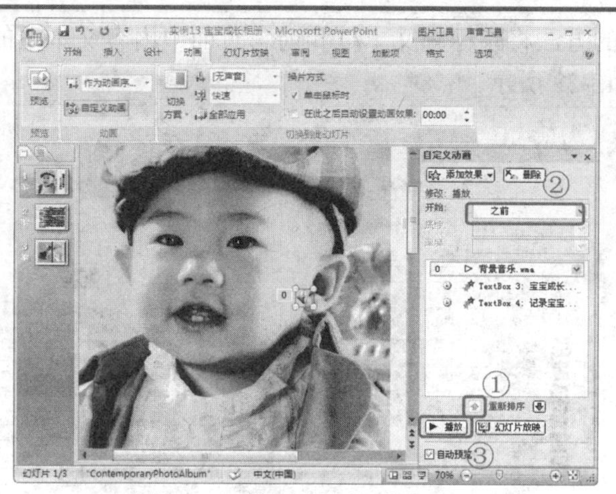

图 13-31　设置声音的播放时间

步骤6　至此，相册声音添加完毕。在【自定义动画】窗格中单击【幻灯片放映】按钮，即可从头播放幻灯片预览其效果。

13.2.5　调整动画时间

在预览之后，细心的读者可能会发现，由于音乐过长，以至于幻灯片播放完毕之后还有很久的音乐时间，使相册的观赏效果大打折扣。掌握更多专业知识的读者可以对音频文件进行处理，使之适应幻灯片的播放时间。在 PowerPoint 2007 中也可以在演示文稿中对各个自定义动画的时间调整，其具体操作步骤如下。

步骤1　进入到相册首页并打开【自定义动画】窗格，选择标题文本框动画并单击˅按钮，然后在弹出的列表中选择【计时】选项。

步骤2　在打开的【下降】对话框中选择【计时】选项卡，并在【速度】数值框中输入“10 秒”，然后单击【确定】按钮关闭该对话框，如图 13-32 所示。

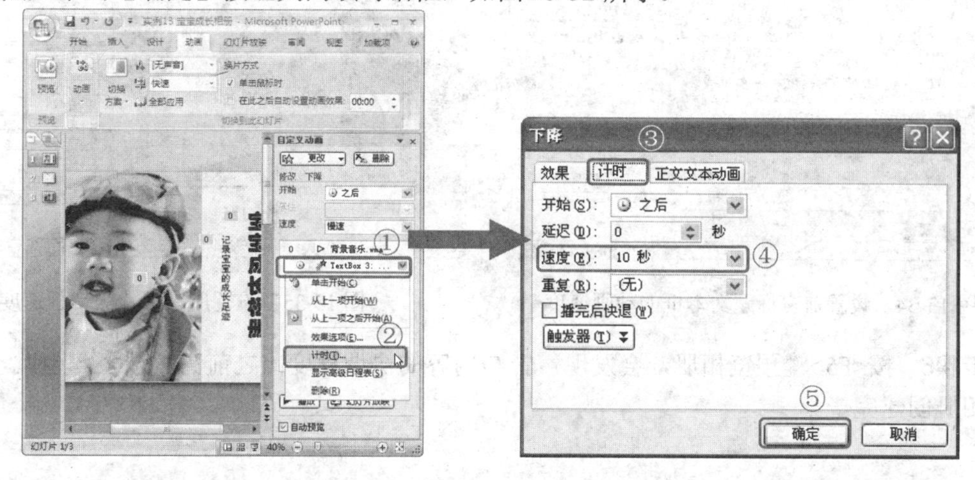

图 13-32　调整动画的播放速度

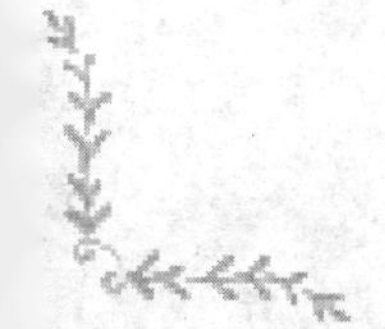

步骤3 使用同样的方法将副标题文本框和前言页面中内容文本框的速度分别设置为“6 秒”和“7 秒”，如图 13-33 所示。

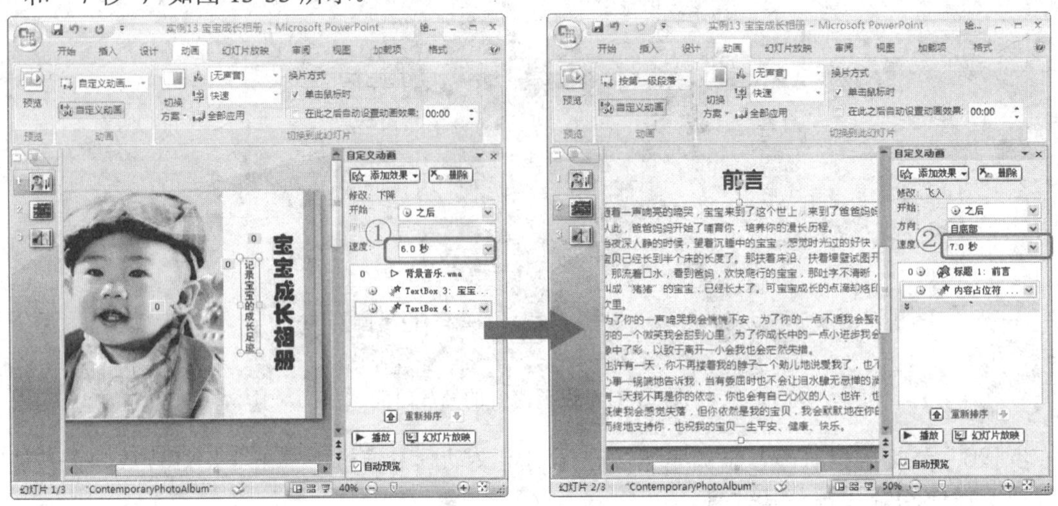

图 13-33　设置文本框的动画速度

步骤4 进入到前言页面，选择标题文本框，并在【自定义动画窗格】中将其速度修改为【慢速】，如图 13-34 所示。

步骤5 使用同样的方法将相册页面中所有图片的动画速度都设置为【非常慢】，如图 13-35 所示。

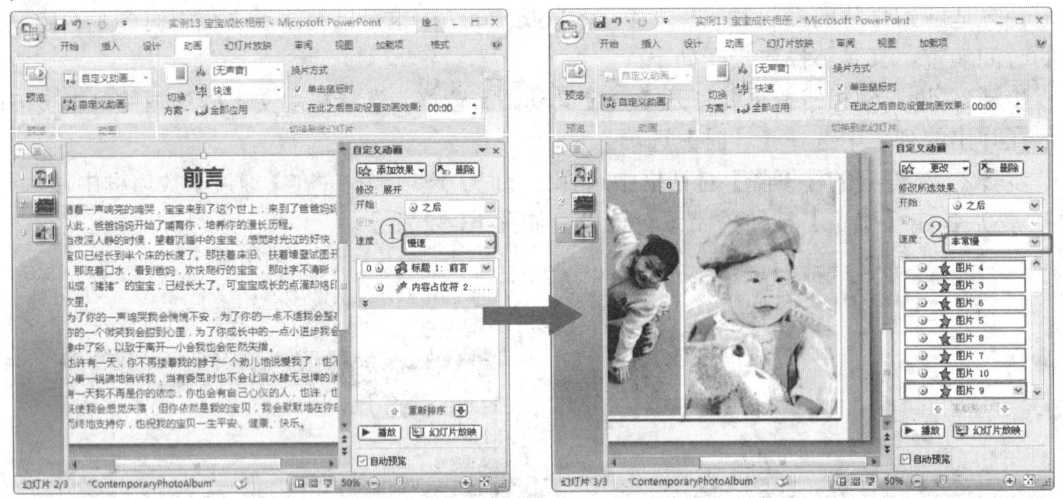

图 13-34　设置前言标题文本框的动画速度　　　　图 13-35　设置所有图片的动画速度

步骤6 按<F5>键预览相册，会发现声音与内容的协调程度比之前高了很多。至此，宝宝成长相册创建完毕。

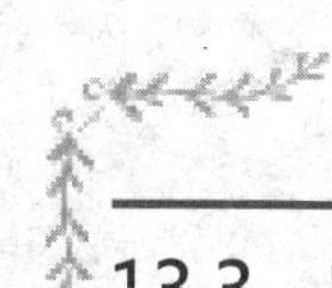

13.3　实例总结

通过以上的操作，宝宝成长相册就创建完毕了。通过本实例的学习，需要重点掌握以下几个方面的内容。

- 通过已安装的模板创建幻灯片。
- 为文本框设置电影字幕效果的自定义动画。
- 为图片设置图片样式。
- 通过为图片添加自定义动画效果使相册具有翻页的效果。
- 添加适合的音频文件作为相册的背景音乐并设置声音选项。
- 调整动画时间使之与背景音乐更加匹配。

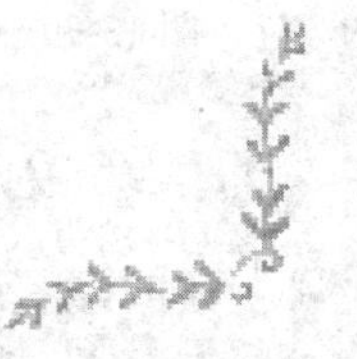

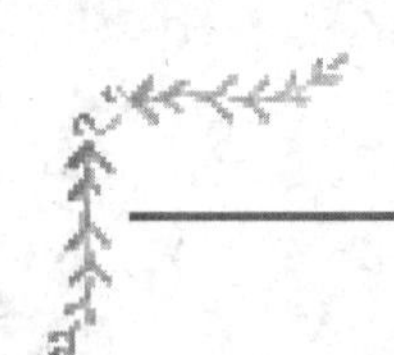

举一反三

本篇的举一反三是在新年贺卡幻灯片母版中，在标题幻灯片中添加一个碎花四散的动画效果，其效果如图 13-36 所示。

图 13-36　碎花四散的动画效果

分析及提示

完成此效果的制作，其分析和绘制的提示如下。

- 碎花主要由多个小的形状组成。
- 对每个小形状先添加“进入”、“淡出”动画效果，如图 13-37 所示。
- 再对每个小形状添加“自定义路径”动画效果，如图 13-38 所示。
- 最后对每个小形状添加“退出”、“淡出”动画效果，如图 13-39 所示。
- 在标题幻灯片中需要设置小形状的层叠顺序，使其位于红色矩形的下方。

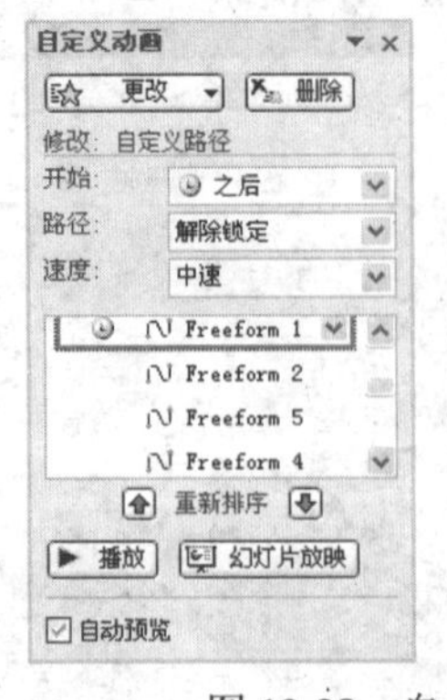

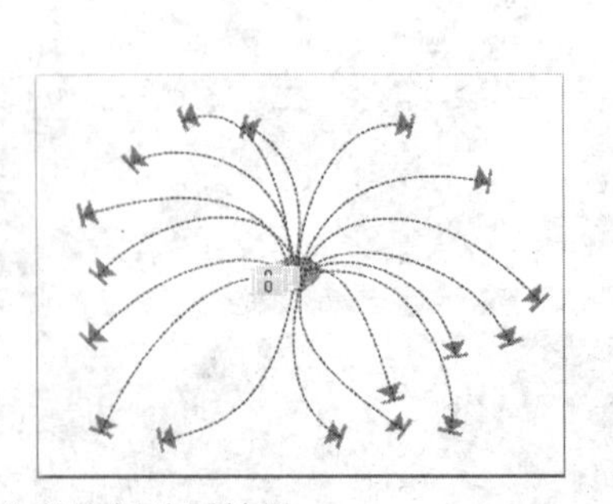

图 13-37　淡出动画效果　　图 13-38　自定义路径动画效果　　图 13-39　退出效果